駿台受験シリーズ

数学II・B・C
［ベクトル］

基本問題演習

〈問題編〉

藤原　新 著

駿台文庫

● はじめに

本書はこれから受験数学を勉強しようと思っている人向けの問題集です.例年学生の諸君から「教科書や定期テストに出る問題ならなんとか解けるんだけど，いざ受験レベルの問題となると…」「大学入試で合否を分けるようなレベルの問題が解けないんですが，どうすればよいでしょうか？」などの相談，質問が多数寄せられます.そこで教科書から受験数学にスムーズにステップアップでき，かつ受験で合格するための必要十分な知識を得られるような問題集があれば，数学を苦手に思っている受験生のためになるのではないか.

そのような考えから執筆に至った前著「ここからはじめる受験数学II・B」ですが、これを新たに書き換えたものが本書になります.改訂にあたり，「統計的な推測」を新たに加えました.また，学習効果が上がるよう，いくつかの問題を追加・差し替えました.さらに，数学Cの「平面上のベクトル」「空間のベクトル」は，共通テストや2次試験で必要とする学生が多いことから，利便性を考慮し本書に掲載しました.必要に応じ，取捨選択してください.

原稿を書くにあたって以下の点にとくに注意を払っています.

(ア) 教科書と受験数学のギャップを埋めるレベルの問題を中心に構成する.
(イ) 本問題集を勉強することによって最難関大を除く「すべての大学」の合格レベルに到達できるようにする.また最難関大についても，そのレベルに到達する一歩手前の問題までは十分にカバーする.
(ウ) 高校数学の全ての話題を網羅的に取り上げる.
(エ) 問題を解く上で必要となる「考え方」を細かく説明する.
(オ) 「別解」も可能な限りたくさん掲載する.
(カ) 問題の背景や数学的に興味深い内容などに積極的に触れる.

本書はさまざまな方のご協力のもと出版に至っています.まず執筆の段取り，取りまとめをしてくださった駿台文庫編集部の加藤達也さん，林拓実さん，前橋桂介さん、三人に粘り強く助言，アドバイスをしていただいたおかげで本書は完成しました.本当にありがとうございました.また駿台予備学校の吉原修一郎先生，塩谷洋太先生，牛久保智仁先生には問題，解答に関して多くの助言をいただき，ときには華麗な別解も指摘していただきました.この場を借りて，感謝申し上げます.

本書がこれから受験数学を学ぶ全ての学生の役に立つことを願います.

藤原　新

● 利用法

本書は「A 基礎問題」，「B 標準問題」の 2 段構成となっています.

「A 基礎問題」は高校の教科書や定期テストレベルの確認問題

「B 標準問題」は標準的な受験レベルの問題

で構成されています.

なお，特に重要な分野には「〜と応用」というセクションがあります. ここは全体的にやや難しめの問題で構成されているので，数学に苦手意識のある人，あるいはその単元を習ったばかりの人はあと回しでも構いません.

各問題には目標時間をつけています. これは大学受験で出題されたときに，これくらいの時間で解いてほしいという大まかな目安です. とりあえずこの時間内に解くことを目指し，解けなければ解答を読むというスタンスでよいでしょう. 解けなかった問題にはチェックをつけておいて，時間をおいて再度チャレンジしてみて下さい.

これから受験勉強を本格的にはじめたい人，あるいは**まだ受験生ではないが教科書レベルの問題は十分に解けて，本格的に数学を勉強したいと思っている人**は，各セクションごとにまずは「A 基礎問題」に取り組み，次に「B 標準問題」に進むとよいでしょう.

基礎的な問題からまずは網羅したいという人は，「〜と応用」を除く「A 基礎問題」だけを先に解き進めましょう. 全部で 120 題ありますので，1 日 4 題ずつ解いていけば 1 ヶ月で十分解き終えることができます. そのあとに「B 標準問題」，「〜と応用」のセクションの順で進めるとよいでしょう.

学校の進度と並行して進めたい人は，「〜と応用」を除く「A 基礎問題」を中心に取り組むとよいでしょう. 十分に理解できていると思ったら，「B 標準問題」や「〜と応用」のセクションにもチャレンジしてみて下さい.

● 目次

※　カッコ内は解答編のページ番号

第1章

方程式・式と証明

●1　式と計算・複素数と方程式
●2　等式と不等式の証明

【目標】

まずは二項定理や整式の割り算など，基本的な数式の扱いについて学びます．さらに実数を複素数に拡張したときの方程式の解・解と係数の関係など，方程式全般を統一的に扱います．これらはすべての分野の基礎となりますので，必ず出来るようにしてください．なお研究課題では３次方程式の解の公式についても説明をしました．興味のある人はぜひ読んでみてください．

等式，不等式の証明は入試での出題はあまり多くありませんが，式変形に妙があり，きちんと勉強すれば数学力の底上げに繋がります．典型的な解法についてはすべて扱っていますが，それだけで終わりにするのではなく，別解を考えるなど，自分なりに式をいろいろ変形してみるとよいでしょう．

式と計算・複素数と方程式

[A：基礎問題]

問題 1　目標時間 15 分

次の各問いに答えよ．

（1）　$(3x+y)^7$ の展開式において x^2y^5 の項の係数を求めよ．　（千葉工業大）

（2）　$\left(x-\dfrac{1}{2x^2}\right)^{12}$ の展開式において x^3 の係数と定数項を求めよ．（愛知工業大）

（3）　$(x^2+x+1)^6$ の展開式における x^6 の係数を求めよ．　（東京電機大）

問題 2　目標時間 10 分

（1）　a，b，c，d を定数とし，

$$a(x-1)^3+b(x-1)^2+c(x-1)+d=2x^3-3x^2+x+4$$

がどのような x の値に対しても成り立つとする．このとき

$a=\square$，$b=\square$，$c=\square$，$d=\square$ である．　（大阪経済大）

（2）　$\dfrac{4}{x^4-1}=\dfrac{-2}{x^2+1}+\dfrac{a}{x+1}+\dfrac{b}{x-1}$ が x についての恒等式となるとき，定数 a，b の値は $a=\square$，$b=\square$ である．　（立教大）

問題 3　目標時間 10 分

整式 $A=x^4-3x^3+7x^2-3x+8$ について，次の問いに答えよ．

（1）　A を x^2-4x+1 で割ったときの商と余りを求めよ．

（2）　$x=2+\sqrt{3}$ のとき，A の値を求めよ．

（昭和薬科大（改））

問題 4　目標時間 20 分

整式 $P(x)$ を $(x-1)^2$ で割ったときの余りが $4x-5$，$x+2$ で割ったときの余りが -4 である．

（1）　$P(x)$ を $x-1$ で割ったときの余りを求めよ．

（2）　$P(x)$ を $(x-1)(x+2)$ で割ったときの余りを求めよ．

（3）　$P(x)$ を $(x-1)^2(x+2)$ で割ったときの余りを求めよ．

（山口大）

問題 5　目標時間 5 分

次の式を計算せよ．ただし i は虚数単位とする．

（1）　$(3-i)(4+5i)$

（2）　$(1+i)^4$

（3）　$\dfrac{1}{1+i}+\dfrac{1}{1-2i}$

（大阪経済大（改））

問題 6　目標時間 15 分

（1）　x，y を実数とし，i を虚数単位とする．次の式をみたす x，y を求めよ．

$(3-2i)(x+yi)=11-16i$　（上智大）

（2）　$z^2=4i$（i は虚数単位）をみたすような複素数 z をすべて求めよ．

問題 7　目標時間 15 分

（1）　2 次方程式 $3x^2-x-3=0$ の 2 つの解を α，β とする．このとき，$\alpha+\beta$，$\alpha\beta$，$\alpha^2+\beta^2$，$\alpha^3+\beta^3$ の値を求めよ．（久留米大）

（2）　2 次方程式 $x^2-3kx+k+15=0$ の 1 つの解が他の解の 2 倍であるとき，定数 k の値を求めよ．（高崎経済大）

（3）　$x^2+3x+3=0$ の 2 つの解を α，β とするとき，$\dfrac{\beta}{\alpha}$，$\dfrac{\alpha}{\beta}$ を解にもつ 2 次方程式を 1 つ作れ．

問題 8　目標時間 10 分

連立方程式 $\begin{cases} x^2+9xy+y^2=23 \\ x+y+xy=5 \end{cases}$ を解きなさい．

（大阪学院大）

問題 9　目標時間 15 分

実数を係数とする 2 次方程式 $x^2-2ax+a+6=0$ が，次の条件をみたすとき，定数 a の値の範囲を求めよ．

（1）　正の解と負の解をもつ．

（2）　異なる 2 つの負の解をもつ．

（3）　すべての解が 1 より大きい．

（鳥取大）

問題 10　目標時間 10 分

次の x の方程式を解け.

（1）　$2x^3-3x^2-3x+2=0$

（2）　$6x^3+13x^2+8x+3=0$

（3）　$(x+1)(x+2)(x+3)(x+4)=24$

問題 11　目標時間 25 分

（1）　a, b を実数の定数とする. 3 次方程式 $x^3+ax^2+bx-5=0$ の 1 つの解が $1-2i$ であるとき, a, b の値を求めよ. またこのときの他の解を求めよ. ただし, i は虚数単位である.　（摂南大）

（2）　方程式 $x^3-3x^2+7x-5=0$ の解を α, β, γ とするとき, 次の式の値を求めよ.

　（i）　$(1+\alpha)(1+\beta)(1+\gamma)$

　（ii）　$(\alpha+\beta)(\beta+\gamma)(\gamma+\alpha)$　（青山学院大（改））

（3）　x, y, z が方程式

$$x+y+z=2,\ x^2+y^2+z^2=6,\ x^3+y^3+z^3=8$$

をみたすとき, これらの式から $xy+yz+zx$ および xyz の値を求めると, $xy+yz+zx=$ □, $xyz=$ □ となる. したがって, x, y, z を解とする 3 次方程式は □ とかける. これを解いて, $x \leqq y \leqq z$ となる x, y, z を求めると $x=$ □, $y=$ □, $z=$ □ である.　（明治薬科大）

問題 12　目標時間 15 分

3 次方程式 $x^3=1$ の虚数解の 1 つを ω とするとき, 次の問いに答えよ.

（1）　$\omega^2+\omega+1=0$ が成り立つことを示せ.

（2）　次の式の値を求めよ.

　（i）　$\omega^{100}+\omega^{50}+1$

　（ii）　$(\omega^{100}+1)^{50}+(\omega^{50}+1)^{50}+1$

[B: 標準問題]

問題 13　目標時間 20 分

次の式を計算せよ.

(1)　${}_n\mathrm{C}_0 + {}_n\mathrm{C}_1 + {}_n\mathrm{C}_2 + \cdots + {}_n\mathrm{C}_n$

(2)　${}_n\mathrm{C}_0 - {}_n\mathrm{C}_1 + {}_n\mathrm{C}_2 - \cdots + (-1)^n \cdot {}_n\mathrm{C}_n$

(3)　${}_{2n}\mathrm{C}_0 + {}_{2n}\mathrm{C}_2 + {}_{2n}\mathrm{C}_4 + \cdots + {}_{2n}\mathrm{C}_{2n}$

(4)　$1 \cdot {}_n\mathrm{C}_1 + 2 \cdot {}_n\mathrm{C}_2 + 3 \cdot {}_n\mathrm{C}_3 + \cdots + n \cdot {}_n\mathrm{C}_n$

問題 14　目標時間 20 分

a は正の無理数で, $X = a^3 + 3a^2 - 14a + 6$, $Y = a^2 - 2a$ を考えると, X と Y はともに有理数である.

(1)　整式 $x^3 + 3x^2 - 14x + 6$ を整式 $x^2 - 2x$ で割ったときの商と余りを求めよ.

(2)　X と Y の値を求めよ.

(3)　a の値を求めよ. ただし, 素数の平方根は無理数であることを用いてよい.

(神戸大)

問題 15　目標時間 15 分

整式 $P = 2x^2 + xy - y^2 + 5x - y + k$ が整数を係数とする 1 次式の積に分解できるとき, 定数 k の値を求め, またその場合にこの式を因数分解せよ.

(近畿大 (改))

問題 16　目標時間 15 分

x の方程式 $(a+i)x^2 + 2(1+i)x + (1+ai) = 0$ が少なくとも 1 つの実数解をもつような実数 a の値をすべて求めよ. また, そのときの方程式の解をすべて求めよ. ただし, i は虚数単位である.

(工学院大)

問題 17　目標時間 15 分

実数 $\alpha = \sqrt[3]{5\sqrt{2}+7} - \sqrt[3]{5\sqrt{2}-7}$ について考える.

(1)　α を解にもつような, 整数係数の 3 次方程式を 1 つ求めよ.

(2)　α は整数であることを示せ.

(愛知教育大 (改))

問題 18　目標時間 20 分

x の 4 次方程式 $x^4+2x^3+ax^2+2x+1=0$ …(*) について，次の問いに答えよ．ただし，a は実数の定数とする．

（1）　$a=-1$ のとき，(*) を解け．

（2）　(*) が異なる 4 個の実数解をもつとき，a のとりうる値の範囲を求めよ．

問題 19　目標時間 20 分

x についての n 次多項式 $f(x)$ が恒等式

$$f(x^3)=x^4f(x+1)-15x^5-10x^4+5x^3$$

をみたすとき，次の問いに答えよ．

（1）　$f(0)$，$f(-1)$，$f(-8)$ の値を求めよ．

（2）　n の値を求めよ．

（3）　$f(x)$ を求めよ．

（九州歯科大（改））

等式と不等式の証明

[A：基礎問題]

問題20　目標時間 20 分

次の不等式が成り立つことを証明せよ．また（1）〜（4）において，等号が成立するのはどのような場合か述べよ．

（1）　$2(ax+by) \geqq (a+b)(x+y)$　（ただし，$a \leqq b$ かつ $x \leqq y$ とする）

（2）　$x^2-4x+y^2+2y+5 \geqq 0$

（3）　$|x+y| \leqq |x|+|y|$

（4）　$\sqrt{2(x+y)} \geqq \sqrt{x}+\sqrt{y}$　（ただし，$x>0$ かつ $y>0$ とする）

（5）　$2\sqrt{x+1} > 2\sqrt{x}+\dfrac{1}{\sqrt{x+1}}$　（ただし，$x>0$ とする）

問題21　目標時間 10 分

（1）　$a>0$，$b>0$ のとき，不等式

$$\frac{a+b}{2} \geqq \sqrt{ab}$$

が成り立つことを示せ．また，等号が成り立つのはどのようなときか答えよ．

（2）　$x>0$ のとき

$$\frac{x}{2}+\frac{1}{x} \geqq \sqrt{2}$$

が成り立つことを示せ．また，等号が成り立つのはどのようなときか答えよ．

問題22　目標時間 15 分

（1）　$x>0$，$y>0$ のとき $(x+2y)\left(\dfrac{1}{x}+\dfrac{2}{y}\right)$ の最小値を求めよ．

（埼玉工業大）

（2）　$x>-2$ のとき，式 $\dfrac{x^2+2x+16}{x+2}$ の値は $x=$ □ のとき最小値 □ をとる．

（流通経済大（改））

問題23　目標時間 15 分

（1）　次の式を展開せよ．

$$(x+y+z)(x^2+y^2+z^2-xy-yz-zx)$$

（2）　a，b，c を正の実数とする．次の不等式が成り立つことを示せ．また，等号が成り立つのはどのようなときか答えよ．

$$\frac{a+b+c}{3} \geqq \sqrt[3]{abc}$$

（首都大学東京）

問題24　目標時間 15 分

a，b，c，x，y，z はすべて実数である．

（1）　不等式 $(a^2+b^2+c^2)(x^2+y^2+z^2) \geqq (ax+by+cz)^2$ が成り立つことを示せ．また，等号が成り立つのはどのようなときか答えよ．

（2）　$x+y+z=1$ のとき，$x^2+y^2+z^2$ の最小値を求めよ．

（福岡教育大）

[B: 標準問題]

問題25　目標時間 20 分

a，b，c を $a^2+b^2+c^2 \neq 0$ であるような実数とする．x，y，z が，

$$\begin{cases} ax+by+cz=0 \\ bx+cy+az=0 \\ cx+ay+bz=0 \end{cases}$$

を同時にみたすならば，$x=y=z$ または $x+y+z=0$ が成り立つことを証明せよ．

（岐阜大）

問題26　目標時間 20 分

実数 $x \geqq 0$，$y \geqq 0$，$z \geqq 0$ に対して

$$x+y^2=y+z^2=z+x^2$$

が成り立つとする．このとき $x=y=z$ であることを証明せよ．

（札幌医科大）

問題27　目標時間 15 分

実数 α, β, γ が $\alpha+\beta+\gamma=3$ をみたしているとき, $p=\alpha\beta+\beta\gamma+\gamma\alpha$, $q=\alpha\beta\gamma$ とおく.

（1）　$p=q+2$ のとき, α, β, γ の少なくとも 1 つは 1 であることを示せ.

（2）　$p=3$ のとき, α, β, γ はすべて 1 であることを示せ.

（大阪市立大）

問題28　目標時間 20 分

$a>b>0$, $a+b=1$ であるとき, 次の数の大小を比較せよ.

$$\sqrt{a}+\sqrt{b},\ \sqrt{a-b},\ \sqrt{ab},\ 1$$

（愛知教育大）

問題29　目標時間 20 分

（1）　実数 x, y に対し次の不等式を示せ. 等号成立条件も述べよ.

$$(1+x)(1+y)\leqq\left(1+\frac{x+y}{2}\right)^2$$

（2）　a, b, c, d を -1 以上の数とするとき, 次の不等式を示せ. 等号成立条件も述べよ.

（i）　$(1+a)(1+b)(1+c)(1+d)\leqq\left(1+\dfrac{a+b+c+d}{4}\right)^4$

（ii）　$(1+a)(1+b)(1+c)\leqq\left(1+\dfrac{a+b+c}{3}\right)^3$

（大阪市立大（改））

問題30　目標時間 25 分

（1）　$0\leqq x\leqq y$ とする. $\dfrac{x}{1+x}$ と $\dfrac{y}{1+y}$ の大小を比較せよ.

（2）　a, b, c を実数とする. $\dfrac{|a-c|}{1+|a-c|}$ と $\dfrac{|a-b|}{1+|a-b|}+\dfrac{|b-c|}{1+|b-c|}$ の大小を比較せよ.

（一橋大）

問題31　目標時間 15 分

n を自然数とする. n 個の正の実数 a_1, …, a_n に対して

$$(a_1+\cdots+a_n)\left(\frac{1}{a_1}+\cdots+\frac{1}{a_n}\right)\geqq n^2$$

が成り立つことを示し, 等号が成立するための条件を求めよ.

（神戸大）

第 2 章

図 形 と 方 程 式

- ●1 直線の方程式
- ●2 円の方程式
- ●3 軌跡と方程式
- ●4 不等式の表す領域
- ●5 図形と方程式と応用

【目標】

　直線や円，放物線とよばれる図形を座標平面上で扱います．他の分野に比べて公式が多いので，まずはそれらをきちんと覚えて使いこなすことを目標にしましょう．また，点の描く軌跡や，不等式の表す領域についても学びます．ここでは「同値変形」や「存在条件」などがキーワードとして登場します．やや考えにくいところもありますが，数学の根本にも関わる重要な内容です．ページを割いて詳しく説明しているので，しっかり理解できるまで諦めずに勉強してみてください．

直線の方程式

[A：基礎問題]

問題32　目標時間 15 分

次の各問いに答えよ.

（1）　xy 平面上の 2 点 A(1, 1), B(3, 4) がある. 線分 AB を 3：2 に内分する点の座標は □ であり, 線分 AB を 3：2 に外分する点の座標は □ である. また, 線分 AB の垂直二等分線の方程式は $y=$ □ である.　（京都産業大）

（2）　座標平面上にある 3 点 P(3, 2), Q(−2, 4), R(−1, 3) は三角形 ABC の辺 AB, BC, CA をそれぞれ 2：1 に内分している. このとき三角形 ABC の重心 G の座標を求めよ.

（3）　y 軸上の点 C は 2 点 A(2, 1), B(−3, 2) から等距離にあるという. このとき, 点 C の座標を求めよ.　（八戸工業大）

問題33　目標時間 5 分

次の 2 直線について以下の問いに答えよ. ただし, a は定数とする.

$$l : ax-2y+1=0,\ m : x+(a+3)y-1=0$$

（1）　l と m が互いに垂直なとき, a の値を求めよ.

（2）　l と m が平行で一致しないとき a の値を求めよ.

（北海道工業大）

問題34　目標時間 5 分

k を定数とするとき, 直線

$$(2k+3)x+(k-2)y-7=0$$

は, k の値にかかわらず定点を通る. その定点の座標を求めよ.

（共立女子大）

問題35　目標時間 15 分

（1）　平行な 2 直線 $x-2y+4=0$ と $x-2y-3=0$ の距離を求めよ.

（2）　放物線 $y=x^2-4x+7$ 上の動点 P と直線 $y=2x-7$ 上の動点 Q との距離の最小値を求め, そのときの動点 P, Q の座標を求めよ.　（北海道薬科大）

[B: 標準問題]

問題36　目標時間 20 分

次の各問いに答えよ.

(1)　△ABC の辺 BC の中点を M とする.

$$AB^2 + AC^2 = 2(AM^2 + BM^2)$$

が成り立つことを証明せよ.

(2)　座標平面上にある定点 A(1, 0), B(2, 0) と, 点 A を中心とする半径 2 の円周上を動く動点 P がある. OP・BP の最大値と, そのときの点 P の座標を求めよ.

問題37　目標時間 20 分

座標平面上に 2 点 A(−2, 4), B(4, 2) および 2 つの直線

$$l : x + y = 1,\ m : x - y = 3$$

が与えられている.

(1)　点 P が直線 l 上を動くとき, AP + PB が最小となる P の座標を求めよ.

(2)　点 P, Q がそれぞれ直線 l, m 上を動くとき, AP + PQ + QB が最小となる P, Q の座標を求めよ.

(慶應義塾大 (改))

問題38　目標時間 20 分

a を実数とする. 直線 $ax + y + 1 = 0$ を l_1, 直線 $x + ay + 1 = 0$ を l_2, 直線 $x + y + a = 0$ を l_3 とおく. このとき, 次の問いに答えよ.

(1)　l_1, l_2, l_3 が三角形をつくらないような, a の条件を求めよ.

(2)　l_1, l_2, l_3 が正三角形をつくるような, a の条件を求めよ.

(埼玉大 (改))

円の方程式

[A：基礎問題]

問題39　目標時間 10 分

次のような円の方程式を求めよ.

(1)　2 点 $(1, 1)$, $(5, 7)$ を直径の両端とする円.

(2)　3 点 $(5, -1)$, $(4, 6)$, $(1, 7)$ を通る円.

(3)　点 $(2, 1)$ を通り x 軸と y 軸に接する円.

(4)　中心が直線 $y = 2x + 1$ 上にあり, かつ x 軸に接し, 点 $(-2, 3)$ を通る円.

問題40　目標時間 10 分

a を実数とする. 円 $x^2 + y^2 - 4x - 8y + 15 = 0$ と直線 $y = ax + 1$ が異なる 2 点 A, B で交わっている.

(1)　a の値の範囲を求めよ.

(2)　弦 AB の長さが 2 になるときの a の値を求めよ.

(大分大 (改))

問題41　目標時間 15 分

点 $\mathrm{A}(a, b)$ を通り, 円 $x^2 + y^2 = r^2$ に接する 2 本の直線の接点を P, Q とするとき, 直線 PQ の方程式を求めよ.

問題42　目標時間 10 分

a は正の実数とする. 2 つの円 $x^2 + y^2 - 1 = 0$ と $x^2 + y^2 - 4x - 4y + 8 - a = 0$ が共有点をもつように, a の値の範囲を求めよ.

(甲南大)

問題43　目標時間 10 分

xy 平面上の 2 つの円 C_1 : $x^2 + y^2 = 25$, C_2 : $(x - 4)^2 + (y - 3)^2 = 2$ について, 次の問いに答えよ.

(1)　C_1, C_2 の 2 つの交点を通る直線の方程式を求めよ.

(2)　C_1, C_2 の 2 つの交点と点 $(3, 1)$ を通る円の方程式を求めよ.

[B: 標準問題]

問題44 目標時間 15 分

原点を中心とし，半径 1 の円を C とする. 第 2 象限で円 C に接し，傾きが $\dfrac{\sqrt{5}}{2}$ の直線を l とする. 第 1 象限にあって，C と l と x 軸に接する円の半径を求めよ.

（東京学芸大）

問題45 目標時間 15 分

2 つの円 $C_1 : x^2 + y^2 = 16$ と $C_2 : x^2 + (y-8)^2 = 4$ がある. C_1 と C_2 の両方に接する直線の方程式をすべて求めよ.

（高崎経済大（改））

問題46 目標時間 15 分

a と r は正の定数とする. 放物線 $y = x^2$ と円 $x^2 + (y-a)^2 = r^2$ が接するとき r を a を用いて表せ.

問題47 目標時間 15 分

x，y に関して対称である 2 つの放物線：$\begin{cases} y = x^2 - 2 & \cdots① \\ x = y^2 - 2 & \cdots② \end{cases}$ がある. このとき

（1） ①，② の交点の座標を求めよ.

（2） （1）で求めた交点は同一円周上にあることを示し，この円の中心の座標および半径を求めよ.

（日本歯科大）

軌跡と方程式

[A：基礎問題]

問題48　目標時間 15 分

（1）　2 点 A(1, −2)，B(6, 8) からの距離の比が 3：2 であるような点 P の軌跡を求めよ．　（中央大）

（2）　2 直線 l ： $8x - y = 0$ と m ： $4x + 7y - 2 = 0$ の交角の二等分線の方程式を求めよ．　（東京薬科大（改））

問題49　目標時間 15 分

円 $x^2 + y^2 - 4y + 3 = 0$ に外接し，直線 $y = -1$ に接する円 C の中心の軌跡を求めよ．

（琉球大（改））

問題50　目標時間 20 分

xy 平面上に 2 点 A(−1, 0)，B(1, 0) をとる．$\angle \mathrm{APB} = \dfrac{\pi}{4}$ をみたしながら点 P が動くとき，点 P の軌跡を求めよ．

問題51　目標時間 15 分

実数 t を媒介変数として，次の式で表される点 (x, y) の軌跡を求めよ．

（1）　$x = 2t - 1,\ y = t^2 - 1,\ -1 \leqq t \leqq 1$

（2）　$x = \dfrac{1 - t^2}{1 + t^2},\ y = \dfrac{2t}{1 + t^2}$

問題52　目標時間 15 分

円 $x^2 + y^2 = 1$ 上を動く点 P と，点 A(2, 0)，B(−2, 0) がある．△PAB の重心の軌跡を求めよ．

問題53　目標時間 20 分

直線 $y = mx$ が放物線 $y = x^2 + 1$ と相異なる 2 点 P，Q で交わるとする．m がこの条件をみたしながら変化するとき，m のとりうる値の範囲を求めよ．またこのとき，線分 PQ の中点 M の軌跡を求めよ．

（星薬科大）

[B: 標準問題]

問題54　目標時間 20 分

A(5, 0) を通り，傾きが a の直線が円 $x^2 + y^2 = 9$ と異なる 2 点 P，Q で交わるとき，次の問いに答えよ．

（1）　a の値の範囲を求めよ．

（2）　P と Q の中点を M とする．a を動かすとき，点 M の軌跡を求めよ．

（群馬大）

問題55　目標時間 20 分

次の方程式で表される二つの直線 l_1，l_2 を考える．

$$l_1 : (a-1)(x+1)-(a+1)y=0$$

$$l_2 : ax-y-1=0$$

a が実数全体を動くときの，l_1 と l_2 の交点の軌跡を求めなさい．

（福島大）

問題56　目標時間 20 分

xy 平面上の原点 O 以外の P(x, y) に対して，点 Q を次の条件をみたす平面上の点とする．

（i）　Q は，O を始点とする半直線 OP 上にある．

（ii）　線分 OP の長さと線分 OQ の長さの積は 1 である．

（1）　Q の座標を x，y を用いて表せ．

（2）　P が円 $(x-1)^2+(y-1)^2=2$ 上の原点以外の点を動くときの Q の軌跡を求め，座標平面上に図示せよ．

（3）　P が円 $(x-1)^2+(y-1)^2=4$ 上を動くときの Q の軌跡を求め，座標平面上に図示せよ．

（静岡大）

不等式の表す領域

[A：基礎問題]

問題57　目標時間 15 分

次の不等式が表す領域を xy 平面上に図示せよ．

（1）　$(y-x-6)(y-x^2) \geqq 0$

（2）　$(2x+y-1)(x^2-x+y^2-y) < 0$　（富山国際大）

（3）　$|x|+|y+1| \leqq 2$　（津田塾大）

問題58　目標時間 15 分

座標平面上で連立不等式 $x \geqq 0$，$y \geqq 0$，$x \leqq 6-2y$，$y \leqq 6-2x$ の表す領域を D とする．

（1）　領域 D を図示せよ．

（2）　領域 D の点 (x, y) に対して，$3x+4y$ の最大値を求めよ．

（3）　領域 D の点 (x, y) に対して，$x^2+y^2+2x-2y$ の最大値を求めよ．

（埼玉大）

問題59　目標時間 20 分

ある工場で 2 種類の製品 A，B が生産されようとしている．このとき，製品 A を 1 トン生産するのに原料 ① が 9 トン，原料 ② が 4 トン，原料 ③ が 3 トン必要であり，製品 B を 1 トン生産するのに原料 ① が 4 トン，原料 ② が 5 トン，原料 ③ が 10 トン必要である．また，製品 A の 1 トン当たりの利益は 10 万円を，製品 B の 1 トン当たりの利益は 15 万円をそれぞれ見込んでいる．この工場における原料の使用量が，原料 ① について 360 トン以下，原料 ② について 200 トン以下，原料 ③ について 300 トン以下に制限されているとすると，この制限の下で最大の利益をあげるには，製品 A，B の生産量をそれぞれ何トンにすればよいか．また，最大利益は何万円か．

（中央大）

問題60　目標時間 20 分

x 軸上の点 $\mathrm{P}(t, 0)$ と y 軸上の点 $\mathrm{Q}(0, 2)$ について，次の問いに答えよ．

（1）　線分 PQ の垂直二等分線の方程式を求めよ．

（2）　点 P が x 軸上を動くとき，線分 PQ の垂直二等分線が通過する領域を求め，図示せよ．

（福岡教育大）

[B: 標準問題]

問題61　目標時間 10 分

不等式

$$(x-1)(y-2)(x+y+1)<0$$

の表す xy 平面上の領域を図示せよ．

（学習院大（改））

問題62　目標時間 20 分

次の連立不等式の表す領域を D とする．

$$\begin{cases} x^2+y^2-1 \leqq 0 \\ x+2y-2 \leqq 0 \end{cases}$$

（1）　領域 D を図示せよ．

（2）　a を実数とする．点 (x, y) が D を動くとき，$ax+y$ の最小値を a を用いて表せ．

（3）　a を実数とする．点 (x, y) が D を動くとき，$ax+y$ の最大値を a を用いて表せ．

（広島大）

問題63　目標時間 20 分

実数 x，y が不等式 $x^2+y^2 \leqq 1$ をみたしながら変化するとき，点 $(x+y, xy)$ の存在する範囲を図示せよ．

（早稲田大（改））

問題64　目標時間 20 分

座標平面上で連立不等式

$$x \geqq 0,\ y \geqq 0,\ 0 \leqq x+y \leqq 3$$

の表す領域を D とする．このとき領域 D 上の点 $(x,\ y)$ に対して $xy+x+y$ の最大値と最小値，およびそのときの $(x,\ y)$ を求めよ．

問題65　目標時間 30 分

実数 t に対して 2 点 $\mathrm{P}(t,\ t^2)$，$\mathrm{Q}(t+1,\ (t+1)^2)$ を考える．t が $-1 \leqq t \leqq 0$ の範囲を動くとき，線分 PQ が通過してできる図形を図示せよ．

図形と方程式と応用

[A：基礎問題]

問題66　目標時間 20 分

座標平面上の 3 つの円 C_1, C_2, C_3 は，それぞれ中心が $(0, 0)$, $(0, 3)$, $(4, 0)$, 半径が r_1, r_2, r_3 であり，どの 2 つの円も互いに外接しているとする．

(1)　r_1, r_2, r_3 の値を求めよ．

(2)　円 C が C_1, C_2, C_3 のすべてと互いに外接しているとき，円 C の半径 r と中心の座標を求めよ．

(3)　C_1, C_2, C_3 のすべてが円 D に内接しているとき，円 D の半径 R と中心の座標を求めよ．

（宮崎大（改））

問題67　目標時間 20 分

座標平面上の 2 点 $\mathrm{Q}(1, 1)$, $\mathrm{R}\left(2, \dfrac{1}{2}\right)$ に対して，点 P が円 $x^2+y^2=1$ の周上を動くとき，次の問いに答えよ．

(1)　$\triangle\mathrm{PQR}$ の重心 G の軌跡を求めよ．

(2)　点 P から $\triangle\mathrm{PQR}$ の重心 G までの距離が最小となるとき，点 P の座標を求めよ．

(3)　$\triangle\mathrm{PQR}$ の面積の最小値を求めよ．

（大阪教育大）

問題68　目標時間 20 分

(1)　次の不等式の表す領域 D を図示せよ．

$$|x| \leqq y \leqq -\frac{1}{2}x^2+3$$

(2)　点 A を $\left(-\dfrac{7}{2}, 0\right)$ とし，点 B を直線 AB が $y=-\dfrac{1}{2}x^2+3$ に接するような領域 D の点とする．点 P が D を動くとき，三角形 ABP の面積の最大値を求めよ．

(3)　領域 D の点 (x, y) について $\dfrac{y}{x+\dfrac{7}{2}}$ がとる値の範囲を求めよ．

（北海道大）

問題69　目標時間 20 分

実数 x, y, z は $x \leqq y \leqq z \leqq 1$ かつ $4x + 3y + 2z = 1$ をみたすとする.

（1）　x の最大値と y の最小値を求めよ.

（2）　$3x - y + z$ の値の範囲を求めよ.

（北海道大）

問題70　目標時間 20 分

a を定数とする. xy 平面上の点の集合 $X(a)$, L を次のように定める.

$$X(a) = \left\{(x,\, y) \mid (x-a)^2 + y^2 \leqq \frac{(a+1)^2}{4}\right\},$$

$$L = \{(x,\, y) \mid y = x - 1\}$$

（1）　$X(a) \cap L = \phi$ となるような a の値の範囲を求めよ（ただし, ϕ は空集合を表す).

（2）　いかなる実数 a に対しても $\mathrm{P} \notin X(a)$ となるような点 P の集合を求め, xy 平面上に図示せよ.

（北海道大）

[B: 標準問題]

問題71　目標時間 20 分

a, b を定数とし, $a > 0$, $b \neq 1$ とする. 連立方程式

$$(x - 2y - 2)(x + 3y - 7) = 0,\ (ax - y + 1)\left(\frac{x}{a} - y + b\right) = 0$$

の解 $(x,\, y)$ が平行四辺形の 4 つの頂点になっている.

（1）　平行四辺形の対角線の交点の座標を求めよ.

（2）　a と b の値を求めよ.

（東北学院大（改））

問題72　目標時間 30 分

半円 $x^2 + y^2 = 1$, $y \geqq 0$ がある. この円周上に相異なる 2 点 P, Q をとり, 弦 PQ にそって折り返したとき, 円弧 PQ が点 $\mathrm{R}(r,\, 0)$ $(-1 \leqq r \leqq 1)$ で x 軸に接するようにする.

（1）　折り返した円弧が円周の一部となる円の方程式を求めよ.

（2）　直線 PQ の方程式を求めよ. また r を用いて弦 PQ の長さを表せ.

（3）　このような弦が存在する範囲を求め, 図示せよ.

（兵庫医科大（改））

第３章

三　角　関　数

【目標】

　まずは三角関数の基本性質とそのグラフを確認します．その上で，本セクションの中核となる加法定理について学びます．三角関数の多くの公式はこの加法定理をもとにしているので，必ず使いこなせるようにしましょう．

三角関数

[A：基礎問題]

問題73　目標時間 15 分

（1）　θ が第 2 象限の角のとき，2θ は第何象限の角であるか求めよ．ただし，角を表す動径は座標軸上にないものとする．

（2）　周の長さが 12 の扇形は，半径が $\square$，中心角が $\square$ ラジアンのとき面積が最大になり，その値は $\square$ である．

（芝浦工業大（改））

問題74　目標時間 15 分

（1）　$-\dfrac{\pi}{2} < \theta < \dfrac{\pi}{2}$ とする．$\tan\theta = -\dfrac{1}{2}$ のとき，$\sin\theta = \square$，$\cos\theta = \square$ である．

（近畿大）

（2）　θ が $\sin\theta + \cos\theta = \dfrac{1}{3}$ をみたすとき，$\sin\theta\cos\theta$，$\sin^4\theta + \cos^4\theta$ の値を求めよ．

（千葉工業大）

問題75　目標時間 10 分

$y = 2\sin\left(3x + \dfrac{\pi}{2}\right) + 1$ のグラフをかき，その周期を求めよ．

[B：標準問題]

問題76　目標時間 15 分

5 つの数 $\sin 1$，$\sin 2$，$\sin 3$，$\sin 4$，$\sin 5$ を小さいほうから順から並べよ．

（摂南大（改））

問題77　目標時間 25 分

a，b を実数とし，x に関する方程式 $\cos 2x + a\cos x + b = 0$ を考える．この方程式が $0 \leqq x < 2\pi$ の範囲で，2 個の異なる実数解を持つための a，b に関する条件を求め，点 (a, b) の存在範囲を ab 平面上に図示せよ．

（札幌医科大（改））

加法定理

[A：基礎問題]

問題78　目標時間 15 分

α を第 2 象限の角，β を第 3 象限の角とする．$\sin\alpha=\dfrac{7}{25}$，$\cos\beta=-\dfrac{4}{5}$ のとき，次の問いに答えよ．

（1）　$\cos(\alpha+2\beta)$ を求めよ．

（2）　$\alpha+2\beta$ は第何象限の角か．

（防衛医科大（改））

問題79　目標時間 15 分

（1）　次の等式が成り立つことを示せ．

$\cos 3\theta=4\cos^3\theta-3\cos\theta,\ \sin 3\theta=3\sin\theta-4\sin^3\theta$

（2）　$\alpha=\dfrac{\pi}{5}$ とする．$3\alpha=\pi-2\alpha$ となることを利用して $\cos\dfrac{\pi}{5}$ の値を求めよ．

問題80　目標時間 10 分

2 直線 $3x+2\sqrt{3}y-3\sqrt{2}=0$，$9x-\sqrt{3}y+\sqrt{6}=0$ のなす角のうち小さいものは $\boxed{}$ である．

（摂南大（改））

問題81　目標時間 15 分

$\dfrac{1}{\tan\dfrac{\pi}{24}}=\boxed{}+\boxed{}\sqrt{2}+\boxed{}\sqrt{3}+\boxed{}\sqrt{6}$ である．$\boxed{}$ にあてはまる整数を求めよ．

（横浜市立大（改））

問題82　目標時間 20 分

次の方程式，不等式を解け．ただし，$0\leqq\theta<2\pi$ とする．

（1）　$\cos 2\theta+(2\sqrt{3}+1)\sin\theta-\sqrt{3}-1=0$

（2）　$\sin 2\theta-\sin\theta+4\cos\theta\leqq 2$　　（神奈川大）

（3）　$2\cos\theta-2\cos\left(\theta+\dfrac{\pi}{3}\right)\leqq\sqrt{2}$

（4）　$\sin 2\theta-\sqrt{3}\cos 2\theta>\sqrt{3}$　　（宮城教育大（改））

問題83　目標時間25分

次の関数の最大値と最小値を求めよ．(1)，(3)はそれをとるθの値も求めよ．

(1)　$y=3\sin^2\theta+\cos 2\theta+\cos\theta-3 \quad (0\leqq\theta<2\pi)$

(2)　$y=2\sin\theta+3\cos\theta \quad (0\leqq\theta\leqq\pi)$

(3)　$y=3\sin^2\theta+4\sin\theta\cos\theta-\cos^2\theta \quad \left(0\leqq\theta\leqq\frac{\pi}{2}\right)$

(4)　$y=\sin\theta+\cos\theta+4\sin\theta\cos\theta \quad (0\leqq\theta\leqq\pi)$

問題84　目標時間20分

三角形ABCにおいて$A=\frac{\pi}{3}$であるとする．

(1)　$\sin B+\sin C$のとりうる値の範囲を求めよ．

(2)　$\sin B\sin C$のとりうる値の範囲を求めよ．

（一橋大）

問題85　目標時間20分

下図のように点Oを中心として半径OA=OB=1，中心角$\angle\mathrm{BOA}=\frac{\pi}{4}$である扇形OABを考える．この扇形の弧AB上に点Pをとり，$\angle\mathrm{POA}=\theta$とする．また，点Pから線分OAに下ろした垂線の足を点Hとし，線分PHと線分OHを2辺とする長方形をQOHPとする．さらに，辺QPと線分OBの交点をRとする．

θが0から$\frac{\pi}{4}$まで変化するとき，台形ROHPの面積をθの関数$f(\theta)$で表し，$f(\theta)$の最大値を求めよ．

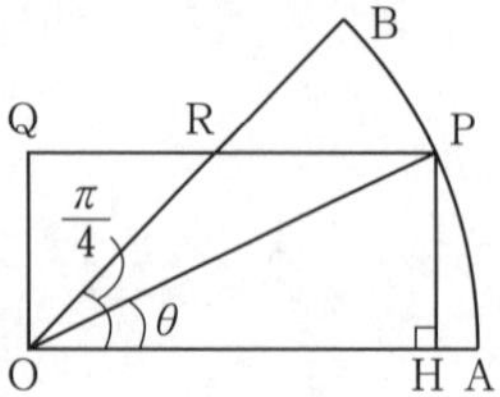

（北九州市立大）

問題86　目標時間20分

(1)　$x^2+y^2=4$のとき，$3x+y$，$x^2+2xy-3y^2$の最大値と最小値を求めよ．

(2)　$x^2-2xy+2y^2=1$のとき，$x+y$の最大値と最小値を求めよ．

[B: 標準問題]

問題87 目標時間 20 分

水平な地面に垂直に塔が建っている. 目の高さ 1.5m の人が地面のある地点 A に立って塔の頂上を見上げると, 仰角 (視線が水平面となす角) が θ であった. ただし, $\theta > 0°$ とする. この人が塔に向かって 160m 近づいて見上げると, 仰角が 2θ になった. さらに 100m 近づいて見上げると, 仰角が 4θ になった. 以下の問いに答えよ.

(1) $\cos\theta$ の値を求めよ.

(2) 塔の高さを求めよ.

(3) 同じ人が地点 A から塔に向かって何 m 近づくと, 塔の頂上を見上げる仰角が 3θ となるか.

(東北大)

問題88 目標時間 15 分

p を正の実数として, 座標平面上の 3 点 A(1, 0), B(2, 0), P(0, p) を考える. $\angle APB = \theta$ として次の問いに答えよ.

(1) $\tan\theta$ を p で表せ.

(2) θ が最大になる p の値を求めよ.

(龍谷大)

問題89 目標時間 20 分

x, y の動く範囲を $0 \leqq x \leqq 2\pi$, $0 \leqq y \leqq 2\pi$ とするとき, 不等式

$$\sin x + \sin y \geqq \cos x + \cos y$$

の表す領域を xy 平面上に図示せよ.

(学習院大)

問題90 目標時間 20 分

α, β, γ が

$$-\frac{\pi}{2} < \alpha < \frac{\pi}{2},\ -\frac{\pi}{2} < \beta < \frac{\pi}{2},\ -\frac{\pi}{2} < \gamma < \frac{\pi}{2}$$

かつ

$$\tan\alpha + \tan\beta + \tan\gamma = \tan\alpha\tan\beta\tan\gamma$$

をみたすとき, $\alpha + \beta + \gamma$ の値を求めよ.

(学習院大)

問題91　目標時間25分

関数 $f(x)$ を

$$f(x) = \left|2\cos^2 x - 2\sqrt{3}\sin x\cos x - \sin x + \sqrt{3}\cos x - \frac{5}{4}\right|$$

と定める．

（1）　$t = -\sin x + \sqrt{3}\cos x$ とおく．$f(x)$ を t の関数として表せ．

（2）　x が $0° \leqq x \leqq 90°$ の範囲を動くとき，t のとりうる値の範囲を求めよ．

（3）　x が $0° \leqq x \leqq 90°$ の範囲を動くとき，$f(x)$ のとりうる値の範囲を求めよ．また $f(x)$ が最大値をとる x を α とするとき，$60° < \alpha < 75°$ をみたすことを示せ．

（東北大（改））

問題92　目標時間25分

（1）　$\cos 5\theta = f(\cos\theta)$ をみたす多項式 $f(x)$ を求めよ．

（2）　次の値を求めよ．

（i）　$\cos\frac{\pi}{10} + \cos\frac{3\pi}{10} + \cos\frac{7\pi}{10} + \cos\frac{9\pi}{10}$

（ii）　$\cos\frac{\pi}{10}\cos\frac{3\pi}{10}\cos\frac{7}{10}\pi\cos\frac{9\pi}{10}$

（京都大（改））

問題93　目標時間25分

辺の長さが a および b（ただし $b > a$ とする）の長方形ABCDと，これに図のように外接している正三角形PQRがある（長方形の辺が三角形の辺上にある場合も含む）．$\angle\text{BAQ} = \theta$ とおく．ただし，$\frac{\pi}{6} \leqq \theta \leqq \frac{\pi}{3}$ とする．

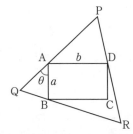

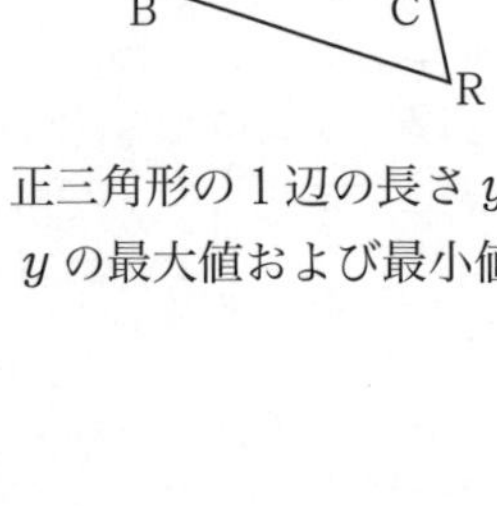

（1）　正三角形の1辺の長さ y を求めよ．

（2）　y の最大値および最小値を求めよ．

（名古屋市立大（改））

第４章

指数関数・対数関数

●1　指数関数
●2　対数関数

【目標】

まずは指数関数・対数関数の定義や性質をきちんと理解しましょう．特に関数の単調性（単調増加 or 単調減少）は，方程式や不等式を解く際，とても重要です．常にグラフを意識をするようにしてください．

また常用対数を利用して桁数や最高位の数を求める問題は，入試で頻出のテーマです．こちらも必ずできるようにしましょう．

指数関数

[A：基礎問題]

問題94　目標時間 15 分

（1）　次の計算をせよ．ただし $x>0$，$y>0$ とする．

（ i ）　$(2^{\frac{4}{3}}\cdot 2^{-1})^6\times\left\{\left(\dfrac{16}{81}\right)^{-\frac{7}{6}}\right\}^{\frac{3}{7}}$　（鳥取大）

（ii）　$\dfrac{5}{3}\sqrt[6]{9}+\sqrt[3]{-81}+\sqrt[3]{\dfrac{1}{9}}$　（中央大）

（iii）　$\dfrac{\sqrt[3]{x^2}}{\sqrt[4]{y}}\times\dfrac{\sqrt[3]{y}}{\sqrt{x}}\div\sqrt[6]{x\sqrt{y}}$

（iv）　$(x^{\frac{1}{3}}-y^{\frac{1}{3}})(x^{\frac{2}{3}}+x^{\frac{1}{3}}y^{\frac{1}{3}}+y^{\frac{2}{3}})(x+y)$　（鳥取大）

（2）　$a>0$，$a^{\frac{1}{3}}+a^{-\frac{1}{3}}=\sqrt{5}$ であるとき，次の式の値を求めよ．

（ i ）　$a+a^{-1}$

（ii）　$a-a^{-1}$

（大阪経済大）

問題95　目標時間 10 分

（1）　4 つの数 $4^{\frac{1}{4}}$，$8^{\frac{2}{9}}$，$\sqrt[3]{2}$，$(2\sqrt{2})^{\frac{1}{2}}$ を小さい順に並べよ．（広島工業大（改））

（2）　$\sqrt{3}$，$\sqrt[3]{5}$，$\sqrt[4]{7}$，$\sqrt[6]{19}$ を小さい順に並べよ．（立教大（改））

問題96　目標時間 15 分

次の方程式，不等式を解け．

（1）　$3^{2x-1}-3^{x-1}-2=0$　（名城大（改））

（2）　$\begin{cases}2^{3x+y}=16\\2^{3x}-2^{y}=-6\end{cases}$　（京都産業大）

（3）　$\left(\dfrac{1}{4}\right)^x+\left(\dfrac{1}{2}\right)^x-20>0$　（名城大（改））

（4）　$a^{2x-1}-a^{x+2}-a^{x-2}+a\leqq 0$　（ただし a は 1 ではない正の定数）

（弘前大（改））

問題97　目標時間 15 分

実数 x, y は $2x+y=2$ をみたして動く．また

$$z=81^x+9^y-2(3^{2x+1}+3^{y+1})$$

とおく．次の問いに答えよ．

（1）　$t=9^x+3^y$ とおくとき，z を t の式で表せ．

（2）　z の最小値，およびそれを与える x, y の値を求めよ．

（関西学院大（改））

[B: 標準問題]

問題98　目標時間 20 分

すべての実数 x に対して不等式 $2^{2x+2}+2^xa+1-a>0$ が成り立つような実数 a の範囲を求めよ．

（東北大）

問題99　目標時間 25 分

x の方程式

$$4^x+4^{-x}-10(2^x+2^{-x})+2-r=0$$

の解の個数を r の値によって分類せよ．

（滋賀大（改））

対数関数

[A：基礎問題]

問題100　目標時間25分

（1）　次の式を簡単にせよ．

（i）　$8^{\log_2 5}$　（中央大）

（ii）　$4\log_4\sqrt{2}+\frac{1}{2}\log_4\frac{1}{8}-\frac{3}{2}\log_4 8$　（鳥取大）

（iii）　$\log_8 9\times\log_3 16$　（西南学院大）

（iv）　$(\log_{27}4+\log_9 4)(\log_2 27-\log_4 3)$　（信州大）

（2）　次の数を小さい順に並べよ．

（i）　$\log_4 6$，$\log_8 9$，$\log_9 8$　（高知大）

（ii）　$4^{\log_6 5}$，$5^{\log_4 6}$，$6^{\log_5 4}$　（愛知医科大）

（3）　$2^x=3^y=6^5$ のとき，$\frac{1}{x}+\frac{1}{y}$ の値を求めよ．　（東京電機大）

（4）　$\log_{10}(y+1)-\log_{10}x=\log_{10}(2x-1)-\log_{10}y+\log_{10}2$ が成り立つとき，この式の値を求めよ．　（津田塾大）

（5）　$\log_4 17$ の整数部分を a，小数部分を b とするとき，a^b を求めよ．

問題101　目標時間20分

次の方程式，不等式を解け．

（1）　$3\log_2 x+1=\log_2(3x+1)$　（東京都市大（改））

（2）　$x^{\log_5 x}=25x$　（明治大）

（3）　$\log_2(x-1)\geqq\log_4(5x-9)$　（東京都市大）

（4）　$\log_{\frac{1}{2}}\left(\frac{3-x}{2}\right)\geqq\log_{\frac{1}{4}}|x-2|$　（福岡大）

（5）　$\log_a(x^2-4x-1)>\log_a(2x-1)$　（ただし a は1ではない正の定数とする）　（甲南大（改））

（6）　$\log_4 x^2-\log_x 64\leqq 1$　（ただし x は1ではない正の数とする）　（愛知工業大）

問題 102　目標時間 20 分

（1）　関数 $y=\left(\log_3 \dfrac{x}{27}\right)\left(\log_{\frac{1}{3}} \dfrac{3}{x}\right)\left(\dfrac{1}{3} \leqq x \leqq 27\right)$ は $x=$ □ のとき最大値 □ をとり，$x=$ □ のとき最小値 □ をとる.　（上智大）

（2）　実数 a，b は $a \geqq 1$，$b \geqq 1$，$a+b=9$ をみたす. このとき

$$\log_3 a+\log_3 b$$

の最大値と最小値を求めよ.　（一橋大）

問題 103　目標時間 15 分

3^{52} の桁数は □ であり，最高位の数は □ である. また 1 の位は □ である. ただし $\log_{10} 2=0.3010$，$\log_{10} 3=0.4771$，$\log_{10} 7=0.8451$ とする.

（明治大）

[B: 標準問題]

問題 104　目標時間 30 分

（1）　4 つの数 $a=2^{\frac{1}{2}}$，$b=3^{\frac{1}{3}}$，$c=4^{\frac{1}{4}}$，$d=5^{\frac{1}{5}}$ の大小を比べよ.

（2）　以下 x，y，z，w は正の実数とする.

（i）　$2^x=3^y=4^z=5^w$ のとき，$2x$，$3y$，$4z$，$5w$ の大小を比べよ.

（ii）　$x^{\frac{1}{2}}=y^{\frac{1}{3}}=z^{\frac{1}{4}}=w^{\frac{1}{5}}$ のとき $\log_2 x$，$\log_3 y$，$\log_4 z$，$\log_5 w$ の大小を比べよ.

（東京薬科大（改））

問題 105　目標時間 20 分

自然数 m，n と $0<a<1$ をみたす実数 a を，等式 $\log_2 6=m+\dfrac{1}{n+a}$ が成り立つようにとる.

（1）　自然数 m，n を求めよ.

（2）　不等式 $a>\dfrac{2}{3}$ が成り立つことを示せ.

（大阪大）

問題 106　目標時間 20 分

a を実数とする．x についての不等式 $\log_2(a+4^x) > x+1$ を解け．

（学習院大（改））

問題 107　目標時間 25 分

（1）　$\log_{10} 2$ は $\dfrac{3}{10}$ より大きいことを示せ．さらに，$80 < 81$ および $243 < 250$ であることに注意して，

$$\frac{3}{10} < \log_{10} 2 < \frac{23}{75},\ \frac{19}{40} < \log_{10} 3 < \frac{12}{25}$$

であることを示せ．

（2）　$\left(\dfrac{5}{9}\right)^n$ の小数第 5 位に初めて 0 でない数字が現れるような，最小の自然数 n を求めよ．

（岩手大）

第5章

微　分　法

【目標】

微分法，そして積分法は近代数学の礎で，理系の人にとってはここがすべてのスタート地点，文系の人にとってはここが一つの到達地点といえるでしょう．このようにいうと，なにやら難しい印象を受けるかもしれませんが，数学 II で学ぶ微分法は話題が限定的なので，しっかり訓練を積めば必ず得点源にすることができます．まずは接線の方程式を求める，グラフをかくなど基本的な動作をできるようにしましょう．もちろん計算手法を覚えるだけではなく，微分係数や導関数の定義を理解するなど，原理的な理解も深めるようにしてください．

微分係数と導関数・接線

[A : 基礎問題]

問題108　目標時間 10 分

（1）　$f(x)=x^3-3x^2+6x-9$ について，$\displaystyle\lim_{h\to 0}\frac{f(3+h)-f(3)}{h}=\square$ である．

（大阪経済大）

（2）　次の関数を微分せよ．

（i）　$y=4x^3-x^2+x-1$

（ii）　$y=(x^2+x+1)(-x^2+3x)$

（iii）　$y=(x+1)^3$

（iv）　$y=(2x-3)^5$

問題109　目標時間 15 分

（1）　曲線 $y=x^3-5x$ 上の点 $(2,\ -2)$ における接線の方程式を求めよ．

（2）　曲線 $y=x^3-5x$ の接線で，傾きが -2 であるものの方程式を求めよ．

（3）　点 $(-1,\ 0)$ より曲線 $y=x^3$ へ引いた接線の方程式を求めよ．

（名城大）

[B: 標準問題]

問題110　目標時間 10 分

$\displaystyle\lim_{x\to 3}\frac{ax^2+bx}{x-3}=12$ が成り立つとき，a，b の値を求めよ．

（桜美林大）

問題111　目標時間 5 分

n を自然数とする．導関数の定義に従って関数 $f(x)=x^n$ を微分せよ．

問題 112　目標時間 20 分

次の問いに答えよ．

（1）　x の整式 $f(x)$ を $(x-a)^2$ で割ったときの余りを，a，$f(a)$，$f'(a)$ を用いて表せ．またこのことを利用して，x の整式 $f(x)$ が $(x-a)^2$ で割り切れるための必要十分条件は $f(a)=f'(a)=0$ であることを示せ．

（2）　n を 2 以上の自然数とする．x^n+ax+b が $(x-1)^2$ で割り切れるとき，a，b の値を求めよ．

（東北学院大（改））

問題 113　目標時間 10 分

$f(x)=-x^3+ax^2+b$，$g(x)=-x^2+bx+a$ とする．2 つの曲線 $y=f(x)$ と $y=g(x)$ が点 $(1, 7)$ で接線 l を共有するとき

（1）　a，b の値を求めよ．

（2）　接線 l の方程式を求めよ．

（摂南大（改））

問題 114　目標時間 20 分

曲線 C : $y=x^3-kx$（k は実数）を考える．C 上に点 $\mathrm{A}(a, a^3-ka)$ $(a \neq 0)$ をとる．次の問いに答えよ．

（1）　点 A における C の接線を l_1 とする．l_1 と C の A 以外の交点を B とする．B の x 座標を求めよ．

（2）　点 B における C の接線を l_2 とする．l_1 と l_2 が直交するとき，a と k がみたす条件を求めよ．

（3）　l_1 と l_2 が直交する a が存在するような k の範囲を求めよ．

（大阪大）

関数の値の変化と最大・最小

[A：基礎問題]

問題115　目標時間 15 分

次の関数の極大値・極小値を求めよ.

（1）　$f(x) = x^3 - x^2 - x + 1$　（京都産業大）

（2）　$f(x) = -x^3 + 6x^2 + 3x$　（慶應義塾大（改））

（3）　$f(x) = -x^4 + 4x^3$

問題116　目標時間 10 分

3 次関数 $f(x) = x^3 + ax^2 + bx + c$ は $x = 1$ で極大値 0 をとり，$x = 3$ で極小値をとる. このとき，a，b，c の値と極小値を求めよ.

（摂南大）

問題117　目標時間 15 分

関数 $f(x) = x^3 - 3x$ の $-\sqrt{3} \leqq x \leqq a$ における最大値と最小値を求めよ. ただし，a は $a \geqq -\sqrt{3}$ をみたす定数とする.

[B：標準問題]

問題118　目標時間 20 分

関数 $f(x) = x^3 + kx^2 - (k^2 - 1)x$（ただし，$k$ は定数）は，$x = \alpha$ で極大値，$x = \beta$ で極小値をもつ. このとき，k のとりうる値の範囲は $\square$ である. また，極大値と極小値の差は k を用いて $\square$ と表される. 極大値と極小値の差が 4 であるとき，k の値は $\square$ である.

（明治薬科大（改））

問題 119　目標時間 20 分

関数 $f(x)=-\frac{1}{3}x^3+\frac{1}{2}x^2+2x\ (a\leqq x\leqq a+2)$ における最小値を $g(a)$，最大値を $h(a)$ とおく．$b=g(a)$，$b=h(a)$ のグラフを ab 平面上に図示せよ．

問題 120　目標時間 20 分

半径 1 の球に内接する正三角錐 A-BCD の体積の最大値を求めよ．ただし，正三角錐とは底面が正三角形で，側面がすべて合同な二等辺三角形である角錐のことである．

（弘前大（改））

方程式と不等式

[A : 基礎問題]

問題121　目標時間 15 分

次の問いに答えよ.

(1)　x の 3 次方程式 $x^3 - 3x^2 - 9x + k = 0$ が異なる 3 つの実数解をもつための k の値の範囲を求めよ.　（京都産業大）

(2)　不等式 $x^4 + 2x^3 - 2x^2 + k > 0$ がすべての実数 x について成り立つような, 定数 k の範囲を求めよ.　（高崎経済大）

問題122　目標時間 15 分

x の 3 次方程式 $2x^3 - 3tx^2 - 6(t+1)x + t + 4 = 0$ が異なる 3 個の実数解をもつように, 実数 t の値の範囲を定めよ.

（関西学院大）

問題123　目標時間 15 分

不等式

$$x^4 - 4p^3x + 6p^2 + 9 \geqq 0$$

がつねに成り立つような定数 p の値の範囲を求めよ.

（学習院大）

[B: 標準問題]

問題124　目標時間 20 分

ある直方体の縦, 横, 高さを α, β, γ $(\alpha \leqq \beta \leqq \gamma)$ とする. この直方体のすべての辺の長さの和が 48, 表面積が 72, 体積が V のとき, V および γ のとりうる値の範囲を求めよ.

（明星大 (改)）

問題 125　目標時間 20 分

関数 $f(x)=x^3-6x^2+3x-8$ について，次の問いに答えよ．

（1）　曲線 $y=f(x)$ 上の点 $(t,\ f(t))$ における接線の方程式を求めよ．

（2）　点 $\mathrm{P}(0,\ p)$ から曲線 $y=f(x)$ に異なる 3 本の接線が引けるような p の値の範囲を求めよ．

（福岡大）

問題 126　目標時間 20 分

a を実数とする．$0\leqq x\leqq 1$ において不等式

$$x^3\geqq a(3x-1)$$

がつねに成り立つような a の範囲を求めよ．

（大阪大（改））

微分法と応用

[A：基礎問題]

問題127　目標時間 25 分

関数 $f(x)=x^4-2(a+1)x^2+4ax$ (a は正の整数) は $x=1$ で極小値をとる.

(1)　この関数は $x=$ $\square$ でもう 1 つの極小値 $\square$ をとる.

(2)　曲線 $y=f(x)$ 上の異なる 2 点で接する接線の方程式は $y=$ $\square$ である.

(埼玉大)

問題128　目標時間 25 分

関数 $f(x)=x^3-2x^2-3x+4$ の, 区間 $-\dfrac{7}{4}\leqq x\leqq 3$ での最大値と最小値を求めよ.

(東京大)

問題129　目標時間 20 分

x の方程式 $2x^3+x^2-mx-3=0$ が異なる 3 つの実数解をもつような m の範囲を求めよ.

(大阪大 (改))

問題130　目標時間 25 分

(1)　曲線 $y=x^3$ と直線 $y=3x+a$ が異なる 3 点で交わるような a の範囲を求めよ.

(2)　a が (1) の範囲を動くとき, 3 つの交点を A, B, C とし, 点 $(a, 4a)$ を D とする. 3 つの線分の長さの積 DA・DB・DC の最大値を求めよ.

(一橋大)

問題131　目標時間 20 分

$f(x)=x^3-x^2-x-1$, $g(x)=x^2-x-1$ とする.

(1)　方程式 $f(x)=0$ はただ 1 つの実数解 α をもつことを示せ. また, $1<\alpha<2$ であることを示せ.

(2)　方程式 $g(x)=0$ の正の解を β とする. α と β の大小を比較せよ.

(3)　α^2 と β^3 の大小を比較せよ.

(一橋大)

問題 132　目標時間 25 分

区間 $0 \leqq x \leqq 4$ において，2 つの関数

$$f(x) = x^3 - 3x^2 - 9x,\ g(x) = -9x^2 + 27x + a$$

を考える．次の条件をみたすような実数 a の範囲を求めよ．

（1）　任意の x に対して $f(x) > g(x)$

（2）　ある x に対して $f(x) > g(x)$

（3）　任意の x_1，x_2 に対して $f(x_1) > g(x_2)$

（4）　ある x_1，x_2 に対して $f(x_1) > g(x_2)$

（東京理科大（改））

[B: 標準問題]

問題 133　目標時間 30 分

a を実数とし，$f(x) = x^3 - 3ax$ とする．区間 $-1 \leqq x \leqq 1$ における $|f(x)|$ の最大値を M とする．M の最小値とそのときの a の値を求めよ．

（一橋大）

問題 134　目標時間 30 分

3 辺の長さが a と b と c の直方体を，長さが b の 1 辺を回転軸として 90° 回転させるとき，直方体が通過する点がつくる立体の体積を V とする．

（1）　V を a，b，c で表せ．

（2）　$a + b + c = 1$ のとき，V のとりうる値の範囲を求めよ．

（東京大（改））

問題 135　目標時間 25 分

（1）　関数 $f(x) = 2x^3 - 3x^2 + 1$ のグラフをかけ．

（2）　方程式 $f(x) = a$（a は実数）が相異なる 3 つの実数解 $\alpha < \beta < \gamma$ をもつとする．$l = \gamma - \alpha$ を β を用いて表せ．

（3）　a が（2）の条件のもとで変化するとき，l の動く範囲を求めよ．

（名古屋大）

第6章

積　分　法

- ●1　不定積分・定積分
- ●2　面積
- ●3　積分法と応用

【目標】

まずは不定積分，定積分の計算をしっかりできるようにしましょう．その上で積分方程式などの数式的問題や，面積計算などの図形問題を扱います．

出題パターンが決まっているのは微分法と同様ですので，しっかり訓練をして得点源にしましょう．

不定積分・定積分

[A : 基礎問題]

問題136 目標時間 10 分

（1） 次の不定積分を求めよ.

（i） $\int (x^2 - 4x + 3)\,dx$

（ii） $\int (x-3)(x^2+x-5)\,dx$

（iii） $\int (x+1)^3\,dx$

（iv） $\int (3x-1)^4\,dx$

（2） 次の定積分を求めよ.

（i） $\int_{-1}^{2} (-x^2+2x+5)\,dx$ （東京電機大）

（ii） $\int_{0}^{1} (x^2-4x)\,dx + \int_{2}^{1} (4x-x^2)\,dx$

（iii） $\int_{-2}^{5} |x^2-9|\,dx$ （立教大）

問題137 目標時間 15 分

次の問いに答えよ.

（1） 次の等式が成り立つことを示せ.

（i） $\int_{\alpha}^{\beta} (x-\alpha)(x-\beta)\,dx = -\frac{1}{6}(\beta-\alpha)^3$

（ii） $\int_{\alpha}^{\beta} (x-\alpha)^2(x-\beta)\,dx = -\frac{1}{12}(\beta-\alpha)^4$

（2） 次の定積分を求めよ.

（i） $\int_{\frac{3-\sqrt{5}}{4}}^{\frac{3+\sqrt{5}}{4}} (4x^2-6x+1)\,dx$

（ii） $\int_{0}^{1} (x-1)^6(x-2)\,dx$

問題 138　目標時間 10 分

次の等式をみたす関数 $f(x)$ を求めよ．(2) においては定数 a の値も求めよ．

(1)　$f(x) = x^2 + \int_0^2 xf(t)\,dt$　(東京電機大)

(2)　$\int_a^x f(t)\,dt = x^2 - 3x + 2$　(福井工業大)

問題 139　目標時間 10 分

$-1 \leqq x \leqq 5$ の範囲で，関数 $f(x) = \int_{-3}^x (t^2 - 2t - 3)\,dt$ が最小値をとるのは $x = \square$ のときである．

(立教大)

[B: 標準問題]

問題 140　目標時間 10 分

定積分

$$\int_{-1}^1 (x+2)(|x|-1)^2\,dx$$

を求めよ．

(学習院大)

問題 141　目標時間 20 分

整式 $f(x)$ が

$$(x-1)f(x) = 3\int_1^x f(t)\,dt,\ f(0) = 1$$

をみたす．$f(x)$ を求めよ．

問題 142　目標時間 20 分

関数 $f(x)$，$g(x)$ が次の 2 つの式をみたしている．ただし，a は定数とする．

$$\begin{cases} \int_1^x f(t)\,dt = xg(x) - 2ax + 2 \\ g(x) = x^2 - x\int_0^1 f(t)\,dt - 3 \end{cases}$$

このとき a の値と，関数 $f(x)$，$g(x)$ を求めよ．

(上智大 (改))

面積

[A：基礎問題]

問題 143　目標時間 20 分

（1）　2つの放物線 $y=x^2$，$y=-x^2+7x-3$ と2つの直線 $x=1$，$x=2$ で囲まれた部分の面積を求めよ．（中京大）

（2）　関数 $y=x^2+1$ および $y=-x^2+2x+4$ のグラフで囲まれた図形の面積を求めよ．（福島大）

（3）　放物線 C ： $y=-x^2+x$ と，C 上の2点 $(-1,\,-2)$ における接線および直線 $x=3$ で囲まれる図形の面積を求めよ．（同志社女子大）

（4）　曲線 C ： $y=|x^2-4x|$ と直線 l ：$y=x+4$ で囲まれる図形の面積を求めよ．

問題 144　目標時間 15 分

連立不等式 $\begin{cases} x^2+y^2 \leqq 4 \\ y \geqq x^2-2 \end{cases}$ の表す領域の面積を求めよ．

（武蔵工業大）

問題 145　目標時間 15 分

2つの放物線 C_1 ： $y=x^2$，C_2 ： $y=x^2-4x+8$ に共通な接線を l とする．

（1）　直線 l の方程式を求めよ．

（2）　2つの放物線 C_1，C_2 と直線 l で囲まれた図形の面積を求めよ．

（滋賀大）

問題 146　目標時間 15 分

直線 $y=mx$ が，放物線 $y=4x-x^2$ と x 軸で囲まれる部分の面積を2等分するように定数 m の値を定めよ．ただし，$0<m<4$ とする．

（函館大（改））

[B: 標準問題]

問題 147　目標時間 20 分

放物線 C : $y=x^2$ に異なる2点P，Qをとり，x 座標をそれぞれ α，β $(\alpha<\beta)$ とする．いま2点P，Qにおける C の接線をそれぞれ l_1，l_2 とし，C と l_1，l_2 で囲まれる部分の面積を S_1，C と直線PQで囲まれる部分の面積を S_2 とする．

（1）　S_1，S_2 を α，β を用いて表せ．

（2）　$\dfrac{S_2}{S_1}$ を求めよ．

問題 148　目標時間 25 分

p を実数とする．関数 $y=x^3+px^2+x$ のグラフ C_1 と関数 $y=x^2$ のグラフ C_2 は，$x>0$ の範囲に共有点を2個もつとする．

（1）　このような p の値の範囲を求めよ．

（2）　C_1 と C_2 の $x>0$ の範囲にある共有点の x 座標をそれぞれ α，β $(\alpha<\beta)$ とし，$0\leqq x\leqq\alpha$ と $\alpha\leqq x\leqq\beta$ の範囲で C_1 と C_2 が囲む部分の面積をそれぞれ S_1，S_2 とする．$S_1=S_2$ となるような p の値を求めよ．また，このときの S_1 の値を求めよ．

（北海道大）

問題 149　目標時間 25 分

関数 $y=x^3-3x+1$ の表す曲線 C と，C を x 軸の方向に a $(a>0)$ だけ平行移動した曲線 C_a がある．2つの曲線 C と C_a が異なる2点で交わるとき，次の問いに答えよ．

（1）　a の値の範囲を求めよ．

（2）　2つの曲線 C と C_a で囲まれた部分の面積を $S(a)$ とするとき，$S(a)$ の最大値とそのときの a の値を求めよ．

（山形大）

問題 150　目標時間 25 分

$a\geqq0$ とする．曲線 $y=|x^2-4|$ と直線 $x=a$，$x=a+1$ および x 軸で囲まれた図形の面積を $S(a)$ とする．次の各問いに答えよ．

（1）　$S(a)$ を求めよ．

（2）　a が $a\geqq0$ の範囲を動くとき，$S(a)$ の最小値を与える a の値を求めよ．

（名城大（改））

積分法と応用

[A：基礎問題]

問題151　目標時間25分

2次以下の整式 $f(x)=ax^2+bx+c$ に対し $S=\int_0^2 |f'(x)|\,dx$ を考える.

（1）　$f(0)=0$，$f(2)=2$ のとき S を a の関数として表せ.

（2）　$f(0)=0$，$f(2)=2$ をみたしながら f が変化するとき，S の最小値を求めよ.

（東京大）

問題152　目標時間25分

関数 $F(t)$ を $F(t)=\int_0^1 |x^2-2tx|\,dx$ によって定義する.

（1）　$F(t)$ を t の式で表せ.

（2）　$F(t)$ の最小値を求めよ.

（慶應義塾大（改））

問題153　目標時間25分

曲線 $y=|x^2-1|$ を C とし，点 A$(-1,0)$ を通る傾き m の直線を l とする.

（1）　l が A 以外の異なる2点で C と交わるときの m の値の範囲を求めよ.

（2）　m が（1）で求めた範囲を動くとき，C と l で囲まれた図形の面積 S を m で表せ.

（3）　S が最小となるときの m の値を求めよ.

（東京電機大）

[B: 標準問題]

問題 154　目標時間 25 分

放物線 $y = ax^2$ $(a > 0)$ と円 $(x-b)^2 + (y-1)^2 = 1$ $(b > 0)$ が，点 $\mathrm{P}(p, q)$ で接しているとする．ただし，$0 < p < b$ である．この円の中心 Q から x 軸に下ろした垂線と x 軸との交点を R としたとき，$\angle\mathrm{PQR} = 120^\circ$ であるとする．ここで，放物線と円が点 P で接するとは，P が放物線と円の共有点であり，かつ点 P における放物線の接線と点 P における円の接線が一致することである．

(1)　a，b の値を求めよ．

(2)　点 P と点 R を結ぶ短い方の弧と x 軸，および放物線で囲まれた部分の面積を求めよ．

（名古屋大）

問題 155　目標時間 25 分

$0 \leqq t \leqq 2$ の範囲にある t に対し，方程式 $x^4 - 2x^2 - 1 + t = 0$ の実数解のうち最大のものを $g_1(t)$，最小のものを $g_2(t)$ とおく．

$$\int_0^2 (g_1(t) - g_2(t))\,dt$$

を求めよ．

（東京大）

第７章

数　列

- ●1　等差数列と等比数列
- ●2　いろいろな数列
- ●3　数学的帰納法
- ●4　漸化式
- ●5　数列と応用

【目標】

まずは等差数列・等比数列とよばれる数列を通して，数列の基本的な考え方を学びます．その後，総和記号 $\sum$ を用いた計算や，群数列・格子点などの数列における諸問題を扱います．

数学的帰納法は，その原理をしっかり理解した上で使えることを目標にしましょう．漸化式は出題されるタイプが決まっているので，典型的なものをできるようにすれば大丈夫です．

応用問題では整数など，他分野との融合問題も扱います．

等差数列と等比数列

[A：基礎問題]

問題156 目標時間 10 分

第 10 項が 81, 第 16 項が 69 である等差数列 $\{a_n\}$ において, 初項から第 n 項までの和を S_n とする. 次の問いに答えよ.

（1） 一般項 a_n を求めよ.

（2） S_n が最大になるときの n と, そのときの S_n の値を求めよ.

問題157 目標時間 15 分

初項 5 で公差 7 の等差数列と, 初項 6 で公差 4 の等差数列に共通な項のうちで, 2000 以下のものの和を求めよ.

（昭和女子大）

問題158 目標時間 10 分

公比が正である等比数列の第 4 項が 12, 第 6 項が 192 であるとき, 一般項 a_n を求めよ. また, この数列の第 2 項から第 6 項までの和を求めよ.

（東京電機大（改））

問題159 目標時間 15 分

ある等比数列の初項から第 n 項までの和が 54, 初項から第 $2n$ 項までの和が 63 であるとき, この等比数列の初項から第 $3n$ 項までの和を求めよ.

（摂南大）

問題160 目標時間 10 分

$-1 < a < 0 < b$ のとき, 3 つの数 $-1, a, b$ を適当に並べると等差数列になり, また, 適当に並べると等比数列となる. このとき, $a = \square$, $b = \square$ である.

（鳥取環境大）

問題161 目標時間 10 分

和 $S = 1 \cdot 2 + 2 \cdot 2^2 + 3 \cdot 2^3 + \cdots + n \cdot 2^n$ を求めよ.

（信州大（改））

[B: 標準問題]

問題162　目標時間 25 分

数列 a_1，a_2，……，a_n，…… は初項 a，公差 d の等差数列であり，$a_3 = 12$ かつ $S_8 > 0$，$S_9 \leqq 0$ をみたす．ただし，$S_n = a_1 + a_2 + \cdots\cdots + a_n$ である．

（1）　公差 d のとる値の範囲を求めよ．

（2）　$a_n\,(n > 3)$ がとる値の範囲を，n を用いて表せ．

（3）　$a_n > 0$，$a_{n+1} \leqq 0$ となる n の値を求めよ．

（4）　S_n が最大となるときの n の値をすべて求めよ．また，そのときの S_n を d の式で表せ．

（早稲田大）

問題163　目標時間 15 分

p は素数，m，n は正の整数で $m < n$ とする．このとき m と n の間にあって，p を分母とする既約分数の総和を求めよ．

（同志社大）

問題164　目標時間 10 分

数列 3，33，333，3333，33333，…… の一般項 a_n と，初項から第 n 項までの和 S_n を求めよ．

（神戸学院大）

いろいろな数列

[A：基礎問題]

問題165　目標時間 15 分

（1）　次の計算をせよ．

（i）　$\sum_{k=1}^{n}(k^2+2k+3)$　（武蔵大）

（ii）　$\sum_{k=0}^{n+1}(k^3-k^2)$

（iii）　$1\cdot n+2\cdot(n-1)+3\cdot(n-2)+\cdots+n\cdot 1$　（浜松大）

（2）　次の計算をせよ．

（i）　$\sum_{n=1}^{100}\dfrac{1}{(2n-1)(2n+1)}$　（京都産業大）

（ii）　$\sum_{k=1}^{n}\dfrac{1}{k(k+1)(k+2)}$　（青山学院大（改））

（iii）　$\sum_{k=1}^{n}k(k+1)(k+2)(k+3)$

問題166　目標時間 10 分

数列 $\{a_n\}$ は $a_1=1$ であり，階差数列 $\{b_n\}$ を $b_n=a_{n+1}-a_n$ で定めると

$$b_n=\frac{1}{\sqrt{n+2}+\sqrt{n}}$$

をみたす．一般項 a_n を求めよ．

問題167　目標時間 10 分

数列 $\{a_n\}$ の初項から第 n 項までの和 S_n が

$$S_n=2n^2+3n+4$$

で表されるとき，一般項 a_n を求めよ．

（東京都市大（改））

問題 168　目標時間 15 分

数列

(*)　$\dfrac{1}{2}, \dfrac{1}{3}, \dfrac{2}{3}, \dfrac{1}{4}, \dfrac{2}{4}, \dfrac{3}{4}, \cdots$

について，次の問いに答えよ．

（1）　$\dfrac{37}{50}$ は第何項になるか．

（2）　第 1000 項の数を求めよ．

（3）　初項から第 1000 項までの和を求めよ．

（中央大）

問題 169　目標時間 20 分

座標平面上で，点 (x, y) を考える．ここで，x，y を 0 以上の整数，n を自然数とする．このとき以下の問いに答えよ．

（1）　$x + y \leqq n$ をみたす点 (x, y) の個数を n で表せ．

（2）　$\dfrac{x}{2} + y \leqq n$ をみたす点 (x, y) の個数を n で表せ．

（3）　$x + \sqrt{y} \leqq n$ をみたす点 (x, y) の個数を n で表せ．

（中央大（改））

[B: 標準問題]

問題 170　目標時間 15 分

自然数 $1, 2, 3, \cdots, n$ について，相異なる 2 つの数字の積の総和を求めよ．

（創価大（改））

問題 171　目標時間 15 分

第 n 項が $a_n = n^2 - 10n + 21$ と表される数列 $\{a_n\}$ の第 1 項から第 n 項までの和を S_n とおく．このとき，S_n が最小となる自然数 n の値と，そのときの S_n の値を求めよ．

（愛知教育大）

問題 172　目標時間 25 分

実数 X に対し $Y \leqq X < Y + 1$ をみたす整数 Y が定まる．この整数を $[X]$ で表すとき $\displaystyle\sum_{k=1}^{2^n-1} [\log_2 k]$ を n の式で表せ．

（東京女子医科大（改））

数学的帰納法

[A：基礎問題]

問題 173　目標時間 10 分

n が 2 以上の自然数のとき，次の不等式が成り立つことを示せ．

$$\frac{1}{1^2}+\frac{1}{2^2}+\frac{1}{3^2}+\cdots+\frac{1}{n^2}<2-\frac{1}{n}$$

（東京歯科大）

問題 174　目標時間 15 分

不等式 $n^2 \geqq 2^n$ をみたす自然数 n を求めよ．

（滋賀大（改））

問題 175　目標時間 15 分

n を自然数とする．$x=t+\dfrac{1}{t}$ とするとき，$P_n=t^n+\dfrac{1}{t^n}$ は x の n 次式で表されることを示せ．

[B：標準問題]

問題 176　目標時間 20 分

n を自然数とするとき，等式 $\displaystyle\sum_{k=1}^{2n}\frac{(-1)^{k-1}}{k}=\sum_{k=1}^{n}\frac{1}{n+k}$ が成り立つことを示せ．

問題 177　目標時間 20 分

n を自然数とするとき，不等式 $2^n \leqq {}_{2n}\mathrm{C}_n \leqq 4^n$ が成り立つことを証明せよ．

（山口大）

問題 178　目標時間 20 分

数列 $\{a_n\}$ が $a_1=2$，$a_n<2n^2+\dfrac{1}{n}\displaystyle\sum_{j=1}^{n-1}a_j\ (n=2,\ 3,\ 4,\ \cdots)$ をみたすとする．このとき，すべての正の整数 n に対して $a_n<3n^2$ が成り立つことを証明せよ．

（学習院大）

漸化式

[A：基礎問題]

問題 179 目標時間 5 分

$a_1=2,\ a_{n+1}=3a_n+2$ で定められる数列 $\{a_n\}$ の一般項 a_n を求めよ.

問題 180 目標時間 20 分

次の条件によって定められる数列 $\{a_n\}$ の一般項 a_n を求めよ.

(1) $a_1=-1,\ a_{n+1}=2a_n-2n-1$

(2) $a_1=3,\ a_{n+1}=3a_n+2^{n+1}$

(3) $a_1=1,\ a_{n+1}=\dfrac{a_n}{1+a_n}$

(4) $a_1=\dfrac{1}{2},\ (n+2)a_{n+1}=na_n$

問題 181 目標時間 15 分

次の条件によって定められる数列 $\{a_n\}$ の一般項 a_n を求めよ.

(1) $a_1=1,\ a_2=2,\ a_{n+2}-4a_{n+1}-21a_n=0$

(2) $a_1=1,\ a_2=6,\ a_{n+2}-6a_{n+1}+9a_n=0$

問題 182 目標時間 25 分

次の条件によって定められる数列 $\{a_n\}$ と数列 $\{b_n\}$ の一般項を求めよ.

(1) $a_1=1,\ b_1=2,\ a_{n+1}=3a_n+2b_n,\ b_{n+1}=2a_n+3b_n$ (東京情報大)

(2) $a_1=1,\ b_1=5,\ a_{n+1}=2a_n-6b_n,\ b_{n+1}=a_n+7b_n$ (近畿大(改))

問題 183 目標時間 20 分

$n\geqq 1$ とする. 数列 $\{a_n\}$ の初項から第 n 項までの和を S_n とおくとき

$$S_n=2a_n+n^3$$

をみたす. a_{n+1} と a_n の関係式を求めよ. また, 一般項 a_n も求めよ.

問題 184　目標時間 15 分

$a_1 = \dfrac{1}{3}$，$a_{n+1} = \dfrac{1}{2 - a_n}$ $(n = 1, 2, 3, \cdots)$ で定められた数列 $\{a_n\}$ の一般項を求めよ．

（東京女子大（改））

問題 185　目標時間 20 分

1，2，3，4，5，6，7，8 の数字が書かれた 8 枚のカードの中から 1 枚を取り出してもとに戻すということを n 回行う．この n 回の試行で，数字 7 のカードが取り出される回数が奇数である確率を p_n とする．

（1）　p_{n+1} を p_n を用いて表せ．

（2）　p_n を求めよ．

（秋田大（改））

[B: 標準問題]

問題 186　目標時間 20 分

数列 $\{a_n\}$ を $a_1 = 2a_{n+1} = \dfrac{4a_n + 1}{2a_n + 3}$ $(n = 1, 2, 3, \cdots)$ で定める．

（1）　2 つの実数 α と β に対して，$b_n = \dfrac{a_n + \beta}{a_n + \alpha}$ $(n = 1, 2, 3, \cdots)$ とおく．

数列 $\{b_n\}$ が等比数列となるような α と β $(\alpha > \beta)$ を 1 組求めよ．

（2）　数列 $\{a_n\}$ の一般項 a_n を求めよ．

（東北大）

問題 187　目標時間 15 分

次のように数列 $\{a_n\}$ を定める．

$$a_1 = 1,\ a_2 = 2,\ a_{n+2} = \frac{1 + a_{n+1}}{a_n} \quad (n = 1, 2, \cdots)$$

（1）　a_5 を求めよ．

（2）　$\sum\limits_{k=1}^{2017} a_k$ を求めよ．

（昭和大（改））

問題188　目標時間20分

数列 $\{a_n\}$ の各項 a_n $(n=1, 2, 3, \cdots)$ を

$$a_1=2, \begin{cases} a_n\text{が偶数のとき} & a_{n+1}=a_n+1 \\ a_n\text{が奇数のとき} & a_{n+1}=2a_n \end{cases}$$

により定める．ただし，k は正の整数とする．

（1）　a_2，a_3，a_4，a_5，a_6 を求めよ．

（2）　a_{2k} を用いて a_{2k+2} を表せ．また，a_{2k-1} を用いて a_{2k+1} を表せ．

（3）　a_{2k}，a_{2k-1} を求めよ．

（富山県立大）

問題189　目標時間20分

各項が正である数列 $\{a_n\}$ が，任意の自然数 n に対して $\left(\sum_{k=1}^{n} a_k\right)^2=\sum_{k=1}^{n} {a_k}^3$ をみたすとする．このとき a_n を求めよ．

（九州産業大（改））

問題190　目標時間20分

数直線上の原点Oを出発点とする．硬貨を投げるたびに，表が出たら2，裏が出たら1だけ正の方向へ進むものとする．

点 n に到達する確率を p_n とする．ただし，n は自然数とする．このとき，以下の問いに答えよ．

（1）　3以上の n について，p_n，p_{n-1}，p_{n-2} の関係式を求めよ．

（2）　3以上の n について，p_n を求めよ．

（横浜市立大）

数列と応用

[A：基礎問題]

問題191　目標時間 20 分

（1）　年利率 r で毎年度のはじめに A 円ずつ積み立てる．n 年度末の積立総額を求めよ．

（2）　A 円を年利率 r の複利で年のはじめに借り，その年から元利を毎年同じ額ずつ返済し，n 年でちょうど完済した．毎回の返済金額を求めよ．

問題192　目標時間 20 分

k，n は 0 以上の整数とする．次の問いに答えよ．

（1）　$\dfrac{x}{2}+\dfrac{y}{3} \leqq k$ をみたす 0 以上の整数 x，y の組 (x, y) の個数を k の式で表せ．

（2）　$\dfrac{x}{2}+\dfrac{y}{3}+z \leqq n$ をみたす 0 以上の整数 x，y，z の組 (x, y, z) の個数を n の式で表せ．

（横浜国立大（改））

問題193　目標時間 30 分

正の整数に関する条件

（$*$）　10 進数で表したときに，どの位にも数字 9 が現れない

を考える．以下の問いに答えよ．

（1）　k を正の整数とするとき，10^{k-1} 以上かつ 10^k 未満であって条件（$*$）をみたす正の整数の個数を a_k とする．このとき，a_k を k の式で表せ．

（2）　正の整数に対して

$$b_n=\begin{cases}\dfrac{1}{n} & (n\text{ が条件}(*)\text{をみたすとき})\\ 0 & (n\text{ が条件}(*)\text{をみたさないとき})\end{cases}$$

とおく．このとき，すべての正の整数 k に対して次の不等式が成り立つことを示せ．

$$\sum_{n=1}^{10^k-1} b_n < 80$$

（東京工業大）

問題194　目標時間 20 分

整数 $a_n = 19^n + (-1)^{n-1}2^{4n-3}$ $(n = 1, 2, \cdots)$ のすべてを割り切る素数を求めよ.

（東京工業大）

問題195　目標時間 25 分

数列 $\{a_n\}$ が $a_1 = 1$, $a_2 = 3$, $a_{n+2}a_n = \dfrac{n+1}{2n}(a_{n+1})^2$ $(n = 1, 2, 3, \cdots)$ をみたしている.

(1)　$b_n = \dfrac{a_{n+1}}{a_n}$ $(n = 1, 2, 3, \cdots)$ とするとき, b_n を n の式で表せ.

(2)　$b_{n+1} \leqq b_n$ であることを示せ.

(3)　a_n が最大となる番号 n を求めよ.

（名城大）

問題196　目標時間 20 分

ある平面上にどの 2 本も平行ではなく, いずれの 3 本も 1 点で交わらない n 本の直線によって分けられる平面の部分の数を a_n, そのうち有限の面積をもつ部分の数を b_n とおく. a_n, b_n を求めよ.

（立命館大（改））

[B: 標準問題]

問題197　目標時間 20 分

2 つの数列 $\{a_n\}$, $\{b_n\}$ は関係式

$$b_n = \frac{1 \cdot a_1 + 2 \cdot a_2 + \cdots + n \cdot a_n}{1 + 2 + \cdots + n} \quad (n = 1, 2, \cdots)$$

をみたしている.

(1)　$\{a_n\}$ が等差数列ならば, $\{b_n\}$ も等差数列であることを示せ.

(2)　$\{b_n\}$ が等差数列ならば, $\{a_n\}$ も等差数列であることを示せ.

(弘前大)

問題198　目標時間 20 分

2 つの数 a, b を用いてできる次の数列を $\{c_n\}$ とおく.

$$a,\ b,\ 2a,\ a+b,\ 2b,\ 3a,\ 2a+b,\ a+2b,\ 3b,$$

$$4a,\ 3a+b,\ 2a+2b,\ a+3b,\ 4b,\ \cdots$$

(1)　c_{50} の値を a, b を用いて表せ.

(2)　$\sum_{k=1}^{50} c_k$ の値を a, b を用いて表せ.

(3)　$a = 2$, $b = 5$ とする. 上の数列 $\{c_n\}$ から, 前に出てきた項より小さい項をすべて取り除いてできる新しい数列を $\{d_n\}$ とするとき, $\{d_n\}$ の初項から第 $2n$ 項までの和を求めよ.

(群馬大)

問題199　目標時間 30 分

(1)　次の方程式が異なる 3 つの 0 でない実数解をもつことを示せ.

$$x^3 + x^2 - 2x - 1 = 0 \quad \cdots①$$

(2)　方程式 ① の 3 つの実数解を s, t, u とし, 数列 $\{a_n\}$ を

$$a_n = \frac{s^{n-1}}{(s-t)(s-u)} + \frac{t^{n-1}}{(t-u)(t-s)} + \frac{u^{n-1}}{(u-s)(u-t)}$$

$$(n = 1, 2, 3, \cdots)$$

によって定める. このとき,

$$a_{n+3} + a_{n+2} - 2a_{n+1} - a_n = 0 \quad (n = 1, 2, 3, \cdots)$$

が成り立つことを示せ.

(3)　(2) の a_n がすべて整数であることを示せ.

(北海道大)

問題200　目標時間30分

α を $0<\alpha<1$ をみたす実数とする．自然数 n に対して $3^{n-1}\alpha$ の整数部分を a_n，小数部分を b_n とする．b_n が条件

n が奇数のとき，$\dfrac{1}{3} \leqq b_n < \dfrac{2}{3}$

n が偶数のとき，$0 \leqq b_n < \dfrac{1}{3}$

をみたすとき，以下の問いに答えよ．ただし，実数 x に対して，x の整数部分が a，小数部分が b であるとは，a が整数であり，$0 \leqq b < 1$ であって $x=a+b$ と表されることをいう．

（1） k を自然数とするとき，b_{2k+1} を b_{2k} を用いて表せ．

（2） k を自然数とするとき，b_{2k} を b_{2k-1} を用いて表せ．

（3） α を求めよ．

（大阪市立大）

問題201　目標時間30分

自然数 n に対して，正の整数 a_n，b_n を

$$(4+\sqrt{3})^n = a_n + b_n\sqrt{3}$$

により定める．ただし，上の式を満たす整数 a_n，b_n がただ一組に限ることは使用してよいとする．次の各問に答えよ．

（1） a_1，a_2，b_1，b_2 を求めよ．

（2） a_{n+1}，b_{n+1} を a_n，b_n を用いて表せ．

（3） 任意の n について，a_n を 3 で割ると 1 余ることを示せ．

（4） 任意の n について，b_n を 3 で割った余りと n を 3 で割った余りは等しいことを示せ．

（昭和大）

問題202　目標時間 25 分

平面上で互いに接する半径 1 の 2 つの円 T と S_1 がある．T に点 P で接し，S_1 に点 Q_1 で接する図のような直線 l を考える．$n=2,\ 3,\ 4,\ \cdots$ に対して l，T，S_{n-1} で囲まれた領域内に中心をもち，l，T，S_{n-1} に接する円を S_n とし，その半径を r_n とし，S_n と l との接点を Q_n，PQ_n の長さ q_n とする．

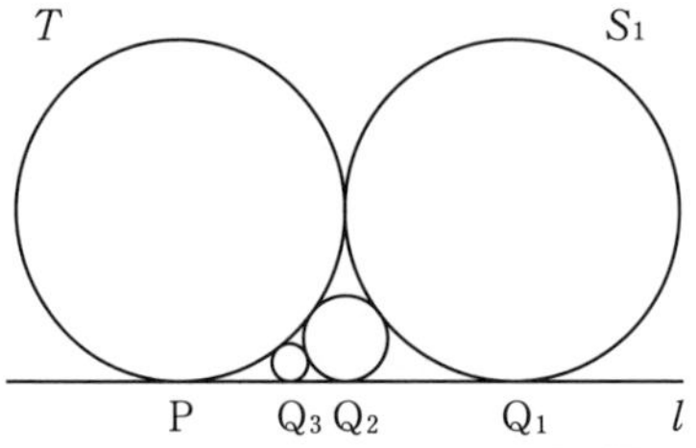

（1）　r_n を q_n を用いて表せ．

（2）　$\dfrac{1}{q_n}$ を $\dfrac{1}{q_{n-1}}$ を用いて表せ．

（3）　q_n，r_n を n の式で表せ．

（慶應義塾大（改））

問題203　目標時間 25 分

はじめに袋の中に赤玉と青玉が 2 個ずつ入っている．次の試行を n 回行う．

袋の中をよくかき混ぜてから玉を 1 個取り出す．その色が赤なら手元において，青なら袋に戻す．

$n \geqq 1$ として n 回の試行の後に手元に残る赤玉の個数が 2，1，0 個である確率をそれぞれ p_n，q_n，r_n とする．

（1）　$n \geqq 2$ として，p_n，q_n，r_n のそれぞれを p_{n-1}，q_{n-1}，r_{n-1} を用いて表せ．

（2）　r_n を n を用いて表せ．

（3）　p_n，q_n を n を用いて表せ．

（大阪医科大（改））

第8章

平面上のベクトル

●1　平面上のベクトルとその演算
●2　ベクトルと平面図形
●3　平面ベクトルと応用

【目標】

高校数学における「ベクトル」は，図形のもつ性質を計算によって捉える新しい分野です．まずはベクトルの和や差・定数倍などの基本的な定義を覚えた上で，内積や成分など重要な概念を理解し，適切に使えるようになることを目標としましょう．

問題を解く際は，状況に応じてベクトルの「見方」を変えていくことが重要です．ベクトルは「矢印全体」としてみるときと「矢印の終点」としてみるときがあるのですが，うまく切り替えながら処理できるようになれば一人前といえます．

幾何学はもちろん，微分・積分などのさまざまな分野で役に立つ「ベクトル」を，本書を通じてぜひ自分のものにしてください．

平面上のベクトルとその演算

[A : 基礎問題]

問題204　目標時間 10 分

正六角形 ABCDEF の中心を O とし，$\vec{a}=\overrightarrow{\mathrm{AB}}$, $\vec{b}=\overrightarrow{\mathrm{AF}}$ とおく．次の問いに答えよ．

（1）　$\overrightarrow{\mathrm{AO}}$, $\overrightarrow{\mathrm{AC}}$, $\overrightarrow{\mathrm{CE}}$ を $\vec{a}$, $\vec{b}$ を用いて表せ．

（2）　$\overrightarrow{\mathrm{AO}}$ を $\overrightarrow{\mathrm{AC}}$ と $\overrightarrow{\mathrm{CE}}$ を用いて表せ．

問題205　目標時間 10 分

三角形 ABC において，$\mathrm{AB}=5$, $\mathrm{BC}=9\mathrm{CA}=8$ とし，重心を G，内心を I とする．$\overrightarrow{\mathrm{AB}}=\vec{b}$, $\overrightarrow{\mathrm{AC}}=\vec{c}$ とするとき，$\overrightarrow{\mathrm{AG}}$ と $\overrightarrow{\mathrm{AI}}$ を $\vec{b}$, $\vec{c}$ を用いて表すと

$$\overrightarrow{\mathrm{AG}}=\boxed{}\vec{b}+\boxed{}\vec{c},\ \overrightarrow{\mathrm{AI}}=\boxed{}\vec{b}+\boxed{}\vec{c}$$

となる．

（北里大）

問題206　目標時間 10 分

平行四辺形 ABCD の辺 AB 上に点 P，辺 BC 上に点 R，対角線 BD 上に点 Q を

$$\mathrm{AP}:\mathrm{PB}=2:3,\ \mathrm{BR}:\mathrm{RC}=3:1,\ \mathrm{BQ}:\mathrm{QD}=1:2$$

となるようにそれぞれとる．$\overrightarrow{\mathrm{AB}}=\vec{a}$, $\overrightarrow{\mathrm{AD}}=\vec{b}$ とおくとき

（1）　$\overrightarrow{\mathrm{AP}}$, $\overrightarrow{\mathrm{AQ}}$, $\overrightarrow{\mathrm{AR}}$ を，それぞれ $\vec{a}$, $\vec{b}$ を用いて表せ．

（2）　3 点 P，Q，R は同一直線上にあることを示せ．

（北海学園大（改））

問題207　目標時間 10 分

△OAB において，$\overrightarrow{\mathrm{OA}}=\vec{a}$, $\overrightarrow{\mathrm{OB}}=\vec{b}$ とする．$|\vec{a}|=3$, $|\vec{b}|=2$, $|\vec{a}-2\vec{b}|=\sqrt{7}$ のとき

（1）　$\vec{a}\cdot\vec{b}$ の値は $\boxed{}$ である．

（2）　△OAB の面積は $\boxed{}$ である．

（慶應義塾大）

問題208　目標時間 10 分

（1）　2 つのベクトル $\vec{a}=(2,\ 1)$，$\vec{b}=(4,\ -3)$ に対して $\vec{x}+2\vec{y}=\vec{a}$，$2\vec{x}-\vec{y}=\vec{b}$ をみたすベクトル $\vec{x}$，$\vec{y}$ の成分を求めよ．　　（高知工科大）

（2）　$\vec{a}=(3,\ 4)$，$\vec{b}=(2,\ 1)$ のとき，$\left|\vec{a}+t\vec{b}\right|$ の最小値とそれをとるときの実数 t の値を求めよ．　　（大阪工業大（改））

（3）　$\vec{a}=(2,\ 1)$，$\vec{b}=(1,\ 3)$，$\vec{c}=(-1,\ 2)$ とする．このとき $\vec{a}$ と $\vec{b}$ のなす角 θ $(0 \leqq \theta \leqq \pi)$ は $\square$ である．また，実数 t に対して，$\vec{a}+t\vec{b}$ と $\vec{c}$ が平行になるのは t の値が $\square$ のときであり，垂直となるのは t の値が $\square$ のときである．

（名城大（改））

[B: 標準問題]

問題209　目標時間 15 分

1 辺の長さが 1 の正五角形 ABCDE があり，$\overrightarrow{AB}=\vec{a}$，$\overrightarrow{AE}=\vec{b}$，AC の長さを l とおく．次の問いに答えよ．

（1）　以下の $\square$ にあてはまる数を求めよ．l を用いてもよい．

（i）　$\overrightarrow{EC}=\square\vec{a}$，$\overrightarrow{AC}=\square\vec{a}+\square\vec{b}$

（ii）　$\overrightarrow{DC}=\square\vec{a}+\square\vec{b}$，$\overrightarrow{ED}=\square\vec{a}+\square\vec{b}$

（2）　l の値を求めよ．

問題210　目標時間 10 分

平面上に 2 つのベクトル $\vec{a}=(4,\ -3)$，$\vec{b}=(2,\ 1)$ をとる．$\vec{a}+t\vec{b}$ と $\vec{b}$ のなす角が $45°$ となるような t の値を求めよ．

（日本女子大（改））

問題211　目標時間 15 分

平面上に △OAB があり，その面積を S とする．

$$S=\frac{1}{2}\sqrt{\left|\overrightarrow{OA}\right|^2\left|\overrightarrow{OB}\right|^2-(\overrightarrow{OA}\cdot\overrightarrow{OB})^2}$$

が成り立つことを示せ．特に $\overrightarrow{OA}=(x_1,\ y_1)$，$\overrightarrow{OB}=(x_2,\ y_2)$ のとき

$$S=\frac{1}{2}\left|x_1y_2-x_2y_1\right|$$

が成り立つことを示せ．

問題212　目標時間 15 分

$\triangle$ABC は点 O を中心とする半径 1 の円に内接していて $3\overrightarrow{OA}+4\overrightarrow{OB}+5\overrightarrow{OC}=\vec{0}$ をみたしているとする.

(1)　内積 $\overrightarrow{OA}\cdot\overrightarrow{OB}$, $\overrightarrow{OB}\cdot\overrightarrow{OC}$, $\overrightarrow{OC}\cdot\overrightarrow{OA}$ を求めよ.

(2)　$\triangle$ABC の面積を求めよ.

(高知大)

問題213　目標時間 15 分

点 P が点 A(1, 2) を中心とする半径 1 の円 C 上を動くとき, 内積 $\overrightarrow{OA}\cdot\overrightarrow{OP}$ のとりうる値の範囲を求めよ.

(工学院大 (改))

ベクトルと平面図形

[A : 基礎問題]

問題214　目標時間 15 分

三角形 ABC の内部の点 P について $\overrightarrow{AP}+2\overrightarrow{BP}+3\overrightarrow{CP}=\vec{0}$ が成り立っている.

（1）　$\overrightarrow{AP}$ を $\overrightarrow{AB}$ と $\overrightarrow{AC}$ を用いて表せ.

（2）　三角形 PBC の面積を S_1, 三角形 PCA の面積を S_2, 三角形 PAB の面積を S_3 とする. このとき面積の比 $S_1:S_2:S_3$ を求めよ.

（名古屋市立大（改））

問題215　目標時間 25 分

（1）　平面上のベクトル $\vec{a}$, $\vec{b}$ について, $\vec{a}\neq\vec{0}$, $\vec{b}\neq\vec{0}$, $\vec{a}\not\parallel\vec{b}$ が成り立つとき

$$\alpha\vec{a}+\beta\vec{b}=\vec{0}\Longrightarrow\alpha=\beta=0$$

が成り立つことを示せ. ただし α, β は定数とする.

（2）　△ABC において, 辺 AB を 2 : 1 に内分する点を D, 辺 AC を 3 : 1 に内分する点を E とし, 直線 CD, BE の交点を P とする. 次の問いに答えよ.

（i）　$\overrightarrow{AP}$ を $\overrightarrow{AB}$ と $\overrightarrow{AC}$ を用いて表せ.

（ii）　$AB=3$, $AC=4$, $AP=\sqrt{7}$ のとき, ∠BAC の大きさを求めよ.

（琉球大（改））

問題216　目標時間 10 分

△ABC において $AB=5$, $AC=4$, $\angle BAC=60^\circ$ とする. 頂点 A から辺 BC に下ろした垂線と BC の交点を H とするとき, $\overrightarrow{AH}=\square\overrightarrow{AB}+\square\overrightarrow{AC}$ である.

（東京理科大）

問題217　目標時間 15 分

△OAB がある. $\overrightarrow{OP}=x\overrightarrow{OA}+y\overrightarrow{OB}$ で表されるベクトル $\overrightarrow{OP}$ の終点 P の集合は, x, y が次の条件をみたすとき, それぞれどのような図形を表すか. O, A, B を適当にとって図示せよ.

（1）　$x+y=1$

（2）　$\dfrac{x}{2}+\dfrac{y}{3}=1,\ x\geqq 0,\ y\geqq 0$

（3）　$1\leqq x+y\leqq 2,\ x\geqq 0,\ y\geqq 0$

問題218 目標時間15分

座標平面上で，原点Oを基準とする点Pの位置ベクトル $\overrightarrow{\mathrm{OP}}$ が $\vec{p}$ であるとき，点PをP$(\vec{p})$ で表す．A$(\vec{a})$ を原点Oと異なる点とする．

（1） 点A$(\vec{a})$ を通り，ベクトル $\vec{a}$ に垂直な直線上の任意の点をP$(\vec{p})$ とするとき，$\vec{a}\cdot\vec{p}=|\vec{a}|^2$ が成り立つことを示せ．

（2） ベクトル方程式 $|\vec{p}|^2-2\vec{a}\cdot\vec{p}=0$ で表される図形を図示せよ．

（金沢大（改））

問題219 目標時間10分

点A$(5,\ -1)$ を通り，$\vec{n}=(1,\ 2)$ が法線ベクトルである直線の方程式を求めよ．また，この直線と直線 $x-3y+2=0$ とのなす角 α を求めよ．

ただし，$0°\leqq\alpha\leqq 90°$ とする．

（岩手大）

[B: 標準問題]

問題220 目標時間15分

三角形ABCにおいて，重心をG，外心をOとする．

（1） $\overrightarrow{\mathrm{OH}}=\overrightarrow{\mathrm{OA}}+\overrightarrow{\mathrm{OB}}+\overrightarrow{\mathrm{OC}}$ をみたす点Hは三角形ABCの垂心であることを示せ．

（2） 3点O，G，Hが一直線上にあることを示せ．またOG：GHを求めよ．

問題221 目標時間20分

3辺の長さが $\mathrm{BC}=7$，$\mathrm{CA}=5$，$\mathrm{AB}=3$ の三角形ABCがある．

$\overrightarrow{\mathrm{AB}}=\vec{b}$，$\overrightarrow{\mathrm{AC}}=\vec{c}$ として以下の問いに答えよ．

（1） $\vec{b}\cdot\vec{c}$ を求めよ．

（2） ABの中点をM，ACの中点をNとする．$\mathrm{MO}\perp\mathrm{AB}$, $\mathrm{NO}\perp\mathrm{AC}$ をみたす点Oについて，$\overrightarrow{\mathrm{AO}}$ を $\vec{b},\ \vec{c}$ を用いて表せ．

（3） （2）において，点Bを通りMOに平行な直線と，点Cを通りNOに平行な直線の交点をHとするとき，$\overrightarrow{\mathrm{AH}}$ を $\vec{b}$，$\vec{c}$ を用いて表せ．

問題222 目標時間 20 分

三角形 OAB において，$\overrightarrow{OA} = \vec{a}$，$\overrightarrow{OB} = \vec{b}$ とおく．

（1） $\angle$AOB の 2 等分線上の点 P について，ベクトル $\overrightarrow{OP}$ はある実数 k を用いて
$\overrightarrow{OP} = k\left(\dfrac{\vec{a}}{|\vec{a}|} + \dfrac{\vec{b}}{|\vec{b}|}\right)$ と表されることを示せ．

（2） ベクトル $\vec{a}$，$\vec{b}$ は $|\vec{a}| = 1$，$|\vec{b}| = \dfrac{4}{5}$，$\vec{a}\cdot\vec{b} = \dfrac{16}{25}$ をみたすとする．頂点 A，B におけるそれぞれの外角の 2 等分線の交点を Q とするとき，ベクトル $\overrightarrow{OQ}$ を $\vec{a}$ と $\vec{b}$ を用いて表せ．

（信州大（改））

問題223 目標時間 15 分

k を実数とし，点 P は △ABC と同じ平面上にあって次の等式をみたしている．

$$3\overrightarrow{PA} + 4\overrightarrow{PB} + 5\overrightarrow{PC} = k\overrightarrow{AC}$$

このとき，次の問いに答えよ．

（1） 点 P の描く軌跡を図示せよ．また点 P が △ABC の内部にあるような k の範囲を求めよ．

（2） （1）の軌跡によって △ABC は 2 つの図形に分けられる．その 2 つの図形のうち点 A を含むほうの面積を S_1，含まないほうの面積を S_2 とする．$S_1 : S_2$ を求めよ．

問題224 目標時間 15 分

△ABC を 1 辺の長さが 1 の正三角形とする．△ABC を含む平面上の点 P が

$$\overrightarrow{AP}\cdot\overrightarrow{BP} - \overrightarrow{BP}\cdot\overrightarrow{CP} + \overrightarrow{CP}\cdot\overrightarrow{AP} = \frac{1}{2}$$

をみたして動くとき，P が描く軌跡を図示せよ．

（埼玉大（改））

平面ベクトルと応用

[A：基礎問題]

問題225　目標時間 15 分

三角形 OAB の辺 OA, OB 上にそれぞれ点 C, D をとり AD と BC の交点を P とする．また，2 点 Q, R を四角形 OCQD, 四角形 OARB がそれぞれ平行四辺形になるようにとる．このとき，3 点 P, Q, R は同一直線上にあることを証明せよ．

（佐賀大）

問題226　目標時間 20 分

平面上に $\mathrm{OA}=2\sqrt{2}$, $\mathrm{OB}=\sqrt{2}$, $\mathrm{AB}=2$ をみたす $\triangle\mathrm{OAB}$ がある．直線 OB に関して A と対称な点を C, 直線 OA に関して B と対称な点を D とする．

（1）　$\overrightarrow{\mathrm{OA}}=\vec{a}$, $\overrightarrow{\mathrm{OB}}=\vec{b}$ とする．$\overrightarrow{\mathrm{OC}}$, $\overrightarrow{\mathrm{OD}}$ を $\vec{a}$, $\vec{b}$ で表せ．

（2）　直線 CD と直線 OA の交点を E, 直線 CD と直線 OB の交点を F とする．$\triangle\mathrm{OEF}$ の面積を求めよ．

（横浜国立大）

問題227　目標時間 20 分

$\triangle\mathrm{ABC}$ の辺 AB 上の点 P と辺 AC 上の点 Q について，$\dfrac{\mathrm{AP}}{\mathrm{AB}}=x$, $\dfrac{\mathrm{AQ}}{\mathrm{AC}}=y$ とする．直線 PQ は $\triangle\mathrm{ABC}$ の重心 G を通るとする．

（1）　x, y のみたす関係式を求め，x のとりうる値の範囲を求めよ．

（2）　面積の比の値 $\dfrac{\triangle\mathrm{APQ}}{\triangle\mathrm{ABC}}$ がとりうる範囲を求めよ．

（大阪医科大）

問題228　目標時間 25 分

$\triangle\mathrm{ABC}$ は点 O を中心とする半径 1 の円に内接している．さらに，O から辺 BC, CA, AB に下ろした垂線をそれぞれ OP, OQ, OR とするとき次の式をみたす．

$$3\overrightarrow{\mathrm{OP}}+2\overrightarrow{\mathrm{OQ}}+5\overrightarrow{\mathrm{OR}}=\vec{0}$$

（1）　$\overrightarrow{\mathrm{OA}}$, $\overrightarrow{\mathrm{OB}}$, $\overrightarrow{\mathrm{OC}}$ の間に成り立つ関係式を求めよ．

（2）　点 O がどのような位置にあるか述べよ．

（3）　$\triangle\mathrm{ABC}$ の面積を求めよ．

（横浜国立大（改））

[B: 標準問題]

問題229　目標時間 15 分

平面ベクトル $\vec{a}$, $\vec{b}$ について, $\left|\vec{a}+2\vec{b}\right|=1$, $\left|2\vec{a}+\vec{b}\right|=1$ であるとき, $\left|\vec{a}-3\vec{b}\right|$ のとりうる値の最大値, 最小値をそれぞれ求めよ.

(防衛大 (改))

問題230　目標時間 20 分

平面上の 3 つのベクトル $\vec{a}$, $\vec{b}$, $\vec{c}$ が

$$|\vec{a}|=\sqrt{3},\ |\vec{b}|=\sqrt{2},\ |\vec{c}|=\sqrt{5},\ \vec{a}\cdot\vec{c}=3,\ \vec{b}\cdot\vec{c}=2$$

をみたしている. このとき, 次の問いに答えよ.

(1)　$\vec{a}$ と $\vec{c}$ は平行でないことを示せ.

(2)　$\vec{a}\cdot\vec{b}$ を求めよ.

(静岡大 (改))

問題231　目標時間 25 分

平面上に点 O を中心とする半径 1 の円 S を考える. 以下の問いに答えよ.

(1)　S に内接する三角形 ABC が条件 $\overrightarrow{OA}+\overrightarrow{OB}+\overrightarrow{OC}=\vec{0}$ をみたすとする. このとき三角形 ABC はどのような三角形となるか, 証明付きで述べよ.

(2)　S に内接する四角形 ABCD が条件 $\overrightarrow{OA}+\overrightarrow{OB}+\overrightarrow{OC}+\overrightarrow{OD}=\vec{0}$ をみたすとする. このとき四角形 ABCD はどのような四角形となるか, 証明付きで述べよ.

(広島大)

問題232　目標時間 25 分

平行四辺形 OACB について, $\overrightarrow{OA}=\vec{a}$, $\overrightarrow{OB}=\vec{b}$ とおくと $\left|\vec{a}\right|=\sqrt{2}$, $\left|\vec{b}\right|=2$, $\vec{a}\cdot\vec{b}=1$ である. ただし, $\vec{a}\cdot\vec{b}$ は $\vec{a}$ と $\vec{b}$ の内積を表す. 点 P を平行四辺形 OACB の内部に

$$\triangle PAO : \triangle POB : \triangle PBC = 1 : 2 : 3$$

になるようにとる. このとき, 次の問いに答えよ.

(1)　△PAO と △PCA の面積の比を求めよ.

(2)　$\overrightarrow{OP}$ を $\vec{a}$, $\vec{b}$ を用いて表せ.

(3)　△PCA の外接円と直線 OP との交点で P と異なるものを Q とする. $\overrightarrow{OQ}$ を $\vec{a}$, $\vec{b}$ を用いて表せ.

(福井大)

問題233 目標時間 25 分

原点を O とする座標平面上に，点 A(2, 0) を中心とする半径 1 の円 C_1 と，点 B(−4, 0) を中心とする半径 2 の円 C_2 がある．点 P は C_1 上を，点 Q は C_2 上をそれぞれ独立に，自由に動き回るものとする．

（1） $\overrightarrow{\mathrm{OS}}=\dfrac{1}{2}(\overrightarrow{\mathrm{OA}}+\overrightarrow{\mathrm{OQ}})$ とするとき，点 S が動くことのできる範囲を求め，その概形をかけ．

（2） $\overrightarrow{\mathrm{OR}}=\dfrac{1}{2}(\overrightarrow{\mathrm{OP}}+\overrightarrow{\mathrm{OQ}})$ とするとき，点 R が動くことのできる範囲を求め，その概形をかけ．

（岡山大）

第9章

空間のベクトル

● 1　ベクトルと空間図形
● 2　座標空間とベクトル
● 3　空間ベクトルと応用

【目標】

　ベクトルの大きな利点は，平面ベクトルと同様の計算を空間でも適用できること
です．これにより四面体や平行六面体，球面などのさまざまな立体について調べる
ことができます．この際，ベクトル方程式などの表現法は平面ベクトルのとき以上
に重要になるので，必ず使いこなせるようにしてください．

　また，空間においても座標を導入します．高校数学ではこれもベクトルを応用し
て扱うことになるので，早めに慣れておくとよいでしょう．

　なお，図を丁寧にかくことは数学全般においてとても大切なことですが，正確
に立体をかくことが難しい場合も多く，抽象的な計算だけで押し切る必要がでてく
るのも本分野の大きな特徴です．

ベクトルと空間図形

[A：基礎問題]

問題234　目標時間 10 分

平行六面体 OABC-DEFG において，三角形 ACD の重心を M とする. 3 点 O, M, F が同一直線上にあることを示し，OM : MF を求めよ.

問題235　目標時間 15 分

四面体 ABCD において，線分 BD を 3 : 1 に内分する点を E，線分 CE を 2 : 3 に内分する点を F，線分 AF を 1 : 2 に内分する点を G，直線 DG が 3 点 A, B, C を含む平面と交わる点を H とする. $\overrightarrow{AB}=\vec{b}$, $\overrightarrow{AC}=\vec{c}$, $\overrightarrow{AD}=\vec{d}$ とおくとき

(1)　$\overrightarrow{AE}$, $\overrightarrow{AF}$, $\overrightarrow{AG}$ を $\vec{b}$, $\vec{c}$, $\vec{d}$ を用いて表せ.

(2)　$\overrightarrow{DH}$ を $\vec{b}$, $\vec{c}$, $\vec{d}$ を用いて表し，DG : GH を求めよ.

(大分大(改))

問題236　目標時間 15 分

四面体 OABC において，$\overrightarrow{OA}=\vec{a}$, $\overrightarrow{OB}=\vec{b}$, $\overrightarrow{OC}=\vec{c}$ とする. 線分 OA を 2 : 1 に内分する点を P，線分 PB を 2 : 1 に内分する点を Q，線分 QC を 2 : 1 に内分する点を R，直線 OR と三角形 ABC との交点を S とする. このとき，次の問いに答えよ.

(1)　$\overrightarrow{OR}$ を，$\vec{a}$, $\vec{b}$, $\vec{c}$ を用いて表せ.

(2)　$\overrightarrow{OS}$ を，$\vec{a}$, $\vec{b}$, $\vec{c}$ を用いて表せ.

(3)　四面体 OABC の体積を V_1，四面体 OPQR の体積を V_2 とするとき，$\dfrac{V_2}{V_1}$ を求めよ.

(横浜国立大)

問題237　目標時間 15 分

一辺の長さが 1 の正四面体 OABC において，辺 AB を 1 : 2 に内分する点を P，辺 BC を 1 : 2 に内分する点を Q とする. このとき，次の問いに答えよ.

(1)　$\overrightarrow{OP}\cdot\overrightarrow{OQ}$ を求めよ.

(2)　△OPQ の面積 S を求めよ.

[B: 標準問題]

問題238　目標時間 20 分

四面体 OABC の辺 OA，BC，OC 上にそれぞれ点 P，Q，R を

$$\mathrm{OP}:\mathrm{PA}=1:1,\ \mathrm{BQ}:\mathrm{QC}=2:1,\ \mathrm{OR}:\mathrm{RC}=3:2$$

となるようにとる．いま，辺 AB 上に点 S をとり $\mathrm{AS}:\mathrm{SB}=u:(1-u)$ $(0<u<1)$ となるようにしたとき，直線 PQ と直線 RS は点 D で交わる．$\overrightarrow{\mathrm{OA}}=\vec{a}$，$\overrightarrow{\mathrm{OB}}=\vec{b}$，$\overrightarrow{\mathrm{OC}}=\vec{c}$ とおく．

（1）　u の値を求めよ．また，$\overrightarrow{\mathrm{OD}}$ を $\vec{a}$，$\vec{b}$，$\vec{c}$ を用いて表せ．

（2）　直線 OD の延長と △ABC の交点を E とするとき，OD : OE を求めよ．

（北九州市立大）

問題239　目標時間 25 分

平行六面体 OADB-CEGF において，辺 OA の中点を M，辺 AD を 2 : 3 に内分する点を N，辺 DG を 1 : 2 に内分する点を L とする．また，辺 OC を $k:(1-k)$ $(0<k<1)$ に内分する点を K とする．

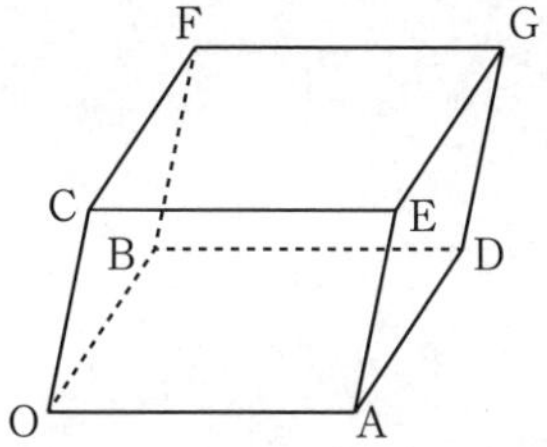

（1）　$\overrightarrow{\mathrm{OA}}=\vec{a}$，$\overrightarrow{\mathrm{OB}}=\vec{b}$，$\overrightarrow{\mathrm{OC}}=\vec{c}$ とするとき，$\overrightarrow{\mathrm{MN}}$，$\overrightarrow{\mathrm{ML}}$，$\overrightarrow{\mathrm{MK}}$ を $\vec{a}$，$\vec{b}$，$\vec{c}$ を用いて表せ．

（2）　3 点 M，N，K の定める平面上に点 L があるとき，k の値を求めよ．

（3）　3 点 M，N，K の定める平面が辺 GF と交点をもつような k の値の範囲を求めよ．

（熊本大）

問題240 目標時間 20 分

四面体 OABC の各辺の長さをそれぞれ $AB=\sqrt{7}$, $BC=3$, $CA=\sqrt{5}$, $OA=2$, $OB=\sqrt{3}$, $OC=\sqrt{7}$ とする. $\overrightarrow{OA}=\vec{a}$, $\overrightarrow{OB}=\vec{b}$, $\overrightarrow{OC}=\vec{c}$ とおくとき, 次の問いに答えよ.

（1） 内積 $\vec{a}\cdot\vec{b}$, $\vec{b}\cdot\vec{c}$, $\vec{c}\cdot\vec{a}$ を求めよ.

（2） 三角形 OAB を含む平面を α とし, 点 C から平面 α に下ろした垂線と α との交点を H とする. このとき, $\overrightarrow{OH}$ を $\vec{a}$, $\vec{b}$ で表せ.

（3） 四面体 OABC の体積を求めよ.

（福井大）

空間座標とベクトル

[A：基礎問題]

問題241　目標時間 15 分

（1）　空間における点 P の座標を $(5, 6, -2)$ とするとき，点 P と x 軸に関して対称な点の座標は $\boxed{}$ であり，点 P と yz 平面に関して対称な点の座標は $\boxed{}$ であり，点 P と点 $\mathrm{M}(2, -1, 5)$ に関して対称な点の座標は $\boxed{}$ である．

（駒澤大（改））

（2）　2 点 $\mathrm{A}(1, 2, -2)$，$\mathrm{B}(3, 4, -2)$ と xy 平面上の点 C に対して，三角形 ABC が正三角形となるような点 C の座標を求めよ．（神戸薬科大（改））

問題242　目標時間 15 分

（1）　座標空間における 3 点 $\mathrm{P}(x, 4, -2)$，$\mathrm{Q}(3, 3, 0)$，$\mathrm{R}(1, y, 1)$ が一直線上にあるとき，$x = \boxed{}$，$y = \boxed{}$ である．（立教大）

（2）　座標空間において 3 点 $\mathrm{A}(1, 2, 0)$，$\mathrm{B}(4, 1, -1)$，$\mathrm{C}(6, -1, -1)$ が定める平面上に点 $\mathrm{D}(-x, x-3, 3x-6)$ があるような x の値を求めよ．

問題243　目標時間 10 分

$\vec{a} = (1, -1, 0)$ に垂直で，$\vec{b} = (1, 0, 1)$ とのなす角が $45°$ であるような単位ベクトル $\vec{e}$ を求めよ．

（工学院大（改））

問題244　目標時間 15 分

球面 C ： $x^2 + y^2 + z^2 - 2x - 8y - 16z = 0$ がある．

（1）　C の中心と半径を求めよ．

（2）　C が z 軸から切り取る線分の長さを求めよ．

（3）　C が yz 平面から切り取る円の半径を求めよ．

（4）　点 $\mathrm{A}(5, -4, 9)$ を通り，$\vec{d} = (2, 6, -1)$ に平行な直線を l とする．C と l の交点の座標を求めよ．

（東亜大（改））

[B: 標準問題]

問題245 目標時間 20 分

空間内に 4 点 O(0, 0, 0), A(−1, 0, 1), B(2, 2, −1), C(1, 2, 3) がある.

(1) 三角形 OAB の面積を求めよ.

(2) ベクトル $\overrightarrow{OA}$ と $\overrightarrow{OB}$ の両方に垂直な単位ベクトル $\vec{e}$ を求めよ.

(3) 四面体 OABC の体積を求めよ.

(東京理科大 (改))

問題246 目標時間 10 分

座標空間に 4 点 A(4, 6, 3), B(10, 16, 7), C(−2, 4, 3), D(−4, 2, 5) がある. 2 点 P, Q がそれぞれ線分 AB, 線分 CD 上を任意に動くとき, 線分 PQ の中点 R の描く図形の面積を求めよ.

問題247 目標時間 20 分

座標空間で点 (3, 4, 0) を通りベクトル $\vec{a} = (1, 1, 1)$ に平行な直線を l, 点 (2, −1, 0) を通りベクトル $\vec{b} = (1, -2, 0)$ に平行な直線を m とする. 点 P は直線 l 上を, 点 Q は直線 m 上をそれぞれ勝手に動くとき, 線分 PQ の長さの最小値を求めよ.

(京都大)

問題248 目標時間 25 分

空間内の 3 点 A(1, 2, 4), B(0, 5, 1), C(−1, 4, 0) を通る平面を α とする. α に関して同じ側に 2 点 P(−2, 1, 7), Q(1, 3, 7) がある.

(1) α に関して点 P と対称な点 R の座標を求めよ.

(2) S を α 上の点とする. PS + SQ の最小値を求めよ.

(鳥取大 (改))

問題249 目標時間 20 分

座標空間において, 点 A(1, 0, 2), B(0, 1, 1) とする. 点 P が x 軸上を動くとき, AP + PB の最小値は □ である.

(早稲田大)

空間ベクトルと応用

[A：基礎問題]

問題250　目標時間 25 分

四面体 OABC の辺 OA，OB 上にそれぞれ点 D，E をとる．ただし，点 D は点 A，O とは異なり，AE と BD の交点 F は線分 AE，BD をそれぞれ 2：1, 3：1 に内分している．また辺 BC を $t:1\ (t>0)$ に内分する点 P をとり，CE と OP の交点を Q とする．このとき次の問いに答えよ．

（1）　$\overrightarrow{OF}$ を $\overrightarrow{OA}$ と $\overrightarrow{OB}$ を用いて表せ．

（2）　$\overrightarrow{OQ}$ を $\overrightarrow{OB}$ と $\overrightarrow{OC}$ および t を用いて表せ．

（3）　直線 FQ と平面 ABC が平行になるような t の値を求めよ．

（東京医科歯科大）

問題251　目標時間 20 分

図はある三角錐 V の展開図である．ここで $AB=4$，$AC=3$，$BC=5$，$\angle ACD=90^\circ$ で $\triangle ABE$ が正三角形である．このとき，V の体積を求めよ．

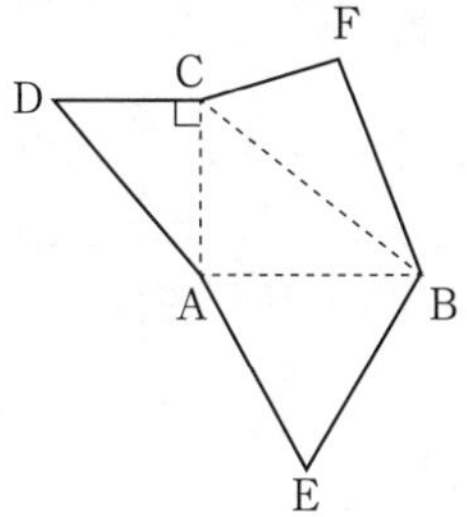

（北海道大）

問題252　目標時間 25 分

点 A(1, 1, 3) を中心とする半径 5 の球面が平面 $z=-1$ から切り取る円を C とする．

（1）　円 C の中心 S の座標と半径を求めよ．

（2）　円 C 上を動く点を P とする．点 P と点 B(2, 3, 1) の距離 BP の最大値，最小値を求めよ．また，そのときの点 P の座標をそれぞれ求めよ．

問題253　目標時間 25 分

xyz 空間において，原点 O を中心とする半径 1 の球面 $S : x^2+y^2+z^2=1$，および S 上の点 A(0, 0, 1) を考える．S 上の A と異なる点 $\mathrm{P}(x_0,\ y_0,\ z_0)$ に対して，2 点 A，P を通る直線と xy 平面の交点を Q とする．

(１)　$\overrightarrow{\mathrm{AQ}}=t\overrightarrow{\mathrm{AP}}$ (t は実数) とおくとき，$\overrightarrow{\mathrm{OQ}}$ を $\overrightarrow{\mathrm{OP}}$，$\overrightarrow{\mathrm{OA}}$ を用いて表せ．

(２)　$\overrightarrow{\mathrm{OQ}}$ の成分を x_0，y_0，z_0 を用いて表せ．

(３)　球面 S と平面 $y=\dfrac{1}{2}$ の共通部分が表す図形を C とする．点 P が C 上を動くとき，xy 平面上における点 Q の軌跡を求めよ．

（金沢大）

[B: 標準問題]

問題254　目標時間 20 分

四面体 OABC の辺 OA 上に点 P，辺 AB 上に点 Q，辺 BC 上に点 R，辺 CO 上に点 S をとる．これら 4 点をこの順序で結んで得られる図形が平行四辺形になるとき，この平行四辺形 PQRS の 2 つの対角線の交点は 2 つの線分 AC と OB のそれぞれの中点を結ぶ線分上にあることを示せ．

（京都大）

問題255　目標時間 30 分

xyz 空間に 3 点 A(1, 0, 0)，B(−1, 0, 0)，C(0, $\sqrt{3}$, 0) をとる．△ABC を 1 つの面とし，$z \geqq 0$ の部分に含まれる正四面体 ABCD をとる．さらに △ABD を 1 つの面とし，点 C と異なる点 E をもう 1 つの頂点とする正四面体 ABDE をとる．

(１)　点 E の座標を求めよ．

(２)　正四面体 ABDE の $y \leqq 0$ の部分の体積を求めよ．

（東京大）

問題256　目標時間 20 分

空間に，2 点 A(2, 0, 1)，B(0, 2, 3) をとり，線分 AB の中点を M とする．

(１)　点 P は xy 平面上を動くとする．線分 MP と線分 AB が直交するような点 P の集合 S は xy 平面上の直線である．その直線の方程式を求めよ．

(２)　P が S の点を動くとき，線分 MP の長さの最小値を求めよ．

(３)　P，Q を S の異なる 2 点とするとき，四面体 ABPQ の体積を，線分 PQ の長さ l を用いて表せ．

（立教大）

第10章

統計的な推測

- ●1　確率分布
- ●2　統計的な推測

【目標】

まずは期待値や分散，標準偏差などの性質を理解し，必要な計算をきちんとできるようにしましょう．

次に，母集団からいくつかの標本を取り出したときに，その標本から母集団の分布を推測する方法を学びます．そのためには二項分布や正規分布の理解が欠かせませんが，あまり深入りしすぎると高校数学の範囲を軽く飛び越えてしまいます．本分野ではある程度「こうなることが知られている」と認めてしまう割り切りも必要です．具体的なケースでの応用面に重きをおきながら，学習をすすめてください．

※なお，正規分布表が必要な場合は p.94 を参照してください．

確率分布

[A：基礎問題]

問題257 目標時間 15 分

0, 1, 2, 3, 4 の数字が 1 つずつ記入された 5 枚のカードがある. この 5 枚のカードの中から 1 枚引き, 数字を記録して戻すという作業を 3 回繰り返す. ただし, 3 回ともどのカードを引く確率も等しいとする. 記録した 3 つの数字の最小値を X とするとき, 次の問いに答えよ.

(1) $k=0,\ 1,\ 2,\ 3,\ 4$ に対して確率 $P(X \geqq k)$ を求めよ.

(2) 確率変数 X の確率分布を表で表せ.

(3) 確率変数 X の期待値 $E(X)$ を求めよ.

(4) 確率変数 X の分散 $V(X)$ を求めよ.

(鹿児島大)

問題258 目標時間 15 分

甲, 乙 2 つのサイコロを同時に振る試行を A で表すとき, 動点 P は原点 O を出発し, 試行 A においてサイコロ甲の出た目がサイコロ乙の出た目より大きいときにのみ, x 軸上の正の方向に 1 つだけ進むものとする. 試行 A を n 回(n は正の整数) くり返した後の動点 P の x 座標を X で表す. このとき, 次の問いに答えよ.

(1) 試行 A においてサイコロ甲の出た目が, サイコロ乙の出た目より大きくなる確率を求めよ. また X の確率分布を求めよ.

(2) xy 平面上で定点 $\mathrm{Q}(n,\ 4)$, $\mathrm{R}(-1,\ 0)$ と動点 P を頂点とする三角形の面積を Y で表すとき, Y の期待値 $E(Y)$ と分散 $V(Y)$ を求めよ.

(新潟大 (改))

問題259 目標時間 20 分

正 N 角形の頂点に 0, 1, 2, …, $N-1$ と時計回りに番号がつけてある. 頂点 0 を出発点とし, サイコロを投げて出た目の数だけ, 頂点を時計まわりに移動し, 着いた頂点の番号を X とする. 次にもう 1 度サイコロを投げて出た目の数だけ, 頂点 X から時計まわりに移動し, 着いた頂点の番号を Y とする. このようにして定めた確率変数 X, Y について

(1) $N=5$ のとき, X と Y は互いに独立か.

(2) $N=6$ のとき, X と Y は互いに独立か.

(京都大)

問題260　目標時間 20 分

ある国の 15 歳男子の身長は平均 165cm，標準偏差 6cm の正規分布に従うという．次の問いに答えよ．

（1）　無作為に 1 人選んだとき，その身長 X が $163 \leqq X \leqq 167$ となる確率を求めよ．

（2）　無作為に 36 人選ぶ．その 36 人の平均身長 $\overline{X}$ の期待値と標準偏差を求めよ．また，$163 \leqq \overline{X} \leqq 167$ となる確率を求めよ．

（3）　無作為に n 人選んだとき，その n 人の平均身長 $\overline{X}$ が $163 \leqq \overline{X} \leqq 167$ となる確率が 0.99 より大きくなるための n の範囲を求めよ．

（琉球大（改））

問題261　目標時間 15 分

数直線上で点 P が原点 O を出発し，コインを投げて表が出たら右に 1，裏が出たらそこにとどまるとする．これを n 回繰り返したときの点 P の x 座標を $x(n)$ とする．$180 \leqq x(400) \leqq 210$ となる確率を正規分布表を用いて求めよ．

（琉球大（改））

[B: 標準問題]

問題262　目標時間 20 分

さいころを n 回振り，1 の目が k 回出れば $ak^2 + bk + c$（円）もらえるとする．得られる金額の期待値 m を求めよ．ただし，a，b，c は正の定数とする．

（名古屋大（改））

統計的な推測

[A：基礎問題]

問題263　目標時間 15 分

ある動物用の新しい飼料を試作し，任意抽出された 100 匹にこの新しい飼料を毎日与えて 1 週間後に体重の変化を調べた．増加量の平均は 2.57kg，標準偏差は 0.35kg であった．この増加量について

（1）　母平均を信頼度 95 ％で推定せよ（信頼区間を求めよ）．

（2）　標本平均と母平均の違いを，95 ％の確率で 0.05 ％以下にするには標本数をいくらにすればよいか．

（山梨医科大）

問題264　目標時間 15 分

ある都市での世論調査において，無作為に 400 人の有権者を選び，ある政策に対する賛否を調べたところ，320 人が賛成であった．次の問いに答えよ．

（1）　この都市の有権者のうち，この政策の賛成者の母比率 p に対する信頼度 95 ％の信頼区間を，小数第 3 位を四捨五入して求めよ．

（2）　母比率 p に対する信頼区間 $A \leqq p \leqq B$ において，$B - A$ をこの信頼区間の幅とよぶ．以下，R を標本比率とし，p に対する信頼度 95 ％の信頼区間を考える．L_1，L_2，L_3 を以下のように定めるとき，L_1，L_2，L_3 の大小を比較せよ．

- （1）で求めた信頼区間の幅を L_1
- 標本の大きさが 400 の場合に $R = 0.6$ が得られたときの信頼区間の幅を L_2
- 標本の大きさが 500 の場合に $R = 0.8$ が得られたときの信頼区間の幅を L_3

（センター試験（改））

問題265　目標時間 15 分

ある種類のねずみは，生まれてから 3 か月後の体重が平均 65g，標準偏差 4.8g の正規分布に従うという．いまこの種類のねずみ 10 匹を特別な飼料で飼育し，3 か月後に体重を測定したところ，次の結果を得た．この飼料はねずみの体重に異常な変化を与えたと考えられるか．有意水準 5 ％で検定せよ．

67, 71, 63, 74, 68, 61, 64, 80, 71, 73

（旭川医科大）

[B: 標準問題]

問題266 目標時間 20 分

3 種類の品物 A, B, C がある. A を 3 個, B を 2 個, C を 1 個任意に選んで 1 つにまとめて 1 個の商品とする. 次の問いに答えよ.

(1) 「A には A 全体の $\frac{1}{16}$ の不良品が含まれ, B には B 全体の $\frac{1}{9}$, C には C 全体の $\frac{1}{25}$ の不良品が含まれている」という仮説のもとで, 全商品の中から, 無作為にこの商品を取り出したとき, それが完全な商品である確率を求めよ. ここで, 完全な商品とは不良品が含まれていない商品のことである.

(2) 商品 960 個を無作為に抽出したところ, 完全な商品は 640 個であった. このことから, (1) の仮説は正しいと判断してよいかどうかを, 有意水準 (危険率) 5 % で検定 (両側検定) せよ.

(東北大)

（正規分布表）

z	0.00	0.01	0.02	0.03	0.04	0.05	0.06	0.07	0.08	0.09
0.0	0.0000	0.0040	0.0080	0.0120	0.0160	0.0199	0.0239	0.0279	0.0319	0.0359
0.1	0.0398	0.0438	0.0478	0.0517	0.0557	0.0596	0.0636	0.0675	0.0714	0.0753
0.2	0.0793	0.0832	0.0871	0.0910	0.0948	0.0987	0.1026	0.1064	0.1103	0.1141
0.3	0.1179	0.1217	0.1255	0.1293	0.1331	0.1368	0.1406	0.1443	0.1480	0.1517
0.4	0.1554	0.1591	0.1628	0.1664	0.1700	0.1736	0.1772	0.1808	0.1844	0.1879
0.5	0.1915	0.1950	0.1985	0.2019	0.2054	0.2088	0.2123	0.2157	0.2190	0.2224
0.6	0.2257	0.2291	0.2324	0.2357	0.2389	0.2422	0.2454	0.2486	0.2517	0.2549
0.7	0.2580	0.2611	0.2642	0.2673	0.2704	0.2734	0.2764	0.2794	0.2823	0.2852
0.8	0.2881	0.2910	0.2939	0.2967	0.2995	0.3023	0.3051	0.3078	0.3106	0.3133
0.9	0.3159	0.3186	0.3212	0.3238	0.3264	0.3289	0.3315	0.3340	0.3365	0.3389
1.0	0.3413	0.3438	0.3461	0.3485	0.3508	0.3531	0.3554	0.3577	0.3599	0.3621
1.1	0.3643	0.3665	0.3686	0.3708	0.3729	0.3749	0.3770	0.3790	0.3810	0.3830
1.2	0.3849	0.3869	0.3888	0.3907	0.3925	0.3944	0.3962	0.3980	0.3997	0.4015
1.3	0.4032	0.4049	0.4066	0.4082	0.4099	0.4115	0.4131	0.4147	0.4162	0.4177
1.4	0.4192	0.4207	0.4222	0.4236	0.4251	0.4265	0.4279	0.4292	0.4306	0.4319
1.5	0.4332	0.4345	0.4357	0.4370	0.4382	0.4394	0.4406	0.4418	0.4429	0.4441
1.6	0.4452	0.4463	0.4474	0.4484	0.4495	0.4505	0.4515	0.4525	0.4535	0.4545
1.7	0.4554	0.4564	0.4573	0.4582	0.4591	0.4599	0.4608	0.4616	0.4625	0.4633
1.8	0.4641	0.4649	0.4656	0.4664	0.4671	0.4678	0.4686	0.4693	0.4699	0.4706
1.9	0.4713	0.4719	0.4726	0.4732	0.4738	0.4744	0.4750	0.4756	0.4761	0.4767
2.0	0.4772	0.4778	0.4783	0.4788	0.4793	0.4798	0.4803	0.4808	0.4812	0.4817
2.1	0.4821	0.4826	0.4830	0.4834	0.4838	0.4842	0.4846	0.4850	0.4854	0.4857
2.2	0.4861	0.4864	0.4868	0.4871	0.4875	0.4878	0.4881	0.4884	0.4887	0.4890
2.3	0.4893	0.4896	0.4898	0.4901	0.4904	0.4906	0.4909	0.4911	0.4913	0.4916
2.4	0.4918	0.4920	0.4922	0.4925	0.4927	0.4929	0.4931	0.4932	0.4934	0.4936
2.5	0.4938	0.4940	0.4941	0.4943	0.4945	0.4946	0.4948	0.4949	0.4951	0.4952
2.6	0.49534	0.49547	0.49560	0.49573	0.49585	0.49598	0.49609	0.49621	0.49632	0.49643
2.7	0.49653	0.49664	0.49674	0.49683	0.49693	0.49702	0.49711	0.49720	0.49728	0.49736
2.8	0.49744	0.49752	0.49760	0.49767	0.49774	0.49781	0.49788	0.49795	0.49801	0.49807
2.9	0.49813	0.49819	0.49825	0.49831	0.49836	0.49841	0.49846	0.49851	0.49856	0.49861
3.0	0.49865	0.49869	0.49874	0.49878	0.49882	0.49886	0.49889	0.49893	0.49897	0.49900

— MEMO —

— MEMO —

駿台受験シリーズ

数学II・B・C【ベクトル】

基本問題演習

藤原　新 著

駿台文庫

● 目次

※　カッコ内は問題編のページ番号

第1章　方程式・式と証明

●1　式と計算・複素数と方程式

問題 1

考え方　（二項定理）

$$(a+b)^n = {}_n\mathrm{C}_0 a^n + {}_n\mathrm{C}_1 a^{n-1}b + \cdots + {}_n\mathrm{C}_{n-1}ab^{n-1} + {}_n\mathrm{C}_n b^n$$

本問では必要な項を取り出して計算すれば十分です．どの項を取り出せばよいかすぐにわからない場合（（２）や（３））は，**一般項** ${}_n\mathrm{C}_r a^{n-r}b^r$ において指数がどうなるかを考えましょう（→**注意**）．

解答

（１）　$(3x+y)^7$ において $3x$ を２個，y を５個取り出してかけると x^2y^5 の項が出る．取り出し方の総数は ${}_7\mathrm{C}_2$ 通りあるから

$${}_7\mathrm{C}_2(3x)^2y^5 = 189x^2y^5$$

よって係数は **189** である．

（２）　$\left(x-\dfrac{1}{2x^2}\right)^{12}$ において x を a 個，$-\dfrac{1}{2x^2}$ を $12-a$ 個取り出すとする．このとき出てくる項は

$$\begin{aligned}&{}_{12}\mathrm{C}_a x^a\left(-\frac{1}{2x^2}\right)^{12-a}\\&= {}_{12}\mathrm{C}_a\left(-\frac{1}{2}\right)^{12-a}x^{a-2(12-a)}\\&= {}_{12}\mathrm{C}_a\left(-\frac{1}{2}\right)^{12-a}x^{3a-24}\end{aligned}$$

であり，これが x^3 の項となるとき

$$3a-24=3 \quad \therefore \quad a=9$$

よって x^3 の係数は

$${}_{12}\mathrm{C}_9\cdot\left(-\frac{1}{2}\right)^{12-9} = -\frac{\mathbf{55}}{\mathbf{2}}$$

また，定数項となるとき x の指数が０となるから

$$3a-24=0 \quad \therefore \quad a=8$$

よって定数項は

$${}_{12}\mathrm{C}_8\cdot\left(-\frac{1}{2}\right)^{12-8} = \frac{\mathbf{495}}{\mathbf{16}}$$

（３）　$(x^2+x+1)^6$ において x^2 を a 個，x を b 個，１を $6-a-b$ 個取り出すとする．このとき出てくる項は

$$\begin{aligned}&{}_6\mathrm{C}_a\cdot{}_{6-a}\mathrm{C}_b(x^2)^a x^b\cdot 1^{6-a-b}\\&= {}_6\mathrm{C}_a\cdot{}_{6-a}\mathrm{C}_b x^{2a+b}\end{aligned}$$

であり，これが x^6 の項となるとき

$$2a+b=6$$

これをみたす a，b の組は

$$(a, b) = (0, 6), (1, 4), (2, 2), (3, 0)$$

よって x^6 の係数は

$$\begin{aligned}&{}_6\mathrm{C}_0\cdot{}_6\mathrm{C}_6 + {}_6\mathrm{C}_1\cdot{}_5\mathrm{C}_4 + {}_6\mathrm{C}_2\cdot{}_4\mathrm{C}_2 + {}_6\mathrm{C}_3\cdot{}_3\mathrm{C}_0\\&= 1+30+90+20 = \mathbf{141}\end{aligned}$$

別解　（多項定理）

$(a+b+c)^n$ の**一般項**は $\dfrac{(p+q+r)!}{p!q!r!}a^pb^qc^r$

（ただし $p+q+r=n$，$p, q, r \geqq 0$）

これを用いると（３）の**解答**は次のように書き換えられます．

（３）　${}_6\mathrm{C}_a\cdot{}_{6-a}\mathrm{C}_b = \dfrac{6!}{a!b!(6-a-b)!}$

注意　二項定理について例えば $(a+b)^5$ における a^3b^2 の係数が ${}_5\mathrm{C}_3$ となるのは次のように説明できます．

$$\begin{aligned}(a+b)^5 &= (a+b)(a+b)\\&\quad\times(a+b)(a+b)(a+b)\end{aligned}$$

上の式を分配法則を用いて展開するとき，各々のカッコから a を３個，b を２個取り出してそれをかけると a^3b^2 が出てきます．ここでそのような取り出し方が何通りあるかを数えましょう．５つあるカッコのうちどのカッコから a を３個を取り出すかで ${}_5\mathrm{C}_3$ 通り，残りのカッコから b を２個取り出すのは１通りです．したがって a^3b^2 は ${}_5\mathrm{C}_3\cdot 1 = {}_5\mathrm{C}_3$ 個出てくることがわかり，a^3b^2 の係数は ${}_5\mathrm{C}_3$ です．

※もちろん b を２個取り出す組合せを考えて ${}_5\mathrm{C}_2$ としても同じことです．

問題2

考え方　（恒等式）

変数にどのような値を代入しても，等号が成立する式を**恒等式**といいます．係数を決定する問題が頻出で

（ア）　**係数比較法**

（イ）　**数値代入法**

の２通りの解法があります．「数値代入法」のほうが計算は楽なことが多いですが，最後に十分性を確認する必要があります（→**注意**）．

（１）　係数比較法で解いてみます．与式をそのまま展開してもよいですが，$x-1=t$ とおくと計算が楽になります．

（２）　数値代入法で解いてみます．

解答

（１）　$x-1=t$ とおくと

$$(\text{左辺})=at^3+bt^2+ct+d \quad \cdots①$$

$$(\text{右辺})=2(t+1)^3-3(t+1)^2+(t+1)+4$$

$$=2t^3+3t^2+t+4 \quad \cdots②$$

①＝② は t に関する恒等式だから，係数を比較して

$$a=\mathbf{2},\ b=\mathbf{3},\ c=\mathbf{1},\ d=\mathbf{4}$$

（２）　$x^4-1=(x^2+1)(x+1)(x-1)$ に注意する．与式の両辺を通分した

$$\frac{4}{x^4-1}=\frac{-2(x^2-1)+a(x^2+1)(x-1)+b(x^2+1)(x+1)}{x^4-1}$$

が恒等式であることと，分子どうしを等号で結んだ

$$4=-2(x^2-1)+a(x^2+1)(x-1)+b(x^2+1)(x+1)$$

…③ が恒等式であることは同値である．

x にどのような値を代入しても ③ が成り立つから $x=-1$ を代入して

$$4=-4a \quad \therefore \quad a=\mathbf{-1}$$

$x=1$ を代入して

$$4=4b \quad \therefore \quad b=\mathbf{1}$$

逆にこのとき等式 ③ の右辺を展開して整理すると４となり，左辺と一致する．

注意　（２）で $x=\pm1$ を代入することで $a=-1$, $b=1$ を求めましたが，これは与式が恒等式であるための必要条件にすぎません．**逆にこのとき**すべての x について等式が成り立つことを確認する必要があります。必要性と十分性については数学Ⅰ・Aの**問題22**で詳しく解説しているので，そちらも参照してください．

問題3

考え方

（１）　整式の割り算を実行します（整式の割り算の正しい定義については**注意２**を参照）．

（２）　直接代入して計算するのは，やや大変です．そこで（１）の結果を利用します．有名な計算方法なので覚えておきましょう．

解答

（１）

$$\begin{array}{r|l} & \quad x^2+x+10 \\ x^2-4x+1 & x^4-3x^3+7x^2-3x+8 \\ & x^4-4x^3+\ \ x^2 \\ \hline & \quad\ \ x^3+6x^2-3x \\ & \quad\ \ x^3-4x^2+x \\ \hline & \qquad 10x^2-\ \ 4x+\ \ 8 \\ & \qquad 10x^2-40x+10 \\ \hline & \qquad\qquad 36x-\ 2 \end{array}$$

商 $\boldsymbol{x^2+x+10}$，余り $\mathbf{36}\boldsymbol{x}\mathbf{-2}$

（２）　（１）の結果より

$$f(x)=(x^2-4x+1)(x^2+x+10)+36x-2$$

とかける．$x=2+\sqrt{3}$ は $x^2-4x+1=0$ の解であることに注意すると

$$f(2+\sqrt{3})=36(2+\sqrt{3})-2$$

$$=\mathbf{70+36\sqrt{3}}$$

注意①　いきなり（２）を問われた場合は，$x=2+\sqrt{3}$ を解にもつ２次方程式を

自分で作り，その上で（1），（2）の流れで計算します．2次方程式の作り方は以下のようになります．

$x-2=\sqrt{3}$ の両辺を2乗して

$$(x-2)^2=3$$

これを整理して

$$x^2-4x+1=0$$

注意2　（除法の原理）

整式 $P(x)$，$M(x)\,(\neq 0)$ に対し

$$P(x)=M(x)Q(x)+R(x)$$

かつ

$$R(x)\text{ の次数} < M(x)\text{ の次数}$$

をみたす整式 $Q(x)$ と $R(x)$ が**一意に（ただ一組）存在します．**

その $\boldsymbol{Q(x)}$ **を商**，$\boldsymbol{R(x)}$ **を余り**とするのが割り算の正しい定義です．

問題4

考え方　前問の**注意2**で述べた除法の原理となる式を簡単に書くと

（割られる数）=（割る数）×（商）+（余り）

（余りの次数）<（割る数の次数）

となります．本問ではこの関係式をもとに余りを求めます．

（1）　1次式で割るので，余りは定数です．これを p とおくと

$$P(x)=(x-1)Q(x)+p$$

などとおけます．あとは（割る数）が0になるような x を代入すれば，p が求まります．

（2）　$(x-1)(x+2)$ は2次式ですから，余りは1次以下です．$ax+b$ などと設定しましょう．

なお，（1），（2）ともに次の「剰余の定理」を用いて解答をかいても構いませんが，本質的には**解答**と同じ計算をしていることになります．

（剰余の定理）

整式 $P(x)$ を1次式 $ax+b$ で割った余りは $P\left(-\dfrac{b}{a}\right)$ となる．特に $P(x)$ を $x-a$ で割った余りは $P(a)$ である．

（3）　$P(x)$ を $(x-1)^2(x+2)$ で割った余りを ax^2+bx+c と設定して，$P(1)$ と $P(-2)$ の値から

$$P(1)=a+b+c=-1$$

$$P(-2)=4a-2b+c=-4$$

としてしまうと式が1本足りず，うまくいきません．なぜでしょうか？　これは「$P(x)$ を $(x-1)^2$ で割った余りが $4x-5$ である…(*)」ことと「$P(1)=-1$…(**)」は情報量が等価ではなく（(*) $\Longrightarrow$ (**) は成り立ちますが (**) $\Longrightarrow$ (*) は成り立ちません!），$x=1$ を代入している時点で式1本分の情報が消失しているからです．本問では**値を代入せずに** $\boldsymbol{P(x)}$ **を** $\boldsymbol{(x-1)^2}$ **で実際に割ってしまう**のが，情報を必要十分に使えて確実です．

解答

$P(x)$ を $(x-1)^2$ で割った余りが $4x-5$ だから，整式 $Q_1(x)$ を用いて

$$P(x)=(x-1)^2Q_1(x)+4x-5$$

とかけ，$P(1)=-1$ …① である．

$P(x)$ を $x+2$ で割った余りが -4 だから，整式 $Q_2(x)$ を用いて

$$P(x)=(x+2)Q_2(x)-4$$

とかけ，$P(-2)=-4$ …② である．

（1）　$P(x)$ を $x-1$ で割った余りは，剰余の定理より $P(1)$ と等しく，①より求める余りは $\mathbf{-1}$ である．

（2）　$P(x)$ を $(x-1)(x+2)$ で割ったときの商を $Q_3(x)$，余りを $px+q$ とおくと

$$P(x)=(x-1)(x+2)Q_3(x)+px+q$$

とかける．$x=1$，$x=-2$ を代入して

$$P(1)=p+q,\ P(-2)=-2p+q$$

である．①，② より

$$p+q=-1,\ -2p+q=-4$$

連立して解くと $p=1$，$q=-2$ となり，求める余りは $\boldsymbol{x-2}$ である．

（3）　$P(x)$ を $(x-1)^2(x+2)$ で割ったときの商を $Q_4(x)$，余りを ax^2+bx+c とおくと

$$P(x)=(x-1)^2(x+2)Q_4(x)+ax^2+bx+c \quad \cdots ③$$

とかける．$P(x)$ を $(x-1)^2$ で割る．

$$\begin{array}{r|l} & (x+2)Q_4(x)+a \\ (x-1)^2 & (x-1)^2(x+2)Q_4(x)+ax^2+bx+c \\ & \underline{(x-1)^2(x+2)Q_4(x)+ax^2-2ax+a} \\ & (b+2a)x+(c-a) \end{array}$$

余りは $4x-5$ と等しいから

$$b+2a=4,\ c-a=-5 \quad \cdots ④$$

また ③ に $x=-2$ を代入して

$$P(-2)=4a-2b+c$$

② より

$$4a-2b+c=-4 \quad \cdots ⑤$$

④，⑤ を連立して解くと

$$a=1,\ b=2,\ c=-4$$

したがって求める余りは $\boldsymbol{x^2+2x-4}$

別解1

（3）　上の解法をさらにブラッシュアップすると次のようになります．

上の割り算から ax^2+bx+c を $(x-1)^2$ で割った余りは $4x-5$ だから

$$ax^2+bx+c=a(x-1)^2+4x-5$$

と書き換えられる．よって

$$P(x)=(x-1)^2(x+2)Q_4(x)+a(x-1)^2+4x-5$$

とかけ，$x=-2$ を代入すると

$$P(-2)=9a-13$$

である．② より

$$9a-13=-4 \quad \therefore \quad a=1$$

したがって求める余りは

$$(x-1)^2+4x-5=\boldsymbol{x^2+2x-4}$$

別解2　（微分法を用いる）

（3）　$P(x)$ を $(x-1)^2(x+2)$ で割ったときの商を $Q_4(x)$，余りを ax^2+bx+c とおくと

$$P(x)=(x-1)^2(x+2)Q_4(x)+ax^2+bx+c \quad \cdots ⑥$$

とかける．$x=1$，$x=-2$ を代入して

$$P(1)=a+b+c$$

$$P(-2)=4a-2b+c$$

である．①，② より

$$a+b+c=-1 \quad \cdots ⑦$$

$$4a-2b+c=-4 \quad \cdots ⑧$$

ここで

$$P(x)=(x-1)^2Q_1(x)+4x-5$$

の両辺を x で微分すると

$$P'(x)=2(x-1)Q_1(x)+(x-1)^2Q_1{}'(x)+4$$

となり，$x=1$ を代入して

$$P'(1)=4 \quad \cdots ⑨$$

次に ⑥ の両辺を x で微分して

$$P'(x)=2(x-1)(x+2)Q_4(x)+(x-1)^2\{(x+2)Q_4(x)\}'+2ax+b$$

$x=1$ を代入して

$$P'(1)=2a+b$$

⑨ より

$$2a+b=4 \quad \cdots ⑩$$

⑦, ⑧, ⑩ を連立して解くと

$$a=1, b=2, c=-4$$

したがって求める余りは $\boldsymbol{x^2+2x-4}$

注意　上の**別解2**では積の微分の公式

$$\{f(x)g(x)\}'=f'(x)g(x)+f(x)g'(x)$$

を用いました. 詳細は **問題108** を参照してください.

問題5

考え方　(複素数の計算)

2乗して -1 になる数を**虚数単位**といい, 文字 $\boldsymbol{i}$ で表します. さらに実数 a, b を用いて $\boldsymbol{a+bi}$ の形で表される数を**複素数**と定義します. このとき a をその**実部**, b をその**虚部**といいます.

一般に複素数は通常の文字式と同様に計算できますが, i^2 が出てきたときには -1 に置き換えます.

(3)　$\dfrac{c+di}{a+bi}$ の形の数は分母・分子に $a-bi$ をかけることにより分母を実数にします(**分母の実数化**).

解答

(1)　$(3-i)(4+5i)$

$$=12+15i-4i-5i^2$$

$$=12+11i-5\cdot(-1)$$

$$=\boldsymbol{17+11i}$$

(2)　$(1+i)^4$

$$={}_4C_0+{}_4C_1i+{}_4C_2i^2+{}_4C_3i^3+{}_4C_4i^4$$

$$=1+4i+6\cdot(-1)+4(-i)+1=\boldsymbol{-4}$$

(3)　$\dfrac{1}{1+i}+\dfrac{1}{1-2i}$

$$=\frac{1-i}{(1+i)(1-i)}+\frac{1+2i}{(1-2i)(1+2i)}$$

$$=\frac{1-i}{2}+\frac{1+2i}{5}$$

$$=\frac{5(1-i)+2(1+2i)}{10}=\boldsymbol{\frac{7-i}{10}}$$

別解

(2)　$(1+i)^4=\{(1+i)^2\}^2$

$$=(1+2i+i^2)^2$$

$$=(2i)^2=\boldsymbol{-4}$$

問題6

考え方　(複素数の相等)

a, b, c, d が実数のとき

$$\boldsymbol{a+bi=c+di \Longleftrightarrow a=c \text{ かつ } b=d}$$

$$\boldsymbol{a+bi=0 \Longleftrightarrow a=b=0}$$

(1)　与式を展開して実部どうし, 虚部どうしをそれぞれ比較しても構いませんが(→**別解**), 両辺を $3-2i$ で割ると計算が楽です.

(2)　$z=x+yi$ (x, y は実数) とおきましょう. なお $z^2=4i$ という式から安易に $z=\pm2\sqrt{i}$ などとしてはいけません(→**注意**).

解答

(1)　$(3-2i)(x+yi)=11-16i$ の両辺を $3-2i$ で割ると

$$x+yi=\frac{11-16i}{3-2i}$$

である.

$$(\text{右辺})=\frac{(11-16i)(3+2i)}{(3-2i)(3+2i)}$$

$$=\frac{33+22i-48i-32i^2}{13}$$

$$=\frac{65-26i}{13}=5-2i$$

よって

$$x+yi=5-2i$$

となる. x, y は実数であるから

$$\boldsymbol{x=5, y=-2}$$

(2)　x, y を実数として $z=x+yi$ とおく. $z^2=4i$ より

$$(x+yi)^2=4i$$

$$x^2+2xyi+y^2i^2=4i$$
$$(x^2-y^2)+2xyi=4i$$

x^2-y^2, $2xy$ は実数だから

$$x^2-y^2=0 \cdots ①,\ 2xy=4 \cdots ②$$

① より $x=\pm y$ とわかる.

(ア)　$x=y$ のとき

② に代入して

$$2y^2=4$$
$$y^2=2 \quad \therefore \quad y=\pm\sqrt{2}$$

このとき $x=\pm\sqrt{2}$ (複号同順) となるから

$\boldsymbol{z=\pm\sqrt{2}(1+i)}$ である.

(イ)　$x=-y$ のとき

② に代入して

$$-2y^2=4 \quad \therefore \quad y^2=-2$$

これは y が実数であることに反する.

別解

(1)　$(3-2i)(x+yi)=11-16i$ より

$$(3x+2y)+(-2x+3y)i=11-16i$$

$3x+2y$, $-2x+3y$ は実数であるから

$$3x+2y=11,\ -2x+3y=-16$$

連立して解くと $\boldsymbol{x=5}$, $\boldsymbol{y=-2}$

注意　$\sqrt{i}$ のようにルートの中に i が入る表記は, 高校数学では認められません. 複素数とは a, b を実数として $a+bi$ の形で書かれる数に限ります. なお, $\sqrt{i}$ のような表記法は複素解析 (大学数学) で学びます.

問題 7

考え方　(2 次方程式の解と係数の関係)

$ax^2+bx+c=0$ の解を α, β とすると

$$\boldsymbol{\alpha+\beta=-\frac{b}{a},\ \alpha\beta=\frac{c}{a}}$$

が成り立ちます.

(3)　$\dfrac{\beta}{\alpha}$, $\dfrac{\alpha}{\beta}$ を解とする 2 次方程式は

$$\left(x-\frac{\beta}{\alpha}\right)\left(x-\frac{\alpha}{\beta}\right)=0$$

$$x^2-\left(\frac{\beta}{\alpha}+\frac{\alpha}{\beta}\right)x+\frac{\beta}{\alpha}\cdot\frac{\alpha}{\beta}=0$$

と作ることができます. すなわち $\dfrac{\beta}{\alpha}$ と $\dfrac{\alpha}{\beta}$ の和と積を作ればよく, これは実質的に解と係数の関係を逆に使っています.

解答

(1)　$3x^2-x-3=0$ において解と係数の関係より

$$\boldsymbol{\alpha+\beta=\frac{1}{3},\ \alpha\beta=-1}$$

このとき

$$\boldsymbol{\alpha^2+\beta^2}=(\alpha+\beta)^2-2\alpha\beta$$
$$=\left(\frac{1}{3}\right)^2-2\cdot(-1)=\boldsymbol{\frac{19}{9}}$$
$$\boldsymbol{\alpha^3+\beta^3}=(\alpha+\beta)^3-3\alpha\beta(\alpha+\beta)$$
$$=\left(\frac{1}{3}\right)^3-3\cdot(-1)\cdot\frac{1}{3}=\boldsymbol{\frac{28}{27}}$$

(2)　$x^2-3kx+k+15=0$ の 2 つの解は α, 2α とおける. 解と係数の関係より

$$\alpha+2\alpha=3k \quad \cdots ①$$
$$\alpha\cdot 2\alpha=k+15 \quad \cdots ②$$

① より

$$3\alpha=3k \quad \therefore \quad \alpha=k \quad \cdots ③$$

②, ③ より α を消去して

$$2k^2=k+15$$
$$2k^2-k-15=0$$
$$(2k+5)(k-3)=0$$
$$\boldsymbol{k=-\frac{5}{2},\ 3}$$

(3)　$x^2+3x+3=0$ において解と係数の関係より

$$\alpha+\beta=-3,\ \alpha\beta=3$$

このとき

$$\frac{\beta}{\alpha}+\frac{\alpha}{\beta}=\frac{\beta^2+\alpha^2}{\alpha\beta}$$
$$=\frac{(\alpha+\beta)^2-2\alpha\beta}{\alpha\beta}$$
$$=\frac{(-3)^2-2\cdot 3}{3}=1$$

また

$$\frac{\beta}{\alpha}\cdot\frac{\alpha}{\beta}=1$$

だから $\frac{\beta}{\alpha}$, $\frac{\alpha}{\beta}$ を解とする2次方程式は

$$\boldsymbol{x^2-x+1=0}$$

問題 8

考え方　x と y の対称式です.

$$\boldsymbol{x+y=u,\ xy=v}$$

などとおくとみやすくてよいでしょう. なお対称式については数学I・Aの問題4を参照してください.

解答

$x+y=u$, $xy=v$ …① とおくと

$$x+y+xy=5$$

より

$$u+v=5$$

$$v=5-u \quad \cdots ②$$

となる. また

$$x^2+9xy+y^2=23$$

$$(x+y)^2+7xy=23$$

$$u^2+7v=23 \quad \cdots ③$$

② を ③ に代入して

$$u^2+7(5-u)=23$$

$$u^2-7u+12=0$$

$$(u-3)(u-4)=0$$

$$u=3,\ 4$$

（ア）　$u=3$ のとき

② より $v=2$ である. ① から

$$x+y=3,\ xy=2$$

となり, x と y を解にもつ2次方程式は

$$t^2-3t+2=0$$

$$(t-1)(t-2)=0$$

$$t=1,\ 2$$

よって $(x,\ y)=(1,\ 2),\ (2,\ 1)$ である.

（イ）　$u=4$ のとき

② より $v=1$ である. ① から

$$x+y=4,\ xy=1$$

となり, x と y を解にもつ2次方程式は

$$t^2-4t+1=0$$

$$t=2\pm\sqrt{3}$$

よって $(x,\ y)=(2\pm\sqrt{3},\ 2\mp\sqrt{3})$（複号同順）である.

したがって（ア），（イ）より

$$\boldsymbol{(x,\ y)=(1,\ 2),\ (2,\ 1),}$$

$$\boldsymbol{(2\pm\sqrt{3},\ 2\mp\sqrt{3})}\textbf{（複号同順）}$$

問題 9

考え方　数学Iで学んだ2次方程式の解の配置に関する問題ですが（数学I・Aの問題43を参照）, 次の同値関係を用いて処理することも可能です.

2次方程式の2つの解を α, β とするとき

・2つの解が異符号 $\iff \alpha\beta<0$

・2つの解が正 $\iff D\geqq 0$ かつ $\alpha+\beta>0$ かつ $\alpha\beta>0$

・2つの解が負 $\iff D\geqq 0$ かつ $\alpha+\beta<0$ かつ $\alpha\beta>0$

解と係数の関係を利用しましょう.

（3）　$\alpha>1$ と $\beta>1$ を

$$\alpha-1>0 \text{ かつ } \beta-1>0$$

とすれば, 上の同値関係が使えます.

解答

$x^2-2ax+a+6=0$ …① の2つの解を α, β とおくと, 解と係数の関係より

$$\alpha+\beta=2a,\ \alpha\beta=a+6$$

（1）　① が正の解と負の解をもつのは $\alpha\beta<0$ のときだから

$$a+6<0 \quad \therefore \quad \boldsymbol{a<-6}$$

（2） ①が異なる2つの負の解をもつのは，判別式を D とすると，$D>0$ かつ $\alpha+\beta<0$ かつ $\alpha\beta>0$ のときである．

$$\frac{D}{4}=a^2-a-6>0$$
$$(a+2)(a-3)>0$$
$$a<-2,\ a>3 \quad \cdots ②$$

である．次に

$$\alpha+\beta=2a<0$$
$$a<0 \quad \cdots ③$$

また

$$\alpha\beta=a+6>0$$
$$a>-6 \quad \cdots ④$$

②，③，④より求める a の範囲は

$$\boldsymbol{-6<a<-2}$$

（3） すべての解が1より大きいのは，$D \geqq 0$ かつ $(\alpha-1)+(\beta-1)>0$ かつ $(\alpha-1)(\beta-1)>0$ のときである．

$D \geqq 0$ を解くと $a \leqq -2,\ a \geqq 3$ …⑤ である．次に

$$(\alpha-1)+(\beta-1)>0$$
$$\alpha+\beta>2$$
$$2a>2 \quad \therefore \quad a>1 \quad \cdots ⑥$$

また

$$(\alpha-1)(\beta-1)>0$$
$$\alpha\beta-(\alpha+\beta)+1>0$$
$$(a+6)-2a+1>0$$
$$a<7 \quad \cdots ⑦$$

⑤，⑥，⑦より求める a の範囲は

$$\boldsymbol{3 \leqq a<7}$$

注意 一般に

$$\alpha+\beta>0 \text{ かつ } \alpha\beta>0$$
$$\Longrightarrow \alpha>0 \text{ かつ } \beta>0$$

は成り立ちません．例えば

$$\alpha+\beta=2,\ \alpha\beta=2$$

のとき

$$\alpha=1\pm i,\ \beta=1\mp i \text{（複号同順）}$$

となり，α，β は実数となりません．

問題10

考え方 （高次方程式の解き方）

高次方程式を解く手順は

（ア） **解を具体的に1つ見つける**

（イ） （ア）**の結果を用いて因数分解する**

ですが，（ア）においてどのように解をみつけるかが問題です．

一般に整数係数の方程式

$$a_nx^n+a_{n-1}x^{n-1}+\cdots+a_1x+a_0=0$$

（ただし $a_n \neq 0$）が有理数解をもつならば

$$\boldsymbol{x=\pm\frac{a_0 \text{ の約数}}{a_n \text{ の約数}}}$$

の形に限ります（→**研究課題**）．この事実を利用することにより，例えば

（2） $6x^3+13x^2+8x+3=0$

において最高次の係数は6，定数項は3ですから，有理数解は

$$x=\pm\frac{3 \text{ の約数}}{6 \text{ の約数}}=\pm\frac{1 \text{ or } 3}{1 \text{ or } 2 \text{ or } 3 \text{ or } 6}$$

に限り，あとはこの中から実際に方程式の解になるものを探せばよいのです．

なお答案の過程において

（因数定理）

$x-k$ が整式 $P(x)$ の因数 $\Longleftrightarrow P(k)=0$

を利用していますが，実際にはいきなり因数分解した式をかいて構いません．

解答

それぞれ左辺を $P(x)$ とおく．

（1） $P(-1)=0$ より $P(x)$ は $x+1$ で割り切れるから

$$2x^3-3x^2-3x+2=0$$
$$(x+1)(2x^2-5x+2)=0$$
$$(x+1)(2x-1)(x-2)=0$$

と変形できる. よって

$$\boldsymbol{x = -1,\ \frac{1}{2},\ 2}$$

（2） $P\left(-\frac{3}{2}\right) = 0$ より $P(x)$ は $2x+3$ で割り切れるから

$$6x^3 + 13x^2 + 8x + 3 = 0$$

$$(2x+3)(3x^2+2x+1) = 0$$

と変形できる. よって

$$\boldsymbol{x = -\frac{3}{2},\ \frac{-1 \pm \sqrt{2}i}{3}}$$

（3） $(x+1)(x+2)(x+3)(x+4) - 24 = 0$ より

$$(x^2+5x+4)(x^2+5x+6) - 24 = 0$$

ここで $x^2 + 5x = X$ とおくと

$$(X+4)(X+6) - 24 = 0$$

$$X^2 + 10X = 0$$

$$X(X+10) = 0$$

$$(x^2+5x)(x^2+5x+10) = 0$$

$$x(x+5)(x^2+5x+10) = 0$$

$$\boldsymbol{x = 0,\ -5,\ \frac{-5 \pm \sqrt{15}i}{2}}$$

研究課題　整数係数の n 次方程式

$$a_n x^n + a_{n-1} x^{n-1} + \cdots a_1 x + a_0 = 0$$

の有理数解をもつとき

$$x = \pm \frac{a_0 \text{の約数}}{a_n \text{の約数}}$$

の形に限ることを証明してみます. やや難しいので初学者は飛ばしても結構です.

[証明]

解 $x = \frac{q}{p}$ (p, q は互いに素な整数) を方程式に代入すると

$$a_n\left(\frac{q}{p}\right)^n + a_{n-1}\left(\frac{q}{p}\right)^{n-1} + \cdots + a_1 \cdot \frac{q}{p} + a_0 = 0 \quad \cdots(*)$$

両辺に p^{n-1} をかけて移項すると

$$a_n \cdot \frac{q^n}{p} = -(a_{n-1}q^{n-1} + \cdots + a_1 p^{n-2} q + a_0 p^{n-1})$$

右辺は整数であるから, 左辺も整数であるが, p, q は互いに素な整数より p は a_n の約数である.

次に $(*)$ の両辺に p^n をかけて, さらに q で割って移項すると

$$a_0 \cdot \frac{p^n}{q} = -(a_n q^{n-1} + a_{n-1} p q^{n-2} + \cdots + a_1 p^{n-1})$$

右辺は整数であるから左辺も整数であるが, p, q は互いに素な整数より q は a_0 の約数である. したがって方程式の有理数解は $\pm \frac{a_0 \text{の約数}}{a_n \text{の約数}}$ の形に限る.

分数を1つ残しておくことで, 議論をわかりやすくするところがポイントです.

問題11

考え方　（3次方程式の解と係数の関係）

$ax^3 + bx^2 + cx + d = 0$ の解を α, β, γ とすると

$$\boldsymbol{\alpha + \beta + \gamma = -\frac{b}{a}}$$

$$\boldsymbol{\alpha\beta + \beta\gamma + \gamma\alpha = \frac{c}{a}}$$

$$\boldsymbol{\alpha\beta\gamma = -\frac{d}{a}}$$

が成り立ちます.

（1）　**係数が実数である n 次方程式が虚数 $\alpha = a + bi$ を解にもつならば, それと共役な複素数 $\overline{\alpha} = a - bi$ もこの方程式の解となります**. この事実は極めて重要です（→**研究課題**）.

（3）　因数分解公式

$$x^3 + y^3 + z^3 - 3xyz = (x+y+z) \times (x^2 + y^2 + z^2 - xy - yz - zx)$$

を利用しましょう.

解答

（1）　係数は実数だから

$$x^3+ax^2+bx-5=0$$

が $1-2i$ を解にもつとき，$1+2i$ も解にもつ．もう 1 つの解を α とおくと解と係数の関係より

$\alpha+(1-2i)+(1+2i)=-a$　…①

$\alpha(1-2i)+(1-2i)(1+2i)+(1+2i)\alpha=b$ …②

$\alpha(1-2i)(1+2i)=5$　…③

③より

$$5\alpha=5 \quad \therefore \quad \alpha=1$$

①，②にそれぞれ代入して $\boldsymbol{a=-3}$，$\boldsymbol{b=7}$ となる．他の解は **1**，$\boldsymbol{1+2i}$ である．

（2）（i）（ii）　$x^3-3x^2+7x-5=0$ において解と係数の関係より

$$\alpha+\beta+\gamma=3 \quad \cdots④$$

$$\alpha\beta+\beta\gamma+\gamma\alpha=7$$

$$\alpha\beta\gamma=5$$

である．このとき

$$\begin{aligned}&(1+\alpha)(1+\beta)(1+\gamma)\\&=1+(\alpha+\beta+\gamma)\\&\qquad+(\alpha\beta+\beta\gamma+\gamma\alpha)+\alpha\beta\gamma\\&=1+3+7+5=\mathbf{16}\end{aligned}$$

④より $\alpha+\beta=3-\gamma$，$\beta+\gamma=3-\alpha$，$\gamma+\alpha=3-\beta$ であるから

$$\begin{aligned}&(\alpha+\beta)(\beta+\gamma)(\gamma+\alpha)\\&=(3-\gamma)(3-\alpha)(3-\beta)\\&=27-9(\alpha+\beta+\gamma)\\&\qquad+3(\alpha\beta+\beta\gamma+\gamma\alpha)-\alpha\beta\gamma\\&=27-9\cdot3+3\cdot7-5=\mathbf{16}\end{aligned}$$

（3）　$x^2+y^2+z^2=6$ より

$$(x+y+z)^2-2(xy+yz+zx)=6$$

$$2^2-2(xy+yz+zx)=6$$

$$xy+yz+zx=\mathbf{-1}$$

また $x^3+y^3+z^3=8$ より

$$(x^3+y^3+z^3-3xyz)+3xyz=8$$

$$(x+y+z)\{x^2+y^2+z^2$$

$$-(xy+yz+zx)\}+3xyz=8$$

$$2\cdot\{6-(-1)\}+3xyz=8$$

$$3xyz=-6 \quad \therefore \quad xyz=\mathbf{-2}$$

$x+y+z=2$，$xy+yz+zx=-1$ と合わせて x，y，z を解にもつ 3 次方程式は

$$\boldsymbol{t^3-2t^2-t+2=0}$$

$$(t+1)(t-1)(t-2)=0$$

$$t=-1,\ 1,\ 2$$

$x\leqq y\leqq z$ であるから

$$\boldsymbol{x=-1,\ y=1,\ z=2}$$

注意

（3）　x，y，z を解にもつ 3 次方程式は

$$(t-x)(t-y)(t-z)=0$$

$$t^3-(x+y+z)t^2$$

$$+(xy+yz+zx)t-xyz=0$$

$$t^3-2t^2-t+2=0$$

と導けます．

別解

（1）　$x^3+ax^2+bx-5=0$ …⑤に $x=1-2i$ を代入して整理すると

$$(-3a+b-16)+(-4a-2b+2)i=0$$

$-3a+b-16$，$-4a-2b+2$ は実数より

$$-3a+b-16=0,\ -4a-2b+2=0$$

連立して解くと

$$\boldsymbol{a=-3,\ b=7}$$

このとき⑤は

$$x^3-3x^2+7x-5=0$$

$$(x-1)(x^2-2x+5)=0$$

よって他の解は **1**, $\boldsymbol{1+2i}$ である．

（1）　$x=1+2i$ が解であることをいう

ところまでは**解答**と同じ.
よって x^3+ax^2+bx-5 は

$$\{x-(1-2i)\}\{x-(1+2i)\}$$

すなわち x^2-2x+5 で割り切れる. 実際に割り算をすると商は $x+a+2$, 余りは $(b+2a-1)x-5a-15$ だから

$$b+2a-1=0,\ -5a-15=0$$

連立して解くと

$$\boldsymbol{a=-3,\ b=7}$$

あとは与方程式を解けばよい.
(2)(i)(ii)　$f(x)=x^3-3x^2+7x-5$ とおく.
$f(x)=0$ は α, β, γ を解にもつから

$$f(x)=(x-\alpha)(x-\beta)(x-\gamma)$$

と因数分解できる. よって

$$(1+\alpha)(1+\beta)(1+\gamma)$$
$$=-(-1-\alpha)(-1-\beta)(-1-\gamma)$$
$$=-f(-1)=\mathbf{16}$$

また ④ を用いると

$$(\alpha+\beta)(\beta+\gamma)(\gamma+\alpha)$$
$$=(3-\gamma)(3-\alpha)(3-\beta)$$
$$=f(3)=\mathbf{16}$$

研究課題　実数係数の方程式

$$a_nx^n+a_{n-1}x^{n-1}+\cdots+a_1x+a_0=0\ \cdots(*)$$

が $x=\alpha$ を解にもつとき, $x=\overline{\alpha}$ も解にもつことを証明してみます. いくつか方法が知られていますが, ここでは共役複素数の性質

$$\overline{\alpha\pm\beta}=\overline{\alpha}\pm\overline{\beta},\ \overline{\alpha\beta}=\overline{\alpha}\,\overline{\beta}$$

および2番目からすぐに導かれる

$$\overline{\alpha^n}=(\overline{\alpha})^n\quad(n\text{ は整数})$$

を用います(ただし上の α, β は複素数).
[証明]
$x=\alpha$ は $(*)$ の解だから代入して

$$a_n\alpha^n+a_{n-1}\alpha^{n-1}+\cdots+a_1\alpha+a_0=0$$

両辺の共役複素数は等しく

$$\overline{a_n\alpha^n+a_{n-1}\alpha^{n-1}+\cdots+a_1\alpha+a_0}=\overline{0}$$
$$\overline{a_n\alpha^n}+\overline{a_{n-1}\alpha^{n-1}}+\cdots+\overline{a_1\alpha}+\overline{a_0}=0$$

係数は実数だから

$$a_n\overline{\alpha^n}+a_{n-1}\overline{\alpha^{n-1}}+\cdots+a_1\overline{\alpha}+a_0=0$$
$$a_n(\overline{\alpha})^n+a_{n-1}(\overline{\alpha})^{n-1}+\cdots+a_1\overline{\alpha}+a_0=0$$

これは $x=\overline{\alpha}$ が $(*)$ の解であることを意味する.

問題 12

考え方　(1の3乗根)
$x^3=1$ の虚数解の1つを ω とすると

$$\boldsymbol{\omega^3=1,\ \omega^2+\omega+1=0}$$

が成り立ち, これらの式は次数下げをする際によく用いられます.

解答
(1)　ω は $x^3=1$ の解だから

$$\omega^3-1=0$$
$$(\omega-1)(\omega^2+\omega+1)=0$$

ω は虚数だから $\omega\neq1$ である. したがって

$$\omega^2+\omega+1=0$$

(2)　(i)　$\omega^{100}+\omega^{50}+1$

$$=(\omega^3)^{33}\cdot\omega+(\omega^3)^{16}\cdot\omega^2+1$$
$$=1^{33}\cdot\omega+1^{16}\cdot\omega^2+1$$
$$=\omega+\omega^2+1=\mathbf{0}$$

(ii)　$\omega^2+\omega+1=0$ より

$$\omega^2=-\omega-1,\ \omega=-\omega^2-1$$

が成り立つ. また(i)の過程で導いた

$$\omega^{100}=\omega,\ \omega^{50}=\omega^2$$

も合わせて用いると

$$(\omega^{100}+1)^{50}+(\omega^{50}+1)^{50}+1$$
$$=(\omega+1)^{50}+(\omega^2+1)^{50}+1$$
$$=(-\omega^2)^{50}+(-\omega)^{50}+1$$

$$=\omega^{100}+\omega^{50}+1=\mathbf{0}$$

問題13

考え方　（${}_nC_r$ の和）

二項定理による展開式

$$(a+b)^n={}_nC_0a^n+{}_nC_1a^{n-1}b+\cdots+{}_nC_{n-1}ab^{n-1}+{}_nC_nb^n$$

の a と b に数値を代入して，等式を導きます．

（4）　等式 $\boldsymbol{k\cdot{}_nC_k=n\cdot{}_{n-1}C_{k-1}}$ を用いて係数を定数 n に揃えます（等式の詳細については数学Ⅰ・Aの**問題95**を参照）．

解答

（1）　二項定理

$$(a+b)^n={}_nC_0a^n+{}_nC_1a^{n-1}b+\cdots+{}_nC_{n-1}ab^{n-1}+{}_nC_nb^n \quad \cdots①$$

の両辺に $a=1$，$b=1$ を代入して

$$(1+1)^n={}_nC_0\cdot1^n+{}_nC_1\cdot1^{n-1}\cdot1+\cdots+{}_nC_{n-1}\cdot1\cdot1^{n-1}+{}_nC_n\cdot1^n$$

したがって

$${}_nC_0+{}_nC_1+\cdots+{}_nC_n=\mathbf{2^n}$$

（2）　①に $a=1$，$b=-1$ を代入して

$$(1-1)^n={}_nC_0\cdot1^n+{}_nC_1\cdot1^{n-1}\cdot(-1)+\cdots+{}_nC_{n-1}\cdot1\cdot(-1)^{n-1}+{}_nC_n(-1)^n$$

したがって

$${}_nC_0-{}_nC_1+\cdots+(-1)^n\cdot{}_nC_n=\mathbf{0}$$

（3）　（1）と（2）の結果式において n を $2n$ に置き換えて

$${}_{2n}C_0+{}_{2n}C_1+{}_{2n}C_2+\cdots+{}_{2n}C_{2n}=2^{2n}$$

$${}_{2n}C_0-{}_{2n}C_1+{}_{2n}C_2-\cdots+{}_{2n}C_{2n}=0$$

辺々をたすと奇数番目の項が消えるから

$$2({}_{2n}C_0+{}_{2n}C_2+\cdots+{}_{2n}C_{2n})=2^{2n}$$

$${}_{2n}C_0+{}_{2n}C_2+\cdots+{}_{2n}C_{2n}=\mathbf{2^{2n-1}}$$

（4）　$k\cdot{}_nC_k=n\cdot{}_{n-1}C_{k-1}$ を用いると

$$1\cdot{}_nC_1+2\cdot{}_nC_2+\cdots+n\cdot{}_nC_n$$
$$=n\cdot{}_{n-1}C_0+n\cdot{}_{n-1}C_1+\cdots+n\cdot{}_{n-1}C_{n-1}$$
$$=n({}_{n-1}C_0+{}_{n-1}C_1+\cdots+{}_{n-1}C_{n-1})$$
$$=\boldsymbol{n\cdot2^{n-1}}$$

別解

（4）　昔，数学者ガウスが

$$S=1+2+3+\cdots+100 \quad \cdots①$$

の計算をする際，①の右辺を逆順に並べ

$$S=100+99+98+\cdots+1 \quad \cdots②$$

として①＋②より

$$2S=101+101+101+\cdots+101$$

$$2S=101\cdot100 \quad \therefore \quad S=5050$$

と求めたのは有名な話ですが，この手法を真似て本問を計算することもできます．

求める和を S とおき，$0\cdot{}_nC_0$ を加えても計算結果が変わらないことに注意すると

$$S=0\cdot{}_nC_0+1\cdot{}_nC_1+\cdots+n\cdot{}_nC_n$$

右辺を逆順に並べ

$$S=n\cdot{}_nC_n+(n-1)\cdot{}_nC_{n-1}+\cdots+0\cdot{}_nC_0$$

として辺々をたす．

${}_nC_k={}_nC_{n-k}$ に注意して

$$2S=(0+n){}_nC_0+\{1+(n-1)\}{}_nC_1+\cdots+(n+0){}_nC_n$$

$$2S=n\cdot{}_nC_0+n\cdot{}_nC_1+\cdots+n\cdot{}_nC_n$$

$$2S=n({}_nC_0+{}_nC_1+\cdots+{}_nC_n)$$

$$2S=n\cdot2^n \quad \therefore \quad \boldsymbol{S=n\cdot2^{n-1}}$$

問題14

考え方　p，q が有理数，α が無理数のとき

$$\boldsymbol{p\alpha+q=0 \iff p=q=0}$$

が成り立ちます．

解答

（1） 商 $\boldsymbol{x+5}$，余り $\boldsymbol{-4x+6}$

（2） （1）より

$$x^3+3x^2-14x+6$$
$$=(x^2-2x)(x+5)-4x+6$$

が成り立つ．$x=a$ を代入して

$$a^3+3a^2-14a+6$$
$$=(a^2-2a)(a+5)-4a+6$$
$$X=Y(a+5)-4a+6$$
$$a(Y-4)+5Y-X+6=0$$

a は無理数，$Y-4$，$5Y-X+6$ は有理数だから

$$Y-4=0,\ 5Y-X+6=0$$

連立して解くと

$$\boldsymbol{X=26,\ Y=4}$$

（3） $Y=4$ より

$$a^2-2a=4$$
$$a^2-2a-4=0$$
$$a=1\pm\sqrt{5}$$

a は正の無理数だから $\boldsymbol{a=1+\sqrt{5}}$

問題 15

考え方 P が 1 次式の積に分解できるとは

$$P=(ax+by+c)(px+qy+r)$$

の形に因数分解できることをいいます．これは $P=0$ を x の 2 次方程式とみて解いたとき，解が y の 1 次式になることと同値です．言い換えれば方程式を解の公式を用いて解いたとき，ルートの中が完全平方式（(整式)^2 の形のこと）になるということで，以下この式を Q とおくと

Q が完全平方式 $\Longleftrightarrow$ $Q=0$ が重解をもつ
$\Longleftrightarrow$ 判別式 $D=0$

となります．なお恒等式の考え方を利用して解くこともできます（→**別解**）．

解答

$$P=2x^2+xy-y^2+5x-y+k$$
$$=2x^2+(y+5)x-y^2-y+k$$

である．$P=0$ を x の 2 次方程式とみて，解の公式で解くと

$$x=\frac{-(y+5)\pm\sqrt{9y^2+18y+25-8k}}{4}$$

…① である．P が 1 次式の積に分解されるためには，ルートの中が完全平方式になることが必要十分である．このときルートの中を y の 2 次式とみたとき判別式 $D=0$ となるから

$$\frac{D}{4}=9^2-9(25-8k)=0 \quad \therefore \quad \boldsymbol{k=2}$$

このとき ① は

$$x=\frac{-(y+5)\pm\sqrt{9y^2+18y+9}}{4}$$
$$=\frac{-(y+5)\pm\sqrt{(3y+3)^2}}{4}$$
$$=\frac{-(y+5)\pm(3y+3)}{4}$$
$$=\frac{y-1}{2},\ -y-2$$

である．したがって

$$\boldsymbol{P}=2\left(x-\frac{y-1}{2}\right)\{x-(-y-2)\}$$
$$\boldsymbol{=(2x-y+1)(x+y+2)}$$

別解

$P=2x^2+xy-y^2+5x-y+k$ …② の最初の 3 つの項は

$$2x^2+xy-y^2=(x+y)(2x-y)$$

と因数分解できるから，a，b を定数として P は

$$P=(2x-y+a)(x+y+b)$$

とかける．これを展開すると

$$P=2x^2+xy-y^2$$

$$+(a+2b)x+(a-b)y+ab$$

となる. ② と係数を比較して

$$a+2b=5,\ a-b=-1,\ ab=k$$

連立して解くと $a=1$, $b=2$, $\boldsymbol{k=2}$ となり, このとき

$$\boldsymbol{P=(2x-y+1)(x+y+2)}$$

問題 16

考え方 いかにも判別式を使いたくなりますが, 判別式は方程式が実数係数の場合しか使えません. ここでは方程式を実部と虚部に分けて考えます. そうすると 2 つの 2 次方程式が共通の実数解をもつ条件を求める問題に帰着させることができます.

解答

$(a+i)x^2+2(1+i)x+(1+ai)=0$ より

$$ax^2+2x+1+(x^2+2x+a)i=0$$

a, x が実数のとき

$$ax^2+2x+1,\ x^2+2x+a$$

はともに実数だから

$$ax^2+2x+1=0 \quad \cdots ①$$

$$x^2+2x+a=0 \quad \cdots ②$$

が成り立つ.

①, ② をみたす共通の実数解 $x=\alpha$ が存在する条件を求める. $x=\alpha$ を ①, ② に代入して

$$a\alpha^2+2\alpha+1=0 \quad \cdots ③$$

$$\alpha^2+2\alpha+a=0 \quad \cdots ④$$

④ より

$$a=-\alpha^2-2\alpha \quad \cdots ⑤$$

であり, これを ③ に代入して

$$(-\alpha^2-2\alpha)\alpha^2+2\alpha+1=0$$

$$\alpha^4+2\alpha^3-2\alpha-1=0$$

$$(\alpha+1)^3(\alpha-1)=0$$

$$\alpha=-1,\ 1$$

⑤ に代入して

$$a=1,\ -3$$

(ア) **$a=1$ のとき**

最初の方程式を解く.

$$x^2+2x+1+(x^2+2x+1)i=0$$

$$(x+1)^2(1+i)=0$$

$$\boldsymbol{x=-1}$$

(イ) **$a=-3$ のとき**

最初の方程式を解く.

$$-3x^2+2x+1+(x^2+2x-3)i=0$$

$$-(3x+1)(x-1)+(x+3)(x-1)i=0$$

$$(x-1)\{-(3x+1)+(x+3)i\}=0$$

$$(x-1)\{(-3+i)x-1+3i\}=0$$

$$x=1,\ \frac{1-3i}{-3+i}$$

$$\boldsymbol{x=1,\ \frac{-3+4i}{5}}$$

問題 17

考え方 3 次方程式の解の公式が背景にある問題ですが (→**研究課題**), 知らなくても解けます. まずは α^3 を実際に計算してみましょう.

解答

(1) $\alpha^3=\left(\sqrt[3]{5\sqrt{2}+7}-\sqrt[3]{5\sqrt{2}-7}\right)^3$

$$=(5\sqrt{2}+7)-(5\sqrt{2}-7)$$

$$-3\sqrt[3]{(5\sqrt{2}+7)^2}\sqrt[3]{5\sqrt{2}-7}$$

$$+3\sqrt[3]{5\sqrt{2}+7}\sqrt[3]{(5\sqrt{2}-7)^2}$$

$$=14-3\left(\sqrt[3]{5\sqrt{2}+7}-\sqrt[3]{5\sqrt{2}-7}\right)$$

$$=14-3\alpha$$

したがって α を解にもつ 3 次方程式は

$$x^3=14-3x$$

すなわち

$$\boldsymbol{x^3+3x-14=0}$$

（2）　$x^3+3x-14=0$ より

$$(x-2)(x^2+2x+7)=0$$

ここで $x^2+2x+7=0$ の判別式を D とすると

$$\frac{D}{4}=1^2-7=-6<0$$

である．α は実数だから $\alpha=2$．したがって α は整数である．

研究課題　実は本問で与えられた

$$\alpha=\sqrt[3]{5\sqrt{2}+7}-\sqrt[3]{5\sqrt{2}-7}$$

は3次方程式

$$x^3+3x-14=0 \quad \cdots①$$

を**3次方程式の解の公式**（カルダノの公式といいます）で解いた結果です．

ここではカルダノの公式の導出に真似て①の方程式を解いてみます．興味のある人は読んでみましょう．

$x=a+b$ …② とおいて①に代入すると

$$(a+b)^3+3(a+b)-14=0$$

$$a^3+b^3+3ab(a+b)+3(a+b)-14=0$$

ここで $ab=-1$ …③ とすると

$$a^3+b^3-14=0$$

$$a^3+b^3=14 \quad \cdots④$$

である．また③より

$$a^3b^3=-1 \quad \cdots⑤$$

となるから④，⑤より a^3，b^3 を解にもつ2次方程式は

$$t^2-14t-1=0$$

である（これをもとの方程式の**分解方程式**という）．解の公式で解くと

$$t=7\pm5\sqrt{2}$$

よって

$$a^3=7+5\sqrt{2},\ b^3=7-5\sqrt{2}$$

である．ここから3乗根をとると，a と b が出てきて②に代入することにより解が得られるが，一般に

$$x^3=A$$

の解は1の3乗根 ω を用いて

$$x=\sqrt[3]{A},\ \omega\sqrt[3]{A},\ \omega^2\sqrt[3]{A}$$

とかけること，および③に注意をすると (a, b) の組は

$$(a, b)=\left(\sqrt[3]{7+5\sqrt{2}},\ \sqrt[3]{7-5\sqrt{2}}\right),\ \left(\omega\sqrt[3]{7+5\sqrt{2}},\ \omega^2\sqrt[3]{7-5\sqrt{2}}\right),\ \left(\omega^2\sqrt[3]{7+5\sqrt{2}},\ \omega\sqrt[3]{7-5\sqrt{2}}\right)$$

の3つである．このうち最初の組に対して

$$\begin{aligned} x&=a+b\\ &=\sqrt[3]{7+5\sqrt{2}}+\sqrt[3]{7-5\sqrt{2}}\\ &=\sqrt[3]{7+5\sqrt{2}}-\sqrt[3]{5\sqrt{2}-7} \end{aligned}$$

となり，これがもとの方程式の解の1つで本問の α と一致する．

問題18

考え方　（相反方程式）

係数が左右対称な方程式を**相反方程式**といいます．偶数次の相反方程式では

（ア）　**両辺を x^m で割る（ただし m は中央の項の次数）**

（イ）　**$x+\dfrac{1}{x}=t$ とおいて解く**

の流れで解くのが定石です（奇数次では $x=-1$ を解にもつので，それをもとに因数分解すれば，上の手順に帰着できます）．

（2）　置き換えの前と後での解の対応関係を考える必要があります．

まず

$$x+\frac{1}{x}=t$$

をみたす実数 x が 2 個となる t の条件を求めるとよいでしょう. 次にそれをみたす t の範囲の中で, 方程式が解をもつ条件を考えます.

解答

$x^4+2x^3+ax^2+2x+1=0$ において

$x=0$ は解ではないから両辺を $x^2(\neq 0)$ で割ると

$$x^2+2x+a+\frac{2}{x}+\frac{1}{x^2}=0$$

$$\left(x+\frac{1}{x}\right)^2-2+2\left(x+\frac{1}{x}\right)+a=0$$

$x+\dfrac{1}{x}=t$ より

$$t^2+2t+a-2=0 \quad \cdots①$$

（1） ①に $a=-1$ を代入すると

$$t^2+2t-3=0$$

$$(t+3)(t-1)=0$$

$$t=-3,\ 1$$

（ア） $t=-3$ のとき

$$x+\frac{1}{x}=-3$$

$$x^2+3x+1=0$$

$$x=\frac{-3\pm\sqrt{5}}{2}$$

（イ） $t=1$ のとき

$$x+\frac{1}{x}=1$$

$$x^2-x+1=0$$

$$x=\frac{1\pm\sqrt{3}i}{2}$$

（ア),（イ）より

$$\boldsymbol{x=\frac{-3\pm\sqrt{5}}{2},\ \frac{1\pm\sqrt{3}i}{2}}$$

（2） (∗) が異なる 4 個の実数解をもつには ① が異なる 2 個の実数解をもつ必要がある. その解を t_1, t_2 とおくと

$$x+\frac{1}{x}=t_1,\ x+\frac{1}{x}=t_2 \quad \cdots②$$

がそれぞれ異なる 2 個の実数解をもつとき, (∗) は異なる 4 個の実数解をもつ.

$x+\dfrac{1}{x}=t$ が異なる 2 個の実数解をもつ t の範囲を求める. 両辺を x 倍して

$$x^2+1=tx$$

$$x^2-tx+1=0$$

判別式を D とすると

$$D=t^2-4>0$$

$$(t+2)(t-2)>0$$

$$t<-2,\ t>2$$

である. よって ① が $t<-2$, $t>2$ に異なる 2 つの実数解をもつ条件を求める.

$f(t)=t^2+2t+a-2$ とおく.

$$f(t)=(t+1)^2+a-3$$

より $y=f(t)$ の軸は $t=-1$ であるから, 求める条件は

$$f(2)<0$$

$$9+a-3<0$$

$$\boldsymbol{a<-6}$$

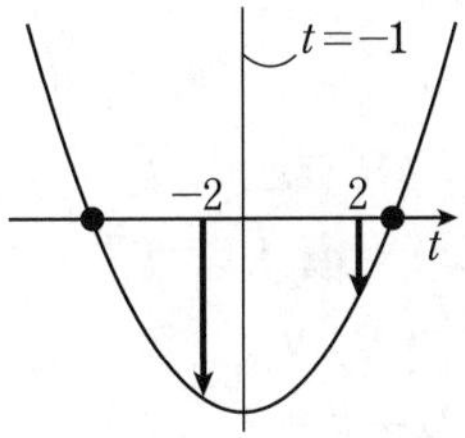

なお ② の 2 つの方程式が共通解をもたないことは次のように確かめられる.

共通解 $x=\alpha$ をもつと仮定すると

$$\alpha+\frac{1}{\alpha}=t_1,\ \alpha+\frac{1}{\alpha}=t_2$$

2 式をひくことにより

$$t_1-t_2=0 \quad \therefore \quad t_1=t_2$$

これは t_1, t_2 が異なることに反する.

注意 放物線は軸に関して対称で, $t=2$ のほうが軸 $t=-1$ から遠いので $f(2)<0$ が成り立てば, $f(-2)<0$ は自

動的に成り立ち，$t<-2$，$t>2$ にそれぞれ1つずつ解をもちます．

問題19

考え方　与えられた恒等式の左辺と右辺の次数を比較することにより，$f(x)$ の次数を決定します．頻出ですので，しっかり出来るようにしてください．なお（2）で求めた $n=2$ はあくまで $f(x)$ が存在するならば $n=2$ に限ることを示しただけ（必要性）で，本来なら $f(x)$ が存在するかどうか（十分性）を確認する必要があり，その確認が（3）になります．

解答

（1）　与式に $x=0$ を代入して

$$\boldsymbol{f(0)=0}$$

$x=-1$ を代入して

$$\boldsymbol{f(-1)}=1\cdot f(0)+15-10-5\boldsymbol{=0}$$

$x=-2$ を代入して

$$\boldsymbol{f(-8)}=16f(-1)+480-160-40\boldsymbol{=280}$$

（2）　$n\leqq 1$ と仮定すると

$$f(x)=ax+b$$

とおける.（1）より

$$f(0)=b=0$$

$$f(-1)=-a+b=0$$

$$f(-8)=-8a+b=280$$

となるが，第1，2式より $a=b=0$ で，これは第3式をみたさず不適である．

よって $n\geqq 2$ とわかる．$a\neq 0$ として

$$f(x)=ax^n+\cdots$$

とおくと，与式の左辺は

$$a(x^3)^n+\cdots=ax^{3n}+\cdots$$

より $3n$ 次式で，右辺は

$$x^4\{a(x+1)^n+\cdots\}-15x^5-10x^4+5x^3$$

$$=(ax^{n+4}+\cdots)-15x^5-10x^4+5x^3$$

で $n\geqq 2$ より後ろの3項は最高次に影響しないから $n+4$ 次式である．

与式の左辺と右辺の次数を比較して

$$3n=n+4$$

$$\boldsymbol{n=2}$$

（3）　（2）より $f(x)$ は2次式で

$f(0)=0$，$f(-1)=0$ より

$$f(x)=ax(x+1)$$

とおける．

$f(-8)=280$ より

$$f(-8)=a\cdot(-8)\cdot(-7)=280$$

$$a=5$$

したがって

$$\boldsymbol{f(x)=5x(x+1)}$$

このとき与式は

$$(\text{右辺})=x^4f(x+1)-15x^5-10x^4+5x^3$$

$$=x^4\cdot 5(x+1)(x+2)-15x^5-10x^4+5x^3$$

$$=5x^6+5x^3=f(x^3)=(\text{左辺})$$

となり確かに成り立つ．

注意　（2）では $n\leqq 1$ のときと $n\geqq 2$ のときで分けて考えました．これは $n\leqq 1$ のとき与式の右辺

$$(ax^{n+4}+\cdots)-15x^5-10x^4+5x^3$$

において，後ろの3項が式全体の次数に影響を及ぼし，$n\geqq 2$ のときと同列に議論できないからです．

●2　等式と不等式の証明

問題20

考え方　（不等式の証明）

不等式 $A\geqq B$ の証明には主に次の方法が考えられます．

（ア）　**$A-B \geqq 0$ を示す**

（ⅰ）　平方完成する

（ⅱ）　因数分解する

（ⅲ）　$A-B$ を関数とみる

（イ）　**$A^2-B^2 \geqq 0$ を示す**

※ただし $A \geqq 0$，$B \geqq 0$ のとき

（ウ）　**有名不等式の利用**

（ⅰ）　相加・相乗平均の不等式

（ⅱ）　コーシー・シュワルツの不等式

（エ）　**グラフの凸性の利用**

特に（ア）（ⅰ）の変形が強力で，これはすべての実数 X に対して $X^2 \geqq 0$ が成り立つことを利用しています．

（３），（４）　ルートや絶対値の絡んだ不等式の証明では上の（イ）を用います．

（５）　分子の有理化

$$\sqrt{a}-\sqrt{b}=\frac{a-b}{\sqrt{a}+\sqrt{b}}$$

も不等式の証明に非常に有効な変形です．

解答

（１）　（左辺）$-$（右辺）

$$=(2ax+2by)-(ax+ay+bx+by)$$
$$=ax+by-ay-bx$$
$$=(b-a)y-(b-a)x$$
$$=(y-x)(b-a) \geqq 0$$

となり示された．等号は **$x=y$ または $a=b$** のとき成り立つ．

（２）　（左辺）$=x^2-4x+y^2+2y+5$

$$=(x-2)^2+(y+1)^2 \geqq 0$$

となり示された．等号は **$x=2$ かつ $y=-1$** のとき成り立つ．

（３）　（左辺）$\geqq 0$，（右辺）$\geqq 0$ だから

（右辺）$^2-$（左辺）^{2}

$$=(x^2+2|x||y|+y^2)-(x^2+2xy+y^2)$$
$$=2(|xy|-xy) \geqq 0$$

となり示された．等号は **$xy \geqq 0$** のとき成り立つ．

（４）　（左辺）$\geqq 0$，（右辺）$\geqq 0$ だから

（左辺）$^2-$（右辺）^{2}

$$=2(x+y)-(x+2\sqrt{xy}+y)$$
$$=x-2\sqrt{xy}+y$$
$$=(\sqrt{x}-\sqrt{y})^2 \geqq 0$$

となり示された．等号は **$x=y$** のとき成り立つ．

（５）　（左辺）$-$（右辺）

$$=2(\sqrt{x+1}-\sqrt{x})-\frac{1}{\sqrt{x+1}}$$
$$=\frac{2}{\sqrt{x+1}+\sqrt{x}}-\frac{2}{\sqrt{x+1}+\sqrt{x+1}}>0$$

となり示された．

別解

（５）　（左辺）$-$（右辺）

$$=2\sqrt{x+1}-2\sqrt{x}-\frac{1}{\sqrt{x+1}}$$
$$=\frac{2(x+1)-2\sqrt{x}\sqrt{x+1}-1}{\sqrt{x+1}}$$
$$=\frac{(x+1)-2\sqrt{x+1}\sqrt{x}+x}{\sqrt{x+1}}$$
$$=\frac{(\sqrt{x+1}-\sqrt{x})^2}{\sqrt{x+1}}>0$$

となり示された．

注意　（３）の不等式を**三角不等式**といいます．三角不等式は次の形で書かれることもあります．

$$\big||x|-|y|\big| \leqq |x+y| \leqq |x|+|y|$$

左側の不等式は右側の不等式を利用すると証明できます．

［証明］

右側の不等式において x を $x+y$，y を $-y$ に置き換えて

$$|(x+y)+(-y)| \leqq |x+y|+|-y|$$
$$|x| \leqq |x+y|+|y|$$

$$|x| - |y| \leqq |x+y|$$

同様に x を $-x$, y を $x+y$ に置き換えて

$$|-x+(x+y)| \leqq |-x| + |x+y|$$
$$|y| \leqq |x| + |x+y|$$
$$|y| - |x| \leqq |x+y|$$

2 式を合わせて

$$\big||x| - |y|\big| \leqq |x+y|$$

三角不等式は様々な場面で使われるので，必ず覚えておいてください．
ここでは三角不等式を用いる例題を一題あげておきます．

> **例題**　目標時間 10 分
> 不等式
> $$|a-c| \leqq |a-b| + |b-c|$$
> を証明せよ．また等号が成り立つのはどのようなときか述べよ．

解答

三角不等式

$$|x+y| \leqq |x| + |y|$$

に $x = a-b$, $y = b-c$ を代入すると

$$|(a-b)+(b-c)| \leqq |a-b| + |b-c|$$

したがって

$$|a-c| \leqq |a-b| + |b-c|$$

等号は三角不等式の等号成立条件より

$$(a-b)(b-c) \geqq 0$$

のとき成り立つ．

なおこの不等式は，数直線上における 2 点間の距離を考えると明らかです．

① b が内側のとき　② b が外側のとき

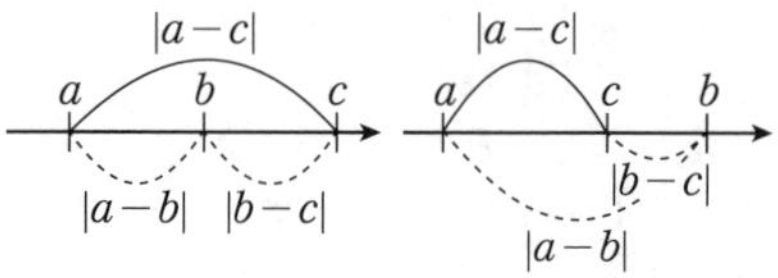

同様のことを座標平面 (空間) 上の 2 点間の距離で考えると，次の不等式が成り立ちます．

$$\big||\vec{a}| - |\vec{b}|\big| \leqq |\vec{a}+\vec{b}| \leqq |\vec{a}| + |\vec{b}|$$

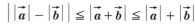

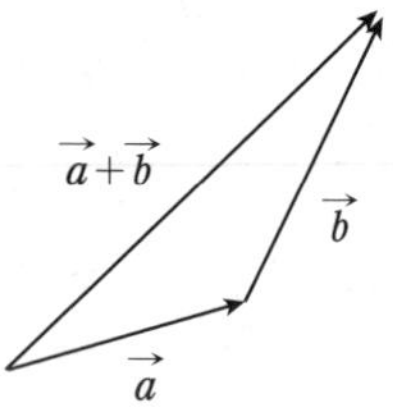

これをベクトルの三角不等式といいます．

複素数 z_1, z_2 においても同様の不等式が成り立ちます (複素数の三角不等式)．

$$\big||z_1| - |z_2|\big| \leqq |z_1 + z_2| \leqq |z_1| + |z_2|$$

これらの不等式もよく使われるので必ず覚えておいてください．

問題21

考え方　(相加・相乗平均の不等式)

$\boldsymbol{a > 0}$, $\boldsymbol{b > 0}$ のとき

$$\frac{a+b}{2} \geqq \sqrt{ab}$$

が成り立つ．等号は $\boldsymbol{a = b}$ のとき成り立つ．

高校数学で学ぶ不等式としては最も有名なもので，特に分母を払った式

$$a + b \geqq 2\sqrt{ab} \quad \cdots(*)$$

は様々な場面で使います．等号成立条件も含めて必ず覚えておきましょう．

(2)　逆数形の不等式の証明では，相加・

相乗平均の不等式を用いるのが定石です.
逆数形の式 $\dfrac{x}{2}$ と $\dfrac{1}{x}$ を(*)の a, b にあてはめます.

解答

(1)　(左辺)−(右辺)

$$= \frac{a+b-2\sqrt{ab}}{2} = \frac{(\sqrt{a}-\sqrt{b})^2}{2} \geqq 0$$

となり示された. 等号は $\boldsymbol{a = b}$ のとき成り立つ.

(2)　$x > 0$ だから, 相加・相乗平均の不等式より

$$\frac{x}{2} + \frac{1}{x} \geqq 2\sqrt{\frac{x}{2}\cdot\frac{1}{x}} = \sqrt{2}$$

となり示された. 等号は $\dfrac{x}{2} = \dfrac{1}{x}$ のとき, すなわち

$$x^2 = 2 \quad \therefore \quad \boldsymbol{x = \sqrt{2}}$$

のとき成り立つ.

問題22

考え方　逆数形の最大値・最小値の問題では相加・相乗平均の不等式を用いるとうまくいくことが多いです. 積極的に利用するとよいでしょう. なお, 使用の際には等号成立の確認が必須です(→**注意1**).
コーシー・シュワルツの不等式(**問題24**を参照)を用いて証明することも可能です(→**別解**).
(2)　帯分数化をすることで, 逆数形を無理矢理作りましょう.

解答

(1)　$(x+2y)\left(\dfrac{1}{x}+\dfrac{2}{y}\right)$

$$= \frac{2y}{x} + \frac{2x}{y} + 5 \quad \cdots ①$$

である. $x > 0$, $y > 0$ だから, 相加・相乗平均の不等式より

$$① \geqq 2\sqrt{\frac{2y}{x}\cdot\frac{2x}{y}} + 5 = 9$$

等号は $\dfrac{2y}{x} = \dfrac{2x}{y}$ すなわち $x = y$ のとき成り立つ. したがって最小値は **9** である.

(2)　$\dfrac{x^2+2x+16}{x+2}$

$$= \frac{(x+2)x+16}{x+2} = x + \frac{16}{x+2}$$

$$= \left(x+2+\frac{16}{x+2}\right) - 2 \quad \cdots ②$$

である. $x > -2$ より $x+2 > 0$ であるから, 相加・相乗平均の不等式より

$$② \geqq 2\sqrt{(x+2)\cdot\frac{16}{x+2}} - 2 = 6$$

等号は $x+2 = \dfrac{16}{x+2}$, すなわち

$$(x+2)^2 = 16$$

$$x + 2 = 4 \quad \therefore \quad x = \boldsymbol{2}$$

のとき成り立ち, 最小値は **6** である.

注意1　(不等式と等号成立)
以下 a は定数とします.
不等式 $f(x) \geqq a$ がすべての x について成り立つとき, $f(x)$ の最小値は a といえるかというと必ずしもそうではありません.
というのも $f(x) \geqq a$ は, $f(x)$ がある値をとるとしたら, それは必ず a 以上であるということを述べているだけで, 実際に a という値をとるかどうかはわかりません(例えば $X^2 \geqq -1$ は不等式としてはもちろん正しいですが $X^2 = -1$ とはならない).
ですので**不等式を用いて最大・最小を議論するときには, 必ず等号成立を吟味する必要があります**.

注意2　(1)において $x+2y$ と $\dfrac{1}{x}+\dfrac{2}{y}$ にそれぞれ相加・相乗平均の不等式を用いて

$$x + 2y \geqq 2\sqrt{2xy} \quad \cdots ③$$

$$\frac{1}{x} + \frac{2}{y} \geqq 2\sqrt{\frac{2}{xy}} \quad \cdots ④$$

として辺々をかけることにより

$$(x+2y)\left(\frac{1}{x}+\frac{2}{y}\right) \geqq 4\sqrt{2xy\cdot\frac{2}{xy}} = 8$$

よって最小値は8である，としてはいけません．この式が8となるためには③と④の両方の等号が成立する必要がありますが，

$$x = 2y \text{ かつ } \frac{1}{x} = \frac{2}{y}$$

を同時にみたす正の数 x, y は存在しないからです．

注意3　（2）において $\dfrac{x^2+2x+16}{x+2}$ の帯分数化は次のように行います．

分子 $x^2+2x+16$ を分母 $x+2$ で割ると商は x，余りは16となることから

(割られる数)＝(割る数)×(商)＋(余り)

より

$$x^2+2x+16=(x+2)x+16$$

です．この式の両辺を $x+2$ で割って

$$\frac{x^2+2x+16}{x+2}=x+\frac{16}{x+2}$$

が得られます．

別解

（1）　コーシー・シュワルツの不等式より

$$(p^2+q^2)(r^2+s^2) \geqq (pr+qs)^2$$

が成り立つ．

$p=\sqrt{x}, q=\sqrt{2y}, r=\dfrac{1}{\sqrt{x}},\ s=\dfrac{\sqrt{2}}{\sqrt{y}}$

として

$$\left\{(\sqrt{x})^2+(\sqrt{2y})^2\right\}\left\{\left(\frac{1}{\sqrt{x}}\right)^2+\left(\frac{\sqrt{2}}{\sqrt{y}}\right)^2\right\}$$
$$\geqq \left(\sqrt{x}\cdot\frac{1}{\sqrt{x}}+\sqrt{2y}\cdot\frac{\sqrt{2}}{\sqrt{y}}\right)^2=9$$

すなわち

$$(x+2y)\left(\frac{1}{x}+\frac{2}{y}\right) \geqq 9$$

が成り立つ．等号は

$$\sqrt{x}:\sqrt{2y}=\frac{1}{\sqrt{x}}:\frac{\sqrt{2}}{\sqrt{y}}$$

$$\frac{\sqrt{2x}}{\sqrt{y}}=\frac{\sqrt{2y}}{\sqrt{x}} \qquad \therefore \quad x=y$$

のとき成り立ち，最小値は**9**である．

問題23

考え方　3数の「相加・相乗平均の不等式」の証明です．（1）の恒等式を利用しやすいように $a=x^3$, $b=y^3$, $c=z^3$ とおいてみましょう．

解答

（1）　$\boldsymbol{x^3+y^3+z^3-3xyz}$

（2）　$a=x^3$, $b=y^3$, $c=z^3$ とおくと，証明すべき式は

$$\frac{x^3+y^3+z^3}{3} \geqq \sqrt[3]{x^3y^3z^3}$$

である．両辺を3倍すると

$$x^3+y^3+z^3 \geqq 3xyz \quad \cdots ①$$

となりこれを証明すればよい．

（1）より (左辺)－(右辺)

$$=(x+y+z)$$
$$\times(x^2+y^2+z^2-xy-yz-zx)$$

となり

$$x^2+y^2+z^2-xy-yz-zx$$
$$=\frac{1}{2}(2x^2+2y^2+2z^2$$
$$-2xy-2yz-2zx)$$
$$=\frac{1}{2}\{(x-y)^2+(y-z)^2$$
$$+(z-x)^2\} \geqq 0$$

であるから $x+y+z>0$ と合わせて①が示された．等号は $x=y=z$ すなわち $\boldsymbol{a=b=c}$ のとき成り立つ．

注意　$x^2+y^2+z^2-xy-yz-zx \geqq 0$ は次のように証明することもできます．

$$x^2+y^2+z^2-xy-yz-zx$$
$$=x^2-(y+z)x+y^2-yz+z^2$$
$$=\left(x-\frac{y+z}{2}\right)^2-\frac{y^2+2yz+z^2}{4}$$
$$+y^2-yz+z^2$$

$$= \left(x - \frac{y+z}{2}\right)^2 + \frac{3(y^2 - 2yz + z^2)}{4}$$

$$= \left(x - \frac{y+z}{2}\right)^2 + \frac{3(y-z)^2}{4} \geqq 0$$

別解

（2）（グラフの凸性の利用）

$y = \log_{10} x$ のグラフを考え 3 点 A, B, C の座標を A$(a, \log_{10} a)$, B$(b, \log_{10} b)$, C$(c, \log_{10} c)$ とする（なお対数の底は 10 である必要はなく，なんでもよい）.

$y = \log_{10} x$ は上に凸だから △ABC の重心 G

$$\left(\frac{a+b+c}{3},\ \frac{\log_{10} a + \log_{10} b + \log_{10} c}{3}\right)$$

はグラフの下側にある. すなわち点 H を

$$\left(\frac{a+b+c}{3},\ \log_{10}\frac{a+b+c}{3}\right)$$

としたとき

（H の y 座標）$\geqq$（G の y 座標）

が成り立つ.

$$(\text{点 G の } y \text{ 座標}) = \frac{1}{3}\log_{10} abc = \log_{10} \sqrt[3]{abc}$$

だから

$$\log_{10}\frac{a+b+c}{3} \geqq \log_{10}\sqrt[3]{abc}$$

すなわち

$$\frac{a+b+c}{3} \geqq \sqrt[3]{abc}$$

となり示された. 等号は 3 点 A, B, C が一致するとき，すなわち $a = b = c$ のとき成り立つ.

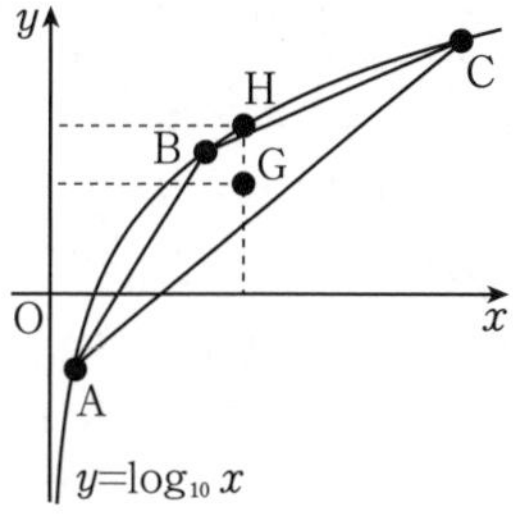

（2）（関数の増減の利用）

本解答の ① を示す. y, z を定数とみて

$$f(x) = x^3 + y^3 + z^3 - 3xyz$$

とおくと

$$f'(x) = 3x^2 - 3yz = 3(x + \sqrt{yz})(x - \sqrt{yz})$$

よって増減表は次のようになる.

x	0	$\cdots$	$\sqrt{yz}$	$\cdots$
$f'(x)$		$-$	0	$+$
$f(x)$		↘		↗

したがって

$$f(x) \geqq f(\sqrt{yz}) = y^3 - 2yz\sqrt{yz} + z^3 = (y\sqrt{y} - z\sqrt{z})^2 \geqq 0$$

となり示された.

等号は

$$x = \sqrt{yz} \text{ かつ } y\sqrt{y} = z\sqrt{z}$$

すなわち $x = y = z$ のとき成り立つ（このとき $a = b = c$ である）.

問題24

考え方（コーシー・シュワルツの不等式）

実数 a, b, c, x, y, z に対し

$$\boldsymbol{(a^2 + b^2 + c^2)(x^2 + y^2 + z^2) \geqq (ax + by + cz)^2}$$

が成り立つ. 等号は $\boldsymbol{a : b : c = x : y : z}$ のとき成り立つ（→**注意**）.

相加・相乗平均の不等式と並んで，よく使われる有名な不等式です. 様々な証明法が知られていて，巧みな証明法もありますが（詳しくは数学 I・A の **問題205** および **別解** を参照），素直に（左辺）−（右辺）を計算しても示せます. 紙面の都合上，途中まで左辺と右辺を分けて計算します.

（2）　（1）を利用します．等号成立を確認するのを忘れないようにしてください．

解答

（1）　$(\text{左辺})=(a^2x^2+a^2y^2+a^2z^2)$
$+(b^2x^2+b^2y^2+b^2z^2)$
$+(c^2x^2+c^2y^2+c^2z^2)$

また $(\text{右辺})=(a^2x^2+b^2y^2+c^2z^2)$
$+2(axby+bycz+czax)$

である．消える項に注意すると

$(\text{左辺})-(\text{右辺})=(ay-bx)^2$
$+(bz-cy)^2+(cx-az)^2\geqq 0$

となり示された．等号は

$\boldsymbol{ay=bx}$ **かつ** $\boldsymbol{bz=cy}$ **かつ** $\boldsymbol{cx=az}$ $\cdots(*)$

のとき成り立つ．

（2）　（1）の不等式で $a=b=c=1$ とすると

$$(1^2+1^2+1^2)(x^2+y^2+z^2)$$
$$\geqq(1\cdot x+1\cdot y+1\cdot z)^2$$

が成り立つ．$x+y+z=1$ より

$$3(x^2+y^2+z^2)\geqq 1$$
$$x^2+y^2+z^2\geqq\frac{1}{3}$$

等号は $x=y$ かつ $y=z$ かつ $z=x$ かつ $x+y+z=1$，すなわち

$$x=y=z=\frac{1}{3}$$

のとき成り立ち，最小値は $\boldsymbol{\frac{1}{3}}$ である．

注意　（1）の $(*)$ は左から順に

$a:b=x:y$ かつ $b:c=y:z$
かつ $c:a=z:x$

となりますから，$\boldsymbol{a:b:c=x:y:z}$ とまとめられます．こちらのほうが覚えやすくてよいでしょう．

別解

（1）　ベクトルを用いて証明することもできます．

$\vec{p}=(a,\ b,\ c)$，$\vec{q}=(x,\ y,\ z)$ とすると

$$-\left|\vec{p}\right|\left|\vec{q}\right|\leqq\vec{p}\cdot\vec{q}\leqq\left|\vec{p}\right|\left|\vec{q}\right|$$

すなわち

$$\left(\vec{p}\cdot\vec{q}\right)^2\leqq\left|\vec{p}\right|^2\left|\vec{q}\right|^2$$

が成り立つから

$$(ax+by+cz)^2$$
$$\leqq(a^2+b^2+c^2)(x^2+y^2+z^2)$$

等号は $\vec{p}$ と $\vec{q}$ が平行のとき，すなわち

$$\boldsymbol{a:b:c=x:y:z}$$

のとき成り立つ．

問題25

考え方　対称性のある連立方程式を扱う際はやみくもに文字消去をせず，辺々を足し引きすることを考えます．ここでは辺々をたすと上手くいきます．

解答

$$\begin{cases} ax+by+cz=0 & \cdots① \\ bx+cy+az=0 & \cdots② \\ cx+ay+bz=0 & \cdots③ \end{cases}$$

において ①＋②＋③ より

$$(a+b+c)(x+y+z)=0 \quad \cdots④$$

<u>（ア）　$a+b+c\neq 0$ のとき</u>

④ より

$$x+y+z=0$$

<u>（イ）　$a+b+c=0$ のとき</u>

$$b=-(a+c) \quad \cdots⑤$$

である．ここで ①$\times a-$②$\times c$ より

$$(a^2-bc)x+(ab-c^2)y=0$$

⑤ を代入して

$$\{a^2+(a+c)c\}x$$

$$+\{-a(a+c)-c^2\}y=0$$
$$(a^2+ac+c^2)(x-y)=0 \quad \cdots⑥$$
このとき $a^2+ac+c^2=0$ と仮定すると
$$\left(a+\frac{c}{2}\right)^2+\frac{3}{4}c^2=0$$
より
$$a+\frac{c}{2}=0 \text{ かつ } c=0$$
$$a=c=0$$
となり ⑤ と合わせて $b=0$ となるが $a^2+b^2+c^2 \neq 0$ に矛盾する. したがって $a^2+ac+c^2 \neq 0$ であるから ⑥ より
$$x=y$$
同様の計算 ①$\times b-$②$\times a$ から
$$y=z$$
が導け, よって $x=y=z$ である.
(ア), (イ) より $x+y+z=0$ または $x=y=z$ が成り立つ.

問題26

考え方　$x=y$ であるとは $x<y$ でも $x>y$ でもないということです. 大小関係を仮定して矛盾を導くとよいでしょう.

解答

$x>y$ と仮定する.
$$x+y^2=y+z^2$$
より
$$x-y=z^2-y^2$$
$$x-y=(z+y)(z-y)$$
左辺は正だから右辺も正で $z \geqq 0$, $y \geqq 0$ より $z+y \geqq 0$ だから
$$z-y>0 \quad \therefore \quad z>y$$
でなければならない. また
$$y+z^2=z+x^2$$
より
$$z-y=z^2-x^2$$
$$z-y=(z+x)(z-x)$$
左辺は正だから, 上と同様の議論から
$$z>x$$
が導かれる. また
$$z+x^2=x+y^2$$
より
$$z-x=y^2-x^2$$
$$z-x=(y+x)(y-x) \quad \cdots①$$
左辺は正だから, 同様に
$$y>x$$
が導かれるが, これは $x>y$ という仮定に反する.
また最初に $x<y$ と仮定しても, 同様の議論から $x>y$ が導かれ, 矛盾する.
よって $x=y$ となるしかなく, これを ① に代入して
$$z-x=0 \quad \therefore \quad z=x$$
したがって $x=y=z$ が成り立つ.

別解

$$x+y^2=y+z^2=z+x^2$$
から導かれる 3 式 (**解答**を参照)
$$x-y=(z+y)(z-y)$$
$$z-y=(z+x)(z-x)$$
$$z-x=(y+x)(y-x)$$
の辺々をかけると
$$(x-y)(z-y)(z-x)=(z+y)(z+x)\times(y+x)(z-y)(z-x)(y-x)$$
移項して共通因数でくくると
$$(x-y)(z-y)(z-x)\times\{1+(z+x)(z+y)(y+x)\}=0$$
{} の中は正だから
$$(x-y)(y-z)(z-x)=0$$
となり x と y と z のうちいずれか 2 つは等しい. 例えば $x=y$ とすると**解答**と同様に

$y=z$ が導かれる. 他の場合も同様で, したがって $x=y=z$ である.

問題27

考え方　実数 A, B について, 以下の同値関係が成り立ちます.

(ア)　$\boldsymbol{AB=0 \iff A=0}$ **または** $\boldsymbol{B=0}$

(イ)　$\boldsymbol{A^2+B^2=0 \iff A=B=0}$

本問ではこれらを用いて, 命題を適切に言い換えることを考えます.

(1)　α, β, γ の少なくとも1つが1

$\iff \alpha=1$ または $\beta=1$ または $\gamma=1$

$\iff \alpha-1=0$ または $\beta-1=0$ または $\gamma-1=0$

$\iff (\alpha-1)(\beta-1)(\gamma-1)=0$

となります. 最後の行の変形で(ア)を使っていることに注意しましょう.

(2)　α, β, γ のすべてが1

$\iff \alpha=1$ かつ $\beta=1$ かつ $\gamma=1$

$\iff \alpha-1=0$ かつ $\beta-1=0$ かつ $\gamma-1=0$

$\iff (\alpha-1)^2+(\beta-1)^2+(\gamma-1)^2=0$

こちらも最後の行の変形で(イ)を使っています.

解答

(1)　$(\alpha-1)(\beta-1)(\gamma-1)=0$ を示す.

$$
\begin{aligned}
(\text{左辺}) &= \alpha\beta\gamma-(\alpha\beta+\beta\gamma+\gamma\alpha)\\
&\qquad +(\alpha+\beta+\gamma)-1\\
&= q-p+3-1\\
&= q-(q+2)+2=0
\end{aligned}
$$

したがって α, β, γ の少なくとも1つは1である.

(2)　$(\alpha-1)^2+(\beta-1)^2+(\gamma-1)^2=0$ を示す.

$$
\begin{aligned}
(\text{左辺}) &= (\alpha^2+\beta^2+\gamma^2)-2(\alpha+\beta+\gamma)+3\\
&= (\alpha+\beta+\gamma)^2-2(\alpha\beta+\beta\gamma+\gamma\alpha)\\
&\qquad -2(\alpha+\beta+\gamma)+3\\
&= 3^2-2p-2\cdot3+3\\
&= 9-2\cdot3-6+3=0
\end{aligned}
$$

したがって α, β, γ はすべて1である.

問題28

考え方　a と b に具体的な値を代入して, 大小関係を予想してみましょう.

例えば $a=\dfrac{3}{4}$, $b=\dfrac{1}{4}$ としてみると

$$\sqrt{a}+\sqrt{b}=\frac{\sqrt{3}+1}{2}=1.3\cdots$$

$$\sqrt{a-b}=\frac{\sqrt{2}}{2}=0.7\cdots$$

$$\sqrt{ab}=\frac{\sqrt{3}}{4}=0.4\cdots$$

ですから

$$\sqrt{a}+\sqrt{b}>1>\sqrt{a-b}>\sqrt{ab}$$

と予想できます. ただ, 実際には

$$\sqrt{a-b}>\sqrt{ab}$$

は a, b の値によっては成り立たないこともあり, 場合分けが必要です.

解答

$a+b=1$ より $a=1-b$ …① である.

また $a>b$ に代入すると

$$1-b>b \quad \therefore \quad b<\frac{1}{2}$$

$b>0$ と合わせて $0<b<\dfrac{1}{2}$ …② である.

以下, ①, ② を適宜用いる.

<u>(ア)　$\sqrt{a}+\sqrt{b}>1$ を示す</u>

$$
\begin{aligned}
&(\text{左辺})^2-(\text{右辺})^2\\
&=(a+b+2\sqrt{ab})-1\\
&=(1+2\sqrt{ab})-1=2\sqrt{ab}>0
\end{aligned}
$$

<u>(イ)　$1>\sqrt{a-b}$ を示す</u>

① を用いて

$$(\text{左辺})^2-(\text{右辺})^2$$

$= 1-(a-b)$

$= 1-\{(1-b)-b\} = 2b > 0$

(ウ)　$1 > \sqrt{ab}$ を示す

$0 < a < 1$, $0 < b < 1$ より

$$1 > \sqrt{ab}$$

(エ)　$\sqrt{a-b}$ と $\sqrt{ab}$ の大小について

① を用いて

$$(\sqrt{a-b})^2 - (\sqrt{ab})^2$$
$$= (a-b) - ab$$
$$= \{(1-b)-b\} - (1-b)b$$
$$= b^2 - 3b + 1$$

ここで $b^2 - 3b + 1 > 0$ を解くと

$$b < \frac{3-\sqrt{5}}{2},\ b > \frac{3+\sqrt{5}}{2}$$

② と合わせて

$$0 < b < \frac{3-\sqrt{5}}{2}$$

よって

$0 < b < \frac{3-\sqrt{5}}{2}$ のとき $\sqrt{a-b} > \sqrt{ab}$

$b = \frac{3-\sqrt{5}}{2}$ のとき $\sqrt{a-b} = \sqrt{ab}$

$\frac{3-\sqrt{5}}{2} < b < \frac{1}{2}$ のとき $\sqrt{a-b} < \sqrt{ab}$

である.

(ア)〜(エ)より

$0 < b < \frac{3-\sqrt{5}}{2}$ のとき

$$\boldsymbol{\sqrt{ab} < \sqrt{a-b} < 1 < \sqrt{a} + \sqrt{b}}$$

$b = \frac{3-\sqrt{5}}{2}$ のとき

$$\boldsymbol{\sqrt{ab} = \sqrt{a-b} < 1 < \sqrt{a} + \sqrt{b}}$$

$\frac{3-\sqrt{5}}{2} < b < \frac{1}{2}$ のとき

$$\boldsymbol{\sqrt{a-b} < \sqrt{ab} < 1 < \sqrt{a} + \sqrt{b}}$$

問題29

考え方　(2)(i)は(1)の不等式を繰り返し用いることにより示せます. その際 $1+a$, $1+b$, $1+c$, $1+d$ の符号に注意しましょう. (ii)は(i)の利用を考えます.

解答

(1)　(右辺) − (左辺)

$$= \left(1 + x + y + \frac{x^2 + 2xy + y^2}{4}\right)$$
$$\quad - (1 + x + y + xy)$$
$$= \frac{1}{4}(x^2 - 2xy + y^2) = \frac{1}{4}(x-y)^2 \geqq 0$$

となり示された. 等号は $x = y$ のとき成り立つ.

(2)(i)　(1)より次の2式

$$(1+a)(1+b) \leqq \left(1 + \frac{a+b}{2}\right)^2$$
$$(1+c)(1+d) \leqq \left(1 + \frac{c+d}{2}\right)^2$$

が成り立つ. 第1式は $a = b$ のとき, 第2式は $c = d$ のとき等号が成立する …(*).

$a, b, c, d \geqq -1$ より $1+a$, $1+b$, $1+c$, $1+d$ は0以上だから, 2式を辺々かけて, 繰り返し(1)を用いると

$$(1+a)(1+b)(1+c)(1+d)$$
$$\leqq \left(1 + \frac{a+b}{2}\right)^2 \left(1 + \frac{c+d}{2}\right)^2$$
$$= \left\{\left(1 + \frac{a+b}{2}\right)\left(1 + \frac{c+d}{2}\right)\right\}^2$$
$$\leqq \left(1 + \frac{\frac{a+b}{2} + \frac{c+d}{2}}{2}\right)^4 \quad \cdots(**)$$
$$= \left(1 + \frac{a+b+c+d}{4}\right)^4$$

となり示された.

1番目の不等式の等号は $a = b$ かつ $c = d$ のとき成り立ち, 2番目の不等式の等号は $\frac{a+b}{2} = \frac{c+d}{2}$ のとき成り立つ. これらを合わせると $a = b = c = d$ のとき与不等式の等号は成り立つ.

(ii)　(i)の不等式に

$$d = \frac{a+b+c}{3}\ (\geqq -1)$$

を代入すると

$$(1+a)(1+b)(1+c)\left(1+\frac{a+b+c}{3}\right)$$

$$\leqq\left(1+\frac{a+b+c+\dfrac{a+b+c}{3}}{4}\right)^4$$

このとき

$$(\text{右辺})=\left(1+\frac{a+b+c}{3}\right)^4$$

となる．

<u>（ア）　$1+\dfrac{a+b+c}{3}\neq 0$ のとき</u>

$1+\dfrac{a+b+c}{3}$ で両辺を割ると，与不等式が成り立つ．(ｉ)の結果に注意すると，等号は

$$a=b=c=\frac{a+b+c}{3}$$

すなわち $a=b=c$ のとき成り立つ．

<u>（イ）　$1+\dfrac{a+b+c}{3}=0$ のとき</u>

$a, b, c\geqq -1$ より $a=b=c=-1$ である．このとき与不等式は $0\leqq 0$ となり成り立つ．

（ア），（イ）より示された．

等号は $a=b=c$ のとき成り立つ．

注意　（２）(ｉ)の不等式（＊＊）は（１）で示した不等式に

$$x=\frac{a+b}{2},\ y=\frac{c+d}{2}$$

を代入すると得られます．

問題30

考え方

（２）　２式の分子を眺めると

$$|a-c|\leqq|a-b|+|b-c|$$

を使うことが見えるはずです（**問題20** の**例題**を参照）．（１）の結果と合わせて考えてみましょう．

解答

（１）　$\dfrac{y}{1+y}-\dfrac{x}{1+x}$

$$=\frac{y(1+x)-x(1+y)}{(1+x)(1+y)}$$

$$=\frac{y-x}{(1+x)(1+y)}\geqq 0$$

となるから $\boldsymbol{\dfrac{x}{1+x}\leqq\dfrac{y}{1+y}}$ である．等号は $\boldsymbol{x=y}$ のとき成り立つ．

（２）　三角不等式より

$$|a-c|\leqq|a-b|+|b-c|$$

が成り立つ．

$$\frac{x}{1+x}\leqq\frac{y}{1+y}$$

の x に $|a-c|$，y に $|a-b|+|b-c|$ を代入して

$$\frac{|a-c|}{1+|a-c|}\leqq\frac{|a-b|+|b-c|}{1+|a-b|+|b-c|}$$

が成り立つ．ここで等号は $x=y$，つまり

$$|a-c|=|a-b|+|b-c|$$

のとき成り立つが，これは三角不等式で等号が成り立つときだから，結局

$$(a-b)(b-c)\geqq 0\quad\cdots①$$

のとき成り立つ．さらに

$$(\text{右辺})=\frac{|a-b|}{1+|a-b|+|b-c|}+\frac{|b-c|}{1+|a-b|+|b-c|}$$

$$\leqq\frac{|a-b|}{1+|a-b|}+\frac{|b-c|}{1+|b-c|}$$

となり示された．

ここで等号は

$$\frac{|a-b|}{1+|a-b|+|b-c|}\leqq\frac{|a-b|}{1+|a-b|}$$

においては $a-b=0$ または $b-c=0$ のとき成り立ち

$$\frac{|b-c|}{1+|a-b|+|b-c|}\leqq\frac{|b-c|}{1+|b-c|}$$

においては $b-c=0$ または $a-b=0$ のとき成り立つ．

したがって等号は $\boldsymbol{a = b}$ **または** $\boldsymbol{b = c}$ のとき成り立ち，これは ① をみたす．

しつこいかもしれませんが，三角不等式を用いる問題をもう一問あげておきます．

> **例題** 目標時間 20 分
> 実数 a，b，x，y について，不等式
> $$\left|\sqrt{x^2+y^2}-\sqrt{a^2+b^2}\right| \leqq |x-a|+|y-b|$$
> が成り立つことを示せ．
> （室蘭工業大（改））

解答

座標平面上において 2 点 P，Q の座標をそれぞれ P(x, y)，Q(a, b) とすると，三角不等式より

$$\left|\left|\overrightarrow{\mathrm{OP}}\right|-\left|\overrightarrow{\mathrm{OQ}}\right|\right| \leqq \left|\overrightarrow{\mathrm{OP}}-\overrightarrow{\mathrm{OQ}}\right|$$

$$\left|\left|\overrightarrow{\mathrm{OP}}\right|-\left|\overrightarrow{\mathrm{OQ}}\right|\right| \leqq \left|\overrightarrow{\mathrm{PQ}}\right|$$

すなわち

$$\left|\sqrt{x^2+y^2}-\sqrt{a^2+b^2}\right| \leqq \sqrt{(x-a)^2+(y-b)^2} \quad \cdots①$$

が成り立つ．さらに次図のように点 H をとると，再び三角不等式より

$$\left|\overrightarrow{\mathrm{PQ}}\right| \leqq \left|\overrightarrow{\mathrm{PH}}\right|+\left|\overrightarrow{\mathrm{HQ}}\right|$$

すなわち

$$\sqrt{(x-a)^2+(y-b)^2} \leqq |x-a|+|y-b| \quad \cdots②$$

も成り立つ．①，② をつなげると

$$\left|\sqrt{x^2+y^2}-\sqrt{a^2+b^2}\right| \leqq |x-a|+|y-b|$$

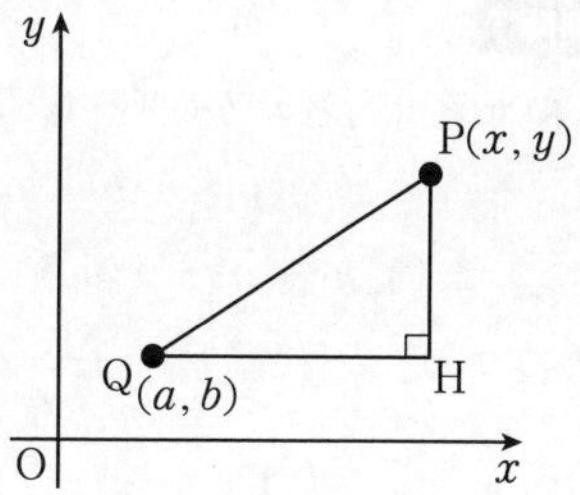

問題31

考え方 展開して相加・相乗平均の不等式が使える形に変形しましょう．コーシー・シュワルツの不等式や n 数の相加・相乗平均の不等式を用いる方法も考えられます（→**別解**）．

解答

左辺を展開すると全部で $\boldsymbol{n^2}$ 個の項が現れる．そのうち 1 は n 個現れるから，逆数形の分数のペアが $\dfrac{n^2-n}{2}$ 組現れる．よって

$$(\text{左辺}) = (1+1+\cdots+1) + \left(\frac{a_2}{a_1}+\frac{a_1}{a_2}\right)+\cdots + \left(\frac{a_n}{a_{n-1}}+\frac{a_{n-1}}{a_n}\right) \quad \cdots①$$

ここで相加・相乗平均の不等式より

$$\frac{a_j}{a_i}+\frac{a_i}{a_j} \geqq 2\sqrt{\frac{a_j}{a_i}\cdot\frac{a_i}{a_j}} = 2$$

が成り立つ．ただし i，j は

$$1 \leqq i < j \leqq n \quad \cdots②$$

をみたす自然数である．これを用いると

$$① \geqq n+(2+2+\cdots+2) = n+2\cdot\frac{n^2-n}{2} = n^2$$

となり示された．等号は ② をみたすすべての i，j に対して $a_i = a_j$ が成り立つとき，すなわち $\boldsymbol{a_1 = a_2 = \cdots = a_n}$ のときに成り立つ．

別解1

n 数のコーシー・シュワルツの不等式より

$$(x_1{}^2+\cdots+x_n{}^2)(y_1{}^2+\cdots+y_n{}^2) \geqq (x_1y_1+\cdots+x_ny_n)^2$$

が成り立つ. $x_i=\sqrt{a_i}$, $y_i=\dfrac{1}{\sqrt{a_i}}$ として

$$(a_1+\cdots+a_n)\left(\frac{1}{a_1}+\cdots+\frac{1}{a_n}\right) \geqq (1+\cdots+1)^2=n^2$$

となり示された. 等号は

$$\sqrt{a_1}:\sqrt{a_2}:\cdots:\sqrt{a_n} = \frac{1}{\sqrt{a_1}}:\frac{1}{\sqrt{a_2}}:\cdots:\frac{1}{\sqrt{a_n}}$$

のとき成り立つ. ここで

$$\sqrt{a_i}:\sqrt{a_j}=\frac{1}{\sqrt{a_i}}:\frac{1}{\sqrt{a_j}}$$

より $a_i=a_j$ が導かれるから, 結局等号は $\boldsymbol{a_1=a_2=\cdots=a_n}$ のときに成り立つ.

別解2

n 数の相加・相乗平均の不等式より

$$\frac{a_1+\cdots+a_n}{n} \geqq \sqrt[n]{a_1\times\cdots\times a_n}$$

$$\frac{\dfrac{1}{a_1}+\cdots+\dfrac{1}{a_n}}{n} \geqq \sqrt[n]{\frac{1}{a_1}\times\cdots\times\frac{1}{a_n}}$$

がそれぞれ成り立つ. 辺々かけて

$$\frac{(a_1+\cdots+a_n)\left(\dfrac{1}{a_1}+\cdots+\dfrac{1}{a_n}\right)}{n^2} \geqq 1$$

$$(a_1+\cdots+a_n)\left(\frac{1}{a_1}+\cdots+\frac{1}{a_n}\right) \geqq n^2$$

となり示された. 等号は $\boldsymbol{a_1=a_2=\cdots=a_n}$ のときに成り立つ.

第2章　図形と方程式

●1　直線の方程式

問題32

考え方　(基本公式の確認)

以下 A(x_1, y_1), B(x_2, y_2), C(x_3, y_3) とします.

(1)(前半)　線分 AB を $m:n$ に内分する点を P, 外分する点を Q とすると

$$\mathbf{P}\left(\frac{nx_1+mx_2}{m+n}, \frac{ny_1+my_2}{m+n}\right)$$

$$\mathbf{Q}\left(\frac{-nx_1+mx_2}{m-n}, \frac{-ny_1+my_2}{m-n}\right)$$

(後半)　**2直線が直交するとき, 傾きどうしの積は -1** であることを用います.

(2)　(重心の座標)

△ABC の重心 G の座標は

$$\mathbf{G}\left(\frac{x_1+x_2+x_3}{3}, \frac{y_1+y_2+y_3}{3}\right)$$

(3)　(2点間の距離の公式)

$$\mathbf{AB}=\sqrt{(x_1-x_2)^2+(y_1-y_2)^2}$$

解答

(1)　線分 AB を $3:2$ に内分する点は

$$\left(\frac{2\cdot1+3\cdot3}{3+2}, \frac{2\cdot1+3\cdot4}{3+2}\right)=\left(\boldsymbol{\frac{11}{5}, \frac{14}{5}}\right)$$

線分 AB を $3:2$ に外分する点は

$$\left(\frac{-2\cdot1+3\cdot3}{3-2}, \frac{-2\cdot1+3\cdot4}{3-2}\right)=\mathbf{(7, 10)}$$

また, 線分 AB の中点は

$$\left(\frac{1+3}{2}, \frac{1+4}{2}\right)=\left(2, \frac{5}{2}\right)$$

となる. 線分 AB の垂直二等分線の傾きを m とすると

$$m\cdot\frac{4-1}{3-1}=-1 \quad \therefore \quad m=-\frac{2}{3}$$

が成り立つから, 線分 AB の垂直二等分線の方程式は

$$y=-\frac{2}{3}(x-2)+\frac{5}{2}$$

$$y=\boldsymbol{-\frac{2}{3}x+\frac{23}{6}}$$

（2） $A(x_1, y_1)$, $B(x_2, y_2)$, $C(x_3, y_3)$ とすると

$$P\left(\frac{1\cdot x_1 + 2x_2}{2+1}, \frac{1\cdot y_1 + 2y_2}{2+1}\right) = (3, 2)$$

$$Q\left(\frac{1\cdot x_2 + 2x_3}{2+1}, \frac{1\cdot y_2 + 2y_3}{2+1}\right) = (-2, 4)$$

$$R\left(\frac{1\cdot x_3 + 2x_1}{2+1}, \frac{1\cdot y_3 + 2y_1}{2+1}\right) = (-1, 3)$$

x 座標について整理すると

$$\begin{cases} x_1 + 2x_2 = 9 & \cdots ① \\ x_2 + 2x_3 = -6 & \cdots ② \\ x_3 + 2x_1 = -3 & \cdots ③ \end{cases}$$

$(① + ② + ③) \div 9$ より

$$\frac{x_1 + x_2 + x_3}{3} = 0$$

同様に y 座標について整理すると

$$\begin{cases} y_1 + 2y_2 = 6 & \cdots ④ \\ y_2 + 2y_3 = 12 & \cdots ⑤ \\ y_3 + 2y_1 = 9 & \cdots ⑥ \end{cases}$$

$(④ + ⑤ + ⑥) \div 9$ より

$$\frac{y_1 + y_2 + y_3}{3} = 3$$

したがって重心 G の座標は **(0, 3)**

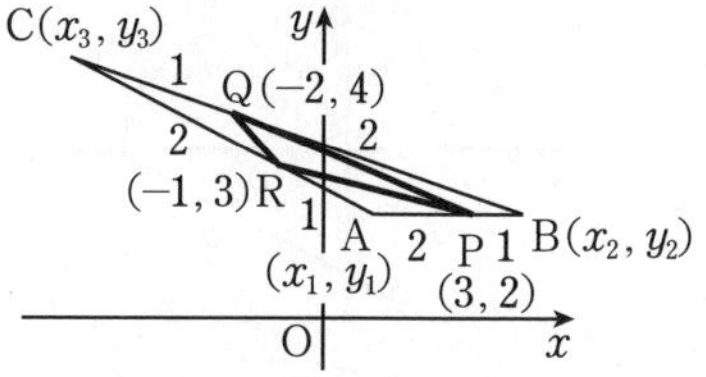

（3） 点 C は y 軸上の点より $(0, y)$ とおける．$AC = BC$ より

$$AC^2 = BC^2$$

$$(2-0)^2 + (1-y)^2 = (-3-0)^2 + (2-y)^2$$

整理して解くと

$$y = 4$$

したがって点 C の座標は **(0, 4)**

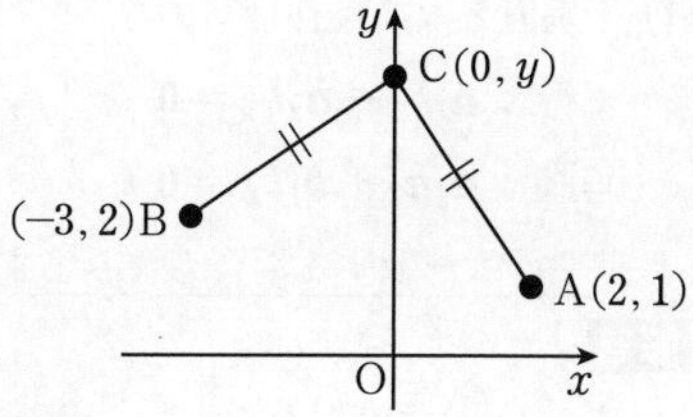

注意

（1） （定点公式）

点 (a, b) を通り，傾きが m の直線の方程式は

$$\boldsymbol{y = m(x - a) + b}$$

と表されます．

（2） 一般に △ABC において辺 AB, BC, CA をそれぞれ $m : n\,(m, n > 0)$ に内分する点を P, Q, R とすると，△ABC と △PQR の重心は一致します．計算から簡単に示せますが，記述式の問題で証明なしで使用するのは避けたほうが無難でしょう．

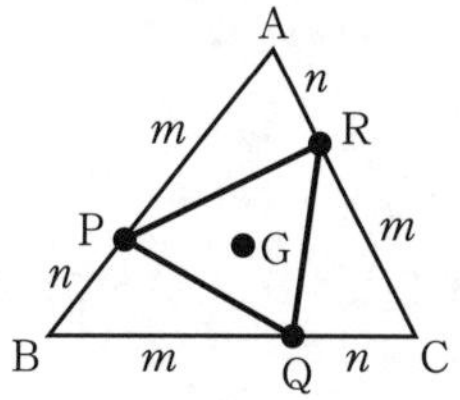

（3） 点 C は 2 点 A, B から等距離な場所にあるので，線分 AB の垂直二等分線上にあります．このことを利用して解くこともできます．

問題33

考え方 （平行・垂直条件）

2 直線

$$l : a_1x + b_1y + c_1 = 0$$

$$m : a_2x + b_2y + c_2 = 0$$

が平行，垂直となる条件は

平行：$\boldsymbol{a_1b_2-a_2b_1=0}$

垂直：$\boldsymbol{a_1a_2+b_1b_2=0}$

ただし，平行は一致する場合も含みます.

解答

（1）　l と m が垂直だから

$a\cdot1+(-2)\cdot(a+3)=0$

$\boldsymbol{a=-6}$

（2）　l と m が平行だから

$a(a+3)-1\cdot(-2)=0$

$a^2+3a+2=0$

$(a+2)(a+1)=0$

$a=-2,\ -1$

（ア）　$a=-1$ のとき

l と m はともに

$x+2y-1=0$

となり一致し，不適である.

（イ）　$a=-2$ のとき

$l:-2x-2y+1=0$

$m:x+y-1=0$

となり一致しない. したがって $\boldsymbol{a=-2}$

問題34

考え方　（定点の座標）

「k の値にかかわらず」とは「k に関する恒等式となる」ということです.

与式を k について整理しましょう.

解答

$(2k+3)x+(k-2)y-7=0$

$(2x+y)k+(3x-2y-7)=0$

これが k の値にかかわらず成り立つから

$2x+y=0$ かつ $3x-2y-7=0$

連立して解くと $x=1,\ y=-2$ である.

したがって直線は定点 **(1, −2)** を通る.

問題35

考え方　（点と直線の距離の公式）

点 $(x_1,\ y_1)$ と直線 $ax+by+c=0$ の距離 d は

$$\boldsymbol{d=\frac{|ax_1+by_1+c|}{\sqrt{a^2+b^2}}}$$

（1）　どちらかの直線上に適当な点をとって，もう一方の直線との距離を上の公式から求めます.

（2）　放物線上の点を $(t,\ t^2-4t+7)$ とおいて，直線への距離の最小値を考えます.

解答

（1）　直線 $x-2y+4=0$ 上の点 $(0,\ 2)$ と直線 $x-2y-3=0$ との距離

$$\frac{|0-2\cdot2-3|}{\sqrt{1^2+(-2)^2}}=\frac{|-7|}{\sqrt5}=\boldsymbol{\frac{7\sqrt5}{5}}$$

が求める距離である.

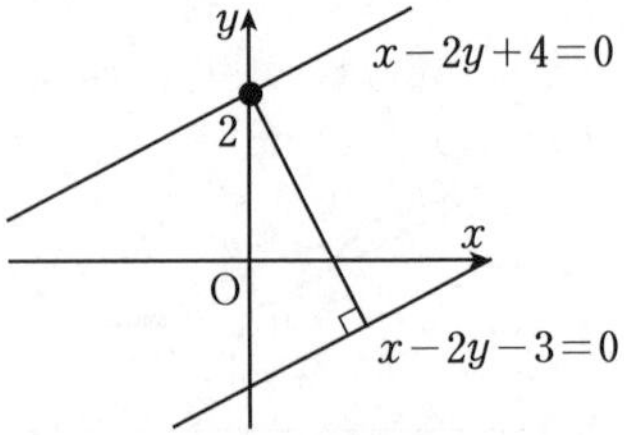

（2）　$y=x^2-4x+7$ 上の動点 P の座標を $(t,\ t^2-4t+7)$ とし，直線 $2x-y-7=0$ との距離を d とおくと

$$d=\frac{|2t-(t^2-4t+7)-7|}{\sqrt{2^2+(-1)^2}}$$

$$=\frac{|-t^2+6t-14|}{\sqrt5}=\frac{|t^2-6t+14|}{\sqrt5}$$

$$=\frac{|(t-3)^2+5|}{\sqrt5}=\frac{(t-3)^2+5}{\sqrt5}$$

よって d は $t=3$ のとき最小値 $\dfrac{5}{\sqrt{5}}=\sqrt{5}$ をとり，点Pの座標は **(3, 4)** である．

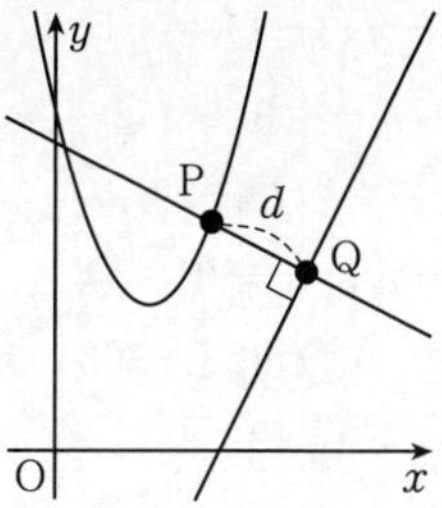

Pを通り，直線 $y=2x-7$ と垂直な直線の方程式は

$$y=-\frac{1}{2}(x-3)+4$$

$$y=-\frac{1}{2}x+\frac{11}{2}$$

これと $y=2x-7$ を連立して解くと $x=5$，$y=3$ である．したがって点Qの座標は **(5, 3)** である．

別解

（2） 2点間の距離が最短となるのは，$y=x^2-4x+7$ 上の動点 $\mathrm{P}(t,\ t^2-4t+7)$ における接線と直線 $y=2x-7$ が平行のときである．

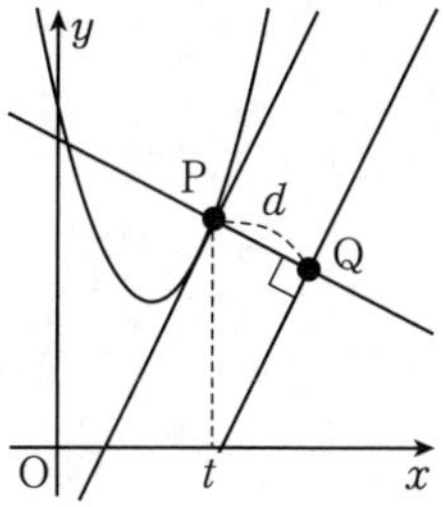

$y=x^2-4x+7$ より

$$y'=2x-4$$

だからPにおける接線の傾きは $2t-4$ となり

$$2t-4=2 \quad \therefore \quad t=3$$

よって点Pの座標は **(3, 4)** で，直線 $2x-y-7=0$ との距離は

$$\frac{|2\cdot 3-4-7|}{\sqrt{2^2+1^2}}=\frac{|-5|}{\sqrt{5}}=\sqrt{5}$$

以下**解答**と同様です．

問題36

考え方 （図形の性質とその証明）

（1） 図形のもつ性質の中には，座標を利用することで簡単に証明できるものがあります．本問の等式もその一つです．

実際に証明する際はなるべく計算がしやすいように，座標軸上に図形の頂点がくるように設定しましょう．

（2） （1）の式を利用してみましょう．

解答

（1） 座標平面上で $\mathrm{A}(x,\ y)$，$\mathrm{B}(-p,\ 0)$，$\mathrm{C}(p,\ 0)$ とすると，Mは辺BCの中点だから $(0,\ 0)$ となる．このとき

$$\begin{aligned}(\text{左辺})&=\mathrm{AB}^2+\mathrm{AC}^2\\&=(x+p)^2+y^2+(x-p)^2+y^2\\&=2(x^2+y^2+p^2)\\&=2(\mathrm{AM}^2+\mathrm{BM}^2)=(\text{右辺})\end{aligned}$$

となり示された．

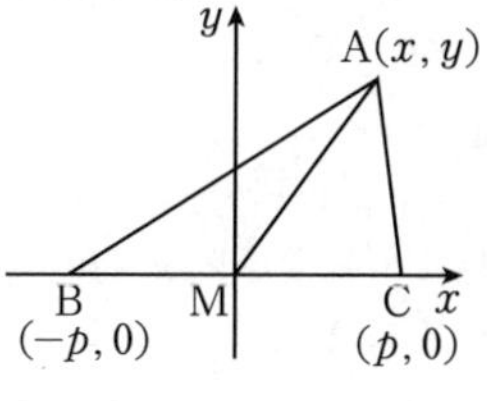

（2） $\mathrm{OP}=s$，$\mathrm{BP}=t\ (1\leqq s\leqq 3,\ 1\leqq t\leqq 3)$ とおく．

△OPBで（1）を用いると

$$s^2+t^2=2(2^2+1^2)$$

$$t^2=10-s^2$$

なお，点Pが x 軸上にあるときにもこの式は成り立つ．

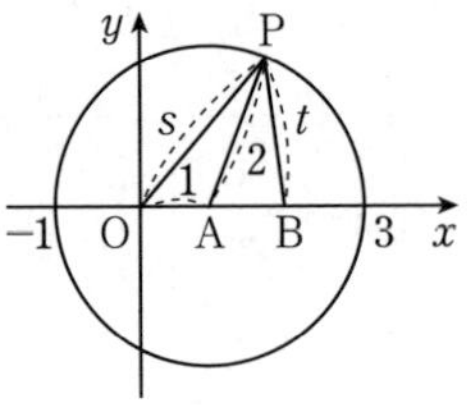

これにより

$$st=\sqrt{s^2t^2}$$
$$=\sqrt{s^2(10-s^2)}$$
$$=\sqrt{-(s^2-5)^2+25}$$

となり $s^2=5$，すなわち $s=\sqrt{5}$（このとき $t=\sqrt{5}$）のとき最大値 **5** をとる．

このとき OP ＝ BP より，点 P は OB の垂直二等分線上にあるから，2 点 A，P の x 座標は等しく，∠OAP ＝ 90° となる．

よって点 P の座標は **(1, ±2)**．

注意　本問の性質を**パップスの中線定理**といいます（数学 I・A の **問題 172** も参照してください）．

問題 37

考え方　（折れ線の最短距離）

折れ線の最短距離は**対称点をとって一直線で結ぶ**のが定石です．

解答

（1）　直線 $l: x+y=1$ に関して A(−2, 4) と対称な点を A′(p, q) とおく．

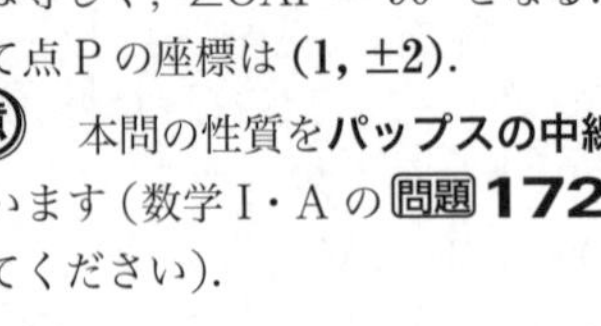

線分 AA′ の中点 $\left(\dfrac{p-2}{2},\ \dfrac{q+4}{2}\right)$ は l 上にあるから代入して

$$\frac{p-2}{2}+\frac{q+4}{2}=1$$
$$p+q=0 \quad \cdots ①$$

直線 AA′ ⊥ l より

$$\frac{q-4}{p+2}\cdot(-1)=-1$$
$$p-q=-6 \quad \cdots ②$$

① と ② を連立して解くと

$$p=-3,\ q=3$$

よって点 A′ の座標は (−3, 3) である．

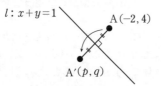

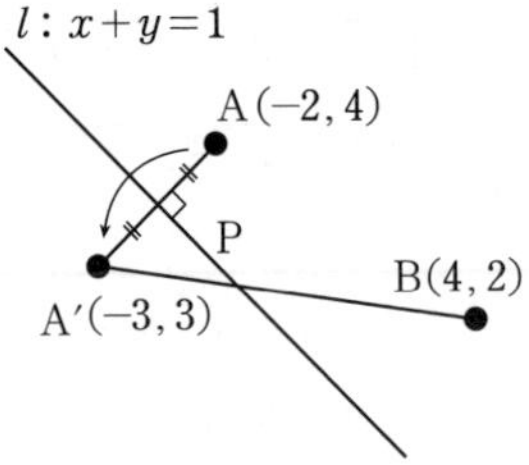

ここで A と A′ は l に関して対称だから AP ＝ A′P であり

$$AP+PB=A'P+PB \geqq A'B$$

となる．よって AP ＋ PB が最小となるのは，点 P が l と直線 A′B の交点のときである．直線 A′B の方程式は

$$y=\frac{2-3}{4-(-3)}(x+3)+3$$
$$y=-\frac{1}{7}x+\frac{18}{7}$$

となり，l の式と連立して解くと

$$x=-\frac{11}{6},\ y=\frac{17}{6}$$

したがって点 P の座標は $\left(\boldsymbol{-\dfrac{11}{6},\ \dfrac{17}{6}}\right)$

（2）　直線 m : $x-y=3$ に関して B(4, 2) と対称な点を B′(s, t) とおく．

線分 BB′ の中点 $\left(\dfrac{s+4}{2},\ \dfrac{t+2}{2}\right)$ は m 上にあるから代入して

$$\frac{s+4}{2}-\frac{t+2}{2}=3$$
$$s-t=4 \quad \cdots ③$$

直線 BB′ ⊥ m より

$$\frac{t-2}{s-4}\cdot 1=-1$$

$$s+t=6 \quad \cdots ④$$

③, ④ を連立して解くと

$$s=5,\ t=1$$

よって B′ の座標は (5, 1) である.

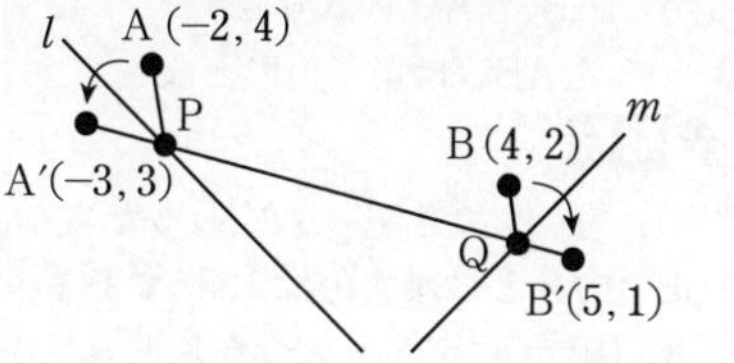

ここで B と B′ は m に関して対称だから $BQ=B'Q$ であり

$$AP+PQ+QB$$
$$=A'P+PQ+QB' \geqq A'B'$$

となる. よって $AP+PQ+QB$ が最小となるのは, 2 点 P, Q がそれぞれ l と直線 A′B′ の交点および m と直線 A′B′ の交点のときである. 直線 A′B′ の方程式は

$$y=\frac{1-3}{5-(-3)}(x+3)+3$$
$$y=-\frac{1}{4}x+\frac{9}{4}$$

となり, l の式と連立して解くと

$$x=-\frac{5}{3},\ y=\frac{8}{3}$$

同様に m の式と連立して解くと

$$x=\frac{21}{5},\ y=\frac{6}{5}$$

したがって点 P の座標は $\left(-\frac{5}{3},\ \frac{8}{3}\right)$, 点 Q の座標は $\left(\frac{21}{5},\ \frac{6}{5}\right)$ となる.

問題38

考え方

(1) 3 直線が三角形を作らないのは

(ア) 平行な 2 直線が存在するとき

(イ) 3 直線が 1 点で交わるとき

の 2 つの場合が考えられます.

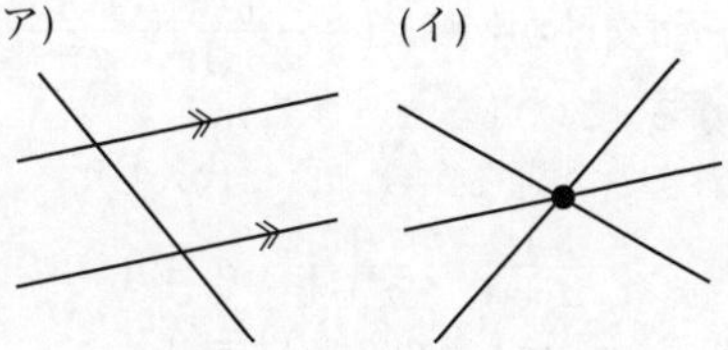

(2) 直線の傾きに注目する方法もありますが (→**別解**), 3 辺の長さが等しいことから立式しても, それほど大した計算にはなりません.

解答

$$l_1 : ax+y+1=0 \quad \cdots ①$$
$$l_2 : x+ay+1=0 \quad \cdots ②$$
$$l_3 : x+y+a=0 \quad \cdots ③$$

とする.

(1)(ア) 平行な 2 直線が存在するとき

$l_1 \parallel l_2$ となるのは

$$a\cdot a-1\cdot 1=0 \quad \therefore \quad a=\pm 1$$

$l_2 \parallel l_3$ となるのは

$$1\cdot 1-a\cdot 1=0 \quad \therefore \quad a=1$$

$l_3 \parallel l_1$ となるのは

$$1\cdot 1-1\cdot a=0 \quad \therefore \quad a=1$$

これらより平行な 2 直線が少なくとも 1 組存在するのは, $a=\pm 1$ のときである.

(イ) 3 直線が 1 点で交わるとき

以下 $a \neq \pm 1$ で考える.

まず l_1 と l_2 の交点を求める.

①×a−② より

$$(a^2-1)x+a-1=0$$
$$(a-1)\{(a+1)x+1\}=0$$
$$x=-\frac{1}{a+1}$$

同様に ①−②×a より

$$(1-a^2)y+1-a=0$$
$$(1-a)\{(1+a)y+1\}=0$$
$$y=-\frac{1}{a+1}$$

よって交点の座標は $\left(-\dfrac{1}{a+1},\ -\dfrac{1}{a+1}\right)$ となる（この点を A とする）．

これを l_3 が通るから，③ に代入して

$$-\frac{1}{a+1}-\frac{1}{a+1}+a=0$$

$$-1-1+a(a+1)=0$$

$$a^2+a-2=0$$

$$(a+2)(a-1)=0$$

$a \neq 1$ より

$$a=-2$$

（ア），（イ）が三角形を作らない条件だから

$$\boldsymbol{a=\pm 1,\ a=-2}$$

（2）　以下 $a \neq \pm 1, -2$ で考える．

まず l_1 と l_3 の交点を求める．

①－③ より

$$(a-1)x-(a-1)=0$$

$$x-1=0 \quad \therefore \quad x=1$$

③ に代入して

$$y=-a-1$$

よって交点の座標は $(1,\ -a-1)$ となる（この点を B とする）．

同様に l_2 と l_3 の交点を求める．上の計算において x と y を入れ替えるだけなので，

交点の座標は $(-a-1,\ 1)$ となる（この点を C とする）．

△ABC が正三角形になるためには

AB ＝ BC が必要で，このとき

$$\mathrm{AB}^2=\mathrm{BC}^2$$

$$\left(-\frac{1}{a+1}-1\right)^2+\left(-\frac{1}{a+1}+a+1\right)^2$$
$$=(a+2)^2+(a+2)^2\ (=2(a+2)^2)$$

両辺に $(a+1)^2$ をかけて

$$(a+2)^2+(a^2+2a)^2=2(a+1)^2(a+2)^2$$

両辺を $(a+2)^2$ で割ると

$$1+a^2=2(a+1)^2$$

$$a^2+4a+1=0$$

$$\boldsymbol{a=-2\pm\sqrt{3}}$$

さらに点 A は直線 $y=x$ 上にあり，2 点 B，C はこの直線に関して対称な位置にあるから AB ＝ AC も成り立つ．

よって △ABC は正三角形となる．

別解

（2）　l_3 は傾きが -1 であるから，x 軸の正の向きとのなす角は 135° である．よって 3 直線が正三角形をつくるとき，l_1，l_2 の x 軸の正の向きとのなす角は 75°，15° のいずれかになる（次図）．

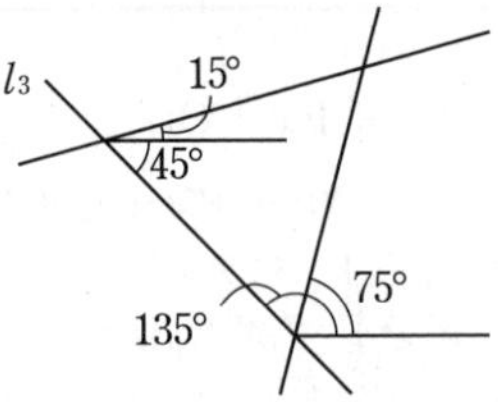

l_1，l_2 の傾きは $-a$，$-\dfrac{1}{a}$ であるから

$$-a=\tan 75^\circ,\ -\frac{1}{a}=\tan 15^\circ$$

または

$$-a=\tan 15^\circ,\ -\frac{1}{a}=\tan 75^\circ$$

となる．

$$\tan 75^\circ=\tan(45^\circ+30^\circ)$$
$$=\frac{\tan 45^\circ+\tan 30^\circ}{1-\tan 45^\circ\tan 30^\circ}$$
$$=\frac{1+\frac{1}{\sqrt{3}}}{1-1\cdot\frac{1}{\sqrt{3}}}$$
$$=\frac{\sqrt{3}+1}{\sqrt{3}-1}=2+\sqrt{3}$$

$$\tan 15^\circ=\frac{1}{\tan 75^\circ}=2-\sqrt{3}$$

より

$$\boldsymbol{a=-2\pm\sqrt{3}}$$

●2　円の方程式

問題39

考え方　（円の方程式）

「円の式の決定」とよばれる問題で2つの式の置き方が考えられます．問題文で与えられたヒントから，どちらの形でおけばよいかを考えましょう．

（ア）　中心 (a, b) もしくは半径 r がわかるとき

$$(x-a)^2+(y-b)^2=r^2$$

（イ）　（ア）以外のとき

$$x^2+y^2+lx+my+n=0$$

（ア）を円の**標準形**，（イ）を円の**一般形**といいます．

解答

（1）　2点 $A(1, 1)$，$B(5, 7)$ の中点を M とすると，M が求める円の中心で，座標は

$$M\left(\frac{1+5}{2}, \frac{1+7}{2}\right)=(3, 4)$$

となり，半径は

$$AM=\sqrt{(3-1)^2+(4-1)^2}=\sqrt{13}$$

となる．したがって

$$(x-3)^2+(y-4)^2=13$$

（2）　$x^2+y^2+lx+my+n=0$ とおく．$(5, -1)$，$(4, 6)$，$(1, 7)$ を代入して

$$\begin{cases} 25+1+5l-m+n=0 \\ 16+36+4l+6m+n=0 \\ 1+49+l+7m+n=0 \end{cases}$$

連立して解くと

$$l=-2, m=-4, n=-20$$

したがって

$$x^2+y^2-2x-4y-20=0$$

（3）　$(2, 1)$ を通り x 軸と y 軸に接するから下図のように，円の中心は第1象限にある．半径を r とおくと，中心は (r, r) である．よって円の方程式は

$$(x-r)^2+(y-r)^2=r^2$$

とおける．

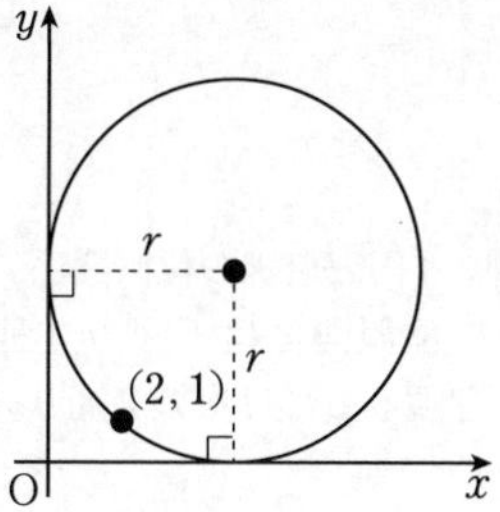

$(2, 1)$ を代入して

$$(2-r)^2+(1-r)^2=r^2$$

$$r^2-6r+5=0$$

$$(r-1)(r-5)=0 \quad \therefore \quad r=1, 5$$

したがって

$$(x-1)^2+(y-1)^2=1$$

$$(x-5)^2+(y-5)^2=25$$

（4）　中心が $y=2x+1$ 上にあるから中心の座標は $(t, 2t+1)$ とおける．また x 軸に接することから，半径は $|2t+1|$ である．よって円の方程式は

$$(x-t)^2+\{y-(2t+1)\}^2=(2t+1)^2$$

とおける．

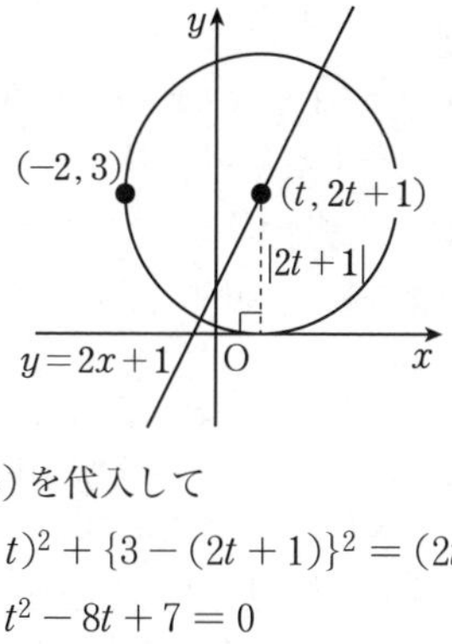

$(-2, 3)$ を代入して

$$(-2-t)^2+\{3-(2t+1)\}^2=(2t+1)^2$$

$$t^2-8t+7=0$$

$$(t-1)(t-7)=0 \quad \therefore \quad t=1,\ 7$$

したがって

$$\boldsymbol{(x-1)^2+(y-3)^2=9}$$
$$\boldsymbol{(x-7)^2+(y-15)^2=225}$$

問題40

考え方　（円と直線の位置関係）

円と直線の位置関係は下図の 3 種類があり，それを調べるには次の 2 通りの方法が考えられます．

（ア）　円と直線，それぞれの方程式を連立して判別式の符号を調べる．

（イ）　**「中心から直線までの距離 d」と「円の半径 r」の大小関係を比較する．**

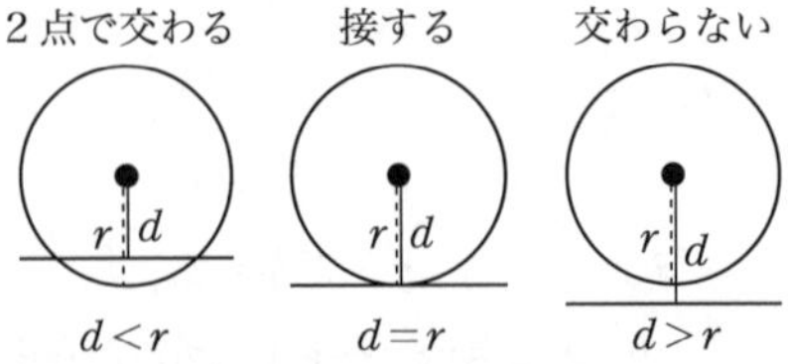

交点の座標が具体的に必要な問題などでは解法（ア）をとったほうがよい場合もありますが，一般には解法（イ）のほうが計算量が少ないことが多く，こちらを積極的に利用するとよいでしょう．

解答

（1）　$C:x^2+y^2-4x-8y+15=0$, $l:y=ax+1$ とする．C は

$$(x-2)^2+(y-4)^2=5$$

と変形できるから，中心 $(2,\ 4)$，半径 $\sqrt{5}$ の円を表す．

C と l が異なる 2 点で交わるのは，中心 $(2,\ 4)$ と $l:ax-y+1=0$ との距離 d が半径 $\sqrt{5}$ より小さいときである．

$$d=\frac{|2a-4+1|}{\sqrt{a^2+(-1)^2}}=\frac{|2a-3|}{\sqrt{a^2+1}} \quad \cdots ①$$

より

$$\frac{|2a-3|}{\sqrt{a^2+1}}<\sqrt{5}$$

両辺はともに 0 以上だから 2 乗して

$$\frac{(2a-3)^2}{a^2+1}<5$$
$$4a^2-12a+9<5(a^2+1)$$
$$a^2+12a-4>0$$
$$\boldsymbol{a<-6-2\sqrt{10},\ a>-6+2\sqrt{10}}$$

（2）　円 C の中心を O とおく．O から弦 AB におろした垂線の足を H とすると，H は AB の中点であるから

$$\mathrm{AH}=\frac{1}{2}\mathrm{AB}=1$$

△OAH で三平方の定理より

$$(\sqrt{5})^2=1^2+d^2 \quad \therefore \quad d^2=4$$

① を代入して

$$\frac{(2a-3)^2}{a^2+1}=4$$
$$4a^2-12a+9=4(a^2+1)$$
$$-12a=-5 \quad \therefore \quad \boldsymbol{a=\frac{5}{12}}$$

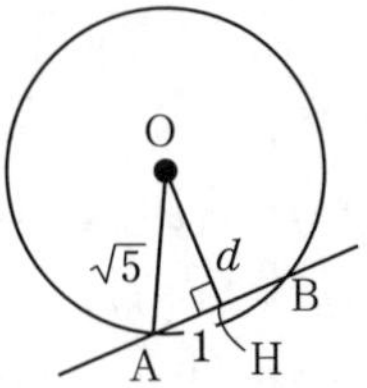

問題41

考え方　（円の接線公式）

円 $x^2+y^2=r^2$ 上の点 $(x_1,\ y_1)$ における接線は

$$\boldsymbol{x_1x+y_1y=r^2}$$

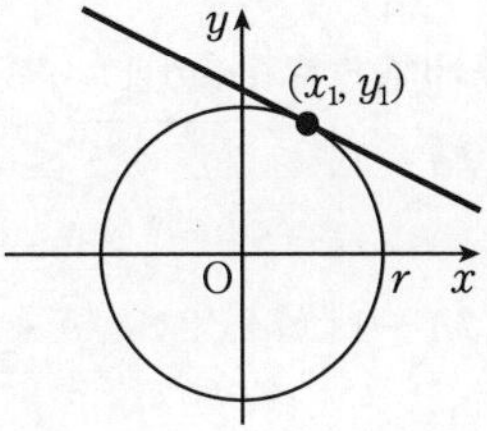

本問は有名な問題なので，解法も含め覚えておきましょう．

解答

2点P，Qの座標をそれぞれ(x_1, y_1)，(x_2, y_2)とおくと，接線の方程式は

$$x_1x + y_1y = r^2 \quad \cdots①$$

$$x_2x + y_2y = r^2 \quad \cdots②$$

とかける．①と②が点$A(a, b)$を通るから

$$ax_1 + by_1 = r^2$$

$$ax_2 + by_2 = r^2$$

が成り立つ．これは直線$ax + by = r^2$が2点P，Qを通ることを意味する．したがって直線PQの方程式は

$$\boldsymbol{ax + by = r^2}$$

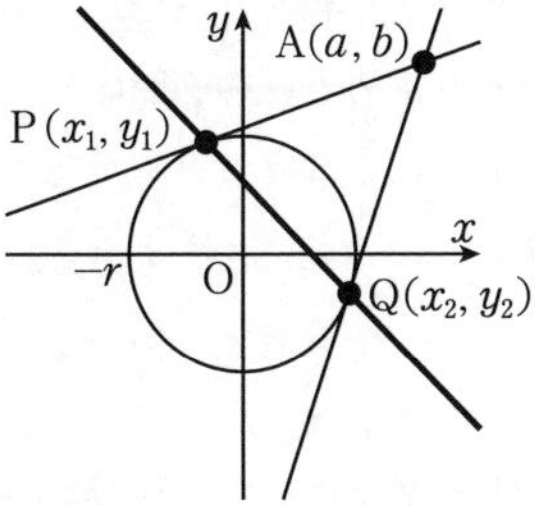

注意　本問における直線PQを点Aに関する**極線**といい，Aを**極**といいます．

別解

$\angle OPA = \angle OQA = 90°$より2点P，QはOAを直径とする円$C$上に存在する．円$C$は中心が$\left(\frac{a}{2}, \frac{b}{2}\right)$，半径は

$$\frac{1}{2}OA = \frac{\sqrt{a^2 + b^2}}{2}$$

の円だから

$$\left(x - \frac{a}{2}\right)^2 + \left(y - \frac{b}{2}\right)^2 = \frac{a^2 + b^2}{4}$$

ここでkを定数として

$$\left(x - \frac{a}{2}\right)^2 + \left(y - \frac{b}{2}\right)^2 - \frac{a^2 + b^2}{4} + k(x^2 + y^2 - r^2) = 0$$

は2つの図形の交点P，Qを通る図形を表す．$k = -1$を代入して整理した

$$\boldsymbol{ax + by = r^2}$$

が直線PQの方程式である．

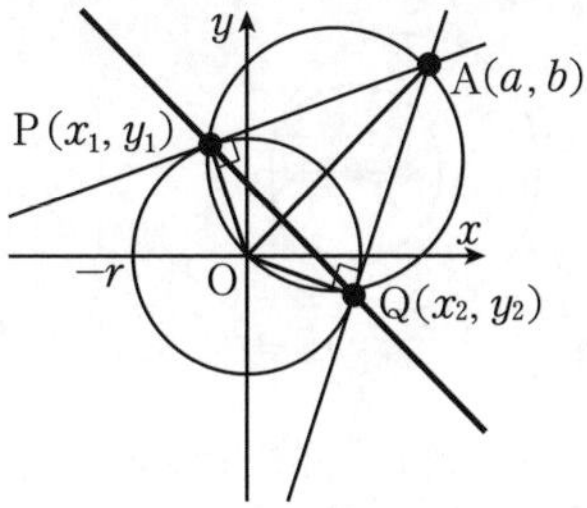

問題42

考え方　（2円の位置関係）

2円の位置関係は**「中心間の距離」と「2つの円の半径」の大小関係を比較する**のが定石です．

① 互いに外部にある

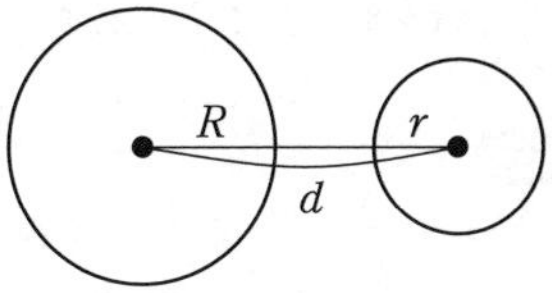

$d > R + r$

② 外接する

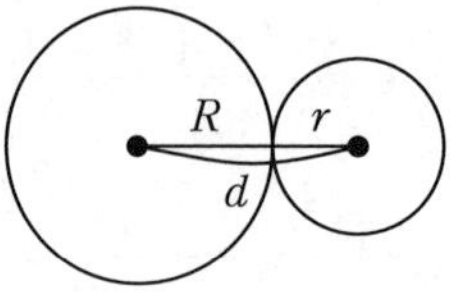

$d=R+r$

③ 異なる 2 点で交わる

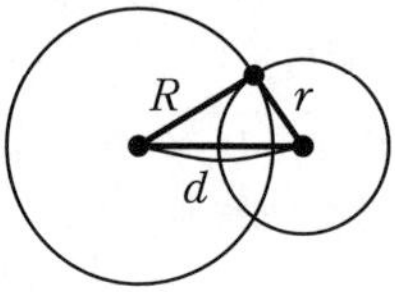

$|R-r|<d<R+r$

④ 内接する

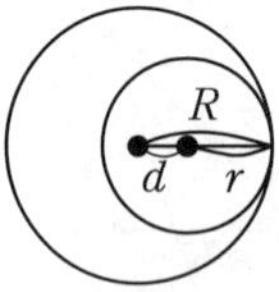

$d=|R-r|$

⑤ 一方が他方の内部にある

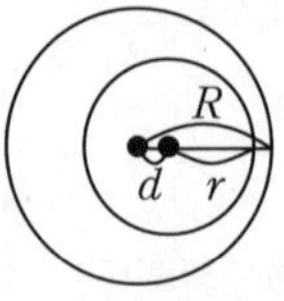

$d<|R-r|$

なお**解答**では上の ③ から真面目に立式して計算をしましたが，2 円の位置関係の背景にある三角形の成立条件を利用することで，計算量を減らすことができます (→**注意**).

解答

$x^2+y^2=1$ は中心 $(0,\ 0)$，半径 1 の円を表し，$x^2+y^2-4x-4y+8-a=0$ は

$$(x-2)^2+(y-2)^2=a$$

と変形できるから中心 $(2,\ 2)$，半径 $\sqrt{a}$ の円を表す．

2 つの円が共有点をもつのは

$$\left|\sqrt{a}-1\right| \leqq \sqrt{2^2+2^2} \leqq \sqrt{a}+1$$

すなわち

$$\left|\sqrt{a}-1\right| \leqq 2\sqrt{2} \leqq \sqrt{a}+1$$

のときである．

$$\left|\sqrt{a}-1\right| \leqq 2\sqrt{2}$$

より

$$-2\sqrt{2} \leqq \sqrt{a}-1 \leqq 2\sqrt{2}$$

$$1-2\sqrt{2} \leqq \sqrt{a} \leqq 1+2\sqrt{2}$$

$\sqrt{a}>0$ であるから

$$0<\sqrt{a} \leqq 1+2\sqrt{2}$$

$$0<a \leqq (1+2\sqrt{2})^2$$

$$0<a \leqq 9+4\sqrt{2} \quad \cdots ①$$

次に

$$2\sqrt{2} \leqq \sqrt{a}+1$$

より

$$2\sqrt{2}-1 \leqq \sqrt{a}$$

両辺は正だから 2 乗して

$$(2\sqrt{2}-1)^2 \leqq a$$

$$a \geqq 9-4\sqrt{2} \quad \cdots ②$$

①，② より求める a の範囲は

$$\mathbf{9-4\sqrt{2} \leqq a \leqq 9+4\sqrt{2}}$$

注意　2 円が異なる 2 点で交わる条件

$$|R-r|<d<R+r$$

は 3 辺の長さが d，R，r の三角形が成立する条件とみなせます．三角形が潰れる場合も含めれば

$$|R-r| \leqq d \leqq R+r$$

となり，これは 2 円が共有点をもつ条件です．さて，三角形の成立条件は r を主役として

$$|d-R| \leqq r \leqq d+R$$

としてもよいわけで（ただし潰れる場合も含める），これを2円が共有点をもつ条件と考えれば本問は

$$\left|2\sqrt{2}-1\right| \leqq \sqrt{a} \leqq 2\sqrt{2}+1$$

として解けばよく，この両辺を2乗することですぐに答えが得られます．

別解

今回は片方の円しか動かないので，図を描けばすぐに外接，内接する条件がわかります．そこから答えを出しても結構です．

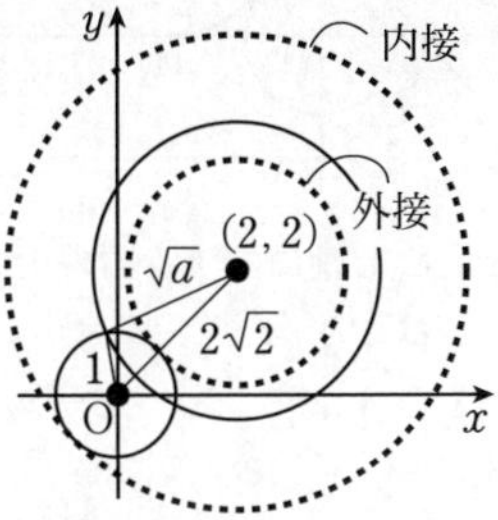

上図から2つの円が内接するとき $\sqrt{a} = 2\sqrt{2}+1$，外接するとき $\sqrt{a} = 2\sqrt{2}-1$ となるから，求める条件は

$$2\sqrt{2}-1 \leqq \sqrt{a} \leqq 2\sqrt{2}+1$$

$$\boldsymbol{9-4\sqrt{2} \leqq a \leqq 9+4\sqrt{2}}$$

問題43

考え方　（曲線束）

本問で直接交点を求めるのは（できなくはないですが）かなり計算が大変で，得策ではありません．そこで次の考え方を利用します．

（曲線束）

異なる2曲線 $f(x, y) = 0$，$g(x, y) = 0$ が交点をもつとき

$$\boldsymbol{f(x, y) + kg(x, y) = 0} \quad \cdots(*)$$

は2曲線の交点をすべて通る図形を表す．

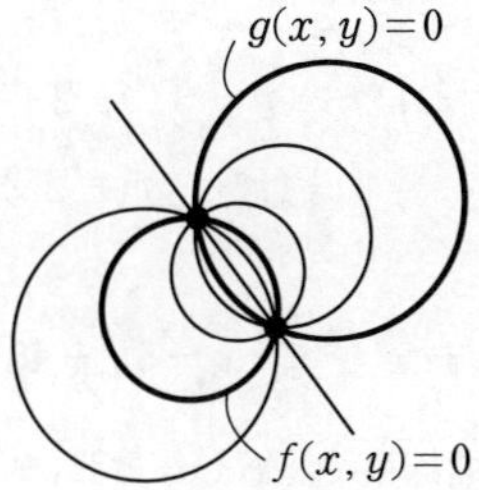

このような考え方は上図のように2曲線の交点を含む図形を「束（たば）」のように捉えることから「曲線束（きょくせんそく）」といいます．(*)を立式して，問題文のヒントから k の値を決定するのが曲線束を使いこなす際のポイントになります．

（1）　直線の方程式には2乗の項が現れないことから k の値を決定します．

（2）　通る点を代入することにより k の値を決定します．

とっつきにくい公式ではありますが，この公式を用いないと計算が困難な問題もあります．必ず理解して使いこなせるようにしておきましょう．

解答

k を定数として

$$(x-4)^2+(y-3)^2-2 + k(x^2+y^2-25) = 0 \quad \cdots①$$

は C_1 と C_2 の交点を通る図形を表す．

（1）　①が直線を表すとき $k = -1$ だから

$$(x-4)^2+(y-3)^2-2 - (x^2+y^2-25) = 0$$

$$-8x-6y+48 = 0$$

$$\boldsymbol{4x+3y-24 = 0}$$

（2）　①に $(3, 1)$ を代入して

$$1+4-2+k(9+1-25) = 0$$

$$-15k = -3 \quad \therefore \quad k = \frac{1}{5}$$

これを ① に代入して

$$(x-4)^2+(y-3)^2-2$$
$$+\frac{1}{5}(x^2+y^2-25)=0$$

整理して

$$\boldsymbol{x^2+y^2-\frac{20}{3}x-5y+15=0}$$

注意 曲線束で注意しなければいけないのは「(*) は $f(x, y)=0$ と $g(x, y)=0$ の交点を通るすべての曲線を表しているわけではない」ということです. 本来であれば k を決定しても, 題意をみたすすべての曲線を求めたとはいえず, その観点でいえば (1) や (2) の**解答**は完全とはいえません. ただ本問では題意をみたすような直線や円は 1 つしかないことがある程度明らかなので, とくに言及しなくても問題はないでしょう.

問題44

考え方 「円と直線」「円と円」が接する条件を用いて, 丁寧に計算していきましょう. 最後に方程式を解く際, 両辺を 2 乗する必要がありますが, その際, 式の同値性に注意する必要があります.

解答

まず直線 l の式を求める. 傾きが $\frac{\sqrt{5}}{2}$ より

$$y=\frac{\sqrt{5}}{2}x+k$$
$$\sqrt{5}x-2y+2k=0$$

とおける. 円 C と接するのは, l と中心 O との距離が半径 1 と一致するときで

$$\frac{|2k|}{\sqrt{(\sqrt{5})^2+(-2)^2}}=1$$
$$|2k|=3$$
$$2k=\pm 3 \quad \therefore \quad k=\pm\frac{3}{2}$$

ただし, 円 C と第 2 象限で接するから

$$k=\frac{3}{2}$$

であり, 直線 l の式は

$$\sqrt{5}x-2y+3=0$$

となる.

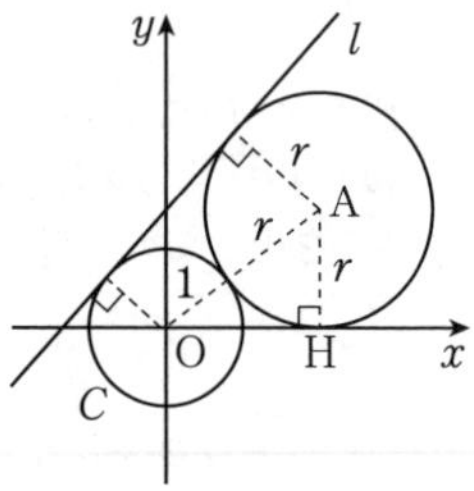

次に C と l と x 軸に接する円の中心を A, 半径を r とおくと

$$\mathrm{OA}=1+r$$

である.

点 A から x 軸に下ろした垂線の足を H とし, △OAH で三平方の定理を用いると

$$\mathrm{OH}=\sqrt{(1+r)^2-r^2}=\sqrt{2r+1}$$

よって点 A の座標は $\left(\sqrt{2r+1}, r\right)$ となる.

この円は直線 l とも接するから, l と A の距離は半径 r と一致し

$$\frac{\left|\sqrt{5}\sqrt{2r+1}-2r+3\right|}{\sqrt{(\sqrt{5})^2+(-2)^2}}=r$$
$$\left|\sqrt{5}\sqrt{2r+1}-2r+3\right|=3r \quad \cdots ①$$

ここで点 A は直線 l より下側にあるから

$$y \leqq \frac{\sqrt{5}}{2}x+\frac{3}{2}$$

の表す領域内にある.

よって上の式に $\left(\sqrt{2r+1}, r\right)$ を代入した

$$r \leqq \frac{\sqrt{5}}{2}\sqrt{2r+1}+\frac{3}{2}$$

すなわち

$$\sqrt{5}\sqrt{2r+1}-2r+3 \geqq 0$$

が成り立つ. よって①は

$$\sqrt{5}\sqrt{2r+1}-2r+3=3r$$

$$\sqrt{5}\sqrt{2r+1}=5r-3$$

となり, これは

$$5(2r+1)=(5r-3)^2 \text{かつ} 5r-3 \geqq 0$$

と同値である. 整理すると

$$25r^2-40r+4=0 \text{かつ} r \geqq \frac{3}{5}$$

$$r=\frac{4\pm 2\sqrt{3}}{5} \text{かつ} r \geqq \frac{3}{5}$$

したがって

$$r=\boldsymbol{\frac{4+2\sqrt{3}}{5}}$$

問題45

考え方 点と直線の距離の公式を利用しましょう.

解答

求める接線を l とする. l は y 軸に平行ではないから

$$y=px+q$$

すなわち

$$px-y+q=0$$

とおける. C_1 の中心 $(0, 0)$ と l の距離は半径4と等しいから

$$\frac{|q|}{\sqrt{p^2+1}}=4 \quad \cdots①$$

C_2 の中心 $(0, 8)$ と l の距離は半径2と等しいから

$$\frac{|q-8|}{\sqrt{p^2+1}}=2 \quad \cdots②$$

①÷②より

$$\frac{|q|}{|q-8|}=2$$

$$|q|=2|q-8|$$

$$q=\pm 2(q-8)$$

$$q=16, \frac{16}{3}$$

(ア) $q=16$ のとき

①に代入して

$$\frac{16}{\sqrt{p^2+1}}=4$$

$$\sqrt{p^2+1}=4$$

$$p^2+1=16$$

$$p^2=15 \quad \therefore \quad p=\pm\sqrt{15}$$

(イ) $q=\dfrac{16}{3}$ のとき

①に代入して

$$\frac{\frac{16}{3}}{\sqrt{p^2+1}}=4$$

$$\sqrt{p^2+1}=\frac{4}{3}$$

$$p^2+1=\frac{16}{9}$$

$$p^2=\frac{7}{9} \quad \therefore \quad p=\pm\frac{\sqrt{7}}{3}$$

(ア), (イ)より求める接線の方程式は

$$\boldsymbol{y=(\pm\sqrt{15})x+16,}$$

$$\boldsymbol{y=\left(\pm\frac{\sqrt{7}}{3}\right)x+\frac{16}{3}}$$

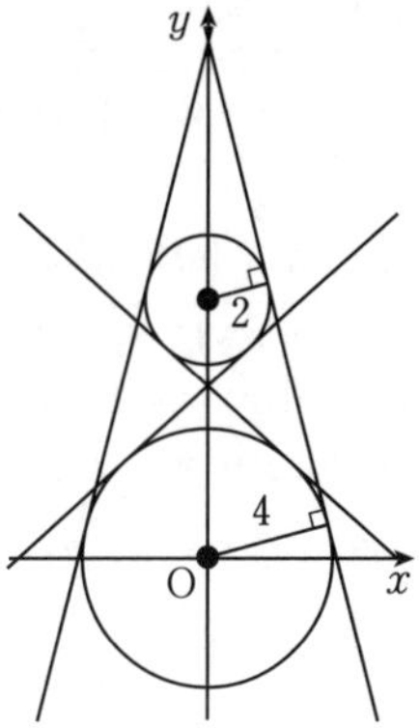

問題46

考え方　（円と放物線の位置関係）

円が放物線と接する条件は**円の中心から放物線への最短距離**を考えるのが定石です．その最短となるような点が円と放物線の接点となります．

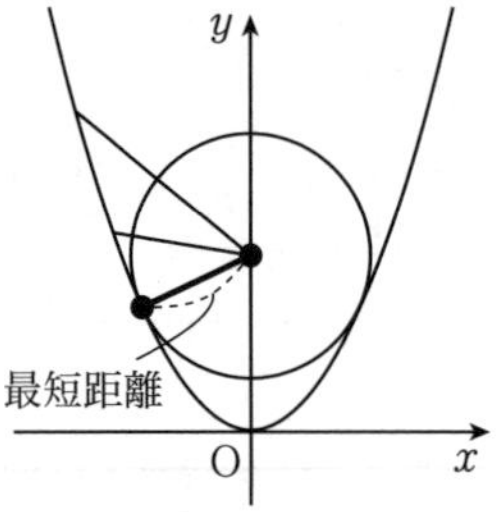

解答

放物線 $y=x^2$ 上の点を $\mathrm{P}(X, Y)$，円の中心を $\mathrm{A}(0, a)$ とおく．このとき $Y=X^2$ $(Y \geqq 0)$ が成り立つことに注意すると

$$\begin{aligned}\mathrm{AP}^2 &= X^2+(Y-a)^2 \\ &= Y+(Y^2-2aY+a^2) \\ &= Y^2-(2a-1)Y+a^2 \\ &= \left(Y-\frac{2a-1}{2}\right)^2+\frac{4a-1}{4}\end{aligned}$$

（ア）　$\dfrac{2a-1}{2} \geqq 0\left(a \geqq \dfrac{1}{2}\right)$のとき

AP^2 は $Y=\dfrac{2a-1}{2}$ のとき最小値 $\dfrac{4a-1}{4}$ をとる．

（イ）　$\dfrac{2a-1}{2} \leqq 0\left(0<a \leqq \dfrac{1}{2}\right)$のとき

AP^2 は $Y=0$ のとき最小値 a^2 をとる．

放物線と円が接するとき AP の最小値は半径 r と等しいから，（ア），（イ）より

$\boldsymbol{0<a \leqq \dfrac{1}{2}}$ のとき $\boldsymbol{r=a}$，$\boldsymbol{a \geqq \dfrac{1}{2}}$ のとき $\boldsymbol{r=\dfrac{\sqrt{4a-1}}{2}}$ となる．

注意　本問における円と放物線の位置関係を図示すると次のようになります．

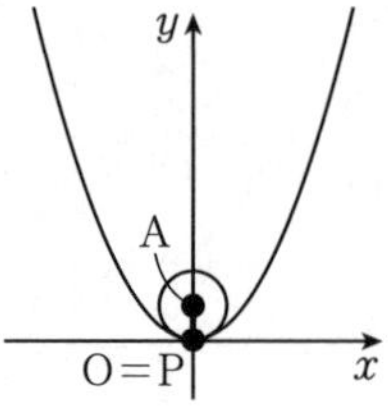

$0<a \leqq \dfrac{1}{2}$ のとき

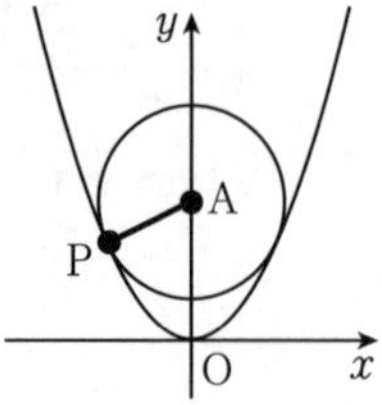

$a \geqq \dfrac{1}{2}$ のとき

問題47

考え方

（1）　対称性のある連立方程式は辺々を足し引きするのが定石（**問題25** を参照）で，本問では引き算をすると上手くいきます．

（2）　曲線束の出番です．

解答

$y=x^2-2$ …①，$x=y^2-2$ …② に対して ①－② を計算すると

$$\begin{aligned}&y-x=x^2-y^2 \\ &(x^2-y^2)+(x-y)=0 \\ &(x+y)(x-y)+(x-y)=0 \\ &(x-y)(x+y+1)=0 \\ &x=y,\ x=-y-1\end{aligned}$$

（ア）　$x=y$ …③ のとき

② に代入して

$$\begin{aligned}&x=x^2-2 \\ &x^2-x-2=0 \\ &(x+1)(x-2)=0 \\ &x=-1,\ 2\end{aligned}$$

③ より交点の座標は

$$(x, y)=\boldsymbol{(-1, -1),\ (2, 2)}$$

（イ）　$x=-y-1$ …④ のとき

② に代入して

$$-y-1=y^2-2$$

$$y^2+y-1=0$$
$$y=\frac{-1\pm\sqrt{5}}{2}$$
④より交点の座標は
$$(x,\ y)=\left(\boldsymbol{\frac{-1\mp\sqrt{5}}{2}},\ \boldsymbol{\frac{-1\pm\sqrt{5}}{2}}\right)$$
（複号同順）

（2）　k を定数として
$$x^2-y-2+k(y^2-x-2)=0$$
は①と②の交点を通る図形を表す. $k=1$ を代入した
$$x^2-y-2+(y^2-x-2)=0$$
$$\left(x-\frac{1}{2}\right)^2+\left(y-\frac{1}{2}\right)^2=\frac{9}{2}$$
も①と②の交点を通り，これは中心 $\boldsymbol{\left(\frac{1}{2},\ \frac{1}{2}\right)}$，半径 $\boldsymbol{\frac{3\sqrt{2}}{2}}$ の円を表す.

注意　①と②および①＋②の表す図形をそれぞれ C_1, C_2, C_3 として図示すると次図のようになります.

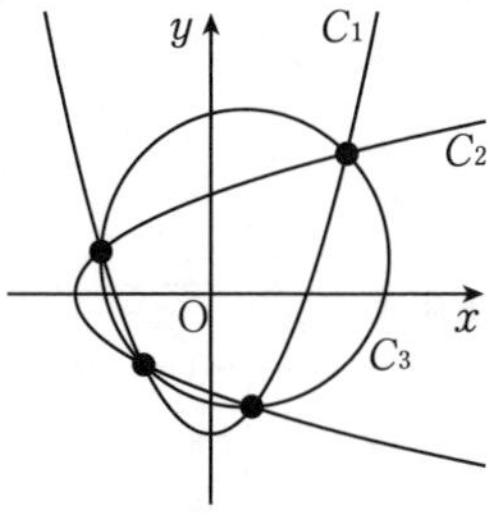

●3　軌跡と方程式

問題48

考え方　（軌跡と方程式）

与えられた条件をみたす点が動いてできる図形を，その条件をみたす点の軌跡といいます. 軌跡は以下のような手順で求めます.

（i）　**求める軌跡上の点を $(x,\ y)$ とおく**

（ii）　**x と y の関係式を求める**

この際できる限り同値変形を行うことを心がけましょう. 例えば符号に注意を払わず，安易に等式の両辺を2乗するなどすると同値性が崩れてしまい，余計な答え（範囲）が出る恐れがあります.

また問題によっては軌跡の限界（範囲・除外点）を求める必要があります. 点が求めた方程式の表すグラフ上をすべて動くとは限らないからです.

（2）　「角の二等分線」を「2直線からの距離が等しい点の集合」といいかえることにより，軌跡の問題として処理します.

解答

（1）　P$(x,\ y)$ とおく.
$$\mathrm{AP}:\mathrm{BP}=3:2$$
$$3\mathrm{BP}=2\mathrm{AP}$$
両辺はともに正だから2乗して
$$9\mathrm{BP}^2=4\mathrm{AP}^2$$
$$9\{(x-6)^2+(y-8)^2\}$$
$$=4\{(x-1)^2+(y+2)^2\}$$
整理すると求める軌跡は

円 ： $\boldsymbol{x^2+y^2-20x-32y+176=0}$

（2）　2直線 l, m の交角の二等分線上の点を $(X,\ Y)$ とおく. $(X,\ Y)$ から l, m までの距離は等しいから
$$\frac{|8X-Y|}{\sqrt{8^2+(-1)^2}}=\frac{|4X+7Y-2|}{\sqrt{4^2+7^2}}$$
$$|8X-Y|=|4X+7Y-2|$$
$$8X-Y=\pm(4X+7Y-2)$$
（ア）　$8X-Y=4X+7Y-2$ のとき
$$4X-8Y+2=0$$
$$2X-4Y+1=0$$
（イ）　$8X-Y=-(4X+7Y-2)$ のとき
$$12X+6Y-2=0$$
$$6X+3Y-1=0$$

(ア), (イ) より求める直線の方程式は

$$\boldsymbol{2x-4y+1=0,\ 6x+3y-1=0}$$

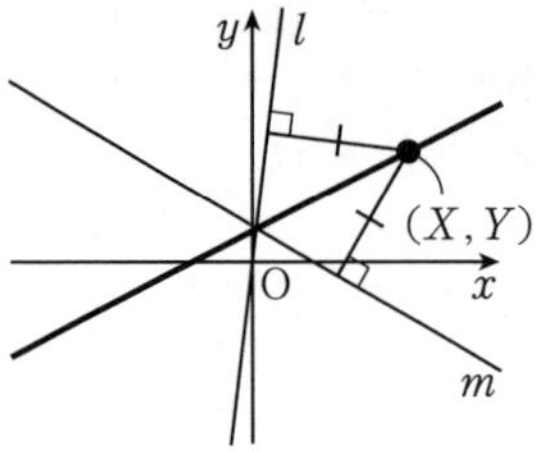

問題49

考え方 中心を (X, Y) とおき，2 円が外接する条件から X，Y の関係式を求めます．

解答

$x^2+y^2-4y+3=0$ …① は

$$x^2+(y-2)^2=1$$

と変形できるから，中心 $(0, 2)$，半径 1 の円を表す．

いま C の中心を (X, Y) とおくと C は直線 $y=-1$ と接するから C の半径は $Y+1$ である（次図より $Y>-1$ であることに注意する）．

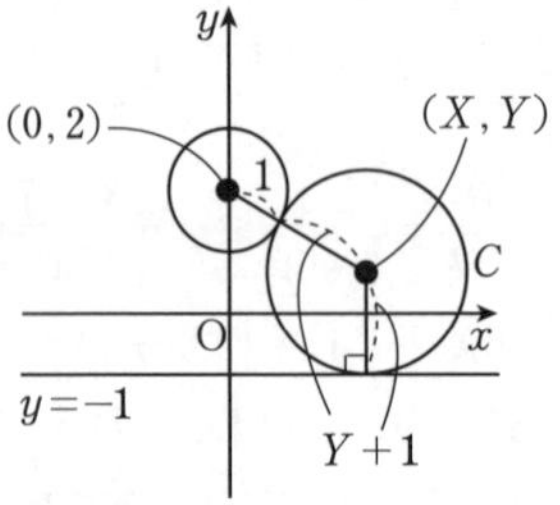

C と ① が外接するとき，$(0, 2)$ と (X, Y) の距離が 2 つの円の半径の和と等しいから

$$\sqrt{X^2+(Y-2)^2}=(Y+1)+1$$

両辺はともに正だから 2 乗して

$$X^2+(Y-2)^2=(Y+2)^2$$

$$X^2+Y^2-4Y+4=Y^2+4Y+4$$

$$-8Y=-X^2 \quad \therefore \quad Y=\frac{X^2}{8}$$

したがって求める軌跡は

放物線 ： $\boldsymbol{y=\frac{x^2}{8}}$

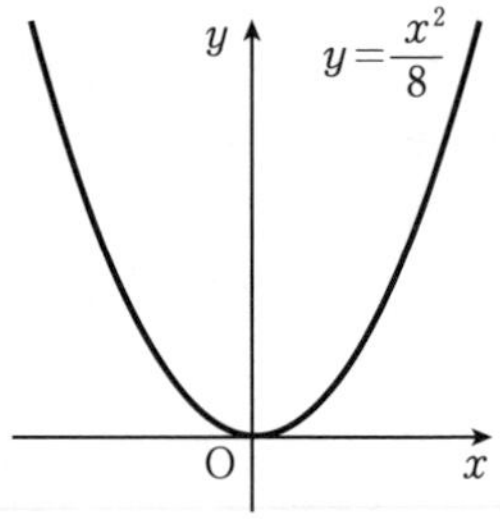

別解 数学 C の知識を用いて，次のように解くこともできます．

円 C の中心を P とする．

P は $(0,\ 2)$ と $y=-2$ からの距離が常に等しくなるように動く．これは P が焦点を $(0, 2)$，準線を $y=-2$ とする放物線を描くことを意味する．

よって求める軌跡の式は

$$x^2=4\cdot2\cdot y$$

すなわち

放物線 ： $\boldsymbol{y=\frac{x^2}{8}}$

問題50

考え方 （角が一定の点の軌跡）

式変形で処理することもできますが（→**別解**），計算が面倒です．図形的に考察しましょう．

具体的には中心角と円周角の関係，および円周角の定理の逆（数学 I・A 問題 **177** を参照）を利用することになります．

解答

x 軸に関する対称性より，$y \geqq 0$ で考えてよい．

2点A, Bを両端とする中心角 $\frac{\pi}{2}$ となるような円を C とする. C 上の点を P' とすると, 円周角と中心角の関係より

$$\angle AP'B = \frac{\pi}{4}$$

をみたす. よって

$$\angle APB = \angle AP'B$$

であるから, 円周角の定理の逆より, 点Pは円弧 C 上(ただし2点A, Bを除く)を動く.

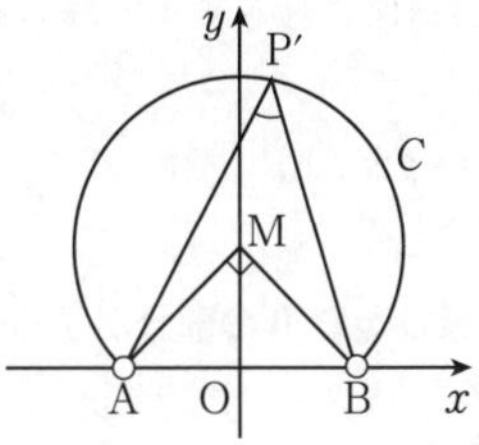

C の中心をMとするとM(0, 1)であり, 半径AMは

$$AM = \sqrt{1^2+1^2} = \sqrt{2}$$

である. したがって円 C の方程式は

$$x^2+(y-1)^2=2$$

である. $y \leqq 0$ の場合も同様に考えると, 求める軌跡は

円 : $x^2+(y-1)^2=2$

の $y>0$ の部分および

円 : $x^2+(y+1)^2=2$

の $y<0$ の部分である.

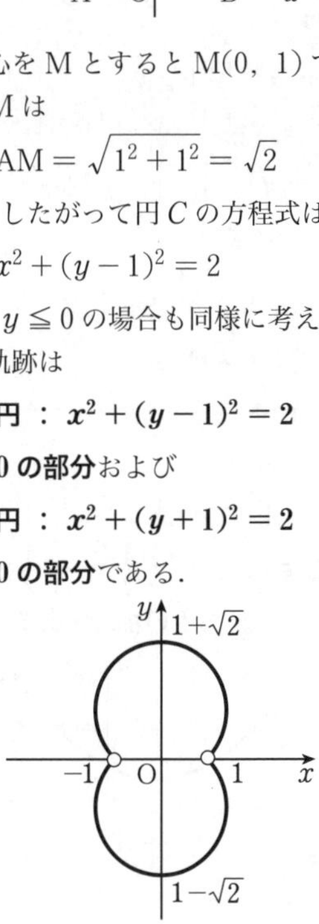

別解

P(x, y) とおく. x 軸に関する対称性より $y \geqq 0$ で考えてよい. T(2, 0)として

$$\angle PAT = \alpha, \angle PBT = \beta$$

とおくと

$$\tan\alpha = \frac{y}{x+1}, \tan\beta = \frac{y}{x-1}$$

である. ただし $x \neq \pm 1$ のもとで考える.

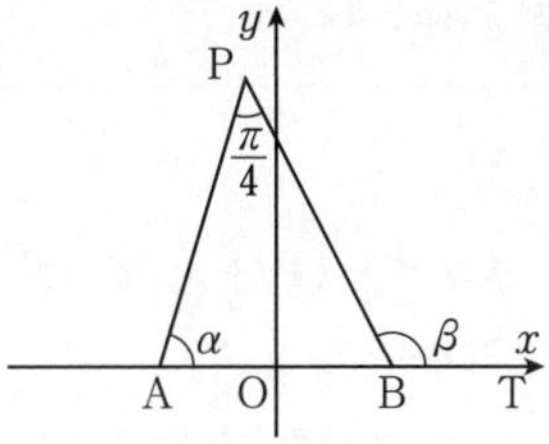

$\angle APB = \frac{\pi}{4} = \beta - \alpha$ であるから

$$\tan\frac{\pi}{4} = \tan(\beta-\alpha)$$

$$1 = \frac{\tan\beta - \tan\alpha}{1+\tan\beta\tan\alpha}$$

$$1 = \frac{\frac{y}{x-1} - \frac{y}{x+1}}{1+\frac{y}{x-1}\cdot\frac{y}{x+1}}$$

$$1 = \frac{y(x+1)-y(x-1)}{(x^2-1)+y^2}$$

$$x^2-1+y^2 = 2y$$

$$x^2+(y-1)^2 = 2 \quad \cdots①$$

$x=\pm 1$ のとき $\angle APB = \frac{\pi}{4}$ となる y は $y=2$ である. よって点 $(\pm 1, 2)$ は題意をみたす. またこの点は円①上にある.

したがって $y \geqq 0$ の場合の軌跡は, (**解答**で定義した)円 C のうち $y>0$ の部分となる. $y \leqq 0$ のときも同様で, **解答**と同じ軌跡が得られる.

問題51

考え方 (媒介変数表示と軌跡)

ただ単に媒介変数(パラメーター) t を消去

して x, y の関係式を求めればよい，というわけではありません. もう少々理解を深めたいところです. 次の例題をみてください.

例題
t を実数とするとき，点 (t^2, t^4) の動く軌跡を求めよ.

【解答？】
$x=t^2$, $y=t^4$ $\cdots(*)$ とおく. このとき
$$y=(t^2)^2=x^2$$
よって $y=x^2$ が求める軌跡である.

上はありがちな誤答です. どこが駄目なのかわかりますか？ わからない人は (t^2, t^4) を時刻 t における点 P の位置を表しているとみましょう. 例えば P は $y=x^2$ 上にある点 $(-4, 16)$ にくることはできるでしょうか？ これは不可能です. なぜなら
$$t^2=-4 \text{ かつ } t^4=16$$
は実数解をもたず，$\mathrm{P}(-4, 16)$ となる時刻 t が存在しないからです. このように時刻 t が存在しなければ $\mathrm{P}(x, y)$ も存在しないですし，逆に時刻 t が存在するのであれば $\mathrm{P}(x, y)$ も存在します. すなわち時刻 t の存在と $\mathrm{P}(x, y)$ の存在は同値です. ここから「**媒介変数表示された曲線 C を求める**」とは「**$(*)$ をみたすような t が存在するような (x, y) 全体の集合を求める**」ことであることがわかります.
すなわち本問では t の存在条件に注意しながら，変形していく必要があります.
一般には，**片方の式を t について解いて ($t=$〜の形に変形して) もう一方の式に代入することで t の存在条件が得られます**.

さて，それでは t が存在する条件に注意して，正しい軌跡を求めてみましょう.

【解答】
$x=t^2$, $y=t^4$ とおく.
$$x=t^2$$
より
$$t=\pm\sqrt{x}$$
ここで t は実数より $x \geqq 0$ である (これで t の存在が担保される). もう一方の式に代入して
$$y=(\pm\sqrt{x})^4$$
$$\boldsymbol{y=x^2}$$
この**放物線の $x \geqq 0$ の部分**が求める軌跡となる (図略).

解答

(1)　$x=2t-1$ より
$$t=\frac{x+1}{2}$$
これを $y=t^2-1$ に代入すると
$$y=\left(\frac{x+1}{2}\right)^2-1$$
$$y=\frac{1}{4}x^2+\frac{1}{2}x-\frac{3}{4}$$
$-1 \leqq t \leqq 1$ にも代入して
$$-1 \leqq \frac{x+1}{2} \leqq 1$$
$$-3 \leqq x \leqq 1$$
したがって求める軌跡は
$$\textbf{放物線} : \boldsymbol{y=\frac{1}{4}x^2+\frac{1}{2}x-\frac{3}{4}}$$
のうち $\boldsymbol{-3 \leqq x \leqq 1}$ の部分である.

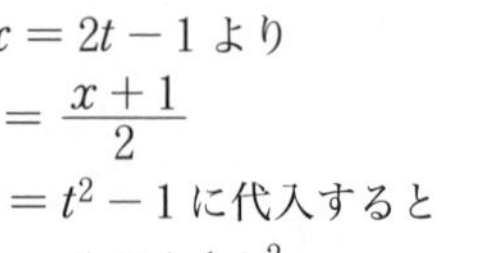

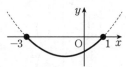

(2)　$x=\dfrac{1-t^2}{1+t^2}$ より
$$(1+t^2)x=1-t^2$$
$$(1+x)t^2=1-x$$

$x=-1$ とすると $0=2$ となり矛盾する．
よって $x \neq -1$ で，このもとで

$$t^2=\frac{1-x}{1+x} \quad \cdots①$$

t は実数より

$$\frac{1-x}{1+x} \geqq 0$$
$$-1<x \leqq 1$$

このもとで $y=\dfrac{2t}{1+t^2}$ の分母を払った

$$(1+t^2)y=2t$$

に ① を代入して

$$\left(1+\frac{1-x}{1+x}\right)y=2t$$
$$t=\frac{y}{1+x}$$

これを再度 ① に代入して

$$\left(\frac{y}{1+x}\right)^2=\frac{1-x}{1+x}$$
$$y^2=(1-x)(1+x)$$

したがって求める軌跡は

円 ： $x^2+y^2=1$

ただし **$(-1,0)$ を除く**．

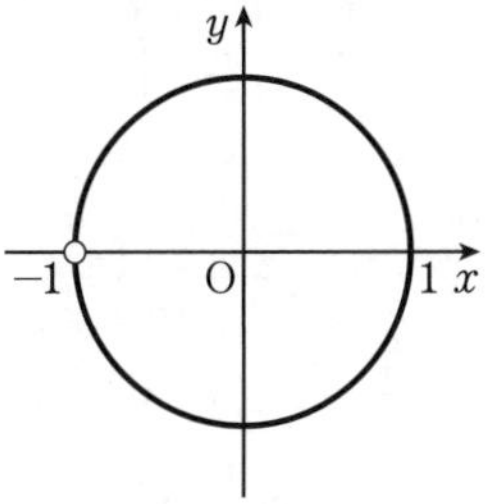

注意　（2）において

$$x^2+y^2=\left(\frac{1-t^2}{1+t^2}\right)^2+\left(\frac{2t}{1+t^2}\right)^2$$
$$=\frac{(1-2t^2+t^4)+4t^2}{(1+t^2)^2}$$
$$=\frac{1+2t^2+t^4}{(1+t^2)^2}$$
$$=\frac{(1+t^2)^2}{(1+t^2)^2}=1$$

より (x,y) が $x^2+y^2=1$ をみたすこと自体はすぐにわかります．ただこの方法だと，点の動く範囲を求めるのが面倒になります．

問題52

考え方　求める軌跡上の点以外に動点があるとき，その動点（本問でいう点P）の座標をいったん (s,t) などとおきましょう．その後，与えられた条件か s，t を消去します．
なお，本問は点Pが x 軸上にあるときに3点A，B，Pは三角形をなさないので，軌跡には除外点が存在します．

解答

△PABの重心を (X,Y) とおく．また，
$x^2+y^2=1$ 上の動点Pを (s,t) とおくと

$$s^2+t^2=1 \quad \cdots①$$

が成り立つ．

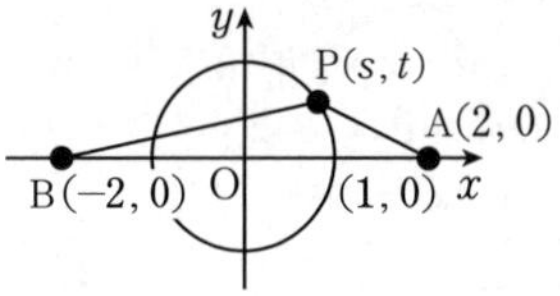

A(2, 0)，B(−2, 0) より △PABの重心の座標は

$$\left(\frac{s+2+(-2)}{3},\ \frac{t}{3}\right)=\left(\frac{s}{3},\ \frac{t}{3}\right)$$

である．ここから

$$X=\frac{s}{3},\ Y=\frac{t}{3}$$
$$s=3X,\ t=3Y \quad \cdots②$$

となり，これを ① に代入して

$$(3X)^2+(3Y)^2=1$$
$$X^2+Y^2=\frac{1}{9}$$

ただし $\mathrm{P}(s,t)$ が x 軸上にあるとき，3点P，A，Bは三角形をなさないから $t \neq 0$ である．② を代入して

$$3Y \neq 0 \quad \therefore \quad Y \neq 0$$

したがって求める軌跡は

$$\textbf{円}:\ x^2+y^2=\frac{1}{9}$$

ただし2点 $\left(\frac{1}{3},0\right)$，$\left(-\frac{1}{3},0\right)$ を除く．

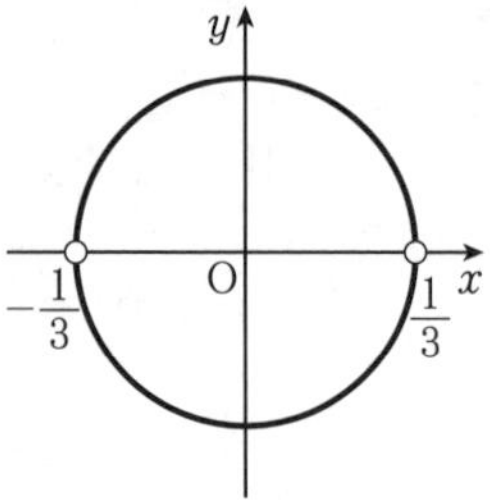

問題53

考え方　2点P，Qの座標を直接計算するのはやや面倒です．それぞれの x 座標を文字でおいて，解と係数の関係を利用するとよいでしょう．

なお，直線と放物線が交点をもつ条件から m の範囲が出てきますが，これによって軌跡にも範囲が生じます．

解答

$y=mx$ …① と $y=x^2+1$ …② より

$$x^2+1=mx$$

$$x^2-mx+1=0 \quad \cdots③$$

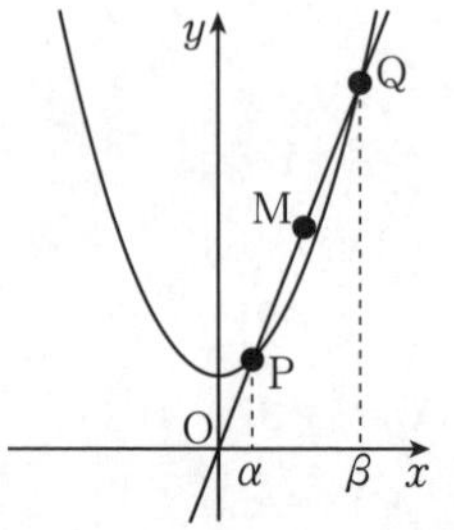

①と②が異なる2点P，Qで交わるから，判別式を D とすると

$$D=m^2-4>0$$

$$(m+2)(m-2)>0$$

$$\boldsymbol{m<-2,\ m>2} \quad \cdots④$$

次に2点P，Qの x 座標をそれぞれ α，β とし，Mを (X, Y) とおくと

$$X=\frac{\alpha+\beta}{2},\ Y=\frac{m(\alpha+\beta)}{2}$$

③において解と係数の関係より

$$\alpha+\beta=m$$

これを代入して

$$X=\frac{m}{2},\ Y=\frac{m^2}{2}$$

$m=2X$ …⑤ として m を消去すると

$$Y=\frac{(2X)^2}{2} \quad \therefore \quad Y=2X^2$$

⑤を④に代入して

$$2X<-2,\ 2X>2$$

$$X<-1,\ X>1$$

したがって求める軌跡は

$$\textbf{放物線}:\ \boldsymbol{y=2x^2}$$

のうち $\boldsymbol{x<-1,\ x>1}$ の部分である．

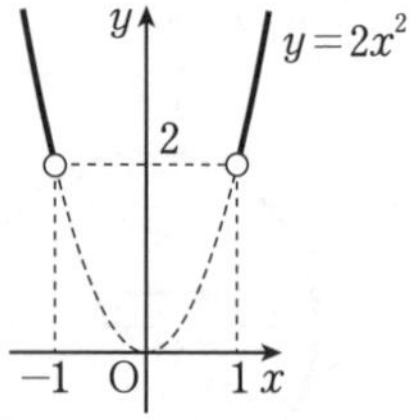

問題54

考え方　前問では2点P，Qの中点の座標を m で表しましたが，本問では中点の座標を a で表す方針だと計算が大変です．図形的に考察しましょう．

解答

（1）　A(5, 0) を通り傾きが a の直線を l，円 $x^2+y^2=9$ …① を C とおく．l を

$$y=a(x-5)$$

$$ax-y-5a=0$$

と変形する．C と l が異なる 2 点で交わるのは，C の中心 $(0, 0)$ と l の距離が半径 3 より小さいときで

$$\frac{|-5a|}{\sqrt{a^2+(-1)^2}}<3$$

$$|-5a|<3\sqrt{a^2+1}$$

両辺はともに 0 以上だから 2 乗して

$$25a^2<9(a^2+1)$$

$$a^2<\frac{9}{16}$$

$$\boldsymbol{-\frac{3}{4}<a<\frac{3}{4}}$$

（2）　点 M は 2 点 P，Q の中点だから $\angle\mathrm{OMA}=90^\circ$ である．よって M は OA を直径とする円周上のうち C の内部を動く．線分 OA を直径とする円は中心が $\left(\frac{5}{2}, 0\right)$，半径が $\frac{5}{2}$ だから

$$\left(x-\frac{5}{2}\right)^2+y^2=\frac{25}{4}\quad\cdots②$$

次に軌跡の範囲を求める．② − ① より

$$-5x=-9\quad\therefore\quad x=\frac{9}{5}$$

したがって求める軌跡は

円：$\left(x-\frac{5}{2}\right)^2+y^2=\frac{25}{4}$

のうち $\boldsymbol{0\leqq x<\frac{9}{5}}$ の部分である．

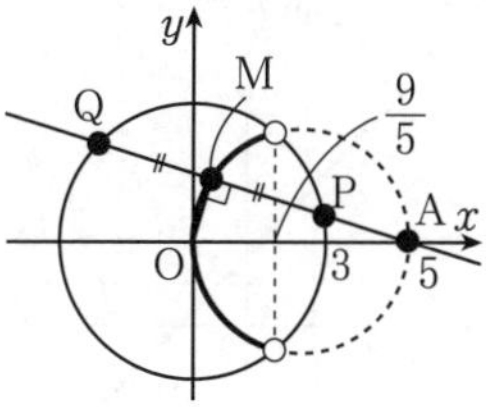

問題55

考え方　2 直線の交点の座標を求めると $(x, y)=\left(\frac{2a}{a^2+1}, \frac{a^2-1}{a^2+1}\right)$ となりますが，ここから a を消去して x と y の関係式を求めるのは 2 度手間です．

l_1，l_2 の一方の式を a について解き，もう一方の式に代入することで直接 a を消去しましょう．これは **l_1，l_2 の式をともにみたすような a の存在条件を考えていることになります**（本質的には **問題51** の**例題**と同じ問題とみなせます）．

解答

l_1：$(a-1)(x+1)-(a+1)y=0$ …① と l_2：$ax-y-1=0$ …② を同時にみたす a が存在するような x，y の関係式を求める．② より

$$ax=y+1\quad\cdots③$$

（ア）　$x=0$ のとき

③ より $y=-1$ で，これを ① に代入して

$$(a-1)\cdot1-(a+1)\cdot(-1)=0$$

$$a=0$$

となり ①，② をみたす a が存在する．

（イ）　$x\neq0$ のとき

③ より $a=\frac{y+1}{x}$ である．① に代入して

$$\left(\frac{y+1}{x}-1\right)(x+1)-\left(\frac{y+1}{x}+1\right)y=0$$

両辺を x 倍して

$$(y+1-x)(x+1)-(y+1+x)y=0$$

展開して整理すると

$$x^2+y^2=1$$

（ア），（イ）より求める軌跡は

円：$x^2+y^2=1$

ただし **(0, 1) を除く**．

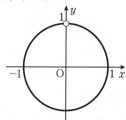

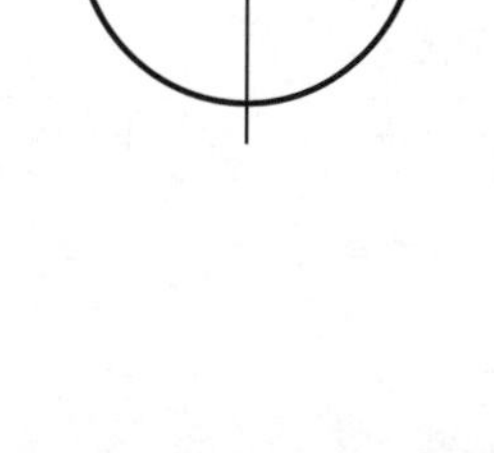

問題56

考え方 （反転）

本問のような操作を**反転**といい，大学入試では毎年のように登場する頻出問題です（→**注意**）.

（1） 点 Q の座標を (X, Y) などとおいて，3 点 O，P，Q が同一直線上にある条件を求めます. ベクトルを用いるとよいでしょう.

（2） X，Y の関係式を求めるためにまずは x，y を X，Y で表すことを考えます（あとはこれを $(x-1)^2+(y-1)^2=2$ に代入すれば X，Y の関係式が得られます）. これは（1）の計算（X，Y を x，y で表した）と本質的に同じで文字が逆になっているだけです. したがって（1）の結果式の x，y をそれぞれ X，Y に入れ替えるだけで目的は達成されます.

解答

（1） $Q(X, Y)$ とおく. 点 Q は半直線 OP 上にあるから，正の数 k を用いて

$$\overrightarrow{OQ}=k\overrightarrow{OP}$$

$$(X, Y)=k(x, y)$$

$$(X, Y)=(kx, ky) \quad \cdots①$$

とかける.

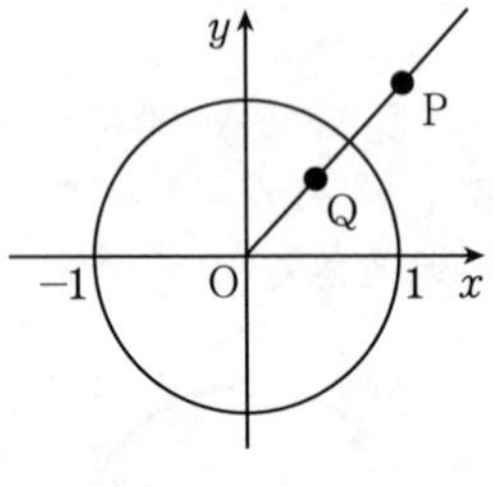

$OP \cdot OQ=1$ より

$$\sqrt{x^2+y^2}\sqrt{X^2+Y^2}=1$$

である. ① より

$$\sqrt{x^2+y^2}\sqrt{(kx)^2+(ky)^2}=1$$

$k>0$ に注意して

$$k(x^2+y^2)=1 \quad \therefore \quad k=\frac{1}{x^2+y^2}$$

これを ① に代入すると点 Q の座標は

$$(X, Y)=\left(\boldsymbol{\frac{x}{x^2+y^2}}, \boldsymbol{\frac{y}{x^2+y^2}}\right)$$

（2） （1）において x と X，y と Y を入れ替えると

$$x=\frac{X}{X^2+Y^2}, y=\frac{Y}{X^2+Y^2} \quad \cdots②$$

である.

$$(x-1)^2+(y-1)^2=2$$

$$x^2-2x+y^2-2y=0$$

に ② を代入して

$$\frac{X^2}{(X^2+Y^2)^2}-\frac{2X}{X^2+Y^2}+\frac{Y^2}{(X^2+Y^2)^2}-\frac{2Y}{X^2+Y^2}=0$$

$$\frac{X^2+Y^2}{(X^2+Y^2)^2}-\frac{2(X+Y)}{X^2+Y^2}=0$$

$$\frac{1}{X^2+Y^2}-\frac{2(X+Y)}{X^2+Y^2}=0 \quad \cdots(*)$$

両辺に X^2+Y^2 をかけて

$$1-2(X+Y)=0$$

$$X+Y=\frac{1}{2}$$

したがって求める軌跡は

直線 ： $\boldsymbol{x+y=\frac{1}{2}}$

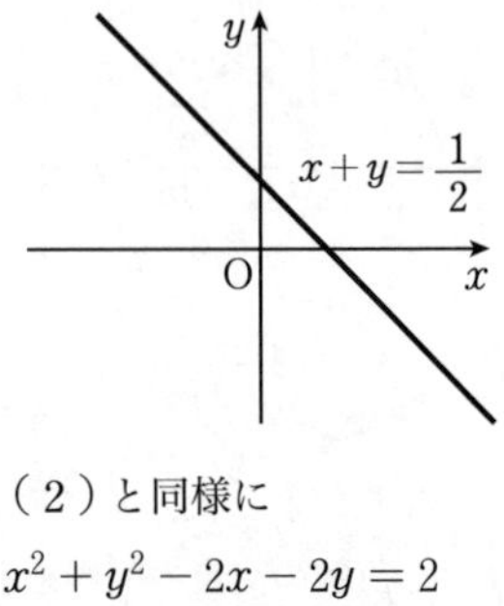

（3） （2）と同様に

$$x^2+y^2-2x-2y=2$$

に ② を代入して計算すると

$$\frac{1}{X^2+Y^2}-\frac{2(X+Y)}{X^2+Y^2}=2$$

となる．これは（2）の(*)の右辺を2に置き換えただけである．両辺に X^2+Y^2 をかけて

$$1-2(X+Y)=2(X^2+Y^2)$$
$$X^2+Y^2+X+Y-\frac{1}{2}=0$$
$$\left(X+\frac{1}{2}\right)^2+\left(Y+\frac{1}{2}\right)^2=1$$

したがって求める軌跡は

$$\textbf{円}:\left(x+\frac{1}{2}\right)^2+\left(y+\frac{1}{2}\right)^2=1$$

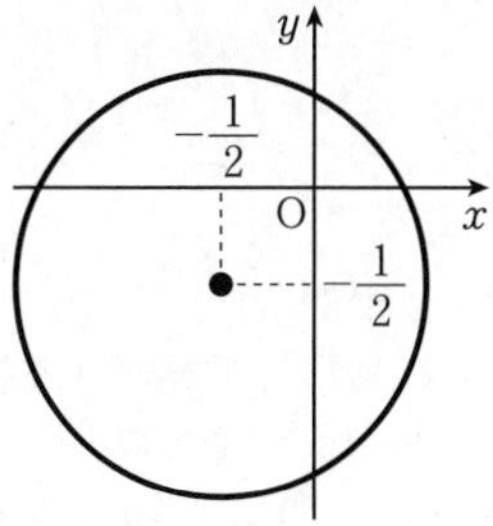

注意　（反転について）

定点Oを中心とする半径 r（本問の場合 $r=1$）の円を考えます．Qを半直線OP上の点とし，$\mathrm{OP}\cdot\mathrm{OQ}=r^2$ なる関係式により，点Pを点Qに移すような変換を**反転（円に関する鏡像変換）**といいます．

$$\mathrm{OQ}=\frac{r^2}{\mathrm{OP}}$$

という逆数の関係により，QはPを円Oに関してべろんとひっくり返されます．反転により次のような変換が示されます．

（ア）　点Pが原点を通る円→点Qは原点を通らない直線（本問（2））

（イ）　点Pが原点を通らない円→点Qは原点を通らない円（本問（3））

（ウ）　点Pが原点を通る直線→点Qは原点を通る直線

（エ）　点Pが原点を通らない直線→点Qは原点を通る円

●4　不等式の表す領域

問題57

考え方　（不等式の表す領域）

（ア）$y>f(x)$：$y=f(x)$ の上側の領域

（イ）$y<f(x)$：$y=f(x)$ の下側の領域

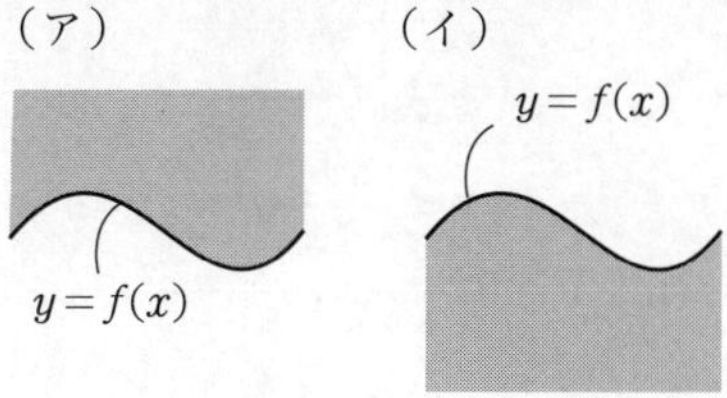

次に円 $C:(x-a)^2+(y-b)^2=r^2$ に対し

（ウ）$(x-a)^2+(y-b)^2<r^2$

　　：C の内部の領域

（エ）$(x-a)^2+(y-b)^2>r^2$

　　：C の外部の領域

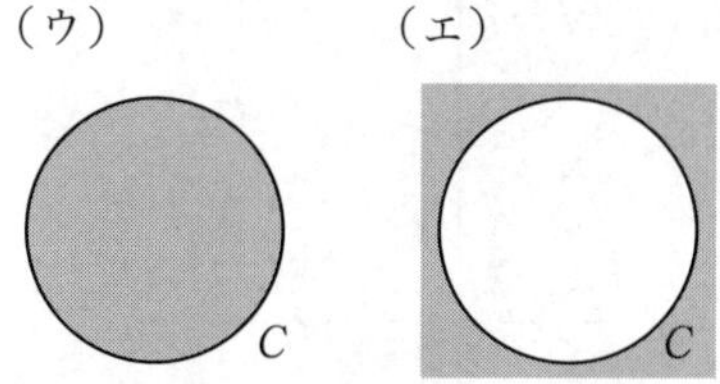

等号が入る場合は境界線上を含みます．領域を図示する際には境界線上を含むか，含まないかを必ず明記しましょう．

（3）　絶対値の中身の符号で場合分けが必要です．

解答

（1）　$(y-x-6)(y-x^2)\geqq 0$ より

$$y-x-6\geqq 0 \text{ かつ } y-x^2\geqq 0$$

または

$$y-x-6\leqq 0 \text{ かつ } y-x^2\leqq 0$$

したがって領域は次図のようになり，境界線上を含む．

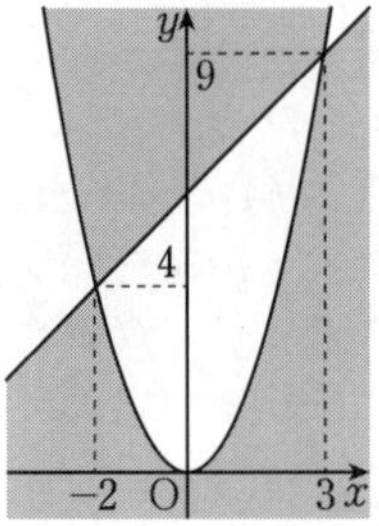

(2) $(2x+y-1)(x^2-x+y^2-y)<0$ より

$2x+y-1>0$ かつ $x^2-x+y^2-y<0$

または

$2x+y-1<0$ かつ $x^2-x+y^2-y>0$

ここで $x^2-x+y^2-y=0$ は

$$\left(x-\frac{1}{2}\right)^2+\left(y-\frac{1}{2}\right)^2=\frac{1}{2}$$

と変形できる. したがって領域は次図のようになり, 境界線上を含まない.

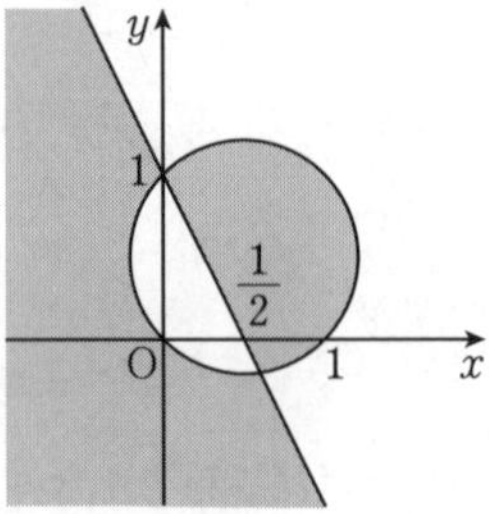

(3)(ア)　$x \geqq 0$ かつ $y \geqq -1$ のとき

$x+(y+1) \leqq 2$

$y \leqq -x+1$

(イ)　$x \leqq 0$ かつ $y \geqq -1$ のとき

$-x+(y+1) \leqq 2$

$y \leqq x+1$

(ウ)　$x \leqq 0$ かつ $y \leqq -1$ のとき

$-x-(y+1) \leqq 2$

$y \geqq -x-3$

(エ)　$x \geqq 0$ かつ $y \leqq -1$ のとき

$x-(y+1) \leqq 2$

$y \geqq x-3$

(ア)〜(エ) より領域は次図のようになり, 境界線上を含む.

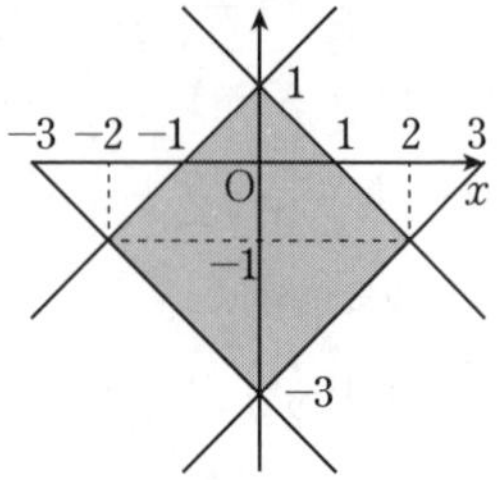

問題58

考え方　(領域と最大・最小)

本問のように領域を表す式が与えられたときの, $f(x, y)$ の最大値・最小値を求める問題では, 次の手順で計算するのが定石です.

(i)　$f(x, y)=k$ とおいて, 座標平面上のグラフとしてみる (この際 k の図形的意味を考えるとよい)

(ii)　(i) のグラフを与えられた領域上で動かし, k が最大・最小をとる場合を考える

(2)　$3x+4y=k_1$ とおくと, この式は傾きが $-\frac{3}{4}$, y 切片が $\frac{k_1}{4}$ の直線を表します. あとはこの直線を領域 D と交わるように動かし, どこを通るときに k_1 が最大値, 最小値をとるか考えます.

(3)　$x^2+y^2+2x-2y=k_2$ とおくと, この式は中心 $(-1, 1)$, 半径 $\sqrt{k_2+2}$ の円を表します. あとはこの円を領域 D と交わるように動かし, どこを通るときに k_2 が最大値, 最小値をとるか考えましょう.

なお, 図から判断しにくいときは, 可能性がある場合をすべて調べます.

解答

（1）　領域 D は次図のようになり，境界線上を含む．

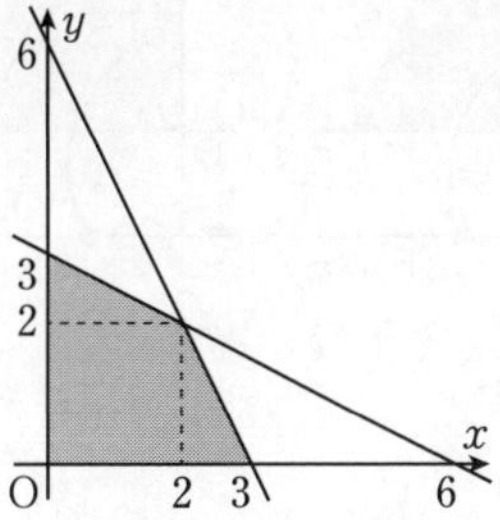

（2）　$3x+4y=k_1$ …① とすると ① は傾きが $-\dfrac{3}{4}$，y 切片が $\dfrac{k_1}{4}$ の直線を表す．
k_1 が最大となるのは ① が D 上の点 $(2,\ 2)$ を通るときで

$$k_1=3\cdot 2+4\cdot 2=14$$

したがって最大値は **14** である．

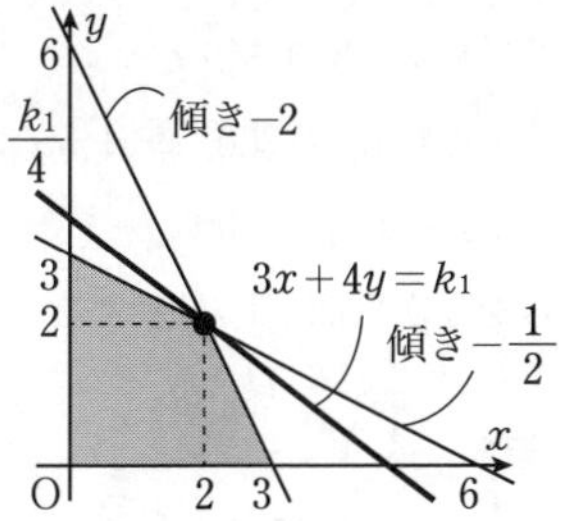

（3）　$x^2+y^2+2x-2y=k_2$ …② とする．

$$(x+1)^2+(y-1)^2=k_2+2$$

と変形できるから中心 $(-1,\ 1)$，半径 $\sqrt{k_2+2}$ の円を表す．
k_2 が最大となるのは ② が D 上の点 $(3,\ 0)$，$(2,\ 2)$，$(0,\ 3)$ のいずれかを通るときである．

（ア）　$(3,\ 0)$ を通るとき

$$k_2=3^2+0^2+2\cdot 3-2\cdot 0=15$$

（イ）　$(2,\ 2)$ を通るとき

$$k_2=2^2+2^2+2\cdot 2-2\cdot 2=8$$

（ウ）　$(0,\ 3)$ を通るとき

$$k_2=0^2+3^2+2\cdot 0-2\cdot 3=3$$

したがって最大値は **15** である．

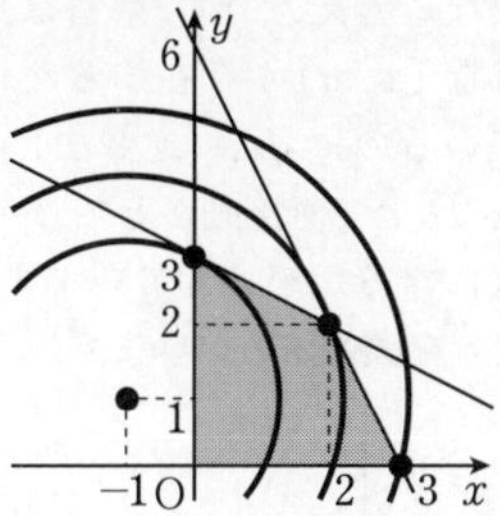

注意　上の解法についてもう少し突っ込んで説明してみます．
（2）において $3x+4y$ は例えば 0 という値をとるか？ と考えてみましょう．
直線 $3x+4y=0$ と領域 D を図示すると $(0,\ 0)$ で交わり，このことから
$(x,\ y)=(0,\ 0)$ のとき $3x+4y$ は 0 という値をとることがわかります．
同様に考えれば $3x+4y$ が k という値をとることは直線 $3x+4y=k$ と D が共有点をもつことと同じで，そのような k の範囲を求めることで最大，最小を求めます．
このように共有点（解）が存在する条件を考える手法を**逆像法**といいます．

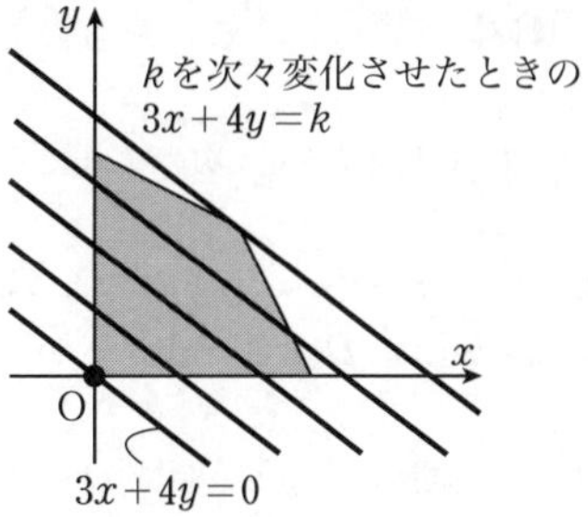

なお，（3）の式を

$$\begin{aligned}&x^2+y^2+2x-2y\\&=(x+1)^2+(y-1)^2-2\\&=\left(\sqrt{(x+1)^2+(y-1)^2}\right)^2-2\end{aligned}$$

と変形して点 $(-1,\ 1)$ と D 上の点 $(x,\ y)$ との距離を考えて答えを出すこともできますが，これは上の**解答**と同じようにみえて全く異なる考え方です．**解答**は共有点をもつような $(x,\ y)$ が存在するための条件を考えているのに対し（逆像法），これは $(x,\ y)$ を D 上で直接動かして，どこで距離が最大になるかを考えています．このような考え方を**順像法**といいます．

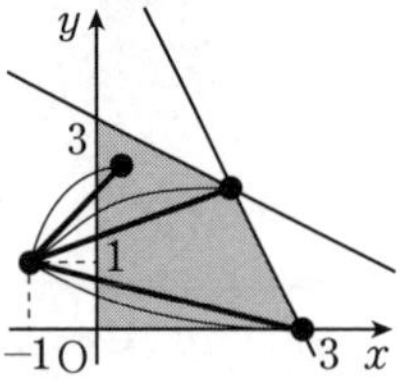

点 (x,y) を D 上で動かして
点 $(-1,1)$ からの距離を考える

本問（3）のように問題が易しいときには2つの解法は似たようなものにみえますし，問題集などでもあまり違いを意識して説明していないものも多いのですが，問題によっては明確に違いが生まれます．
例えば（2）を順像法で解こうとすると，$(x,\ y)$ が D 上のどこにあるときに $3x+4y$ が最大になるかすぐにわからず，場合分けが必要になり面倒です（この解法については問題64が詳しいので，そちらを参照してください）．
シンプルにまとめると，次のようになります．
（逆像法）　$3x+4y=k$ となるような，組 $(x,\ y)$ が領域 D 上に存在するかを考える．
（順像法）　直接 $(x,\ y)$ を領域 D 上で動かして，$3x+4y$ のとりうる値を調べる．

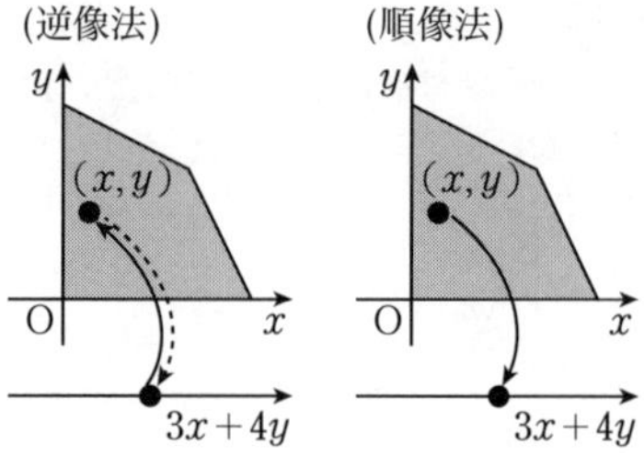

問題59

考え方　与えられた条件を不等式で表すことで，「領域と最大・最小」の問題に帰着させます．

解答

製品 A，B の生産量をそれぞれ x トン，y トン $(x \geqq 0,\ y \geqq 0)$ とする．
原料 ①，②，③ の制限がそれぞれ 360 トン，200 トン，300 トンだから

$$9x+4y \leqq 360,\ 4x+5y \leqq 200,$$
$$3x+10y \leqq 300$$

これらを xy 平面上に図示すると次図の領域となり，これを D とする．

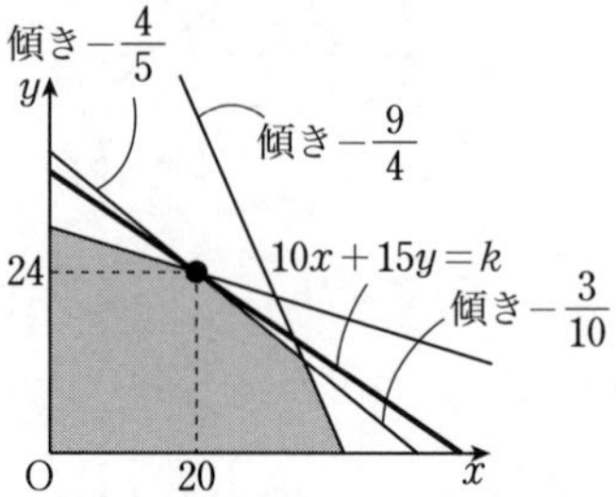

さて，このとき利益は $10x+15y$ 万円で $10x+15y=k$ …① とおくと，① は傾きが $-\dfrac{2}{3}$，y 切片が $\dfrac{k}{15}$ の直線を表す．
k が最大となるのは ① が $(20,\ 24)$ を通るときで

$$k=10 \cdot 20+15 \cdot 24=560$$

したがって利益の最大値は，製品 A を **20 トン**，製品 B を **24 トン**生産するとき **560 万円**となる.

問題60

考え方　(直線の通過領域)

直線 (線分) の通過領域を求める方法は次の3通りがあります.

(ア)　**逆像法**

(イ)　**ファクシミリの原理 (順像法)**

(ウ)　**包絡線**

(ウ)「包絡線」は線分が通過していく様子をイメージしやすく，局所的には高校数学で説明できるものもありますが，一般化しようとすると大学で学ぶ偏微分という知識が必要になるので，本書では述べません. 興味のある人は「多変数関数」に詳しい書籍を参照してみてください.

本問では (ア)「逆像法」を用いて解答してみます.「逆像法」は**問題58** と同様，解の存在条件を考えればよいのですが，ピンとこない人は**注意**をよく読んでみましょう. (イ)「ファクシミリの原理 (順像法)」を用いて通過領域を求める方法は**問題65**を参照してください.

解答

(1)　$t \neq 0$ とする. $P(t, 0)$ と $Q(0, 2)$ の中点は $\left(\frac{1}{2}t, 1\right)$ で，線分 PQ の傾きは $\frac{0-2}{t-0} = -\frac{2}{t}$ である. したがって PQ の垂直二等分線は傾きが $\frac{1}{2}t$ の直線で，その方程式は

$$y = \frac{1}{2}t\left(x - \frac{1}{2}t\right) + 1$$

$$\boldsymbol{y = \frac{1}{2}tx - \frac{1}{4}t^2 + 1} \quad \cdots①$$

これは $t = 0$ のときもみたす.

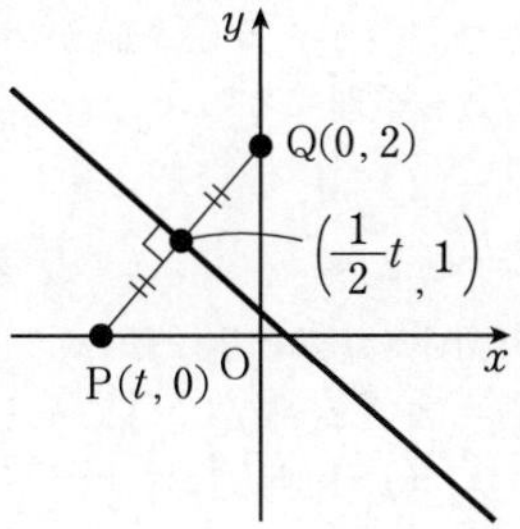

(2)　① を t の 2 次方程式とみて整理すると

$$t^2 - 2xt + 4y - 4 = 0$$

t は実数だから判別式を D とすると

$$\frac{D}{4} = (-x)^2 - (4y-4) \geqq 0$$

$$y \leqq \frac{1}{4}x^2 + 1$$

したがって線分 PQ の垂直二等分線の通過領域は次図のようになり，境界線上を含む.

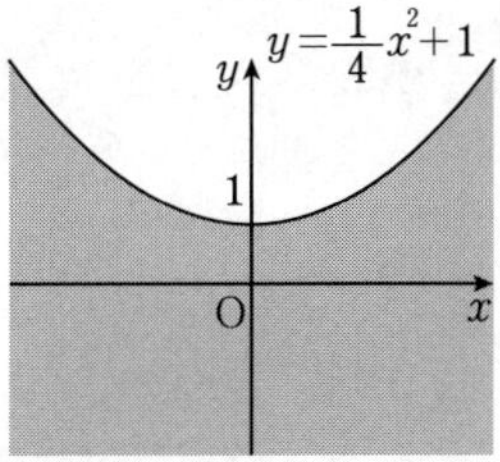

注意　「逆像法」について

本問でも**問題58** と同様，点 (x, y) を通るような実数 t の存在条件を考えています. このような手法を逆像法といいました.

例をいくつか出しながら，直線

$$l_t \ : \ y = \frac{1}{2}tx - \frac{1}{4}t^2 + 1$$

がある特定の点を通るかどうか考察することで再度，逆像法について理解を深めましょう.

<u>(i)　l_t は点 (1, 1) を通るか？</u>

これは l_t に (1, 1) を代入した

$$1 = \frac{1}{2}t - \frac{1}{4}t^2 + 1$$

が実数解をもつかどうかを確かめればよく，上の式を整理すると

$$t^2-2t=0$$

$$t=0,\ 2$$

となり確かに実数解をもちます．つまり $t=0$，$t=2$ のとき l_t は $(1,\ 1)$ を通ることがわかり，$(1,\ 1)$ は通過領域に含まれるわけです．

(ii)　l_t は点 $(1,\ 5)$ を通るか？

上と同様に l_t に $(1,\ 5)$ を代入して整理すると

$$t^2-2t+16=0$$

となり，判別式を D とすると

$$\frac{D}{4}=(-1)^2-16=-15<0$$

となり，実数解をもたないことがわかります．すなわち $(1,\ 5)$ を通るような直線は存在せず，$(1,\ 5)$ は通過領域に含まれません．

要は直線 l_t がある点を通過するかどうかを，方程式が実数解をもつか（すなわち実数 t が存在するか）どうかの話にすりかえているわけです．

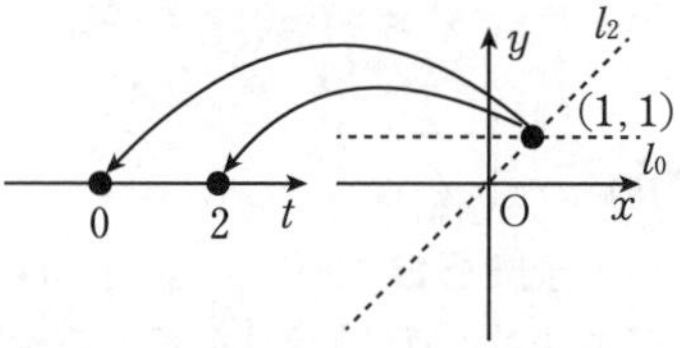

この作業を次のように一般化します．

点 $(X,\ Y)$ が通過領域に含まれるとき，l_t に $(X,\ Y)$ を代入して整理した t の 2 次方程式

$$t^2-2Xt+4Y-4=0$$

は実数解をもつから，判別式を D とすると

$$\frac{D}{4}=(-X)^2-(4Y-4)\geqq 0$$

$$Y\leqq\frac{1}{4}X^2+1$$

$(X,\ Y)$ が上の不等式が表す領域上にあれば l_t はその点を通過するし，逆に $(X,\ Y)$ が上の領域上になければ l_t はその点を通過しません．**これは不等式**

$$\boldsymbol{y\leqq\frac{1}{4}x^2+1}$$

の表す領域が直線 l_t の通過領域であることに他なりません．

逆像法は直線（線分）の通過領域を求める必須手法ですので，しっかりおさえておきましょう．

※なお実際の解答ではいちいち $(X,\ Y)$ などとおかず $(x,\ y)$ のまま計算することも多いです．

問題61

考え方　（正領域・負領域）

$x-1$，$y-2$，$x+y+1$ の符号をいちいち考えるのは面倒です．3 直線

$$x-1=0,\ y-2=0,\ x+y+1=0$$

が領域の境界線になることは明らかで，これらの直線を 1 つ飛び越えるごとに与えられた不等式をみたす領域かみたさない領域かが入れ替わるので，このことを利用して領域を図示することを考えます．

まずは（境界線上にはない）具体的な点を 1 つなんでもいいので適当に選びましょう（**解答**では $(x,\ y)=(0,\ 0)$ としています）．次にその点が不等式をみたすかどうかを確認し（本問ではみたさないので，$(0,\ 0)$ を内部に含む領域上の点も不等式をみたさない），あとは**境界線をまたぐごとにみたす，みたさないを繰り返す**のです．

なお 1 変数の場合（本問は 2 変数）で同様の考え方を数学Ⅰ・A の解答編 p.45 の**研究課題**で説明しているので併せて参照してください．

解答

$(x-1)(y-2)(x+y+1)<0$ に $x=0$, $y=0$ を代入すると左辺は2となり，不等式をみたさず，(0, 0) とそれを内部に含む領域上の点は不等式をみたさない．境界線の直線を一つ飛び越えるごとに，不等式をみたすかみたさないかが入れ替わるから，領域は次図のようになる．ただし，境界線上を含まない．

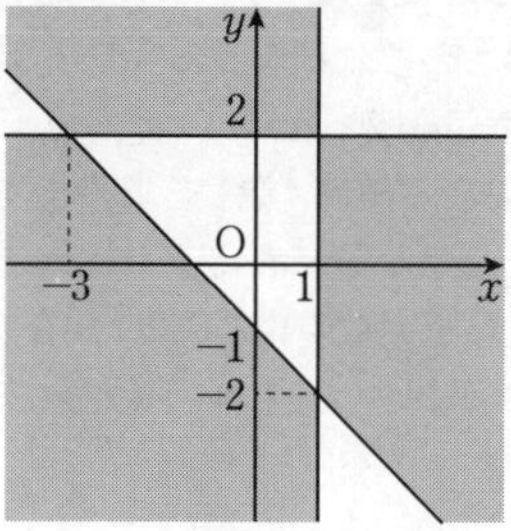

問題62

考え方　$ax+y=k$ とおいてグラフを動かして考えます．

（3）　傾き $-a$ の値によって最大値をとる場所が変わります．$\left(\frac{4}{5}, \frac{3}{5}\right)$ の接線の傾きが場合分けの一つの境目となります．

解答

（1）$x^2+y^2=1\cdots$①，$x+2y-2=0\cdots$② とする．② より

$$x=-2(y-1) \quad \cdots③$$

① に代入して

$$4(y-1)^2+(y^2-1)=0$$

$$(y-1)\{4(y-1)+(y+1)\}=0$$

$$(y-1)(5y-3)=0$$

$$y=1,\ \frac{3}{5}$$

③ より交点は (0, 1), $\left(\frac{4}{5}, \frac{3}{5}\right)$ である．したがって領域 D は次図のようになり，境界線上を含む．

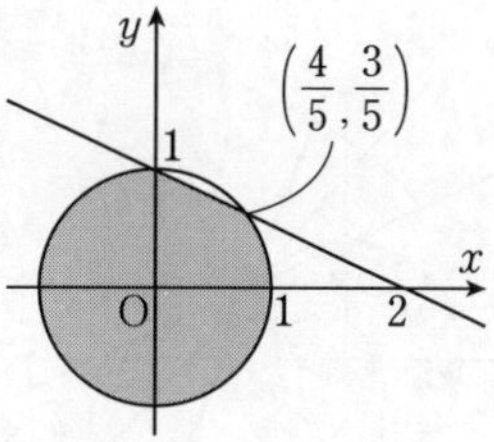

（2）　$ax+y=k$ …④ とおくと，④ は傾きが $-a$ で y 切片が k の直線を表す．

傾き $-a$ がどのような値であっても，k が最小となるのは ④ と ① が接するときで，接線が2本ある場合は y 切片が小さいほうが k の最小値となる．

これは (0, 0) と ④ の距離が ① の半径1と等しいときで

$$\frac{|-k|}{\sqrt{a^2+1^2}}=1$$

$$k=\pm\sqrt{a^2+1}$$

したがって最小値は $\boldsymbol{-\sqrt{a^2+1}}$

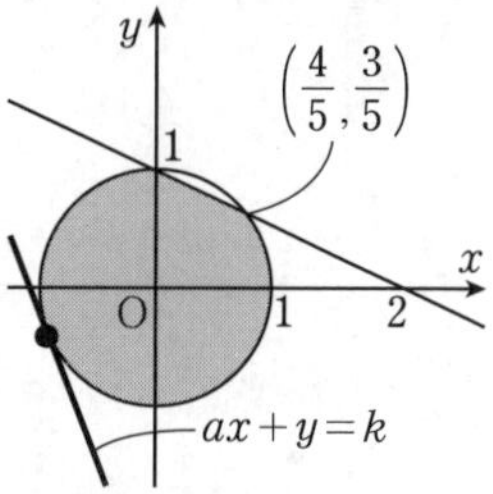

（3）　A$\left(\frac{4}{5}, \frac{3}{5}\right)$ とする．A における円 ① の接線を l とし，傾きを m とおくと，OA ⊥ l より

$$\frac{3}{4}\cdot m=-1 \quad \therefore \quad m=-\frac{4}{3}$$

以下 ④ の傾き $-a$ の値で場合分けをする．

② の傾きが $-\frac{1}{2}$ であることに注意する．

(ア) $-a \geqq 0$, $-a \leqq -\frac{4}{3}$ $\left(\boldsymbol{a \leqq 0, a \geqq \frac{4}{3}}\right)$ のとき

k が最大となるのは ④ と ① が接するとき

で，（２）より最大値は $k=\sqrt{\boldsymbol{a^2+1}}$

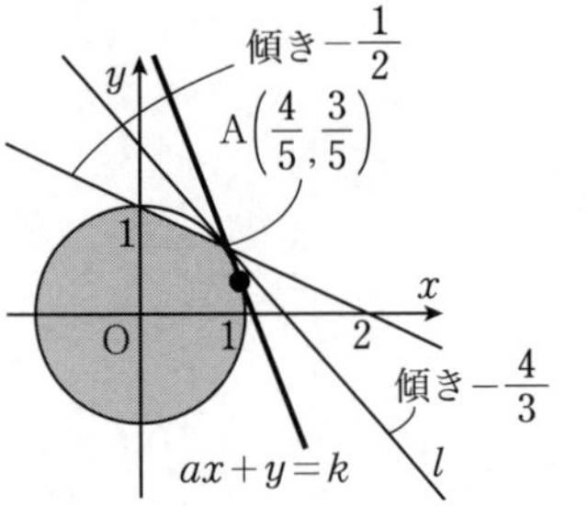

（イ）　$-\frac{4}{3}\leqq -a\leqq -\frac{1}{2}\left(\boldsymbol{\frac{1}{2}\leqq a\leqq \frac{4}{3}}\right)$ のとき

k が最大となるのは $\left(\frac{4}{5},\ \frac{3}{5}\right)$ を通るときで，最大値は $k=\boldsymbol{\frac{4}{5}a+\frac{3}{5}}$

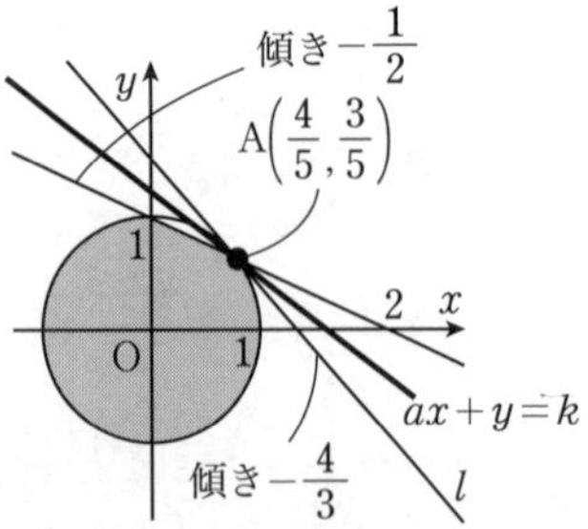

（ウ）　$-\frac{1}{2}\leqq -a\leqq 0\left(\boldsymbol{0\leqq a\leqq \frac{1}{2}}\right)$ のとき

k が最大となるのは $(0,\ 1)$ を通るときで，最大値は $k=\boldsymbol{1}$

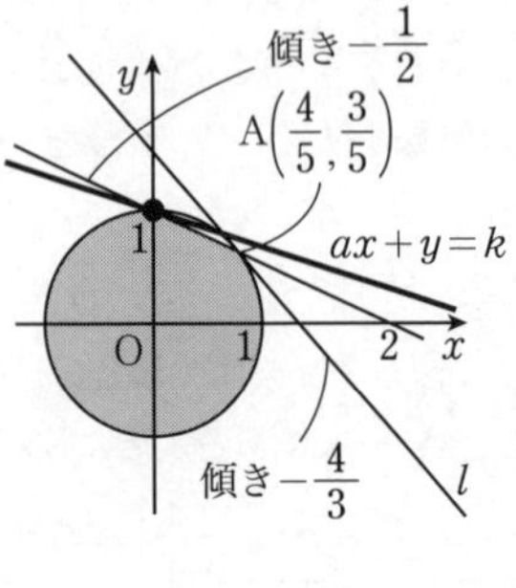

問題63

考え方　（点から点への写像）

点 (x,y) の位置から，点 $(x+y,xy)$ の位置を定める問題です．

$$x+y=X,\ xy=Y \quad \cdots(*)$$

とおけば，点 (x,y) から点 (X,Y) を作ることになり，これをより数学的に表現するならば $f(x,y)=(X,Y)$ という２変数 x,y から２変数 X,Y への関数 f（写像 f ともいう）を考えることになります．

本問では定義域 $\{(x,y)\mid x^2+y^2\leqq 1\}$ からの f による値域（像）を求めますが，直接 x，y を動かして考えるのは大変です．

$(*)$ をみたす実数の組 (x,y) が存在する条件を求めるとよいでしょう（逆像法）．

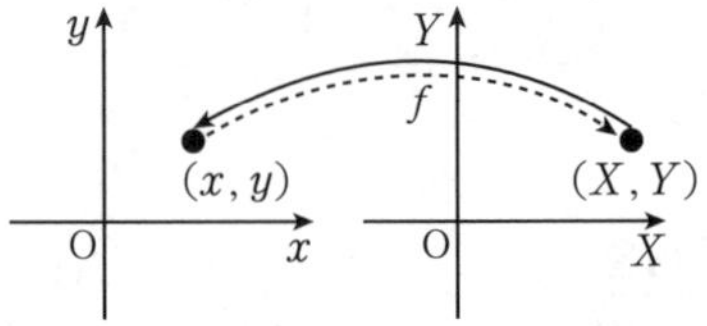

解答

$x+y=X$，$xy=Y$ とおくと x，y は２次方程式

$$t^2-Xt+Y=0$$

の２解である．x，y は実数だから判別式を D とすると

$$D=X^2-4Y\geqq 0$$

$$Y\leqq \frac{X^2}{4} \quad \cdots①$$

また $x^2+y^2\leqq 1$ より

$$(x+y)^2-2xy\leqq 1$$

$$X^2-2Y\leqq 1$$

$$Y\geqq \frac{1}{2}X^2-\frac{1}{2} \quad \cdots②$$

したがって①，②より $(x+y,xy)$ の存在する範囲は次図となる．ただし，境界線上を含む．

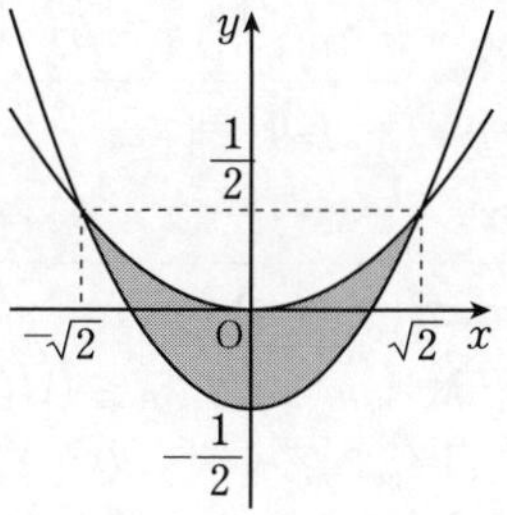

問題64

考え方　「領域と最大・最小」の問題ですが，安易に $xy+x+y=k$ …(*) とおいてしまうと（逆像法），(*) が表すグラフを簡単に図示することができず（数学 III の内容），上手くいきません．そこで (x, y) を領域

$$x \geqq 0,\ y \geqq 0,\ 0 \leqq x+y \leqq 3 \quad \cdots(**)$$

上の点として直接動かして，最大・最小を求めてみましょう．ただし，(x, y) を (**) 上で好き勝手に動かすのでは $xy+x+y$ は 2 変数関数となりらちがあきません．そこでまずは x を固定して y を (**) 上で動かし，そのもとで上の関数を y の関数とみて最大・最小を求め，次に x を動かして最大・最小を求めます．

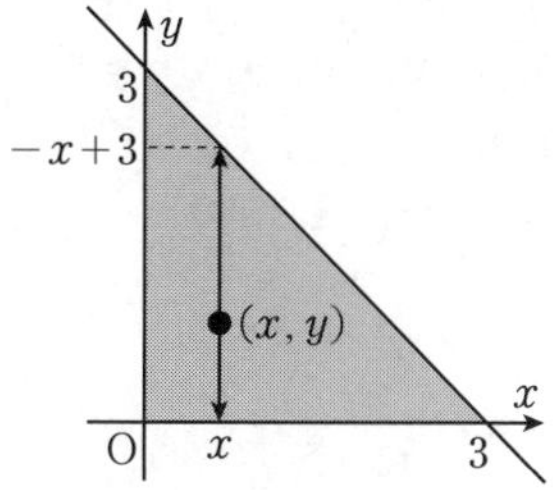

まず x を固定して y を動かすと

$$0 \leqq y \leqq -x+3$$

となることがわかる．この範囲のもとで $xy+x+y$ を y の関数とみて最大・最小を求める．

このように実数 k の存在条件を考える（逆像法）のではなく，直接 (x, y) を動かして最大・最小を求める方法を（**問題58** の **注意** でも述べたように）順像法といいます．

解答

領域

$$x \geqq 0,\ y \geqq 0,\ 0 \leqq x+y \leqq 3$$

において x を固定して y を動かすと

$$0 \leqq y \leqq -x+3$$

である．このもとで

$$z = xy+x+y = (x+1)y+x \quad \cdots①$$

を y の 1 次関数とみて最大・最小を求める．このとき ① は傾きが $x+1(>0)$ の直線であることに注意する．

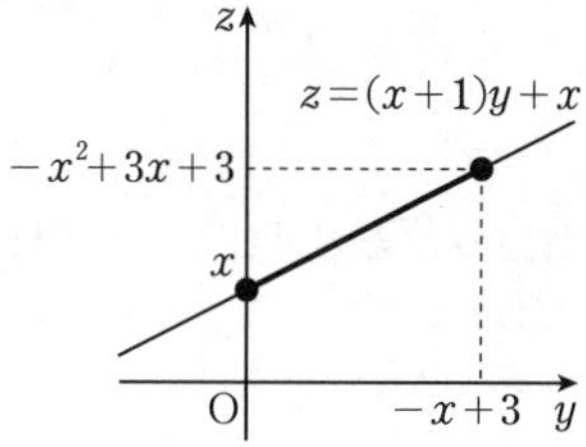

（ア）最小値について

上図より $y=0$ のとき最小値 $z=x$ をとる．次にこれを x の関数とみると

$0 \leqq x \leqq 3$ より $x=0$ のとき最小値 **0** をとり，このとき $\boldsymbol{(x, y)=(0, 0)}$ である．

（イ）最大値について

上図より $y=-x+3$ のとき最大値 $z=-x^2+3x+3$ をとる．$0 \leqq x \leqq 3$ に注意して，これを x の関数とみると

$$z=-x^2+3x+3=-\left(x-\frac{3}{2}\right)^2+\frac{21}{4}$$

より $x=\frac{3}{2}$ のとき最大値 $\boldsymbol{\frac{21}{4}}$ をとり，このとき $\boldsymbol{(x, y)=\left(\frac{3}{2}, \frac{3}{2}\right)}$ である．

問題65

考え方　線分の通過領域を求める問題です（ただし本問では直線 PQ の通過領域のうち $y \geqq x^2$ の部分が求める領域になるので，実質直線の通過領域を求めればよい）. ここでは「ファクシミリの原理（順像法）」を用いて直線の通過領域を求めてみましょう（「ファクシミリの原理」について詳しくは**注意**を参照）.

解答

2 点 P，Q は $y = x^2$ 上にあるから，線分 PQ は直線 PQ のうち

$$y \geqq x^2$$

に含まれる部分である.

直線 PQ の方程式は

$$y = \frac{(t+1)^2 - t^2}{(t+1)-t}(x-t)+t^2$$

$$y = (2t+1)x - t^2 - t$$

である. 右辺の x を固定して t の関数とみたものを $f(t)$ とおき，$-1 \leqq t \leqq 0$ における $f(t)$ の値域を求める. なお

$$f(t) = -t^2 + (2x-1)t + x$$

$$= -\left\{t - \left(x - \frac{1}{2}\right)\right\}^2 + x^2 + \frac{1}{4}$$

より $y = f(t)$ の軸は $t = x - \frac{1}{2}$ であることに注意する.

まずは $f(t)$ の最大値 $M(x)$ を求める.

(ア)　$x - \frac{1}{2} \leqq -1 \left(x \leqq -\frac{1}{2}\right)$ のとき

$$M(x) = f(-1) = -x$$

(イ)　$-1 \leqq x - \frac{1}{2} \leqq 0 \left(-\frac{1}{2} \leqq x \leqq \frac{1}{2}\right)$ のとき

$$M(x) = f\left(x - \frac{1}{2}\right) = x^2 + \frac{1}{4}$$

(ウ)　$x - \frac{1}{2} \geqq 0 \left(x \geqq \frac{1}{2}\right)$ のとき

$$M(x) = f(0) = x$$

次に $f(t)$ の最小値 $m(x)$ を求める.

(エ)　$x - \frac{1}{2} \leqq -\frac{1}{2}\ (x \leqq 0)$ のとき

$$m(x) = f(0) = x$$

(オ)　$x - \frac{1}{2} \geqq -\frac{1}{2}\ (x \geqq 0)$ のとき

$$m(x) = f(-1) = -x$$

$f(t)$ の値域は $m(x) \leqq y \leqq M(x)$ で，線分 PQ が通過するのはこのうち $y \geqq x^2$ をみたす部分である. したがって領域は次図のようになり，境界線上を含む.

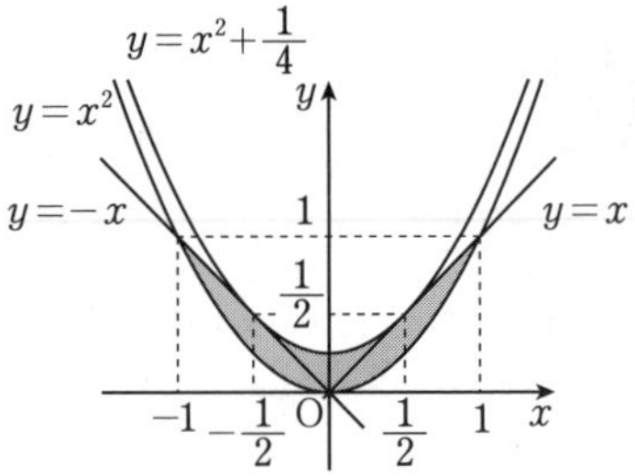

注意　「ファクシミリの原理」について本問の直線で説明すると大変なので，直線

$$l\ :\ y = 2tx - t^2 \quad \cdots(*)$$

の通過領域を「ファクシミリの原理」を用いて求めてみましょう.

まずは右辺を t の関数とみます. 例えば $x = 1$ と固定すると

$$y = 2t - t^2 = -(t-1)^2 + 1 \leqq 1$$

となるから $x = 1$ のとき y は 1 以下のすべての値をとることがわかります.

これは次図のように t を動かしたとき $x = 1$ 上の $(*)$ の通過領域を表します.

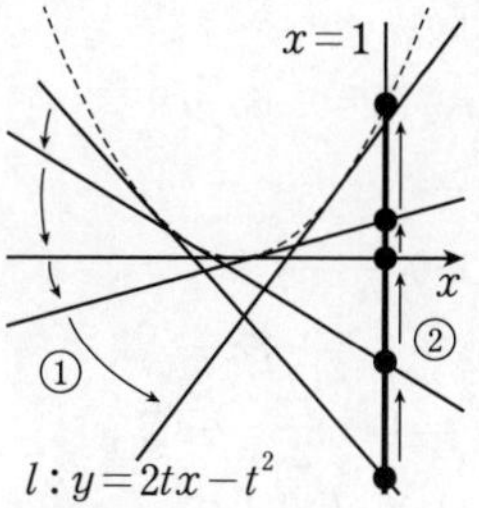

① tを変化させる.
② lが$x=1$上を連続的に通過していく.

同様に $x=2$ と固定すると

$$y=4t-t^2=-(t-2)^2+4 \leqq 4$$

となるから $x=2$ のとき y は 4 以下のすべての値をとることがわかります.
$x=-3,\ -2,\ -1,\ 3$ の場合も同様に調べて y のとりうる範囲を図示すると次図の半直線となり, 直線の通過領域は $y \leqq x^2$ になることが想像できますね.

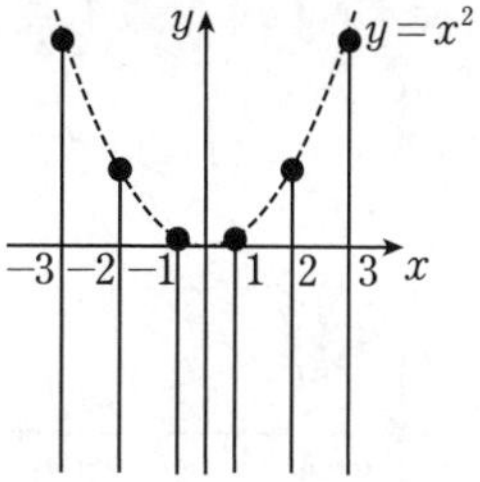

ただし無数に存在する x に対してひとつひとつ値を固定して計算しても, 作業は終わりません. ここで一般的に $x=X$ と固定して, (*) の右辺を t の関数とみると

$$y=2tX-t^2=-(t-X)^2+X^2 \leqq X^2$$

となるから y は X^2 以下のすべての値をとることがわかり, $y \leqq X^2$ です. あとは X を動かせば $y \leqq x^2$ の表す領域が (*) の通過領域になることがわかります.

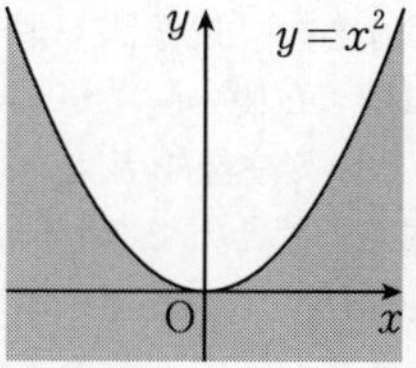

なお実際の答案では「x を固定して t の関数とみると〜」などとして小文字の x のまま計算することも多いです.
結局「ファクシミリの原理」などとたいそうな名前はついていますが, 単に右辺を t の関数とみて関数のとりうる値の範囲を求めているだけなのです. 手順をまとめると次のようになります.

「ファクシミリの原理」による直線の通過領域の求め方

(i) 右辺の x を固定して t の関数とみなす (これを $f(t)$ とおく).
(ii) $f(t)$ の値域 (とりうる値の範囲, たいていは最大値 $M(x)$・最小値 $m(x)$) を求める.
(iii) (ii) の表す領域 ($m(x)$ と $M(x)$ の間) が通過領域となる.

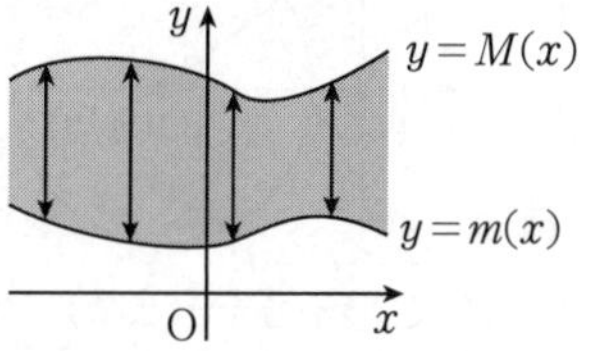

機械的に最大値・最小値を求めればよいという点で「逆像法」より明快です.「逆像法」は実数 t に範囲があるときには「その範囲の中に少なくとも1つ解をもつような条件」を求める必要があり, 面倒な場合も多いので, 個人的にはグラフの通過領域を

求めるだけならば「逆像法」より「ファクシミリの原理」が使い勝手がよいと思っています. とはいえ逆像を考えるのは数学において原理的な考え方であり非常に重要なので, 「逆像法」による通過領域の求め方も必ずおさえておいてください.

●5　図形と方程式と応用

問題66

考え方　2円の位置関係から丁寧に計算します. (3) の計算では (2) の過程を流用しましょう.

解答

(1)　円 C_1, C_2, C_3 の中心をそれぞれ $O_1(0, 0)$, $O_2(0, 3)$, $O_3(4, 0)$ とおくと

$$\begin{cases} O_1O_2 = r_1 + r_2 = 3 \\ O_2O_3 = r_2 + r_3 = 5 \\ O_3O_1 = r_3 + r_1 = 4 \end{cases}$$

連立して解くと

$$\boldsymbol{r_1 = 1, r_2 = 2, r_3 = 3}$$

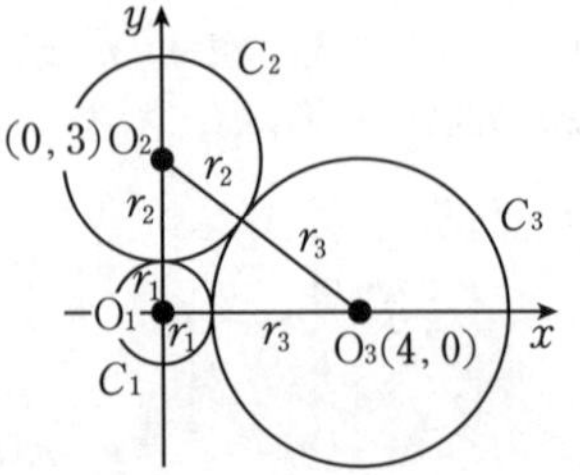

(2)　円 C の中心を $I(a, b)$ とおくと

$$\begin{cases} O_1I = r + 1 = \sqrt{a^2 + b^2} \\ O_2I = r + 2 = \sqrt{a^2 + (b-3)^2} \\ O_3I = r + 3 = \sqrt{(a-4)^2 + b^2} \end{cases}$$

が成り立つ. 両辺を 2 乗して

$$\begin{cases} (r+1)^2 = a^2 + b^2 & \cdots① \\ (r+2)^2 = a^2 + (b-3)^2 & \cdots② \\ (r+3)^2 = (a-4)^2 + b^2 & \cdots③ \end{cases}$$

② − ① より

$$2r + 3 = -6b + 9$$

$$b = 1 - \frac{r}{3} \quad \cdots④$$

③ − ① より

$$4r + 8 = -8a + 16$$

$$a = 1 - \frac{r}{2} \quad \cdots⑤$$

④, ⑤ を ① に代入して

$$(r+1)^2 = \left(1 - \frac{r}{2}\right)^2 + \left(1 - \frac{r}{3}\right)^2$$

$$\frac{23}{36}r^2 + \frac{11}{3}r - 1 = 0$$

$$23r^2 + 132r - 36 = 0$$

$$(23r - 6)(r + 6) = 0 \quad \cdots⑥$$

$r > 0$ より

$$\boldsymbol{r = \frac{6}{23}}$$

④, ⑤ に代入して

$$a = \frac{20}{23},\ b = \frac{21}{23}$$

したがって中心 I の座標は $\boldsymbol{\left(\frac{20}{23}, \frac{21}{23}\right)}$

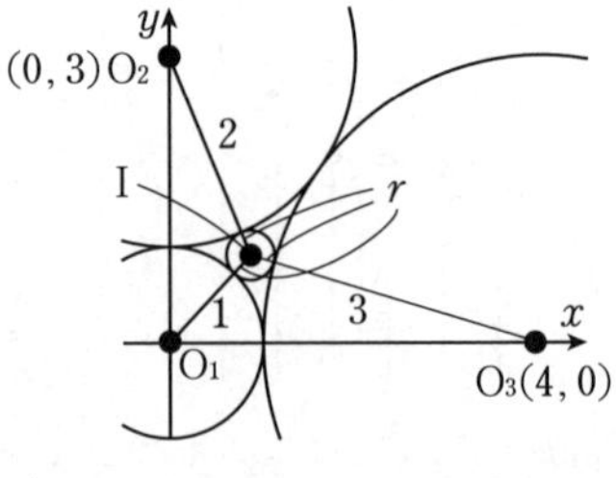

(3)　円 D の中心を $J(c, d)$ とおくと

$$\begin{cases} O_1J = R - 1 = \sqrt{c^2 + d^2} \\ O_2J = R - 2 = \sqrt{c^2 + (d-3)^2} \\ O_3J = R - 3 = \sqrt{(c-4)^2 + d^2} \end{cases}$$

両辺を 2 乗して

$$\begin{cases} (R-1)^2 = c^2 + d^2 \\ (R-2)^2 = c^2 + (d-3)^2 \\ (R-3)^2 = (c-4)^2 + d^2 \end{cases}$$

これらは (2) の ①, ②, ③ において r, a, b をそれぞれ $-R$, c, d に置き換

えただけだから，結果式も同様である．
④，⑤もそれぞれ置き換えると

$$d=1+\frac{R}{3},\ c=1+\frac{R}{2}\quad \cdots ⑦$$

⑥も置き換えると

$$(-23R-6)(-R+6)=0$$

$R>0$ より

$$\boldsymbol{R=6}$$

これを⑦に代入して

$$d=3,\ c=4$$

したがって中心 J の座標は **(4, 3)**

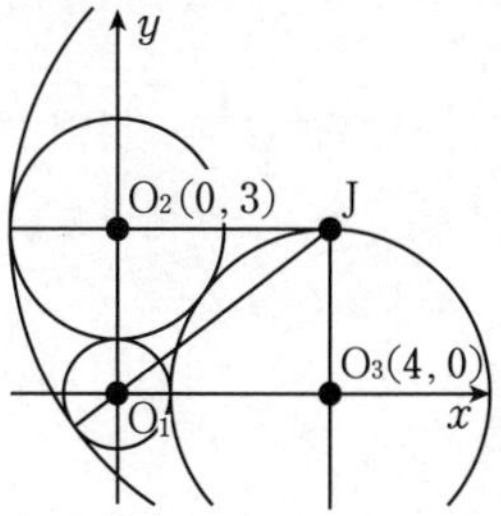

問題67

考え方

（2） 2点 P，G は連動して動くので，そのまま計算するのは面倒です．重心の性質を利用すれば，動点を実質1つにできます．

（3） 様々な解法が考えられますが，ここでは QR を底辺とみて，高さが最小となる場合を考えてみます．

解答

（1） 点 $G(X, Y)$ とおく．また，
$x^2+y^2=1$ …① 上の動点 P を (s, t) とおくと

$$s^2+t^2=1\quad \cdots ②$$

が成り立つ．
$Q(1, 1)$，$R\left(2, \frac{1}{2}\right)$ より △PQR の重心 G の座標は

$$\left(\frac{s+1+2}{3},\ \frac{t+1+\frac{1}{2}}{3}\right)$$

$$=\left(\frac{s+3}{3},\ \frac{2t+3}{6}\right)$$

である．ここから

$$X=\frac{s+3}{3},\ Y=\frac{2t+3}{6}\quad \cdots(*)$$

$$s=3X-3,\ t=3Y-\frac{3}{2}$$

となり，これを②に代入して

$$(3X-3)^2+\left(3Y-\frac{3}{2}\right)^2=1$$

$$(X-1)^2+\left(Y-\frac{1}{2}\right)^2=\frac{1}{9}$$

したがって求める軌跡は

$$\textbf{円}：(\boldsymbol{x}-\mathbf{1})^2+\left(\boldsymbol{y}-\frac{\mathbf{1}}{\mathbf{2}}\right)^2=\frac{\mathbf{1}}{\mathbf{9}}$$

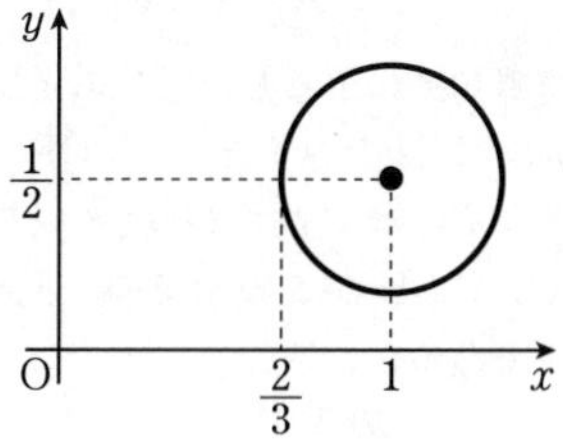

（2） 2点 Q，R の中点を M とすると
$M\left(\frac{3}{2}, \frac{3}{4}\right)$ である．重心の性質から

$$PG=\frac{2}{3}PM$$

が成り立つから，PM が最短になるとき PG も最短となる．

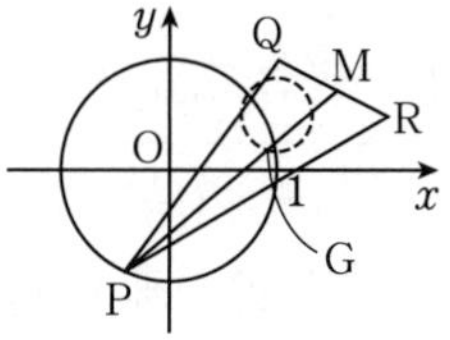

PM が最短になるとき，3点 O，P，M がこの順で同一直線上にある．直線 OM の式は $y=\frac{1}{2}x$ であり，$x>0$，$y>0$ に注意して①と連立して解くと

$$x=\frac{2}{\sqrt{5}},\ y=\frac{1}{\sqrt{5}}$$

である．したがって求める点 P の座標は

$\left(\boldsymbol{\dfrac{2}{\sqrt{5}}, \dfrac{1}{\sqrt{5}}}\right)$ である．

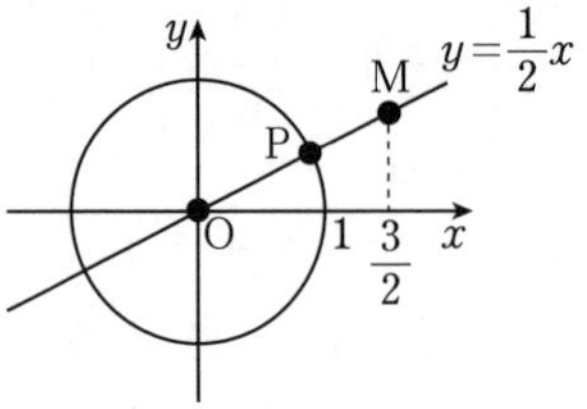

（３） 直線 QR の式は

$$x+2y-3=0$$

であり，この直線と原点との距離は

$$\frac{|-3|}{\sqrt{1^2+2^2}}=\frac{3}{\sqrt{5}}$$

である．

O から直線 QR に下ろした垂線の足を H とする．QR を底辺とみると，△PQR の面積が最小となるのは，高さが最小のときで，それは O，P，H がこの順で同一直線上にあるときである．

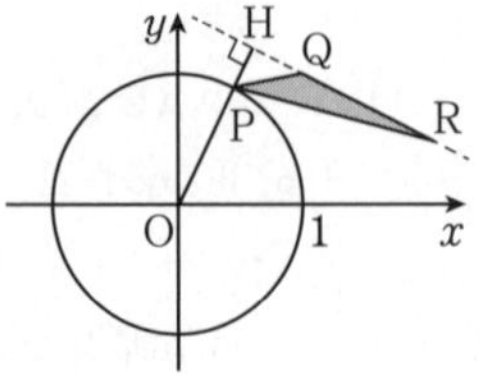

このとき

$$\mathrm{PH}=\mathrm{OH}-\mathrm{OP}=\frac{3}{\sqrt{5}}-1$$

$$\mathrm{QR}=\sqrt{(2-1)^2+\left(\frac{1}{2}-1\right)^2}=\frac{\sqrt{5}}{2}$$

であるから，△PQR の面積の最小値は

$$\frac{1}{2}\cdot\frac{\sqrt{5}}{2}\cdot\left(\frac{3}{\sqrt{5}}-1\right)=\boldsymbol{\frac{3-\sqrt{5}}{4}}$$

別解

（２） 2 点 $\mathrm{P}(s, t)$，$\mathrm{G}(X, Y)$ の距離は

$$\mathrm{PG}^2=(X-s)^2+(Y-t)^2$$

$$=\left(\frac{s+3}{3}-s\right)^2+\left(\frac{2t+3}{6}-t\right)^2$$

$$=\frac{4}{9}(s^2+t^2)-\frac{4s+2t}{3}+\frac{5}{4}$$

$$=-\frac{4s+2t}{3}+\frac{61}{36}$$

なお，計算途中で (∗) 及び ② を用いた．

次に点 $\mathrm{P}(s, t)$ は円 ① 上にあるから

$$s=\cos\theta,\ t=\sin\theta\ (0\leqq\theta<2\pi)$$

とおけ，上の式はさらに

$$\mathrm{PG}^2=\frac{61}{36}-\frac{2}{3}(2\cos\theta+\sin\theta)$$

$$=\frac{61}{36}-\frac{2\sqrt{5}}{3}\sin(\theta+\alpha)$$

と変形できる．

ただし α は $\cos\alpha=\dfrac{1}{\sqrt{5}}$，$\sin\alpha=\dfrac{2}{\sqrt{5}}$ $\left(0<\alpha<\dfrac{\pi}{2}\right)$ をみたす角である．

$0\leqq\theta<2\pi$ より $\alpha\leqq\theta+\alpha<2\pi+\alpha$ だから $\theta+\alpha=\dfrac{\pi}{2}$ のとき PG^2 は最小値をとり，このとき

$$s=\cos\left(\frac{\pi}{2}-\alpha\right)=\sin\alpha=\frac{2}{\sqrt{5}}$$

$$t=\sin\left(\frac{\pi}{2}-\alpha\right)=\cos\alpha=\frac{1}{\sqrt{5}}$$

よって求める点 P の座標は $\left(\boldsymbol{\dfrac{2}{\sqrt{5}}, \dfrac{1}{\sqrt{5}}}\right)$ である．

（３） $\overrightarrow{\mathrm{QP}}=(\cos\theta-1, \sin\theta-1)$

$\overrightarrow{\mathrm{QR}}=\left(1, -\dfrac{1}{2}\right)$

であるから

$$\triangle\mathrm{PQR}=\frac{1}{2}\left|-\frac{1}{2}(\cos\theta-1)-(\sin\theta-1)\right|$$

$$=\frac{1}{4}\left|3-(2\sin\theta+\cos\theta)\right|$$

$$=\frac{1}{4}\left|3-\sqrt{5}\sin(\theta+\beta)\right|$$

$$=\frac{1}{4}\left\{3-\sqrt{5}\sin(\theta+\beta)\right\}$$

ただし β は $\cos\beta=\dfrac{2}{\sqrt{5}}$，$\sin\beta=\dfrac{1}{\sqrt{5}}$ $\left(0<\beta<\dfrac{\pi}{2}\right)$ をみたす角である．

$0\leqq\theta<2\pi$ より $\beta\leqq\theta+\beta<2\pi+\beta$ だ

から$\theta+\beta=\dfrac{\pi}{2}$のとき最小値$\dfrac{\mathbf{3-\sqrt{5}}}{\mathbf{4}}$をとる．

なお$\sqrt{5}\sin(\theta+\beta)\leqq\sqrt{5}<3$より

$$3-\sqrt{5}\sin(\theta+\beta)>0$$

であることを用いて，最後の絶対値を外す変形をした．

問題68

考え方

（2）　ABの傾きが1であることに気づければ，点Pが$y=x$上にあるときに面積が最大になることがわかるでしょう．

（3）　$\dfrac{y}{x+\dfrac{7}{2}}=\dfrac{y-0}{x-\left(-\dfrac{7}{2}\right)}$

と変形すれば，これはD上の点$(x,\ y)$と$\mathrm{A}\left(-\dfrac{7}{2},\ 0\right)$を通る直線の傾きを表すことがわかります．このように式を図形量に翻訳することを考えます．

解答

（1）　領域Dは次図のようになり，境界線上を含む．

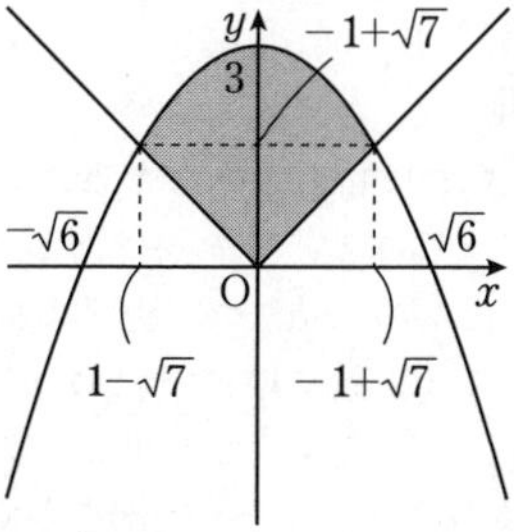

（2）　直線ABの傾きをmとおく．ABの方程式は

$$y=m\left(x+\frac{7}{2}\right)$$

とかけ，$y=-\dfrac{1}{2}x^2+3$と連立すると

$$m\left(x+\frac{7}{2}\right)=-\frac{1}{2}x^2+3$$

$$x^2+2mx+7m-6=0 \quad \cdots①$$

2つのグラフは接するから

$$\frac{D}{4}=m^2-7m+6=0$$

$$(m-1)(m-6)=0$$

$$m=1,\ 6$$

$D=0$のもとで①の解は$x=-m$である．よって接点Bのx座標も$-m$であり，点Bは領域D上の点だから

$$m=1$$

このとき$\mathrm{B}\left(-1,\ \dfrac{5}{2}\right)$であり，さらにABは傾きが1の直線で，直線$y=x$と平行であることがわかる．したがって△ABPの面積が最大になるのはPが$y=x$上にあるときで，等積変形の考え方を用いると

$$\triangle\mathrm{ABP}=\triangle\mathrm{ABO}$$

$$=\frac{1}{2}\cdot\mathrm{OA}\cdot(\text{Bの}y\text{座標})$$

$$=\frac{1}{2}\cdot\frac{7}{2}\cdot\frac{5}{2}=\mathbf{\frac{35}{8}}$$

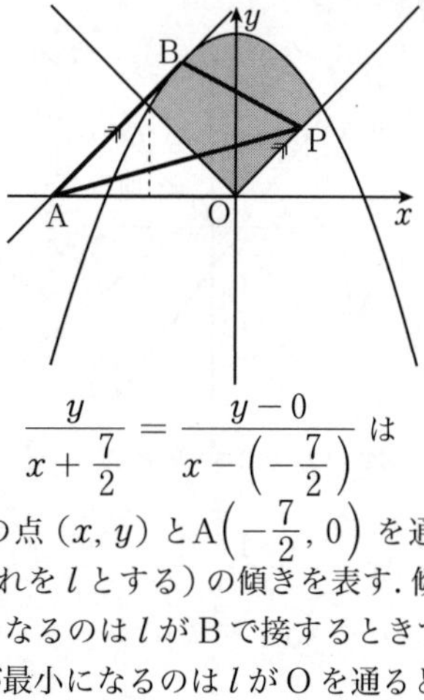

（3）　$\dfrac{y}{x+\dfrac{7}{2}}=\dfrac{y-0}{x-\left(-\dfrac{7}{2}\right)}$は

D上の点$(x,\ y)$と$\mathrm{A}\left(-\dfrac{7}{2},\ 0\right)$を通る直線（これを$l$とする）の傾きを表す．傾きが最大となるのは$l$がBで接するときで1，傾きが最小になるのは$l$がOを通るときで0である．

したがって求める範囲は

$$\mathbf{0\leqq\frac{y}{x+\frac{7}{2}}\leqq 1}$$

問題69

考え方　$4x+3y+2z=1$ のままでは様子がつかめないので，どれか1文字を消去してみましょう．そうすると領域が現れることに気づきます．

解答

（1）　$4x+3y+2z=1$ より

$$z=\frac{1-4x-3y}{2} \quad \cdots①$$

$x \leqq y \leqq z \leqq 1$ に代入して

$$x \leqq y \leqq \frac{1-4x-3y}{2} \leqq 1$$

これを整理すると

$$y \geqq x \text{ かつ } y \leqq -\frac{4}{5}x+\frac{1}{5}$$

$$\text{かつ } y \geqq -\frac{4}{3}x-\frac{1}{3}$$

これらを xy 平面上に図示すると下図の領域となる（以下この領域を D とする）．

したがって x の最大値は $\boldsymbol{\frac{1}{9}}$，y の最小値は $\boldsymbol{-\frac{1}{7}}$ となる．

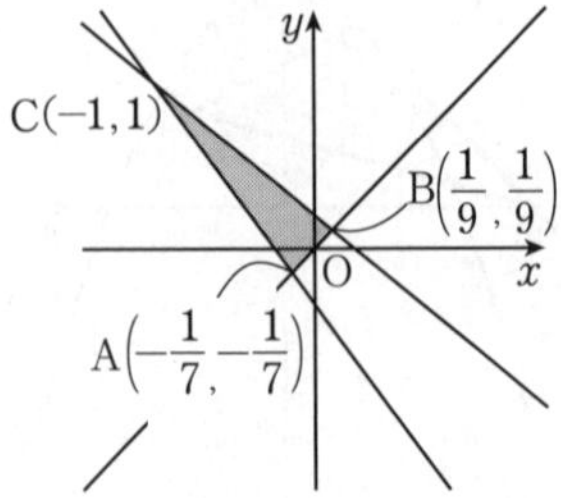

（2）　$3x-y+z=k$ とおく．① を代入して

$$3x-y+\frac{1-4x-3y}{2}=k$$

$$y=\frac{2}{5}x-\frac{2}{5}k+\frac{1}{5}$$

これは傾きが $\frac{2}{5}$，y 切片が $-\frac{2}{5}k+\frac{1}{5}$ の直線を表す（これを l とする）．

k が最大となるのは y 切片が最小になるときで，l が点 $\mathrm{A}\left(-\frac{1}{7},-\frac{1}{7}\right)$ を通るときだから（下図の直線 l_1）

$$k=3\cdot\left(-\frac{1}{7}\right)-\left(-\frac{1}{7}\right)$$

$$+\frac{1-4\cdot\left(-\frac{1}{7}\right)-3\cdot\left(-\frac{1}{7}\right)}{2}$$

$$=\frac{5}{7}$$

k が最小となるのは y 切片が最大となるときで，l が点 $\mathrm{C}(-1,1)$ を通るときだから（下図の直線 l_2）

$$k=3\cdot(-1)-1$$

$$+\frac{1-4\cdot(-1)-3\cdot1}{2}$$

$$=-3$$

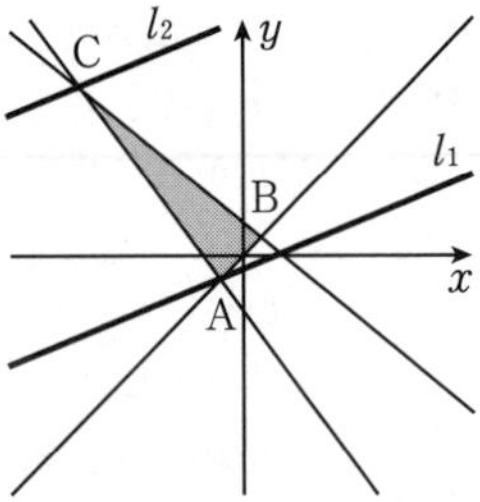

よって $-3 \leqq k \leqq \frac{5}{7}$ とわかり

$$\boldsymbol{-3 \leqq 3x-y+z \leqq \frac{5}{7}}$$

問題70

考え方

（1）　$X(a)\cap L=\phi$ などとたいそうなことを言っていますが，要は円と直線が交わらないということです．数学の世界ではこのように（正確に述べるために）あえて抽象的な言い方をすることがあります．

（2）　$X(a)$ は円とその内部を表すので，ここでは円板とよぶことにします．「いかなる実数 a に対しても $\mathrm{P} \notin X(a)$ である」とは，どのように a を動かしても円板 $X(a)$ が点 $\mathrm{P}(x,y)$ を通過することはないということです．

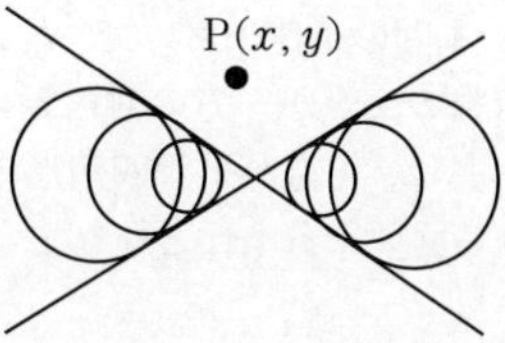

※上図は a を動かしたときの円板 $X(a)$ が領域を通過する様子を表す．

すなわち点 $P(x, y)$ を通過するような円板が存在しない，言い換えればそのような実数 a が存在しない条件を求めればよいのです．

解答

（1）　$X(a)$ は中心 $(a, 0)$，

半径 $\dfrac{|a+1|}{2}$ の円とその内部を表す．

$X(a) \cap L = \phi$ となるのは点 $(a, 0)$ と $x-y-1=0$ の距離が $\dfrac{|a+1|}{2}$ より大きいときで

$$\frac{|a-1|}{\sqrt{1^2+(-1)^2}} > \frac{|a+1|}{2}$$

$$\sqrt{2}|a-1| > |a+1|$$

両辺は共に 0 以上だから 2 乗して

$$2(a-1)^2 > (a+1)^2$$

$$a^2-6a+1>0$$

$$\boldsymbol{a < 3-2\sqrt{2},\ a > 3+2\sqrt{2}}$$

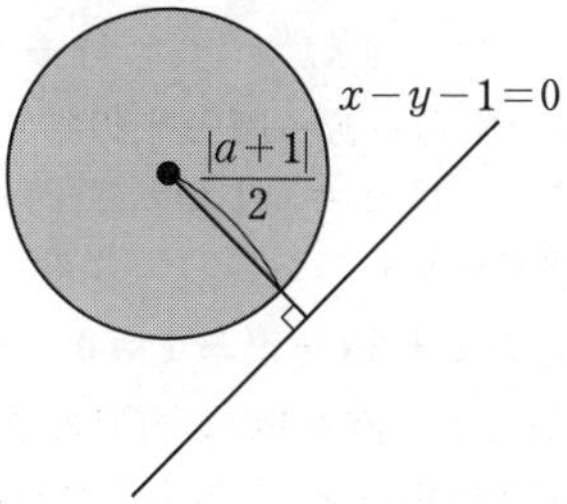

（2）　点 $P(x, y)$ とする．$P \notin X(a)$ となるのは

$$(x-a)^2+y^2 \leqq \frac{(a+1)^2}{4}$$

$$3a^2-2(4x+1)a+4x^2+4y^2-1 \leqq 0$$

をみたす a が存在しないときで，判別式を D とすると

$$\frac{D}{4} = (4x+1)^2-3(4x^2+4y^2-1) < 0$$

$$4(x^2+2x+1-3y^2) < 0$$

$$3y^2-(x+1)^2 > 0$$

$$(\sqrt{3}y+x+1)(\sqrt{3}y-x-1) > 0$$

よって

$\sqrt{3}y+x+1>0$ かつ $\sqrt{3}y-x-1>0$

または

$\sqrt{3}y+x+1<0$ かつ $\sqrt{3}y-x-1<0$

となり，求める点 P の集合は次図のようになる．ただし，境界線上を含まない．

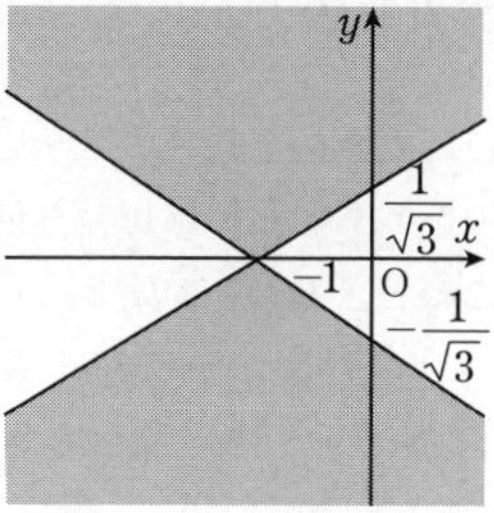

問題71

考え方　まずは構図を見抜くところから始めましょう．

解答

l_1 ： $x-2y-2=0$　…①

l_2 ： $x+3y-7=0$　…②

l_3 ： $ax-y+1=0$　…③

l_4 ： $\dfrac{x}{a}-y+b=0$　…④

とする．

（1）　$l_1 \not\parallel l_2$ より，題意をみたすのは次の形に限る．

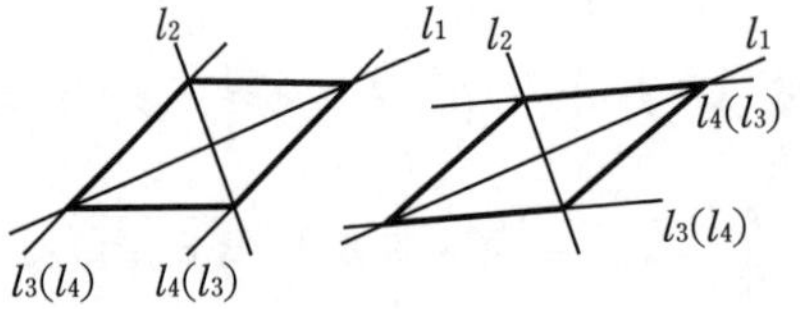

よって l_1 と l_2 の交点が，平行四辺形の対角線の交点である．

① と ② を連立して解くと

$$x=4,\ y=1$$

したがって求める座標は **(4, 1)** である．

（２）　4 点が平行四辺形の 4 つの頂点をなすとき，$l_3 /\!/ l_4$ であるから

$$a\cdot(-1)-(-1)\cdot\frac{1}{a}=0$$
$$a^2=1$$

$a>0$ より $a=1$. このもとで l_3，l_4 はそれぞれ

$$l_3\ :\ x-y+1=0 \quad \cdots③'$$
$$l_4\ :\ x-y+b=0 \quad \cdots④'$$

となる（このとき l_3, l_4 は l_1, l_2 のどちらとも平行にならない）．

① と ③′ を連立して解くと

$$x=-4,\ y=-3$$

よって l_1 と l_3 の交点は $(-4,\ -3)$ となる．

同様に ① と ④′ を解くと

$$x=-2b-2,\ y=-b-2$$

よって l_1 と l_4 の交点は $(-2b-2,\ -b-2)$ となる．平行四辺形の対角線はそれぞれの中点で交わるから，上記の 2 つの点の中点が（1）で求めた $(4,\ 1)$ と一致する．

つまり

$$\begin{cases}\dfrac{-4+(-2b-2)}{2}=4\\[2mm]\dfrac{-3+(-b-2)}{2}=1\end{cases}$$

が成り立ち，これを解いて $b=-7$.

これは $b\neq 1$ をみたす．

したがって

$$\boldsymbol{a=1,\ b=-7}$$

注意　本問の条件において「$l_3 /\!/ l_4$」かつ「対角線の交点が一方の対角線の中点であること」は，4 点が平行四辺形の 4 つの頂点となる必要十分条件となります．

問題72

考え方

（１）　折り返してできる円弧を円周にもつ円は，折る前の円と半径が同じです．

（３）　逆像法だとやや面倒です．ファクシミリの原理で解くのがよいでしょう．

解答

（１）　求める円は $(r,\ 0)$ で x 軸に接し，半径が 1 の円である．よって中心を A とおくと，$\mathrm{A}(r,\ 1)$ であるから，求める円の方程式は

$$\boldsymbol{(x-r)^2+(y-1)^2=1}$$

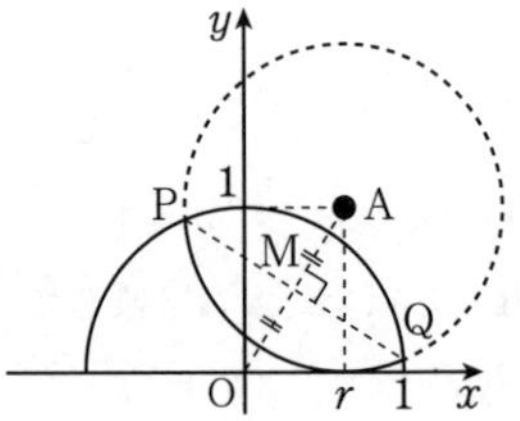

（２）　k を定数として

$$x^2+y^2-1+k\{(x-r)^2 +(y-1)^2-1\}=0$$

は 2 点 P，Q を通る図形を表す．これが直線となるのは $k=-1$ のときで，代入して整理すると

$$\boldsymbol{2rx+2y-r^2-1=0} \quad \cdots①$$

となる．これが直線 PQ の方程式である．

次に PQ の中点を M とする．直線 PQ は OA の垂直二等分線であることに注意すると

$$\mathrm{PQ}=2\mathrm{PM}$$

$$= 2\sqrt{OP^2 - OM^2}$$
$$= 2\sqrt{OP^2 - \left(\frac{1}{2}OA\right)^2}$$
$$= 2\sqrt{1^2 - \frac{1}{4}(r^2+1)}$$
$$= \boldsymbol{\sqrt{3 - r^2}}$$

（3） 弦の存在範囲は $-1 \leqq r \leqq 1$ における直線 PQ の通過領域のうち，半円の内側の部分である．① を変形した

$$y = \frac{1}{2}r^2 - xr + \frac{1}{2}$$
$$= \frac{1}{2}(r-x)^2 - \frac{1}{2}x^2 + \frac{1}{2}$$

において，右辺を $f(r)$ とおく．
放物線 $y = f(r)$ の軸は $r = x$ であることに注意する．$f(r)$ を x を固定して，r の関数とみると，$-1 \leqq x \leqq 1$ であるから

$$y \geqq f(x)$$

が y の値域である．すなわち

$$\boldsymbol{y \geqq -\frac{1}{2}x^2 + \frac{1}{2} \quad (-1 \leqq x \leqq 1)}$$

の表す領域のうち，半円の内側が求める部分で，次図のようになる．境界線上を含む．

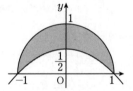

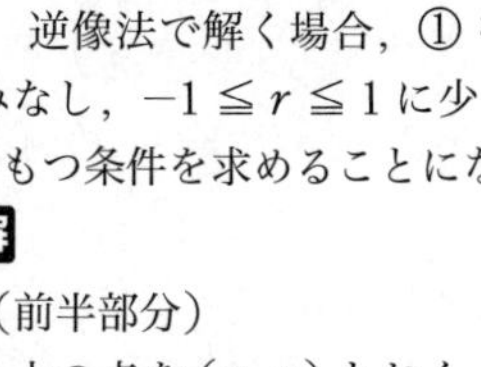

注意　逆像法で解く場合，① を r の方程式とみなし，$-1 \leqq r \leqq 1$ に少なくとも 1 つ解をもつ条件を求めることになります．

別解

（2） （前半部分）
直線 PQ 上の点を (x, y) とおく．直線 PQ は OA の垂直二等分線であるから，(x, y) から 2 点 O，A までの距離は等しい．
よって

$$\sqrt{x^2+y^2} = \sqrt{(x-r)^2+(y-1)^2}$$
$$x^2+y^2 = (x-r)^2+(y-1)^2$$

が成り立ち，展開して整理すると

$$\boldsymbol{2rx + 2y - r^2 - 1 = 0}$$

これが直線 PQ の方程式である．

第3章　三角関数

●1　三角関数

問題73

考え方

（1）　一般角を用いてかきましょう.

（2）　（扇形の弧の長さと面積）

半径 r，中心角 θ（ラジアン）の扇形の弧の長さを l，面積を S とすると

$$\boldsymbol{l = r\theta}$$

$$\boldsymbol{S = \frac{1}{2}r^2\theta = \frac{1}{2}lr}$$

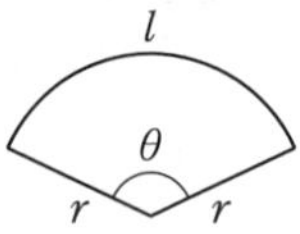

解答

（1）　θ は第 2 象限の角より，n を整数として

$$\frac{\pi}{2} + 2n\pi < \theta < \pi + 2n\pi$$

$$\pi + 4n\pi < 2\theta < 2\pi + 4n\pi$$

とかけ，$2n = m$ とおくと m は整数で

$$\pi + 2m\pi < 2\theta < 2\pi + 2m\pi$$

となる. したがって 2θ は**第 3 象限**または**第 4 象限**の角である.

（2）　扇形の半径を r，中心角を θ（ラジアン），面積を S，弧の長さを l とする.

周の長さが 12 より

$$2r + l = 12$$

$$l = 12 - 2r$$

ここで $l > 0$ より

$$12 - 2r > 0 \quad \therefore \quad r < 6$$

$r > 0$ と合わせて $0 < r < 6$ である.

このとき

$$S = \frac{1}{2}rl$$

$$= \frac{1}{2}r(12 - 2r)$$

$$= -r^2 + 6r$$

$$= -(r - 3)^2 + 9$$

より $r = \mathbf{3}$ のとき最大値 $\mathbf{9}$ をとり，中心角 θ は

$$\theta = \frac{l}{r} = \frac{12 - 2 \cdot 3}{3} = \mathbf{2}\text{（ラジアン）}$$

問題74

考え方　（三角関数の相互公式）

$$\boldsymbol{\sin^2\theta + \cos^2\theta = 1}$$

$$\boldsymbol{\tan\theta = \frac{\sin\theta}{\cos\theta}}$$

$$\boldsymbol{1 + \tan^2\theta = \frac{1}{\cos^2\theta}}$$

を用います.

解答

（1）　$\tan\theta = -\frac{1}{2}$ より

$$1 + \left(-\frac{1}{2}\right)^2 = \frac{1}{\cos^2\theta}$$

$$\cos^2\theta = \frac{4}{5}$$

$-\frac{\pi}{2} < \theta < \frac{\pi}{2}$ より $\cos\theta > 0$ だから

$$\cos\theta = \mathbf{\frac{2\sqrt{5}}{5}}$$

また $\tan\theta = \frac{\sin\theta}{\cos\theta}$ より

$$\sin\theta = \cos\theta\tan\theta$$

$$= \frac{2\sqrt{5}}{5} \cdot \left(-\frac{1}{2}\right) = \mathbf{-\frac{\sqrt{5}}{5}}$$

（2）　$\sin\theta + \cos\theta = \frac{1}{3}$ の両辺を 2 乗して

$$(\sin\theta + \cos\theta)^2 = \left(\frac{1}{3}\right)^2$$

$$\sin^2\theta + \cos^2\theta + 2\sin\theta\cos\theta = \frac{1}{9}$$

$$1 + 2\sin\theta\cos\theta = \frac{1}{9}$$

$$\sin\theta\cos\theta = \mathbf{-\frac{4}{9}}$$

また

$\sin^4\theta+\cos^4\theta$

$=(\sin^2\theta+\cos^2\theta)^2-2(\sin\theta\cos\theta)^2$

$=1^2-2\cdot\left(-\frac{4}{9}\right)^2=\mathbf{\frac{49}{81}}$

問題75

考え方　(三角関数のグラフのかき方)

基本となる $y=\sin x$ …(*) のグラフをどのように拡大・縮小，平行移動したかを調べます. 本問では

(ア)　(*) を y 軸方向に 2 倍拡大

　$\to y=2\sin x$　…(**)

(イ)　(**) を x 軸方向に $\frac{1}{3}$ 縮小

　$\to y=2\sin 3x$　…(***)

(ウ)　(***) を x 軸方向に $-\frac{\pi}{6}$，y 軸方向に 1 平行移動

$$\to y-1=2\sin 3\left\{x-\left(-\frac{\pi}{6}\right)\right\}$$

となります.

(三角関数の周期)

0 でない定数 p が存在し，任意の x に対して

$$\boldsymbol{f(x+p)=f(x)}$$

が成り立つとき $f(x)$ を**周期関数**といい，p を関数 $f(x)$ の**周期**といいます (通常 p は最小の正の数とします). 三角関数はすべて周期関数で，周期はそれぞれ

$$y=\sin kx\to\boldsymbol{\frac{2\pi}{|k|}}$$

$$y=\cos kx\to\boldsymbol{\frac{2\pi}{|k|}}$$

$$y=\tan kx\to\boldsymbol{\frac{\pi}{|k|}}$$

となります.

解答

$$y=2\sin\left(3x+\frac{\pi}{2}\right)+1$$

$$y-1=2\sin\left(3x+\frac{\pi}{2}\right)$$

$$y-1=2\sin 3\left\{x-\left(-\frac{\pi}{6}\right)\right\}$$

より $y=2\sin\left(3x+\frac{\pi}{2}\right)+1$ のグラフは $y=\sin x$ のグラフを y 軸方向に 2 倍拡大し，x 軸方向に $\frac{1}{3}$ 縮小し，さらに x 軸方向に $-\frac{\pi}{6}$，y 軸方向に 1 平行移動したものだから，グラフは次図のようになる.

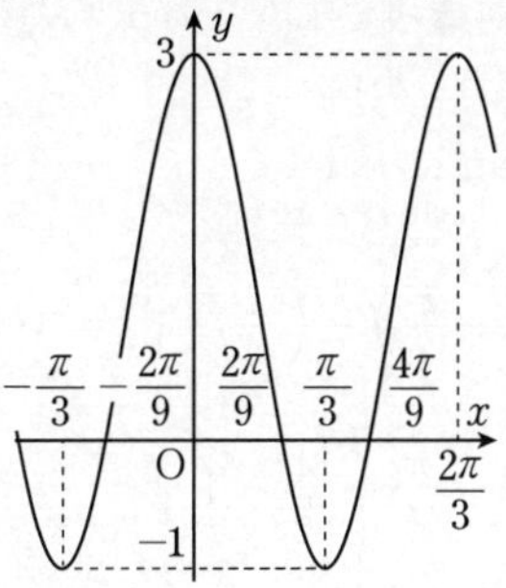

周期は $\mathbf{\frac{2\pi}{3}}$ である.

注意　一般に関数 $y=f(x)$ の表すグラフを x 軸方向に a，y 軸方向に b 平行移動したグラフを表す式は

$$\boldsymbol{y-b=f(x-a)}$$

となります.

問題76

考え方　$y=\sin x$ のグラフをかいてみると $\sin 1$ と $\sin 2$ の大小，$\sin 1$ と $\sin 3$ の大小，そして $\sin 4$ と $\sin 5$ の大小が問題になることがわかります (**解答**の図を参照).

$\sin 1$ と $\sin 2$ の大小比較では 1 と 2 のどちらがより $\frac{\pi}{2}$ に近いかを調べましょう.

$\sin 1$ と $\sin 3$ についても同様です. $\sin 4$ と $\sin 5$ については 4 と 5 のどちらがより $\frac{3\pi}{2}$ に近いかを調べます.

解答

$1<\frac{\pi}{2}<2<3<\pi<4<\frac{3\pi}{2}<5<2\pi$

より $\sin 1$，$\sin 2$，$\sin 3$ は正，$\sin 4$，$\sin 5$

は負であることに注意する．

$$\left(\frac{\pi}{2}-1\right)-\left(2-\frac{\pi}{2}\right)=\pi-3>0$$

より

$$\frac{\pi}{2}-1>2-\frac{\pi}{2}$$

とわかる．よって 1 と 2 のうち $\frac{\pi}{2}$ に近いのは 2 であるから

$$\sin 2>\sin 1$$

また

$$\left(3-\frac{\pi}{2}\right)-\left(\frac{\pi}{2}-1\right)=4-\pi>0$$

より

$$3-\frac{\pi}{2}>\frac{\pi}{2}-1$$

とわかる．よって 1 と 3 のうち $\frac{\pi}{2}$ に近いのは 1 であるから

$$\sin 1>\sin 3$$

次に

$$\left(\frac{3\pi}{2}-4\right)-\left(5-\frac{3\pi}{2}\right)=3\pi-9>0$$

より

$$\frac{3\pi}{2}-4>5-\frac{3\pi}{2}$$

とわかる．よって 4 と 5 のうち $\frac{3\pi}{2}$ に近いのは 5 であるから

$$\sin 4>\sin 5$$

したがって

$$\mathbf{\sin 2>\sin 1>\sin 3>\sin 4>\sin 5}$$

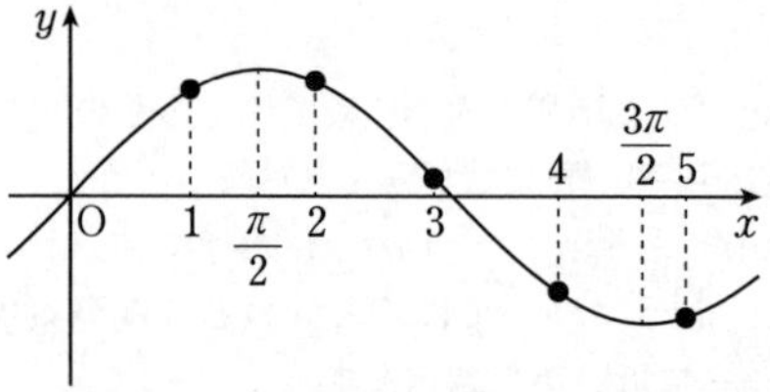

問題77

考え方　$\cos x=t$ と置き換えをして，解の配置に持ち込みます．その際 t の値に対して，x が何個対応するのかに注意するのは，数学I・A の **問題64** と同様です．

解答

$\cos 2x+a\cos x+b=0$ …① より

$$(2\cos^2 x-1)+a\cos x+b=0$$

$\cos x=t$ とおくと $-1\leqq t\leqq 1$ で

$$2t^2+at+b-1=0$$

ここで $f(t)=2t^2+at+b-1$ とおく．

$t=1$ および $t=-1$ に対して x は 1 個対応し，$-1<t<1$ をみたす t に対しては x は 2 個対応するから，① が異なる 2 つの実数解をもつのは $f(t)=0$ が次のように解をもつときである．

（ア）　$-1<t<1$ に 1 つ解をもち，$t<-1$ または $t>1$ に解を 1 つもつ

（イ）　$t=-1$ と $t=1$ を解にもつ

（ウ）　$-1<t<1$ に重解を 1 つもつ

1 つずつ場合分けをして計算する．なお

$$f(t)=2\left(t+\frac{a}{4}\right)^2-\frac{a^2}{8}+b-1$$

より $y=f(t)$ の軸が $t=-\frac{a}{4}$ であることに注意する．

<u>（ア）のとき</u>

$$f(-1)\cdot f(1)<0$$

$$(-a+b+1)(a+b+1)<0$$

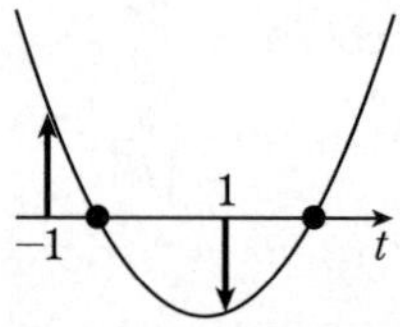

<u>（イ）のとき</u>

$$f(-1)=0 \text{ かつ } f(1)=0$$

$$-a+b+1=0 \text{ かつ } a+b+1=0$$

連立して解くと

$$a=0,\ b=-1$$

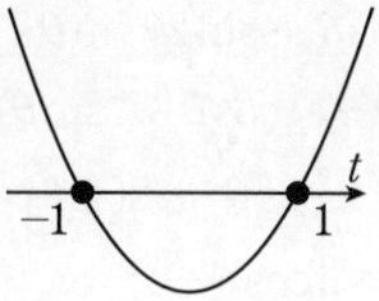

(ウ)のとき

(i) 判別式 $D=0$

$$D=a^2-4\cdot 2(b-1)=0$$

$$b=\frac{a^2}{8}+1$$

(ii) 軸 $t=-\dfrac{a}{4}$ について

$$-1<-\frac{a}{4}<1$$

$$-4<a<4$$

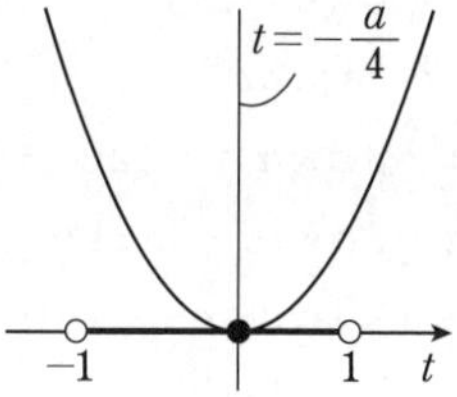

(ア), (イ), (ウ) より領域は次図のようになる. ただし境界線上は実線部および $(0,\ -1)$ のみを含む.

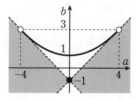

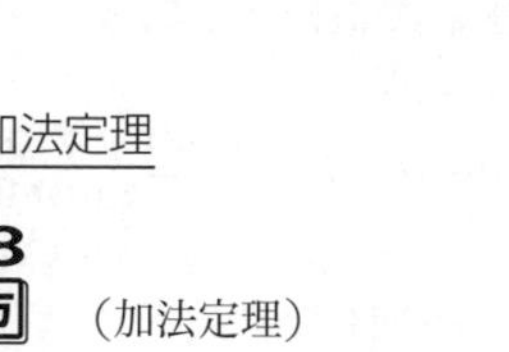

●2 加法定理

問題78

考え方 (加法定理)

$$\mathbf{\sin(\alpha\pm\beta)=\sin\alpha\cos\beta\pm\cos\alpha\sin\beta}$$

$$\mathbf{\cos(\alpha\pm\beta)=\cos\alpha\cos\beta\mp\sin\alpha\sin\beta}$$

(複号同順)

(2倍角の公式)

$$\mathbf{\sin 2\alpha=2\sin\alpha\cos\alpha}$$

$$\mathbf{\cos 2\alpha=2\cos^2\alpha-1=1-2\sin^2\alpha}$$

(半角公式)

$$\mathbf{\cos^2\frac{\alpha}{2}=\frac{1+\cos\alpha}{2}}$$

$$\mathbf{\sin^2\frac{\alpha}{2}=\frac{1-\cos\alpha}{2}}$$

上記の公式はよく使うので必ず覚えてください.

(2) $\sin(\alpha+2\beta)$ の符号を調べましょう.

解答

(1) $\alpha,\ \beta$ はそれぞれ第2象限, 第3象限の角だから $\cos\alpha<0,\ \sin\beta<0$ であることに注意する.

$$\sin\alpha=\frac{7}{25},\ \cos\beta=-\frac{4}{5}$$

より

$$\cos\alpha=-\sqrt{1-\left(\frac{7}{25}\right)^2}=-\frac{24}{25}$$

$$\sin\beta=-\sqrt{1-\left(-\frac{4}{5}\right)^2}=-\frac{3}{5}$$

このとき

$$\sin 2\beta=2\sin\beta\cos\beta$$

$$=2\cdot\left(-\frac{3}{5}\right)\cdot\left(-\frac{4}{5}\right)=\frac{24}{25}$$

$$\cos 2\beta=2\cos^2\beta-1$$

$$=2\left(-\frac{4}{5}\right)^2-1=\frac{7}{25}$$

となる. したがって

$$\mathbf{\cos(\alpha+2\beta)}$$

$$=\cos\alpha\cos 2\beta-\sin\alpha\sin 2\beta$$

$$=-\frac{24}{25}\cdot\frac{7}{25}-\frac{7}{25}\cdot\frac{24}{25}=\mathbf{-\frac{336}{625}}$$

(2) $\sin(\alpha+2\beta)$

$$=\sin\alpha\cos 2\beta+\cos\alpha\sin 2\beta$$

$$=\frac{7}{25}\cdot\frac{7}{25}+\left(-\frac{24}{25}\right)\cdot\frac{24}{25}<0$$

また（1）より $\cos(\alpha+2\beta)<0$ であるから，$\alpha+2\beta$ は**第3象限の角**である．

注意　（2倍角・半角公式の導出）

2倍角の公式は $\sin(\alpha+\beta)$，$\cos(\alpha+\beta)$ の加法定理において $\beta=\alpha$ とすれば導けます．半角公式は2倍角の公式を用いると

$$\cos\alpha=\cos 2\cdot\frac{\alpha}{2}=2\cos^2\frac{\alpha}{2}-1$$

これを

$$2\cos^2\frac{\alpha}{2}=1+\cos\alpha$$

$$\cos^2\frac{\alpha}{2}=\frac{1+\cos\alpha}{2}$$

と変形することにより導けます．ここからさらに

$$1-\sin^2\frac{\alpha}{2}=\frac{1+\cos\alpha}{2}$$

$$\sin^2\frac{\alpha}{2}=\frac{1-\cos\alpha}{2}$$

も導けます．このように半角公式は単に2倍角の公式を書き換えただけです．

流れをまとめると

加法定理 $\Longrightarrow$ 2倍角 $\Longleftrightarrow$ 半角

となり，2つの公式のもととなっているのは加法定理であることがわかります．この他に様々な公式が三角関数では知られていますが，**その多くは加法定理から導ける**のです．

なお，2倍角・半角公式は使用頻度が非常に高いので覚える必要がありますが，万が一公式を忘れてしまった場合に備え，加法定理から自力で導けるようにしておいてください．

問題79

考え方

（1）　3倍角の公式とよばれます．加法定理から証明しましょう．

（2）　$\cos 3\alpha=\cos(\pi-2\alpha)$ を計算します（→**注意**）．

解答

（1）　$\cos 3\theta=\cos(2\theta+\theta)$

$=\cos 2\theta\cos\theta-\sin 2\theta\sin\theta$

$=(2\cos^2\theta-1)\cos\theta-2\sin\theta\cos\theta\cdot\sin\theta$

$=(2\cos^3\theta-\cos\theta)-2(1-\cos^2\theta)\cos\theta$

$=4\cos^3\theta-3\cos\theta$

次に

$\sin 3\theta=\sin(2\theta+\theta)$

$=\sin 2\theta\cos\theta+\cos 2\theta\sin\theta$

$=2\sin\theta\cos\theta\cdot\cos\theta+(1-2\sin^2\theta)\sin\theta$

$=2\sin\theta(1-\sin^2\theta)+(\sin\theta-2\sin^3\theta)$

$=3\sin\theta-4\sin^3\theta$

（2）　$\alpha=\dfrac{\pi}{5}$ のとき $3\alpha=\pi-2\alpha$ より

$\cos 3\alpha=\cos(\pi-2\alpha)$

$\cos 3\alpha=-\cos 2\alpha$

$4\cos^3\alpha-3\cos\alpha=-(2\cos^2\alpha-1)$

$4\cos^3\alpha+2\cos^2\alpha-3\cos\alpha-1=0$

$(\cos\alpha+1)(4\cos^2\alpha-2\cos\alpha-1)=0$

$\cos\alpha=-1,\ \dfrac{1\pm\sqrt{5}}{4}$

$\alpha=\dfrac{\pi}{5}$ より $0<\cos\alpha<1$ だから

$$\boldsymbol{\cos\frac{\pi}{5}=\frac{1+\sqrt{5}}{4}}$$

注意　（2）では $\sin 3\alpha=\sin(\pi-2\alpha)$ を計算しても，同じ結果が得られます．

問題80

考え方　（2直線の交角）

tan の加法定理

$$\boldsymbol{\tan(\alpha\pm\beta)=\frac{\tan\alpha\pm\tan\beta}{1\mp\tan\alpha\tan\beta}}$$

（複号同順）

を用いるのが定石です．

解答

$3x+2\sqrt{3}y-3\sqrt{2}=0$，$9x-\sqrt{3}y+\sqrt{6}=0$

をそれぞれ l_1, l_2 とおく.

l_1, l_2 と x 軸の正の向きとのなす角をそれぞれ α, β とおくと $\tan\alpha$, $\tan\beta$ はそれぞれの直線の傾きを表すから

$$\tan\alpha = -\frac{3}{2\sqrt{3}} = -\frac{\sqrt{3}}{2}$$

$$\tan\beta = \frac{9}{\sqrt{3}} = 3\sqrt{3}$$

である. このとき下図のように θ を定めると $\theta = \alpha - \beta$ だから

$$\begin{aligned}\tan\theta &= \tan(\alpha-\beta)\\ &= \frac{\tan\alpha - \tan\beta}{1+\tan\alpha\tan\beta}\\ &= \frac{-\frac{\sqrt{3}}{2} - 3\sqrt{3}}{1+\left(-\frac{\sqrt{3}}{2}\right)\cdot 3\sqrt{3}}\\ &= \sqrt{3} \quad \therefore \quad \theta = \boldsymbol{\frac{\pi}{3}}\end{aligned}$$

これが求める鋭角である.

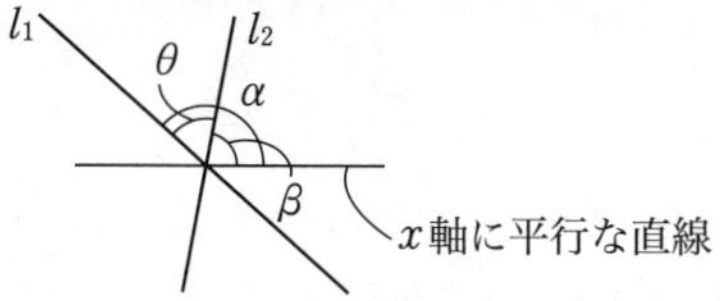

注意 2 直線のなす角 θ は $0 \leqq \theta \leqq \frac{\pi}{2}$ の範囲で答えるのが一般的です. $\tan\theta$ の値が負の場合は θ は鈍角なので, $\pi - \theta$ をなす角とします.

問題81

考え方 いきなり $\tan\frac{\pi}{24}$ を求めるのは難しいので, まずは加法定理を用いて $\tan\frac{\pi}{12}$ を求めてみましょう. その後, 2 倍角の公式

$$\boldsymbol{\tan 2\alpha = \frac{2\tan\alpha}{1-\tan^2\alpha}}$$

を利用して計算をすすめます.

解答

$$\begin{aligned}\tan\frac{\pi}{12} &= \tan\left(\frac{\pi}{4}-\frac{\pi}{6}\right)\\ &= \frac{\tan\frac{\pi}{4}-\tan\frac{\pi}{6}}{1+\tan\frac{\pi}{4}\tan\frac{\pi}{6}}\\ &= \frac{1-\frac{1}{\sqrt{3}}}{1+1\cdot\frac{1}{\sqrt{3}}}\\ &= \frac{\sqrt{3}-1}{\sqrt{3}+1} = 2-\sqrt{3}\end{aligned}$$

ここで $\tan\frac{\pi}{24} = x$, $2-\sqrt{3} = t$ とおくと

$$\tan 2\cdot\frac{\pi}{24} = t$$

$$\frac{2x}{1-x^2} = t$$

$$tx^2 + 2x - t = 0$$

$x > 0$ より

$$x = \frac{-1+\sqrt{1+t^2}}{t}$$

このとき

$$\begin{aligned}\frac{1}{x} &= \frac{t}{-1+\sqrt{1+t^2}}\\ &= \frac{t\left(-1-\sqrt{1+t^2}\right)}{\left(-1+\sqrt{1+t^2}\right)\left(-1-\sqrt{1+t^2}\right)}\\ &= \frac{t\left(1+\sqrt{1+t^2}\right)}{t^2} = \frac{1+\sqrt{1+t^2}}{t}\\ &= \frac{1+\sqrt{8-2\sqrt{12}}}{2-\sqrt{3}} = \frac{1+\sqrt{6}-\sqrt{2}}{2-\sqrt{3}}\\ &= 2+\sqrt{2}+\sqrt{3}+\sqrt{6}\end{aligned}$$

したがって空欄には **2**, **1**, **1**, **1** が順に入る.

問題82

考え方

(3), (4) (三角関数の合成)

$$\boldsymbol{a\sin\theta + b\cos\theta = \sqrt{a^2+b^2}\sin(\theta+\alpha)}$$

ただし α は次をみたす角である.

$$\boldsymbol{\cos\alpha = \frac{a}{\sqrt{a^2+b^2}},\ \sin\alpha = \frac{b}{\sqrt{a^2+b^2}}}$$

この公式を用いて（→**注意**），1種類の三角関数で表すことを考えます．このとき角度の範囲に注意しましょう．

解答

（1）$\cos 2\theta + (2\sqrt{3}+1)\sin\theta - \sqrt{3} - 1 = 0$

$$(1-2\sin^2\theta) + (2\sqrt{3}+1)\sin\theta - \sqrt{3} - 1 = 0$$

$$2\sin^2\theta - (2\sqrt{3}+1)\sin\theta + \sqrt{3} = 0$$

$$(\sin\theta - \sqrt{3})(2\sin\theta - 1) = 0$$

$0 \leqq \theta < 2\pi$ より $-1 \leqq \sin\theta \leqq 1$ であるから

$$\sin\theta = \frac{1}{2} \quad \therefore \quad \boldsymbol{\theta = \frac{\pi}{6},\ \frac{5\pi}{6}}$$

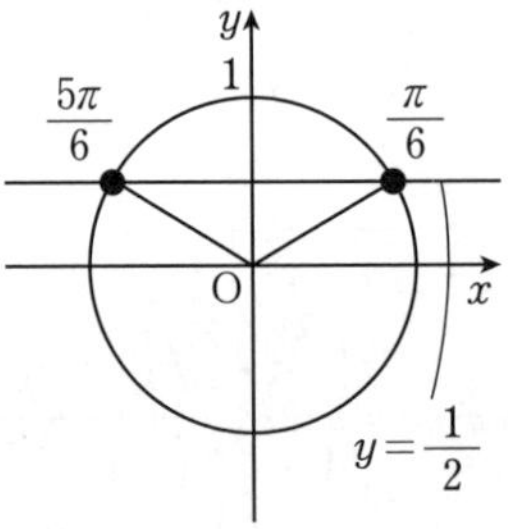

（2）$\sin 2\theta - \sin\theta + 4\cos\theta \leqq 2$

$$2\sin\theta\cos\theta - \sin\theta + 4\cos\theta - 2 \leqq 0$$

$$2\cos\theta(\sin\theta+2) - (\sin\theta+2) \leqq 0$$

$$(2\cos\theta - 1)(\sin\theta + 2) \leqq 0$$

ここで $\sin\theta + 2 > 0$ であるから

$$2\cos\theta - 1 \leqq 0$$

$$\cos\theta \leqq \frac{1}{2}$$

$$\boldsymbol{\frac{\pi}{3} \leqq \theta \leqq \frac{5\pi}{3}}$$

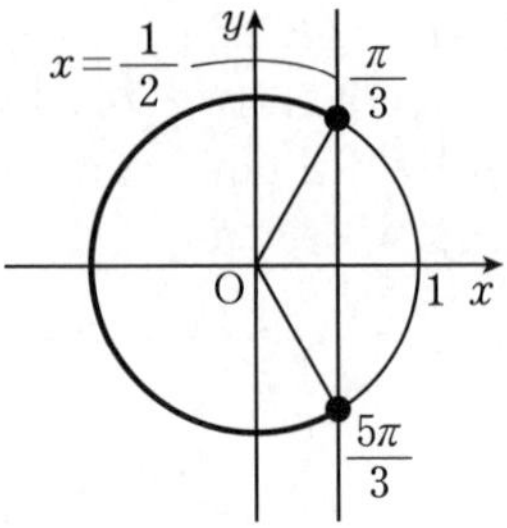

（3）$\cos\left(\theta + \dfrac{\pi}{3}\right)$

$$= \cos\theta\cos\frac{\pi}{3} - \sin\theta\sin\frac{\pi}{3}$$

$$= \frac{1}{2}\cos\theta - \frac{\sqrt{3}}{2}\sin\theta$$

であるから

$$2\cos\theta - 2\cos\left(\theta + \frac{\pi}{3}\right) \leqq \sqrt{2}$$

$$2\cos\theta - 2\left(\frac{1}{2}\cos\theta - \frac{\sqrt{3}}{2}\sin\theta\right) \leqq \sqrt{2}$$

$$\cos\theta + \sqrt{3}\sin\theta \leqq \sqrt{2}$$

$$2\sin\left(\theta + \frac{\pi}{6}\right) \leqq \sqrt{2}$$

$$\sin\left(\theta + \frac{\pi}{6}\right) \leqq \frac{\sqrt{2}}{2} \quad \cdots①$$

$0 \leqq \theta < 2\pi$ より $\dfrac{\pi}{6} \leqq \theta + \dfrac{\pi}{6} < \dfrac{13\pi}{6}$ だから ① をみたす範囲は

$$\frac{\pi}{6} \leqq \theta + \frac{\pi}{6} \leqq \frac{\pi}{4}$$

または

$$\frac{3\pi}{4} \leqq \theta + \frac{\pi}{6} < \frac{13\pi}{6}$$

である．したがって求める範囲は

$$\boldsymbol{0 \leqq \theta \leqq \frac{\pi}{12},\ \frac{7\pi}{12} \leqq \theta < 2\pi}$$

（4）$\sin 2\theta - \sqrt{3}\cos 2\theta > \sqrt{3}$

$$2\sin\left(2\theta - \frac{\pi}{3}\right) > \sqrt{3}$$

$$\sin\left(2\theta - \frac{\pi}{3}\right) > \frac{\sqrt{3}}{2} \quad \cdots②$$

$0 \leqq \theta < 2\pi$ より

$$0 \leqq 2\theta < 4\pi$$

$$-\frac{\pi}{3} \leqq 2\theta - \frac{\pi}{3} < \frac{11\pi}{3}$$

だから ② をみたす範囲は

$$\frac{\pi}{3} < 2\theta - \frac{\pi}{3} < \frac{2\pi}{3}$$

または

$$\frac{7\pi}{3} < 2\theta - \frac{\pi}{3} < \frac{8\pi}{3}$$

である．したがって求める範囲は

$$\boldsymbol{\frac{\pi}{3} < \theta < \frac{\pi}{2},\ \frac{4\pi}{3} < \theta < \frac{3\pi}{2}}$$

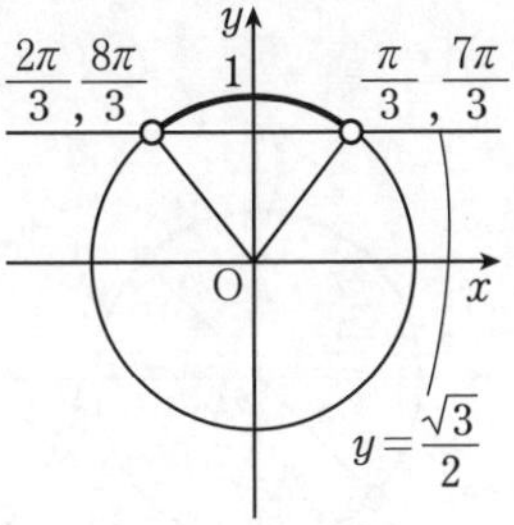

注意　三角関数は次のように sin で合成したときの図が広く知られており，これを用いて合成する人も多いと思います．

（合成の公式）

$$\boldsymbol{a\sin\theta + b\cos\theta = \sqrt{a^2+b^2}\sin(\theta+\alpha)}$$

ただし α は次図をみたす角である．

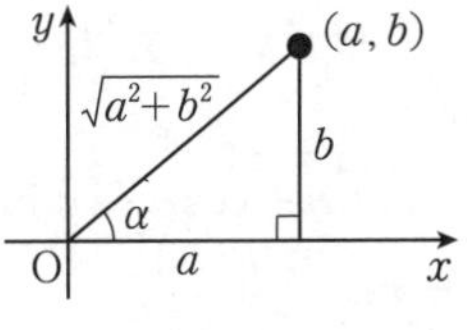

数学的には正しいですし，実際私もこの方法を用いて合成をすることが多いのですが，この方法だけに固執してしまうと cos で合成する必要が出てきたときに困ったことになります．例えば

$$\sqrt{3}\cos\theta + \sin\theta$$

を cos で合成することができますか？

知らない人が意外と多いのですが，**合成の公式はそもそも加法定理を逆に計算しているだけです．したがって加法定理を逆にたどれば必然的に三角関数を合成することができます．**上の例の場合

$$\begin{aligned}&\sqrt{3}\cos\theta + \sin\theta\\&= 2\left(\frac{\sqrt{3}}{2}\cos\theta + \frac{1}{2}\sin\theta\right)\\&= 2\left(\cos\frac{\pi}{6}\cos\theta + \sin\frac{\pi}{6}\sin\theta\right)\\&= 2\cos\left(\theta - \frac{\pi}{6}\right)\end{aligned}$$

とできます．このように原則に基づいてきちんと変形できるようにしておきましょう．

問題83

考え方　（三角関数の最大値・最小値）

次の 4 タイプが有名で，これらは誘導がなくても解けなくてはいけません．

（ア）$\cos^2\theta + \sin^2\theta = 1$ を用いて，一方の三角関数で表す．

（イ）$a\sin\theta + b\cos\theta$ 型→**合成する．**

（ウ）$a\sin^2\theta + b\sin\theta\cos\theta + c\cos^2\theta$ 型
→**半角公式を用いて次数を下げる．**

（エ）$a(\sin\theta + \cos\theta) + b\sin\theta\cos\theta$ 型
→ $\boldsymbol{\sin\theta + \cos\theta = t}$ **とおく．**

解答

（1）

$$\begin{aligned}y &= 3\sin^2\theta + \cos 2\theta + \cos\theta - 3\\&= 3(1-\cos^2\theta) + (2\cos^2\theta - 1) + \cos\theta - 3\\&= -\cos^2\theta + \cos\theta - 1\end{aligned}$$

$\cos\theta = t$ とおく．$0 \leqq \theta < 2\pi$ より $-1 \leqq t \leqq 1$ であることに注意する．このとき

$$\begin{aligned}y &= -t^2 + t - 1\\&= -\left(t - \frac{1}{2}\right)^2 - \frac{3}{4}\end{aligned}$$

より $t = \dfrac{1}{2}$ すなわち $\boldsymbol{\theta = \dfrac{\pi}{3},\ \dfrac{5}{3}\pi}$ のとき最大値 $\boldsymbol{-\dfrac{3}{4}}$，$t = -1$ すなわち $\boldsymbol{\theta = \pi}$ の

とき最小値 $\mathbf{-3}$ をとる.

（2）　$y = 2\sin\theta + 3\cos\theta$

$$= \sqrt{13}\sin(\theta + \alpha)$$

ただし α は $\cos\alpha = \dfrac{2}{\sqrt{13}}$，$\sin\alpha = \dfrac{3}{\sqrt{13}}$ $\left(0 < \alpha < \dfrac{\pi}{2}\right)$ をみたす角である.

$0 \leqq \theta \leqq \pi$ より $\alpha \leqq \theta + \alpha \leqq \pi + \alpha$ だから $\theta + \alpha = \dfrac{\pi}{2}$ $\left(\theta = \dfrac{\pi}{2} - \alpha\right)$ のとき最大値 $\boldsymbol{\sqrt{13}}$，$\theta + \alpha = \pi + \alpha$ $(\theta = \pi)$ のとき最小値 $\mathbf{-3}$ をとる.

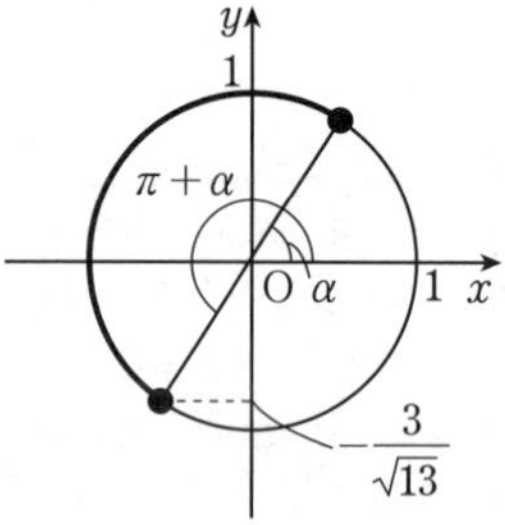

（3）$y = 3\sin^2\theta + 4\sin\theta\cos\theta - \cos^2\theta$

$$= 3\cdot\frac{1-\cos 2\theta}{2} + 4\cdot\frac{1}{2}\sin 2\theta - \frac{1+\cos 2\theta}{2}$$

$$= 2\sin 2\theta - 2\cos 2\theta + 1$$

$$= 2\sqrt{2}\sin\left(2\theta - \frac{\pi}{4}\right) + 1$$

$0 \leqq \theta \leqq \dfrac{\pi}{2}$ より $-\dfrac{\pi}{4} \leqq 2\theta - \dfrac{\pi}{4} \leqq \dfrac{3}{4}\pi$ だから，$2\theta - \dfrac{\pi}{4} = \dfrac{\pi}{2}$ すなわち $\boldsymbol{\theta = \dfrac{3\pi}{8}}$ のとき最大値 $\boldsymbol{2\sqrt{2}+1}$，$2\theta - \dfrac{\pi}{4} = -\dfrac{\pi}{4}$ すなわち $\boldsymbol{\theta = 0}$ のとき最小値 $\mathbf{-1}$ をとる.

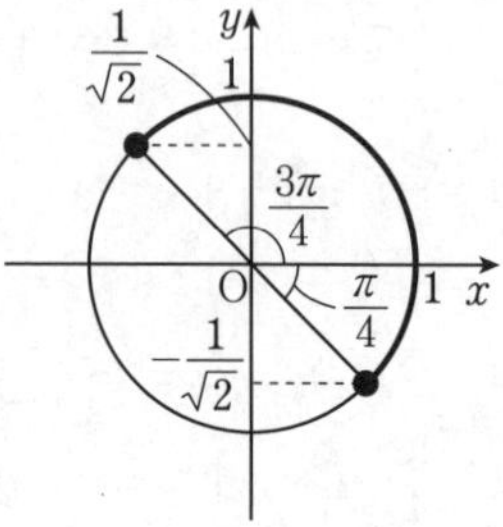

（4）　$\sin\theta + \cos\theta = t$ …① とおくと

$$t = \sqrt{2}\sin\left(\theta + \frac{\pi}{4}\right)$$

$0 \leqq \theta \leqq \pi$ より $\dfrac{\pi}{4} \leqq \theta + \dfrac{\pi}{4} \leqq \dfrac{5\pi}{4}$ だから

$$-\frac{1}{\sqrt{2}} \leqq \sin\left(\theta + \frac{\pi}{4}\right) \leqq 1$$

$$-1 \leqq \sqrt{2}\sin\left(\theta + \frac{\pi}{4}\right) \leqq \sqrt{2}$$

$$-1 \leqq t \leqq \sqrt{2} \quad \cdots②$$

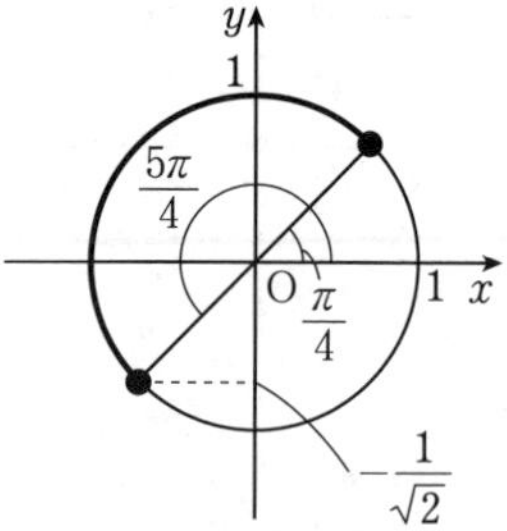

ここで ① の両辺を 2 乗すると

$$(\sin\theta + \cos\theta)^2 = t^2$$

$$\sin^2\theta + \cos^2\theta + 2\sin\theta\cos\theta = t^2$$

$$1 + 2\sin\theta\cos\theta = t^2$$

$$\sin\theta\cos\theta = \frac{t^2-1}{2}$$

となるから

$$y = \sin\theta + \cos\theta + 4\sin\theta\cos\theta$$

$$= t + 4\cdot\frac{t^2-1}{2}$$

$$= 2t^2 + t - 2$$

$$= 2\left(t + \frac{1}{4}\right)^2 - \frac{17}{8}$$

② に注意すると $t = \sqrt{2}$ のとき最大値 $\boldsymbol{2+\sqrt{2}}$，$t = -\dfrac{1}{4}$ のとき最小値 $\boldsymbol{-\dfrac{17}{8}}$ をとる.

問題84

考え方　（和積・積和の公式）

本問では和積・積和の公式を利用して計算をすすめます．数が多く覚えるのは大変な公式なので，加法定理から適宜作れるようにしておきましょう（→**注意１**）．

解答

（１）　$A=\dfrac{\pi}{3}$ より $B+C=\dfrac{2\pi}{3}$ …①

に注意する．和積の公式より

$$\begin{aligned}&\sin B+\sin C\\&=2\sin\frac{B+C}{2}\cos\frac{B-C}{2}\\&=2\sin\frac{\pi}{3}\cos\frac{B-C}{2}\\&=\sqrt{3}\cos\frac{B-C}{2}\end{aligned}$$

ここで $B-C$ の範囲を求める．

① を用いて C を消去すると

$$B-C=2B-\frac{2\pi}{3}$$

となり，$0<B<\dfrac{2\pi}{3}$ より

$$0<2B<\frac{4\pi}{3}$$

$$-\frac{2\pi}{3}<2B-\frac{2\pi}{3}<\frac{2\pi}{3}$$

よって

$$-\frac{2\pi}{3}<B-C<\frac{2\pi}{3}\quad\cdots②$$

$$-\frac{\pi}{3}<\frac{B-C}{2}<\frac{\pi}{3}$$

となり

$$\frac{1}{2}<\cos\frac{B-C}{2}\leqq 1$$

$$\frac{\sqrt{3}}{2}<\sqrt{3}\cos\frac{B-C}{2}\leqq\sqrt{3}$$

$$\boldsymbol{\frac{\sqrt{3}}{2}<\sin B+\sin C\leqq\sqrt{3}}$$

（２）　積和の公式より

$$\begin{aligned}&\sin B\sin C\\&=\frac{1}{2}\{\cos(B-C)-\cos(B+C)\}\\&=\frac{1}{2}\left\{\cos(B-C)-\cos\frac{2\pi}{3}\right\}\\&=\frac{1}{2}\left\{\cos(B-C)+\frac{1}{2}\right\}\end{aligned}$$

② より

$$-\frac{1}{2}<\cos(B-C)\leqq 1$$

であるから

$$\boldsymbol{0<\sin B\sin C\leqq\frac{3}{4}}$$

注意１　（和積・積和の公式の作り方）

ここでは（１），（２）で利用した式を作ってみます．

（１）　（和積の公式）

まず sin についての加法定理の式を準備します（sin＋sin の形が必要なため）．

$$\sin(\alpha+\beta)=\sin\alpha\cos\beta+\cos\alpha\sin\beta$$
$$\sin(\alpha-\beta)=\sin\alpha\cos\beta-\cos\alpha\sin\beta$$

２式を加えて

$$\sin(\alpha+\beta)+\sin(\alpha-\beta)=2\sin\alpha\cos\beta$$

ここで $\alpha+\beta=B$，$\alpha-\beta=C$ とおき，連立して解くと

$$\alpha=\frac{B+C}{2},\ \beta=\frac{B-C}{2}$$

となり，上の式に代入すると所望の式が得られます．

（２）　（積和の公式）

まず cos についての加法定理の式を準備します（sin×sin の形が必要なため）．

$$\cos(\alpha+\beta)=\cos\alpha\cos\beta-\sin\alpha\sin\beta$$
$$\cos(\alpha-\beta)=\cos\alpha\cos\beta+\sin\alpha\sin\beta$$

２式を引いて

$$\cos(\alpha+\beta)-\cos(\alpha-\beta)=-2\sin\alpha\sin\beta$$

$\alpha=B$，$\beta=C$ とおいて整理すると，所望の式が得られます．

注意２　$B=\dfrac{2\pi}{3}-C$ から一文字消去して，与式を C だけで表すことにより解いても結構ですが，加法定理で展開した後に合成をする必要があり，二度手間です．上の**解答**はその手間を省略したものになっています．

問題85

考え方 必要な長さを丁寧に計算していきます.

解答

△OPH に注目して

$$PH = \sin\theta,\ OH = \cos\theta$$

また点 R から OA に下ろした垂線の足を M とすると, $\angle ROM = \dfrac{\pi}{4}$ より四角形 OQRM は正方形で

$$QR = OQ = \sin\theta$$

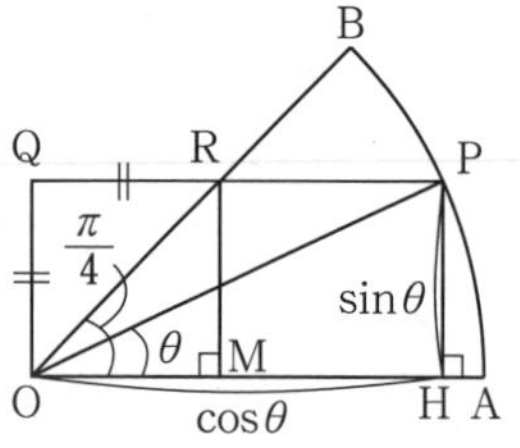

よって

$$\begin{aligned} f(\theta) &= (\text{長方形 OHPQ}) - \triangle\text{OQR} \\ &= \sin\theta\cos\theta - \frac{1}{2}\sin^2\theta \\ &= \frac{1}{2}\sin 2\theta - \frac{1}{2}\cdot\frac{1-\cos 2\theta}{2} \\ &= \frac{1}{4}(2\sin 2\theta + \cos 2\theta - 1) \\ &= \frac{1}{4}\{\sqrt{5}\sin(2\theta+\alpha) - 1\} \end{aligned}$$

ただし α は $\cos\alpha = \dfrac{2}{\sqrt{5}}$, $\sin\alpha = \dfrac{1}{\sqrt{5}}$ $\left(0 < \alpha < \dfrac{\pi}{2}\right)$ をみたす角である.

$0 \leqq \theta \leqq \dfrac{\pi}{4}$ より $\alpha \leqq 2\theta + \alpha \leqq \dfrac{\pi}{2} + \alpha$ だから $2\theta + \alpha = \dfrac{\pi}{2}$ のとき最大値 $\boldsymbol{\dfrac{\sqrt{5}-1}{4}}$ をとる.

問題86

考え方 (円の媒介変数表示)

$\boldsymbol{x^2 + y^2 = r^2}$ のとき

$$\boldsymbol{x = r\cos\theta,\ y = r\sin\theta}\ (0 \leqq \theta < 2\pi)$$

とおくことができ, これにより本問は三角関数の最大・最小の問題に帰着できます. 様々な場面で利用できる置き換えですので, 必ず覚えておきましょう.

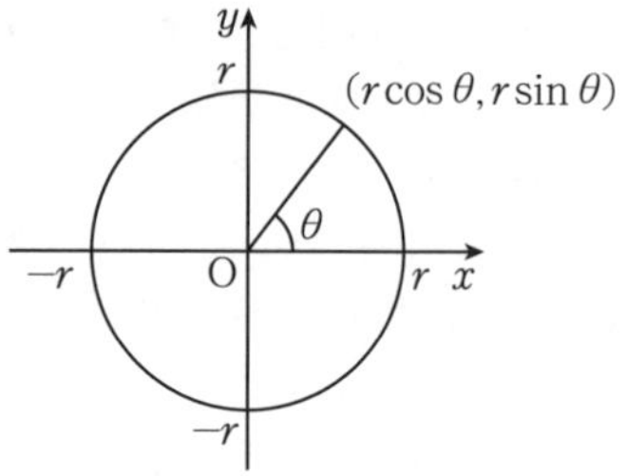

(2) 与式を

$$(x-y)^2 + y^2 = 1$$

と変形すれば, 円の媒介変数表示を真似て

$$x - y = \cos\theta,\ y = \sin\theta$$

とおくことができます.

解答

(1) $x^2 + y^2 = 4$ より $0 \leqq \theta < 2\pi$ として

$$x = 2\cos\theta,\ y = 2\sin\theta$$

とおける. このとき

$$\begin{aligned} 3x + y &= 6\cos\theta + 2\sin\theta \\ &= 2\sqrt{10}\sin(\theta+\alpha) \end{aligned}$$

ただし α は $\cos\alpha = \dfrac{1}{\sqrt{10}}$, $\sin\alpha = \dfrac{3}{\sqrt{10}}$ $\left(0 < \alpha < \dfrac{\pi}{2}\right)$ をみたす角である.

$0 \leqq \theta < 2\pi$ より $\alpha \leqq \theta + \alpha < 2\pi + \alpha$ だから $\theta + \alpha = \dfrac{\pi}{2}$ のとき最大値 $\boldsymbol{2\sqrt{10}}$, $\theta + \alpha = \dfrac{3\pi}{2}$ のとき最小値 $\boldsymbol{-2\sqrt{10}}$ をとる.

次に

$$\begin{aligned} & x^2 + 2xy - 3y^2 \\ &= 4\cos^2\theta + 8\cos\theta\sin\theta - 12\sin^2\theta \\ &= 4\cdot\frac{1+\cos 2\theta}{2} + 8\cdot\frac{1}{2}\sin 2\theta \\ &\qquad - 12\cdot\frac{1-\cos 2\theta}{2} \\ &= 4\sin 2\theta + 8\cos 2\theta - 4 \end{aligned}$$

$= 4\sqrt{5}\sin(2\theta+\beta)-4$

ただし β は $\cos\beta=\dfrac{1}{\sqrt{5}}$, $\sin\beta=\dfrac{2}{\sqrt{5}}$ $\left(0<\beta<\dfrac{\pi}{2}\right)$ をみたす角である.

$0 \leqq \theta < 2\pi$ より $\beta \leqq 2\theta+\beta < 4\pi+\beta$ だから $2\theta+\beta=\dfrac{\pi}{2}$, $\dfrac{5\pi}{2}$ のとき最大値 $\mathbf{4\sqrt{5}-4}$, $2\theta+\beta=\dfrac{3\pi}{2}$, $\dfrac{7\pi}{2}$ のとき最小値 $\mathbf{-4\sqrt{5}-4}$ をとる.

(2) $x^2-2xy+2y^2=1$ より

$$(x-y)^2+y^2=1$$

よって $0 \leqq \theta < 2\pi$ として

$$x-y=\cos\theta,\ y=\sin\theta$$

とおけ, このとき

$$x=y+\cos\theta=\sin\theta+\cos\theta$$

である. よって

$$\begin{aligned} x+y &= (\sin\theta+\cos\theta)+\sin\theta \\ &= 2\sin\theta+\cos\theta \\ &= \sqrt{5}\sin(\theta+\alpha) \end{aligned}$$

ただし α は $\cos\alpha=\dfrac{2}{\sqrt{5}}$, $\sin\alpha=\dfrac{1}{\sqrt{5}}$ $\left(0<\alpha<\dfrac{\pi}{2}\right)$ をみたす角である.

$0 \leqq \theta < 2\pi$ より $\alpha \leqq \theta+\alpha < 2\pi+\alpha$ だから $\theta+\alpha=\dfrac{\pi}{2}$ のとき最大値 $\mathbf{\sqrt{5}}$, $\theta+\alpha=\dfrac{3\pi}{2}$ のとき最小値 $\mathbf{-\sqrt{5}}$ をとる.

問題87

考え方 二等辺三角形が複数現れます. 情報量が多いものから利用していきましょう. なお**解答**では単位(m)は省略します.

解答

図のように点を定める(ただし 2 点 T, M を除き, それぞれの点は目の高さの位置にあるとする). M は点 C から BT に下ろした垂線の足である. まず必要な角を求める.

$$\begin{aligned} \angle BTA &= \angle CBT - \angle BAT \\ &= 2\theta-\theta=\theta \end{aligned}$$

$$\begin{aligned} \angle CTB &= \angle DCT - \angle CBT \\ &= 4\theta-2\theta=2\theta \end{aligned}$$

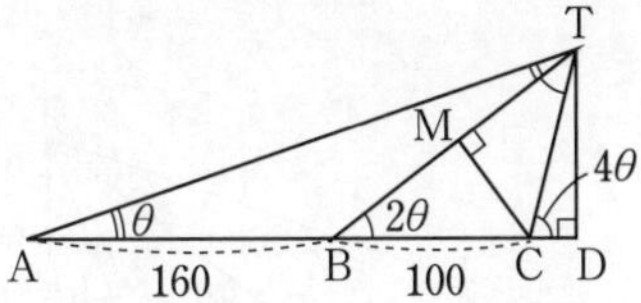

(1) $\triangle CBT$ は二等辺三角形であるから

$$CT=CB=100$$

さらに $\triangle BAT$ も二等辺三角形だから

$$BT=BA=160$$

よって

$$BM=\frac{1}{2}BT=80$$

ここで $\triangle CBM$ に注目すると

$$\cos 2\theta=\frac{BM}{CB}=\frac{80}{100}=\frac{4}{5} \quad \cdots①$$

$$2\cos^2\theta-1=\frac{4}{5}$$

$$\cos^2\theta=\frac{9}{10}$$

θ は鋭角より

$$\boldsymbol{\cos\theta=\frac{3}{\sqrt{10}}}$$

(2) ① より

$$\sin 2\theta=\sqrt{1-\left(\frac{4}{5}\right)^2}=\frac{3}{5}$$

である. $\triangle TBD$ に注目して

$$TD=TB\sin 2\theta=160\cdot\frac{3}{5}=96$$

目の高さが 1.5 であるから, 塔の高さは

$$96+1.5=\mathbf{97.5}$$

(3) 仰角が 3θ となる点を H とする.

$$\begin{aligned} \cos 3\theta &= 4\cos^3\theta-3\cos\theta \\ &= 4\cdot\left(\frac{3}{\sqrt{10}}\right)^3-3\cdot\frac{3}{\sqrt{10}} \\ &= \frac{9}{5\sqrt{10}} \end{aligned}$$

$$\sin 3\theta=\sqrt{1-\left(\frac{9}{5\sqrt{10}}\right)^2}=\frac{13}{5\sqrt{10}}$$

よって

$$\tan 3\theta = \frac{\sin 3\theta}{\cos 3\theta} = \frac{13}{9}$$

とわかる.

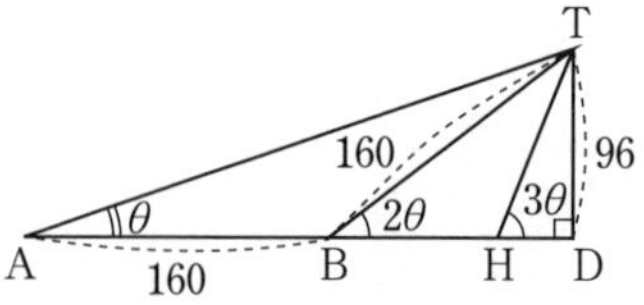

よって △THD に注目して

$$TD = HD \tan 3\theta$$

$$96 = \frac{13}{9}HD \quad \therefore \quad HD = \frac{864}{13}$$

さらに △TBD に注目して

$$BD = TB\cos 2\theta = 160 \cdot \frac{4}{5} = 128$$

であるから, 求める長さ AH は

$$AH = AB + BD - HD$$
$$= 160 + 128 - \frac{864}{13} = \mathbf{\frac{2880}{13}}$$

問題88

考え方

(2)　$y = \tan\theta$ は下のようなグラフになり, $-\frac{\pi}{2} < \theta < \frac{\pi}{2}$ で単調増加です. 本問において θ の範囲は $0 < \theta < \frac{\pi}{2}$ とわかるので, θ が最大となるときと $\tan\theta$ が最大となるときは一致します. したがって $\tan\theta$ が最大となるときの p の値を求めればよいのです.

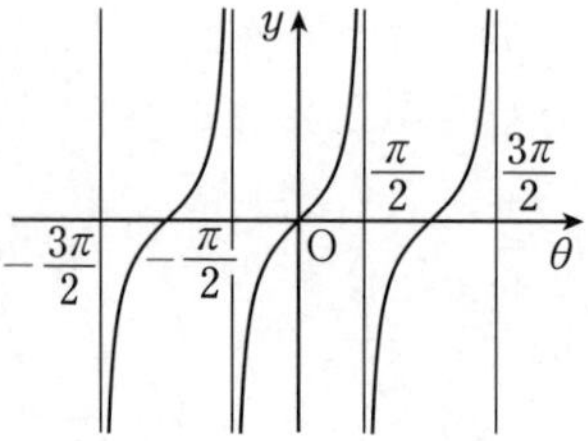

解答

(1)　直線 AP, BP と x 軸の正の向きとのなす角を α, β とおくと, $\tan\alpha$, $\tan\beta$ はそれぞれの直線の傾きを表すから

$$\tan\alpha = \frac{p-0}{0-1} = -p$$

$$\tan\beta = \frac{p-0}{0-2} = -\frac{p}{2}$$

このとき $\theta = \beta - \alpha$ であるから

$$\mathbf{\tan\theta} = \tan(\beta - \alpha)$$
$$= \frac{\tan\beta - \tan\alpha}{1 + \tan\beta\tan\alpha}$$
$$= \frac{-\frac{p}{2} - (-p)}{1 + \left(-\frac{p}{2}\right)\cdot(-p)}$$
$$= \frac{\frac{p}{2}}{1 + \frac{p^2}{2}} = \mathbf{\frac{p}{p^2+2}}$$

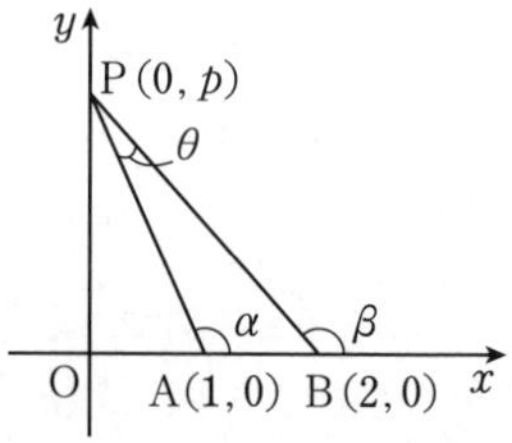

(2)　上図より $0 < \theta < \frac{\pi}{2}$ で, この範囲で $\tan\theta$ は単調に増加する. よって θ が最大となるのは $\tan\theta$ が最大となるときである.

$$\tan\theta = \frac{p}{p^2+2} = \frac{1}{p + \frac{2}{p}} \quad \cdots①$$

$p > 0$ に注意して, 相加・相乗平均の不等式を用いると

$$① \leqq \frac{1}{2\sqrt{p \cdot \frac{2}{p}}} = \frac{1}{2\sqrt{2}}$$

等号は $p = \frac{2}{p}$ すなわち $p = \sqrt{2}$ のとき成り立つ. したがって θ は $\mathbf{p = \sqrt{2}}$ のとき最大となる.

問題89

考え方　まずは和積の公式を用いて式をまとめましょう．あとは cos と sin が 0 となる場所が境界線となることに注意をして領域を図示します．その際，正領域・不領域の考え方を利用すると手早いです（正領域・不領域については **問題61** を参照）．

解答

$$\sin x+\sin y \geqq \cos x+\cos y \quad \cdots ①$$

より

$$2\sin\frac{x+y}{2}\cos\frac{x-y}{2} \geqq 2\cos\frac{x+y}{2}\cos\frac{x-y}{2}$$

$$2\cos\frac{x-y}{2}\left(\sin\frac{x+y}{2}-\cos\frac{x+y}{2}\right)\geqq 0$$

$$2\cos\frac{x-y}{2}\cdot\sqrt{2}\sin\left(\frac{x+y}{2}-\frac{\pi}{4}\right)\geqq 0$$

$\cos\dfrac{x-y}{2}$ と $\sin\left(\dfrac{x+y}{2}-\dfrac{\pi}{4}\right)$ が 0 となるのは m，n を整数としてそれぞれ

$$\frac{x-y}{2}=\frac{\pi}{2}+m\pi$$

$$y=x-\pi-2m\pi \quad \cdots ②$$

および

$$\frac{x+y}{2}-\frac{\pi}{4}=n\pi$$

$$y=-x+\frac{\pi}{2}+2n\pi \quad \cdots ③$$

のときである．ここで (π, π) は ① をみたすから，(π, π) を含む領域は ① をみたす．②，③ で表される直線を一つ飛び越えるごとに不等式をみたすかみたさないかが変わるから，領域は次図のようになる．ただし，境界線上を含む（②，③ をそれぞれ l_m，L_n としている）．

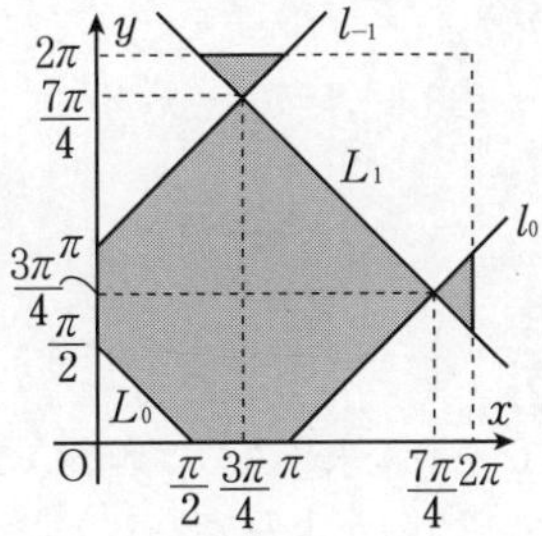

問題90

考え方　条件が tan で与えられているので，まずは $\tan(\alpha+\beta+\gamma)$ を加法定理で展開してみるところですが，途中で現れる $\tan(\alpha+\beta)$ などが定義できない場合があり（例えば $\alpha+\beta=\dfrac{\pi}{2}$ のときなど）面倒です．そこで一旦 $\sin(\alpha+\beta+\gamma)$ を展開し，最後に $\cos\alpha\cos\beta\cos\gamma(\neq 0)$ で割り算をすることを考えます．

解答

$$\sin\{\alpha+(\beta+\gamma)\}$$
$$=\sin\alpha\cos(\beta+\gamma)+\cos\alpha\sin(\beta+\gamma)$$
$$=\sin\alpha(\cos\beta\cos\gamma-\sin\beta\sin\gamma)+\cos\alpha(\sin\beta\cos\gamma+\cos\beta\sin\gamma)$$
$$=\cos\alpha\cos\beta\cos\gamma(\tan\alpha+\tan\beta+\tan\gamma-\tan\alpha\tan\beta\tan\gamma)$$

この式を $\cos\alpha\cos\beta\cos\gamma(\neq 0)$ で割ると

$$\frac{\sin(\alpha+\beta+\gamma)}{\cos\alpha\cos\beta\cos\gamma}=\tan\alpha+\tan\beta+\tan\gamma-\tan\alpha\tan\beta\tan\gamma$$

仮定より右辺は 0 だから左辺も 0 となり

$$\sin(\alpha+\beta+\gamma)=0$$

ここで

$$-\frac{\pi}{2}<\alpha,\ \beta,\ \gamma<\frac{\pi}{2}$$

より

$$-\frac{3\pi}{2}<\alpha+\beta+\gamma<\frac{3\pi}{2}$$

であるから

$$\boldsymbol{\alpha+\beta+\gamma=0,\ \pm\pi}$$

問題91

考え方

（3）　α を直接求めるのは難しいので sin の値で比べるのがよいでしょう．その際，関数がある範囲で減少関数であることが効いてきます．

解答

（1）　$t=-\sin x+\sqrt{3}\cos x$ の両辺を 2 乗して

$$t^2=(-\sin x+\sqrt{3}\cos x)^2$$

$$t^2=\sin^2 x-2\sqrt{3}\sin x\cos x+3\cos^2 x$$

$$t^2=(1-\cos^2 x)-2\sqrt{3}\sin x\cos x+3\cos^2 x$$

$$2\cos^2 x-2\sqrt{3}\sin x\cos x=t^2-1$$

したがって

$$\boldsymbol{f(x)}=\left|2\cos^2 x-2\sqrt{3}\sin x\cos x-\sin x+\sqrt{3}\cos x-\frac{5}{4}\right|$$

$$=\left|t^2-1+t-\frac{5}{4}\right|$$

$$=\boldsymbol{\left|t^2+t-\frac{9}{4}\right|}$$

（2）　$t=-\sin x+\sqrt{3}\cos x$

$$=2\sin(x+120^\circ)\quad\cdots①$$

$0^\circ\leqq x\leqq 90^\circ$ より $120^\circ\leqq x+120^\circ\leqq 210^\circ$ だから

$$-\frac{1}{2}\leqq\sin(x+120^\circ)\leqq\frac{\sqrt{3}}{2}$$

$$-1\leqq 2\sin(x+120^\circ)\leqq\sqrt{3}$$

$$\boldsymbol{-1\leqq t\leqq\sqrt{3}}$$

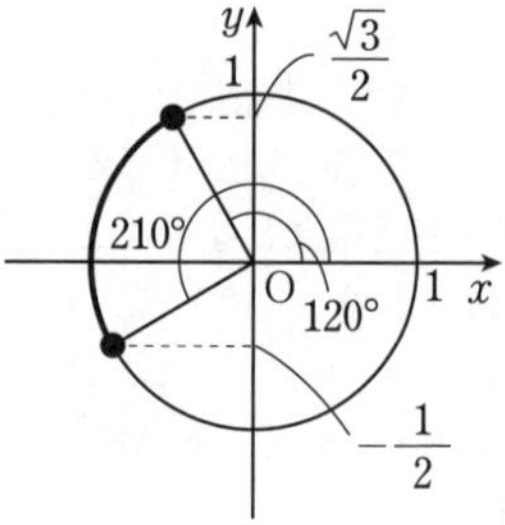

（3）　$f(x)=\left|t^2+t-\frac{9}{4}\right|=g(t)$ とおくと

$$g(t)=\left|\left(t+\frac{1}{2}\right)^2-\frac{5}{2}\right|$$

ここで

$$g\left(-\frac{1}{2}\right)=\frac{5}{2},\ g(\sqrt{3})=\sqrt{3}+\frac{3}{4}$$

の大小を比べる．

$$g\left(-\frac{1}{2}\right)-g(\sqrt{3})$$

$$=\frac{5}{2}-\left(\sqrt{3}+\frac{3}{4}\right)$$

$$=\frac{7-4\sqrt{3}}{4}=\frac{\sqrt{49}-\sqrt{48}}{4}>0$$

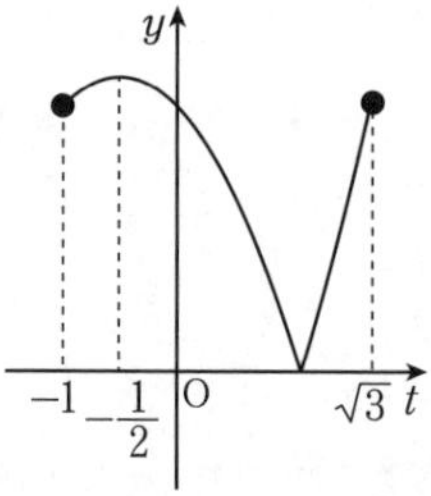

したがって $\boldsymbol{0\leqq f(x)\leqq\frac{5}{2}}$ である．

次に $f(x)\ (=g(t))$ が最大となるのは $t=-\frac{1}{2}$ のときだから，① に注意すると α は

$$t=-\frac{1}{2}$$

$$2\sin(x+120^\circ)=-\frac{1}{2}$$

$$\sin(x+120^\circ)=-\frac{1}{4}$$

の解である．すなわち

$$\sin(\alpha+120^\circ)=-\frac{1}{4}$$

が成り立つ．ここで

$$h(x)=\sin(x+120^\circ)$$

（ただし $60^\circ \leqq x \leqq 75^\circ$）とおくと

$$h(60^\circ)=\sin 180^\circ=0$$

$$h(75^\circ)=\sin 195^\circ=\frac{\sqrt{2}-\sqrt{6}}{4}$$

であり

$$-\frac{1}{4}-\frac{\sqrt{2}-\sqrt{6}}{4}$$

$$=\frac{(\sqrt{6}-\sqrt{2})-1}{4} \quad \cdots②$$

さらに

$$(\sqrt{6}-\sqrt{2})^2-1^2=7-4\sqrt{3}$$

$$=\sqrt{49}-\sqrt{48}>0$$

より ② >0 である．よって

$$\frac{\sqrt{2}-\sqrt{6}}{4}<-\frac{1}{4}<0$$

$$h(75^\circ)<h(\alpha)<h(60^\circ)$$

が成り立ち，$h(x)$ は $60^\circ \leqq x \leqq 75^\circ$ において減少関数であるから $60^\circ<\alpha<75^\circ$ である．

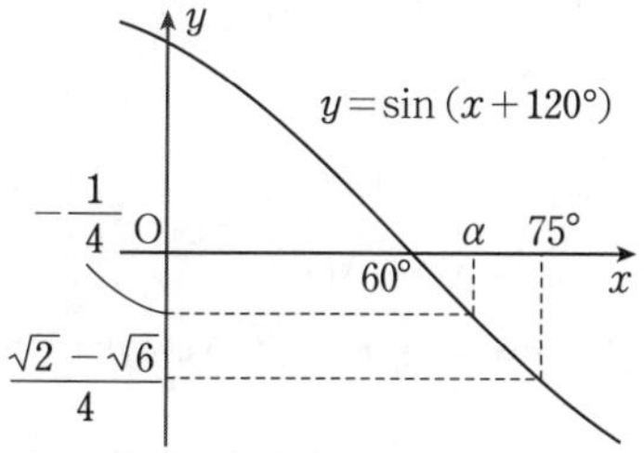

問題92

考え方　$\cos n\theta=f(\cos\theta)$ をみたす n 次多項式 $f(x)$ をチェビシェフ多項式といい，大学入試ではこれにまつわる様々な問題が出題されています．本問はそのなかでも典型的なタイプです．

解答

（１）$\cos 5\theta=\cos(4\theta+\theta)$

$$=\cos 4\theta\cos\theta-\sin 4\theta\sin\theta$$

である．ここで

$$\cos 4\theta=2\cos^2 2\theta-1$$

$$=2(2\cos^2\theta-1)^2-1$$

$$=8\cos^4\theta-8\cos^2\theta+1$$

$$\sin 4\theta=2\sin 2\theta\cos 2\theta$$

$$=2\cdot 2\sin\theta\cos\theta \times(2\cos^2\theta-1)$$

$$=4\sin\theta(2\cos^3\theta-\cos\theta)$$

より

$$\cos 5\theta=(8\cos^4\theta-8\cos^2\theta+1)\cos\theta -4\sin\theta(2\cos^3\theta-\cos\theta)\sin\theta$$

$$=(8\cos^4\theta-8\cos^2\theta+1)\cos\theta -4(2\cos^3\theta-\cos\theta)(1-\cos^2\theta)$$

$$=16\cos^5\theta-20\cos^3\theta+5\cos\theta$$

したがって

$$\boldsymbol{f(x)=16x^5-20x^3+5x}$$

（２）　$\theta=\frac{\pi}{10},\ \frac{3\pi}{10},\ \frac{5\pi}{10},\ \frac{7\pi}{10},\ \frac{9\pi}{10}$ に対して

$$\cos 5\theta=0$$

である．よって $f(\cos\theta)=0$ となるから

$\cos\frac{\pi}{10}$, $\cos\frac{3\pi}{10}$, $\cos\frac{5\pi}{10}$, $\cos\frac{7\pi}{10}$, $\cos\frac{9\pi}{10}$ は

$$16x^5-20x^3+5x=0$$

$$x(16x^4-20x^2+5)=0$$

の解で，$\cos\theta$ は $0\leqq\theta\leqq\pi$ の範囲で減少関数だからこれらはすべて異なる．さらに

$$\cos\frac{5\pi}{10}=0$$

より $\cos\frac{\pi}{10}$，$\cos\frac{3\pi}{10}$，$\cos\frac{7\pi}{10}$，$\cos\frac{9\pi}{10}$ は

$$16x^4-20x^2+5=0$$

の異なる 4 つの解である．解と係数の関係より

$$\cos\frac{\pi}{10}+\cos\frac{3\pi}{10}+\cos\frac{7\pi}{10}+\cos\frac{9\pi}{10}=0$$
$$\cos\frac{\pi}{10}\cos\frac{3\pi}{10}\cos\frac{7}{10}\pi\cos\frac{9\pi}{10}=\frac{5}{16}$$

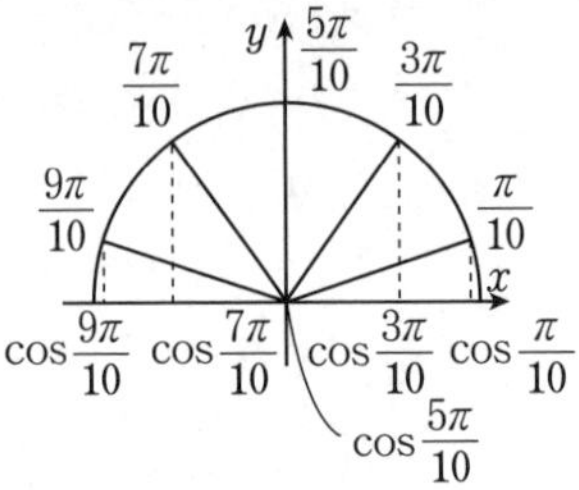

注意　4 次方程式の解と係数の関係は次のように導けます.

$ax^4+bx^3+cx^2+dx+e=0$ の 4 つの解を α, β, γ, δ とすると

$$ax^4+bx^3+cx^2+dx+e$$
$$=a(x-\alpha)(x-\beta)(x-\gamma)(x-\delta)$$

と因数分解できます. 右辺を展開すると x^3 の係数, 定数項はそれぞれ

$$-a(\alpha+\beta+\gamma+\delta),\ a\alpha\beta\gamma\delta$$

となり左辺と係数を比較をすると

$$\alpha+\beta+\gamma+\delta=-\frac{b}{a}$$
$$\alpha\beta\gamma\delta=\frac{e}{a}$$

問題93

考え方

（1）　正弦定理を用います.

（2）　合成をした際に出てくる角 α の評価が問題です. $\tan\alpha$ の範囲を調べて, そこから α の範囲を求めましょう.

解答

（1）　$\triangle$APD で正弦定理より

$$\frac{b}{\sin\frac{\pi}{3}}=\frac{\text{AP}}{\sin\left(\theta+\frac{\pi}{6}\right)}$$

が成り立つ. よって

$$\text{AP}=\frac{2b}{\sqrt{3}}\sin\left(\theta+\frac{\pi}{6}\right)$$
$$=\frac{2b}{\sqrt{3}}\left(\frac{\sqrt{3}}{2}\sin\theta+\frac{1}{2}\cos\theta\right)$$
$$=\frac{b}{\sqrt{3}}(\sqrt{3}\sin\theta+\cos\theta)$$

次に $\triangle$ABQ で正弦定理より

$$\frac{a}{\sin\frac{\pi}{3}}=\frac{\text{AQ}}{\sin\left(\frac{2}{3}\pi-\theta\right)}$$

が成り立つ. よって

$$\text{AQ}=\frac{2a}{\sqrt{3}}\sin\left(\frac{2}{3}\pi-\theta\right)$$
$$=\frac{2a}{\sqrt{3}}\left(\frac{\sqrt{3}}{2}\cos\theta+\frac{1}{2}\sin\theta\right)$$
$$=\frac{a}{\sqrt{3}}(\sqrt{3}\cos\theta+\sin\theta)$$

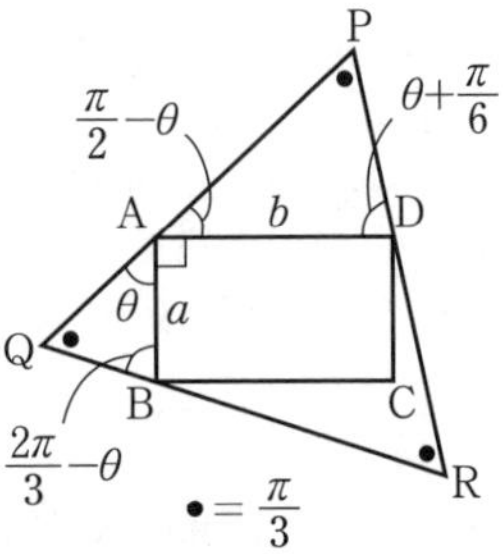

したがって

$$\boldsymbol{y}=\text{AP}+\text{AQ}$$
$$\boldsymbol{=\frac{1}{\sqrt{3}}\{(a+\sqrt{3}b)\sin\theta}$$
$$\boldsymbol{+(\sqrt{3}a+b)\cos\theta\}}$$

以下これを $f(\theta)$ とおく.

（2）　$a+\sqrt{3}b=p$, $\sqrt{3}a+b=q$, $r=\sqrt{p^2+q^2}$ とおく. このとき

$$f(\theta)=\frac{1}{\sqrt{3}}(p\sin\theta+q\cos\theta)$$
$$=\frac{r}{\sqrt{3}}\sin(\theta+\alpha)$$

ただし α は $\cos\alpha=\dfrac{p}{r}$, $\sin\alpha=\dfrac{q}{r}$ をみたす角である. このとき

$$\tan\alpha=\frac{\sin\alpha}{\cos\alpha}=\frac{q}{p}$$

であることに注意する．ここで

$$p-q=(\sqrt{3}-1)(b-a)>0$$

であるから $p>q$，すなわち

$$\frac{q}{p}<1 \quad \cdots ①$$

が成り立つ．次に

$$\sqrt{3}q-p=2a>0$$

であるから $\sqrt{3}q>p$，すなわち

$$\frac{q}{p}>\frac{1}{\sqrt{3}} \quad \cdots ②$$

が成り立つ．

①，②より

$$\frac{1}{\sqrt{3}}<\frac{q}{p}<1$$

$$\frac{1}{\sqrt{3}}<\tan\alpha<1$$

$$\frac{\pi}{6}<\alpha<\frac{\pi}{4}$$

これと $\frac{\pi}{6} \leqq \theta \leqq \frac{\pi}{3}$ より

$$\frac{\pi}{6}+\alpha \leqq \theta+\alpha \leqq \frac{\pi}{3}+\alpha$$

である．ここで

$$\frac{\pi}{6}+\alpha<\frac{\pi}{6}+\frac{\pi}{4}=\frac{5\pi}{12}$$

$$\frac{\pi}{3}+\alpha>\frac{\pi}{3}+\frac{\pi}{6}=\frac{\pi}{2}$$

より $f(\theta)$ は $\theta+\alpha=\frac{\pi}{2}$ のとき最大値

$$\frac{r}{\sqrt{3}}=\frac{\sqrt{p^2+q^2}}{\sqrt{3}}$$

$$=\boldsymbol{\frac{2\sqrt{a^2+\sqrt{3}ab+b^2}}{\sqrt{3}}}$$

をとる．

最小値は $\theta=\frac{\pi}{6}$ または $\theta=\frac{\pi}{3}$ のいずれかでとり

$$f\left(\frac{\pi}{6}\right)=\frac{2}{3}\sqrt{3}a+b$$

$$f\left(\frac{\pi}{3}\right)=a+\frac{2}{3}\sqrt{3}b$$

より

$$f\left(\frac{\pi}{3}\right)-f\left(\frac{\pi}{6}\right)$$

$$=\frac{2\sqrt{3}-3}{3}(b-a)>0$$

よって

$$f\left(\frac{\pi}{3}\right)>f\left(\frac{\pi}{6}\right)$$

だから $f(\theta)$ は $\theta=\frac{\pi}{6}$ のとき最小値

$\boldsymbol{\frac{2}{3}\sqrt{3}a+b}$ をとる．

第4章　指数関数・対数関数

●1　指数関数

問題94

考え方　（指数法則）

$a>0$, $b>0$, x, y を実数とし

$$\boldsymbol{a^0=1,\ a^{-x}=\frac{1}{a^x}}$$

と約束します. このとき

$$\boldsymbol{a^x\cdot a^y=a^{x+y}}$$

$$\boldsymbol{a^x\div a^y=a^{x-y}}$$

$$\boldsymbol{(a^x)^y=a^{xy}}$$

$$\boldsymbol{(ab)^x=a^xb^x}$$

が成り立ち，これを**指数法則**といいます.
また指数と累乗根について

$$\boldsymbol{a^{\frac{m}{n}}=\sqrt[n]{a^m}}$$

とします.

解答

(1)(i)　$(2^{\frac{4}{3}}\cdot 2^{-1})^6\times\left\{\left(\frac{16}{81}\right)^{-\frac{7}{6}}\right\}^{\frac{3}{7}}$

$$=(2^{\frac{1}{3}})^6\cdot\left(\frac{2^4}{3^4}\right)^{-\frac{7}{6}\cdot\frac{3}{7}}$$

$$=2^{\frac{1}{3}\cdot 6}\cdot\left(\frac{2^4}{3^4}\right)^{-\frac{1}{2}}=2^2\cdot\frac{3^2}{2^2}=\boldsymbol{9}$$

(ii)　$\frac{5}{3}\sqrt[6]{9}+\sqrt[3]{-81}+\sqrt[3]{\frac{1}{9}}$

$$=\frac{5}{3}\sqrt[6]{3^2}+\sqrt[3]{(-3)^3\cdot 3}+\sqrt[3]{\left(\frac{1}{3}\right)^3\cdot 3}$$

$$=\frac{5}{3}\sqrt[3]{3}-3\sqrt[3]{3}+\frac{1}{3}\sqrt[3]{3}=\boldsymbol{-\sqrt[3]{3}}$$

(iii)　$\frac{\sqrt[3]{x^2}}{\sqrt[4]{y}}\times\frac{\sqrt[3]{y}}{\sqrt{x}}\div\sqrt[6]{x\sqrt{y}}$

$$=x^{\frac{2}{3}}y^{-\frac{1}{4}}\cdot y^{\frac{1}{3}}x^{-\frac{1}{2}}\div(xy^{\frac{1}{2}})^{\frac{1}{6}}$$

$$=x^{\frac{2}{3}}y^{-\frac{1}{4}}\cdot y^{\frac{1}{3}}x^{-\frac{1}{2}}\div(x^{\frac{1}{6}}y^{\frac{1}{12}})$$

$$=x^{\frac{2}{3}-\frac{1}{2}-\frac{1}{6}}\cdot y^{-\frac{1}{4}+\frac{1}{3}-\frac{1}{12}}$$

$$=x^0y^0=\boldsymbol{1}$$

(iv)　$(x^{\frac{1}{3}}-y^{\frac{1}{3}})(x^{\frac{2}{3}}+x^{\frac{1}{3}}y^{\frac{1}{3}}+y^{\frac{2}{3}})$

$$=(x^{\frac{1}{3}})^3-(y^{\frac{1}{3}})^3=x-y$$

であるから

$$(\text{与式})=(x-y)(x+y)=\boldsymbol{x^2-y^2}$$

(2)(i)　$a^{\frac{1}{3}}+a^{-\frac{1}{3}}=\sqrt{5}$ の両辺を3乗して

$$(a^{\frac{1}{3}}+a^{-\frac{1}{3}})^3=(\sqrt{5})^3$$

$$a+3(a^{\frac{1}{3}}+a^{-\frac{1}{3}})+a^{-1}=5\sqrt{5}$$

$$a+3\sqrt{5}+a^{-1}=5\sqrt{5}$$

$$a+a^{-1}=\boldsymbol{2\sqrt{5}}\quad\cdots①$$

(ii)　①の両辺を2乗して

$$(a+a^{-1})^2=(2\sqrt{5})^2$$

$$a^2+2+a^{-2}=20$$

$$a^2+a^{-2}=18$$

$$(a-a^{-1})^2+2=18$$

$$(a-a^{-1})^2=16$$

$$a-a^{-1}=\boldsymbol{\pm 4}$$

問題95

考え方

(1)　底を2に揃えて，あとは指数の大小を比較します(→**注意**).

(2)　底を揃えるのは大変なので，それぞれの数の累乗を比べましょう.

解答

(1)　$4^{\frac{1}{4}}=(2^2)^{\frac{1}{4}}=2^{\frac{1}{2}}$

$$8^{\frac{2}{9}}=(2^3)^{\frac{2}{9}}=2^{\frac{2}{3}}$$

$$\sqrt[3]{2}=2^{\frac{1}{3}}$$

$$(2\sqrt{2})^{\frac{1}{2}}=(2^{\frac{3}{2}})^{\frac{1}{2}}=2^{\frac{3}{4}}$$

で底2は1より大きいから

$$2^{\frac{1}{3}}<2^{\frac{1}{2}}<2^{\frac{2}{3}}<2^{\frac{3}{4}}$$

すなわち

$$\sqrt[3]{2} < 4^{\frac{1}{4}} < 8^{\frac{2}{9}} < (2\sqrt{2})^{\frac{1}{2}}$$

（２）　それぞれの数を 12 乗して

$$(\sqrt{3})^{12} = (3^{\frac{1}{2}})^{12} = 3^6 = 729$$

$$(\sqrt[3]{5})^{12} = (5^{\frac{1}{3}})^{12} = 5^4 = 625$$

$$(\sqrt[4]{7})^{12} = (7^{\frac{1}{4}})^{12} = 7^3 = 343$$

$$(\sqrt[6]{19})^{12} = (19^{\frac{1}{6}})^{12} = 19^2 = 361$$

$$343 < 361 < 625 < 729$$

より

$$\sqrt[4]{7} < \sqrt[6]{19} < \sqrt[3]{5} < \sqrt{3}$$

注意　（１）において「底 2 は 1 より大きいから」

$$2^{\frac{1}{3}} < 2^{\frac{1}{2}} < 2^{\frac{2}{3}} < 2^{\frac{3}{4}}$$

としましたが，これは指数関数 $y = 2^x$ が増加関数であることによります．指数の値（2^x の x にあたる数）が大きければ大きいほど，関数のとる値（2^x のこと）も大きくなるということです．

一般に指数関数 $y = a^x$ のグラフは次図のようになり **$a > 1$ のときは増加関数，$0 < a < 1$ のときは減少関数**です．ともに単調な関数ですが，これが方程式や不等式を解くときに大きく効いてきます．

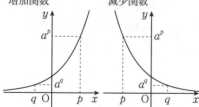

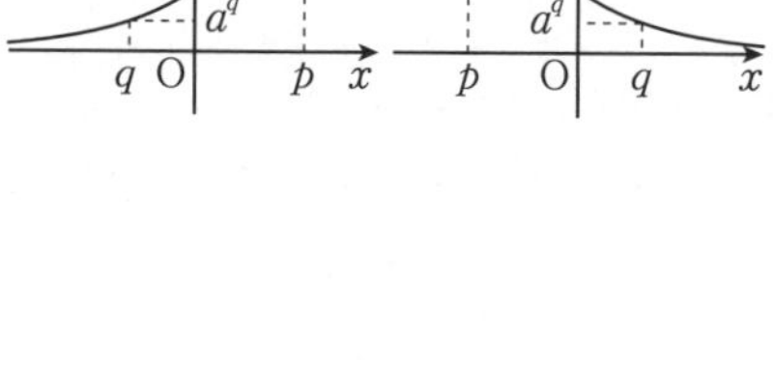

問題96

考え方　（指数方程式・不等式）

指数（関数）を含む方程式・不等式を解く際は，主役となる指数（関数）をみつけ，かたまりとみて方程式を解きます．

$$a^x = t \quad (\text{ただし } t > 0)$$

などと置き換えをして，計算をすすめましょう．

さらに不等式では，底と 1 との大小関係が問題になります．

（ア）　**$a > 1$ のとき**

$$a^p > a^q \iff p > q$$

（イ）　**$0 < a < 1$ のとき**

$$a^p > a^q \iff p < q$$

（前問の**注意**のグラフを参照）

$0 < a < 1$ のときは不等号の向きが入れ替わることに注意しましょう．

解答

（１）　$3^{x-1} = t\ (t > 0)$ とおくと

$$3^{2x-1} - 3^{x-1} - 2 = 0$$

$$3 \cdot (3^{x-1})^2 - 3^{x-1} - 2 = 0$$

$$3t^2 - t - 2 = 0$$

$$(3t + 2)(t - 1) = 0$$

$t > 0$ より

$$t = 1$$

$$3^{x-1} = 1$$

$$x - 1 = 0 \quad \therefore \quad \boldsymbol{x = 1}$$

（２）$2^{3x} = X,\ 2^y = Y\ (X > 0, Y > 0)$ とおくと与方程式は

$$\begin{cases} XY = 16 & \cdots① \\ X - Y = -6 & \cdots② \end{cases}$$

となる．② より $X = Y - 6$ …③ である．これを ① に代入して

$$(Y - 6)Y = 16$$

$$Y^2-6Y-16=0$$

$$(Y+2)(Y-8)=0$$

$Y>0$ より

$$Y=8$$

このとき ③ より $X=2$ となり

$$2^{3x}=2,\ 2^y=2^3$$

$$\boldsymbol{x=\frac{1}{3},\ y=3}$$

（3）　$\left(\frac{1}{2}\right)^x=t\,(t>0)$ とおくと

$$\left(\frac{1}{4}\right)^x+\left(\frac{1}{2}\right)^x-20>0$$

$$\left\{\left(\frac{1}{2}\right)^x\right\}^2+\left(\frac{1}{2}\right)^x-20>0$$

$$t^2+t-20>0$$

$$(t+5)(t-4)>0$$

$$t<-5,\ t>4$$

$t>0$ と合わせて

$$t>4$$

このとき

$$\left(\frac{1}{2}\right)^x>4$$

$$2^{-x}>2^2$$

底 2 は 1 より大きいから

$$-x>2 \quad \therefore \quad \boldsymbol{x<-2}$$

（4）　$a^x=t$ とおくと

$$a^{2x-1}-a^{x+2}-a^{x-2}+a\leqq 0$$

$$\frac{1}{a}\cdot(a^x)^2-a^2\cdot a^x-\frac{1}{a^2}\cdot a^x+a\leqq 0$$

$$\frac{1}{a}t^2-a^2t-\frac{1}{a^2}t+a\leqq 0$$

$$t^2-\left(a^3+\frac{1}{a}\right)t+a^2\leqq 0$$

$$\left(t-\frac{1}{a}\right)(t-a^3)\leqq 0$$

（ア）　$0<a<1$ のとき

$$a^3\leqq t\leqq \frac{1}{a}$$

$$a^3\leqq a^x\leqq a^{-1}$$

$0<a<1$ に注意すると

$$-1\leqq x\leqq 3$$

（イ）　$a>1$ のとき

$$\frac{1}{a}\leqq t\leqq a^3$$

$$a^{-1}\leqq a^x\leqq a^3$$

$$-1\leqq x\leqq 3$$

（ア），（イ）より

$$\boldsymbol{-1\leqq x\leqq 3}$$

問題97

考え方　頻出問題です．

（1）　t を 2 乗すれば，先がみえてきます．

（2）　t の範囲を相加・相乗平均の不等式用いて求めればよいのですが，厳密にはいろいろと議論のあるところです（→**注意**）．

解答

（1）　$t=9^x+3^y$ とおくと

$$t^2=(9^x+3^y)^2$$

$$t^2=81^x+2\cdot 9^x\cdot 3^y+9^y$$

$$t^2=81^x+2\cdot 3^{2x+y}+9^y$$

$2x+y=2$ より

$$t^2=81^x+2\cdot 3^2+9^y$$

$$81^x+9^y=t^2-18$$

よって

$$\begin{aligned} z&=81^x+9^y-2(3^{2x+1}+3^{y+1})\\ &=(81^x+9^y)-6(9^x+3^y)\\ &=(t^2-18)-6t\\ &=\boldsymbol{t^2-6t-18} \end{aligned}$$

（2）　$2x+y=2$ に注意する．

相加・相乗平均の不等式より

$$\begin{aligned} t=9^x+3^y&\geqq 2\sqrt{9^x\cdot 3^y} \quad \cdots① \\ &=2\sqrt{3^{2x+y}}\\ &=2\sqrt{3^2}=6 \end{aligned}$$

が成り立つ. このもとで

$$z=(t-3)^2-27$$

は $t=6$ のとき最小値 **−18** をとる.

$t=6$ となるのは ① で等号が成立するときだから

$$9^x=3^y$$

$$3^{2x}=3^y \quad \therefore \quad 2x=y$$

$2x+y=2$ と連立して解くと

$$\boldsymbol{x=\frac{1}{2},\ y=1}$$

注意 上の解答では相加・相乗平均の不等式から $t \geqq 6$ を導きましたが, これは「t がとる値は $t \geqq 6$ に限る」ことをいっているだけで, $t \geqq 6$ のすべての値をとることはおろか, $t=6$ となることすら示されていません.

本問では $t=6$ が実現可能な値であることを x, y の値を求めることで確認しているので, $t=6$ で最小値をとるとして問題ないのですが, 一般には注意が必要です.

なお $t \geqq 6$ のすべての値をとることは, 等号成立を示した上で, 次のように言及すれば OK です.

t は x, y の連続関数で, x, y をうまく選べば, t はいくらでも大きい値をとれる.
よって t は 6 以上のすべての値をとる.

問題98

考え方 $2^x=t$ とおき, 2 次不等式の問題に帰着させます. このとき $t>0$ ですから, この範囲において不等式が成立するための条件を考えることになります.

解答

$2^x=t$ とおくと $t>0$ である. このとき

$$2^{2x+2}+2^x a+1-a>0$$

$$4t^2+at+1-a>0 \quad \cdots ①$$

となるから, すべての $t>0$ で ① が成り立つ条件を求める.

$f(t)=4t^2+at+1-a$ とおく.

$$f(t)=4\left(t+\frac{a}{8}\right)^2-\frac{a^2}{16}-a+1$$

より $y=f(t)$ の軸が $t=-\frac{a}{8}$ であることに注意する.

(ア) $-\frac{a}{8} \leqq 0$ のとき $(a \geqq 0)$

求める条件は

$$f(0)=1-a \geqq 0 \quad \therefore \quad a \leqq 1$$

$a \geqq 0$ と合わせて $0 \leqq a \leqq 1$

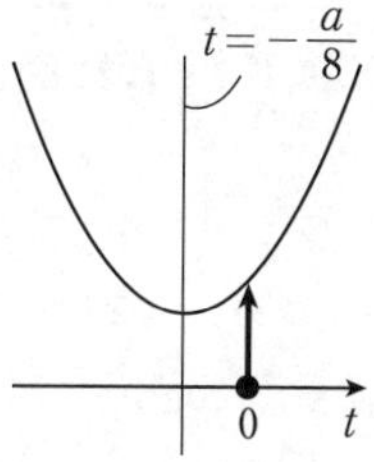

(イ) $-\frac{a}{8}>0$ のとき $(a<0)$

求める条件は

$$f\left(-\frac{a}{8}\right)=-\frac{a^2}{16}-a+1>0$$

$$a^2+16a-16<0$$

$$-8-4\sqrt{5}<a<-8+4\sqrt{5}$$

$a<0$ と合わせて $-8-4\sqrt{5}<a<0$

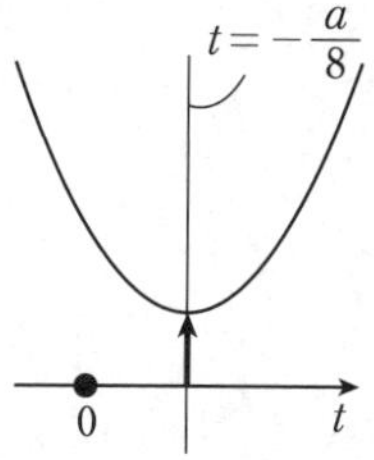

(ア), (イ) より求める範囲は

$$\boldsymbol{-8-4\sqrt{5}<a \leqq 1}$$

問題99

考え方 $2^x+2^{-x}=t$ …(*) とおくと与方程式は

$$t^2-10t=r \quad \cdots(**)$$

となります．ただしこの方程式の解の個数を単に数えて終わり！とはなりません．(*) において t の個数と x の個数が1対1の対応をするとは限らないからです．そこで文字同士の対応関係を考察する必要があります．

(*) において t と x の対応を直接考えるのは数学IIの範囲では難しい（→**注意**）ので，さらに $2^x=X$ …(***) などとおきます（x と X は1対1に対応します）．このとき (*) は

$$X^2-tX+1=0 \quad \cdots(****)$$

となり，あとはグラフを用いて t と X の対応を考えましょう．まとめると

(***) において x と X の対応

(****) において X と t の対応

(**) において t と r の対応

をそれぞれ考察することで，最終的に x と r の対応関係を求めます．

解答

$2^x+2^{-x}=t$ …① において $2^x=X$ …② $(X>0)$ とおくと

$$X+\frac{1}{X}=t$$

$$X^2-tX+1=0 \quad \cdots③$$

$f(X)=X^2-tX+1$ とおく．

$$f(X)=\left(X-\frac{t}{2}\right)^2-\frac{t^2}{4}+1$$

より $y=f(X)$ の頂点の座標が $\left(\frac{t}{2},\ -\frac{t^2}{4}+1\right)$ であることと y 切片が1であることに注意すると，グラフは図1のようになる．

(図1)

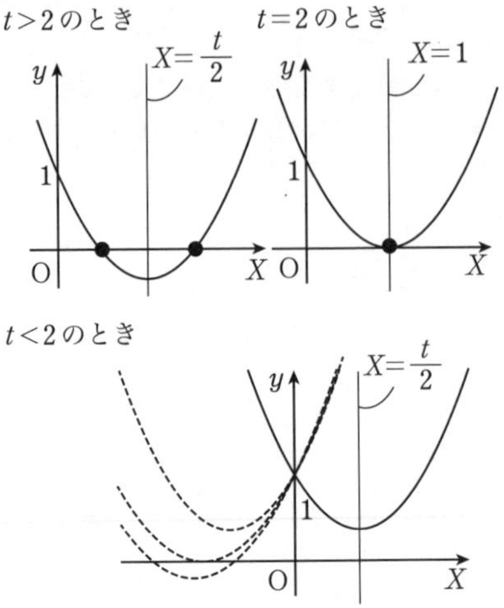

よって③は $t>2$ のとき異なる2つの正の実数解をもち，$t=2$ のとき正の解を1つもち $(X=1)$，$t<2$ のとき正の実数解をもたない．

②より正の X 1つに対し，実数 x が1つ対応するから，①をみたす実数 x は $t>2$ のとき2個，$t=2$ のとき1個，$t<2$ のとき0個である．

次に①の両辺を2乗して

$$(2^x+2^{-x})^2=t^2$$

$$4^x+4^{-x}+2=t^2$$

$$4^x+4^{-x}=t^2-2$$

このとき

$$4^x+4^{-x}-10(2^x+2^{-x})+2-r=0$$

$$(t^2-2)-10t+2=r$$

$$t^2-10t=r$$

$$(t-5)^2-25=r$$

である．$y=(t-5)^2-25$ と $y=r$ のグラフは図2のようになる．

(図 2)

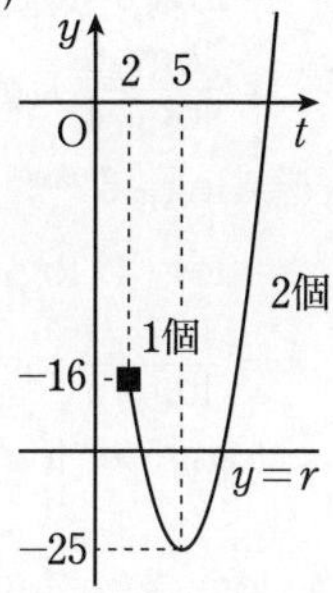

x と t の対応に注意すると

$r > -16$ のとき 2 個,

$r = -16$ のとき 3 個,

$-25 < r < -16$ のとき 4 個,

$r = -25$ のとき 2 個,

$r < -25$ のとき 0 個である.

注意 $2^x + 2^{-x} = t$ において左辺のグラフがかければ（数学 III の内容）, x と t の対応関係はすぐにわかります.

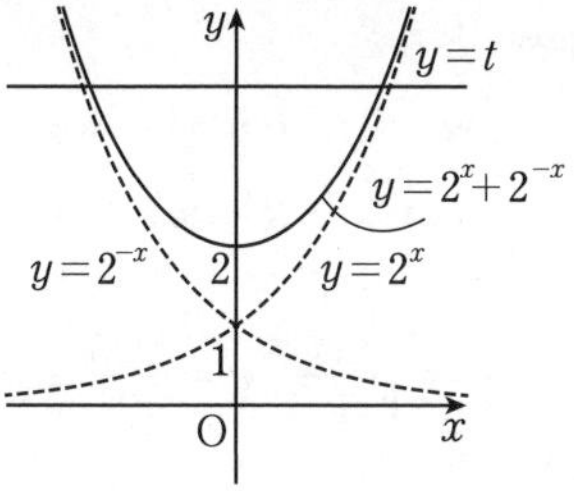

●2 対数関数

問題 100

考え方 （対数法則）

$a > 0,\ a \neq 1,\ x > 0,\ y > 0$ とすると

$$\log_a a = 1,\ \log_a 1 = 0$$

$$\log_a x + \log_a y = \log_a xy$$

$$\log_a x - \log_a y = \log_a \frac{x}{y}$$

$$\log_a x^m = m \log_a x$$

が成り立ち, これを**対数法則**といいます.

また $M > 0$ とすると

$$a^{\log_a M} = M \quad \cdots(*)$$

も成り立ちます. これは

$$a^x = M$$

の解を $x = \log_a M$ と定義することから明らかです（代入すればよい）. 使いこなすのが苦手な人が多い式なので注意しましょう.

（底の変換公式）

$a > 0,\ a \neq 1,\ b > 0,\ b \neq 1,\ x > 0$ とすると

$$\log_a x = \frac{\log_b x}{\log_b a}$$

が成り立ち, これを**底の変換公式**といいます. 底を揃える際に用いましょう.

（2）（i） 底を揃えてから, 真数の大小を比較します.

（2）（ii） まずは常用対数（底が 10 の対数）をとるなどして, 指数にある log を取り出しましょう. あとは底を揃えます.

（5） 上の $(*)$ を使える形に変形します.

解答

（1）（i） $8^{\log_2 5} = (2^3)^{\log_2 5} = 2^{3\log_2 5}$

$$= 2^{\log_2 5^3} = 2^{\log_2 125} = \mathbf{125}$$

（ii） $4\log_4 \sqrt{2} + \dfrac{1}{2}\log_4 \dfrac{1}{8} - \dfrac{3}{2}\log_4 8$

$$= \log_4 (2^{\frac{1}{2}})^4 + \log_4 (2^{-3})^{\frac{1}{2}} - \log_4 (2^3)^{\frac{3}{2}}$$

$$= \log_4 2^2 + \log_4 2^{-\frac{3}{2}} - \log_4 2^{\frac{9}{2}}$$

$$= \log_4 (2^2 \cdot 2^{-\frac{3}{2}} \div 2^{\frac{9}{2}})$$

$$= \log_4 2^{2-\frac{3}{2}-\frac{9}{2}}$$

$$= \log_4 2^{-4} = \log_4 4^{-2} = \mathbf{-2}$$

（iii） $\log_8 9 \times \log_3 16$

$$= \frac{\log_2 9}{\log_2 8} \cdot \frac{\log_2 16}{\log_2 3}$$

$$= \frac{\log_2 3^2}{\log_2 2^3} \cdot \frac{\log_2 2^4}{\log_2 3}$$

$$= \frac{2\log_2 3}{3} \cdot \frac{4}{\log_2 3} = \mathbf{\frac{8}{3}}$$

(iv) $(\log_{27}4+\log_9 4)(\log_2 27-\log_4 3)$

$$=\left(\frac{\log_3 4}{\log_3 27}+\frac{\log_3 4}{\log_3 9}\right)\times\left(\frac{\log_3 27}{\log_3 2}-\frac{\log_3 3}{\log_3 4}\right)$$

$$=\left(\frac{\log_3 2^2}{3}+\frac{\log_3 2^2}{2}\right)\times\left(\frac{3}{\log_3 2}-\frac{1}{\log_3 2^2}\right)$$

$$=\left(\frac{2\log_3 2}{3}+\frac{2\log_3 2}{2}\right)\times\left(\frac{3}{\log_3 2}-\frac{1}{2\log_3 2}\right)$$

$$=\frac{5\log_3 2}{3}\cdot\frac{5}{2\log_3 2}=\boldsymbol{\frac{25}{6}}$$

(2)(i) $\log_4 6>1$, $\log_8 9>1$, $\log_9 8<1$ であるから $\log_4 6$ と $\log_8 9$ の大小を比べる.

$$\log_4 6=\frac{\log_2 6}{\log_2 4}=\frac{\log_2 6}{2}=\log_2 6^{\frac{1}{2}}$$

$$\log_8 9=\frac{\log_2 9}{\log_2 8}=\frac{\log_2 9}{3}=\log_2 9^{\frac{1}{3}}$$

ここで

$$(6^{\frac{1}{2}})^6=6^3=216$$

$$(9^{\frac{1}{3}})^6=9^2=81$$

より $9^{\frac{1}{3}}<6^{\frac{1}{2}}$ であるから

$$\log_2 9^{\frac{1}{3}}<\log_2 6^{\frac{1}{2}}$$

$$\log_8 9<\log_4 6$$

したがって

$$\boldsymbol{\log_9 8<\log_8 9<\log_4 6}$$

(ii) $a=4^{\log_6 5}$, $b=5^{\log_4 6}$, $c=6^{\log_5 4}$ とおく.

それぞれ常用対数をとると

$$\log_{10}a=\log_{10}4^{\log_6 5}=\log_6 5\cdot\log_{10}4=\frac{\log_{10}5}{\log_{10}6}\log_{10}4$$

$$\log_{10}b=\log_{10}5^{\log_4 6}=\log_4 6\cdot\log_{10}5=\frac{\log_{10}6}{\log_{10}4}\log_{10}5$$

$$\log_{10}c=\log_{10}6^{\log_5 4}=\log_5 4\cdot\log_{10}6=\frac{\log_{10}4}{\log_{10}5}\log_{10}6$$

$0<\log_{10}4<\log_{10}5<\log_{10}6$ に注意すると

$$\frac{\log_{10}4\cdot\log_{10}5}{\log_{10}6}<\frac{\log_{10}4\cdot\log_{10}6}{\log_{10}5}<\frac{\log_{10}5\cdot\log_{10}6}{\log_{10}4}$$

である(右辺にいくほど分子が大きくなり, 分母は小さくなる). したがって

$$\log_{10}a<\log_{10}c<\log_{10}b$$

$$a<c<b$$

$$\boldsymbol{4^{\log_6 5}<6^{\log_5 4}<5^{\log_4 6}}$$

(3) $2^x=3^y=6^5$ において底を 6 とする対数をとると

$$\log_6 2^x=\log_6 3^y=\log_6 6^5$$

$$x\log_6 2=y\log_6 3=5$$

よって

$$x=\frac{5}{\log_6 2},\ y=\frac{5}{\log_6 3}$$

となり

$$\frac{1}{x}+\frac{1}{y}=\frac{\log_6 2}{5}+\frac{\log_6 3}{5}=\frac{\log_6 2\cdot 3}{5}=\frac{\log_6 6}{5}=\boldsymbol{\frac{1}{5}}$$

(4) 真数条件より

$x>0$ かつ $2x-1>0$

かつ $y+1>0$ かつ $y>0$

すなわち

$x>\frac{1}{2}$ かつ $y>0$ …①

である. このとき

$$\log_{10}(y+1)-\log_{10}x$$
$$=\log_{10}(2x-1)-\log_{10}y+\log_{10}2$$
$$\log_{10}\frac{y+1}{x}=\log_{10}\frac{2(2x-1)}{y}$$
$$\frac{y+1}{x}=\frac{2(2x-1)}{y}$$
$$y(y+1)=2x(2x-1)$$
$$4x^2-y^2-(2x+y)=0$$
$$(2x+y)(2x-y)-(2x+y)=0$$
$$(2x+y)(2x-y-1)=0$$

① より $2x+y>0$ だから

$$2x-y-1=0$$
$$y=2x-1$$

これと ① を同時にみたす x, y は存在し，このとき与式は

$$\log_{10}(y+1)-\log_{10}x$$
$$=\log_{10}2x-\log_{10}x$$
$$=\log_{10}\frac{2x}{x}=\mathbf{\log_{10}2}$$

(5)　$\log_4 4^2<\log_4 17<\log_4 4^3$ より

$$2<\log_4 17<3$$

よって

$$a=2$$
$$b=\log_4 17-a$$
$$=\frac{\log_2 17}{\log_2 4}-2$$
$$=\frac{1}{2}\log_2 17-\log_2 2^2$$
$$=\log_2\sqrt{17}-\log_2 4$$
$$=\log_2\frac{\sqrt{17}}{4}$$

したがって

$$a^b=2^{\log_2\frac{\sqrt{17}}{4}}=\mathbf{\frac{\sqrt{17}}{4}}$$

問題 101

考え方　(対数方程式・不等式)

対数方程式 (不等式) は次の 3 つの手順で計算をすすめます.

(i)　**真数条件・底の条件を確認する**

(ii)　**底を揃える**

(iii)　**式を 1 つの log にまとめる**

(iii) は

(iii)'　**log をばらばらにして $\log_a x=t$ とおく**

方針で計算することもあります.

不等式では指数関数のときと同様に，関数が単調増加か単調減少かが問題になります. 対数関数 $y=\log_a x$ のグラフは底 a の値によって増減が異なり，**$a>1$ のとき増加関数，$0<a<1$ のとき減少関数**です.

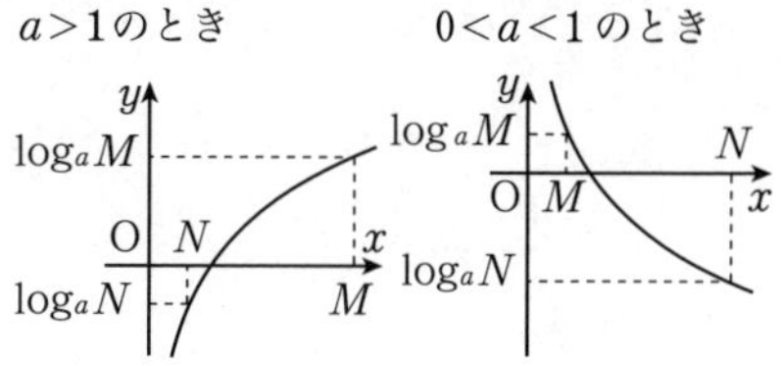

これにより次の関係が成り立ちます.

(ア)　**$a>1$ のとき**

$$\mathbf{\log_a M>\log_a N\iff M>N}$$

(イ)　**$0<a<1$ のとき**

$$\mathbf{\log_a M>\log_a N\iff M<N}$$

解答

(1)　真数条件より

$$x>0 \text{ かつ } 3x+1>0$$

すなわち $x>0$ …① である. このとき

$$3\log_2 x+1=\log_2(3x+1)$$
$$\log_2 x^3+\log_2 2=\log_2(3x+1)$$
$$\log_2 2x^3=\log_2(3x+1)$$
$$2x^3=3x+1$$
$$2x^3-3x-1=0$$

$$(x+1)(2x^2-2x-1)=0$$

$$x=-1,\ \frac{1\pm\sqrt{3}}{2}$$

① より $\boldsymbol{x=\frac{1+\sqrt{3}}{2}}$

（2） 真数条件より $x>0$ である．

$$x^{\log_5 x}=25x$$

において底を 5 とする対数をとると

$$\log_5 x^{\log_5 x}=\log_5 25x$$

$$(\log_5 x)(\log_5 x)=2+\log_5 x$$

$\log_5 x=t$ とおくと

$$t^2=2+t$$

$$t^2-t-2=0$$

$$(t+1)(t-2)=0$$

$$t=-1,\ 2$$

したがって

$$\log_5 x=-1,\ 2$$

$$\boldsymbol{x=\frac{1}{5},\ 25}$$

（3） 真数条件より

$$x-1>0 \text{ かつ } 5x-9>0$$

すなわち $x>\frac{9}{5}$ …② である．このとき

$$\log_2(x-1)\geqq\log_4(5x-9)$$

$$\log_2(x-1)\geqq\frac{\log_2(5x-9)}{\log_2 4}$$

$$\log_2(x-1)\geqq\frac{\log_2(5x-9)}{2}$$

$$2\log_2(x-1)\geqq\log_2(5x-9)$$

$$\log_2(x-1)^2\geqq\log_2(5x-9)$$

底 2 は 1 より大きいから

$$(x-1)^2\geqq 5x-9$$

$$x^2-7x+10\geqq 0$$

$$(x-2)(x-5)\geqq 0$$

$$x\leqq 2,\ x\geqq 5$$

② と合わせて $\boldsymbol{\frac{9}{5}<x\leqq 2,\quad x\geqq 5}$

（4） 真数条件より

$$\frac{3-x}{2}>0 \text{ かつ } |x-2|\neq 0$$

すなわち $x<3$ かつ $x\neq 2$ …③ である．
このとき

$$\log_{\frac{1}{2}}\left(\frac{3-x}{2}\right)\geqq\log_{\frac{1}{4}}|x-2|$$

$$\log_{\frac{1}{2}}\left(\frac{3-x}{2}\right)\geqq\frac{\log_{\frac{1}{2}}|x-2|}{\log_{\frac{1}{2}}\frac{1}{4}}$$

$$\log_{\frac{1}{2}}\left(\frac{3-x}{2}\right)\geqq\frac{\log_{\frac{1}{2}}|x-2|}{2}$$

$$2\log_{\frac{1}{2}}\left(\frac{3-x}{2}\right)\geqq\log_{\frac{1}{2}}|x-2|$$

$$\log_{\frac{1}{2}}\left(\frac{3-x}{2}\right)^2\geqq\log_{\frac{1}{2}}|x-2|$$

底 $\frac{1}{2}$ は 1 より小さいから

$$\left(\frac{3-x}{2}\right)^2\leqq|x-2|$$

③ に注意して場合分けをする．

<u>（ア） $x<2$ のとき</u>

$$\left(\frac{3-x}{2}\right)^2\leqq-(x-2)$$

$$9-6x+x^2\leqq-4x+8$$

$$x^2-2x+1\leqq 0$$

$$(x-1)^2\leqq 0 \quad \therefore \quad x=1$$

これは $x<2$ をみたす．

<u>（イ） $2<x<3$ のとき</u>

$$\left(\frac{3-x}{2}\right)^2\leqq x-2$$

$$9-6x+x^2\leqq 4x-8$$

$$x^2-10x+17\leqq 0$$

$$5-2\sqrt{2}\leqq x\leqq 5+2\sqrt{2}$$

$2<x<3$ と合わせて $5-2\sqrt{2}\leqq x<3$

（ア），（イ）より

$$\boldsymbol{x=1,\ 5-2\sqrt{2}\leqq x<3}$$

（5） 真数条件より

$$x^2-4x-1>0 \text{ かつ } 2x-1>0$$

「$x<2-\sqrt{5},\ x>2+\sqrt{5}$」かつ「$x>\dfrac{1}{2}$」

すなわち $x>2+\sqrt{5}$ …④ である.

底 a と 1 の大小で場合分けする.

(ア)　**$a>1$ のとき**

$$\log_a(x^2-4x-1)>\log_a(2x-1)$$
$$x^2-4x-1>2x-1$$
$$x^2-6x>0$$
$$x(x-6)>0$$
$$x<0,\ x>6$$

④ と合わせて $\boldsymbol{x>6}$ となる.

(イ)　**$0<a<1$ のとき**

$$\log_a(x^2-4x-1)>\log_a(2x-1)$$
$$x^2-4x-1<2x-1$$
$$x^2-6x<0$$
$$x(x-6)<0$$
$$0<x<6$$

④ と合わせて $\boldsymbol{2+\sqrt{5}<x<6}$ となる.

(6)　x は 1 ではない正の数だから, 真数条件, 底の条件をみたす. このとき

$$\log_4 x^2-\log_x 64\leqq 1$$
$$2\log_4 x-\frac{\log_4 64}{\log_4 x}\leqq 1$$

$\log_4 x=t$ とおくと

$$2t-\frac{3}{t}\leqq 1$$
$$\frac{2t^2-t-3}{t}\leqq 0$$
$$\frac{(2t-3)(t+1)}{t}\leqq 0 \quad \cdots(*)$$
$$t\leqq -1,\ 0<t\leqq\frac{3}{2}$$
$$\log_4 x\leqq -1,\ 0<\log_4 x\leqq\frac{3}{2}$$

したがって

$$\boldsymbol{0<x\leqq\frac{1}{4},\ 1<x\leqq 8}$$

注意　(*) は次のような図を使って解きます. 詳しくは数学Ⅰ・A の解答編 p.45 の**例題**を参照してください.

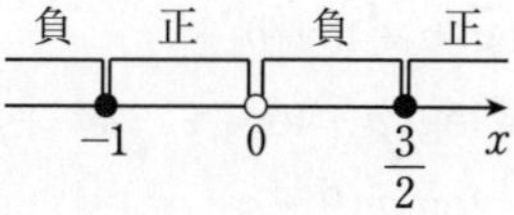

問題 102

考え方　対数関数の最大・最小問題も, 基本方針は方程式の解き方と同じです.

(ア)　**log をばらばらにして $\log_a x=t$ とおく.**

(イ)　**1 つの log にまとめる.**

のいずれかの方向性で計算をすすめます.

解答

(1)　$y=\left(\log_3\dfrac{x}{27}\right)\left(\log_{\frac{1}{3}}\dfrac{3}{x}\right)$

$$=(\log_3 x-\log_3 27)\times(\log_{\frac{1}{3}}3-\log_{\frac{1}{3}}x)$$
$$=(\log_3 x-3)\left(-1-\frac{\log_3 x}{\log_3\frac{1}{3}}\right)$$
$$=(\log_3 x-3)(-1+\log_3 x)$$

ここで $\log_3 x=t$ とおく. $\dfrac{1}{3}\leqq x\leqq 27$ より $-1\leqq\log_3 x\leqq 3$, すなわち $-1\leqq t\leqq 3$ であることに注意すると

$$y=(t-3)(-1+t)$$
$$=t^2-4t+3$$
$$=(t-2)^2-1$$

したがって $t=-1$ すなわち $\boldsymbol{x=\dfrac{1}{3}}$ のとき**最大値 8**, $t=2$ すなわち $\boldsymbol{x=9}$ のとき**最小値 −1** をとる.

(2)　$a+b=9$ より $b=9-a$ である. $b\geqq 1$ より

$$9-a\geqq 1 \quad \therefore \quad a\leqq 8$$

$a\geqq 1$ と合わせて $1\leqq a\leqq 8$ である.

このとき

$$\log_3 a+\log_3 b$$
$$=\log_3 a+\log_3(9-a)$$
$$=\log_3 a(9-a)$$
$$=\log_3\left\{-\left(a-\frac{9}{2}\right)^2+\frac{81}{4}\right\}$$

したがって $a=\dfrac{9}{2}$ のとき最大値

$$\log_3\frac{81}{4}=\log_3 81-\log_3 4$$
$$=\mathbf{4-2\log_3 2}$$

$a=1$, 8 のとき最小値

$$\log_3 8=\mathbf{3\log_3 2}$$

をとる.

問題 103

考え方 (桁数の問題)

(ア) **桁数**

n 桁の数 N について

$$\mathbf{10^{n-1}\leqq N<10^n}\quad\cdots(*)$$

(イ) **最高位の数**

最高位が a で n 桁の整数 N について

$$\boldsymbol{a\cdot 10^{n-1}\leqq N<(a+1)\cdot 10^{n-1}}\quad\cdots(**)$$

このように不等式を立て, 両辺の常用対数をとることで n がどのような範囲の数かを調べます.

なお (*) や (**) は丸暗記していなくても, 例を出すことにより自分で導けます. 例えば 3 桁で最高位が 4 の数 455 について

$$10^2\leqq 455<10^3$$

であることから (*) の形がわかり

$$4\cdot 10^2\leqq 455<5\cdot 10^2$$

であることより (**) の形もすぐにわかるでしょう.

1 の位については周期性に注目します (→注意2).

解答

3^{52} の桁数を n とすると

$$10^{n-1}\leqq 3^{52}<10^n$$

各辺の常用対数をとると

$$n-1\leqq\log_{10}3^{52}<n$$
$$n-1\leqq 52\log_{10}3<n$$
$$n-1\leqq 52\cdot 0.4771<n$$
$$n-1\leqq 24.8092<n$$
$$24.8092<n\leqq 25.8092$$

n は自然数だから

$$n=25$$

よって 3^{52} は **25** 桁の数である.

次に 3^{52} の最高位の数を a とすると

$$a\cdot 10^{24}\leqq 3^{52}<(a+1)\cdot 10^{24}$$

各辺の常用対数をとると

$$24+\log_{10}a\leqq 24.8092<24+\log_{10}(a+1)$$
$$\log_{10}a\leqq 0.8092<\log_{10}(a+1)\quad\cdots①$$

ここで

$$\log_{10}6=\log_{10}2+\log_{10}3$$
$$=0.3010+0.4771$$
$$=0.7781$$
$$\log_{10}7=0.8451$$

より ① をみたす a の値は 6 だから, 3^{52} の最高位の数は **6** である.

さらに 3^m の 1 の位は順に

$$3,\ 9,\ 7,\ 1,\ 3,\ 9,\ \cdots$$

となり, これは周期 4 の数列である.

$52\div 4=13$ より周期 4 の数列がちょうど 13 回繰り返すから 3^{52} の 1 の位は **1** である.

注意① 本問では $\log_{10}7$ の値が与えられていますが, これを

$$\log_{10}2=0.3010,\ \log_{10}3=0.4771$$

を用いて概算する問題も頻出です．
$48<49<50$（この不等式はたいてい問題で与えられる）において常用対数をとると

$$\log_{10}48<\log_{10}49<\log_{10}50 \quad \cdots②$$

ここで

$$\log_{10}48=\log_{10}2^4\cdot 3=1.6811$$
$$\log_{10}50=2-\log_{10}2=1.699$$

と計算できるから ② より

$$1.6811<\log_{10}7^2<1.699$$
$$1.6811<2\log_{10}7<1.699$$
$$0.84055<\log_{10}7<0.8495$$

となり，$\log_{10}7 \fallingdotseq 0.84$ とわかります．

注意②　3^n の周期が 4 であることは次のように証明できます．

［証明］

$$3^{n+4}-3^n=(3^4-1)\cdot 3^n$$
$$=10\cdot 8\cdot 3^n$$

より $3^{n+4}-3^n$ は 10 で割り切れる．よって 3^{n+4} と 3^n を 10 で割った余り，すなわち 1 の位は等しい．

問題104

考え方

（2）(ｉ)　m，n を正の実数とするとき

$$\mathbf{1<p<q\ かつ\ p^m=q^n \Longrightarrow m>n}$$

が成り立ち，これは 2 つの値が等しいとき，底が大きいほど指数は小さいことを意味します．これと（1）の結果を利用して，大小を比較します．

（2）(ii)　$x^{\frac{1}{2}}=y^{\frac{1}{3}}=z^{\frac{1}{4}}=w^{\frac{1}{5}}=k$ とおき $\log_2 x$ などを k を底とした対数を用いて表すと（1）の結果を利用できます．なお，本問でも対数関数が単調増加か単調減少かで大小関係が変わってくるので，k と 1 との大小で場合分けが必要になります．

解答

（1）　$c=4^{\frac{1}{4}}=(2^2)^{\frac{1}{4}}=2^{\frac{1}{2}}=a$

次に $a=2^{\frac{1}{2}}$ と $b=3^{\frac{1}{3}}$ を比べる．

$$a^6=(2^{\frac{1}{2}})^6=2^3=8$$
$$b^6=(3^{\frac{1}{3}})^6=3^2=9$$

より $a<b$ である．

$a=2^{\frac{1}{2}}$ と $d=5^{\frac{1}{5}}$ を比べる．

$$a^{10}=(2^{\frac{1}{2}})^{10}=2^5=32$$
$$d^{10}=(5^{\frac{1}{5}})^{10}=5^2=25$$

より $a>d$ である．したがって

$$\boldsymbol{d<a=c<b}$$

（2）　以下 a，b，c，d は（1）で与えられた値とする．

（ｉ）　$2^x=3^y=4^z=5^w$ より

$$(2^{\frac{1}{2}})^{2x}=(3^{\frac{1}{3}})^{3y}=(4^{\frac{1}{4}})^{4z}=(5^{\frac{1}{5}})^{5w}$$

すなわち

$$a^{2x}=b^{3y}=c^{4z}=d^{5w}$$

が成り立つ．（1）より $1<d<a=c<b$ だから

$$\boldsymbol{3y<2x=4z<5w}$$

（ii）　$x^{\frac{1}{2}}=y^{\frac{1}{3}}=z^{\frac{1}{4}}=w^{\frac{1}{5}}=k$ とおくと，$k>0$ で

$$x=k^2,\ y=k^3,\ z=k^4,\ w=k^5$$

である．

<u>（ア）　$k=1$ のとき（$x=1$ のとき）</u>

$$x=y=z=w=1$$

であるから

$$\log_2 x=\log_3 y=\log_4 z=\log_5 w=0$$

<u>（イ）　$k\neq 1$ のとき（$x\neq 1$）</u>

$$\log_2 x=\log_2 k^2=\frac{\log_k k^2}{\log_k 2}=\frac{1}{\frac{1}{2}\log_k 2}$$
$$=\frac{1}{\log_k 2^{\frac{1}{2}}}=\frac{1}{\log_k a}$$

と変形できる．同様に

$$\log_3 y = \frac{1}{\log_k 3^{\frac{1}{3}}} = \frac{1}{\log_k b}$$

$$\log_4 z = \frac{1}{\log_k 4^{\frac{1}{4}}} = \frac{1}{\log_k c}$$

$$\log_5 w = \frac{1}{\log_k 5^{\frac{1}{5}}} = \frac{1}{\log_k d}$$

(A)　$k>1$ のとき $(x>1)$

t の関数 $y=\dfrac{1}{\log_k t}$ は減少関数である．

（1）より

$$d<a=c<b$$

であるから

$$\frac{1}{\log_k b}<\frac{1}{\log_k a}=\frac{1}{\log_k c}<\frac{1}{\log_k d}$$

よって

$$\log_3 y<\log_2 x=\log_4 z<\log_5 w$$

(B)　$0<k<1$ のとき $(0<x<1)$

t の関数 $y=\dfrac{1}{\log_k t}$ は増加関数である．

(A) と同様に考えると，（1）より

$$d<a=c<b$$

であるから

$$\frac{1}{\log_k d}<\frac{1}{\log_k a}=\frac{1}{\log_k c}<\frac{1}{\log_k b}$$

よって

$$\log_5 w<\log_2 x=\log_4 z<\log_3 y$$

したがって（ア），（イ）より

$0<x<1$ のとき

$$\boldsymbol{\log_5 w<\log_2 x=\log_4 z<\log_3 y}$$

$x=1$ のとき

$$\boldsymbol{\log_2 x=\log_3 y=\log_4 z=\log_5 w}$$

$x>1$ のとき

$$\boldsymbol{\log_3 y<\log_2 x=\log_4 z<\log_5 w}$$

問題 105

考え方

（1）　式をじっと睨めば m は $\log_2 6$ の整数部分，$\dfrac{1}{n+a}$ は小数部分であることに気づくはずです．

（2）　差をとりましょう．

解答

（1）　$\log_2 6 = m+\dfrac{1}{n+a}$ …① において m は自然数で $0<\dfrac{1}{n+a}<1$ であるから，m は $\log_2 6$ の整数部分である．

$2^2<6<2^3$ において底を 2 とする対数をとると

$$2<\log_2 6<3 \quad \therefore \quad \boldsymbol{m=2}$$

① に代入して

$$\frac{1}{n+a}=\log_2 6-2$$

$$\frac{1}{n+a}=\log_2 6-\log_2 4$$

$$\frac{1}{n+a}=\log_2 \frac{3}{2}$$

両辺の逆数をとると

$$n+a=\frac{1}{\log_2 \frac{3}{2}}$$

$$n+a=\log_{\frac{3}{2}} 2 \quad \cdots ②$$

n は自然数で $0<a<1$ であるから，n は $\log_{\frac{3}{2}} 2$ の整数部分である．

ここで $\dfrac{3}{2}<2<\left(\dfrac{3}{2}\right)^2$ において底を $\dfrac{3}{2}$ とする対数をとると

$$1<\log_{\frac{3}{2}} 2<2 \quad \therefore \quad \boldsymbol{n=1}$$

（2）　② より $a=\log_{\frac{3}{2}} 2-1$ である．

よって

$$a-\frac{2}{3}=(\log_{\frac{3}{2}} 2-1)-\frac{2}{3}$$

$$=\log_{\frac{3}{2}} 2-\frac{5}{3}$$

$$=\frac{1}{3}\left\{\log_{\frac{3}{2}} 2^3-\log_{\frac{3}{2}}\left(\frac{3}{2}\right)^5\right\}$$

$$= \frac{1}{3}\log_{\frac{3}{2}}\frac{256}{243} > 0$$

したがって $a > \dfrac{2}{3}$ である.

注意　② を導くところで

$$\log_a b = \frac{\log_b b}{\log_b a} = \frac{1}{\log_b a}$$

を用いました.

問題106

考え方　定数分離をして，2つのグラフの上下関係を考察します.

解答

$\log_2(a+4^x) > x+1$ より

$$a+4^x > 2^{x+1}$$

このとき真数条件は自動的にみたされる.

$2^x = t\,(t>0)$ とおくと，上の式は

$$a > -t^2+2t \quad \cdots ①$$

となる. 2つのグラフ $y=-t^2+2t$ と $y=a$ の上下関係で場合分けをする.

(ア)　$\boldsymbol{a>1}$ **のとき**

図1より ① の解は

$$t>0$$
$$2^x>0$$

より**解はすべての実数**

(図1)

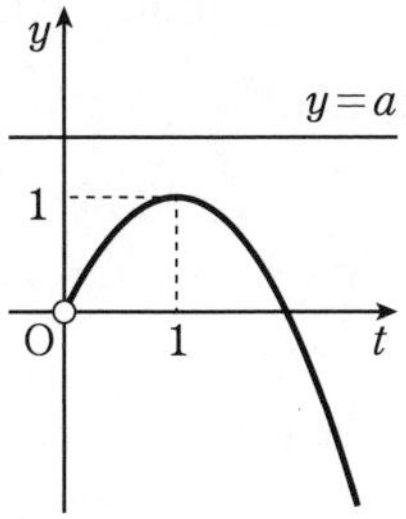

(イ)　$\boldsymbol{a=1}$ **のとき**

図2より ① の解は

$$0<t<1,\ t>1$$
$$0<2^x<1,\ 2^x>1$$

より $\boldsymbol{x=0}$ **を除くすべての実数**

(図2)

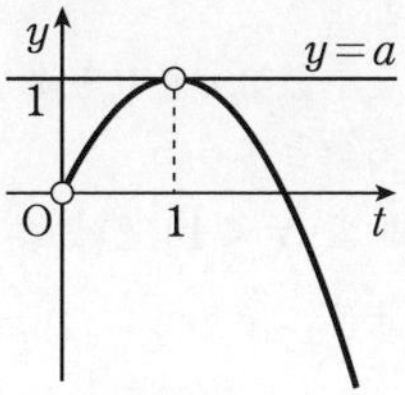

(ウ)　$\boldsymbol{0<a<1}$ **のとき**

図3より ① の解は

$$0<t<1-\sqrt{1-a},\ t>1+\sqrt{1-a}$$
$$0<2^x<1-\sqrt{1-a},\ 2^x>1+\sqrt{1-a}$$
$$\boldsymbol{x<\log_2(1-\sqrt{1-a}),\ x>\log_2(1+\sqrt{1-a})}$$

(図3)

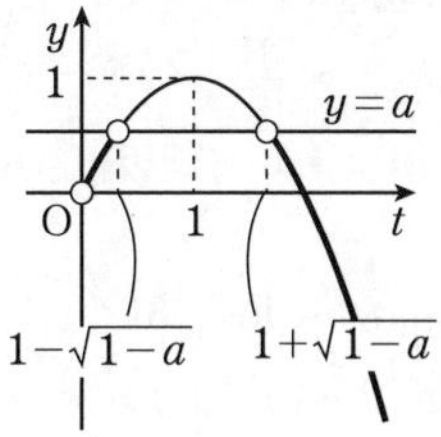

(エ)　$\boldsymbol{a<0}$ **のとき**

図4より ① の解は

$$t>1+\sqrt{1-a}$$
$$2^x>1+\sqrt{1-a}$$
$$\boldsymbol{x>\log_2(1+\sqrt{1-a})}$$

(図4)

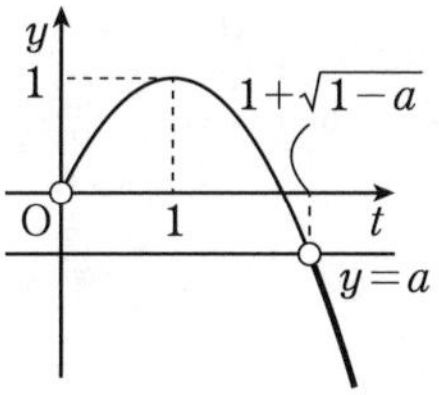

問題107

考え方

(1)　与えられた不等式を用いて $\log_{10}2$ と $\log_{10}3$ を評価する問題です. 与えられた

不等式をもとに計算してみると，式が1本足りないことに気づきます．不等式を再利用してみましょう．

（2）　N を小数第 n 位に初めて0でない数字が現れる数とすると

$$\mathbf{10^{-n} \leqq N < 10^{-n+1}}$$

が成り立ちます．

解答

（1）　$1024 > 1000$ において両辺の常用対数をとると

$$\log_{10} 1024 > \log_{10} 1000$$
$$\log_{10} 2^{10} > \log_{10} 10^3$$
$$10\log_{10} 2 > 3$$
$$\log_{10} 2 > \frac{3}{10} \quad \cdots①$$

次に $80 < 81$ において両辺の常用対数をとると

$$\log_{10} 80 < \log_{10} 81$$
$$\log_{10} 2^3 \cdot 10 < \log_{10} 3^4$$
$$3\log_{10} 2 + 1 < 4\log_{10} 3 \quad \cdots②$$
$$\log_{10} 3 > \frac{1}{4} + \frac{3}{4}\log_{10} 2$$

① を用いると

$$(\text{右辺}) > \frac{1}{4} + \frac{3}{4}\cdot\frac{3}{10} = \frac{19}{40}$$

となるから

$$\log_{10} 3 > \frac{19}{40}$$

さらに $243 < 250$ において両辺の常用対数をとると

$$\log_{10} 243 < \log_{10} 250$$
$$\log_{10} 3^5 < \log_{10} 10\cdot 5^2$$
$$5\log_{10} 3 < \log_{10} 10 + 2\log_{10} 5$$
$$5\log_{10} 3 < 1 + 2(1 - \log_{10} 2)$$
$$\log_{10} 3 < \frac{3}{5} - \frac{2}{5}\log_{10} 2$$

① を用いると

$$(\text{右辺}) < \frac{3}{5} - \frac{2}{5}\cdot\frac{3}{10} = \frac{12}{25}$$

となるから

$$\log_{10} 3 < \frac{12}{25} \quad \cdots③$$

ここで再度 ② を用いる．$\log_{10} 2$ について整理して

$$\log_{10} 2 < \frac{4}{3}\log_{10} 3 - \frac{1}{3}$$

③ を用いると

$$(\text{右辺}) < \frac{4}{3}\cdot\frac{12}{25} - \frac{1}{3} = \frac{23}{75}$$

となるから

$$\log_{10} 2 < \frac{23}{75}$$

（2）　$\left(\frac{5}{9}\right)^n$ の小数第5位に初めて0でない数が現れるとき

$$10^{-5} \leqq \left(\frac{5}{9}\right)^n < 10^{-4}$$

両辺の逆数をとると

$$10^4 < \left(\frac{9}{5}\right)^n \leqq 10^5$$

次に両辺の常用対数をとると

$$4 < n\{2\log_{10} 3 - (1 - \log_{10} 2)\} \leqq 5$$
$$4 < n(2\log_{10} 3 + \log_{10} 2 - 1) \leqq 5$$

さらに $A = 2\log_{10} 3 + \log_{10} 2 - 1$ とおくと

$$4 < nA \leqq 5$$
$$\frac{4}{A} < n \leqq \frac{5}{A} \quad \cdots④$$

と変形できる．ここで（1）より

$$2\cdot\frac{19}{40} + \frac{3}{10} - 1 < A < 2\cdot\frac{12}{25} + \frac{23}{75} - 1$$
$$\frac{1}{4} < A < \frac{4}{15}$$

であるから，これを用いて ④ に現れた $\frac{4}{A}$ と $\frac{5}{A}$ をそれぞれ評価すると

$$15 < \frac{4}{A} < 16,\ 18.75 < \frac{5}{A} < 20$$

となる．したがって ④ をみたす最小の自然数は $\boldsymbol{n = 16}$ とわかる．

注意　$\mathbf{\log_{10} 5 = 1 - \log_{10} 2}$ は

$$\log_{10} 5 = \log_{10} \frac{10}{2} = 1 - \log_{10} 2$$

とすることで導けます．よく使うので覚えておくとよいでしょう．

第5章　微分法

●1　微分係数と導関数・接線

問題108

考え方　（微分の基本公式）

n を自然数とし，$f(x)$，$g(x)$ を微分可能な関数としたとき

（ア）　$\boldsymbol{(f(x)+g(x))'=f'(x)+g'(x)}$

（イ）　$\boldsymbol{(kf(x))'=kf'(x)}$（$k$ は定数）

（ウ）　$\boldsymbol{(x^n)'=nx^{n-1}}$

が成り立ちます（（ウ）は問題**111**で証明します）．これを用いることにより例えば

$$f(x)=x^3-3x^2+4$$

の導関数 $f'(x)$ は

$$f'(x)=(x^3)'-(3x^2)'+(4)'$$
$$=3x^2-3\cdot 2x+0=3x^2-6x$$

と計算することができます．

（２）(iii)(iv)　上の公式だけで微分しようとすると，式を展開する必要があり面倒です．そこで次の公式を用います．

（エ）　$\boldsymbol{(f(x)g(x))'=f'(x)g(x)+f(x)g'(x)}$

（オ）　$\boldsymbol{\{(x+p)^n\}'=n(x+p)^{n-1}}$

（カ）　$\boldsymbol{\{(ax+b)^n\}'=an(ax+b)^{n-1}}$

（エ）は**積の微分の公式**，（オ），（カ）は**合成関数の微分の公式**の特別な場合で，ともに数学 III で習う公式ですが，便利なので使えるようにしておきましょう．

※公式（カ）では x の係数 a をかけるのを忘れないように注意！

解答

（１）　$f(x)=x^3-3x^2+6x-9$ より

$$f(3+h)=(3+h)^3-3(3+h)^2+6(3+h)-9$$
$$=h^3+6h^2+15h+9$$

また $f(3)=9$ より

$$\lim_{h\to 0}\frac{f(3+h)-f(3)}{h}$$
$$=\lim_{h\to 0}\frac{h^3+6h^2+15h}{h}$$
$$=\lim_{h\to 0}(h^2+6h+15)=\mathbf{15}$$

（２）（ i ）　$y=4x^3-x^2+x-1$ より

$$y'=4\cdot 3x^2-2x+1$$
$$\boldsymbol{=12x^2-2x+1}$$

（ii）　$y=(x^2+x+1)(-x^2+3x)$ より

$$y'=(2x+1)(-x^2+3x)+(x^2+x+1)(-2x+3)$$
$$=(-2x^3+5x^2+3x)+(-2x^3+x^2+x+3)$$
$$\boldsymbol{=-4x^3+6x^2+4x+3}$$

（iii）　$y=(x+1)^3$ より

$$\boldsymbol{y'=3(x+1)^2}$$

（iv）　$y=(2x-3)^5$ より

$$y'=2\cdot 5(2x-3)^4$$
$$\boldsymbol{=10(2x-3)^4}$$

別解

（１）　求める値は $f(x)$ の $x=3$ における微分係数（$f'(3)$ の値のこと，微分係数については問題**111**も参照）ですから，次のように計算することもできます．

$f(x)=x^3-3x^2+6x-9$ より

$$f'(x)=3x^2-6x+6$$

よって

$$\lim_{h\to 0}\frac{f(3+h)-f(3)}{h}=f'(3)=\mathbf{15}$$

（２）(ii)　一旦展開してから微分する．

$$y=-x^4+2x^3+2x^2+3x$$
$$\boldsymbol{y'=-4x^3+6x^2+4x+3}$$

問題 109

考え方 （接線の方程式）

$y=f(x)$ の $(t, f(t))$ における接線の傾きは $f'(t)$ であることから（問題 **111** の**注意**），接線の方程式は

$$\boldsymbol{y=f'(t)(x-t)+f(t)}$$

と表せます.

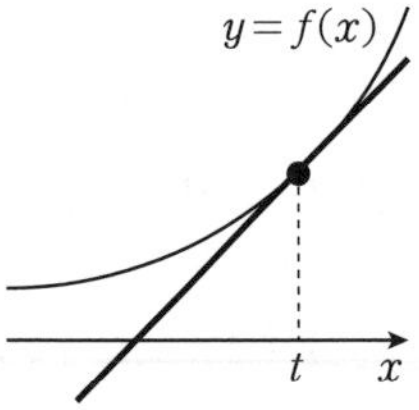

接線に関する問題の多くは，接点の x 座標を主役にして計算を進めます.

（３） 接点の座標がわからないので，**接点の x 座標を t とおきましょう.**

解答

（１） $y=x^3-5x$ より

$$y'=3x^2-5$$

だから $(2, -2)$ における接線の傾きは

$$3\cdot 2^2-5=7$$

である. したがって接線の方程式は

$$y=7(x-2)-2$$

$$\boldsymbol{y=7x-16}$$

（２） $y'=-2$ のときだから

$$3x^2-5=-2$$

$$3x^2=3$$

$$x^2=1 \quad \therefore \quad x=\pm 1$$

よって接点の座標は $(1, -4)$，$(-1, 4)$ で，接線の方程式はそれぞれ

$$y=-2(x-1)-4$$

および

$$y=-2(x+1)+4$$

である. したがって

$$\boldsymbol{y=-2x-2,\ y=-2x+2}$$

（３） 接点の x 座標を t とおく. $y=x^3$ より

$$y'=3x^2$$

であるから，(t, t^3) における接線の傾きは $3t^2$ で，接線の方程式は

$$y=3t^2(x-t)+t^3$$

$$y=3t^2x-2t^3$$

である. これが $(-1, 0)$ を通るから

$$0=-3t^2-2t^3$$

$$t^2(2t+3)=0$$

$$t=0,\ -\frac{3}{2}$$

したがって接線の方程式は

$$\boldsymbol{y=0,\ y=\frac{27}{4}x+\frac{27}{4}}$$

問題 110

考え方 （極限が存在するための条件）

$\displaystyle\lim_{x\to a}\frac{f(x)}{g(x)}=$（有限値）かつ $\displaystyle\lim_{x\to a}g(x)=0$ ならば

$$\boldsymbol{\lim_{x\to a}f(x)=0}$$

が成り立つ必要があります（→**注意**）.

解答

$\displaystyle\lim_{x\to 3}\frac{ax^2+bx}{x-3}$ が有限値 12 に収束するから

$$\lim_{x\to 3}(ax^2+bx)=0$$

$$9a+3b=0$$

$$b=-3a \quad \cdots①$$

が必要である. このとき

$$\lim_{x\to 3}\frac{ax^2+bx}{x-3}=\lim_{x\to 3}\frac{ax^2-3ax}{x-3}$$

$$=\lim_{x\to 3}\frac{ax(x-3)}{x-3}=\lim_{x\to 3}ax=3a$$

となり，これが 12 となるから

$$3a = 12 \quad \therefore \quad \boldsymbol{a = 4}$$

このとき ① より $\boldsymbol{b = -12}$

注意　極限が有限値 12 となり分母が 0 に近づくとき

$$\frac{0.0000000012}{0.0000000001} \to 12$$

のように分子も 0 に近づく必要があります.

問題 111

考え方　(導関数の定義)

$f(x)$ の導関数 $f'(x)$ の定義

$$\boldsymbol{f'(x) = \lim_{h \to 0} \frac{f(x+h) - f(x)}{h}}$$

に基づいて計算します (→**注意**).

解答

$f(x) = x^n$ より

$$f(x+h) = (x+h)^n$$
$$= {}_nC_0x^n + {}_nC_1x^{n-1}h + {}_nC_2x^{n-2}h^2$$
$$\cdots + {}_nC_{n-1}xh^{n-1} + {}_nC_nh^n$$

であるから

$$f'(x) = \lim_{h \to 0} \frac{f(x+h) - f(x)}{h}$$
$$= \lim_{h \to 0} \frac{{}_nC_1x^{n-1}h + \cdots + {}_nC_nh^n}{h}$$
$$= \lim_{h \to 0}({}_nC_1x^{n-1} + \cdots + {}_nC_nh^{n-1})$$
$$= {}_nC_1x^{n-1} = \boldsymbol{nx^{n-1}}$$

注意　関数 $f(x)$ の導関数 $f'(x)$ は $f(x)$ の $x = a$ における微分係数 $f'(a)$ をもとに定義します. ここではまず微分係数の定義から確認しましょう. 微分係数は図形的にはグラフ $y = f(x)$ の $x = a$ における接線の傾きを意味し，それは次のような式

$$\boldsymbol{f'(a) = \lim_{x \to a} \frac{f(x) - f(a)}{x - a}}$$

になります (厳密には微分係数の定義が先にあり，そこから接線の傾きを定義するのが本来の流れなのですが，とりあえずは上のような理解で結構です).

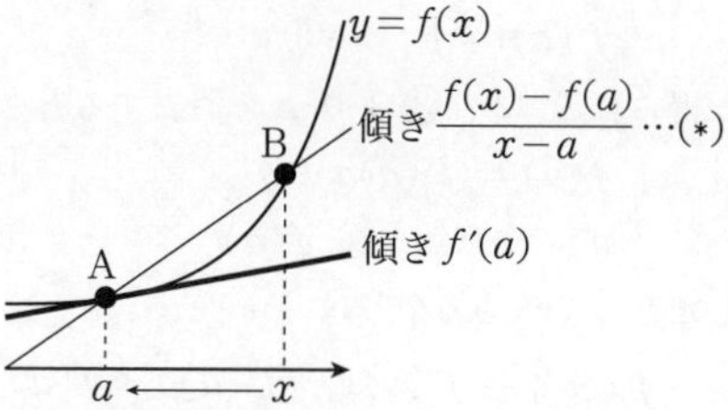

x を a に近づけると点 B が点 A に近づき，(*) は接線の傾きに近づく.

導関数の式は微分係数の定義式を変形することによって導きます.

上の式において $x - a = h$ とおくと $x \to a$ のとき $h \to 0$ ですから

$$f'(a) = \lim_{h \to 0} \frac{f(a+h) - f(a)}{h}$$

とかけます. ここで a を x と置き換えて

$$\boldsymbol{f'(x) = \lim_{h \to 0} \frac{f(x+h) - f(x)}{h}}$$

が得られます.

問題 112

考え方

x の整式 $f(x)$ が $(x-a)^2$ で割り切れる

$$\iff \boldsymbol{f(a) = f'(a) = 0}$$

は重要な同値関係で，いろいろな場面で使います. 必ず覚えておきましょう.

解答

(1)　$f(x)$ を $(x-a)^2$ で割ったときの商を $Q(x)$，余りを $px + q$ とおくと

$$f(x) = (x-a)^2Q(x) + px + q \quad \cdots①$$

である. $x = a$ を代入して

$$f(a) = pa + q \quad \cdots②$$

また ① を x で微分すると

$$f'(x) = 2(x-a)Q(x)$$

$$+(x-a)^2Q'(x)+p$$

となり，再び $x=a$ を代入して

$$f'(a)=p \quad \cdots③$$

が得られる．②，③ より p を消去すると

$$f(a)=f'(a)a+q$$

$$q=-f'(a)a+f(a)$$

したがって求める余りは

$$px+q=f'(a)x-f'(a)a+f(a)$$

$$=\boldsymbol{f'(a)(x-a)+f(a)}$$

次に $f(x)$ が $(x-a)^2$ で割り切れるとき，余りが 0 だから

$$p=0 \text{ かつ } q=0$$

$$f'(a)=0 \text{ かつ } -f'(a)a+f(a)=0$$

$$f(a)=f'(a)=0$$

これが求める必要十分条件である．

（２）　$f(x)=x^n+ax+b$ とおくと

$$f'(x)=nx^{n-1}+a$$

$f(x)$ が $(x-1)^2$ で割り切れるとき，（１）より

$$f(1)=f'(1)=0$$

であるから

$$1+a+b=0 \ \cdots④ \text{ かつ } n+a=0 \ \cdots⑤$$

である．⑤ より $\boldsymbol{a=-n}$ で，これを ④ に代入して

$$1-n+b=0 \quad \therefore \quad \boldsymbol{b=n-1}$$

注意　① を x で微分する際，$(x-a)^2Q(x)$ に対して積の微分の公式を用いました．

問題113

考え方　（2 曲線が接する条件）

2 曲線 $y=f(x)$ と $y=g(x)$ が $x=a$ で共通の接線をもつ必要十分条件は

$$\begin{cases} \boldsymbol{f(a)=g(a)} & \text{（共有点である）} \\ \boldsymbol{f'(a)=g'(a)} & \text{（接線の傾きが等しい）} \end{cases}$$

です．よく使う式なので覚えておくとよいでしょう．

なお，この条件をみたす 2 曲線を「$x=a$ において接する」と表現することがあります．

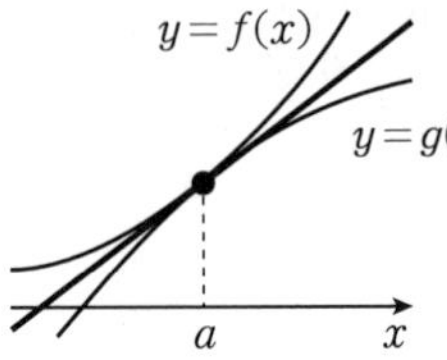

解答

（１）　$f(x)=-x^3+ax^2+b$ より

$$f'(x)=-3x^2+2ax$$

$g(x)=-x^2+bx+a$ より

$$g'(x)=-2x+b$$

であることに注意する．

$y=f(x)$ と $y=g(x)$ が $(1, 7)$ で接線を共有する条件は

$$f(1)=g(1)=7 \quad \cdots①$$

かつ

$$f'(1)=g'(1) \quad \cdots②$$

である．① より

$$-1+a+b=-1+b+a=7$$

$$a+b=8 \quad \cdots③$$

② より

$$-3+2a=-2+b$$

$$2a-b=1 \quad \cdots④$$

③，④ を連立して解くと $\boldsymbol{a=3}$，$\boldsymbol{b=5}$

（２）　$f'(x)=-3x^2+6x$ より

$$f'(1)=3$$

であるから，$(1, 7)$ における接線 l の方程式は

$$y=3(x-1)+7$$

$$\boldsymbol{y=3x+4}$$

注意　さて，ここで次の命題の証明を考えてみます. 今後いろいろな問題で使うので，必ずおさえておきましょう.

> **例題**　目標時間 15 分
> 2 曲線 $y=f(x)$ と $y=g(x)$ が $x=a$ で接線を共有するとき，方程式 $f(x)=g(x)$ は $x=a$ を重解にもつことを示せ.
> ただし $f(x)$，$g(x)$ は整式である.

解答

$h(x)=f(x)-g(x)$ とおく. 2 曲線 $y=f(x)$，$y=g(x)$ が $x=a$ で接線を共有するとき

$f(a)=g(a)$ かつ $f'(a)=g'(a)$

$f(a)-g(a)=0$ かつ $f'(a)-g'(a)=0$

すなわち

$$h(a)=h'(a)=0$$

が成り立つ. よって **問題 112**（1）より $h(x)$ は $(x-a)^2$ で割り切れ，したがって方程式 $h(x)=0$ すなわち $f(x)=g(x)$ は $x=a$ を重解にもつ.

問題 114

考え方

（2）　2 直線が垂直のとき，傾きどうしの積は -1 であることから立式しましょう.
（3）　（2）の条件式をみたすような a が存在する条件を考えます. 置き換えをすることにより，2 次方程式の解の配置の問題に帰着させることができます.

解答

（1）　$y=x^3-kx$ より

$$y'=3x^2-k$$

であるから，点 $\mathrm{A}(a,\ a^3-ka)$ における接線 l_1 の方程式は

$$y=(3a^2-k)(x-a)+a^3-ka$$
$$y=(3a^2-k)x-2a^3$$

である. $y=x^3-kx$ と連立して

$$x^3-kx=(3a^2-k)x-2a^3$$
$$x^3-3a^2x+2a^3=0 \quad \cdots(*)$$
$$(x+2a)(x-a)^2=0 \quad \cdots(**)$$
$$x=-2a,\ a$$

したがって点 B の x 座標は $\boldsymbol{-2a}$ である.

（2）　（1）より l_2 の傾きは

$$3\cdot(-2a)^2-k=12a^2-k$$

である. l_1 と l_2 が直交するとき

$$(3a^2-k)(12a^2-k)=-1$$
$$\boldsymbol{36a^4-15ka^2+k^2+1=0}$$

これが求める条件である.

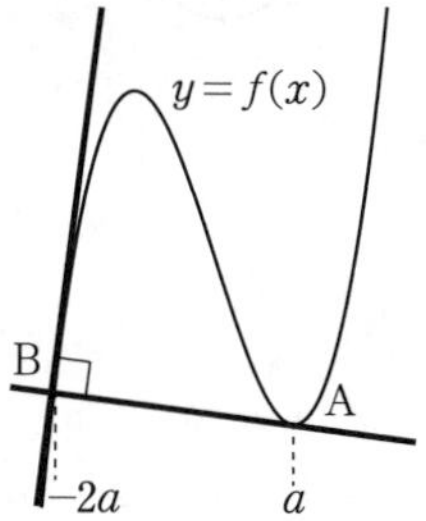

（3）　$a^2=t\ (t>0)$ とおくと

$$36t^2-15kt+k^2+1=0 \quad \cdots①$$

①が $t>0$ において少なくとも 1 つ解をもつ条件を求める.

$f(t)=36t^2-15kt+k^2+1$ とおき，グラフ $y=f(t)$ を考える.

$$f(0)=k^2+1>0$$

が成り立つから次の 2 条件「判別式 $D\geqq 0$」「軸 >0」が求める条件である.

なお

$$f(t)=36\left(t-\frac{5}{24}k\right)^2-36\left(\frac{5}{24}k\right)^2+k^2+1$$

より軸は $t=\frac{5}{24}k$ であることに注意する.

(ア) 判別式 $D \geqq 0$

$$D=(-15k)^2-4\cdot 36(k^2+1) \geqq 0$$
$$9(9k^2-16) \geqq 0$$
$$9(3k+4)(3k-4) \geqq 0$$
$$k \leqq -\frac{4}{3},\ k \geqq \frac{4}{3} \quad \cdots②$$

(イ) 軸 >0

$$\frac{5}{24}k>0 \quad \therefore \quad k>0 \quad \cdots③$$

②, ③ より求める k の範囲は

$$\boldsymbol{k \geqq \frac{4}{3}}$$

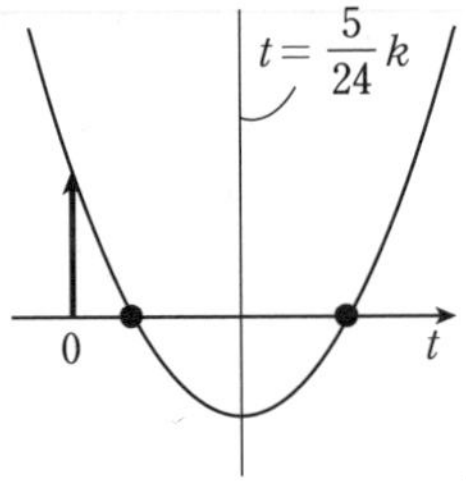

注意 (1)で(*)を(**)と因数分解できるのは, C と l_1 が $x=a$ で接することからすぐにわかります. なお解と係数の関係を用いて点Bの x 座標を求めることもでき, (*)の3つの解を a, a, α とすると

$$a+a+\alpha=0 \quad \therefore \quad \alpha=-2a$$

したがってBの x 座標は $-2a$ です.

●2 関数の値の変化と最大・最小

問題115

考え方 (関数の増減について)

微分可能な関数 $f(x)$ が区間 I において

$f'(x)>0 \Rightarrow f(x)$ は I で増加

$f'(x)<0 \Rightarrow f(x)$ は I で減少

が成り立ちます. これは $f'(x)$ の符号がわかれば $f(x)$ の増減もわかることを意味し, ここから $y=f(x)$ のグラフの概形をかくことができます(この際, **増減表**とよばれる表を書きます. なお $f'(x)$ の符号からはグラフの凹凸まではわかりませんが, これは数学 III で学びます).

上の事実は, 接線の傾きが正ならばグラフは増加していて, 傾きが負ならばグラフは減少しているという, 感覚的にほぼ明らかなことから説明が可能です(これも厳密には数学 III で学ぶ「平均値の定理」を用いて証明します).

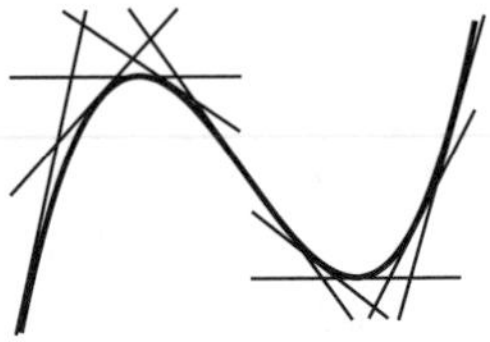

(極値について)

$x=\alpha$ において $f(x)$ が増加から減少に変わるならば $f(x)$ は $x=\alpha$ で極大値 $f(\alpha)$ をとるといい, $x=\alpha$ で $f(x)$ が減少から増加に変わるならば $f(x)$ は $x=\alpha$ で極小値 $f(\alpha)$ をとるといいます.

最初の増減の話と併せると次のことがいえます.

$f'(x)$ の符号が変化する地点で $f(x)$ は極値をとる.

これはよく使う事実なので必ず理解して, 使いこなせるようにしておいてください.

(2) $f'(x)=0$ を解く際に解の公式が必要となる問題では, 極値の計算が面倒な場合が多いです. そこで **$f(x)$ を $f'(x)$ で割り算をして, 次数を下げることを考えます.**

解答

(1) $f(x)=x^3-x^2-x+1$ より

$$f'(x)=3x^2-2x-1$$
$$=(3x+1)(x-1)$$

よって増減表は次のようになる．

x	$\cdots$	$-\frac{1}{3}$	$\cdots$	1	$\cdots$
$f'(x)$	$+$	0	$-$	0	$+$
$f(x)$	↗		↘		↗

したがって $x=-\frac{1}{3}$ のとき極大値 $\mathbf{\frac{32}{27}}$，
$x=1$ のとき極小値 **0** をとる．

（2） $f(x)=-x^3+6x^2+3x$ より

$$f'(x)=-3x^2+12x+3$$
$$=-3(x^2-4x-1)$$

$f'(x)=0$ を解くと $x=2\pm\sqrt{5}$ となり，
増減表は次のようになる．

x	$\cdots$	$2-\sqrt{5}$	$\cdots$	$2+\sqrt{5}$	$\cdots$
$f'(x)$	$-$	0	$+$	0	$-$
$f(x)$	↘		↗		↘

ここで $f(x)$ を x^2-4x-1 で割ると，商は $-x+2$，余りは $10x+2$ となる．よって

$$f(x)=(x^2-4x-1)(-x+2)+10x+2$$

とかけるから

$$f(2-\sqrt{5})=10(2-\sqrt{5})+2$$
$$=22-10\sqrt{5}$$
$$f(2+\sqrt{5})=10(2+\sqrt{5})+2$$
$$=22+10\sqrt{5}$$

したがって $x=2-\sqrt{5}$ のとき極小値
$\mathbf{22-10\sqrt{5}}$，$x=2+\sqrt{5}$ のとき極大値
$\mathbf{22+10\sqrt{5}}$ をとる．

（3） $f(x)=-x^4+4x^3$ より

$$f'(x)=-4x^3+12x^2$$
$$=-4x^2(x-3)$$

よって増減表は次のようになる．

x	$\cdots$	0	$\cdots$	3	$\cdots$
$f'(x)$	$+$	0	$+$	0	$-$
$f(x)$	↗		↗		↘

したがって $x=3$ のとき極大値 **27** をとる．

注意　$f'(x)$ の符号を判断するには $y=f'(x)$ のグラフをかいてみると，わかりやすくてよいでしょう．例えば（1）（2）では次のようになり，$f'(x)$ の符号がどのように変化するか一目瞭然です．

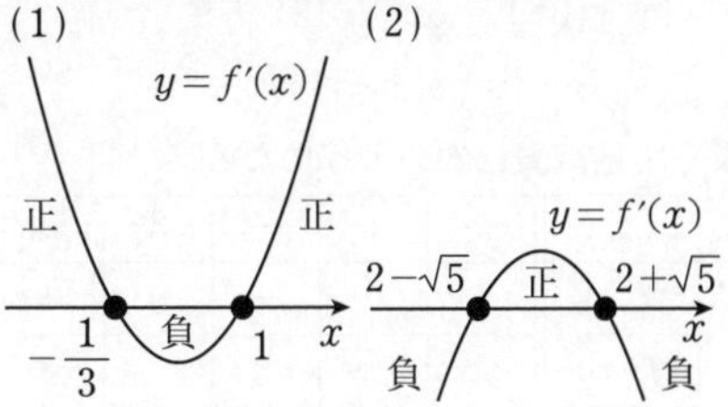

（3）で $f'(x)=-4x^2(x-3)$ は3次関数ですが $4x^2\geqq 0$ より実質 $-(x-3)$ の符号を考えれば十分で，$x=3$ を境に符号が正→負に変化します（$x=0$ でも $f'(x)=0$ となりますが，この前後では符号が変化しないことに注意してください）．

問題 116

考え方　（極値をとるための必要条件）
微分可能な関数 $f(x)$ が $x=\alpha$ で極値をとるとき

$$\boldsymbol{f'(\alpha)=0}$$

が成り立ちます（逆は必ずしも成り立ちません→**注意**）．

解答

$f(x)=x^3+ax^2+bx+c$ より

$$f'(x)=3x^2+2ax+b$$

である．$x=1,\ 3$ で極値をとるから

$$f'(1)=3+2a+b=0 \quad \cdots①$$
$$f'(3)=27+6a+b=0 \quad \cdots②$$

が成り立つ．また $x=1$ のとき極大値 0 をとるから

$$f(1)=1+a+b+c=0 \quad \cdots③$$

①, ②, ③ を連立して解くと

$$\boldsymbol{a=-6,\ b=9,\ c=-4}$$

逆にこのとき

$$f(x)=x^3-6x^2+9x-4$$

より

$$f'(x)=3x^2-12x+9$$
$$=3(x-1)(x-3)$$

よって増減表は次のようになる.

x	$\cdots$	1	$\cdots$	3	$\cdots$
$f'(x)$	+	0	−	0	+
$f(x)$	↗		↘		↗

したがって題意をみたし, $x=3$ のとき極小値 $\boldsymbol{-4}$ をとる.

注意　問題**115**(3) の増減表をみてください. $f'(0)=0$ が成り立ちますが, $x=0$ では極値をとっていません.
すなわち $f'(\alpha)=0$ が成り立つからといって, 必ずしも $f(x)$ が $x=\alpha$ で極値をとるとは限らないわけです.
$f'(1)=f'(3)=0$ は $f(x)$ が $x=1$, 3 で極値をとるための必要条件であり, $a=-6, b=9, c=-4$ のとき, $f(x)$ が $x=1$, $x=3$ で極値をとること (十分性) の確認が必須です.

問題117

考え方　a の範囲で丁寧に場合分けをしましょう.

解答

$f(x)=x^3-3x$ より

$$f'(x)=3x^2-3=3(x+1)(x-1)$$

よって増減表は次のようになる.

x	$\cdots$	−1	$\cdots$	1	$\cdots$
$f'(x)$	+	0	−	0	+
$f(x)$	↗		↘		↗

ただし $f(-1)=2$, $f(1)=-2$ である.
(最小値について)

(ア)　$\boldsymbol{-\sqrt{3} \leqq a \leqq 0}$ のとき

$x=-\sqrt{3}$ のとき最小値 **0** をとる.

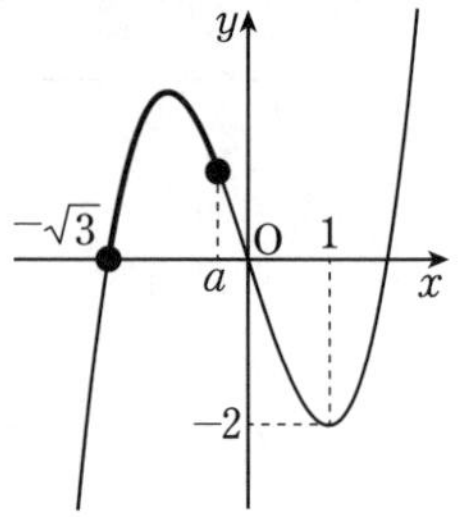

(イ)　$\boldsymbol{0 \leqq a \leqq 1}$ のとき

$x=a$ のとき最小値 $\boldsymbol{a^3-3a}$ をとる.

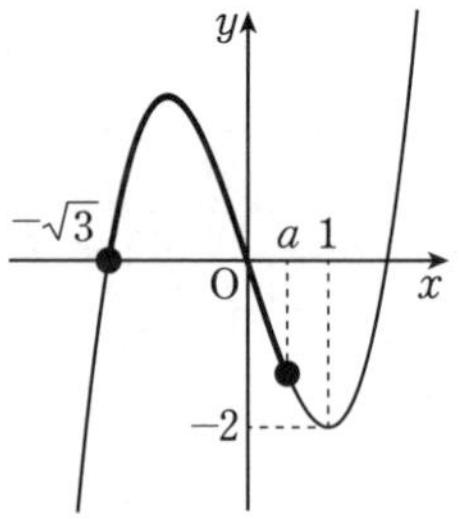

(ウ)　$\boldsymbol{a \geqq 1}$ のとき

$x=1$ のとき最小値 $\boldsymbol{-2}$ をとる.

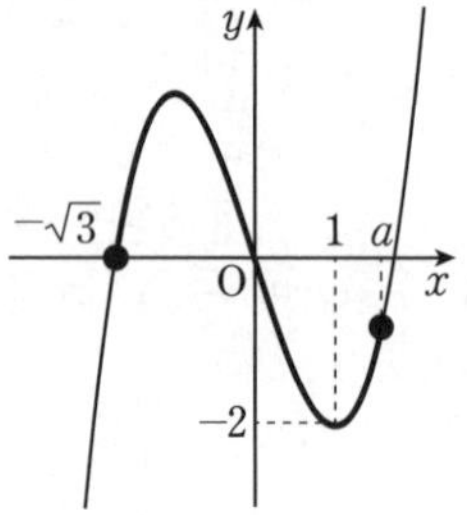

(最大値について)
場合分けの境目のひとつは

$$f(x)=f(-1)=2$$

となる x 座標である. 先にこの x 座標を求める.

$$f(x)=2$$

$x^3-3x=2$

$x^3-3x-2=0$

$(x+1)^2(x-2)=0$

$x=-1,\ 2$

(エ)　$\boldsymbol{-\sqrt{3} \leqq a \leqq -1}$ のとき

$x=a$ のとき最大値 $\boldsymbol{a^3-3a}$ をとる.

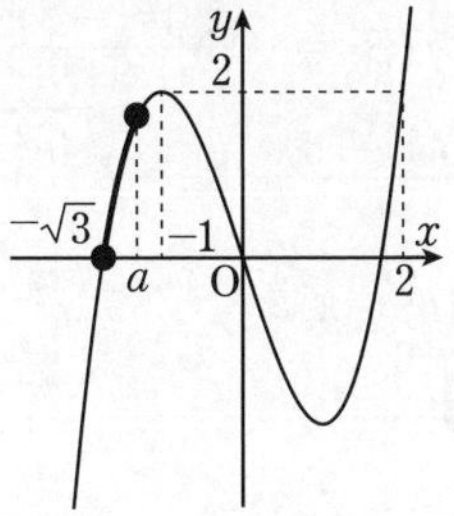

(オ)　$\boldsymbol{-1 \leqq a \leqq 2}$ のとき

$x=-1$ のとき最大値 **2** をとる.

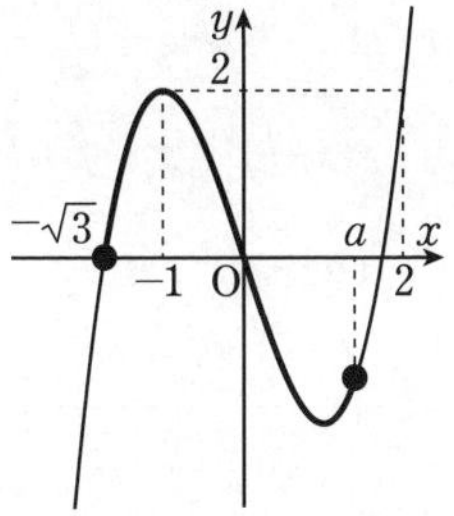

(カ)　$\boldsymbol{a \geqq 2}$ のとき

$x=a$ のとき最大値 $\boldsymbol{a^3-3a}$ をとる.

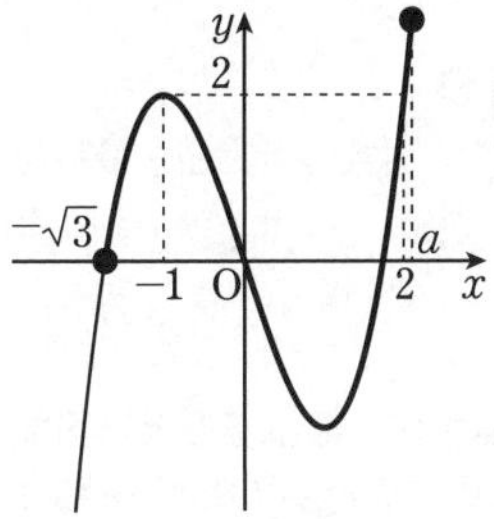

問題 118

考え方　(極値をとるための条件)

一般に微分可能な関数 $f(x)$ が極値をとる必要十分条件は，$f'(x)$ の符号が変化することです(問題 **115** の増減表などで確認してみましょう).

本問のように $f(x)$ が 3 次関数の場合，$f'(x)$ は 2 次関数になりますから，グラフ $y=f'(x)$ が x 軸と 2 つの交点をもつ(すなわち $f'(x)=0$ が異なる 2 つの実数解をもつ($\Longleftrightarrow$ 判別式 $D>0$))とき，$f'(x)$ は 2 回符号変化をして，$f(x)$ は極大値と極小値をとります.

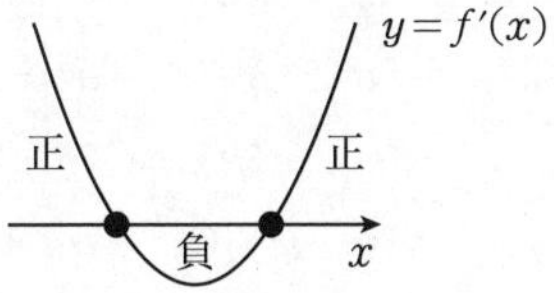

$D>0$ のとき $f'(x)$ は符号変化をする

(極値の差)

いくつか計算方法があり，

(ア)　解と係数の関係(→**解答**)

(イ)　割り算による次数下げ(→**別解 1**)

(ウ)　定積分と $\dfrac{1}{6}$ 公式(→**別解 2**)

が有名です.

解答

$f(x)=x^3+kx^2-(k^2-1)x$ より

$$f'(x)=3x^2+2kx-(k^2-1)$$

$f(x)$ が極大値と極小値をとるのは $f'(x)$ が 2 回符号変化をするときで，これは $f'(x)=0$ が異なる 2 つの実数解をもつときである.

$f'(x)=0$ の判別式を D とすると

$$\frac{D}{4}=k^2+3(k^2-1)>0$$

$$k^2>\frac{3}{4}$$

$$\boldsymbol{k<-\frac{\sqrt{3}}{2},\ k>\frac{\sqrt{3}}{2}} \quad \cdots①$$

また $f'(x)=0$ において解と係数の関係より

$$\alpha+\beta=-\frac{2k}{3},\ \alpha\beta=-\frac{k^2-1}{3}$$

さらに $\alpha<\beta$ に注意すると，解の公式より

$$\alpha-\beta=-\frac{2\sqrt{4k^2-3}}{3}$$

である．

$$f(\alpha)=\alpha^3+k\alpha^2-(k^2-1)\alpha$$
$$f(\beta)=\beta^3+k\beta^2-(k^2-1)\beta$$

より極大値と極小値の差は

$$\begin{aligned}
&f(\alpha)-f(\beta)\\
&=(\alpha^3-\beta^3)+k(\alpha^2-\beta^2)\\
&\qquad-(k^2-1)(\alpha-\beta)\\
&=(\alpha-\beta)\{(\alpha^2+\alpha\beta+\beta^2)\\
&\qquad+k(\alpha+\beta)-(k^2-1)\}\\
&=(\alpha-\beta)\{(\alpha+\beta)^2-\alpha\beta\\
&\qquad+k(\alpha+\beta)-(k^2-1)\}\\
&=-\frac{2\sqrt{4k^2-3}}{3}\left\{\left(-\frac{2k}{3}\right)^2\right.\\
&\left.-\left(-\frac{k^2-1}{3}\right)+k\cdot\left(-\frac{2k}{3}\right)-(k^2-1)\right\}\\
&=-\frac{2\sqrt{4k^2-3}}{3}\cdot\frac{2}{9}(3-4k^2)\\
&=\boldsymbol{\frac{4}{27}(4k^2-3)^{\frac{3}{2}}}
\end{aligned}$$

よって極大値と極小値の差が 4 のとき

$$\frac{4}{27}(4k^2-3)^{\frac{3}{2}}=4$$
$$(4k^2-3)^{\frac{3}{2}}=27$$
$$4k^2-3=9$$
$$k^2=3 \quad \therefore \quad k=\pm\sqrt{3}$$

これは ① をみたす．

別解1

$f(x)$ を $f'(x)$ で割ると商が $\frac{1}{3}x+\frac{1}{9}k$ で，余りが $-\frac{2(4k^2-3)}{9}x+\frac{1}{9}k(k^2-1)$ となる．よって

$$f(x)=f'(x)\left(\frac{1}{3}x+\frac{1}{9}k\right)$$
$$\qquad-\frac{2(4k^2-3)}{9}x+\frac{1}{9}k(k^2-1)$$

とかける．$f'(\alpha)=f'(\beta)=0$ に注意して

$$\begin{aligned}
f(\alpha)-f(\beta)&=-\frac{2(4k^2-3)}{9}(\alpha-\beta)\\
&=-\frac{2(4k^2-3)}{9}\cdot\left(-\frac{2\sqrt{4k^2-3}}{3}\right)\\
&=\boldsymbol{\frac{4}{27}(4k^2-3)^{\frac{3}{2}}}
\end{aligned}$$

別解2

$$\begin{aligned}
&f(\alpha)-f(\beta)\\
&=\int_\beta^\alpha f'(x)\,dx\\
&=\int_\beta^\alpha\{3x^2+2kx-(k^2-1)\}\,dx\\
&=3\int_\beta^\alpha(x-\alpha)(x-\beta)\,dx\\
&=-\frac{3}{6}(\alpha-\beta)^3\\
&=-\frac{1}{2}\left(-\frac{2\sqrt{4k^2-3}}{3}\right)^3\\
&=\boldsymbol{\frac{4}{27}(4k^2-3)^{\frac{3}{2}}}
\end{aligned}$$

問題 119

考え方 関数の最大値・最小値に関する問題で，定数（本問では a）の範囲で場合分けすると大変なときは，次の手順で求めます．

（ⅰ） **最大値・最小値をとる可能性のある y 座標を先に求める（端点 or 極値）．**

（ⅱ） **（ⅰ）を a の関数とみてグラフをかき，最大値・最小値を求める（一番上側にあるグラフが最大，一番下側にあるグラフが最小となる）．**

ただし極値が最大値・最小値となるのは，極値をとる x 座標が与えられた x の範囲の中にある場合に限ることに注意しましょう．

解答

$f(x)=-\frac{1}{3}x^3+\frac{1}{2}x^2+2x$ より

$$f'(x)=-x^2+x+2$$
$$=-(x+1)(x-2)$$

よって増減表は次のようになる．

x	$\cdots$	-1	$\cdots$	2	$\cdots$
$f'(x)$	$-$	0	$+$	0	$-$
$f(x)$	↘		↗		↘

$f(-1)=-\frac{7}{6}$，$f(2)=\frac{10}{3}$ より

$y=f(x)$ のグラフは次図のようになる．

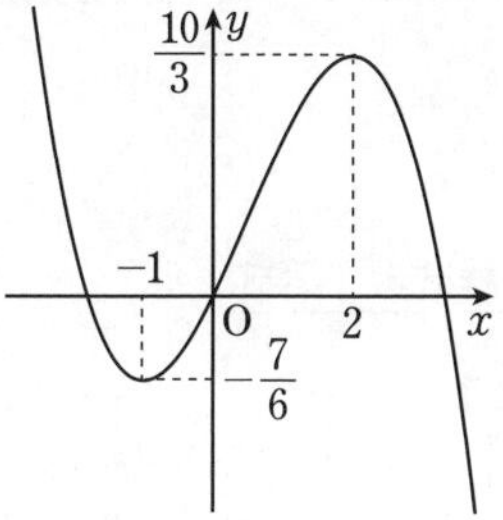

よって $a \leqq x \leqq a+2$ において最大値と最小値の候補となるのは

C : $b=f(a)$

D : $b=f(a+2)$

E : $b=f(-1)=-\frac{7}{6}$

F : $b=f(2)=\frac{10}{3}$

のいずれかである．

ただし E が候補となるのは $a \leqq x \leqq a+2$ に $x=-1$ を含むとき，すなわち

$$a \leqq -1 \leqq a+2 \quad \therefore \quad -3 \leqq a \leqq -1$$

のときで，同様に F が候補となるのは $a \leqq x \leqq a+2$ に $x=2$ を含むとき，すなわち

$$a \leqq 2 \leqq a+2 \quad \therefore \quad 0 \leqq a \leqq 2$$

のときであることに注意する．

次に C と D の交点を求める．

$$f(a)=f(a+2)$$

を整理すると

$$3a^2+3a-5=0$$
$$a=\frac{-3\pm\sqrt{69}}{6}$$

よってグラフ C，D，E，F は下図となる．

したがって $b=g(a)$ は太線部，$b=h(a)$ は太破線部である．ただし図中の α，β は

$$\alpha=\frac{-3-\sqrt{69}}{6},\ \beta=\frac{-3+\sqrt{69}}{6}$$

である．

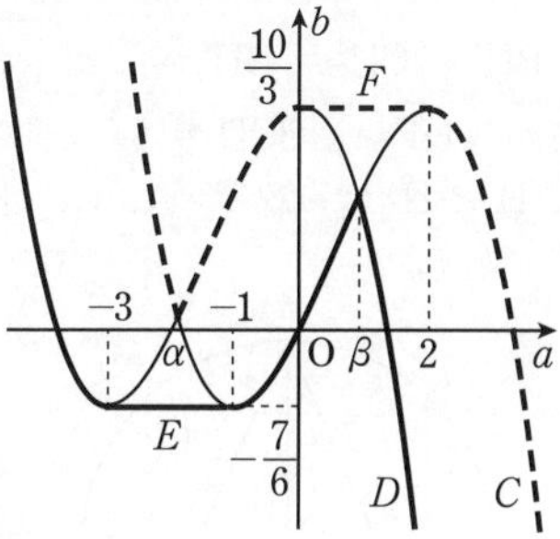

注意 （C，D のグラフのかきかた）

C は $y=f(x)$ のグラフと同一で（式をみればすぐにわかる），D は C を a 軸方向に -2 平行移動したグラフです．

問題120

考え方 変数設定が問題です．**解答**の図において BH を主役の変数とすると，高さがルートの入った式となり後の計算が面倒になります．それに対し高さ（の一部分）にあたる OH を主役として x などとおけば，△BCD の面積を表した式にはルートが出てきません．ですので，こちらを主役としたほうがよいでしょう．

なお，A から底面 BCD に下ろした垂線の足と，球の中心から底面 BCD に下ろした

垂線の足は一致し，その足は $\triangle$BCD の外心となります．

解答

外接球の中心を O とすると

$$\mathrm{OB}=\mathrm{OC}=\mathrm{OD}=1$$

である．また O から $\triangle$BCD に下ろした垂線の足を H とすると，三平方の定理より

$$\mathrm{BH}=\mathrm{CH}=\mathrm{DH}=\sqrt{1-\mathrm{OH}^2}$$

となるから H は $\triangle$BCD の外心である．

次に $\mathrm{AB}=\mathrm{AC}=\mathrm{AD}=a$ とおく．

A から $\triangle$BCD に下ろした垂線の足を H′ とすると，三平方の定理より

$$\mathrm{BH'}=\mathrm{CH'}=\mathrm{DH'}=\sqrt{a^2-\mathrm{AH'}^2}$$

となるから H′ も $\triangle$BCD の外心である．

よって H と H′ は一致し，A，O，H は一直線上にある．

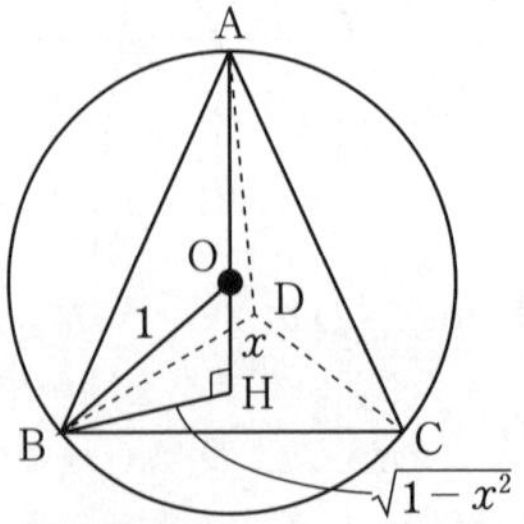

正三角錐の体積が最大となるのは O が内部にあるときである．$\mathrm{OH}=x\ (0<x<1)$ とおくと，三平方の定理より

$$\mathrm{BH}=\sqrt{1-x^2}$$

であるから $\triangle$BCD で正弦定理より

$$\frac{\mathrm{CD}}{\sin 60^\circ}=2\sqrt{1-x^2}$$

$$\mathrm{CD}=\sqrt{3}\sqrt{1-x^2}$$

とわかる．

よって正三角錐の体積を V とすると

$$V=\frac{1}{3}\cdot\triangle\mathrm{BCD}\cdot\mathrm{AH}$$

$$=\frac{1}{3}\cdot\frac{1}{2}\left(\sqrt{3}\sqrt{1-x^2}\right)^2\times\sin 60^\circ\cdot(x+1)$$

$$=\frac{\sqrt{3}}{4}(1-x^2)(1+x)$$

$$=\frac{\sqrt{3}}{4}(-x^3-x^2+x+1)$$

$$\frac{dV}{dx}=\frac{\sqrt{3}}{4}(-3x^2-2x+1)$$

$$=-\frac{\sqrt{3}}{4}(x+1)(3x-1)$$

より増減表は次のようになる．

x	0	$\cdots$	$\frac{1}{3}$	$\cdots$	1
$\frac{dV}{dx}$		$+$	0	$-$	
V		$\nearrow$		$\searrow$	

したがって V は $x=\frac{1}{3}$ のとき最大値 $\boldsymbol{\frac{8\sqrt{3}}{27}}$ をとる．

●3 方程式と不等式

問題121

考え方 （方程式・不等式の解とグラフ）

（1） $f(x)=x^3-3x^2-9x+k=0$ とおいて $f(x)$ の増減を調べることで解くこともできますが，やや面倒です（この解法については次の **問題122** を参照）．

方程式を $f(x)=k$ の形に定数分離をして，$y=f(x)$ と $y=k$ のグラフの交点が 3 つとなるような k の範囲を考えましょう．

（2） （1）同様，定数分離をします．

解答

（1） $x^3-3x^2-9x+k=0$ …① より

$$k=-x^3+3x^2+9x$$

$f(x)=-x^3+3x^2+9x$ とおくと

$$f'(x)=-3x^2+6x+9$$

$$=-3(x^2-2x-3)$$

$$=-3(x+1)(x-3)$$

よって増減表は次のようになる．

x	$\cdots$	-1	$\cdots$	3	$\cdots$
$f'(x)$	$-$	0	$+$	0	$-$
$f(x)$	↘		↗		↘

$f(-1)=-5$，$f(3)=27$ より

$y=f(x)$ と $y=k$ のグラフは次図のようになる．

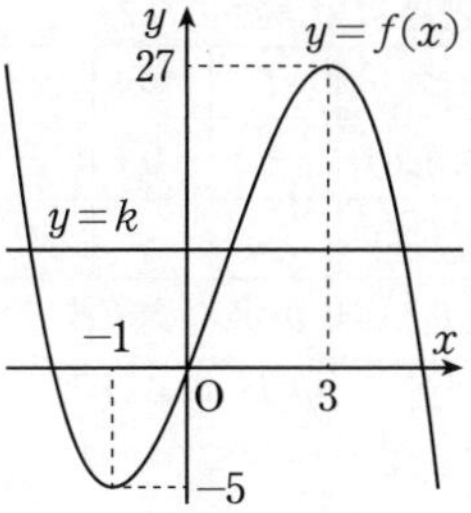

① が異なる 3 つの実数解をもつのは $y=f(x)$ と $y=k$ のグラフが異なる 3 点で交わるときだから

$$\boldsymbol{-5<k<27}$$

（2）　$x^4+2x^3-2x^2+k>0$ …② より

$$k>-x^4-2x^3+2x^2$$

$f(x)=-x^4-2x^3+2x^2$ とおくと

$$\begin{aligned} f'(x)&=-4x^3-6x^2+4x\\ &=-2x(2x^2+3x-2)\\ &=-2x(x+2)(2x-1) \end{aligned}$$

よって増減表は次のようになる．

x	$\cdots$	-2	$\cdots$	0	$\cdots$	$\frac{1}{2}$	$\cdots$
$f'(x)$	$+$	0	$-$	0	$+$	0	$-$
$f(x)$	↗		↘		↗		↘

$f(-2)=8$，$f(0)=0$，$f\left(\frac{1}{2}\right)=\frac{3}{16}$ より $y=f(x)$ と $y=k$ のグラフは次図のようになる．

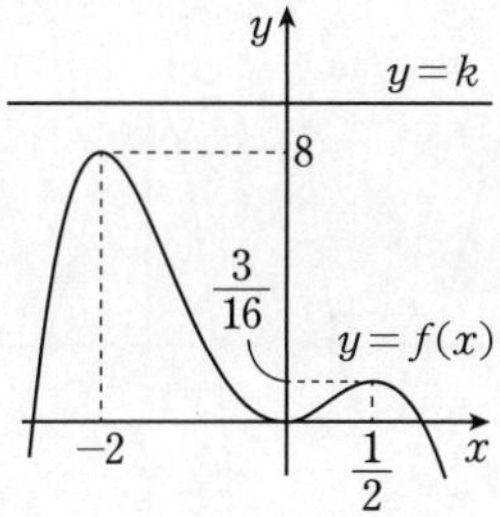

② がすべての実数 x について成り立つのは $y=k$ のグラフが $y=f(x)$ のグラフより常に上側にあるときだから

$$\boldsymbol{k>8}$$

問題122

考え方　t が散らばっているので，前問のように定数分離するのは大変です．

$$f(x)=2x^3-3tx^2-6(t+1)x+t+4$$

とおき，$y=f(x)$ と x 軸が 3 点で交わる条件を求めます．極値の符号を考えましょう．

解答

$f(x)=2x^3-3tx^2-6(t+1)x+t+4$ とおくと

$$\begin{aligned} f'(x)&=6x^2-6tx-6(t+1)\\ &=6\{x^2-tx-(t+1)\}\\ &=6(x+1)(x-t-1) \end{aligned}$$

$f(x)=0$ が異なる 3 つの実数解をもつのは $y=f(x)$ のグラフと x 軸が異なる 3 つの交点をもつときで，それは極大値が正で極小値が負のときである．

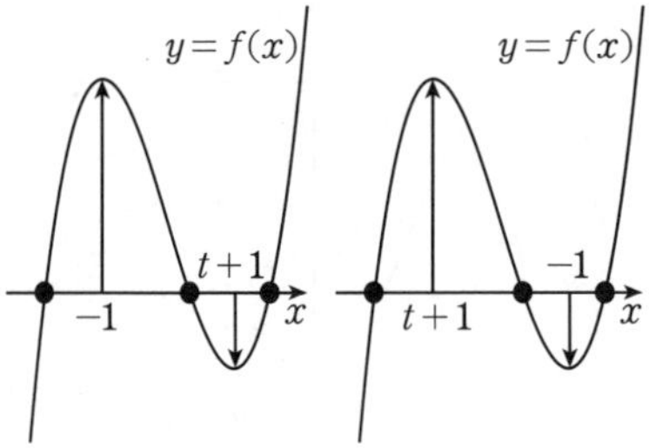

これは

$$f(-1)\cdot f(t+1)<0 \quad \cdots①$$

と同値で

$$f(t+1)=2(t+1)^3-3t(t+1)^2$$
$$-6(t+1)^2+t+4$$
$$=-t^3-6t^2-8t$$
$$=-t(t^2+6t+8)$$
$$=-t(t+2)(t+4)$$

に注意すると ① は

$$(4t+8)\cdot\{-t(t+2)(t+4)\}<0$$
$$t(t+2)^2(t+4)>0$$
$$t+2\neq 0 \text{ かつ } t(t+4)>0$$
$$\boldsymbol{t<-4,\ t>0}$$

注意 極大値が正で極小値が負となる条件を，丁寧に場合分けすると次のようになります.

(ア) $t+1=-1$ $(t=-2)$ のとき

$$f'(x)=6(x+1)^2\geqq 0$$

より $f(x)$ は増加関数となり，極値をもたず不適である.

(イ) $t+1<-1$ $(t<-2)$ のとき

$$f(t+1)>0 \text{ かつ } f(-1)<0$$

(ウ) $t+1>-1$ $(t>-2)$ のとき

$$f(-1)>0 \text{ かつ } f(t+1)<0$$

問題123

考え方 **$f(x)\geqq 0$ が常に成り立つ**

$\Longleftrightarrow$ ($f(x)$ の最小値)$\geqq 0$

を利用します.

解答

$f(x)=x^4-4p^3x+6p^2+9$ とおく.

$$f'(x)=4x^3-4p^3=4(x^3-p^3)$$

より増減表は次のようになる.

x	$\cdots$	p	$\cdots$
$f'(x)$	$-$	0	$+$
$f(x)$	↘		↗

よって $f(p)\geqq 0$ が求める条件で

$$-3p^4+6p^2+9\geqq 0$$
$$p^4-2p^2-3\leqq 0$$
$$(p^2+1)(p^2-3)\leqq 0$$

$p^2+1>0$ であるから

$$p^2-3\leqq 0$$
$$\boldsymbol{-\sqrt{3}\leqq p\leqq \sqrt{3}}$$

問題124

考え方 直方体の体積 V を 1 つの文字で表し，関数の増減を考えることで V の範囲を求めることもできますが (**順像法→別解**)，文字の範囲に注意を払う必要があり，やや大変です. そこで**逆像法**を利用することを考えます. すなわち

「V がある値 k をとる」$\Longleftrightarrow$「$V=k$ となるような正の数 α, β, γ が存在する」

として α, β, γ の存在条件に帰着させるわけです (逆像法について詳しくは，数学 I・A の **問題53** を参照してください).

なお**解答**ではいちいち $V=k$ となどとおかず，V のまま処理します.

解答

すべての辺の長さの和が 48 より

$$4\alpha+4\beta+4\gamma=48$$

$$\alpha+\beta+\gamma=12 \quad \cdots ①$$

表面積が72より

$$2\alpha\beta+2\beta\gamma+2\gamma\alpha=72$$

$$\alpha\beta+\beta\gamma+\gamma\alpha=36 \quad \cdots ②$$

体積が V より

$$\alpha\beta\gamma=V \quad \cdots ③$$

①, ②, ③ より α, β, γ を解とする3次方程式は

$$x^3-12x^2+36x-V=0 \quad \cdots ④$$

縦, 横, 高さは正の数だから ④ が3つの正の実数解 (重解を含む) をもつような V の範囲を求める.

$$x^3-12x^2+36x=V$$

において $f(x)=x^3-12x^2+36x$ とおくと

$$f'(x)=3x^2-24x+36$$
$$=3(x^2-8x+12)$$
$$=3(x-2)(x-6)$$

よって増減表は次のようになる.

x	$\cdots$	2	$\cdots$	6	$\cdots$
$f'(x)$	$+$	0	$-$	0	$+$
$f(x)$	↗		↘		↗

$f(2)=32$, $f(6)=0$ より $y=f(x)$ と $y=V$ のグラフは下図のようになる. これらが3つの交点をもち (接する場合を含む), その x 座標がすべて正となるような V の範囲は

$$\mathbf{0<V\leqq 32}$$

また $V=32$ のとき ④ は

$$x^3-12x^2+36x-32=0$$

となり, このとき $\alpha=\beta=2$ だから, 解と係数の関係より

$$2+2+\gamma=12 \quad \therefore \quad \gamma=8$$

したがって

$$\mathbf{6<\gamma\leqq 8}$$

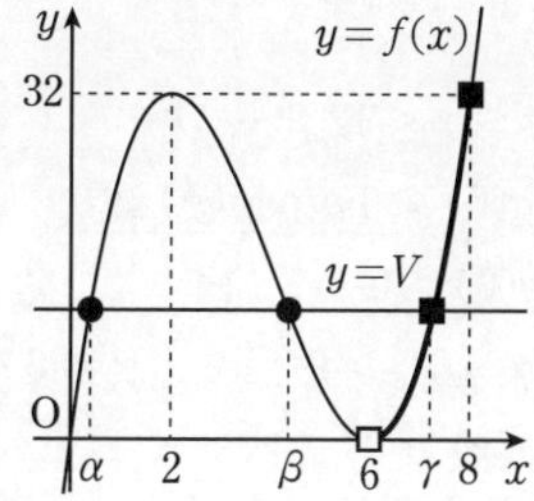

別解

解答の ①, ② より

$$\alpha+\beta=12-\gamma$$
$$\alpha\beta=36-(\alpha+\beta)\gamma$$
$$=36-(12-\gamma)\gamma$$
$$=\gamma^2-12\gamma+36$$

よって α, β を解とする2次方程式は

$$x^2-(12-\gamma)x+(\gamma^2-12\gamma+36)=0 \cdots ⑤$$

である.

まず $0<\alpha\leqq\beta\leqq\gamma$ となる条件を求める. これは ⑤ の2つの解 α, β がともに正で, γ 以下であるのと同じである ($\alpha\leqq\beta$ については ⑤ の解のうち小さくないほうを β とすると考えればよい). この条件を解配置の考え方により求める.

$g(x)=x^2-(12-\gamma)x+(\gamma^2-12\gamma+36)$ とおくと

$$g(x)=\left(x-\frac{12-\gamma}{2}\right)^2-\frac{(12-\gamma)^2}{4}$$
$$+(\gamma^2-12\gamma+36)$$

より $y=g(x)$ の軸は $x=\dfrac{12-\gamma}{2}$ であることに注意する.

<u>(ア)　$D\geqq 0$</u>

$$(12-\gamma)^2-4(\gamma^2-12\gamma+36)\geqq 0$$
$$-3\gamma^2+24\gamma\geqq 0$$
$$\gamma(\gamma-8)\leqq 0$$

$0 \leqq \gamma \leqq 8 \quad \cdots⑥$

（イ） 軸について

$0 < \dfrac{12-\gamma}{2} \leqq \gamma$

$4 \leqq \gamma < 12 \quad \cdots⑦$

（ウ） $g(0) > 0$ かつ $g(\gamma) \geqq 0$

$g(0) > 0$

$(\gamma-6)^2 > 0 \quad \therefore \quad \gamma \neq 6 \cdots⑧$

$g(\gamma) \geqq 0$

$3\gamma^2 - 24\gamma + 36 \geqq 0$

$3(\gamma-2)(\gamma-6) \geqq 0$

$\gamma \leqq 2, \gamma \geqq 6 \quad \cdots⑨$

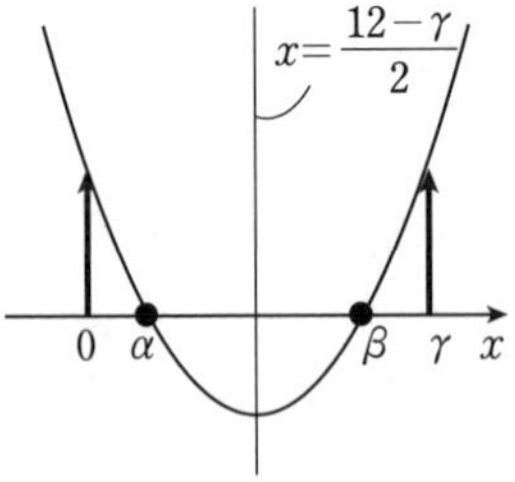

⑥〜⑨ より

$6 < \gamma \leqq 8$

このもとで V（$=h(\gamma)$ とおく）の範囲を求める．

$$h(\gamma) = \alpha\beta\gamma$$
$$= (\gamma^2 - 12\gamma + 36)\gamma$$
$$= \gamma^3 - 12\gamma^2 + 36\gamma$$

より

$$h'(\gamma) = 3(\gamma-2)(\gamma-6)$$

よって増減表は次のようになる．

γ	6	$\cdots$	8
$h'(\gamma)$		$+$	
$h(\gamma)$		↗	

$h(6)=0$，$h(8)=32$ より

$0 < V \leqq 32$

問題 125

考え方 （接線の本数）

いくつか解法が知られていますが，接点の座標を設定し，方程式の解の個数の問題に帰着させるのが最も有名で一般的です．以下，大まかな流れを示します（$f(x)$ は 3 次関数とします）．

接点を $(t, f(t))$ とおくと，接線の方程式は

$$y = f'(t)(x-t) + f(t)$$

となります．次にこれが (a, b) を通ると考え，代入すると

$$b = f'(t)(a-t) + f(t) \quad \cdots(*)$$

これを t の 3 次方程式とみなします．

あとは問題の条件を

「接線が 3 本存在する」

$\Longleftrightarrow$「接点が 3 個存在する」

$\Longleftrightarrow$「$(*)$ をみたす異なる 3 つの実数 t が存在する（図の t_1，t_2，t_3）」

と言い換え，$(*)$ の解の個数が 3 個となる条件を考えます．すなわち

接線の本数 ＝ $(*)$ の解の個数

とすることで（→**注意**），最終的に方程式の解の個数の問題に帰着させるのです．

3 次関数（のグラフ）の接線の本数を求める問題は超頻出なので，必ずできるようにしてください．

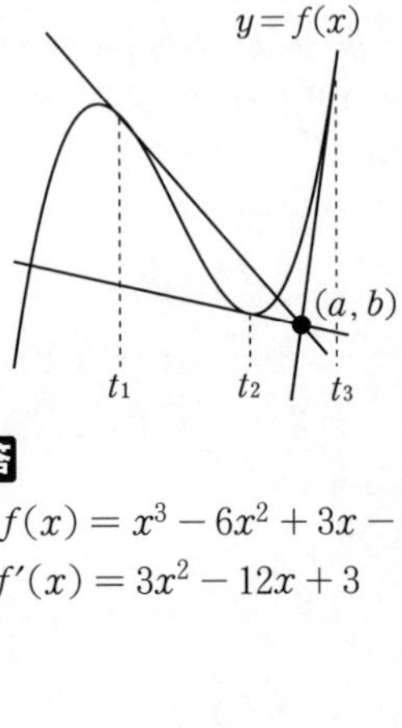

解答

（1） $f(x) = x^3 - 6x^2 + 3x - 8$ より

$$f'(x) = 3x^2 - 12x + 3$$

よって $(t,\ t^3-6t^2+3t-8)$ における接線の方程式は

$$y=(3t^2-12t+3)(x-t)$$
$$+t^3-6t^2+3t-8$$

$$\boldsymbol{y=3(t^2-4t+1)x-2t^3+6t^2-8} \quad \cdots①$$

（２）　① が $\mathrm{P}(0,\ p)$ を通るとき

$$p=-2t^3+6t^2-8 \quad \cdots②$$

ここで $g(t)=-2t^3+6t^2-8$ とおく．

$$g'(t)=-6t^2+12t$$
$$=-6t(t-2)$$

よって増減表は次のようになる．

t	$\cdots$	0	$\cdots$	2	$\cdots$
$g'(t)$	$-$	0	$+$	0	$-$
$g(t)$	↘		↗		↘

$g(0)=-8$，$g(2)=0$ より $y=g(t)$ と $y=p$ のグラフは次図のようになる．

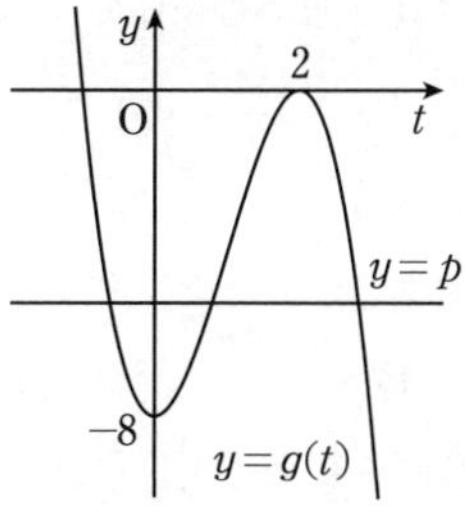

接線が 3 本存在するのは ② が異なる 3 つの実数解をもつときで，それは $y=g(t)$ と $y=p$ のグラフが異なる 3 点で交わるときだから

$$\boldsymbol{-8<p<0}$$

注意　一般の関数（グラフ）において接線の本数と解（接点）の個数は必ずしも一致するとは限りません．例えば 4 次関数では，1 本の接線に対して，2 つの解（接点）が対応する場合があります．このような接線を複接線といい，**問題127** で詳しく学びます．

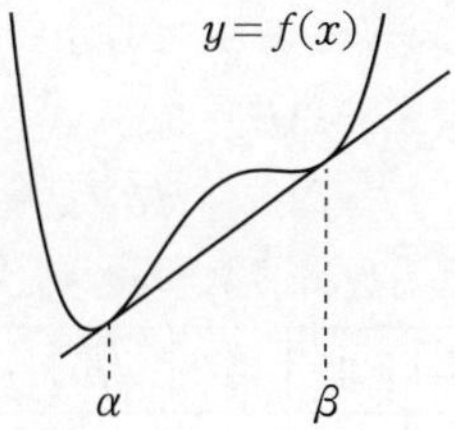

問題126

考え方　（$g(x)\geqq h(x)$ 型の不等式）

このタイプは $g(x)-h(x)=f(x)$ とおいて，$f(x)$ の増減を調べるのが基本になります．

本問では $f(x)=x^3-3ax+a$ とおくことになりますが，すぐに $f'(x)$ を計算すると場合分けが発生してしまい面倒です．先に必要条件

$$f(0)\geqq 0 \text{ かつ } f(1)\geqq 0$$

から a の範囲を絞りこんでおくと場合分けが発生せず，作業が軽減できます（このように端点の符号を先に調べるのが有効な問題はしばしばみられます．数学Ⅰ・A の **問題25** でも同様の処理をしていますので，参考にしてください）．

解答

$x^3\geqq a(3x-1)$ より

$$x^3-3ax+a\geqq 0$$

$f(x)=x^3-3ax+a$ とおき，$f(x)\geqq 0$ が $0\leqq x\leqq 1$ で常に成立するような a の範囲を求める．

$0\leqq x\leqq 1$ のとき $f(x)\geqq 0$ が成り立つためには

$$f(0)\geqq 0 \text{ かつ } f(1)\geqq 0$$
$$a\geqq 0 \text{ かつ } 1-3a+a\geqq 0$$

すなわち

$$0\leqq a\leqq \frac{1}{2}$$

が成り立つ必要がある．このもとで

$$f'(x)=3x^2-3a$$
$$=3(x+\sqrt{a})(x-\sqrt{a})$$

より増減表は次のようになる．

x	0	$\cdots$	$\sqrt{a}$	$\cdots$	1
$f'(x)$		$-$	0	$+$	
$f(x)$		↘		↗	

よって $f(\sqrt{a})\geqq 0$ が求める条件で

$$a\sqrt{a}-3a\sqrt{a}+a\geqq 0$$
$$a(1-2\sqrt{a})\geqq 0$$
$$\sqrt{a}\leqq\frac{1}{2}\quad\therefore\quad a\leqq\frac{1}{4}$$

$0\leqq a\leqq\frac{1}{2}$ と合わせて

$$\boldsymbol{0\leqq a\leqq\frac{1}{4}}$$

●4　微分法と応用

問題127

考え方

（1）　関数 $f(x)$ が $x=1$ で極小値をとるのは，$x=1$ の前後で $f'(x)$ の符号が負から正に変化するときです．$y=f'(x)$ のグラフをかいて，どのように符号変化をするか調べてみましょう．

（2）　いわゆる複接線を求める問題です．接線を $y=mx+n$，グラフどうしの接点の x 座標を p，q とすると

$$f(x)-mx-n=(x-p)^2(x-q)^2$$

と因数分解できるはずです（問題113の**例題**を参照）．このことを利用して計算をすすめます．

解答

（1）　$f(x)=x^4-2(a+1)x^2+4ax$ より

$$f'(x)=4x^3-4(a+1)x+4a$$
$$=4(x-1)(x^2+x-a)$$

ここで $x^2+x-a=0$ を解くと

$$x=\frac{-1\pm\sqrt{1+4a}}{2}\quad\cdots①$$

$a>0$ よりこれらは異なる2つの実数解で，α，β $(\alpha<\beta)$ とおく．

$\alpha<1$ はすぐにわかるから β と1の大小関係が問題となるが，$\beta<1$ のときに限り $f'(x)$ は $x=1$ で符号が負から正に変化をし，$f(x)$ は $x=1$ で極小値をとる．

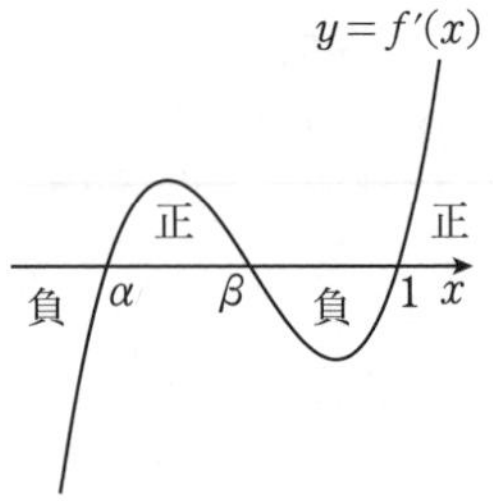

よって $\beta<1$ が求める条件で

$$\frac{-1+\sqrt{1+4a}}{2}<1$$
$$\sqrt{1+4a}<3$$

両辺は正であるから2乗して

$$1+4a<9\quad\therefore\quad a<2$$

a は正の整数より $a=1$ である．

このとき①は

$$x=\frac{-1\pm\sqrt{5}}{2}$$

となり，増減表は次のようになる．

x	$\cdots$	$\frac{-1-\sqrt{5}}{2}$	$\cdots$	$\frac{-1+\sqrt{5}}{2}$	$\cdots$	1	$\cdots$
$f'(x)$	$-$	0	$+$	0	$-$	0	$+$
$f(x)$	↘		↗		↘		↗

したがって $x=\boldsymbol{\frac{-1-\sqrt{5}}{2}}$ のときもう1つの極小値をとる．

ここで $f(x)=x^4-4x^2+4x$ を x^2+x-1 で割ると商が x^2-x-2，余りが $5x-2$

だから

$$f(x)=(x^2+x-1)(x^2-x-2)+5x-2$$

とかける．よってもう一つの極小値は

$$f\left(\frac{-1-\sqrt{5}}{2}\right)=5\left(\frac{-1-\sqrt{5}}{2}\right)-2$$

$$=\boldsymbol{\frac{-9-5\sqrt{5}}{2}}$$

（2）　接線を $y=mx+n$ とし，

$y=f(x)$ と $y=mx+n$ の接点の x 座標を p，q $(p<q)$ とおくと

$$f(x)-(mx+n)=(x-p)^2(x-q)^2$$

と因数分解できる．左辺と右辺を係数比較することにより m，n を求める．

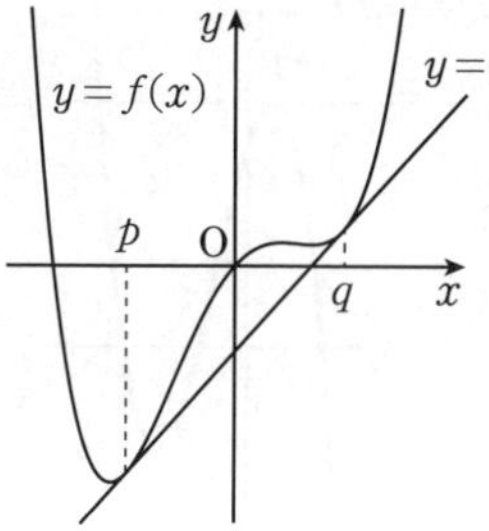

左辺は

$$f(x)-(mx+n)$$
$$=(x^4-4x^2+4x)-(mx+n)$$
$$=x^4-4x^2+(4-m)x-n$$

右辺は

$$(x-p)^2(x-q)^2$$
$$=(x^2-2px+p^2)(x^2-2qx+q^2)$$
$$=x^4-2(p+q)x^3+(p^2+q^2+4pq)x^2$$
$$-2pq(p+q)x+p^2q^2$$

となる．係数を比較して

$$\begin{cases} -2(p+q)=0 & \cdots② \\ (p+q)^2+2pq=-4 & \cdots③ \\ -2pq(p+q)=4-m & \cdots④ \\ p^2q^2=-n & \cdots⑤ \end{cases}$$

② より $p+q=0$ …⑥ である．これを ④ に代入して

$$4-m=0 \quad \therefore \quad m=4$$

③ にも代入して

$$2pq=-4 \quad \therefore \quad pq=-2 \cdots⑦$$

これを ⑤ に代入して

$$n=-4$$

したがって接線の方程式は

$$\boldsymbol{y=4x-4}$$

また ⑥，⑦ より $p=-\sqrt{2}$，$q=\sqrt{2}$ で p，q は確かに異なる．

問題 128

考え方　一見すると単純な最大・最小の問題ですが，範囲の設定が絶妙で，普通に計算すると手に負えなくなります．
下図において $f(p)$ と $f(q)$ の大小を調べることを考えてみましょう．$f(p)$ と同じ y 座標をとる x 座標を p' とし，これと q との位置（大小）を比較します．ここから $f(p')$ と $f(q)$ の大小関係もわかり，結果的に p' と q の大小関係も判明します．本問ではこのことを利用してみます．

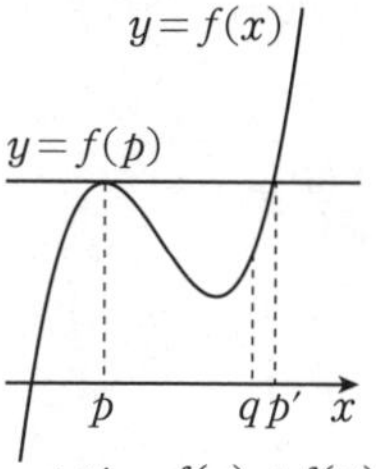

$q<p' \Rightarrow f(q)<f(p)$

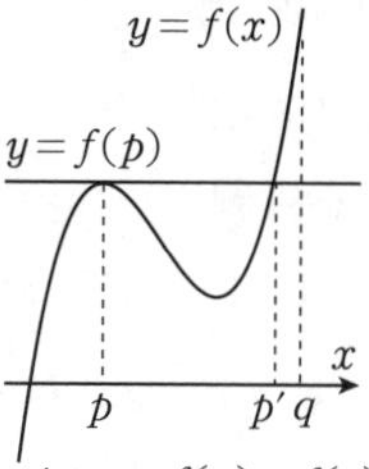

$p'<q \Rightarrow f(p)<f(q)$

解答

$f(x)=x^3-2x^2-3x+4$ より

$$f'(x)=3x^2-4x-3$$

$f'(x)=0$ を解くと $x=\dfrac{2\pm\sqrt{13}}{3}$．これ

らを $\alpha, \beta\ (\alpha < \beta)$ とおくと増減表は次のようになる.

x	$-\frac{7}{4}$	$\cdots$	α	$\cdots$	β	$\cdots$	3
$f'(x)$		$+$	0	$-$	0	$+$	
$f(x)$		↗		↘		↗	

ここで方程式

$$f(x) = f(\beta)$$
$$x^3 - 2x^2 - 3x + 4 - f(\beta) = 0$$

の β 以外の解を β' とおくと，解と係数の関係より

$$\beta + \beta + \beta' = 2$$

よって

$$\beta' = 2 - 2\beta = 2 - 2\cdot\frac{2+\sqrt{13}}{3} = \frac{2-2\sqrt{13}}{3}$$

となり，このとき

$$\beta' - \left(-\frac{7}{4}\right) = \frac{2-2\sqrt{13}}{3} + \frac{7}{4} = \frac{29-8\sqrt{13}}{12} = \frac{\sqrt{841}-\sqrt{832}}{12} > 0$$

である. よって $\beta' > -\frac{7}{4}$ であるからグラフは図1のようになり，$x = -\frac{7}{4}$ のとき最小値 $f\left(-\frac{7}{4}\right) = \mathbf{-\frac{143}{64}}$ をとる.

(図 1)

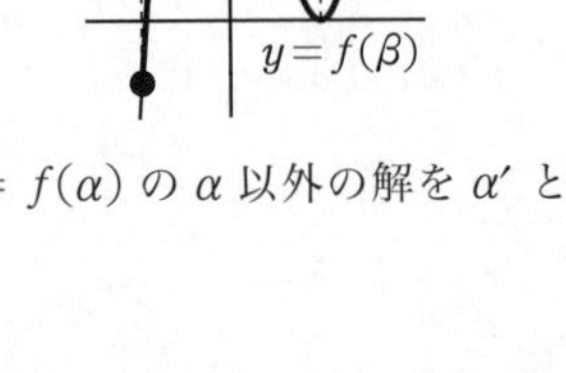

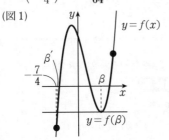

$f(x) = f(\alpha)$ の α 以外の解を α' とおくと，同様の計算から

$$\alpha' = 2 - 2\alpha = 2 - 2\cdot\frac{2-\sqrt{13}}{3} = \frac{2+2\sqrt{13}}{3}$$

となり，このとき

$$\alpha' - 3 = \frac{2+2\sqrt{13}}{3} - 3 = \frac{2\sqrt{13}-7}{3} = \frac{\sqrt{52}-\sqrt{49}}{3} > 0$$

である. よって $\alpha' > 3$ であるからグラフは図2のようになり，$x = \alpha = \frac{2-\sqrt{13}}{3}$ のとき最大値をとる.

(図 2)

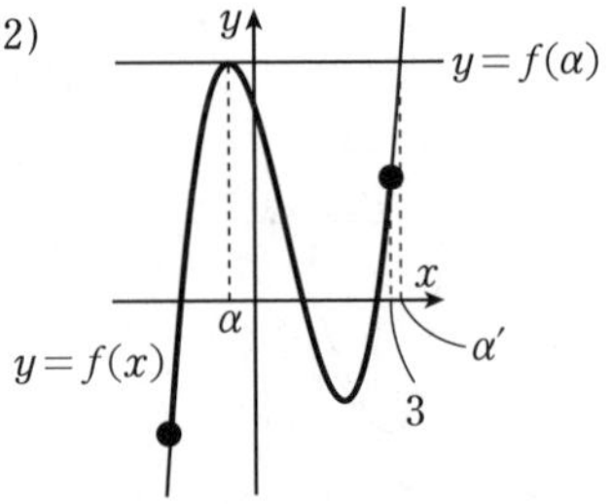

ここで $f(x)$ を $3x^2-4x-3$ で割ると商が $\frac{1}{3}x - \frac{2}{9}$，余りが $-\frac{26}{9}x + \frac{10}{3}$ となる. よって

$$f(x) = f'(x)\left(\frac{1}{3}x - \frac{2}{9}\right) - \frac{26}{9}x + \frac{10}{3}$$

とかけるから，最大値は

$$f\left(\frac{2-\sqrt{13}}{3}\right) = -\frac{26}{9}\cdot\frac{2-\sqrt{13}}{3} + \frac{10}{3} = \mathbf{\frac{38+26\sqrt{13}}{27}}$$

問題 129

考え方　$f(x) = 2x^3 + x^2 - mx - 3$ とおいて $f'(x)$ の符号を調べるのは，計算量が膨大で現実的な解法ではありません.

$$2x^3 + x^2 - 3 = mx$$

と変形して $y = 2x^3 + x^2 - 3$ と $y = mx$ の交点の個数を数えるのがよいでしょう．その際，原点から曲線 $y = 2x^3 + x^2 - 3$ へひいた接線を求めておくと，スムーズに話がすすみます．

解答

$2x^3 + x^2 - mx - 3 = 0$ より

$$2x^3 + x^2 - 3 = mx \quad \cdots ①$$

$f(x) = 2x^3 + x^2 - 3$ とおき，$(0, 0)$ から $y = f(x)$ へひいた接線を求める．

接点の x 座標を t とおくと

$$f'(x) = 6x^2 + 2x$$

であるから，$(t, 2t^3 + t^2 - 3)$ における接線の方程式は

$$y = (6t^2 + 2t)(x - t) + 2t^3 + t^2 - 3$$

$$y = (6t^2 + 2t)x - 4t^3 - t^2 - 3$$

となる．これが $(0, 0)$ を通るから

$$0 = -4t^3 - t^2 - 3$$

$$4t^3 + t^2 + 3 = 0$$

$$(t + 1)(4t^2 - 3t + 3) = 0$$

$4t^2 - 3t + 3 = 0 \cdots ①$ の判別式を D とおくと

$$D = (-3)^2 - 4 \cdot 4 \cdot 3 = -39 < 0$$

であるから，① は実数解をもたず

$$t = -1$$

よって接線の方程式は $y = 4x$ である．

また

$$f'(x) = 2x(3x + 1)$$

より増減表は次のようになる．

x	$\cdots$	$-\frac{1}{3}$	$\cdots$	0	$\cdots$
$f'(x)$	$+$	0	$-$	0	$+$
$f(x)$	↗		↘		↗

$f\left(-\frac{1}{3}\right) = -\frac{80}{27}$，$f(0) = -3$ より

$y = f(x)$，$y = 4x$ および $y = mx$ のグラフは次図のようになる．

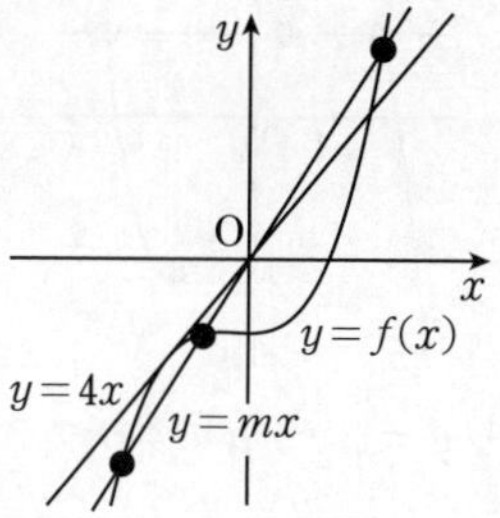

① の解の個数が 3 個となるのは $y = f(x)$ と $y = mx$ のグラフが異なる 3 点で交わるときで，それは m が上で求めた接線の傾きより大きいときである．したがって

$$\boldsymbol{m > 4}$$

問題 130

考え方

（2） DA，DB，DC をそれぞれ a の式で表すことを考えてみましょう．

解答

（1） $y = x^3$ と $y = 3x + a$ を連立して

$$x^3 = 3x + a$$

$$x^3 - 3x = a \quad \cdots ①$$

$f(x) = x^3 - 3x$ とおくと

$$f'(x) = 3x^2 - 3$$

$$= 3(x + 1)(x - 1)$$

よって増減表は次のようになる．

x	$\cdots$	-1	$\cdots$	1	$\cdots$
$f'(x)$	$+$	0	$-$	0	$+$
$f(x)$	↗		↘		↗

$f(-1) = 2$，$f(1) = -2$ より $y = f(x)$ のグラフは次図のようになる．

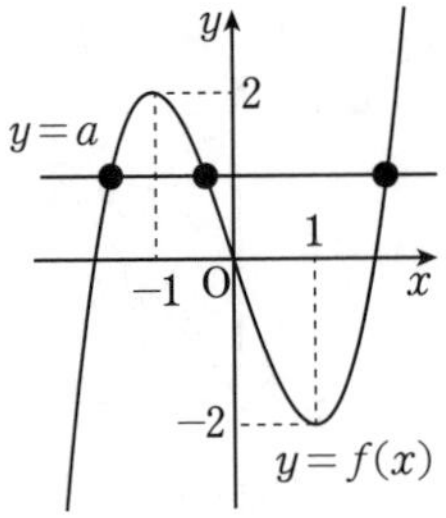

$y=x^3$ と $y=3x+a$ のグラフが異なる 3 点で交わるのは，$y=f(x)$ と $y=a$ のグラフが異なる 3 点で交わるときで

$$\boldsymbol{-2<a<2}$$

（2） $A(\alpha,\ 3\alpha+a)$，$B(\beta,\ 3\beta+a)$，$C(\gamma,\ 3\gamma+a)$ とおくと

$$DA=\sqrt{(a-\alpha)^2+\{4a-(3\alpha+a)\}^2}$$
$$=\sqrt{(a-\alpha)^2+9(a-\alpha)^2}$$
$$=\sqrt{10}|a-\alpha|$$

同様に

$$DB=\sqrt{10}|a-\beta|,\ DC=\sqrt{10}|a-\gamma|$$

となり

$$DA\cdot DB\cdot DC$$
$$=10\sqrt{10}|(a-\alpha)(a-\beta)(a-\gamma)|\quad\cdots②$$

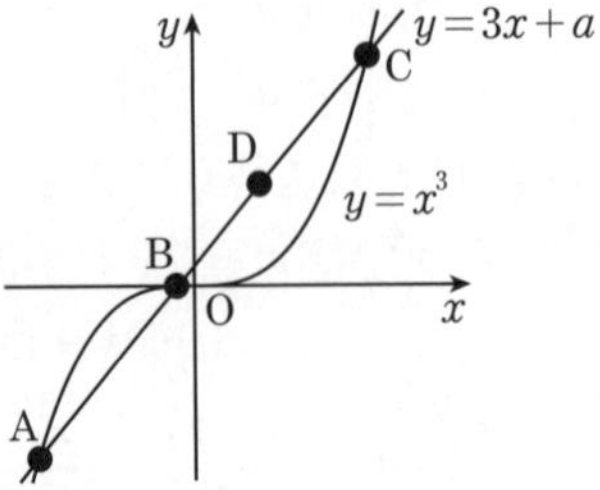

ここで α，β，γ は ① の解であるから

$$x^3-3x-a=(x-\alpha)(x-\beta)(x-\gamma)$$

と因数分解でき，$x=a$ を代入すると

$$(a-\alpha)(a-\beta)(a-\gamma)=a^3-4a$$

これを ② に代入して

$$DA\cdot DB\cdot DC=10\sqrt{10}|a^3-4a|$$

$g(a)=a^3-4a$ とおく．

$$g'(a)=3a^2-4$$
$$=3\left(a-\frac{2}{\sqrt{3}}\right)\left(a+\frac{2}{\sqrt{3}}\right)$$

より増減表は次のようになる．

a	-2	$\cdots$	$-\frac{2}{\sqrt{3}}$	$\cdots$	$\frac{2}{\sqrt{3}}$	$\cdots$	2
$g'(a)$		$+$		$-$		$+$	
$g(a)$		↗		↘		↗	

$g(-2)=g(2)=0$，

$$g\left(-\frac{2}{\sqrt{3}}\right)=\frac{16\sqrt{3}}{9},\ g\left(\frac{2}{\sqrt{3}}\right)=-\frac{16\sqrt{3}}{9}$$

より $10\sqrt{10}|g(a)|$ の最大値は

$$10\sqrt{10}\cdot\frac{16\sqrt{3}}{9}=\boldsymbol{\frac{160\sqrt{30}}{9}}$$

注意 （2）において

$$(a-\alpha)(a-\beta)(a-\gamma)=a^3-4a$$

は解と係数の関係を用いて導くこともできます．

$$x^3-3x-a=0$$

において解と係数の関係より

$$\alpha+\beta+\gamma=0$$
$$\alpha\beta+\beta\gamma+\gamma\alpha=-3$$
$$\alpha\beta\gamma=a$$

これを用いると

$$(a-\alpha)(a-\beta)(a-\gamma)$$
$$=a^3-(\alpha+\beta+\gamma)a^2+(\alpha\beta+\beta\gamma+\gamma\alpha)a-\alpha\beta\gamma$$
$$=a^3-3a-a=a^3-4a$$

問題131

考え方 方程式 $f(x)=0$ を直接解くことは難しいので，グラフをかくことで解の位置を考察します．

（２）　直接大小比較するのではなく，（１）でかいたグラフを利用します．$f(\beta)$ の符号を調べましょう．

解答

（１）　$f(x)=x^3-x^2-x-1$ より

$$f'(x)=3x^2-2x-1$$
$$=(3x+1)(x-1)$$

よって増減表は次のようになる．

x	$\cdots$	$-\frac{1}{3}$	$\cdots$	1	$\cdots$
$f'(x)$	$+$	0	$-$	0	$+$
$f(x)$	↗		↘		↗

131 $f\left(-\frac{1}{3}\right)=-\frac{22}{27}$，$f(1)=-2$ より
グラ
フは下図のようになり，$f(x)=0$ はただ1つの実数解 $x=\alpha$ をもつ．また

$$f(1)=-2<0,\ f(2)=1>0$$

より $1<\alpha<2$ である．

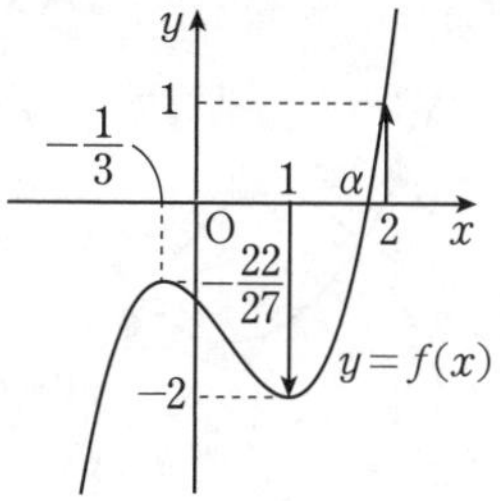

（２）　$g(x)=0$ の解が $x=\beta$ より

$$g(\beta)=\beta^2-\beta-1=0 \quad \cdots①$$

が成り立つ．よって

$$f(\beta)=\beta^3-\beta^2-\beta-1$$
$$=\beta(\beta^2-\beta-1)-1=-1<0$$

となり，（１）のグラフより $\boldsymbol{\alpha>\beta}$

（３）　$\beta>0$ に注意すると，① より

$$\beta=\frac{1+\sqrt{5}}{2}$$

これと $\beta^2=\beta+1$ を用いると

$$\beta^3=\beta^2\beta=(\beta+1)\beta$$
$$=\beta^2+\beta=(\beta+1)+\beta$$
$$=2\beta+1=2\cdot\frac{1+\sqrt{5}}{2}+1$$
$$=2+\sqrt{5}>4$$

また（１）より $1<\alpha^2<4$ だから

$$\boldsymbol{\beta^3>\alpha^2}$$

問題 132

考え方　２つのグラフの位置関係を考えることで**「任意の x」**，**「ある x」**，**「任意の x_1，x_2」**，**「ある x_1，x_2」**の違いを明確にするところからはじめましょう．

（なお，以下の図は見やすさを考慮して，それぞれ $y=f(x)$ と $y=g(x)$ を２次関数としてかいています）．

（１）（２）　$f(x)>g(x)$ の両辺の x を共通するものとして扱います．

$$h(x)=f(x)-g(x)$$

などとおくと，相手となる関数が１つとなりわかりやすいです．

（１）の「任意の x に対して $f(x)>g(x)$」とは「同じ x の値に対して $f(x)>g(x)$，これが常に成り立つ」ということです．グラフで考えると，どの x 座標をみても $y=f(x)$ のグラフが $y=g(x)$ のグラフの上側にあると解釈できます．

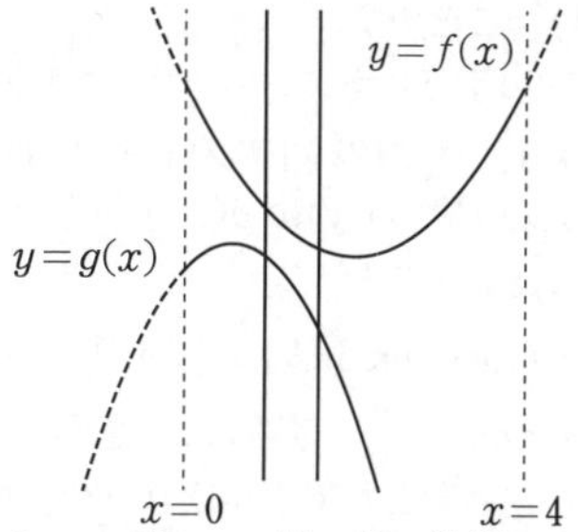

２つのグラフの間に常に隙間があるとも解釈できる

これは $h(x)$ の話に置き換えると，「任意の x に対して $h(x) > 0$ が常に成り立つ」，すなわち

($h(x)$ の最小値) > 0

が成り立つということです．

（２）の「ある x に対して $f(x) > g(x)$」とは「$f(x) > g(x)$ となる x が１つでも存在すればよい」ということです．グラフで考えると $y = f(x)$ のグラフが $y = g(x)$ のグラフより上側になる瞬間があると解釈できます．

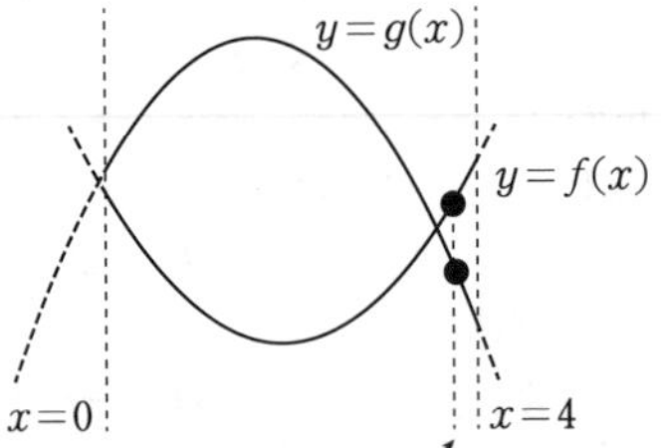

$y=f(x)$ のグラフが $y=g(x)$ のグラフより上側にある場所が存在する

これも（１）同様 $h(x)$ の話に置き換えると「$h(x) > 0$ が一瞬でも成り立つ」，すなわち

($h(x)$ の最大値) > 0

が成り立つということです．

（３）（４）　$f(x_1) > g(x_2)$ となる条件を考えますが，これは x_1 と x_2 が独立して動くということです．

（３）は次のように考えましょう．まず x_2 を固定します．「任意の x_1 に対して $f(x_1) > g(x_2)$ が成り立つ」のは $g(x_2)$ が定数であることに注意すると

$$(f(x) \text{ の最小値}) > g(x_2) \quad \cdots(*)$$

が成り立つときで，さらに x_2 を動かすと「任意の x_2 に対して $(*)$ が成り立つ」のは

($f(x)$ の最小値) $>$ ($g(x)$ の最大値)

が成り立つときです．

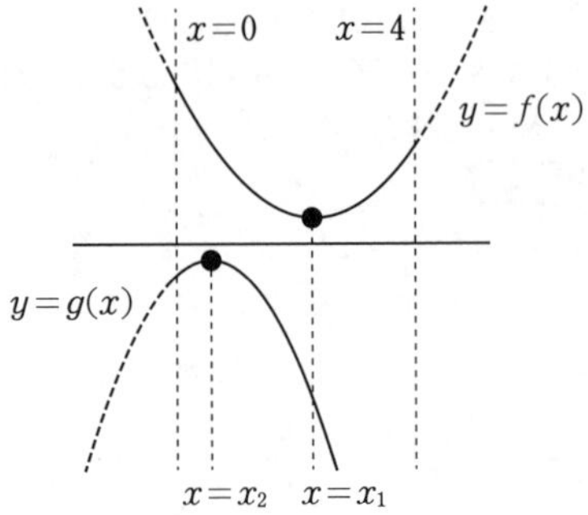

２つのグラフの間に境界線をひけるとも解釈できる

（４）は（３）と同様に考えます．x_2 を固定すると「ある x_1 に対して $f(x_1) > g(x_2)$ が成り立つ」のは

$$(f(x) \text{ の最大値}) > g(x_2) \quad \cdots(**)$$

が成り立つときで，さらに x_2 を動かすと「ある x_2 に対して $(**)$ が成り立つ」のは

($f(x)$ の最大値) $>$ ($g(x)$ の最小値)

のときです．

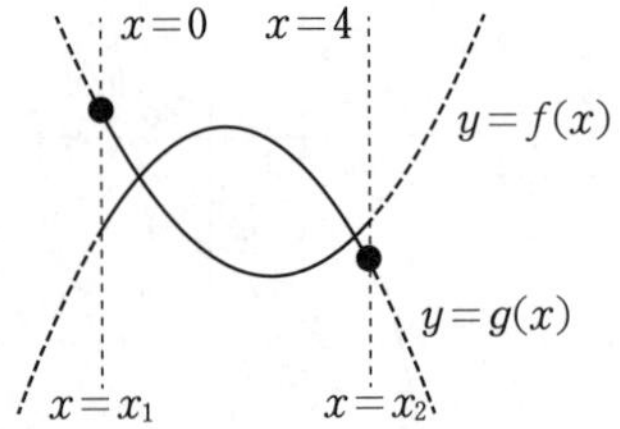

解答

$$h(x) = f(x) - g(x)$$
$$= x^3 + 6x^2 - 36x - a$$

とおき，$0 \leqq x \leqq 4$ における $h(x)$ の最大値，最小値を求める．

$$h'(x) = 3x^2 + 12x - 36$$
$$= 3(x^2 + 4x - 12)$$
$$= 3(x + 6)(x - 2)$$

より増減表は次のようになる．

x	0	$\cdots$	2	$\cdots$	4
$h'(x)$		$-$	0	$+$	
$h(x)$		↘		↗	

$h(0)=-a$，$h(2)=-40-a$，
$h(4)=16-a$ より $h(x)$ は最大値 $16-a$，
最小値 $-40-a$ をとる．

（1） 求める条件は

$$-40-a>0 \quad \therefore \quad \boldsymbol{a<-40}$$

（2） 求める条件は

$$16-a>0 \quad \therefore \quad \boldsymbol{a<16}$$

次に $f(x)$，$g(x)$ の最大値，最小値を求める．

$f(x)=x^3-3x^2-9x$ より

$$\begin{aligned} f'(x) &= 3x^2-6x-9 \\ &= 3(x^2-2x-3) \\ &= 3(x+1)(x-3) \end{aligned}$$

よって増減表は次のようになる．

x	0	$\cdots$	3	$\cdots$	4
$f'(x)$		$-$	0	$+$	
$f(x)$		↘		↗	

$f(0)=0$，$f(3)=-27$，$f(4)=-20$ より $f(x)$ は最大値 0，最小値 -27 をとる．

$$\begin{aligned} g(x) &= -9x^2+27x+a \\ &= -9\left(x-\frac{3}{2}\right)^2+\frac{81}{4}+a \end{aligned}$$

より $g(x)$ は最大値 $g\left(\frac{3}{2}\right)=\frac{81}{4}+a$，
最小値 $g(4)=-36+a$ をとる．

（3） 求める条件は

$$-27>\frac{81}{4}+a \quad \therefore \quad \boldsymbol{a<-\frac{189}{4}}$$

（4） 求める条件は

$$0>-36+a \quad \therefore \quad \boldsymbol{a<36}$$

問題 133

考え方 $|f(x)|$ が偶関数であることを利用すると，手間をだいぶ軽減することができます（偶関数については 問題 140 の**注意**を参照）．あとは最大値をとる候補を求めて，大小比較をするとよいでしょう．

解答

$|f(x)|=g(x)$ とおくと

$$\begin{aligned} g(-x) &= |f(-x)| = |-x^3+3ax| \\ &= |x^3-3ax| = g(x) \end{aligned}$$

となり $g(x)$ は偶関数であるから
$y=g(x)$ のグラフは y 軸対称である．
よって $0\leqq x\leqq 1$ における $g(x)$ の最大値を求める．

$$\begin{aligned} f'(x) &= 3x^2-3a \\ &= 3(x+\sqrt{a})(x-\sqrt{a}) \end{aligned}$$

より $g(x)$ は $x=0$，$x=1$，$x=\sqrt{a}$ のいずれかで最大値をとる．ただし $x=\sqrt{a}$ で最大値をとるのは $0\leqq\sqrt{a}\leqq 1$ すなわち $0\leqq a\leqq 1$ のときに限ることに注意する．

$$g(0)=0,\ g(1)=|1-3a|,$$
$$g(\sqrt{a})=2a\sqrt{a}$$

これらの大小比較をする．

$$\begin{aligned} &2a\sqrt{a}-(1-3a) \\ &=(2\sqrt{a}-1)(\sqrt{a}+1)^2 \end{aligned}$$

$2\sqrt{a}-1=0$ の解は $a=\frac{1}{4}$ であることに注意すると

$0\leqq a\leqq\frac{1}{4}$ のとき $2a\sqrt{a}\leqq 1-3a$
$\frac{1}{4}\leqq a\leqq 1$ のとき $2a\sqrt{a}\geqq 1-3a$

また

$$\begin{aligned} &2a\sqrt{a}-(3a-1) \\ &=(2\sqrt{a}+1)(\sqrt{a}-1)^2\geqq 0 \end{aligned}$$

より $2a\sqrt{a}\geqq 3a-1$ であるからグラフは次図のようになる．

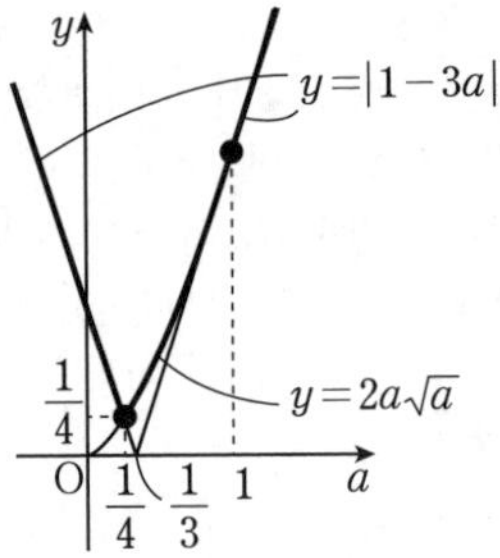

したがって M は $\boldsymbol{a=\frac{1}{4}}$ のとき最小値 $\boldsymbol{\frac{1}{4}}$ をとる.

問題134

考え方

(2)　1文字消去をしても，複数文字が残ります. 最終的には b の関数とみるのがよいでしょう (その際，ac の範囲を調べておく必要があります).

解答

(1)　次図は高さを b の直方体とみたときの，底面の長方形を 90° 回転させた図である. 底面積は扇型と 2 つの直角三角形 (まとめると長方形) の面積を合わせたものだから

$$\boldsymbol{V=\left\{\frac{\pi}{4}(a^2+c^2)+ac\right\}b}$$

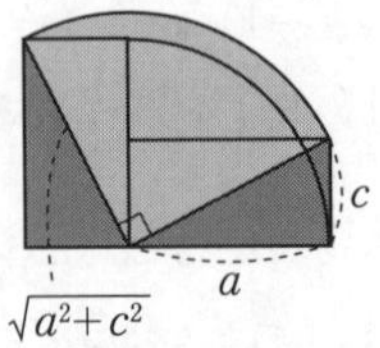

(2)　$V=\left\{\frac{\pi}{4}\{(a+c)^2-2ac\}+ac\right\}$

$$=\left\{\frac{\pi}{4}(a+c)^2-\left(\frac{\pi}{2}-1\right)ac\right\}b$$

と変形できる. さらに $a+b+c=1$ より

$$a+c=1-b$$

であるから

$$V=\left\{\frac{\pi(1-b)^2}{4}-\left(\frac{\pi}{2}-1\right)ac\right\}b \cdots ①$$

と変形できる.

まず ac のとりうる値の範囲を求める.

b を $0<b<1$ で固定して

$$\begin{aligned}ac&=a(1-b-a)\\&=-a^2+(1-b)a\\&=-\left(a-\frac{1-b}{2}\right)^2+\frac{(b-1)^2}{4}\end{aligned}$$

$0<a<1$ および $0<\frac{1-b}{2}<\frac{1}{2}$ に注意すると

$$0<ac\leqq\frac{(b-1)^2}{4}$$

がわかる. この結果を ① と合わせると

$$\left\{\frac{\pi(b-1)^2}{4}-\left(\frac{\pi}{2}-1\right)\cdot\frac{(b-1)^2}{4}\right\}b$$
$$\leqq V<\frac{\pi}{4}(b-1)^2b$$

となり，整理をすると

$$\left(\frac{\pi}{8}+\frac{1}{4}\right)(b-1)^2b\leqq V<\frac{\pi}{4}(b-1)^2b$$

さらに $f(b)=(b-1)^2b$ とおくことで

$$\left(\frac{\pi}{8}+\frac{1}{4}\right)f(b)\leqq V<f(b)$$

となる. $0<b<1$ のもとで

$$\begin{aligned}f'(b)&=2(b-1)b+(b-1)^2\\&=(b-1)(3b-1)\end{aligned}$$

より増減表は次のようになる.

b	0	$\cdots$	$\frac{1}{3}$	$\cdots$	1
$f'(b)$		+	0	−	
$f(b)$		↗		↘	

$f(0)=0$，$f\left(\frac{1}{3}\right)=\frac{4}{27}$，$f(1)=0$ より

$$0<f(b)\leqq\frac{4}{27}$$

したがって

$$0<V<\frac{\pi}{4}\cdot\frac{4}{27}$$

$$\boldsymbol{0<V<\frac{\pi}{27}}$$

注意 上ではまじめに計算しましたが，次のように考えれば（答案の書き方がやや難しいですが）計算を大幅に軽減できます．まず ① において $b \to 0$ とすれば V の下限が 0 であることはすぐにわかります．
また $a \to 0$ とすることによって V の上限が $\dfrac{\pi(1-b^2)b}{4}$ であることも同様にわかります．よって

$$0 < V < \frac{\pi(1-b^2)b}{4}$$

となり，あとは**解答**と同様に $f(b)$ の増減を調べれば答えがでます．

問題135

考え方

（2） $l^2 = (\alpha+\gamma)^2 - 4\alpha\gamma$ と変形できます．解と係数の関係から $\alpha+\gamma$，$\alpha\gamma$ を β で表せるので，それらを代入しましょう．
（3） （1）のグラフを利用することにより，β の範囲がわかります．

解答

（1） $f(x) = 2x^3 - 3x^2 + 1$ より

$$f'(x) = 6x^2 - 6x = 6x(x-1)$$

よって増減表は次のようになる．

x	$\cdots$	0	$\cdots$	1	$\cdots$
$f'(x)$	$+$	0	$-$	0	$+$
$f(x)$	↗		↘		↗

$f(0) = 1$，$f(1) = 0$ より $y = f(x)$ のグラフは次図のようになる．

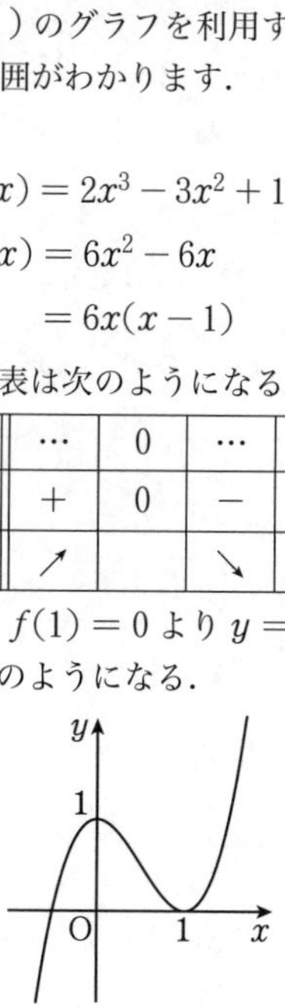

（2） $f(x) = a$ より

$$2x^3 - 3x^2 + 1 - a = 0$$

解と係数の関係より

$$\alpha+\beta+\gamma = \frac{3}{2} \quad \cdots①$$

$$\alpha\beta+\beta\gamma+\gamma\alpha = 0 \quad \cdots②$$

① より

$$\alpha+\gamma = \frac{3}{2} - \beta \quad \cdots③$$

これと ② を合わせて

$$\gamma\alpha = -\beta(\alpha+\gamma) = -\beta\left(\frac{3}{2}-\beta\right)$$

したがって

$$\begin{aligned} l^2 &= (\gamma-\alpha)^2 \\ &= (\alpha+\gamma)^2 - 4\alpha\gamma \\ &= \left(\frac{3}{2}-\beta\right)^2 - 4\left\{-\beta\left(\frac{3}{2}-\beta\right)\right\} \\ &= -3\beta^2 + 3\beta + \frac{9}{4} \end{aligned}$$

$\gamma > \alpha$ より

$$\boldsymbol{l = \sqrt{-3\beta^2 + 3\beta + \frac{9}{4}}}$$

（3） β の範囲を求める．
$f(x) = a$ が相異なる 3 つの実数解をもつのは $y = f(x)$ と $y = a$ のグラフが異なる 3 点で交わるときだから

$$0 < a < 1$$

である．このとき β の動く範囲は

$$0 < \beta < 1$$

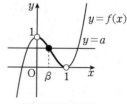

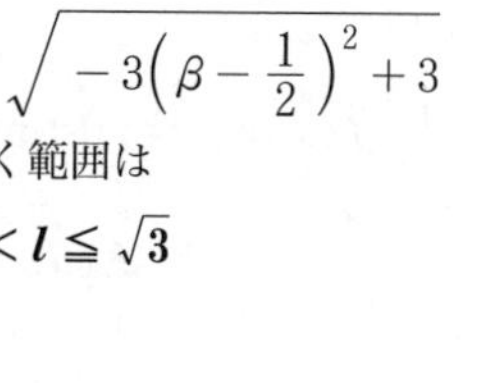

$$l = \sqrt{-3\left(\beta - \frac{1}{2}\right)^2 + 3}$$

より l の動く範囲は

$$\boldsymbol{\frac{3}{2} < l \leqq \sqrt{3}}$$

第6章　積分法

●1　不定積分・定積分

問題136

考え方　（積分の定義と性質・公式）

$F'(x) = f(x)$ となる関数 $F(x)$ を $f(x)$ の**原始関数**または**不定積分**といい，これを

$$\int f(x)\,dx = F(x) + C$$

と表します（C を**積分定数**といいます）.

このように高校数学では**積分は微分の逆計算として定義します**.

問題**117** の微分公式の逆を考えることにより

（ア）$\displaystyle\int (f'(x)+g'(x))\,dx = f(x)+g(x)+C$

（イ）$\displaystyle\int kf(x)\,dx = k\int f(x)\,dx$

（ウ）$\displaystyle\int x^n\,dx = \frac{1}{n+1}x^{n+1}+C$

が成り立つことがわかります（ただし n は 0 以上の整数，k は定数，C は積分定数）.

（1）(ii)　展開してから積分します.

(iii)(iv)　(ii) のように展開してから積分してもよいのですが，ここでは微分で扱った合成関数の微分公式を逆に計算した，次の公式を使ってみましょう.

（エ）$\displaystyle\int (x+p)^n\,dx = \frac{1}{n+1}(x+p)^{n+1}+C$

（オ）$\displaystyle\int (ax+b)^n\,dx$

$$= \frac{1}{a}\cdot\frac{1}{(n+1)}(ax+b)^{n+1}+C$$

※公式（オ）では x の係数 a が分母に現れることに注意！

（2）（定積分の定義）

$\displaystyle\int_a^b f(x)dx$ を $f(x)$ の a から b までの**定積分**といい

$$\int_a^b f(x)\,dx = \Big[\,F(x)\,\Big]_a^b$$

$$= F(b) - F(a)$$

と定義します.

（定積分の公式）

$$\int_a^b f(x)\,dx = \int_a^c f(x)\,dx + \int_c^b f(x)\,dx$$

$$\int_a^a f(x)\,dx = 0$$

$$\int_a^b f(x)\,dx = -\int_b^a f(x)\,dx$$

はいろいろな場面で使います.

(iii)　絶対値つきの積分は絶対値の中身の符号によって，積分区間を分けて計算します. 本問において絶対値の中身

$$x^2-9=(x+3)(x-3)$$

は $x=3$ を境目に符号が変わるので，ここを境に積分区間を分けることになります.

解答

（1）　以下 C は積分定数とする.

（i）　$\displaystyle\int (x^2-4x+3)\,dx$

$$= \int x^2\,dx - 4\int x\,dx + 3\int 1\,dx$$

$$= \frac{1}{3}x^3 - 4\cdot\frac{1}{2}x^2 + 3\cdot x + C$$

$$= \boldsymbol{\frac{1}{3}x^3 - 2x^2 + 3x + C}$$

（ii）　$\displaystyle\int (x-3)(x^2+x-5)\,dx$

$$= \int (x^3-2x^2-8x+15)\,dx$$

$$= \boldsymbol{\frac{1}{4}x^4 - \frac{2}{3}x^3 - 4x^2 + 15x + C}$$

（iii）　$\displaystyle\int (x+1)^3\,dx = \boldsymbol{\frac{1}{4}(x+1)^4 + C}$

（iv）　$\displaystyle\int (3x-1)^4\,dx$

$$= \frac{1}{3}\cdot\frac{1}{5}(3x-1)^5 + C$$

$$= \boldsymbol{\frac{1}{15}(3x-1)^5 + C}$$

（2）(i)　$\displaystyle\int_{-1}^2 (-x^2+2x+5)\,dx$

$$= \Big[-\frac{1}{3}x^3 + x^2 + 5x\Big]_{-1}^2$$

$$= -\frac{1}{3}\{2^3-(-1)^3\} + \{2^2-(-1)^2\}$$

$$+ 5\{2-(-1)\}$$

$= -3+3+15 = \mathbf{15}$

(ii) $\int_0^1 (x^2-4x)\,dx + \int_2^1 (4x-x^2)\,dx$

$= \int_0^1 (x^2-4x)\,dx + \int_1^2 (x^2-4x)\,dx$

$= \int_0^2 (x^2-4x)\,dx$

$= \left[\frac{1}{3}x^3 - 2x^2\right]_0^2$

$= \frac{1}{3}\cdot 2^3 - 2\cdot 2^2 = \mathbf{-\frac{16}{3}}$

(iii) $\int_{-2}^5 |x^2-9|\,dx$

$= -\int_{-2}^3 (x^2-9)\,dx + \int_3^5 (x^2-9)\,dx$

$= -\left[\frac{1}{3}x^3 - 9x\right]_{-2}^3 + \left[\frac{1}{3}x^3 - 9x\right]_3^5$

$= -\frac{1}{3}\{3^3-(-2)^3\} + 9\{3-(-2)\}$

$\quad + \frac{1}{3}(5^3-3^3) - 9(5-3)$

$= -\frac{35}{3} + 45 + \frac{98}{3} - 18 = \mathbf{48}$

問題137

考え方 $\left(\frac{1}{6}\text{公式}\right)$

積分の超重要公式である **$\frac{1}{6}$公式**

$$\int_\alpha^\beta (x-\alpha)(x-\beta)\,dx = -\frac{1}{6}(\beta-\alpha)^3$$

は必ず使えるようにしてください. 証明もできるようにしましょう.

(1) 強引に計算してももちろんできますが, $x-\alpha$ を固まりとみて計算をすると, だいぶ楽です.

(2)(i) x^2 の係数に注意しましょう.

(ii) 公式を直接は使えませんが, (1) と同様に $x-1$ をかたまりとみるとよいでしょう.

解答

(1)(i) $\int_\alpha^\beta (x-\alpha)(x-\beta)\,dx$

$= \int_\alpha^\beta (x-\alpha)\{(x-\alpha)-(\beta-\alpha)\}\,dx$

$= \int_\alpha^\beta \{(x-\alpha)^2-(\beta-\alpha)(x-\alpha)\}\,dx$

$= \left[\frac{1}{3}(x-\alpha)^3 - (\beta-\alpha)\cdot\frac{1}{2}(x-\alpha)^2\right]_\alpha^\beta$

$= \frac{1}{3}(\beta-\alpha)^3 - \frac{1}{2}(\beta-\alpha)^3$

$= -\frac{1}{6}(\beta-\alpha)^3$

(ii) $\int_\alpha^\beta (x-\alpha)^2(x-\beta)\,dx$

$= \int_\alpha^\beta (x-\alpha)^2\{(x-\alpha)-(\beta-\alpha)\}\,dx$

$= \int_\alpha^\beta \{(x-\alpha)^3-(\beta-\alpha)(x-\alpha)^2\}\,dx$

$= \left[\frac{1}{4}(x-\alpha)^4 - (\beta-\alpha)\cdot\frac{1}{3}(x-\alpha)^3\right]_\alpha^\beta$

$= \frac{1}{4}(\beta-\alpha)^4 - \frac{1}{3}(\beta-\alpha)^4$

$= -\frac{1}{12}(\beta-\alpha)^4$

(2)(i) $4x^2-6x+1=0$ の解は

$x = \frac{3\pm\sqrt{5}}{4}$ だから

$\int_{\frac{3-\sqrt{5}}{4}}^{\frac{3+\sqrt{5}}{4}} (4x^2-6x+1)\,dx$

$= \int_{\frac{3-\sqrt{5}}{4}}^{\frac{3+\sqrt{5}}{4}} 4\left(x-\frac{3+\sqrt{5}}{4}\right)\left(x-\frac{3-\sqrt{5}}{4}\right)dx$

$= -\frac{4}{6}\left(\frac{3+\sqrt{5}}{4} - \frac{3-\sqrt{5}}{4}\right)^3$

$= -\frac{2}{3}\left(\frac{\sqrt{5}}{2}\right)^3 = \mathbf{-\frac{5\sqrt{5}}{12}}$

(ii) $\int_0^1 (x-1)^6(x-2)\,dx$

$= \int_0^1 (x-1)^6\{(x-1)-1\}\,dx$

$= \int_0^1 \{(x-1)^7-(x-1)^6\}\,dx$

$= \left[\frac{1}{8}(x-1)^8 - \frac{1}{7}(x-1)^7\right]_0^1$

$= -\frac{1}{8} - \frac{1}{7} = \mathbf{-\frac{15}{56}}$

問題 138

考え方　(積分方程式 1)

(1)　**(定数型)**

$f(x)$ がどのような関数であったとしても $\int_0^2 f(t)\,dt$ は**定積分ですからしょせん定数**です. したがって

$$\int_0^2 f(t)\,dt = a$$

などとおくことができます.

なお本問では $\int_0^2 xf(t)\,dt$ の積分の中に変数 x がありますが, **この積分の中では x は定数** (積分変数は t) ですから

$$\int_0^2 xf(t)\,dt = x\int_0^2 f(t)\,dt$$

のように x は $\int$ の外に出すことができます.

(2)　**(変数型)**

(1) の定数型と似ていますが, 積分区間に x が入っており, (1) のように

$$\int_a^x f(t)\,dt = b$$

などと定数として扱うことはできません.

例えば $f(t) = t^2$ のとき

$$\int_a^x t^2\,dt = \frac{1}{3}x^3 - \frac{1}{3}a^3$$

となり, x が入った式になるからです.

このように積分区間に x が入った関数を扱う場合は**微分積分学の基本定理**

$$\frac{d}{dx}\int_a^x f(t)\,dt = f(x)$$

を用います (→**注意 1**). 次の 2 つの手順をたどりましょう (→**注意 2**).

(i)　**両辺を x で微分する.**

(ii)　**与式に $x = a$ を代入する.**

なお $\frac{d}{dx}$ は後ろの式を x で微分する記号で微分作用素ともよばれます.

解答

(1)　$f(x) = x^2 + \int_0^2 xf(t)\,dt$

$$= x^2 + x\int_0^2 f(t)\,dt$$

ここで

$$\int_0^2 f(t)\,dt = a \quad \cdots ①$$

とおくと

$$f(x) = x^2 + ax$$

である. これを ① に代入して

$$\int_0^2 (t^2 + at)\,dt = a$$

$$\left[\frac{1}{3}t^3 + \frac{1}{2}at^2\right]_0^2 = a$$

$$\frac{8}{3} + 2a = a \quad \therefore \quad a = -\frac{8}{3}$$

したがって

$$\boldsymbol{f(x) = x^2 - \frac{8}{3}x}$$

(2)　$\int_a^x f(t)\,dt = x^2 - 3x + 2 \cdots ②$ の両辺を x で微分すると

$$\boldsymbol{f(x) = 2x - 3}$$

である. また ② に $x = a$ を代入して

$$0 = a^2 - 3a + 2$$

$$(a-1)(a-2) = 0$$

$$\boldsymbol{a = 1,\ 2}$$

注意 1　微分積分学の基本定理は, 積分の定義 (高校数学では積分は微分の逆計算として定義します) から当然成り立ちます.

注意 2　$f(x) = g(x) \Rightarrow f'(x) = g'(x)$ は成り立ちますが, 逆は成り立ちません.

必要十分条件にするためには

$\boldsymbol{f(x) = g(x)}$

$\boldsymbol{\iff f'(x) = g'(x)}$ **かつ** $\boldsymbol{f(a) = g(a)}$

と条件を付け加えます.

数学的に同値性をきちんと担保するためには手順 (i) だけではなく, 手順 (ii) も必要だということです.

問題 139

考え方 積分してから微分するのは二度手間です．前問（2）と同じように，微分積分学の基本定理を利用しましょう．

解答

$f(x)=\int_{-3}^{x}(t^2-2t-3)\,dt$ より

$$f'(x)=x^2-2x-3$$
$$=(x+1)(x-3)$$

よって増減表は次のようになる．

x	-1	$\cdots$	3	$\cdots$	5
$f'(x)$	0	$-$	0	$+$	
$f(x)$		↘		↗	

したがって $x=\mathbf{3}$ のとき最小値をとる．

問題 140

考え方 （偶関数・奇関数と面積）

積分区間を $-1\leqq x\leqq 0$ と $0\leqq x\leqq 1$ に分けて計算してもできますが，意外と面倒です．ここでは関数 $f(x)$ が**偶関数**のとき

$$\int_{-a}^{a}\boldsymbol{f(x)\,dx=2\int_{0}^{a}f(x)\,dx}$$

$f(x)$ が**奇関数**のとき

$$\int_{-a}^{a}\boldsymbol{f(x)\,dx=0}$$

となることを利用します（→**注意**）．

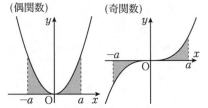

（偶関数）　　（奇関数）

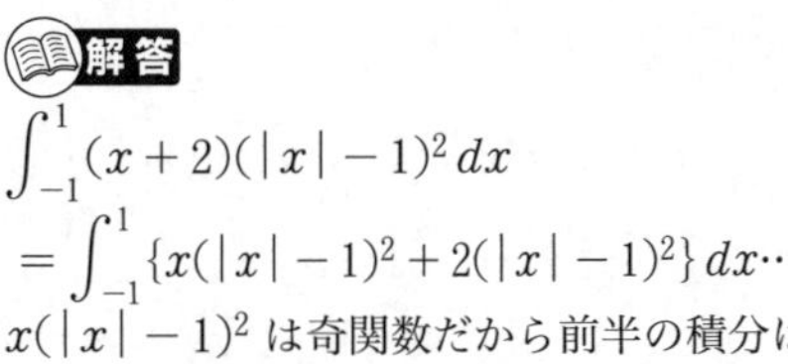

解答

$$\int_{-1}^{1}(x+2)(|x|-1)^2\,dx$$
$$=\int_{-1}^{1}\{x(|x|-1)^2+2(|x|-1)^2\}\,dx\cdots①$$

$x(|x|-1)^2$ は奇関数だから前半の積分は 0 になり，さらに $2(|x|-1)^2$ は偶関数だから

$$①=2\int_{0}^{1}2(|x|-1)^2\,dx$$
$$=4\int_{0}^{1}(x-1)^2\,dx$$
$$=4\left[\frac{1}{3}(x-1)^3\right]_0^1=\boldsymbol{\frac{4}{3}}$$

注意 （偶関数・奇関数）

$\boldsymbol{f(x)=f(-x)}$ が成り立つとき $f(x)$ を**偶関数**といい，$y=f(x)$ のグラフは y 軸対称になります．

$\boldsymbol{f(x)=-f(-x)}$ が成り立つとき $f(x)$ を**奇関数**といい，$y=f(x)$ のグラフは原点対称になります．

例えば x^{2n}（偶数乗および定数）は偶関数で，x^{2n+1}（奇数乗）は奇関数です．

また，一般に次のことが成り立ちます．

（偶関数）×（偶関数）=（偶関数）

（偶関数）×（奇関数）=（奇関数）

（奇関数）×（奇関数）=（偶関数）

本問の場合 $(|x|-1)^2=(|-x|-1)^2$ が成り立つことから $(|x|-1)^2$ は偶関数です．さらに x は奇関数ですから，$x(|x|-1)^2$ は奇関数であることがわかります．

問題 141

考え方 （積分方程式 2）

両辺を微分しても事態は改善しません．

整式 $f(x)$ を

$$f(x)=ax^n+\cdots\quad(a\neq 0)$$

などとおき，式の最高次の係数を比較することで，次数 n を決定しましょう．

解答

$f(x)$ を n 次式，最高次の係数を a とおく．このとき

$$f(x)=ax^n+\cdots\quad(a\neq 0)$$

とかける．このとき，与式において

$$(\text{左辺}) = (x-1)(ax^n + \cdots) = ax^{n+1} + (n\text{ 次以下の式})$$

$$(\text{右辺}) = 3\int_1^x (at^n + \cdots)\,dt = 3\left[\frac{a}{n+1}t^{n+1} + \cdots\right]_1^x = \frac{3a}{n+1}x^{n+1} + (n\text{ 次以下の式})$$

最高次の係数を比較して

$$a = \frac{3a}{n+1}$$

$$n+1 = 3 \quad \therefore \quad n = 2$$

よって改めて

$$f(x) = ax^2 + bx + c$$

とおき，左辺と右辺を計算する．

$$(\text{左辺}) = (x-1)(ax^2 + bx + c) = ax^3 + (b-a)x^2 + (c-b)x - c$$

$$(\text{右辺}) = 3\int_1^x (at^2 + bt + c)\,dt = 3\left[\frac{a}{3}t^3 + \frac{b}{2}t^2 + ct\right]_1^x = ax^3 + \frac{3b}{2}x^2 + 3cx - a - \frac{3b}{2} - 3c$$

3 次の係数は等しいから，2 次以下の係数を比較して

$$\begin{cases} b - a = \dfrac{3b}{2} & \cdots ① \\ c - b = 3c & \cdots ② \\ -c = -a - \dfrac{3}{2}b - 3c & \cdots ③ \end{cases}$$

また $f(0) = 1$ より

$$c = 1 \quad \cdots ④$$

である．①〜④ を連立して解くと

$$a = 1,\ b = -2,\ c = 1$$

したがって

$$\boldsymbol{f(x) = x^2 - 2x + 1}$$

注意　①，②，③ を解けば a，b，c の値が出そうなものですが，実は ①＋② と ③ は同値な式になってしまいます．
ですので値の決定には ④ が必要なわけです．

問題142

考え方　問題138 の応用版です．

解答

$\displaystyle\int_0^1 f(t)\,dt = b$ …① とおくと

$$g(x) = x^2 - bx - 3$$

これを

$$\int_1^x f(t)\,dt = xg(x) - 2ax + 2$$

に代入して整理すると

$$\int_1^x f(t)\,dt = x^3 - bx^2 - (2a+3)x + 2 \cdots ②$$

ここで両辺を x で微分して

$$f(x) = 3x^2 - 2bx - (2a+3)$$

① に代入して

$$\int_0^1 \{3t^2 - 2bt - (2a+3)\}\,dt = b$$

$$\left[t^3 - bt^2 - (2a+3)t\right]_0^1 = b$$

$$1 - b - (2a+3) = b$$

$$a + b + 1 = 0 \quad \cdots ③$$

また ② に $x = 1$ を代入して

$$0 = 1 - b - (2a+3) + 2$$

$$2a + b = 0 \quad \cdots ④$$

③，④ を連立して解くと $\boldsymbol{a = 1}$，$b = -2$
したがって

$$\boldsymbol{f(x) = 3x^2 + 4x - 5}$$

$$\boldsymbol{g(x) = x^2 + 2x - 3}$$

別解

$$\int_1^x f(t)\,dt = xg(x) - 2ax + 2 \quad \cdots ⑤$$

に $x = 0$ を代入して

$$\int_1^0 f(t)\,dt = 2 \quad \therefore \quad \int_0^1 f(t)\,dt = -2$$

よって

$$\boldsymbol{g(x)} = x^2 - x\int_0^1 f(t)\,dt - 3$$
$$= \boldsymbol{x^2 + 2x - 3}$$

これを ⑤ に代入して

$$\int_1^x f(t)\,dt = x^3 + 2x^2 - (2a+3)x + 2$$

ここに $x=1$ を代入して

$$0 = -2a + 2 \quad \therefore \quad \boldsymbol{a = 1}$$

したがって両辺を x で微分して

$$\boldsymbol{f(x) = 3x^2 + 4x - 5}$$

●2　面積

問題 143

考え方　(面積)

区間 $a \leqq x \leqq b$ において常に $f(x) \geqq 0$ ならば，曲線 $y=f(x)$ と x 軸，2 直線 $x=a$，$x=b$ で囲まれる部分の面積 S は

$$\boldsymbol{S = \int_a^b f(x)\,dx}$$

$f(x) \leqq 0$ のときは

$$\boldsymbol{S = -\int_a^b f(x)\,dx}$$

と表されます．

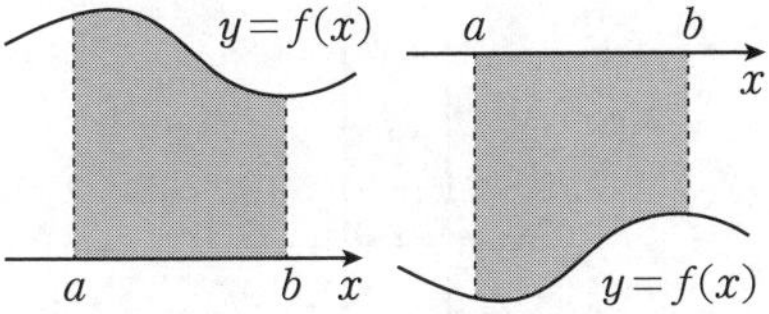

区間 $a \leqq x \leqq b$ において常に $f(x) \geqq g(x)$ ならば，2 曲線 $y=f(x)$，$y=g(x)$ と 2 直線 $x=a$，$x=b$ で囲まれる部分の面積 S は

$$\boldsymbol{S = \int_a^b \{f(x) - g(x)\}\,dx}$$

と表されます．要は**上にあるグラフの式から下にあるグラフの式を引いて積分すれば面積が出る**ということです．計算の際は上下関係がとても重要なので，必ずグラフをかいて確認するようにしましょう．

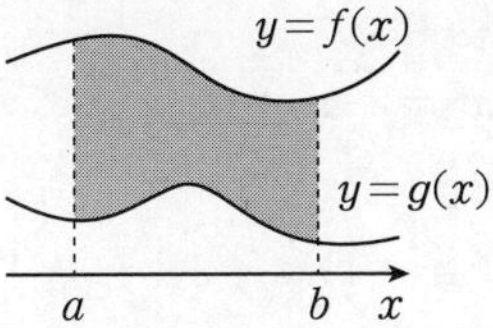

(2)　2 曲線 $y=f(x)$ と $y=g(x)$ のみで囲まれる部分の面積を求める際，$f(x)-g(x)$ が 2 次式のとき，**問題 137** で証明した $\boldsymbol{\frac{1}{6}}$ **公式**が使え，このとき面積は

$$\int_\alpha^\beta \{f(x) - g(x)\}\,dx$$
$$= \int_\alpha^\beta (ax^2 + bx + c)\,dx$$
$$= a\int_\alpha^\beta (x-\alpha)(x-\beta)\,dx$$
$$= \boldsymbol{-\frac{a}{6}(\beta - \alpha)^3}$$

のように計算することができます．

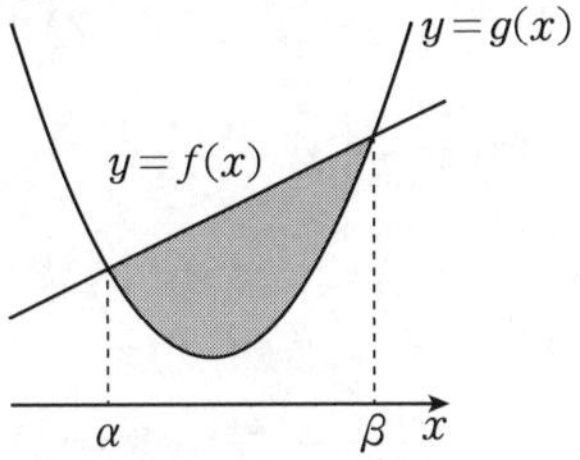

$\frac{1}{6}$ 公式は計算量を大幅に軽減できる公式ですので，面積計算をする際は常にこの公式を使うことができないか，チェックするようにしましょう．

(3)　放物線と接線で囲まれる部分の面積計算では，$\int$ の中の式が 2 乗の形になり (理由は**問題 113** の**例題**を参照)

$$\int (x-\alpha)^2\,dx = \frac{1}{3}(x-\alpha)^3 + C$$

のように計算することできます．

(4)　場合分けをしてグラフをかき，上

下関係を判断しましょう．

解答

（1）　$y=x^2$ と $y=-x^2+7x-3$ を連立して

$$x^2=-x^2+7x-3$$
$$2x^2-7x+3=0$$
$$(2x-1)(x-3)=0$$
$$x=\frac{1}{2},\ 3$$

よってグラフは次図のようになる．

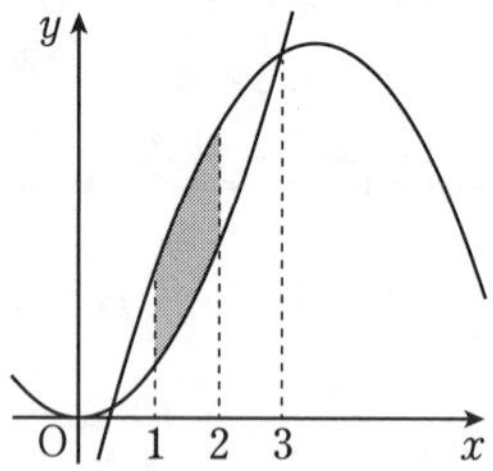

したがって求める面積は

$$\int_1^2\{(-x^2+7x-3)-x^2\}\,dx$$
$$=\int_1^2(-2x^2+7x-3)\,dx$$
$$=\left[-\frac{2}{3}x^3+\frac{7}{2}x^2-3x\right]_1^2$$
$$=-\frac{2}{3}(2^3-1^3)+\frac{7}{2}(2^2-1^2)-3(2-1)$$
$$=-\frac{14}{3}+\frac{21}{2}-3=\boldsymbol{\frac{17}{6}}$$

（2）　$y=x^2+1$ と $y=-x^2+2x+4$ を連立して

$$x^2+1=-x^2+2x+4$$
$$2x^2-2x-3=0$$
$$x=\frac{1\pm\sqrt{7}}{2}$$

これらを α, β $(\alpha<\beta)$ とおくとグラフは次図のようになる．

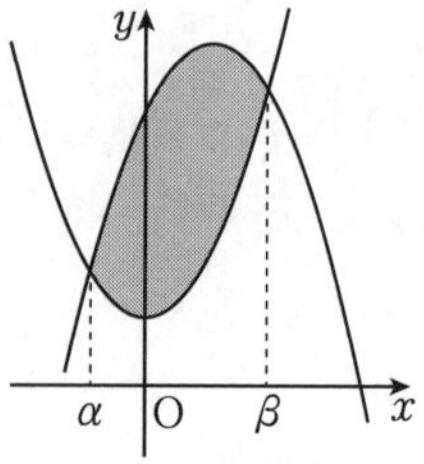

したがって求める面積は

$$\int_\alpha^\beta\{(-x^2+2x+4)-(x^2+1)\}\,dx$$
$$=\int_\alpha^\beta(-2x^2+2x+3)\,dx$$
$$=-2\int_\alpha^\beta(x-\alpha)(x-\beta)\,dx$$
$$=\frac{2}{6}(\beta-\alpha)^3$$
$$=\frac{1}{3}\left(\frac{1+\sqrt{7}}{2}-\frac{1-\sqrt{7}}{2}\right)^3$$
$$=\frac{1}{3}(\sqrt{7})^3=\boldsymbol{\frac{7\sqrt{7}}{3}}$$

（3）　$y=-x^2+x$ より

$$y'=-2x+1$$

だから $(-1,\ -2)$ における接線の方程式は

$$y=3(x+1)-2$$
$$y=3x+1$$

よってグラフは次図のようになる．

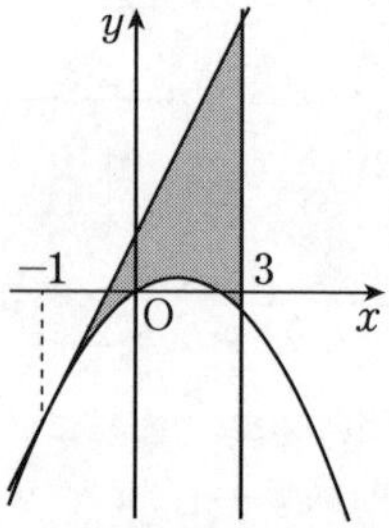

したがって求める面積は

$$\int_{-1}^3\{(3x+1)-(-x^2+x)\}\,dx$$
$$=\int_{-1}^3(x^2+2x+1)\,dx$$
$$=\int_{-1}^3(x+1)^2\,dx$$

$$= \left[\frac{1}{3}(x+1)^3 \right]_{-1}^{3} = \mathbf{\frac{64}{3}}$$

（4） $y = x^2 - 4x$ と $y = x + 4$ を連立して

$$x^2 - 4x = x + 4$$
$$x^2 - 5x - 4 = 0$$
$$x = \frac{5 \pm \sqrt{41}}{2}$$

これらを α, β $(\alpha < \beta)$ とおくとグラフは次図のようになる．

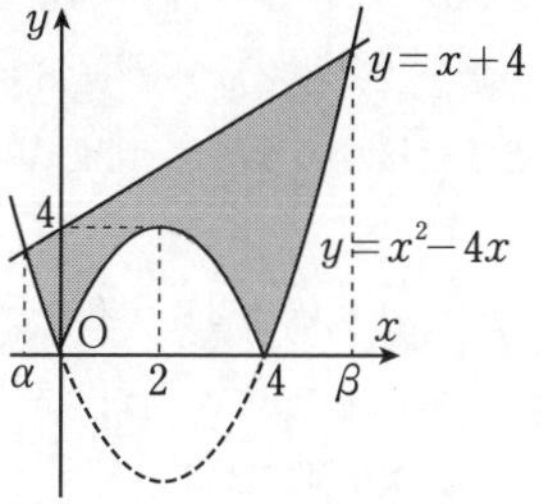

さらに S_1, S_2 を次の図形の面積として定める．

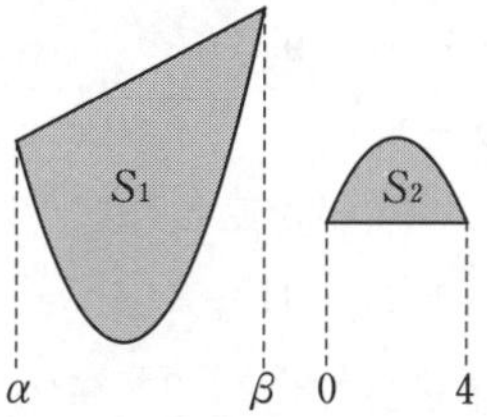

このとき求める面積を S とすると

$$S = S_1 - 2S_2$$

である．

$$S_1 = \int_\alpha^\beta \{(x+4) - (x^2 - 4x)\}\,dx$$
$$= \int_\alpha^\beta -(x-\alpha)(x-\beta)\,dx$$
$$= \frac{1}{6}(\beta - \alpha)^3$$
$$= \frac{1}{6}\left(\frac{5+\sqrt{41}}{2} - \frac{5-\sqrt{41}}{2} \right)^3$$
$$= \frac{41\sqrt{41}}{6}$$

$$S_2 = \int_0^4 (-x^2 + 4x)\,dx$$
$$= \int_0^4 -x(x-4)\,dx$$
$$= \frac{1}{6}(4-0)^3 = \frac{32}{3}$$

より

$$S = \frac{41\sqrt{41}}{6} - 2 \cdot \frac{32}{3}$$
$$= \mathbf{\frac{41\sqrt{41}}{6} - \frac{64}{3}}$$

問題 144

考え方　領域を扇形とそうではないところに分けて計算しますが，領域の面積の足し引きで，少し工夫できます．

解答

$x^2 + y^2 = 4$ と $y = x^2 - 2$ より x^2 を消去して

$$(y+2) + y^2 = 4$$
$$y^2 + y - 2 = 0$$
$$(y+2)(y-1) = 0$$
$$y = -2,\ 1$$

よって交点の座標は

$$(0,\ -2),\ (\sqrt{3},\ 1),\ (-\sqrt{3},\ 1)$$

となり（順に点P，Q，Rとする），グラフは下図のようになる．

直線OQの傾きは $\dfrac{1}{\sqrt{3}}$ よりOQと x 軸のなす角は30°とわかる．よって

$$\angle QOR = 180° - 30° \cdot 2 = 120°$$

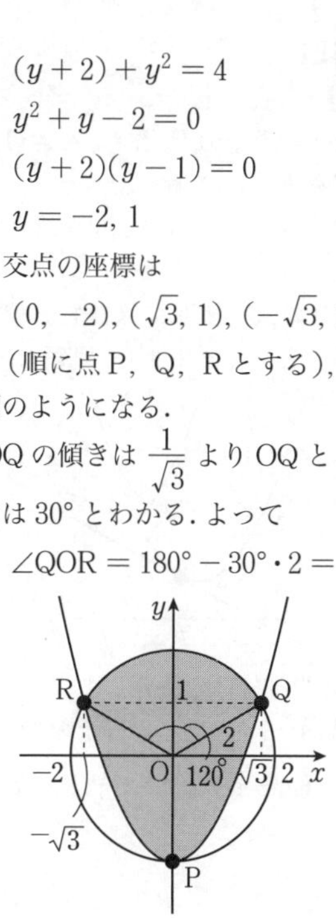

下図のように考えると，求める面積は

$$\int_{-\sqrt{3}}^{\sqrt{3}}\{1-(x^2-2)\}\,dx+2^2\pi\cdot\frac{120°}{360°}$$
$$-\frac{1}{2}\cdot 2\sqrt{3}\cdot 1$$
$$=\int_{-\sqrt{3}}^{\sqrt{3}}-(x+\sqrt{3})(x-\sqrt{3})\,dx$$
$$+\frac{4\pi}{3}-\sqrt{3}$$
$$=\frac{1}{6}\{\sqrt{3}-(-\sqrt{3})\}^3+\frac{4\pi}{3}-\sqrt{3}$$
$$=4\sqrt{3}+\frac{4\pi}{3}-\sqrt{3}=\mathbf{3\sqrt{3}+\frac{4\pi}{3}}$$

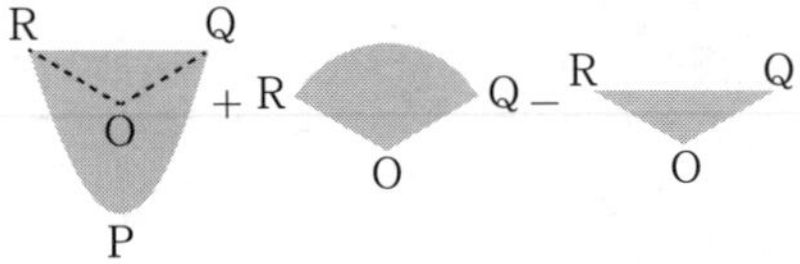

問題 145

考え方

（１） $y=x^2$ 上の点 $(t,\ t^2)$ における接線の方程式を立て，それが $y=x^2-4x+8$ と接する条件を考えます．判別式を使うとよいでしょう．

l を２通りの式で表して係数を比較することで解くこともできます（→**別解**）．

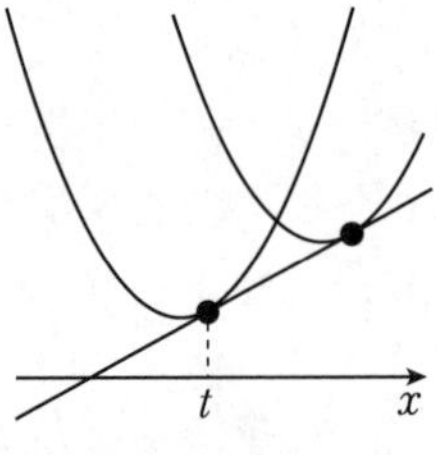

（２） 区間を分けて積分します．

問題 143（３）と同じ構図なので

$$\int(x-\alpha)^2\,dx=\frac{1}{3}(x-\alpha)^3+C$$

が使えます．

解答

（１） $C_1：y=x^2$ と l の接点の x 座標を t とおく．$y=x^2$ より

$$y'=2x$$

だから $(t,\ t^2)$ における接線 l の方程式は

$$y=2t(x-t)+t^2$$
$$y=2tx-t^2 \quad \cdots(*)$$

C_2 と連立して

$$x^2-4x+8=2tx-t^2$$
$$x^2-2(t+2)x+t^2+8=0 \quad \cdots①$$

C_2 と l は接するから，判別式を D とすると

$$\frac{D}{4}=(t+2)^2-(t^2+8)=0$$
$$4t-4=0 \quad \therefore \quad t=1$$

よって l の方程式は

$$\mathbf{y=2x-1}$$

（２） $t=1$ のとき ① は

$$x^2-6x+9=0$$
$$(x-3)^2=0 \quad \therefore \quad x=3$$

次に C_1 と C_2 の式を連立すると

$$x^2=x^2-4x+8 \quad \therefore \quad x=2$$

よってグラフは次図のようになる．

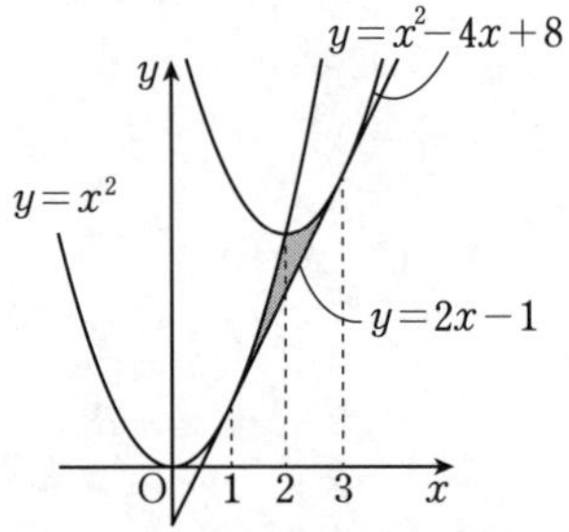

したがって求める面積は

$$\int_1^2\{x^2-(2x-1)\}\,dx$$
$$+\int_2^3\{(x^2-4x+8)-(2x-1)\}\,dx$$

$$= \int_1^2 (x-1)^2\,dx + \int_2^3 (x-3)^2\,dx$$

$$= \left[\frac{(x-1)^3}{3}\right]_1^2 + \left[\frac{(x-3)^3}{3}\right]_2^3$$

$$= \frac{1}{3} + \frac{1}{3} = \mathbf{\frac{2}{3}}$$

別解

（1）　（(*) までは**解答**と同じ）

C_2 ： $y = x^2 - 4x + 8$ と l との接点の x 座標を u とおく．$y = x^2 - 4x + 8$ より

$$y' = 2x - 4$$

だから $(u,\ u^2 - 4u + 8)$ における接線 l の方程式は

$$y = (2u-4)(x-u) + u^2 - 4u + 8$$

$$y = (2u-4)x - u^2 + 8$$

(*) と係数を比較して

$$2u - 4 = 2t,\ -u^2 + 8 = -t^2$$

連立して解くと $t = 1,\ u = 3$.

よって l の方程式は

$$\boldsymbol{y = 2x - 1}$$

問題 146

考え方　面積 2 等分を単純に $S = R$（次図）と捉えると計算が大変です．S が全体の面積 T の半分，すなわち $S = \frac{1}{2}T$ とすることで $\frac{1}{6}$ 公式を利用できます．

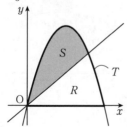

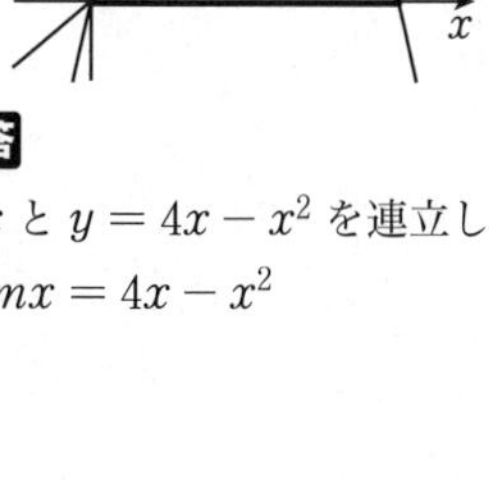

解答

$y = mx$ と $y = 4x - x^2$ を連立して

$$mx = 4x - x^2$$

$$x^2 - (4-m)x = 0$$

$$x\{x - (4-m)\} = 0$$

$$x = 0,\ 4 - m$$

次に $y = 4x - x^2$ と x 軸で囲まれる領域の面積を T，$y = 4x - x^2$ と $y = mx$ で囲まれる領域の面積を S とすると，題意をみたすのは

$$S = \frac{1}{2}T \quad \cdots①$$

のときである．

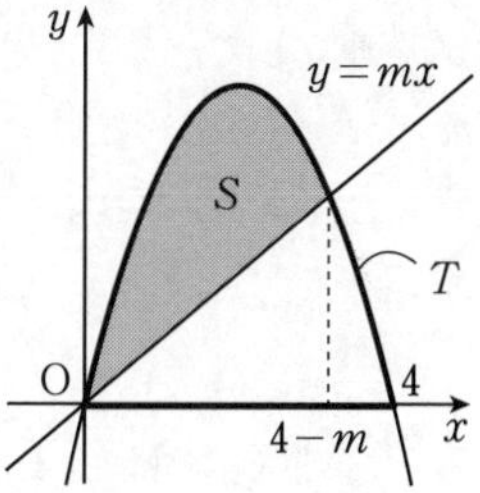

$$S = \int_0^{4-m} \{(4x - x^2) - mx\}\,dx$$

$$= \int_0^{4-m} -x\{x - (4-m)\}\,dx$$

$$= \frac{1}{6}(4-m)^3$$

$$T = \int_0^4 (4x - x^2)\,dx$$

$$= \int_0^4 -x(x-4)\,dx = \frac{1}{6}\cdot 4^3$$

これらを ① に代入して

$$\frac{1}{6}(4-m)^3 = \frac{1}{2}\cdot\frac{1}{6}\cdot 4^3$$

$$(4-m)^3 = 32$$

$$4 - m = 2\sqrt[3]{4}$$

$$\boldsymbol{m = 4 - 2\sqrt[3]{4}}$$

問題 147

考え方　放物線のもつ有名な性質（→**注意**）に関する問題です．手際よく計算をしましょう．

解答

（1） $y=x^2$ より

$$y'=2x$$

だから点 $P(\alpha, \alpha^2)$ における接線 l_1 の方程式は

$$y=2\alpha(x-\alpha)+\alpha^2$$

$$y=2\alpha x-\alpha^2$$

同様に l_2 の方程式は

$$y=2\beta x-\beta^2$$

である．2 式を連立して

$$2\alpha x-\alpha^2=2\beta x-\beta^2$$

$$2(\alpha-\beta)x=(\alpha+\beta)(\alpha-\beta)$$

$\alpha \neq \beta$ より

$$x=\frac{\alpha+\beta}{2}$$

よってグラフは次図のようになる．

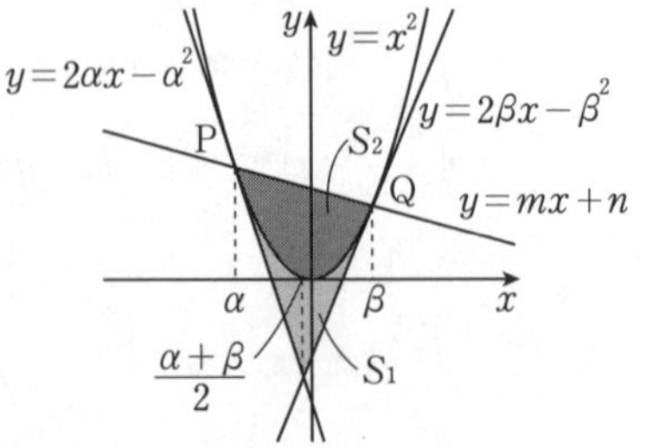

したがって求める面積は

$$S_1=\int_{\alpha}^{\frac{\alpha+\beta}{2}}\{x^2-(2\alpha x-\alpha^2)\}\,dx+\int_{\frac{\alpha+\beta}{2}}^{\beta}\{x^2-(2\beta x-\beta^2)\}\,dx$$

$$=\int_{\alpha}^{\frac{\alpha+\beta}{2}}(x-\alpha)^2\,dx+\int_{\frac{\alpha+\beta}{2}}^{\beta}(x-\beta)^2\,dx$$

$$=\left[\frac{1}{3}(x-\alpha)^3\right]_{\alpha}^{\frac{\alpha+\beta}{2}}+\left[\frac{1}{3}(x-\beta)^3\right]_{\frac{\alpha+\beta}{2}}^{\beta}$$

$$=\frac{1}{3}\left(\frac{\alpha+\beta}{2}-\alpha\right)^3-\frac{1}{3}\left(\frac{\alpha+\beta}{2}-\beta\right)^3$$

$$=\frac{1}{3}\left(\frac{\beta-\alpha}{2}\right)^3+\frac{1}{3}\left(\frac{\beta-\alpha}{2}\right)^3$$

$$=\boldsymbol{\frac{1}{12}(\beta-\alpha)^3}$$

次に直線 PQ を $y=mx+n$ とおくと

$$S_2=\int_{\alpha}^{\beta}(mx+n-x^2)\,dx$$

$$=-\int_{\alpha}^{\beta}(x-\alpha)(x-\beta)\,dx$$

$$=\boldsymbol{\frac{1}{6}(\beta-\alpha)^3}$$

（2） （1）より

$$\frac{S_2}{S_1}=\frac{\frac{1}{6}(\beta-\alpha)^3}{\frac{1}{12}(\beta-\alpha)^3}=\boldsymbol{2}$$

注意　本問の設定において

$$\boldsymbol{S_1 : S_2=1 : 2}$$

となるのは有名事実で，数学 II の積分法における頻出の題材の 1 つです．

問題 148

考え方

（1） 2 次方程式の解の配置の問題に帰着させます．

（2） 図において $S_1=S_2$ となるとき

$$\int_{\alpha}^{\gamma}\{g(x)-h(x)\}\,dx=0$$

が成り立ちます（→**注意**）．

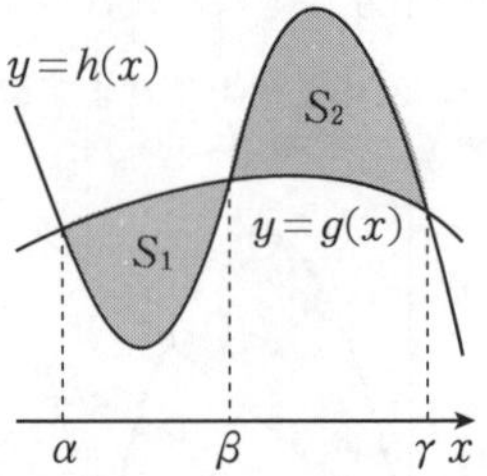

解答

（1） $y=x^3+px^2+x$ と $y=x^2$ を連立して

$$x^3+px^2+x=x^2$$

$$x\{x^2+(p-1)x+1\}=0$$

C_1 と C_2 が $x>0$ の範囲に共有点を2個もつのは

$$x^2+(p-1)x+1=0 \quad \cdots①$$

が異なる2個の正の解をもつときである．

$f(x)=x^2+(p-1)x+1$ とおく．

$$f(x)=\left(x+\frac{p-1}{2}\right)^2-\frac{(p-1)^2}{4}+1$$

より $y=f(x)$ の軸は $x=-\dfrac{p-1}{2}$ であることに注意する．

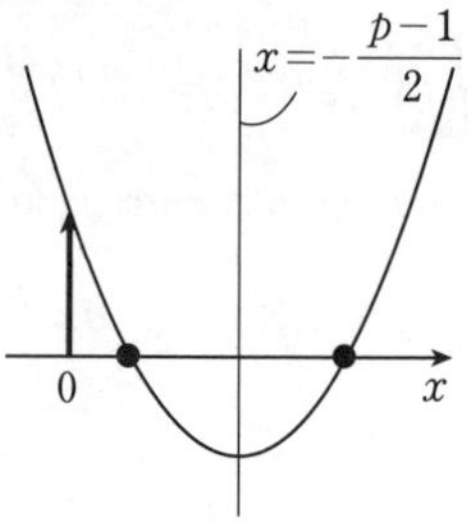

(ア)　判別式 $D>0$

$$D=(p-1)^2-4>0$$
$$(p+1)(p-3)>0$$
$$p<-1,\ p>3$$

(イ)　軸 $x=-\dfrac{p-1}{2}>0$

$$p-1<0 \quad \therefore \quad p<1$$

(ウ)　$f(0)>0$

$$f(0)=1>0$$

より成り立つ．

(ア)，(イ)，(ウ)より求める p の範囲は

$$\boldsymbol{p<-1}$$

(2)　$g(x)=x^3+px^2+x,\ h(x)=x^2$ とおく．

$S_1=S_2$ より

$$\int_0^\beta \{g(x)-h(x)\}\,dx=0$$
$$\int_0^\beta \{x^3+(p-1)x^2+x\}\,dx=0$$
$$\left[\frac{x^4}{4}+\frac{p-1}{3}x^3+\frac{x^2}{2}\right]_0^\beta=0$$
$$\frac{1}{4}\beta^4+\frac{p-1}{3}\beta^3+\frac{1}{2}\beta^2=0$$
$$\frac{\beta^2}{12}\{3\beta^2+4(p-1)\beta+6\}=0$$

$\beta\neq0$ より

$$3\beta^2+4(p-1)\beta+6=0 \quad \cdots②$$

また β は①の解より

$$\beta^2+(p-1)\beta+1=0 \quad \cdots③$$

③×4−②より

$$\beta^2-2=0 \quad \therefore \quad \beta=\sqrt{2}$$

③に代入して

$$2+\sqrt{2}(p-1)+1=0$$
$$\sqrt{2}(p-1)=-3$$
$$\boldsymbol{p=1-\frac{3\sqrt{2}}{2}}$$

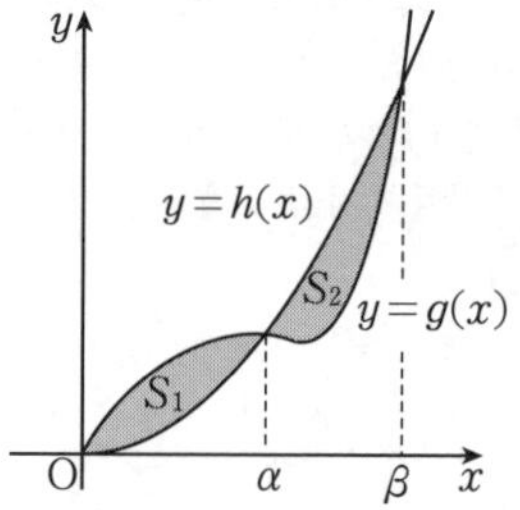

また①において解と係数の関係より

$$\alpha\cdot\sqrt{2}=1 \quad \therefore \quad \alpha=\frac{\sqrt{2}}{2}$$

したがって

$$S_1=\int_0^{\frac{\sqrt{2}}{2}}\left\{x^3+\left(1-\frac{3\sqrt{2}}{2}\right)x^2+x-x^2\right\}dx$$
$$=\int_0^{\frac{\sqrt{2}}{2}}\left(x^3-\frac{3\sqrt{2}}{2}x^2+x\right)dx$$
$$=\left[\frac{1}{4}x^4-\frac{\sqrt{2}}{2}x^3+\frac{1}{2}x^2\right]_0^{\frac{\sqrt{2}}{2}}=\boldsymbol{\frac{1}{16}}$$

注意　積分を「符号付き面積」と考えれば α から β までの積分値は正，β から γ の積分値は負ですから，相殺されて0に

なることは明らかですが，ここでは式で証明してみます. $S_1 - S_2 = 0$ より

$$\int_\alpha^\beta \{g(x) - h(x)\}\,dx - \int_\beta^\gamma \{h(x) - g(x)\}\,dx = 0$$

$$\int_\alpha^\beta \{g(x) - h(x)\}\,dx + \int_\beta^\gamma \{g(x) - h(x)\}\,dx = 0$$

$$\therefore \quad \int_\alpha^\gamma \{g(x) - h(x)\}\,dx = 0$$

問題 149

考え方

(2)　まずは $\dfrac{1}{6}$ 公式を利用して $S(a)$ を求めます. $S(a)$ の最大値については，変数を 1 箇所（ルートの中）にまとめて置き換えをする（$12 - a^2 = t$ とおくとよい）などして，計算をすすめましょう.

解答

(1)　C : $y = x^3 - 3x + 1$ と C_a : $y = (x-a)^3 - 3(x-a) + 1$ を連立して

$$x^3 - 3x + 1 = (x-a)^3 - 3(x-a) + 1$$

$$3ax^2 - 3a^2x + a^3 - 3a = 0$$

$a \neq 0$ より

$$3x^2 - 3ax + a^2 - 3 = 0 \quad \cdots ①$$

C と C_a が異なる 2 点で交わるから，判別式を D とすると

$$D = (-3a)^2 - 4 \cdot 3(a^2 - 3) > 0$$

$$-3a^2 + 36 > 0$$

$$a^2 < 12 \quad \therefore \quad -2\sqrt{3} < a < 2\sqrt{3}$$

$a > 0$ と合わせて

$$\boldsymbol{0 < a < 2\sqrt{3}}$$

(2)　① を解くと

$$x = \frac{3a \pm \sqrt{D}}{6}$$

これらを α, β $(\alpha < \beta)$ とおくとグラフは次図のようになる.

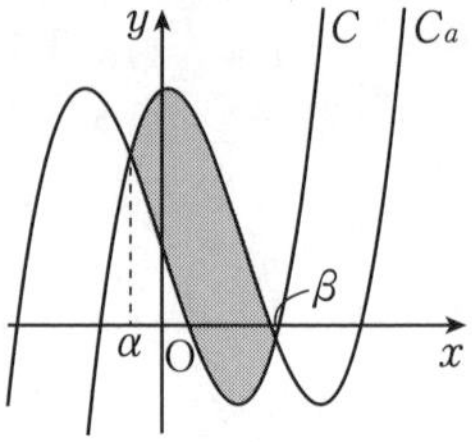

よって

$$S(a) = \int_\alpha^\beta \{(C_a\text{の式}) - (C\text{ の式})\}\,dx$$

$$= \int_\alpha^\beta (-3ax^2 + 3a^2x - a^3 + 3a)\,dx$$

$$= -3a\int_\alpha^\beta (x-\alpha)(x-\beta)\,dx$$

$$= \frac{3a}{6}(\beta - \alpha)^3$$

$$= \frac{a}{2}\left(\frac{3a+\sqrt{D}}{6} - \frac{3a-\sqrt{D}}{6}\right)^3$$

$$= \frac{a}{2}\left(\frac{\sqrt{36-3a^2}}{3}\right)^3$$

$$= \frac{a}{2}\left(\sqrt{\frac{12-a^2}{3}}\right)^3$$

$$= \frac{\sqrt{3}}{18}\sqrt{a^2(12-a^2)^3}$$

$12 - a^2 = t$ とおくと

$$0 < a < 2\sqrt{3}$$

より

$$0 < t < 12$$

である. このとき

$$S(a) = \frac{\sqrt{3}}{18}\sqrt{(12-t)t^3}$$

となり，$f(t) = (12-t)t^3$ とおくと

$$f'(t) = 36t^2 - 4t^3 = 4t^2(9-t)$$

よって増減表は次のようになる.

t	0	$\cdots$	9	$\cdots$	12
$f'(t)$		+	0	−	
$f(t)$		↗		↘	

$f(9)=3\cdot9^3=3^7$ に注意すると，$S(a)$ は最大値

$$\frac{\sqrt{3}}{18}\sqrt{f(9)}=\frac{\sqrt{3}}{18}\sqrt{3^7}=\mathbf{\frac{9}{2}}$$

をとり，このとき

$$t=9$$
$$12-a^2=9$$
$$a^2=3\quad\therefore\quad \boldsymbol{a=\sqrt{3}}$$

問題150

考え方 $a\leqq x\leqq a+1$ が $x=2$ をまたぐかどうかで場合分けをします（**解答**の図を参照）.

なお本問では $\int(x^2-4)\,dx$ が何度も登場するので，あらかじめこの不定積分の積分定数を除いた部分 $\frac{1}{3}x^3-4x$ を $F(x)$ などとおいておくと，何度も同じことを書かずにすみます.

解答

$F(x)=\frac{1}{3}x^3-4x$ とおく.

（1）（ア）　$a+1\leqq2\ (0\leqq a\leqq1)$ のとき

$$\begin{aligned}S(a)&=-\int_a^{a+1}(x^2-4)\,dx\\&=-\Big[\,F(x)\,\Big]_a^{a+1}\\&=-\{F(a+1)-F(a)\}\\&=-\frac{1}{3}\{(a+1)^3-a^3\}\\&\qquad+4\{(a+1)-a\}\\&=-a^2-a+\frac{11}{3}\end{aligned}$$

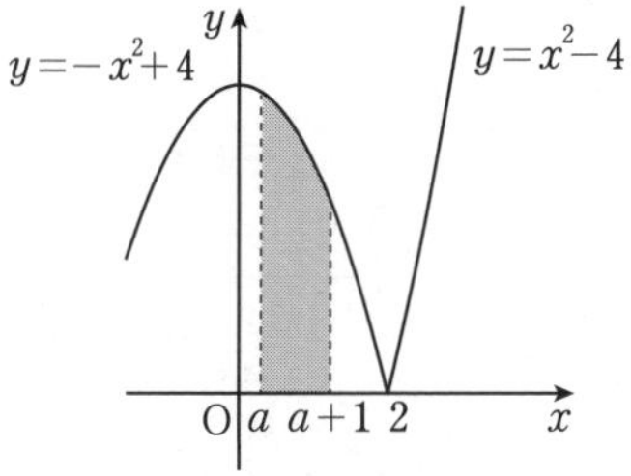

（イ）　$a\leqq2\leqq a+1\ (1\leqq a\leqq2)$ のとき

$$\begin{aligned}S(a)&=-\int_a^{2}(x^2-4)\,dx\\&\qquad+\int_2^{a+1}(x^2-4)\,dx\\&=-\Big[\,F(x)\,\Big]_a^{2}+\Big[\,F(x)\,\Big]_2^{a+1}\\&=-\{F(2)-F(a)\}\\&\qquad+\{F(a+1)-F(2)\}\\&=F(a+1)+F(a)-2F(2)\\&=\frac{1}{3}\{(a+1)^3+a^3\}-4\{(a+1)+a\}\\&\qquad-2\left(\frac{2^3}{3}-4\cdot2\right)\\&=\frac{2}{3}a^3+a^2-7a+7\end{aligned}$$

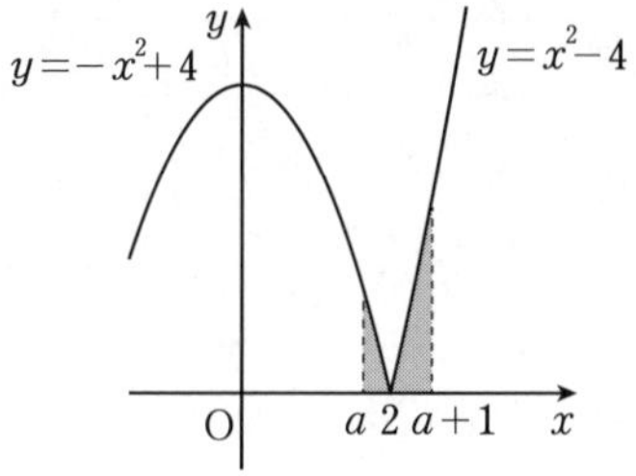

（ウ）　$a\geqq2$ のとき

（ア）の符号を逆にしたものだから

$$\begin{aligned}S(a)&=\int_a^{a+1}(x^2-4)\,dx\\&=a^2+a-\frac{11}{3}\end{aligned}$$

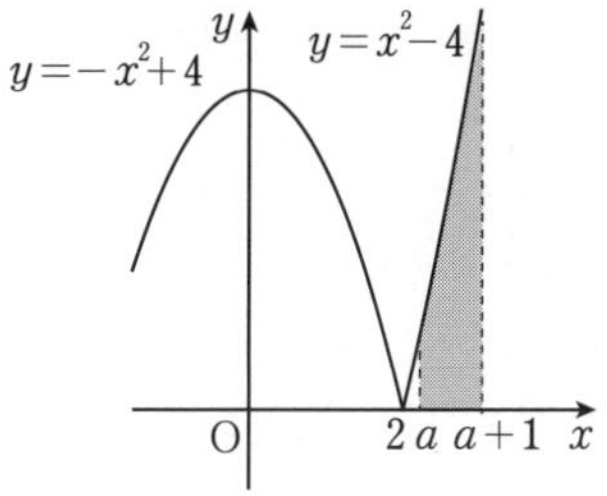

（ア），（イ），（ウ）より

$\boldsymbol{0\leqq a\leqq1}$ **のとき** $\boldsymbol{S(a)=-a^2-a+\frac{11}{3}}$

$1 \leqq a \leqq 2$ のとき $S(a) = \dfrac{2}{3}a^3 + a^2 - 7a + 7$

$a \geqq 2$ のとき $S(a) = a^2 + a - \dfrac{11}{3}$

（２）　$S(a)$ は $0 \leqq a \leqq 1$ で減少関数，$a \geqq 2$ で増加関数だから $1 \leqq a \leqq 2$ の範囲で最小値をとる．このもとで

$$S(a) = \frac{2}{3}a^3 + a^2 - 7a + 7$$

より

$$S'(a) = 2a^2 + 2a - 7$$

$S'(a) = 0$ を解くと $a = \dfrac{-1 \pm \sqrt{15}}{2}$

よって増減表は次のようになる．

a	1	$\cdots$	$\dfrac{-1+\sqrt{15}}{2}$	$\cdots$	2
$S'(a)$		$-$	0	$+$	
$S(a)$		↘		↗	

したがって **$a = \dfrac{-1+\sqrt{15}}{2}$** のとき最小値をとる．

●3　積分法と応用

問題 151

考え方

（２）　$f'(x)$ は１次式なので，定積分は直線図形で囲まれる面積となり，算数レベルの計算で答えが出ます（積分しようとするとむしろ面倒）．ただし $y = f'(x)$ のグラフの形状が a の値によって変わるので，場合分けが必要になります．

解答

（１）　$f(x) = ax^2 + bx + c$ において

$$f(0) = c = 0$$

$$f(2) = 4a + 2b + c = 2$$

が成り立つ．２式より $b = 1 - 2a$ となるから

$$f(x) = ax^2 + (1-2a)x$$

$$f'(x) = 2ax + (1-2a)$$

である．

$$f'(0)f'(2) = (1-2a)(1+2a)$$

であることに注意し，この符号で場合分けをする．なお，以下

$$S = \int_0^1 |f'(x)|\,dx$$

がグラフ $y = f'(x)$ と x 軸とで囲まれる面積を表すことを用いる．

（ア）$f'(0)f'(2) \geqq 0 \left(-\dfrac{1}{2} \leqq a \leqq \dfrac{1}{2}\right)$ のとき

この範囲のもとで

$$f'(0) = 1 - 2a \geqq 0$$

$$f'(2) = 1 + 2a \geqq 0$$

となる．よって $y = |f'(x)|$ のグラフは図１のようになり

$$S = \frac{1}{2}\{(1-2a) + (1+2a)\}\cdot 2 = 2$$

（イ）$f'(0)f'(2) \leqq 0 \left(a \leqq -\dfrac{1}{2},\ a \geqq \dfrac{1}{2}\right)$

この範囲のもとで，$y = |f'(x)|$ のグラフは図２のようになる．よって

$$S = \frac{1}{2}\cdot\frac{2a-1}{2a}\cdot|1-2a| + \frac{1}{2}\left(2 - \frac{2a-1}{2a}\right)\cdot|1+2a|$$

(図 1)

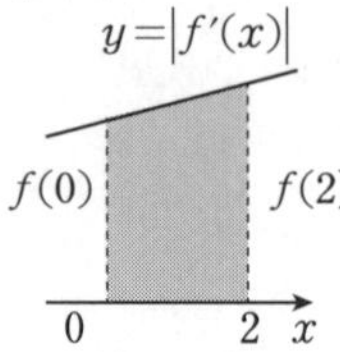

(図 2)

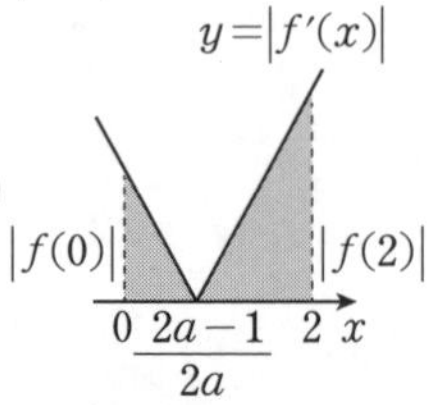

さらに a の範囲で分けて計算する．

（ｉ）　$a \leqq -\dfrac{1}{2}$ のとき

$$S = -\frac{(2a-1)^2 + (2a+1)^2}{4a}$$

$$= -\left(2a + \frac{1}{2a}\right)$$

（ii）　$a \geqq \frac{1}{2}$のとき

$$S = \frac{(2a-1)^2+(2a+1)^2}{4a}$$

$$= 2a + \frac{1}{2a}$$

（ア），（イ）より

$\boldsymbol{a \leqq -\frac{1}{2}}$ **のとき** $\boldsymbol{S = -\left(2a + \frac{1}{2a}\right)}$

$\boldsymbol{-\frac{1}{2} \leqq a \leqq \frac{1}{2}}$ **のとき** $\boldsymbol{S = 2}$

$\boldsymbol{a \geqq \frac{1}{2}}$ **のとき** $\boldsymbol{S = 2a + \frac{1}{2a}}$

（2）（ア）　$a \leqq -\frac{1}{2}$のとき

$-2a > 0$，$-\frac{1}{2a} > 0$ に注意する．

相加・相乗平均の不等式より

$$S \geqq 2\sqrt{-2a \cdot \left(-\frac{1}{2a}\right)} = 2$$

等号は $-2a = -\frac{1}{2a}$，すなわち

$$a^2 = \frac{1}{4} \quad \therefore \quad a = -\frac{1}{2}$$

のとき成立する．

（イ）　$a \geqq \frac{1}{2}$のとき

上と同様に

$$S \geqq 2\sqrt{2a \cdot \frac{1}{2a}} = 2$$

等号は $a = \frac{1}{2}$ のとき成立する．

（ア），（イ）および $-\frac{1}{2} \leqq a \leqq \frac{1}{2}$ のとき $S = 2$ であることに注意すると，S は $-\frac{1}{2} \leqq a \leqq \frac{1}{2}$ のとき最小値**2**をとる．

問題 152

考え方　$\left(\int_{\alpha}^{\beta} |f(x) - a|\,dx \text{ 型}\right)$

この型の積分は頻出で

$$y = f(x) \text{ と } y = a$$

の2つのグラフの上下関係を考えることにより場合分けをして，絶対値を外します．

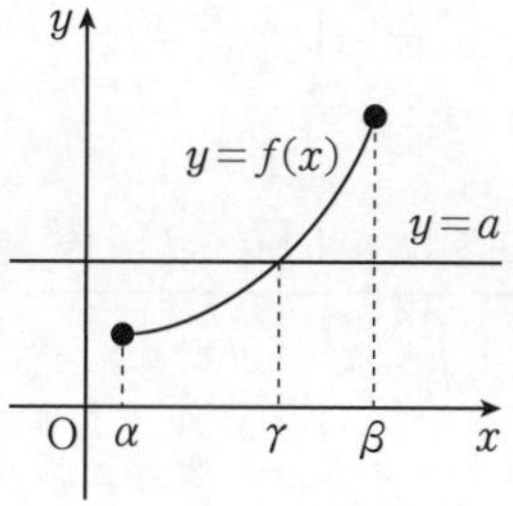

例えば $y = f(x)$ と $y = a$ が上図のような位置にあるとき

$$\alpha \leqq x \leqq \gamma \text{ のとき } f(x) - a \leqq 0$$

$$\gamma \leqq x \leqq \beta \text{ のとき } f(x) - a \geqq 0$$

となるので

$$F(a) = -\int_{\alpha}^{\gamma} (f(x) - a)\,dx + \int_{\gamma}^{\beta} (f(x) - a)\,dx$$

と計算することができます．

解答

（1）　$0 \leqq x \leqq 1$ に注意すると

$$F(t) = \int_0^1 |x^2 - 2tx|\,dx$$

$$= \int_0^1 |x(x-2t)|\,dx$$

$$= \int_0^1 x|x-2t|\,dx$$

ここで $y = x$ と $y = 2t$ のグラフは次図のようになる．

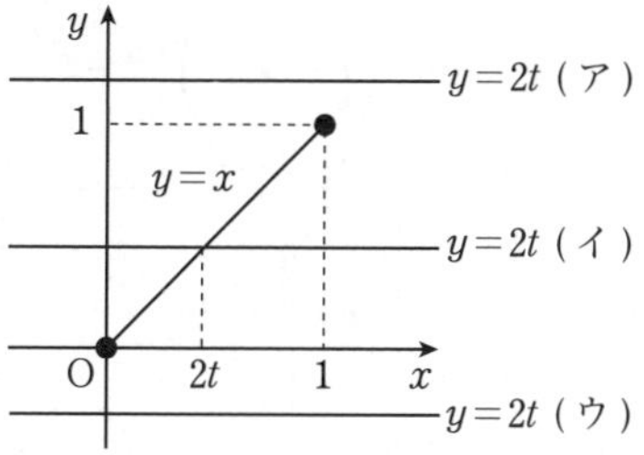

（ア）　$2t \geqq 1 \left(t \geqq \frac{1}{2}\right)$のとき

$$F(t) = -\int_0^1 (x^2 - 2tx)\,dx$$

$$= -\left[\frac{1}{3}x^3 - tx^2\right]_0^1$$
$$= -\frac{1}{3} + t$$

(イ)　$0 \leqq 2t \leqq 1 \left(0 \leqq t \leqq \frac{1}{2}\right)$のとき

$$F(t) = -\int_0^{2t}(x^2 - 2tx)\,dx + \int_{2t}^1 (x^2 - 2tx)\,dx$$
$$= -\left[\frac{1}{3}x^3 - tx^2\right]_0^{2t} + \left[\frac{1}{3}x^3 - tx^2\right]_{2t}^1$$
$$= \frac{8}{3}t^3 - t + \frac{1}{3}$$

(ウ)　$2t \leqq 0\ (t \leqq 0)$のとき

(ア)の符号を逆にしたものだから
$$F(t) = \int_0^1 (x^2 - 2tx)\,dx$$
$$= \frac{1}{3} - t$$

(ア), (イ), (ウ)より

$\boldsymbol{t \leqq 0}$ **のとき** $\boldsymbol{F(t) = -t + \frac{1}{3}}$

$\boldsymbol{0 \leqq t \leqq \frac{1}{2}}$ **のとき** $\boldsymbol{F(t) = \frac{8}{3}t^3 - t + \frac{1}{3}}$

$\boldsymbol{t \geqq \frac{1}{2}}$ **のとき** $\boldsymbol{F(t) = t - \frac{1}{3}}$

(2)　$F(t)$は$t \leqq 0$のとき減少関数で，$t \geqq \frac{1}{2}$のとき増加関数だから$0 \leqq t \leqq \frac{1}{2}$の範囲で最小値をとる. このもとで
$$F(t) = \frac{8}{3}t^3 - t + \frac{1}{3}$$
より
$$F'(t) = 8t^2 - 1$$
$$= 8\left(t + \frac{\sqrt{2}}{4}\right)\left(t - \frac{\sqrt{2}}{4}\right)$$

よって増減表は次のようになる.

t	0	$\cdots$	$\frac{\sqrt{2}}{4}$	$\cdots$	$\frac{1}{2}$
$F'(t)$		$-$	0	$+$	
$F(t)$		↘		↗	

したがって$t = \frac{\sqrt{2}}{4}$のとき最小値$\boldsymbol{\frac{2-\sqrt{2}}{6}}$をとる.

問題 153

考え方

(1)　交点の位置をグラフをかいて考察します. 接線の傾きを考えて解くこともできます(→**別解**).

(2)　直接面積を計算するのは大変です. うまく$\frac{1}{6}$公式を使える領域の面積を足し引きして，求めることを考えます. 頻出の構図なので覚えておくとよいでしょう.

解答

(1)(ア)　$x^2 - 1 \geqq 0\ (x \leqq -1,\ x \geqq 1)$のとき

$$C : y = |x^2 - 1| = x^2 - 1$$

直線$l : y = m(x+1)$と連立して
$$x^2 - 1 = mx + m$$
$$x^2 - mx - 1 - m = 0$$
$$(x+1)(x-1-m) = 0$$
$$x = -1,\ 1+m$$

(イ)　$x^2 - 1 \leqq 0\ (-1 \leqq x \leqq 1)$のとき

$$C : y = |x^2 - 1| = -x^2 + 1$$

lと連立して
$$-x^2 + 1 = mx + m$$
$$x^2 + mx - 1 + m = 0$$
$$(x+1)(x-1+m) = 0$$
$$x = -1,\ 1-m$$

よってグラフは次図のようになり，Cとlが点A$(-1, 0)$以外の異なる2点で交わるのは
$$-1 < 1 - m < 1 < 1 + m$$
のときで，整理すると
$$\boldsymbol{0 < m < 2}$$

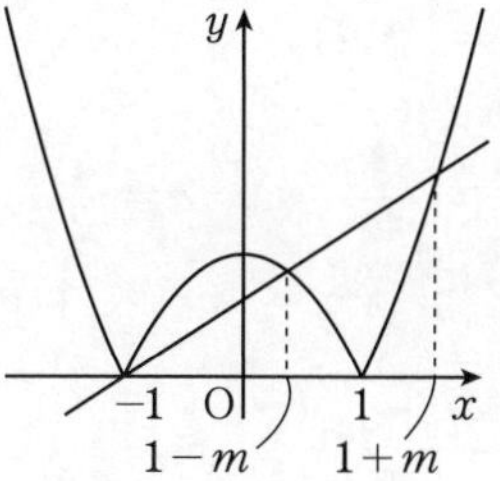

（2） 次の図形の面積を S_1，S_2，S_3 と定める．

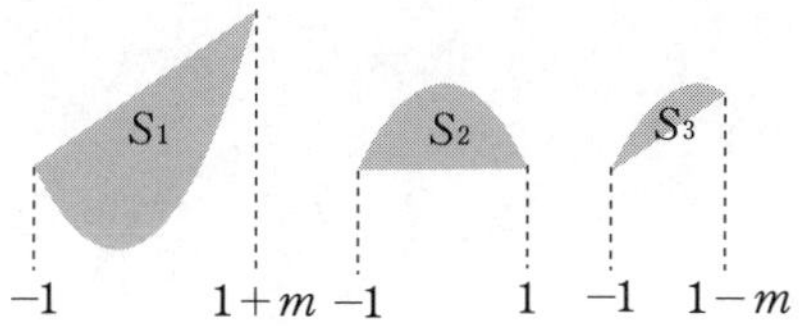

このとき

$$S = S_1 - 2S_2 + 2S_3$$

である．

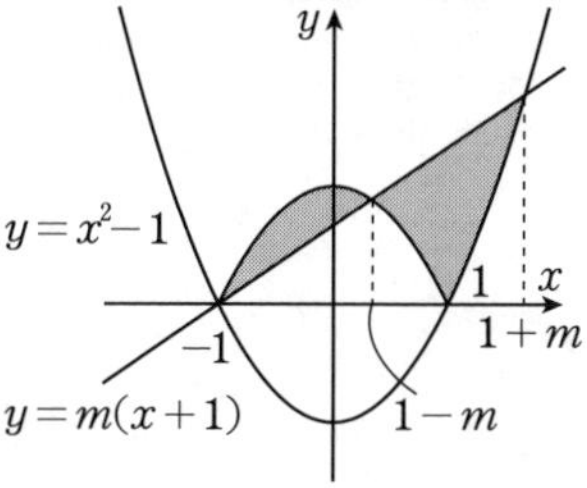

$$S_1 = \int_{-1}^{1+m} \{m(x+1) - (x^2-1)\}\,dx$$

$$= \int_{-1}^{1+m} -(x+1)\{x-(1+m)\}\,dx$$

$$= \frac{1}{6}\{(1+m)-(-1)\}^3 = \frac{1}{6}(2+m)^3$$

$$S_2 = \int_{-1}^{1} (-x^2+1)\,dx$$

$$= \int_{-1}^{1} -(x+1)(x-1)\,dx$$

$$= \frac{1}{6}\{1-(-1)\}^3 = \frac{4}{3}$$

$$S_3 = \int_{-1}^{1-m} \{(-x^2+1) - m(x+1)\}\,dx$$

$$= \int_{-1}^{1-m} -(x+1)\{x-(1-m)\}\,dx$$

$$= \frac{1}{6}\{(1-m)-(-1)\}^3 = \frac{1}{6}(2-m)^3$$

より

$$\boldsymbol{S} = \frac{1}{6}(2+m)^3 - \frac{8}{3} + \frac{2}{6}(2-m)^3$$

$$= \boldsymbol{\frac{1}{6}(-m^3 + 18m^2 - 12m + 8)}$$

（3） $$\frac{dS}{dm} = \frac{1}{6}(-3m^2 + 36m - 12)$$

$$= -\frac{1}{2}(m^2 - 12m + 4)$$

$\dfrac{dS}{dm} = 0$ を解くと $m = 6 \pm 4\sqrt{2}$

よって増減表は次のようになる．

m	0	$\cdots$	$6-4\sqrt{2}$	$\cdots$	2
$\dfrac{dS}{dm}$		$-$	0	$+$	
S		↘		↗	

したがって $\boldsymbol{m = 6 - 4\sqrt{2}}$ のとき S は最小値をとる．

別解

（1） $y = -x^2 + 1$ より

$$y' = -2x$$

$x = -1$ を代入して

$$y' = 2$$

よって $y = -x^2 + 1$ の点 A における接線の傾きは 2 である．したがって C と l が点 A 以外の異なる 2 点で交わる条件は

$$\boldsymbol{0 < m < 2}$$

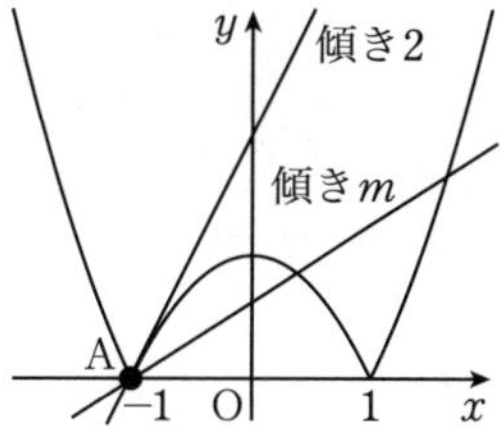

問題154

考え方

（1） 図の中に現れる直角三角形の辺の比を，上手に利用しましょう．

（2） 扇形の面積公式を利用できるように，図形を分割します．

解答

下図のように 2 点 S，H を定める．

（1） $\angle PQR = 120°$ より $\angle PQH = 30°$ である．よって PQ の傾きは $-\dfrac{1}{\sqrt{3}}$ だから点 P における接線の傾きは $\sqrt{3}$ である．

このことから $y = ax^2$ より

$$y' = 2ax$$

において $x = p$ を代入して

$$y' = 2ap = \sqrt{3}$$

$$p = \frac{\sqrt{3}}{2a} \quad \cdots①$$

が成り立つ．これを

$$q = ap^2$$

に代入して

$$q = a \cdot \left(\frac{\sqrt{3}}{2a}\right)^2$$

$$q = \frac{3}{4a} \quad \cdots②$$

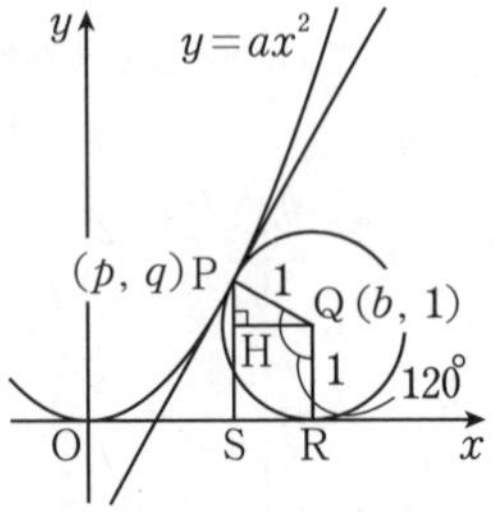

また上図において △PQH は 1 : 2 : $\sqrt{3}$ 形の直角三角形だから

$$PH = PQ \cdot \frac{1}{2} = \frac{1}{2}$$

よって

$$q = PH + HS = PH + QR$$

$$= \frac{1}{2} + 1 = \frac{3}{2}$$

これを ② に代入して

$$\frac{3}{2} = \frac{3}{4a} \quad \therefore \quad \boldsymbol{a = \frac{1}{2}}$$

さらに ① に代入して

$$p = \sqrt{3}$$

再び △PQH に注目して

$$QH = PQ \cdot \frac{\sqrt{3}}{2} = \frac{\sqrt{3}}{2} = SR$$

だから

$$\boldsymbol{b} = OS + SR = \sqrt{3} + \frac{\sqrt{3}}{2} = \boldsymbol{\frac{3\sqrt{3}}{2}}$$

（2） 次図のようになるから

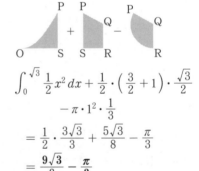

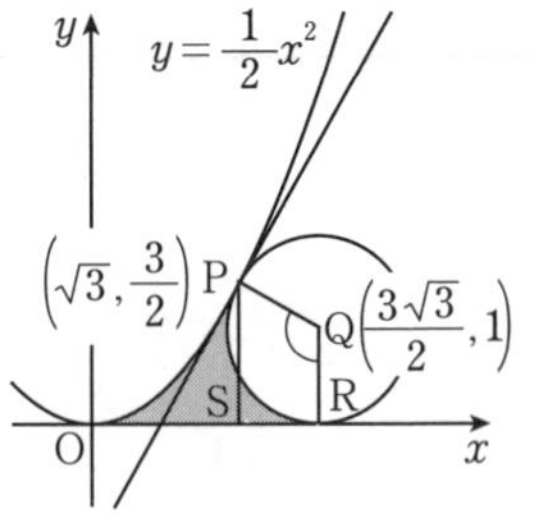

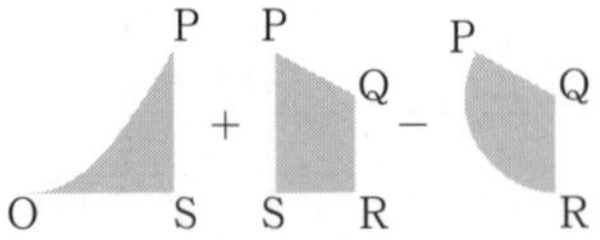

$$\int_0^{\sqrt{3}} \frac{1}{2}x^2\,dx + \frac{1}{2} \cdot \left(\frac{3}{2} + 1\right) \cdot \frac{\sqrt{3}}{2}$$

$$- \pi \cdot 1^2 \cdot \frac{1}{3}$$

$$= \frac{1}{2} \cdot \frac{3\sqrt{3}}{3} + \frac{5\sqrt{3}}{8} - \frac{\pi}{3}$$

$$= \boldsymbol{\frac{9\sqrt{3}}{8} - \frac{\pi}{3}}$$

注意 本質的に大きな違いはありませんが，（1）の計算方法はいろいろ考えられます．例えば

$$\overrightarrow{OQ} = \overrightarrow{OP} + \overrightarrow{PQ}$$

$$(b, 1) = (p, ap^2) + \frac{1}{2}(\sqrt{3}, -1)$$

などとして，① と合わせることにより計算しても結構です．

問題155

考え方　まずは定数分離して，図をかいてみましょう．そのうえで図をじっくり眺めてみれば，与式がなにを表すかみえてきます．

解答

$x^4-2x^2-1+t=0$

$$t=-x^4+2x^2+1$$

$f(x)=-x^4+2x^2+1$ とおくと

$$f'(x)=-4x^3+4x$$
$$=-4x(x+1)(x-1)$$

よって増減表は次のようになる．

x	$\cdots$	-1	$\cdots$	0	$\cdots$	1	$\cdots$
$f'(x)$	$+$	0	$-$	0	$+$	0	$-$
$f(x)$	↗		↘		↗		↘

$f(-1)=f(1)=2$，$f(0)=1$ より

$y=f(x)$ と $y=t$ $(0 \leqq t \leqq 2)$ のグラフは図1のようになり，その交点のうち最も右にあるものの x 座標が $g_1(t)$，最も左にあるものの x 座標が $g_2(t)$ である．

(図1)

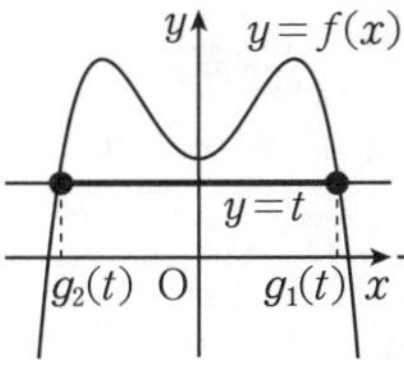

(図2)

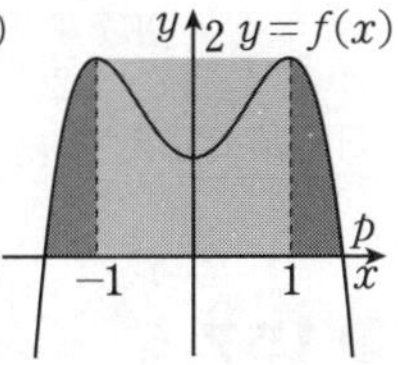

よって $g_1(t)-g_2(t)$ は太線部の長さを表すから

$$\int_0^2 (g_1(t)-g_2(t))\,dt$$

は図2の濃淡部分を合わせた面積（これを S とおく）を表す．

次に $y=f(x)$ と x 軸の交点のうち，x 座標が正のものを p とおく．図より $p>1$ であることに注意すると

$$f(p)=-p^4+2p^2+1=0$$

$$(p^2-1)^2=2$$

$$p^2-1=\sqrt{2} \quad \therefore \quad p=\sqrt{1+\sqrt{2}}$$

さらに

$$f(-x)=f(x)$$

が成り立つから，$y=f(x)$ のグラフは y 軸対称である．よって $x \geqq 0$ の部分の面積を2倍すると考えて

$$S=2\left\{1\cdot 2+\int_1^p(-x^4+2x^2+1)\,dx\right\}$$
$$=4+2\left[-\frac{x^5}{5}+\frac{2x^3}{3}+x\right]_1^p$$
$$=4+2\left\{\left(-\frac{p^5}{5}+\frac{2p^3}{3}+p\right)-\left(-\frac{1}{5}+\frac{2}{3}+1\right)\right\}$$
$$=\frac{16}{15}+2\left(-\frac{p^5}{5}+\frac{2p^3}{3}+p\right)$$

となる．

$$p^3=(1+\sqrt{2})\sqrt{1+\sqrt{2}}$$
$$p^5=(3+2\sqrt{2})\sqrt{1+\sqrt{2}}$$

であるから，代入して整理すると

$$S=\frac{\mathbf{16+(32+8\sqrt{2})\sqrt{1+\sqrt{2}}}}{\mathbf{15}}$$

第7章　数列

●1　等差数列と等比数列

問題156

考え方　（等差数列）

ある数からはじまり，各項に一定の数 d を加えて次の項が得られるとき，この数列を**等差数列**といいます．

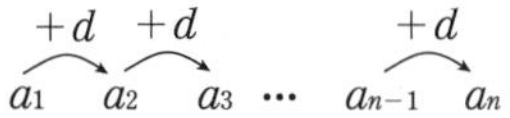

初項 a，公差 d の等差数列 $\{a_n\}$ の一般項は

$$\boldsymbol{a_n = a + (n-1)d}$$

初項から第 n 項までの和 S は

$$\boldsymbol{S = \frac{a + a_n}{2} \cdot n}$$

と表されます（→**注意**）.

（2）　数列 $\{a_n\}$ は公差が負ですから，減少数列です．したがって和が最大となるのは，ぎりぎり 0 以上である項までを足したときとなります．

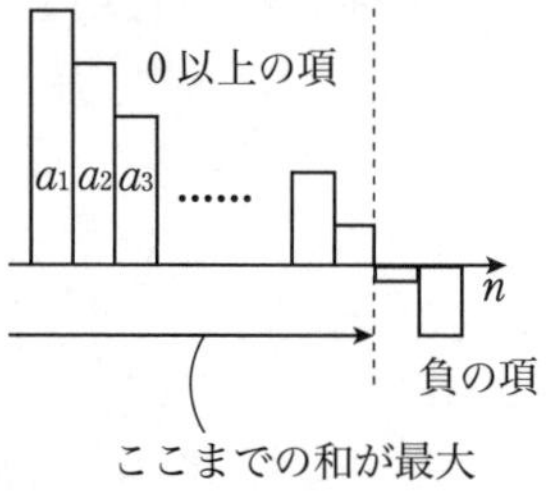

解答

（1）　初項を a，公差を d とおくと

$$a_n = a + (n-1)d$$

と表される．$a_{10} = 81$，$a_{16} = 69$ より

$$a_{10} = a + 9d = 81$$

$$a_{16} = a + 15d = 69$$

連立して解くと

$$a = 99,\ d = -2$$

したがって

$$\boldsymbol{a_n} = 99 + (n-1)\cdot(-2)$$

$$= \boldsymbol{-2n + 101}$$

（2）　S_n が最大となる n は，$a_n \geqq 0$ をみたす最大の n と等しく

$$a_n = -2n + 101 \geqq 0$$

$$n \leqq \frac{101}{2} = 50.5$$

より $\boldsymbol{n = 50}$ が求める n である．したがって

$$\boldsymbol{S_{50}} = \frac{a_1 + a_{50}}{2} \cdot 50$$

$$= \frac{99 + 1}{2} \cdot 50 = \boldsymbol{2500}$$

別解

$$S_n = \frac{a_1 + a_n}{2} \cdot n$$

$$= \frac{99 + (-2n + 101)}{2} \cdot n$$

$$= -n^2 + 100n$$

$$= -(n - 50)^2 + 2500$$

したがって S_n は $\boldsymbol{n = 50}$ のとき最大値 **2500** をとる．

注意　等差数列の和の公式は

$$\boldsymbol{S = \frac{\text{初項} + \text{末項}}{2} \times \text{項数}}$$

と日本語で覚えておくとよいでしょう．

問題157

考え方

公差が 7 および 4 の等差数列を順に $\{a_n\}$，$\{b_m\}$ とすると，共通する項を並べた数列 $\{c_l\}$ は 7 と 4 の最小公倍数の 28 を公差とする等差数列であることは次図からもすぐにわかります．ここでは不定方程式を解くことでその事実を示してみましょう（不定方程式の解き方は数学Ⅰ・A の **問題149** を参照してください）.

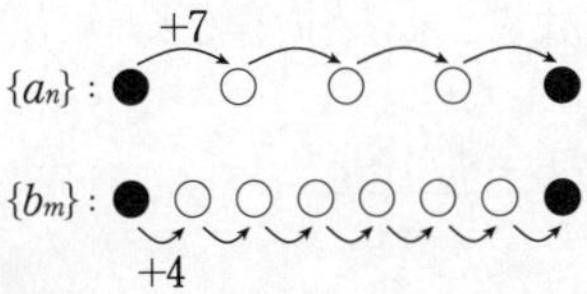

解答

初項が 5，公差が 7 の等差数列を $\{a_n\}$ とすると

$$a_n = 5 + (n-1)\cdot 7 = 7n - 2$$

次に初項が 6，公差が 4 の等差数列を $\{b_m\}$ とすると

$$b_m = 6 + (m-1)\cdot 4 = 4m + 2$$

このとき $a_n = b_m$ とすると

$$7n - 2 = 4m + 2$$

$$7n = 4(m+1)$$

左辺は 7 の倍数だから右辺も 7 の倍数で，4 と 7 は互いに素だから k を自然数として

$$m + 1 = 7k$$

すなわち

$$m = 7k - 1$$

とおける．このとき

$$b_m = 4(7k-1) + 2$$
$$= 28k - 2$$

となり，共通項を並べた数列 $\{c_l\}$ の一般項は

$$c_l = 28l - 2$$

である．ここで

$$c_l \leqq 2000$$

$$28l - 2 \leqq 2000$$

$$l \leqq \frac{143}{2} = 71.5$$

よって $c_l \leqq 2000$ をみたす l は

$$1 \leqq l \leqq 71$$

で，求める和を S とおくと

$$S = \frac{c_1 + c_{71}}{2}\cdot 71$$

$$= \frac{26 + 1986}{2}\cdot 71 = \mathbf{71426}$$

問題 158

考え方 （等比数列）

ある数からはじまり，各項に一定の数 r をかけて次の項が得られるとき，この数列を**等比数列**といいます．

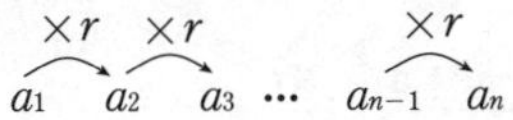

初項 a，公比 r の等比数列 $\{a_n\}$ の一般項は

$$\boldsymbol{a_n = ar^{n-1}}$$

初項から第 n 項までの和 S は

$$\begin{cases} \boldsymbol{r \neq 1} \text{ **のとき** } \boldsymbol{S = \dfrac{a(1-r^n)}{1-r}} \\ \boldsymbol{r = 1} \text{ **のとき** } \boldsymbol{S = na} \end{cases}$$

と表されます（→**注意**）．

解答

初項を a，公比を r とおくと

$$a_n = ar^{n-1}$$

と表される．$a_4 = 12$，$a_6 = 192$ より

$$a_4 = ar^3 = 12 \quad \cdots ①$$

$$a_6 = ar^5 = 192 \quad \cdots ②$$

② ÷ ① より

$$r^2 = 16$$

$r > 0$ より

$$r = 4$$

① より $a = \dfrac{3}{16}$ となり

$$\boldsymbol{a_n} = \frac{3}{16}\cdot 4^{n-1} = \boldsymbol{3\cdot 4^{n-3}}$$

$a_2 = \dfrac{3}{4}$，$r = 4$，項数 5 であることに注意すると，第 2 項から第 6 項までの和は

$$\frac{\frac{3}{4}(4^5 - 1)}{4 - 1} = \mathbf{\frac{1023}{4}}$$

注意　$S-rS$ を計算することで等比数列の和の公式を証明してみましょう（この方法は **問題161** など他の数列の和を求める際も使うことになるので，覚えておいてください）.
なお，証明の途中で両辺を $1-r$ で割る場面がでてきます. r が1かそうではないかで場合分けしましょう.

［証明］

(ア)　$r \neq 1$ のとき

$$S = a + ar + ar^2 + \cdots + ar^{n-1} \quad \cdots ③$$
$$rS = \quad ar + ar^2 + \cdots + ar^{n-1} + ar^n \cdots ④$$

③ − ④ より

$$(1-r)S = a(1-r^n)$$
$$S = \frac{a(1-r^n)}{1-r}$$

(イ)　$r = 1$ のとき

$$S = a + a + \cdots + a = na$$

公式は特に項数を間違えやすいです.

$$S = \frac{\textbf{初項} \times \left(1 - \textbf{公比}^{\textbf{項数}}\right)}{1 - \textbf{公比}}$$

と日本語で覚えておくとよいでしょう.

問題159

考え方　与えられた条件から式を立てますが，公比が1かそうではないかで場合分けが必要になります. なお，初項と公比を完全に求めなくても答えは出ます.

解答

初項を a，公比を r，初項から第 n 項までの和を S_n とおく.

(ア)　$r = 1$ のとき

$S_n = na$ と表される. $S_n = 54$，$S_{2n} = 63$ より

$$S_n = na = 54$$
$$S_{2n} = 2na = 63$$

となるが，これらを同時にみたす a，n の値は存在しない.

(イ)　$r \neq 1$ のとき

$S_n = 54$，$S_{2n} = 63$ より

$$\frac{a(1-r^n)}{1-r} = 54 \quad \cdots ①$$
$$\frac{a(1-r^{2n})}{1-r} = 63 \quad \cdots ②$$

② ÷ ① より

$$\frac{1-r^{2n}}{1-r^n} = \frac{7}{6}$$
$$\frac{(1-r^n)(1+r^n)}{1-r^n} = \frac{7}{6}$$
$$1 + r^n = \frac{7}{6} \quad \therefore \quad r^n = \frac{1}{6} \quad \cdots ③$$

①，③ より

$$S_{3n} = \frac{a(1-r^{3n})}{1-r}$$
$$= \frac{a(1-r^n)(1+r^n+r^{2n})}{1-r}$$
$$= 54\left\{1 + \frac{1}{6} + \left(\frac{1}{6}\right)^2\right\}$$
$$= 54 \cdot \frac{43}{36} = \boldsymbol{\frac{129}{2}}$$

問題160

考え方　（等差中項・等比中項）

(ア)　3数 x，y，z がこの順で等差数列をなすとき

$$\boldsymbol{2y = x + z}$$

が成り立ち，y を x，z の**等差中項**といいます.

(イ)　3数 x，y，z がこの順で等比数列をなすとき

$$\boldsymbol{y^2 = xz}$$

が成り立ち，y を x，z の**等比中項**といいます.

本問では3数 -1，a，b の符号からどれが中央の項なのかを求めてから（→**注意**），上の公式を使いましょう.

解答

$-1 < a < 0 < b$ …① より -1, a, b を等差数列となるように並べたとき中央の項は a であるから

$$2a = b - 1 \quad \therefore \quad b = 2a + 1 \text{ …②}$$

が成り立つ.

また -1, a, b を等比数列となるように並べたとき, 中央の項は b であるから

$$b^2 = -a$$

が成り立つ. ② を代入して

$$(2a+1)^2 = -a$$
$$4a^2 + 5a + 1 = 0$$
$$(4a+1)(a+1) = 0$$

① より $a = -\dfrac{1}{4}$ で, ② より $b = \dfrac{1}{2}$

注意 3 数 -1, a, b を等比数列になるように並べたとき, どれが中央の項になるか, わからない人もいると思うので, 詳しく説明しておきます.

まず -1, a の符号は負で, b は正です. 公比を正と仮定すると, 3 つの数はすべて同符号になり矛盾します. よって公比は負で (0 もありえない), 3 数を並べたときの符号は負, 正, 負の順しかありえず, 正である b が中央の項であることがわかります.

問題161

考え方 ((等差)×(等比) の和 S)

$$S - rS \quad (r \text{ は等比数列の公比})$$

を計算すると, 等比数列の和が式中に現れます. 超頻出の計算ですので, 必ず出来るようにしておいてください.

解答

$$S = 1 \cdot 2 + 2 \cdot 2^2 + \cdots + n \cdot 2^n$$
$$2S = \qquad 1 \cdot 2^2 + \cdots + (n-1) \cdot 2^n + n \cdot 2^{n+1}$$

上の式から下の式を引くと

$$-S = 2 + 2^2 + \cdots + 2^n - n \cdot 2^{n+1}$$
$$= \frac{2(2^n - 1)}{2 - 1} - n \cdot 2^{n+1}$$
$$= 2^{n+1} - 2 - n \cdot 2^{n+1}$$
$$= (1-n)2^{n+1} - 2$$

したがって

$$\boldsymbol{S = (n-1)2^{n+1} + 2}$$

問題162

考え方 a_n を公差 d で表して, 丁寧に計算していきましょう.

(3) (2) で出てきた不等式に n の値を代入して, 答えの見当をつけます.

(4) (3) から a_n の符号がわかるので, それを利用します. ただし a_5 の値のみ 0 のときと, 負のときが考えられるので, 場合分けが必要になります.

解答

(1) $a_n = a + (n-1)d$ …① と表される. $a_3 = 12$ より

$$a + 2d = 12 \quad \therefore \quad a = -2d + 12$$

① に代入して

$$a_n = (-2d + 12) + (n-1)d$$
$$= (n-3)d + 12 \quad \text{…②}$$

である. ここで $S_8 > 0$ より

$$\frac{a_1 + a_8}{2} \cdot 8 > 0$$
$$a_1 + a_8 > 0$$
$$(-2d + 12) + (5d + 12) > 0$$
$$3d > -24 \quad \therefore \quad d > -8 \quad \text{…③}$$

$S_9 \leqq 0$ より

$$\frac{a_1 + a_9}{2} \cdot 9 \leqq 0$$
$$a_1 + a_9 \leqq 0$$
$$(-2d + 12) + (6d + 12) \leqq 0$$

$$4d \leqq -24 \quad \therefore \quad d \leqq -6 \quad \cdots④$$

③, ④ より $\boldsymbol{-8 < d \leqq -6}$ となる.

(2) $n > 3$ に注意する. $-8 < d \leqq -6$ の各辺に $n-3$ をかけて

$$-8(n-3) < (n-3)d \leqq -6(n-3)$$

さらに各辺に12をたして

$$12-8(n-3) < (n-3)d+12 \leqq 12-6(n-3)$$

となる. したがって ② より

$$\boldsymbol{-8n+36 < a_n \leqq -6n+30} \quad \cdots⑤$$

(3) ⑤ に $n=4$, $n=5$ を代入して

$$4 < a_4 \leqq 6,\ -4 < a_5 \leqq 0$$

よって

$$a_4 > 0,\ a_5 \leqq 0$$

だから求める n の値は **4**. なお $d<0$ より $\{a_n\}$ は減少数列だから, 答えは上に限る.

(4)(ア) $a_5=0$ のとき

$$a_5 = 2d+12 = 0 \quad \therefore \quad d=-6$$

このとき ② より

$$a_n = -6n+30$$

よって

$$a_1 > a_2 > a_3 > a_4 > a_5 = 0 > a_6 > \cdots$$

だから S_n は $n=4$, 5 のとき最大となり

$$S_4 = \frac{a_1+a_4}{2}\cdot 4 = \frac{24+6}{2}\cdot 4 = 60$$

(イ) $a_5 < 0$ のとき

このとき $-8 < d < -6$ であり

$$a_1 > a_2 > a_3 > a_4 > 0 > a_5 > \cdots$$

だから S_n は $n=4$ のとき最大となり

$$S_4 = \frac{a_1+a_4}{2}\cdot 4$$
$$= \frac{(-2d+12)+(d+12)}{2}\cdot 4$$
$$= -2d+48$$

(ア), (イ) より $d=-6$ のとき $\boldsymbol{n=4,\ 5}$ で最大値 **60** をとり, $-8<d<-6$ のとき $\boldsymbol{n=4}$ で最大値 $\boldsymbol{-2d+48}$ をとる.

問題163

考え方 (全体の和) から (整数の和) を除きましょう.

解答

$m < \dfrac{q}{p} < n$ をみたす p を分母とする分数は

$$\frac{pm+1}{p},\ \frac{pm+2}{p},\ \cdots,\ \frac{pn-2}{p},\ \frac{pn-1}{p} \quad \cdots①$$

で, 項は全部で

$$(pn-1)-(pm+1)+1 = pn-pm-1$$

個ある. よってこれらの和を S をすると

$$S = \frac{\dfrac{pm+1}{p}+\dfrac{pn-1}{p}}{2}\cdot(pn-pm-1)$$
$$= \frac{1}{2}(m+n)(pn-pm-1)$$

次に ① のうち整数であるのは

$$\frac{pm+p}{p},\ \frac{pm+2p}{p},\ \cdots,\ \frac{pn-p}{p}$$

すなわち

$$m+1,\ m+2,\ \cdots,\ n-1$$

で, 項は全部で

$$(n-1)-(m+1)+1 = n-m-1$$

個ある. よってこれらの和を T とすると

$$T = \frac{(m+1)+(n-1)}{2}\cdot(n-m-1)$$
$$= \frac{1}{2}(m+n)(n-m-1)$$

したがって求める既約分数の総和は

$$S-T = \frac{1}{2}(m+n)\{(pn-pm-1) - (n-m-1)\}$$
$$= \frac{1}{2}(m+n)\{p(n-m)-(n-m)\}$$
$$= \boldsymbol{\frac{1}{2}(m+n)(n-m)(p-1)}$$

問題164

考え方 一般項 a_n を

$$a_n = 3+30+300+\cdots+300\cdots0$$

と表せば, 等比数列の和の公式を用いて計算することができます. さらに和 S_n につい

ては $S_n=\sum_{k=1}^{n} a_k$ として，再度等比数列の和の公式を用いて計算しましょう．

解答

$$\boldsymbol{a_n}=333\cdots3$$
$$=3+30+300+\cdots+300\cdots0$$
$$=\frac{3(10^n-1)}{10-1}=\boldsymbol{\frac{10^n-1}{3}}$$

初項から第 n 項までの和は

$$\boldsymbol{S_n}=\sum_{k=1}^{n}\frac{10^k-1}{3}$$
$$=\frac{1}{3}\sum_{k=1}^{n}(10^k-1)$$
$$=\frac{1}{3}\left\{\frac{10(10^n-1)}{10-1}-n\right\}$$
$$=\boldsymbol{\frac{10^{n+1}-9n-10}{27}}$$

注意　数列の問題では，検算の習慣をつけるとよいでしょう．例えば本問において，答えを出したあとに

$$S_1=\frac{100-9-10}{27}=3$$
$$S_2=\frac{1000-18-10}{27}=36\,(=3+33)$$

とすれば，計算が合っていることが確かめられます．

●2　いろいろな数列

問題 165

考え方　（Σ 記号の性質と公式）

Σ とは和を表す記号で

$$\sum_{k=1}^{n} a_k=a_1+a_2+\cdots+a_n$$

と定義します．簡単に説明すると，Σ とは Σ の右側にある式に Σ の下側にある自然数から上側にある自然数までを代入したものをすべて足すことを意味し，例えば

$$\sum_{k=1}^{5}\frac{1}{k}=\frac{1}{1}+\frac{1}{2}+\frac{1}{3}+\frac{1}{4}+\frac{1}{5}$$

となります．

Σ 記号は次の性質をもつことが知られています．

$$\sum_{k=1}^{n}(a_k+b_k)=\sum_{k=1}^{n}a_k+\sum_{k=1}^{n}b_k$$
$$\sum_{k=1}^{n}pa_k=p\sum_{k=1}^{n}a_k$$

これを Σ の**線形性**といい（証明は**注意**を参照），数学で非常に大切な性質の1つです．実用的には次の公式が重要で，Σ 計算のベースとなります．

$$\sum_{k=1}^{n}1=1+1+1+\cdots+1=n$$
$$\sum_{k=1}^{n}k=1+2+3+\cdots+n=\frac{1}{2}n(n+1)$$
$$\sum_{k=1}^{n}k^2=1^2+2^2+3^2+\cdots+n^2$$
$$=\frac{1}{6}n(n+1)(2n+1)$$
$$\sum_{k=1}^{n}k^3=1^3+2^3+3^3+\cdots+n^3$$
$$=\frac{1}{4}n^2(n+1)^2$$

上2つは大丈夫ですね（2つめは等差数列の和の公式で導けます）．下2つは（2）でも扱う「差の形に分解する」という考え方を用いて証明します（証明は**注意**を参照）が，毎回自分で導いてはいられないので，**これらの公式は必ず覚えてください．**

（1）（ii）　$k=0$ のときは別扱いとすれば Σ 公式が使えます．Σ の頭が $n+1$ なので，公式の n をそのまま $n+1$ に置き換えましょう．

（iii）　与式を Σ で表しましょう．このとき Σ の中に現れる n は定数なので，Σ の外に出すことができます．

（2）　公式の使えない Σ 計算は**差の形に分解する**のが基本です．

（ア）　分数形の Σ →**部分分数分解**

$$\frac{1}{k(k+1)}=\frac{1}{k}-\frac{1}{k+1}$$
$$\frac{1}{k(k+1)(k+2)}=\frac{1}{2}\left\{\frac{1}{k(k+1)}-\frac{1}{(k+1)(k+2)}\right\}$$

有名なのは上の２つの変形です．そのまま覚えても構わないのですが，注意点として定数の帳尻を合わせる必要があるので（２つめの式の $\frac{1}{2}$ がそれにあたる），式を作る際には右辺を通分して左辺に戻ることを必ず確認しましょう．

（イ） 連続整数の積→**番号の１つ違う項の差に分解**

$$\boldsymbol{k(k+1)(k+2)=\frac{1}{4}\{k(k+1)(k+2)(k+3)-(k-1)k(k+1)(k+2)\}}$$

これも右辺を計算して帳尻を合わせます．

（ウ） ルート→**有理化**

$$\boldsymbol{\frac{1}{\sqrt{k+1}+\sqrt{k}}=\sqrt{k+1}-\sqrt{k}}$$

解答

（１）（ｉ） $\displaystyle\sum_{k=1}^{n}(k^2+2k+3)$

$$=\sum_{k=1}^{n}k^2+\sum_{k=1}^{n}2k+\sum_{k=1}^{n}3$$
$$=\sum_{k=1}^{n}k^2+2\sum_{k=1}^{n}k+3\sum_{k=1}^{n}1$$
$$=\frac{1}{6}n(n+1)(2n+1)+2\cdot\frac{1}{2}n(n+1)+3n$$
$$=\frac{1}{6}n\{(n+1)(2n+1)+6(n+1)+18\}$$
$$=\frac{1}{6}n\{(2n^2+3n+1)+(6n+6)+18\}$$
$$=\boldsymbol{\frac{1}{6}n(2n^2+9n+25)}$$

（ii） $\displaystyle\sum_{k=0}^{n+1}(k^3-k^2)$

$$=(0^3-0^2)+\sum_{k=1}^{n+1}(k^3-k^2)$$
$$=\frac{1}{4}(n+1)^2(n+2)^2-\frac{1}{6}(n+1)(n+2)(2n+3)$$
$$=\frac{1}{12}(n+1)(n+2)\{3(n+1)(n+2)-2(2n+3)\}$$
$$=\frac{1}{12}(n+1)(n+2)\{(3n^2+9n+6)-(4n+6)\}$$
$$=\frac{1}{12}(n+1)(n+2)(3n^2+5n)$$
$$=\boldsymbol{\frac{1}{12}n(n+1)(n+2)(3n+5)}$$

（iii） $1\cdot n+2\cdot(n-1)+\cdots+n\cdot1$

$$=\sum_{k=1}^{n}k(n+1-k)$$
$$=\sum_{k=1}^{n}\{(n+1)k-k^2\}$$
$$=(n+1)\sum_{k=1}^{n}k-\sum_{k=1}^{n}k^2$$
$$=(n+1)\cdot\frac{1}{2}n(n+1)-\frac{1}{6}n(n+1)(2n+1)$$
$$=\frac{1}{6}n(n+1)\{3(n+1)-(2n+1)\}$$
$$=\boldsymbol{\frac{1}{6}n(n+1)(n+2)}$$

（２）（ｉ） $\displaystyle\sum_{n=1}^{100}\frac{1}{(2n-1)(2n+1)}$

$$=\frac{1}{2}\sum_{n=1}^{100}\left(\frac{1}{2n-1}-\frac{1}{2n+1}\right)$$
$$=\frac{1}{2}\left\{\left(\frac{1}{1}-\frac{1}{3}\right)+\left(\frac{1}{3}-\frac{1}{5}\right)+\left(\frac{1}{5}-\frac{1}{7}\right)+\cdots+\left(\frac{1}{199}-\frac{1}{201}\right)\right\}$$
$$=\frac{1}{2}\left(1-\frac{1}{201}\right)=\boldsymbol{\frac{100}{201}}$$

（ii） $\displaystyle\sum_{k=1}^{n}\frac{1}{k(k+1)(k+2)}$

$$=\frac{1}{2}\sum_{k=1}^{n}\left\{\frac{1}{k(k+1)}-\frac{1}{(k+1)(k+2)}\right\}$$
$$=\frac{1}{2}\left\{\left(\frac{1}{1\cdot2}-\frac{1}{2\cdot3}\right)+\left(\frac{1}{2\cdot3}-\frac{1}{3\cdot4}\right)+\cdots+\left(\frac{1}{n(n+1)}-\frac{1}{(n+1)(n+2)}\right)\right\}$$
$$=\boldsymbol{\frac{1}{2}\left\{\frac{1}{2}-\frac{1}{(n+1)(n+2)}\right\}}$$

（iii） $\displaystyle\sum_{k=1}^{n}k(k+1)(k+2)(k+3)$

$$=\frac{1}{5}\sum_{k=1}^{n}\{k(k+1)(k+2)(k+3)(k+4)-(k-1)k(k+1)(k+2)(k+3)\}\quad\cdots①$$

ここで

$f(k)=k(k+1)(k+2)(k+3)(k+4)$
とおくと

$$①=\frac{1}{5}\{(f(1)-f(0))+(f(2)-f(1))+\cdots+(f(n)-f(n-1))\}$$

$$=\frac{1}{5}(f(n)-f(0))$$

$$=\boldsymbol{\frac{1}{5}n(n+1)(n+2)(n+3)(n+4)}$$

ただし，$f(0)=0$ を用いた．

注意　**考え方**にある $\sum$ の線形性を証明してみましょう．

［証明］

$$\sum_{k=1}^{n}(a_k+b_k)=(a_1+b_1)+(a_2+b_2)+\cdots+(a_n+b_n)$$

$$=(a_1+a_2+\cdots+a_n)+(b_1+b_2+\cdots+b_n)$$

$$=\sum_{k=1}^{n}a_k+\sum_{k=1}^{n}b_k$$

$$\sum_{k=1}^{n}pa_k=pa_1+pa_2+\cdots+pa_n$$

$$=p(a_1+a_2+\cdots+a_n)=p\sum_{k=1}^{n}a_k$$

足し算を並び替えるのと，共通因数でくくるだけなのがわかりますね．

次に公式

$$\sum_{k=1}^{n}k^2=\frac{1}{6}n(n+1)(2n+1)$$

を証明しましょう．恒等式

$$k^3-(k-1)^3=3k^2-3k+1 \quad \cdots(*)$$

がポイントになります．

なお公式 $\sum_{k=1}^{n}1=n$ と $\sum_{k=1}^{n}k=\frac{1}{2}n(n+1)$ は既知とします．

［証明］

$(*)$ より

$$\sum_{k=1}^{n}\{k^3-(k-1)^3\}=\sum_{k=1}^{n}(3k^2-3k+1)$$

ここで

$$(\text{左辺})=(1^3-0^3)+(2^3-1^3)+\cdots+\{n^3-(n-1)^3\}=n^3$$

$$(\text{右辺})=3\sum_{k=1}^{n}k^2-\frac{3}{2}n(n+1)+n$$

(右辺) = (左辺) より

$$3\sum_{k=1}^{n}k^2-\frac{3}{2}n(n+1)+n=n^3$$

$$\sum_{k=1}^{n}k^2=\frac{1}{3}\left\{n^3+\frac{3}{2}n(n+1)-n\right\}$$

右辺を整理して

$$\sum_{k-1}^{n}k^2=\frac{1}{6}n(n+1)(2n+1)$$

$\sum_{k=1}^{n}k^3=\frac{1}{4}n^2(n+1)^2$ も $\sum_{k=1}^{n}\{k^4-(k-1)^4\}$ を計算することにより証明できます．各自確かめてみてください．

(2)(iii) の結果を用いることにより，さらに $\sum_{k=1}^{n}k^4$ も計算することができます．与式の左辺を展開することで

$$\sum_{k=1}^{n}(k^4+6k^3+11k^2+6k)=\frac{1}{5}n(n+1)(n+2)(n+3)(n+4)$$

となり $\sum_{k=1}^{n}(6k^3+11k^2+6k)$ を計算して右辺に移項します．最終的に

$$\sum_{k=1}^{n}k^4=\frac{1}{30}n(n+1)(2n+1)(3n^2+3n-1)$$

が導けます．

問題 166

考え方　(階差数列)

$b_n=a_{n+1}-a_n$ としたとき，数列 $\{b_n\}$ を数列 $\{a_n\}$ の**階差数列**とよび

$$\boldsymbol{a_n=a_1+\sum_{k=1}^{n-1}b_k \quad \cdots(*) \quad (n \geqq 2)}$$

が成り立ちます．この関係式を用いて一般項 a_n を求めましょう．

$\{a_n\}$: a_1　a_2　a_3　a_4　$\cdots$　a_{n-1}　a_n
$\{b_n\}$: 　$+b_1$　$+b_2$　$+b_3$　　　$+b_{n-1}$

なおこの際，求めた式が $n=1$ のとき成り立つかどうかの確認が必要になります．というのも (*) において $n=1$ とすると，式 $\sum_{k=1}^{0} a_k$ が登場しますが，これは定義することができません．よって (*) は $n=1$ のときに成り立つとは限らず，求めた一般項 a_n が $n=1$ のとき成り立つかどうかの確認が必要になるのです．

解答

$n \geqq 2$ のとき

$$\boldsymbol{a_n} = 1 + \sum_{k=1}^{n-1} \frac{1}{\sqrt{k+2}+\sqrt{k}}$$

$$= 1 + \frac{1}{2}\sum_{k=1}^{n-1}(\sqrt{k+2}-\sqrt{k})$$

$$= 1 + \frac{1}{2}\{(\sqrt{3}-\sqrt{1})+(\sqrt{4}-\sqrt{2})+(\sqrt{5}-\sqrt{3})$$
$$+\cdots+(\sqrt{n}-\sqrt{n-2})+(\sqrt{n+1}-\sqrt{n-1})\}$$

$$\boldsymbol{= \frac{1}{2}(\sqrt{n+1}+\sqrt{n}-\sqrt{2}+1)}$$

これは $n=1$ のときも成り立つ．

注意　和を具体的に書き出した際，どの項が消えるかがわかりにくいことがあります．このようなとき，まずは前のほうで消える項を確認しましょう．
本問の場合，いくつか書き出せば $-\sqrt{1}$ と $-\sqrt{2}$ が生き残ることがわかると思います．前のほうが「小さい 2 つの項が生き残る」ということは，後ろのほうは「大きい 2 つの項が生き残る」はずです．よって $\sqrt{n+1}$ と $\sqrt{n}$ が生き残ることがわかります．

問題167

考え方　(S_n と a_n の関係)

和 S_n から一般項 a_n を求めるには，関係式

$$\boldsymbol{a_n = S_n - S_{n-1}} \ \cdots(*) \quad \boldsymbol{(n \geqq 2)}$$

を用います．ただし S_0 が定義できないので，前問と同様に求めた式が $n=1$ のときに成り立つかどうか確認が必要になります．(*) は番号を 1 つずらした

$$\boldsymbol{a_{n+1} = S_{n+1} - S_n}$$

の形で用いることも多く，これは $n=1$ のときも含めて，すべての自然数 n に対して成り立ちます．
さらに初項を求めるのに用いる

$$\boldsymbol{S_1 = a_1}$$

も重要な式なので覚えておいてください．

解答

$n \geqq 2$ のとき

$$a_n = S_n - S_{n-1}$$
$$= (2n^2+3n+4)$$
$$-\{2(n-1)^2+3(n-1)+4\}$$
$$= 4n+1$$

また $S_n = 2n^2+3n+4$ において $n=1$ とすると

$$S_1 = 9 \quad \therefore \quad a_1 = 9$$

したがって $\boldsymbol{a_1 = 9}$, $\boldsymbol{n \geqq 2}$ のとき

$$\boldsymbol{a_n = 4n+1}$$

問題168

考え方　(群数列)

$$\frac{1}{2} \ \Big| \ \frac{1}{3} \ \frac{2}{3} \ \Big| \ \frac{1}{4} \ \frac{2}{4} \ \frac{3}{4} \ \Big| \ \cdots$$

本問の数列は上のように分母が同じものでグループにまとめられます．このようにある数列をいくつかのグループに分けて考えるとき，これを**群数列**といい，群数列の問題では**項数を基準に考える**のが基本になります．これに関連し，次の 2 つの作業を最初にしておくと見通しがよくなります．
(ｉ)　**各群の項数 (それぞれのグループに**

何個の数が入っているか）を数える

（ii）　**初項から第 $n-1$ 群，第 n 群の末項までの項の総数をそれぞれ数える**

（3）　群を基準に計算しましょう．まず第 n 群の和を求めて，その後各群の和を $\sum$ 計算します．

解答

分母が同じグループを左から順に第 1 群，第 2 群，… とする．第 n 群には n 個の項が入っている．

第 n 群の末項までの項の総数は

$$1+2+\cdots+n=\frac{1}{2}n(n+1)\text{ 個}$$

第 $n-1$ 群の末項までの項の総数は n を $n-1$ に置き換えて $\frac{1}{2}(n-1)n$ 個である．

（1）　$\frac{37}{50}$ は第 49 群の 37 番目の数だから，最初から数えて

$$\begin{aligned}&(1+2+\cdots+48)+37\\&=\frac{1}{2}\cdot48\cdot49+37\\&=1176+37=\mathbf{1213}\text{ **項**}\end{aligned}$$

（2）　第 1000 項が第 n 群に含まれるとすると

$$\frac{1}{2}(n-1)n<1000\leqq\frac{1}{2}n(n+1)$$

が成り立つ．$n=45$ とすると

$$990<1000\leqq1035$$

となり不等式をみたす．よって $n=45$ で，第 44 群の末項が第 990 項だから，第 1000 項は第 45 群の 10 番目の数で $\mathbf{\frac{10}{46}}$ となる．

（3）　第 n 群の総和は

$$\begin{aligned}&\frac{1}{n+1}+\frac{2}{n+1}+\cdots+\frac{n}{n+1}\\&=\frac{1}{n+1}(1+2+\cdots+n)\\&=\frac{1}{n+1}\cdot\frac{1}{2}n(n+1)=\frac{1}{2}n\end{aligned}$$

である．（2）の結果に注意すると，初項から第 1000 項までの和は

$$\begin{aligned}&\sum_{n=1}^{44}\frac{1}{2}n+\left(\frac{1}{46}+\frac{2}{46}+\cdots+\frac{10}{46}\right)\\&=\frac{1}{2}\cdot\frac{1}{2}\cdot44\cdot45+\frac{1}{46}\cdot\frac{1}{2}\cdot10\cdot11\\&=495+\frac{55}{46}=\mathbf{\frac{22825}{46}}\end{aligned}$$

注意　（2）において $n=45$ は次のようにみつけます．$\frac{1}{2}n(n+1)\fallingdotseq\frac{1}{2}n^2$ より

$$\frac{1}{2}n^2\fallingdotseq1000$$

として

$$n^2\fallingdotseq2000\quad\therefore\quad n\fallingdotseq45$$

あとは 45 近辺の値（今回はちょうど 45 が答えとなる）を不等式に代入して，不等式をみたすかどうか確認します．

問題 169

考え方　（格子点の個数）

x 座標，y 座標がともに整数の点を**格子点**といいます．格子点を数える際，まず直線 $x=0$ 上の格子点を数えて，次は $x=1$ 上の格子点を数えて…としても結構ですが，前問（3）同様 $\sum$ 計算に持ち込むのがよいでしょう．具体的には次の手順で計算します（k は整数とします）．

（i）　**直線 $x=k$（もしくは直線 $y=k$）上の格子点の個数 a_k を数える**

（ii）　**$\sum a_k$ を計算する**

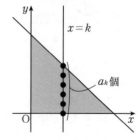

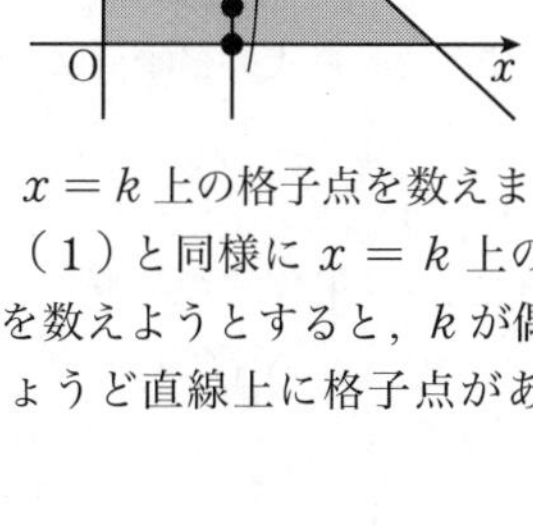

（1）　$x=k$ 上の格子点を数えましょう．

（2）　（1）と同様に $x=k$ 上の格子点の個数を数えようとすると，k が偶数のときはちょうど直線上に格子点があります

が，k が奇数のときは格子点がないので，k の偶奇で場合分けが必要になり面倒です（このような場合分けについて詳しくは 問題 **192** を参照）．本問では $y=k$ 上の格子点を数えると場合分けをせずにすみます．

解答

以下 k は整数とする．

（1）　$x+y \leqq n$ より

$$y \leqq -x+n$$

$x \geqq 0$，$y \geqq 0$ に注意すると

$x=k\,(0 \leqq k \leqq n)$ 上の格子点は

$$(k,\ 0),\ (k,\ 1),\ (k,\ 2),\ \cdots,\ (k,\ n-k)$$

の $n-k+1$ 個ある．

したがって求める格子点の個数は

$$\sum_{k=0}^{n}(n-k+1)=(n+1)+n+\cdots+1$$

$$=\frac{(n+1)+1}{2}\cdot(n+1)$$

$$=\boldsymbol{\frac{1}{2}(n+1)(n+2)}\ \textbf{個}$$

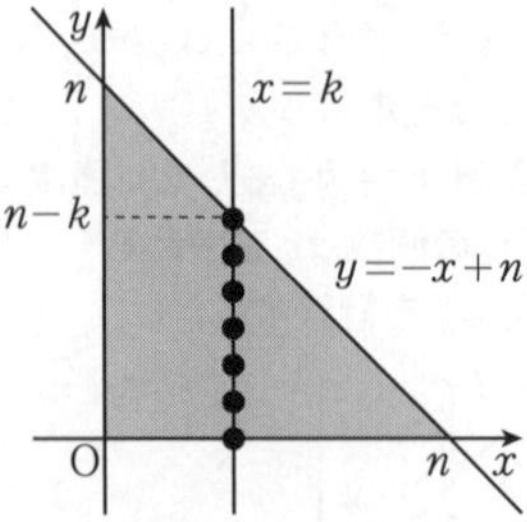

（2）　$\dfrac{x}{2}+y \leqq n$ より

$$x \leqq -2y+2n$$

$x \geqq 0$，$y \geqq 0$ に注意すると

$y=k\,(0 \leqq k \leqq n)$ 上の格子点は

$$(0,\ k),\ (1,\ k),\ (2,\ k),\ \cdots,\ (2n-2k,\ k)$$

の $2n-2k+1$ 個ある．

したがって求める格子点の個数は

$$\sum_{k=0}^{n}(2n-2k+1)=(2n+1)+(2n-1)+\cdots+1$$

$$=\frac{(2n+1)+1}{2}\cdot(n+1)$$

$$=\boldsymbol{(n+1)^2}\ \textbf{個}$$

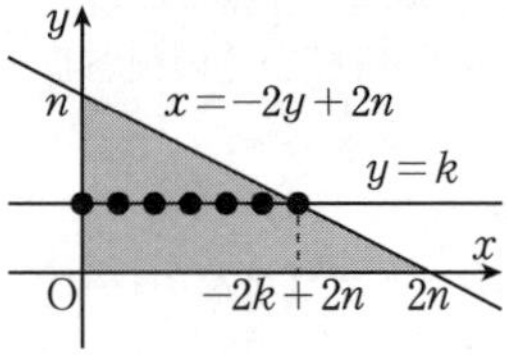

（3）　$x+\sqrt{y} \leqq n$ より

$$\sqrt{y} \leqq -x+n \quad \cdots①$$

左辺は 0 以上だから右辺も 0 以上で

$$-x+n \geqq 0 \quad \therefore \quad x \leqq n$$

このもとで ① の両辺を 2 乗して

$$y \leqq (-x+n)^2$$

$x \geqq 0$，$y \geqq 0$ にも注意すると

$x=k\,(0 \leqq k \leqq n)$ 上の格子点は

$$(k,\ 0),\ (k,\ 1),\ (k,\ 2),\ \cdots,\ (k,\ (-k+n)^2)$$

の $(-k+n)^2+1$ 個ある．

したがって求める格子点の個数は

$$\sum_{k=0}^{n}\{(-k+n)^2+1\}=\sum_{k=0}^{n}(-k+n)^2+\sum_{k=0}^{n}1$$

$$=\{n^2+(n-1)^2+\cdots+1^2\}+(n+1)$$

$$=\frac{1}{6}n(n+1)(2n+1)+(n+1)$$

$$=\frac{1}{6}(n+1)\{n(2n+1)+6\}$$

$$=\boldsymbol{\frac{1}{6}(n+1)(2n^2+n+6)}\ \textbf{個}$$

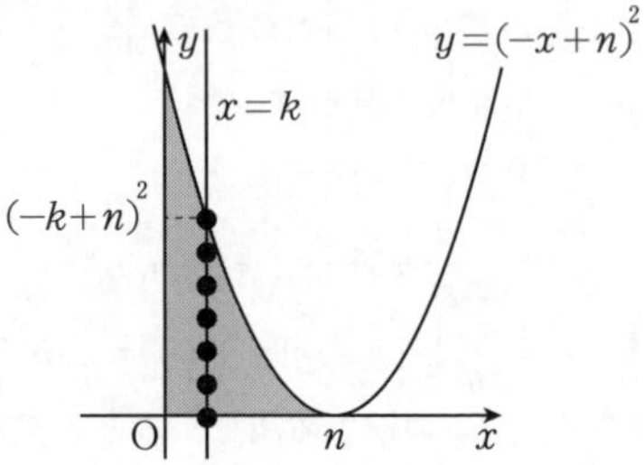

問題 170

考え方　$(1+2+\cdots+n)^2$ の展開式を利用する方法が有名です (→**注意**).

解答

求める和を S とおくと

$(1+2+\cdots+n)^2=(1^2+2^2+\cdots+n^2)+2S$

が成り立つ.

$$\left\{\frac{1}{2}n(n+1)\right\}^2=\frac{1}{6}n(n+1)(2n+1)+2S$$

$$2S=\frac{1}{4}n^2(n+1)^2-\frac{1}{6}n(n+1)(2n+1)$$

$$2S=\frac{1}{12}n(n+1)\{3n(n+1)-2(2n+1)\}$$

$$2S=\frac{1}{12}n(n+1)(3n^2-n-2)$$

$$2S=\frac{1}{12}n(n+1)(n-1)(3n+2)$$

したがって

$$S=\boldsymbol{\frac{1}{24}n(n+1)(n-1)(3n+2)}$$

注意　数式だけではピンとこない人は次の図をみてみましょう.

$$(1+2+\cdots+n)^2=(1+2+\cdots+n)$$
$$\times(1+2+\cdots+n)$$

を分配法則を用いて展開した数を表した図です.

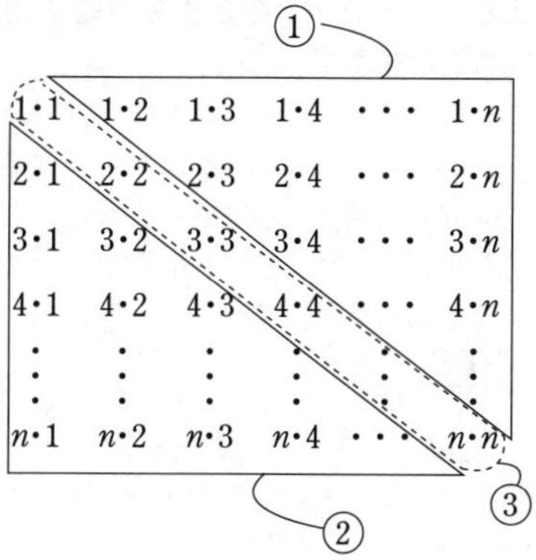

求める和が図の ① の部分です (② も対称性から同じ値になる) ので, 全体から ③ を除いて 2 で割れば答えがでます. 実質**解答**と全く同じ方法ですが, 図を使うとわかりやすくなりますね.

別解

上図の ② において, 上から j 行目の和は

$$j\cdot1+j\cdot2+\cdots+j\cdot(j-1)$$
$$=j\cdot\frac{1}{2}j(j-1)=\frac{1}{2}j^3-\frac{1}{2}j^2$$

である. これは $j=1$ のときも成り立つ.

1 行目から n 行目まで足し合わせて

$$\sum_{j=1}^{n}\left(\frac{1}{2}j^3-\frac{1}{2}j^2\right)$$

$$=\frac{1}{8}n^2(n+1)^2-\frac{1}{12}n(n+1)(2n+1)$$

$$=\frac{1}{24}n(n+1)\{3n(n+1)-2(2n+1)\}$$

$$=\frac{1}{24}n(n+1)(3n^2-n-2)$$

$$=\boldsymbol{\frac{1}{24}n(n+1)(n-1)(3n+2)}$$

問題 171

考え方　数列の最大値, 最小値の問題は隣り合う項の大小関係を比べるのが原則です. 本問では S_n の最小値を求めたいので

$$S_n-S_{n-1}$$

の符号を調べればよいのですが, これは a_n と等しいので (問題 167 を参照), 結局は a_n の符号を調べることになります.

解答

$n\geqq2$ のとき

$$S_n-S_{n-1}=a_n$$
$$=n^2-10n+21$$
$$=(n-3)(n-7)$$

よって

$n=2,\ n\geqq8$ のとき $S_n-S_{n-1}>0$

$n=3,\ 7$ のとき $S_n-S_{n-1}=0$

$4\leqq n\leqq6$ のとき $S_n-S_{n-1}<0$

であり, ここから

$S_1<S_2,\ S_2=S_3,$

$S_3 > S_4 > S_5 > S_6,\ S_6 = S_7,$

$S_7 < S_8 < S_9 < \cdots$

とわかる. よって S_n が最小となるのは S_1, S_6, S_7 のいずれかである. ここで

$$S_1 = a_1 = 12$$

$$S_6 = S_7 = \sum_{k=1}^{6}(k^2 - 10k + 21)$$

$$= \frac{1}{6}\cdot 6\cdot 7\cdot 13$$

$$-10\cdot\frac{1}{2}\cdot 6\cdot 7 + 21\cdot 6 = 7$$

より $S_1 > S_6 = S_7$ である. したがって **$n=6,\ 7$ のとき最小値 7 をとる.**

問題172

考え方 $[\log_2 k]$ に $k = 1, 2, 3, \cdots$ を代入して具体的に書き並べてみると

$$0, 1, 1, 2, 2, 2, 2, 3, \cdots$$

となり, 同じ数字を1つのグループにまとめれば群数列とみなせます. 各群に整数が何個あるかを調べましょう. その際

$$[x] = m \iff m \leqq x < m+1$$

であることを用います (m は整数).

解答

m を整数とする.

$[\log_2 k] = m$ となるのは

$$m \leqq \log_2 k < m+1$$

$$2^m \leqq k < 2^{m+1}$$

より

$$2^{m+1} - 2^m = 2^m\ (\text{個})$$

ある. よって $[\log_2 k]$ を $k = 1, 2, 3, \cdots$ に対して順に書き並べると

$$0, 1, 1, 2, 2, 2, 2, 3, 3, 3, 3, 3, 3, 3, 3, 4, \cdots$$

$$\cdots, n-2, n-1, \cdots, n-1$$

となり, $k = 2^n - 1$ のとき $[\log_2 k]$ は最後に現れる $n-1$ だから, $n-1$ は 2^{n-1} 回現れる. したがって求める和を S とおくと

$$S = 1\cdot 2 + 2\cdot 2^2 + 3\cdot 2^3 + \cdots + (n-1)\cdot 2^{n-1}$$

$$2S = \quad 1\cdot 2^2 + 2\cdot 2^3 + \cdots + (n-2)\cdot 2^{n-1} + (n-1)\cdot 2^n$$

上の式から下の式を引くと

$$-S = 2 + 2^2 + \cdots + 2^{n-1} - (n-1)\cdot 2^n$$

$$= \frac{2(2^{n-1}-1)}{2-1} - (n-1)\cdot 2^n$$

$$= (2-n)2^n - 2$$

したがって

$$\boldsymbol{S = (n-2)2^n + 2}$$

●3 数学的帰納法

問題173

考え方 自然数に関する命題 P がすべての自然数で成立することを証明する方法として**数学的帰納法**があります.

まずは基本的な証明をおさえましょう.

(ア) **$n=1$ のとき命題 P が成り立つことを示す**

(イ) **$n=k$ のとき命題 P が成り立つと仮定し, $n=k+1$ のときも命題 P が成り立つことを示す**

(ア), (イ) が成り立つことを示すことにより, すべての自然数 n について命題 P が成り立ちます (なお本問のように, 問題に応じて (ア) のスタート地点を $n=2$ などにする場合もあります).

解答

$$\frac{1}{1^2} + \frac{1}{2^2} + \cdots + \frac{1}{n^2} < 2 - \frac{1}{n} \quad \cdots ①$$

が成り立つことを数学的帰納法により示す.

(ア) $n = 2$ のとき

$$(\text{左辺}) = \frac{5}{4},\ (\text{右辺}) = \frac{3}{2}$$

より (左辺) < (右辺) となり成り立つ.

(イ) $n = k\ (k \geqq 2)$ のとき ①, すなわ

ち

$$\frac{1}{1^2}+\frac{1}{2^2}+\cdots+\frac{1}{k^2}<2-\frac{1}{k}$$

が成り立つと仮定する. このとき

$$\left(2-\frac{1}{k+1}\right)-\left\{\frac{1}{1^2}+\frac{1}{2^2}+\cdots+\frac{1}{k^2}+\frac{1}{(k+1)^2}\right\}$$
$$>\left(2-\frac{1}{k+1}\right)-\left\{2-\frac{1}{k}+\frac{1}{(k+1)^2}\right\}$$
$$=\frac{1}{k}-\frac{1}{k+1}-\frac{1}{(k+1)^2}$$
$$=\frac{(k+1)^2-k(k+1)-k}{k(k+1)^2}$$
$$=\frac{1}{k(k+1)^2}>0$$

より $n=k+1$ のときも ① は成り立つ.

したがって $n\geqq 2$ をみたすすべての自然数 n について ① が成り立つ.

別解 1

$$\frac{1}{1^2}+\frac{1}{2^2}+\frac{1}{3^2}+\cdots+\frac{1}{n^2}$$
$$<1+\frac{1}{1\cdot 2}+\frac{1}{2\cdot 3}+\cdots+\frac{1}{(n-1)n}$$
$$<1+\left(1-\frac{1}{2}\right)+\left(\frac{1}{2}-\frac{1}{3}\right)+\cdots$$
$$+\left(\frac{1}{n-1}-\frac{1}{n}\right)=2-\frac{1}{n}$$

別解 2

(数学 III の積分の知識を用いる)

下図において, 長方形の面積とグラフで囲まれる部分の面積を比較して

$$\frac{1}{1^2}+\frac{1}{2^2}+\frac{1}{3^2}+\cdots+\frac{1}{n^2}$$
$$<1+\int_1^n\frac{1}{x^2}\,dx=1+\left[-\frac{1}{x}\right]_1^n$$
$$=1+\left(-\frac{1}{n}+1\right)=2-\frac{1}{n}$$

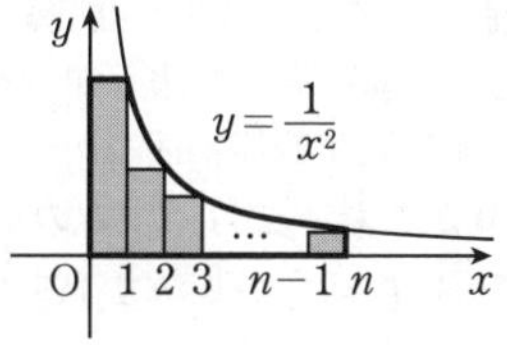

注意 **別解**のように数学的帰納法を用いなくても, 与えられた命題の証明が可能なケースはありますが, 巧みな変形を要することも少なくありません. それに対し帰納法を用いた証明は概ねワンパターンですので, 自然数に関する命題の証明で困ったときには, 積極的に利用を試みるとよいでしょう.

問題 174

考え方 不等式 $n^2\geqq 2^n$ を直接解くのは困難です. そこで試しに n に具体的な値を代入してみると, ある程度大きい n に対しては

$$2^n>n^2$$

であることが予想できます(**指数関数のほうが多項式より圧倒的に増え方が速い!**).

実際に表にしてみると

n	1	2	3	4	5	6
2^n	2	4	8	16	32	64
n^2	1	4	9	16	25	36

となり $n\geqq 5$ では $2^n>n^2$ が成り立ちそうです. これを数学的帰納法で示しましょう.

解答

$n\geqq 5$ のとき $2^n>n^2$ …① であることを数学的帰納法により示す.

(ア) $n=5$ のとき

(左辺) $=32$, (右辺) $=25$

より (左辺) > (右辺) となり成り立つ.

(イ) $n=k\,(k\geqq 5)$ のとき ①, すなわち $2^k>k^2$ が成り立つと仮定する. このとき

$$2^{k+1}-(k+1)^2=2\cdot 2^k-(k^2+2k+1)$$
$$>2\cdot k^2-(k^2+2k+1)$$
$$=k^2-2k-1$$

$$= (k-1)^2 - 2$$

$f(k) = (k-1)^2 - 2$ とおくと $k \geqq 1$ で $f(k)$ は増加関数だから，$k \geqq 5$ のとき

$$f(k) \geqq f(5) = 14 > 0$$

となり $n = k+1$ のときも ① は成り立つ．したがって $n \geqq 5$ をみたすすべての自然数について ① が成り立つ．

n	1	2	3	4
2^n	2	4	8	16
n^2	1	4	9	16

上の表と合わせて $n^2 \geqq 2^n$ が成り立つのは

$$\boldsymbol{n = 2,\ 3,\ 4}$$

問題 175

考え方 通常の数学的帰納法を用いて証明するのであれば，P_k が x の k 次式と仮定して，P_{k+1} が x の $k+1$ 次式であることを示すという流れになりますが，本問では上手くいきません．というのも証明の際

$$P_{k+1} = xP_k - P_{k-1}$$

という式を導くことになるのですが，ここから P_{k+1} が x の $k+1$ 次式とはいえないからです（P_{k-1} の次数がわからない!）．そこで仮定を補う（$n=k$ のときに加えて $n=k-1$ のとき命題が成り立つと仮定する）ことを考えます．これによって P_{k-1} の次数が $k-1$ 次式という条件が追加され，上の式と合わせて P_{k+1} の次数も決定できます（これにより出発点も $n=1, 2$ の 2 つのときを示すことになります）．つまり

（ｉ） **$n = 1$，2 のとき命題が成り立つことを示す**

（ii） **$n = k-1$，k のとき命題が成り立つことを仮定し，$n = k+1$ のとき命題が成り立つことを示す**

（ｉ），（ii）によりすべての自然数 n に対して命題が成り立つことを示します．この証明法は俗に「おととい帰納法」などとよばれます．

解答

P_n が n 次式であることを数学的帰納法により示す．

（ア） $n = 1$ のとき

$$P_1 = t + \frac{1}{t} = x$$

より x の 1 次式となり成り立つ．

（イ） $n = 2$ のとき

$$P_2 = t^2 + \frac{1}{t^2} = \left(t + \frac{1}{t}\right)^2 - 2 = x^2 - 2$$

より x の 2 次式となり成り立つ．

（ウ） $n = k-1,\ k\,(k \geqq 2)$ のとき命題が成り立つ，すなわち P_{k-1}，P_k がそれぞれ x の $k-1$ 次式，k 次式であると仮定する．このとき

$$P_{k+1} = t^{k+1} + \frac{1}{t^{k+1}}$$
$$= \left(t + \frac{1}{t}\right)\left(t^k + \frac{1}{t^k}\right) - \left(t^{k-1} + \frac{1}{t^{k-1}}\right)$$
$$= xP_k - P_{k-1}$$
$$= (1\text{ 次式}) \times (k\text{ 次式}) - (k-1\text{ 次式})$$
$$= (k+1\text{ 次式})$$

より $n = k+1$ のときも命題は成り立つ．したがってすべての自然数 n について命題が成り立つ．

問題 176

考え方 有名な等式で，**別解**のような巧みな変形により示す方法も知られていますが，まずは数学的帰納法を用いて示してみます．式がごちゃごちゃするので，$\sum$ を使わずに書いたほうがわかりやすくてよいでしょう．

解答

$$1-\frac{1}{2}+\frac{1}{3}-\frac{1}{4}+\cdots+\frac{1}{2n-1}-\frac{1}{2n}$$
$$=\frac{1}{n+1}+\frac{1}{n+2}+\cdots+\frac{1}{n+n}\quad\cdots①$$

が成り立つことを数学的帰納法により示す.

(ア)　$n=1$ のとき

$$(\text{左辺})=\frac{1}{2},\ (\text{右辺})=\frac{1}{2}$$

より (左辺) = (右辺) となり成り立つ.

(イ)　$n=i$ のとき ① が成り立つと仮定する. このとき

$$\left(1-\frac{1}{2}+\cdots+\frac{1}{2i-1}-\frac{1}{2i}+\frac{1}{2i+1}-\frac{1}{2i+2}\right)$$
$$-\left(\frac{1}{i+2}+\frac{1}{i+3}+\cdots+\frac{1}{2i+2}\right)$$
$$=\left\{\left(\frac{1}{i+1}+\frac{1}{i+2}+\cdots+\frac{1}{2i}\right)+\frac{1}{2i+1}-\frac{1}{2i+2}\right\}$$
$$-\left(\frac{1}{i+2}+\frac{1}{i+3}+\cdots+\frac{1}{2i+2}\right)$$
$$=\frac{1}{i+1}-\frac{1}{2i+2}-\frac{1}{2i+2}=0$$

より $n=i+1$ のときも ① は成り立つ.

したがってすべての自然数 n に対して ① が成り立つ.

別解

$$1-\frac{1}{2}+\frac{1}{3}-\frac{1}{4}+\cdots+\frac{1}{2n-1}-\frac{1}{2n}$$
$$=\left(1+\frac{1}{2}+\frac{1}{3}+\frac{1}{4}+\cdots+\frac{1}{2n}\right)$$
$$-2\left(\frac{1}{2}+\frac{1}{4}+\frac{1}{6}+\cdots+\frac{1}{2n}\right)$$
$$=\left(1+\frac{1}{2}+\frac{1}{3}+\frac{1}{4}+\cdots+\frac{1}{2n}\right)$$
$$-\left(\frac{1}{1}+\frac{1}{2}+\frac{1}{3}+\cdots+\frac{1}{n}\right)$$
$$=\frac{1}{n+1}+\frac{1}{n+2}+\frac{1}{n+3}+\cdots+\frac{1}{2n}$$

問題 177

考え方　両側の不等式ともに数学的帰納法により示せます.

$${}_nC_r=\frac{n!}{r!(n-r)!}$$

を用いて計算をすすめましょう. なお条件の不等式はやや評価が甘いので, いろいろな証明法が考えられます (→**別解**).

解答

$2^n \leqq {}_{2n}C_n \leqq 4^n$ …① が成り立つことを数学的帰納法により示す.

(ア)　$n=1$ のとき

$$2^1 \leqq {}_2C_1 \leqq 4^1$$

は成り立つ.

(イ)　$n=k$ のとき ①, すなわち

$$2^k \leqq {}_{2k}C_k \leqq 4^k$$

が成り立つと仮定する. このとき

$${}_{2(k+1)}C_{k+1}-2^{k+1}$$
$$=\frac{\{(2(k+1)\}!}{(k+1)!(k+1)!}-2^{k+1}$$
$$=\frac{(2k+2)(2k+1)}{(k+1)(k+1)}\cdot\frac{(2k)!}{k!k!}-2^{k+1}$$
$$=\frac{2(2k+1)}{k+1}\cdot{}_{2k}C_k-2^{k+1}$$
$$\geqq\frac{2(2k+1)}{k+1}\cdot 2^k-2^{k+1}$$
$$=\left(\frac{2k+1}{k+1}-1\right)2^{k+1}$$
$$=\frac{k}{k+1}\cdot 2^{k+1}>0$$

また

$$4^{k+1}-{}_{2(k+1)}C_{k+1}$$
$$=4\cdot 4^k-\frac{2(2k+1)}{k+1}\cdot{}_{2k}C_k$$
$$\geqq 4\cdot{}_{2k}C_k-\frac{2(2k+1)}{k+1}\cdot{}_{2k}C_k$$
$$=\left(4-\frac{2(2k+1)}{k+1}\right){}_{2k}C_k$$
$$=\frac{2}{k+1}{}_{2k}C_k>0$$

よって

$$2^{k+1}\leqq{}_{2(k+1)}C_{k+1}\leqq 4^{k+1}$$

となり, $n=k+1$ のときも成り立つ.

したがってすべての自然数 n について ① が成り立つ.

別解

$0\leqq k\leqq n-1$ のとき $\dfrac{2n-k}{n-k}\geqq 2$ が成り

立つから

$$ {}_{2n}\mathrm{C}_n = \frac{2n\cdot(2n-1)\cdots(n+2)(n+1)}{n\cdot(n-1)\cdots2\cdot1} $$
$$ = \frac{2n}{n}\cdot\frac{2n-1}{n-1}\cdot\frac{n+2}{2}\cdot\frac{n+1}{1} $$
$$ \geqq 2\cdot2\cdots2\cdot2 = 2^n $$

次に二項定理より

$$ 4^n = 2^{2n} = (1+1)^{2n} $$
$$ = {}_{2n}\mathrm{C}_0 + \cdots + {}_{2n}\mathrm{C}_n + \cdots + {}_{2n}\mathrm{C}_{2n} \geqq {}_{2n}\mathrm{C}_n $$

したがって

$$ 2^n \leqq {}_{2n}\mathrm{C}_n \leqq 4^n $$

注意　一般に n が十分に大きいとき

$$ {}_{2n}\mathrm{C}_n \fallingdotseq \frac{4^n}{\sqrt{\pi n}} $$

であることが知られています.

問題 178

考え方　$a_k < 3k^2$ を仮定するだけだと上手くいきません. というのも証明には $a_k < 3k^2$ だけではなく

$a_{k-1} < 3(k-1)^2$, $a_{k-2} < 3(k-2)^2$, $\cdots$

などの不等式も必要になるからです. すなわち $n \leqq k\,(n=1, 2, \cdots, k)$ のときすべての仮定が必要になり, 次のような帰納法を使うことになります.

(ⅰ)　$n=1$ のとき命題が成り立つことを示す

(ⅱ)　$n \leqq k$ のとき成り立つことを仮定し, $n=k+1$ のとき成り立つことを示す

問題 175 で学んだ「おととい帰納法」と同様に有名なタイプなので, きちんと使えるようにしておきましょう (→**注意**).

解答

$a_n < 2n^2 + \dfrac{1}{n}\displaystyle\sum_{j=1}^{n-1} a_j$ …① のとき

$a_n < 3n^2$ …② が成り立つことを数学的帰納法により示す.

(ア)　$n=1$ のとき

$$ a_1 = 2 < 3\cdot1^2 = 3 $$

より成り立つ.

(イ)　$n \leqq k$ のとき ② が成り立つと仮定する. このとき ① より

$$ a_{k+1} < 2(k+1)^2 + \frac{1}{k+1}\sum_{j=1}^{k} a_j $$
$$ = 2(k+1)^2 + \frac{1}{k+1}(a_1 + a_2 + \cdots + a_k) $$
$$ < 2(k+1)^2 + \frac{1}{k+1}\{3(1^2+2^2+\cdots+k^2)\} $$
$$ = 2(k+1)^2 + \frac{1}{k+1}\cdot\frac{3}{6}k(k+1)(2k+1) $$
$$ = 2(k+1)^2 + \frac{1}{2}k(2k+1) $$
$$ = \frac{1}{2}(6k^2 + 9k + 4) $$

これを利用すると

$$ 3(k+1)^2 - a_{k+1} $$
$$ > 3(k^2+2k+1) - \frac{1}{2}(6k^2+9k+4) $$
$$ = \frac{3}{2}k + 1 > 0 $$

より $n=k+1$ のときも ② は成り立つ.

したがってすべての自然数 n について ② が成り立つ.

注意　この種の帰納法は Σ 絡みの証明問題でよく用いられます.

●4　漸化式

問題 179

考え方　ある項をそれ以前の項から定める等式を**漸化式**といいます. 一般に高校レベルの知識で解く (一般項を求める) ことのできる漸化式はかなり限られており, **こういう形が出てきたときにはこう変形する**というのを覚えておいたほうが早いでしょう. しかし, それではあんまりだという人も中にはいると思うので, ここでは漸化式を解く際の大きな方針をいくつか示しておきます.

(ア)　**振り分ける**

与えられた漸化式を

$$a_{n+1}-f(n+1)=r\{a_n-f(n)\}$$

という形にうまく式を振り分け，等比型を作ります. 等比型とは

$(n+1$ 番目の項$)=$ 定数$\times(n$ 番目の項$)$

の形をした漸化式のことで，この形に帰着させるのが一番メジャーな解き方です.

(イ)　**番号を上げて差をつくる**

漸化式の番号を1個上げて引く，というテクニックです. ある種の漸化式でよく用いられます.

(ウ)　**両辺を割る**

言葉の通り，与えられた漸化式の両辺をある式で割り算するというテクニックです.

この3つの方法を用いて，本問の漸化式を解いてみます(なお，**解答**はわかりやすさを優先して説明口調で書いています).

解答

解法(ア)

$$a_{n+1}=3a_n+2 \quad \cdots ①$$

を次の形に変形したい.

$$a_{n+1}-\alpha=3(a_n-\alpha) \quad \cdots ②$$

α を求めるため ①−② を計算すると

$$\alpha=3\alpha+2 \quad \therefore \quad \alpha=-1$$

これを ② に代入して

$$a_{n+1}+1=3(a_n+1)$$

$a_n+1=b_n$ とおくと

$$b_{n+1}=3b_n$$

数列 $\{b_n\}$ は公比3の等比数列で

$$b_n=b_1\cdot 3^{n-1}$$

$$b_n=(a_1+1)\cdot 3^{n-1}$$

$$a_n+1=(2+1)\cdot 3^{n-1}$$

$$\boldsymbol{a_n=3^n-1}$$

注意　この解法は次のような発想でつくられています.

$$a_1,\ a_2,\ a_3,\ \cdots$$

の各項からある数 α を引いた数列

$$a_1-\alpha,\ a_2-\alpha,\ a_3-\alpha,\ \cdots$$

を公比3の等比数列にしたいと考えます(3はもともとの漸化式の a_n の係数です).

このとき漸化式は

$$a_{n+1}-\alpha=3(a_n-\alpha)$$

となるはずで，以降**解法**(ア)のように α を求めてあげれば $(\alpha=-1$ となる$)$ 数列 $\{a_n+1\}$ は公比3の等比数列となり，そこから a_n を求めることができます.

さて，これをなぜ**振り分ける**という言葉で表現するかというと

$$a_{n+1}=3a_n+\boldsymbol{2}$$

$$a_{n+1}\boldsymbol{+1}=\boldsymbol{3}(a_n+\boldsymbol{1}) \quad \cdots(*)$$

という変形は，もとの漸化式の後ろの2を左辺と右辺に振り分けているとみなせるからです(なお，上の**解答**では α を用いて $(*)$ を導きましたが，実際にはその過程を書く必要はなく，いきなり $(*)$ の式を書いて結構です). ちなみに，本問では定数2を振り分けていますが，一般的には **問題 180**(1)(2) のように，n の入った式を振り分けます.

また，**解法**(ア)では数列 $\{a_n+1\}$ を数列 $\{b_n\}$ と置き直しました. 最初のうちはこのようにするとわかりやすいでしょう. ただし解答が長くなりがちなので，今後本書では置き換えないと極度に見にくくなる場合を除いて，なるべく置き換えを避けることとします.

解法(イ)

$a_{n+1}=3a_n+2$ …① の n を $n+1$ に置き換えて

$$a_{n+2}=3a_{n+1}+2 \quad \cdots ③$$

③ − ① より

$$a_{n+2}-a_{n+1}=3(a_{n+1}-a_n)$$

$a_{n+1}-a_n=c_n$ とおくと

$$c_{n+1}=3c_n$$

数列 $\{c_n\}$ は公比 3 の等比数列で

$$c_n=c_1\cdot 3^{n-1}$$

$$c_n=(a_2-a_1)\cdot 3^{n-1}$$

① より $a_2=3a_1+2=8$ だから

$$c_n=6\cdot 3^{n-1}$$

$$a_{n+1}-a_n=2\cdot 3^n$$

数列 $\{a_n\}$ の階差数列の第 n 項が $2\cdot 3^n$ だから，$n\geqq 2$ のとき

$$\boldsymbol{a_n}=a_1+\sum_{k=1}^{n-1}2\cdot 3^k$$

$$=2+\frac{6(3^{n-1}-1)}{3-1}$$

$$\boldsymbol{=3^n-1}$$

これは $n=1$ のときも成り立つ.

注意 この解法では番号を 1 個あげて引くことにより，① の後ろの定数 2 を消し，等比型の漸化式に帰着させています.
ただ，漸化式を解く過程が複雑になりがちなので，もし他の解法があるのであれば，なるべく避けたほうがよいでしょう.

解法（ウ）

$a_{n+1}=3a_n+2$ の両辺を 3^{n+1} で割ると

$$\frac{a_{n+1}}{3^{n+1}}=\frac{a_n}{3^n}+2\left(\frac{1}{3}\right)^{n+1}$$

$\dfrac{a_n}{3^n}=b_n$ とおくと

$$b_{n+1}=b_n+2\left(\frac{1}{3}\right)^{n+1}$$

数列 $\{b_n\}$ の階差数列の第 n 項が $2\left(\dfrac{1}{3}\right)^{n+1}$ だから，$n\geqq 2$ のとき

$$b_n=b_1+\sum_{k=1}^{n-1}2\left(\frac{1}{3}\right)^{k+1}$$

$$=\frac{a_1}{3}+\frac{\frac{2}{9}\left\{1-\left(\frac{1}{3}\right)^{n-1}\right\}}{1-\frac{1}{3}}$$

$$=\frac{2}{3}+\frac{1}{3}\left\{1-\left(\frac{1}{3}\right)^{n-1}\right\}$$

$$=1-\left(\frac{1}{3}\right)^n$$

したがって

$$\frac{a_n}{3^n}=1-\left(\frac{1}{3}\right)^n$$

$$\boldsymbol{a_n=3^n-1}$$

これは $n=1$ のときも成り立つ.

注意 最後に有名な漸化式の解き方をまとめておきます（三項間漸化式や和 S_n を含む漸化式については，以降の問題を参照してください).

（ i ） $\boldsymbol{a_{n+1}=a_n+d}$ 型
　→公差 d の等差数列となる

（ii） $\boldsymbol{a_{n+1}=ra_n}$ 型
　→公比 r の等比数列となる

（iii） $\boldsymbol{a_{n+1}=a_n+f(n)}$ 型
　→ $\{a_n\}$ の階差数列が $\{f(n)\}$
　→ $\boldsymbol{a_n=a_1+\sum_{k=1}^{n-1}f(k)}$ $(n\geqq 2)$

（iv） $\boldsymbol{a_{n+1}=pa_n+q}$ 型
　（ア） $\alpha=p\alpha+q$ の解 α を用いて $\boldsymbol{a_{n+1}-\alpha=p(a_n-\alpha)}$ の形をつくる
　（イ） $a_{n+2}-a_{n+1}=p(a_{n+1}-a_n)$ の形をつくる
　（ウ） 両辺を p^{n+1}（または q^{n+1}）で割る

（ v ） $\boldsymbol{a_{n+1}=ka_n+pn+q}$ 型
　→ $\boldsymbol{a_{n+1}-\alpha(n+1)-\beta}$
　　$\boldsymbol{=k(a_n-\alpha n-\beta)}$
の形をつくる

（vi） $\boldsymbol{a_{n+1}=pa_n+q^n}$ 型
　（ア） $\boldsymbol{a_{n+1}-\alpha q^{n+1}=p(a_n-\alpha q^n)}$ の形をつくる
　（イ） 両辺を p^{n+1}（または q^{n+1}）で割る

※ $p=q$ のときは（イ）で解く.

(vii)　$a_{n+1}=\dfrac{ra_n}{pa_n+q}$ 型

→両辺の逆数をとる

問題180

考え方

（1）　（v）$a_{n+1}=ka_n+pn+q$ 型です.

（2）　(vi) $a_{n+1}=pa_n+q^n$ 型です. 2つの解法を示します.

（3）　(vii) $a_{n+1}=\dfrac{ra_n}{pa_n+q}$ 型です. 両辺の逆数をとります (→**注意**).

（4）　上のまとめにない形ですが, 両辺に $n+1$ をかけることにより

$$f(n+1)a_{n+1}=f(n)a_n$$

の形に変形します. この変形が思いつかない場合は与式を

$$a_{n+1}=\frac{n}{n+2}a_n$$

として漸化式の番号を下げていく方法が考えられます (→**別解**).

解答

（1）　$a_{n+1}=2a_n-2n-1$ …① を

$$a_{n+1}-\alpha(n+1)-\beta=2(a_n-\alpha n-\beta)\quad\cdots②$$

の形に変形する. ② を展開して整理すると

$$a_{n+1}=2a_n-\alpha n+\alpha-\beta$$

① と係数を比較して

$$-\alpha=-2,\ \alpha-\beta=-1$$

連立して解くと $\alpha=2,\ \beta=3$

これを ① に代入して

$$a_{n+1}-2(n+1)-3=2(a_n-2n-3)$$

数列 $\{a_n-2n-3\}$ は公比 2 の等比数列で

$$a_n-2n-3=(a_1-2\cdot1-3)\cdot2^{n-1}$$

$$\boldsymbol{a_n=-3\cdot2^n+2n+3}$$

（2）**解法（ア）**

$a_{n+1}=3a_n+2^{n+1}$ …③ を

$$a_{n+1}-\alpha\cdot2^{n+1}=3(a_n-\alpha\cdot2^n)\quad\cdots④$$

の形に変形する. ④ を展開して整理すると

$$a_{n+1}=3a_n-\alpha\cdot2^n$$

③ と係数を比較して

$$-\alpha=2\quad\therefore\quad\alpha=-2$$

これを ④ に代入して

$$a_{n+1}+2\cdot2^{n+1}=3(a_n+2\cdot2^n)$$

数列 $\{a_n+2\cdot2^n\}$ は公比 3 の等比数列で

$$a_n+2\cdot2^n=(a_1+2\cdot2^1)3^{n-1}$$

$$\boldsymbol{a_n=7\cdot3^{n-1}-2^{n+1}}$$

解法（イ）

$a_{n+1}=3a_n+2^{n+1}$ の両辺を 3^{n+1} で割ると

$$\frac{a_{n+1}}{3^{n+1}}=\frac{a_n}{3^n}+\left(\frac{2}{3}\right)^{n+1}$$

$\dfrac{a_n}{3^n}=b_n$ とおくと

$$b_{n+1}=b_n+\left(\frac{2}{3}\right)^{n+1}$$

$n\geqq2$ のとき

$$b_n=b_1+\sum_{k=1}^{n-1}\left(\frac{2}{3}\right)^{k+1}$$

$$=\frac{a_1}{3}+\frac{\frac{4}{9}\left\{1-\left(\frac{2}{3}\right)^{n-1}\right\}}{1-\frac{2}{3}}$$

$$=1+\frac{4}{3}\left\{1-\left(\frac{2}{3}\right)^{n-1}\right\}$$

$$=\frac{7}{3}-2\left(\frac{2}{3}\right)^n$$

したがって

$$\frac{a_n}{3^n}=\frac{7}{3}-2\left(\frac{2}{3}\right)^n$$

$$\boldsymbol{a_n=7\cdot3^{n-1}-2^{n+1}}$$

これは $n=1$ のときも成り立つ.

（3）　$a_{n+1}=\dfrac{a_n}{1+a_n}$ …⑤ において

$a_1>0$ より, 帰納的に $a_n>0$ である.

両辺の逆数をとると

$$\frac{1}{a_{n+1}}=\frac{1+a_n}{a_n}$$

$$\frac{1}{a_{n+1}}=\frac{1}{a_n}+1$$

数列 $\left\{\dfrac{1}{a_n}\right\}$ は公差1の等差数列で

$$\frac{1}{a_n}=\frac{1}{a_1}+(n-1)\cdot 1$$

$$\frac{1}{a_n}=n$$

$$\boldsymbol{a_n=\frac{1}{n}}$$

注意 ⑤において，もし $a_n=0$ とすると分母が0になってしまうので，逆数をとることができません．ですから逆数をとる前に，すべての n に対して $a_n\neq 0$ が成り立つことを示す必要があります．これは数学的帰納法を用いることで簡単に証明できますが，この問題の本質（一般項 a_n を求めること）からややそれるので，通常は**解答**のように「**帰納的に示される**」として証明を省略します．

（4） $(n+2)a_{n+1}=na_n$ の両辺に $n+1$ をかけて

$$(n+2)(n+1)a_{n+1}=(n+1)na_n$$

$(n+1)na_n=b_n$ とおくと

$$b_{n+1}=b_n$$

数列 $\{b_n\}$ は定数数列で

$$b_n=b_1=2\cdot 1\cdot a_1=1$$

$$(n+1)na_n=1$$

$$\boldsymbol{a_n=\frac{1}{n(n+1)}}$$

別解

$(n+2)a_{n+1}=na_n$ より

$$a_{n+1}=\frac{n}{n+2}a_n$$

この漸化式を繰り返し用いると

$$\begin{aligned}\boldsymbol{a_n}&=\frac{n-1}{n+1}a_{n-1}\\&=\frac{n-1}{n+1}\cdot\frac{n-2}{n}a_{n-2}\\&=\frac{n-1}{n+1}\cdot\frac{n-2}{n}\cdots\frac{1}{3}a_1\\&=\frac{n-1}{n+1}\cdot\frac{n-2}{n}\cdots\frac{1}{3}\cdot\frac{1}{2}\\&=\boldsymbol{\frac{1}{n(n+1)}}\end{aligned}$$

問題 181

考え方 （三項間漸化式）

このタイプの漸化式は，等比型

$$\boldsymbol{a_{n+2}-\alpha a_{n+1}=\beta(a_{n+1}-\alpha a_n)}\ \cdots(*)$$

の形に変形するのが定石です．α，β は一度式 $(*)$ を展開して，元の式と係数を比較することにより求めます（→**注意**）．

（1） 上の式をみたす α，β が2組出てくるので，それぞれの場合について漸化式を解きすすめ，最後は**解答**のように2式を連立して一般項 a_n を求めます．

（2） （1）とは異なり α，β が1組しか出てこないので，そこから得られた式 $(*)$ のみをもとに最後まで計算します．最終的には（v）$a_{n+1}=pa_n+q^n$ 型に帰着しますが，$p=q$ の場合なので両辺を p^{n+1} で割りましょう．

解答

（1） $a_{n+2}-4a_{n+1}-21a_n=0$ …① を

$$a_{n+2}-\alpha a_{n+1}=\beta(a_{n+1}-\alpha a_n)\quad\cdots②$$

の形に変形する．② を展開して整理すると

$$a_{n+2}-(\alpha+\beta)a_{n+1}+\alpha\beta a_n=0$$

① と係数を比較して

$$\alpha+\beta=4,\ \alpha\beta=-21$$

$$(\alpha,\beta)=(7,-3),(-3,7)$$

（ア） $(\alpha,\beta)=(7,-3)$ のとき

$$a_{n+2}-7a_{n+1}=-3(a_{n+1}-7a_n)$$

数列 $\{a_{n+1}-7a_n\}$ は公比 -3 の等比数列で

$$a_{n+1}-7a_n=(a_2-7a_1)\cdot(-3)^{n-1}$$

$$a_{n+1}-7a_n=-5\cdot(-3)^{n-1}\quad\cdots③$$

（イ） $(\alpha,\beta)=(-3,7)$ のとき

$$a_{n+2}+3a_{n+1}=7(a_{n+1}+3a_n)$$

数列 $\{a_{n+1}+3a_n\}$ は公比 7 の等比数列で

$$a_{n+1}+3a_n=(a_2+3a_1)\cdot 7^{n-1}$$

$$a_{n+1}+3a_n=5\cdot 7^{n-1} \quad \cdots④$$

(④－③)÷10 より

$$a_n=\frac{5\cdot 7^{n-1}+5\cdot(-3)^{n-1}}{10}$$

$$\boldsymbol{a_n=\frac{7^{n-1}+(-3)^{n-1}}{2}}$$

（2）　$a_{n+2}-6a_{n+1}+9a_n=0$ …⑤ を

$$a_{n+2}-\alpha a_{n+1}=\beta(a_{n+1}-\alpha a_n) \quad \cdots⑥$$

の形に変形する．⑥ を展開して整理すると

$$a_{n+2}-(\alpha+\beta)a_{n+1}+\alpha\beta a_n=0$$

⑤ と係数を比較して

$$\alpha+\beta=6,\ \alpha\beta=9$$

$$(\alpha,\ \beta)=(3,\ 3)$$

このとき

$$a_{n+2}-3a_{n+1}=3(a_{n+1}-3a_n)$$

数列 $\{a_{n+1}-3a_n\}$ は公比 3 の等比数列で

$$a_{n+1}-3a_n=(a_2-3a_1)\cdot 3^{n-1}$$

$$a_{n+1}-3a_n=3\cdot 3^{n-1}$$

$$a_{n+1}=3a_n+3^n$$

両辺を 3^{n+1} で割ると

$$\frac{a_{n+1}}{3^{n+1}}=\frac{a_n}{3^n}+\frac{1}{3}$$

数列 $\left\{\dfrac{a_n}{3^n}\right\}$ は公差 $\dfrac{1}{3}$ の等差数列で

$$\frac{a_n}{3^n}=\frac{a_1}{3}+(n-1)\cdot\frac{1}{3}$$

$$\frac{a_n}{3^n}=\frac{1}{3}n$$

$$\boldsymbol{a_n=n\cdot 3^{n-1}}$$

注意　例えば（1）の

$$\alpha+\beta=4,\ \alpha\beta=-21$$

から α，β を解とする 2 次方程式は

$$t^2-4t-21=0 \quad \cdots(*)$$

となり，これを解いて α，β を求めても結構です．この 2 次方程式 (*) を漸化式

$$a_{n+2}-4a_{n+1}-21a_n=0$$

の**特性方程式**といい，与えられた漸化式の係数と対応します．

問題 182

考え方　（連立漸化式）

（1）　a_n と b_n の係数に対称性があるので，2 式を足し引きするとよいでしょう．

（2）　**数列 $\{a_n+kb_n\}$ が等比数列となるような k をみつけるのが定石です．**

解答

（1）　$a_{n+1}=3a_n+2b_n \quad \cdots①$

$$b_{n+1}=2a_n+3b_n \quad \cdots②$$

において ①＋② より

$$a_{n+1}+b_{n+1}=5(a_n+b_n)$$

数列 $\{a_n+b_n\}$ は公比 5 の等比数列で

$$a_n+b_n=(a_1+b_1)\cdot 5^{n-1}$$

$$a_n+b_n=3\cdot 5^{n-1} \quad \cdots③$$

①－② より

$$a_{n+1}-b_{n+1}=a_n-b_n$$

数列 $\{a_n-b_n\}$ は定数数列で

$$a_n-b_n=a_1-b_1=-1 \quad \cdots④$$

(③＋④)÷2，(③－④)÷2 より

$$a_n=\boldsymbol{\frac{3\cdot 5^{n-1}-1}{2}},\ b_n=\boldsymbol{\frac{3\cdot 5^{n-1}+1}{2}}$$

（2）　$a_{n+1}=2a_n-6b_n \quad \cdots⑤$

$$b_{n+1}=a_n+7b_n \quad \cdots⑥$$

において ⑤＋⑥×k より

$$a_{n+1}+kb_{n+1}=2a_n-6b_n+k(a_n+7b_n)$$

$$a_{n+1}+kb_{n+1}=(2+k)a_n+(-6+7k)b_n$$

数列 $\{a_n+kb_n\}$ が等比数列となるのは両辺の係数の比が等しいときで

$$1:k=(2+k):(-6+7k)$$

$$k(2+k)=-6+7k$$

$$k^2-5k+6=0$$

$$(k-2)(k-3)=0 \quad \therefore \quad k=2,\ 3$$

(ア)　$k=2$ のとき

$$a_{n+1}+2b_{n+1}=4(a_n+2b_n)$$

数列 $\{a_n+2b_n\}$ は公比 4 の等比数列で

$$a_n+2b_n=(a_1+2b_1)\cdot 4^{n-1}$$

$$a_n+2b_n=11\cdot 4^{n-1} \quad \cdots⑦$$

(イ)　$k=3$ のとき

$$a_n+3b_n=5(a_n+3b_n)$$

数列 $\{a_n+3b_n\}$ は公比 5 の等比数列で

$$a_n+3b_n=(a_1+3b_1)\cdot 5^{n-1}$$

$$a_n+3b_n=16\cdot 5^{n-1} \quad \cdots⑧$$

⑦×3－⑧×2，⑧－⑦ より

$$\boldsymbol{a_n=33\cdot 4^{n-1}-32\cdot 5^{n-1}}$$

$$\boldsymbol{b_n=16\cdot 5^{n-1}-11\cdot 4^{n-1}}$$

問題183

考え方　(和 S_n を含んだ漸化式)

(前半)　$\boldsymbol{S_{n+1}-S_n=a_{n+1}}$ …(*) を用いて S_n を消去します (→**注意**).

初項は $\boldsymbol{S_1=a_1}$ によって求めます.

(後半)　**問題180** (1) の後ろの式が 2 次式の場合です.

$$a_{n+1}-f(n+1)=r\{a_n-f(n)\}$$

をみたす 2 次式 $f(n)$ をみつけましょう.

解答

まず初項 a_1 を求める.

$S_n=2a_n+n^3$ …① において $n=1$ とすると

$$S_1=2a_1+1$$

$$a_1=2a_1+1 \quad \therefore \quad a_1=-1$$

次に ① の n を $n+1$ に置き換えて

$$S_{n+1}=2a_{n+1}+(n+1)^3 \quad \cdots②$$

②－① より

$$a_{n+1}=(2a_{n+1}-2a_n)+3n^2+3n+1$$

$$\boldsymbol{a_{n+1}=2a_n-3n^2-3n-1} \quad \cdots③$$

次に ③ を

$$a_{n+1}-p(n+1)^2-q(n+1)-r$$
$$=2(a_n-pn^2-qn-r) \quad \cdots④$$

の形に変形する. ④ を展開して整理すると

$$a_{n+1}=2a_n-pn^2+(2p-q)n+p+q-r$$

③ と係数を比較して

$$-p=-3,\ 2p-q=-3,\ p+q-r=-1$$

連立して解くと

$$p=3,\ q=9,\ r=13$$

これを ④ に代入して

$$a_{n+1}-3(n+1)^2-9(n+1)-13$$
$$=2(a_n-3n^2-9n-13)$$

数列 $\{a_n-3n^2-9n-13\}$ は公比 2 の等比数列で

$$a_n-3n^2-9n-13$$
$$=(a_1-3-9-13)\cdot 2^{n-1}$$

$$\boldsymbol{a_n=-13\cdot 2^n+3n^2+9n+13}$$

注意　(*) は

$$\boldsymbol{S_n-S_{n-1}=a_n}$$

の形で用いることもあります. この場合, $n \geqq 2$ という制限がつくことに注意してください.

問題184

考え方　与えられた漸化式を変形して解くことも可能ですが (→**別解**), 解法を知らないと難しいでしょう.

通常の変形で解くのが難しそうな漸化式が出てきたら, **一般項を予想して, 帰納法で示す**のが定石です.

なお, **解答**では a_2 や a_3 の値を求めて一般項を予想する過程も記述していますが，実際の答案では不要で，いきなり「〜を数学的帰納法により示す」と書き始めて構いません．

解答

$a_{n+1}=\dfrac{1}{2-a_n}$，$a_1=\dfrac{1}{3}$ より

$$a_2=\frac{1}{2-\frac{1}{3}}=\frac{3}{5}$$

$$a_3=\frac{1}{2-\frac{3}{5}}=\frac{5}{7}$$

よって $a_n=\dfrac{2n-1}{2n+1}$ …① と予想できる．

これを数学的帰納法により示す．

（ア）　$n=1$ のとき

$a_1=\dfrac{1}{3}$ より成り立つ．

（イ）　$n=k$ のとき ① が成り立つ，すなわち $a_k=\dfrac{2k-1}{2k+1}$ と仮定する．このとき

$$a_{k+1}=\frac{1}{2-a_k}=\frac{1}{2-\frac{2k-1}{2k+1}}$$

$$=\frac{2k+1}{2(2k+1)-(2k-1)}$$

$$=\frac{2k+1}{2k+3}$$

となり ① は $n=k+1$ のときも成り立つ．

したがってすべての自然数 n において ① は成り立ち

$$\boldsymbol{a_n=\frac{2n-1}{2n+1}}$$

別解

一般的には次のように解きます．

$$a_{n+1}=\frac{1}{2-a_n}$$

の両辺から 1 を引いて（→**注意 1**）

$$a_{n+1}-1=\frac{1}{2-a_n}-1$$

$$a_{n+1}-1=\frac{1-(2-a_n)}{2-a_n}$$

$$a_{n+1}-1=\frac{a_n-1}{2-a_n}$$

両辺の逆数をとると（→**注意 2**）

$$\frac{1}{a_{n+1}-1}=\frac{2-a_n}{a_n-1}$$

$$\frac{1}{a_{n+1}-1}=\frac{1}{a_n-1}-1$$

数列 $\left\{\dfrac{1}{a_n-1}\right\}$ は公差が -1 の等差数列で

$$\frac{1}{a_n-1}=\frac{1}{a_1-1}+(n-1)\cdot(-1)$$

$$\frac{1}{a_n-1}=-\frac{2n+1}{2}$$

$$a_n-1=-\frac{2}{2n+1}$$

$$a_n=1-\frac{2}{2n+1}$$

$$\boldsymbol{a_n=\frac{2n-1}{2n+1}}$$

注意①　詳細は省略しますが，両辺から引いた 1 は与えられた漸化式において a_n と a_{n+1} を α に置き換えた方程式

$$\alpha=\frac{1}{2-\alpha}$$

の解です．

注意②　$a_n\neq1\Longrightarrow a_{n+1}\neq1$ および $a_1=\dfrac{1}{3}\neq1$ から帰納的に $a_n\neq1$ となり，逆数をとってよいことがわかります．

問題 185

考え方　（確率漸化式）

確率 p_n を直接求めにくい場合，$\{p_n\}$ を n についての数列とみなし，漸化式を立てると上手くいく場合があります．このような問題を**確率漸化式**の問題といいます．

このとき漸化式は自分で立式する必要があるわけですが，その際のポイントは **n 回目の状態を排反に場合分けして，$n+1$ 回目との関係を式で表す**ことです．その際，次のような遷移図をかくと，視覚的にわかりやすくなります．

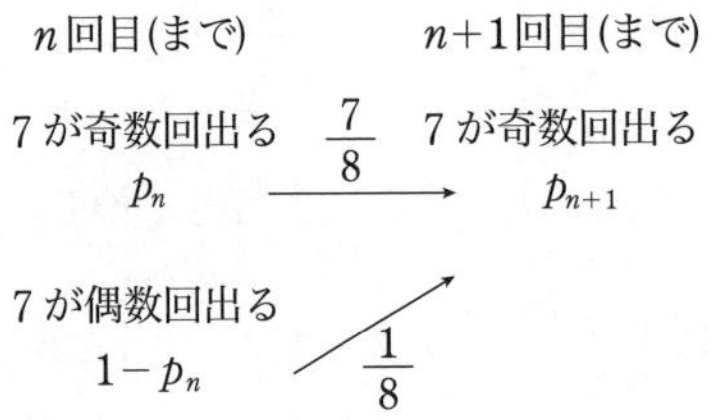

解答

（1）　$n+1$ 回の試行で 7 のカードが奇数回取り出される（確率 p_{n+1}）のは，
n 回の試行で 7 のカードが奇数回取り出され（確率 p_n），$n+1$ 回目の試行で 7 以外のカードが取り出される $\left(確率\frac{7}{8}\right)$ か，
n 回の試行で 7 のカードが偶数回取り出され（確率 $1-p_n$），$n+1$ 回目の試行で 7 のカードが取り出される $\left(確率\frac{1}{8}\right)$ ときで

$$p_{n+1} = p_n \cdot \frac{7}{8} + (1-p_n)\cdot\frac{1}{8}$$

$$\boldsymbol{p_{n+1} = \frac{3}{4}p_n + \frac{1}{8}} \quad \cdots①$$

（2）　① より

$$p_{n+1} - \frac{1}{2} = \frac{3}{4}\left(p_n - \frac{1}{2}\right)$$

数列 $\left\{p_n - \frac{1}{2}\right\}$ は公比 $\frac{3}{4}$ の等比数列で

$$p_n - \frac{1}{2} = \left(p_1 - \frac{1}{2}\right)\left(\frac{3}{4}\right)^{n-1}$$

$p_1 = \frac{1}{8}$ だから

$$p_n - \frac{1}{2} = -\frac{3}{8}\left(\frac{3}{4}\right)^{n-1}$$

$$\boldsymbol{p_n = \frac{1}{2}\left\{1-\left(\frac{3}{4}\right)^n\right\}}$$

問題 186

考え方　$a_{n+1} = \dfrac{ra_n + s}{pa_n + q}$ のような一般の分数型漸化式は，等比型に変形します．ノーヒントでは難しいかもしれませんが，実際の入試では誘導がつくケースがほとんどなので，それに従って計算をすすめるとよいでしょう．

解答

（1）

$$b_{n+1} = \frac{a_{n+1}+\beta}{a_{n+1}+\alpha}$$

$$= \frac{\dfrac{4a_n+1}{2a_n+3}+\beta}{\dfrac{4a_n+1}{2a_n+3}+\alpha}$$

$$= \frac{(2\beta+4)a_n+3\beta+1}{(2\alpha+4)a_n+3\alpha+1}$$

$$= \frac{\beta+2}{\alpha+2}\cdot\frac{a_n+\dfrac{3\beta+1}{2\beta+4}}{a_n+\dfrac{3\alpha+1}{2\alpha+4}}$$

このとき

$$\frac{3\alpha+1}{2\alpha+4} = \alpha,\ \frac{3\beta+1}{2\beta+4} = \beta$$

となるならば

$$b_{n+1} = \frac{\beta+2}{\alpha+2}b_n \quad \cdots①$$

より数列 $\{b_n\}$ は等比数列となる．
ここで α，β は

$$\frac{3x+1}{2x+4} = x$$

すなわち

$$2x^2 + x - 1 = 0$$

の 2 解だから

$$(x+1)(2x-1) = 0$$

$$x = -1,\ \frac{1}{2}$$

$\alpha > \beta$ より

$$\boldsymbol{\alpha = \frac{1}{2},\ \beta = -1} \quad \cdots②$$

（2）　② を ① に代入して

$$b_{n+1} = \frac{2}{5}b_n$$

数列 $\{b_n\}$ は公比 $\frac{2}{5}$ の等比数列で

$$b_n = b_1\cdot\left(\frac{2}{5}\right)^{n-1}$$

$$\frac{a_n+\beta}{a_n+\alpha} = \frac{a_1+\beta}{a_1+\alpha}\cdot\left(\frac{2}{5}\right)^{n-1}$$

$$\frac{a_n-1}{a_n+\frac{1}{2}} = \frac{2-1}{2+\frac{1}{2}}\cdot\left(\frac{2}{5}\right)^{n-1}$$

$$\frac{a_n-1}{a_n+\frac{1}{2}}=\left(\frac{2}{5}\right)^n$$

$$a_n-1=\left(\frac{2}{5}\right)^n\left(a_n+\frac{1}{2}\right)$$

これを a_n について解くと

$$\boldsymbol{a_n=\frac{5^n+2^{n-1}}{5^n-2^n}}$$

問題187

考え方　漸化式を直接解くのは難しいので，とりあえず最初のほうの項を求めてみましょう．そうすることで周期性がみえてきます．

解答

（1）　$a_{n+2}=\dfrac{1+a_{n+1}}{a_n}$　…①

$a_1=1$，$a_2=2$ より

$$a_3=\frac{1+a_2}{a_1}=\frac{1+2}{1}=3$$

$$a_4=\frac{1+a_3}{a_2}=\frac{1+3}{2}=2$$

$$a_5=\frac{1+a_4}{a_3}=\frac{1+2}{3}=\mathbf{1}$$

（2）　$a_6=\dfrac{1+a_5}{a_4}=\dfrac{1+1}{2}=1$

$$a_7=\frac{1+a_6}{a_5}=\frac{1+1}{1}=2$$

$a_6=a_1$，$a_7=a_2$ であることと，①より前2つの項から次の項が決まることから数列 $\{a_n\}$ は

1, 2, 3, 2, 1

を繰り返す周期5の数列である．

$2017\div5=403\cdots2$ より

$$\sum_{k=1}^{2017}a_k=403(1+2+3+2+1)+(1+2)$$
$$=403\cdot9+3=\mathbf{3630}$$

問題188

考え方　前問同様いくつか項を求めてみると，偶数と奇数が交互に現れることがわかります．

解答

（1）　a_n が偶数のとき

$$a_{n+1}=a_n+1\quad\cdots①$$

a_n が奇数のとき

$$a_{n+1}=2a_n\quad\cdots②$$

だから，$a_1=2$ より

$$\boldsymbol{a_2}=a_1+1=2+1=\mathbf{3}$$
$$\boldsymbol{a_3}=2a_2=2\cdot3=\mathbf{6}$$
$$\boldsymbol{a_4}=a_3+1=6+1=\mathbf{7}$$
$$\boldsymbol{a_5}=2a_4=2\cdot7=\mathbf{14}$$
$$\boldsymbol{a_6}=a_5+1=14+1=\mathbf{15}$$

（2）①，②より，a_n が偶数のとき a_{n+1} は奇数，a_n が奇数のとき a_{n+1} は偶数である．よって数列 $\{a_n\}$ は偶数と奇数が交互に現れ，$a_1=2$ は偶数であることに注意すると

n が奇数のとき a_n は偶数

n が偶数のとき a_n は奇数

であることがわかる．

上記より a_{2k-1}，a_{2k}，a_{2k+1} は順に偶数，奇数，偶数であるから，①，②の式を用いると

$$a_{2k}=a_{2k-1}+1\quad\cdots③$$
$$a_{2k+1}=2a_{2k}\quad\cdots④$$
$$a_{2k+2}=a_{2k+1}+1\quad\cdots⑤$$

がそれぞれ導ける．

③，④を繋げて

$$a_{2k+1}=2(a_{2k-1}+1)$$
$$\boldsymbol{a_{2k+1}=2a_{2k-1}+2}$$

④，⑤を繋げて

$$\boldsymbol{a_{2k+2}=2a_{2k}+1}\quad\cdots⑥$$

(3)　⑥より

$$a_{2k+2}+1=2(a_{2k}+1)$$

数列 $\{a_{2k}+1\}$ は公比 2 の等比数列で

$$a_{2k}+1=(a_2+1)\cdot 2^{k-1}$$

$$\boldsymbol{a_{2k}=2^{k+1}-1}$$

③に代入して

$$\boldsymbol{a_{2k-1}=2^{k+1}-2}$$

問題189

考え方　直接解くこともできますが(→**別解**)，簡単ではありません．
様子を掴むためにまずは

$$\left(\sum_{k=1}^{n} a_k\right)^2=\sum_{k=1}^{n} a_k{}^3$$

に $n=1$ を代入してみましょう．

$$a_1{}^2=a_1{}^3$$

となり $a_1>0$ に注意して解くと $a_1=1$ となります．次に $n=2$ を代入すると

$$(a_1+a_2)^2=(a_1{}^3+a_2{}^3)$$

ここに $a_1=1$ を代入して解くと $a_2=2$ となります．さらに $n=3$ を代入することで $a_3=3$ が導け，ここまでくれば

$$a_n=n$$

であることが予想できます．あとはこれを**問題178**で学んだタイプの数学的帰納法により示しましょう．

解答

$a_n=n$ …① であることを数学的帰納法により示す．

(ア)　$n=1$ のとき

$\left(\sum_{k=1}^{n} a_k\right)^2=\sum_{k=1}^{n} a_k{}^3$ …② において $n=1$ として

$$a_1{}^2=a_1{}^3$$

$$a_1{}^2(a_1-1)=0$$

$a_1>0$ より $a_1=1$ となり成り立つ．

(イ)　$n\leqq i$ のとき①が成り立つと仮定する．②において $n=i+1$ とすると

$$(a_1+\cdots+a_i+a_{i+1})^2=a_1{}^3+\cdots+a_i{}^3+a_{i+1}{}^3$$

$$(1+\cdots+i+a_{i+1})^2=1^3+\cdots+i^3+a_{i+1}{}^3$$

$$\left\{\frac{1}{2}i(i+1)+a_{i+1}\right\}^2=\frac{1}{4}i^2(i+1)^2+a_{i+1}{}^3$$

$$a_{i+1}{}^3-a_{i+1}{}^2-i(i+1)a_{i+1}=0$$

$$a_{i+1}(a_{i+1}+i)(a_{i+1}-i-1)=0$$

$a_{i+1}>0$ より $a_{i+1}=i+1$ となり $n=i+1$ のときも①は成り立つ．したがってすべての自然数 n について①は成り立ち

$$\boldsymbol{a_n=n}$$

別解

$$\left(\sum_{k=1}^{n} a_k\right)^2=\sum_{k=1}^{n} a_k{}^3$$

$\sum_{k=1}^{n} a_k=S_n$ とおくと

$$S_n{}^2=a_1{}^3+\cdots+a_n{}^3 \quad \cdots③$$

n を $n+1$ に置き換えて

$$S_{n+1}{}^2=a_1{}^3+\cdots+a_n{}^3+a_{n+1}{}^3 \quad \cdots④$$

④−③より

$$(S_{n+1}-S_n)(S_{n+1}+S_n)=a_{n+1}{}^3$$

$$a_{n+1}(S_{n+1}+S_n)=a_{n+1}{}^3$$

両辺を a_{n+1} (>0) で割ると

$$S_{n+1}+S_n=a_{n+1}{}^2 \quad \cdots⑤$$

n を $n-1$ に置き換えて

$$S_n+S_{n-1}=a_n{}^2 \quad \cdots⑥$$

これは $n\geqq 2$ のとき成り立つ．⑤−⑥より

$$S_{n+1}-S_{n-1}=(a_{n+1}+a_n)(a_{n+1}-a_n)$$

$$a_{n+1}+a_n=(a_{n+1}+a_n)(a_{n+1}-a_n)$$

$a_{n+1}+a_n>0$ より

$$1=a_{n+1}-a_n \quad \cdots(*)$$

$n\geqq 2$ において，数列 $\{a_n\}$ は公差が 1 の等差数列で

$$a_n=a_2+(n-2)\cdot 1 \quad \cdots(**)$$

$$a_n = 2 + (n-2)$$

$$\boldsymbol{a_n = n}$$

これは $n=1$ のときも成り立つ.

注意　(**) は $n \geqq 2$ で成り立つ漸化式なので

$$a_n = a_1 + (n-1)\cdot 1$$

とはできません.

なお $a_2 = 2$ の導き方は**考え方**を参照してください.

問題190

考え方　**問題185** の確率漸化式とは異なり, n における状態を $n-1$ における状態のみで表すには工夫が必要です (→**注意**). ここでは n に到達する直前 (すなわち最後の試行において) 表が出るか, 裏が出るかで場合分けをすることで漸化式を求めてみます.

このように**確率漸化式の問題では最後 (もしくは最初) の一手で場合分け**をするのが一つの定石です.

解答

(1)　点 n に到達するのは, 点 $n-1$ に到達して (確率 p_{n-1}), 次に裏が出る $\left(確率\ \frac{1}{2}\right)$ か, 点 $n-2$ に到達して (確率 p_{n-2}), 次に表が出る $\left(確率\ \frac{1}{2}\right)$ ときで

$$\boldsymbol{p_n = \frac{1}{2}p_{n-1} + \frac{1}{2}p_{n-2}} \quad \cdots ①$$

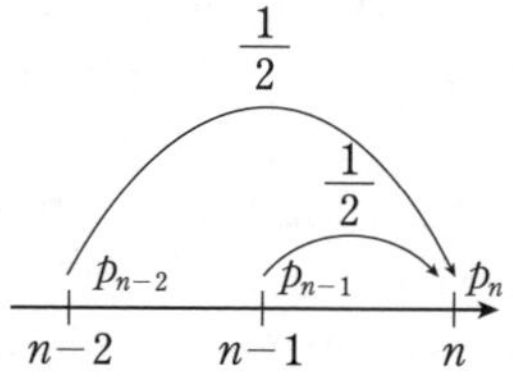

(2)　① を

$$p_n - \alpha p_{n-1} = \beta(p_{n-1} - \alpha p_{n-2}) \quad \cdots ②$$

の形に変形する. ② を展開して整理すると

$$p_n = (\alpha+\beta)p_{n-1} - \alpha\beta p_{n-2}$$

① と係数を比較して

$$\alpha + \beta = \frac{1}{2},\ \alpha\beta = -\frac{1}{2}$$

$$(\alpha, \beta) = \left(1, -\frac{1}{2}\right), \left(-\frac{1}{2}, 1\right)$$

ここで点 1 に到達するのは 1 回目に裏が出るときで $p_1 = \frac{1}{2}$, 点 2 に到達するのは, 1 回目に表が出るか, 1 回目と 2 回目ともに裏が出るときで

$$p_2 = \frac{1}{2} + \frac{1}{2}\cdot\frac{1}{2} = \frac{3}{4}$$

であることに注意する.

(ア)　$(\alpha, \beta) = \left(1, -\frac{1}{2}\right)$ のとき

$$p_n - p_{n-1} = -\frac{1}{2}(p_{n-1} - p_{n-2})$$

数列 $\{p_n - p_{n-1}\}$ は公比 $-\frac{1}{2}$ の等比数列で

$$p_n - p_{n-1} = (p_2 - p_1)\left(-\frac{1}{2}\right)^{n-2}$$

$$p_n - p_{n-1} = \frac{1}{4}\cdot\left(-\frac{1}{2}\right)^{n-2} \quad \cdots ③$$

(イ)　$(\alpha, \beta) = \left(-\frac{1}{2}, 1\right)$ のとき

$$p_n + \frac{1}{2}p_{n-1} = p_{n-1} + \frac{1}{2}p_{n-2}$$

数列 $\left\{p_n + \frac{1}{2}p_{n-1}\right\}$ は定数数列で

$$p_n + \frac{1}{2}p_{n-1} = p_2 + \frac{1}{2}p_1$$

$$p_n + \frac{1}{2}p_{n-1} = 1 \quad \cdots ④$$

(③ + ④ × 2) ÷ 3 より

$$\boldsymbol{p_n = \frac{1}{3}\left\{\left(-\frac{1}{2}\right)^n + 2\right\}}$$

注意　実は三項間漸化式を立てるまでもなく ④ を導くこともできます.

点 n に到達しない (確率 $1 - p_n$) のは, 点 $n-1$ に到達して (確率 p_{n-1}), 次に表が出る $\left(確率\frac{1}{2}\right)$ ときで

$$1 - p_n = \frac{1}{2}p_{n-1}$$

$$p_n + \frac{1}{2}p_{n-1} = 1$$

別解

（1）において，最初の一手で場合分けをすると次のようになります．
点 n に到達するのは，1回目に裏が出て $\left(確率\frac{1}{2}\right)$，残り $n-1$ 進む（確率 p_{n-1}）か，1回目に表が出て $\left(確率\frac{1}{2}\right)$，残り $n-2$ 進む（確率 p_{n-2}）ときで

$$\boldsymbol{p_n = \frac{1}{2}p_{n-1} + \frac{1}{2}p_{n-2}}$$

●5　数列と応用

問題191

考え方　（複利計算）

（1）　初回に積み立てた A 円には1年ごとに利率 r で利息がつきます．したがって n 年後には $A(1+r)^n$ 円となります．同様に次の年に積み立てた A 円には $n-1$ 回利息がつき，$A(1+r)^{n-1}$ 円になります．
このように考えることで，等比数列の和の問題に帰着されます．

	$\times(1+r)$ →	〃 →	〃 →	〃 →
開始年	1年後	2年後	…	n 年後
A	$A(1+r)$	$A(1+r)^2$	…	$A(1+r)^n$
	A	$A(1+r)$	…	$A(1+r)^{n-1}$
		A	…	$A(1+r)^{n-2}$
				⋮
				$A(1+r)$

1行目は初回積立分，2行目は2回目積立分，3行目は3回目積立分…を表す．

（2）　前年の残高によって翌年の残高も決まりますが，（1）に比べるとルールがやや複雑です．k 年後の借金の残高を a_k 円などとおき，漸化式を立てるとよいでしょう．

解答

（1）　$A(1+r)^n + A(1+r)^{n-1} + \cdots + A(1+r)$

$$= \frac{A(1+r)\{(1+r)^n - 1\}}{(1+r)-1}$$

$$= \boldsymbol{\frac{A(1+r)\{(1+r)^n - 1\}}{r}} \text{ **円**}$$

（2）　毎回の返済金額を x 円とおく．また，k 年後の借金の残高を a_k 円（ただし $a_0 = A$）とすると

$$a_{k+1} = (1+r)a_k - x$$

$$a_{k+1} - \frac{x}{r} = (1+r)\left(a_k - \frac{x}{r}\right)$$

数列 $\left\{a_k - \frac{x}{r}\right\}$ は公比 $1+r$ の等比数列で

$$a_k - \frac{x}{r} = \left(a_0 - \frac{k}{r}\right)(1+r)^k$$

$a_0 = A$ より

$$a_k = \left(A - \frac{x}{r}\right)(1+r)^k + \frac{x}{r}$$

n 年後にちょうど完済するから $a_n = 0$，すなわち

$$\left(A - \frac{x}{r}\right)(1+r)^n + \frac{x}{r} = 0$$

$$A(1+r)^n - \frac{x}{r}(1+r)^n + \frac{x}{r} = 0$$

$$\{(1+r)^n - 1\}x = Ar(1+r)^n$$

$$x = \boldsymbol{\frac{Ar(1+r)^n}{(1+r)^n - 1}} \text{ **円**}$$

問題192

考え方

（1）　直線 $x = l$ 上の格子点の個数を数えますが，l の偶奇で境界線上に格子点があるかどうか変わります．場合分けをしましょう．

（2）　$z = j$ と固定する（つまり空間座標における平面 $z = j$ 上の格子点を数える）と，（1）の結果がそのまま利用できます．

解答

以下 l，j は整数とする．

（1）　$\dfrac{x}{2}+\dfrac{y}{3}\leqq k$ より

$$3x+2y\leqq 6k$$

$x\geqq 0$, $y\geqq 0$ に注意する．

$x=2l\,(0\leqq l\leqq k)$ 上の格子点は

$$(2l,\ 0),\ (2l,\ 1),\ \cdots,\ (2l,\ 3k-3l)$$

の $3k-3l+1$ 個である．

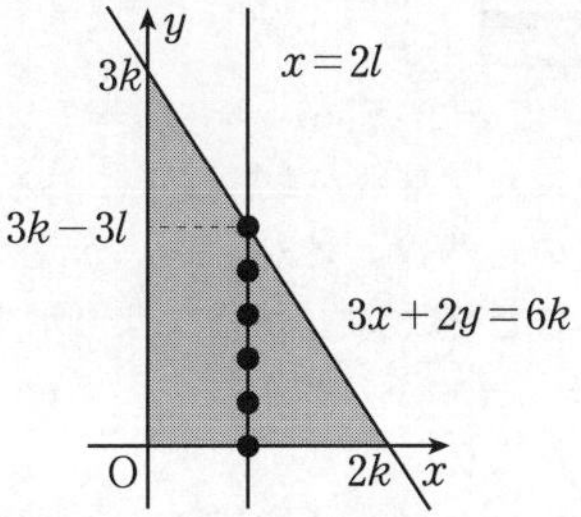

$x=2l-1\,(1\leqq l\leqq k)$ 上の格子点は

$(2l-1,\ 0),\ (2l-1,\ 1),\ \cdots,\ (2l-1,\ 3k-3l+1)$

の $3k-3l+2$ 個である．

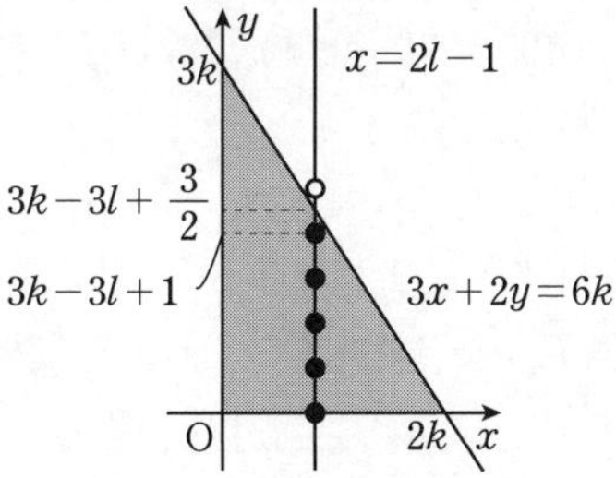

したがって求める格子点の個数は

$$\sum_{l=0}^{k}(3k-3l+1)+\sum_{l=1}^{k}(3k-3l+2)$$

$$=(3k+1)+\sum_{l=1}^{k}(3k-3l+1)$$

$$+\sum_{l=1}^{k}(3k-3l+2)$$

$$=(3k+1)+\sum_{l=1}^{k}(6k+3-6l)$$

$$=(3k+1)+(6k+3)\cdot k-6\cdot\frac{1}{2}k(k+1)$$

$=\boldsymbol{3k^2+3k+1}$ **個**

（2）　$z=j\ (0\leqq j\leqq n)$ と固定すると与不等式は

$$\frac{x}{2}+\frac{y}{3}+j\leqq n$$

$$\frac{x}{2}+\frac{y}{3}\leqq n-j$$

これは（1）の k に $n-j$ をあてはめたものだから，$z=j$ 上の格子点の個数は $3(n-j)^2+3(n-j)+1$ 個である．

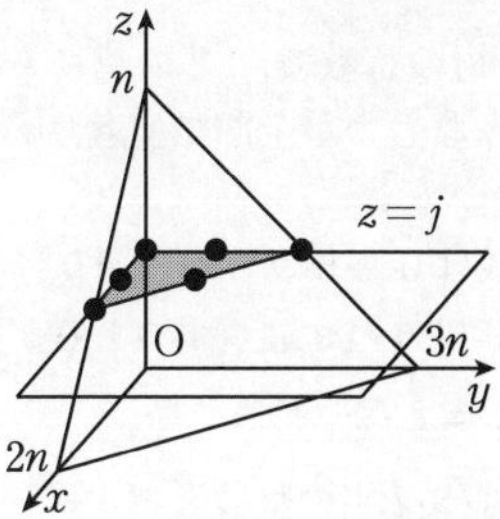

したがって求める格子点の個数は

$$\sum_{j=0}^{n}\{3(n-j)^2+3(n-j)+1\}$$

$$=\sum_{m=0}^{n}(3m^2+3m+1)$$

$$=1+\sum_{m=1}^{n}(3m^2+3m+1)$$

$$=1+3\cdot\frac{1}{6}n(n+1)(2n+1)$$

$$+3\cdot\frac{1}{2}n(n+1)+n$$

$$=\frac{1}{2}n(n+1)(2n+1)+\frac{3}{2}n(n+1)$$

$$+n+1$$

$$=\frac{1}{2}(n+1)\{n(2n+1)+3n+2$$

$$=\frac{1}{2}(n+1)(2n^2+4n+2)$$

$=\boldsymbol{(n+1)^3}$ **個**

ただし1行目から2行目の計算において $n-j=m$ とおいた．

問題193

考え方

（2）　各桁ごとに b_n の和を，不等式で上から抑えます．例えば9を使わない3桁の

自然数の逆数の和は

$$\cdots+\frac{1}{361}+\frac{1}{362}+\frac{1}{363}+\cdots$$
$$<\cdots+\frac{1}{100}+\frac{1}{100}+\frac{1}{100}+\cdots$$

のように評価できるわけです.

あとは(1)の結果を用いましょう.

解答

(1)　k 桁の整数で，どの位にも 9 が現れないようなものが全部で何通りあるか求めればよい.

最高位の数は 0 と 9 以外の 8 通り，それ以外の桁は 9 以外の 9 通りずつあるから

$$\boldsymbol{a_k=8\cdot 9^{k-1}}$$

(2)　一般に l 桁の整数 n は

$$10^{l-1}\leqq n<10^l$$

をみたす. このもとで

$$b_n=\frac{1}{n}\leqq\frac{1}{10^{l-1}}$$

が成り立つ.

よって(1)より n が条件(*)をみたす l 桁の整数であるとき，その逆数の和は

$$\sum_{n=10^{l-1}}^{10^l-1}b_n<\frac{1}{10^{l-1}}\cdot 8\cdot 9^{l-1}=8\left(\frac{9}{10}\right)^{l-1}$$

と評価できる. したがって

$$\sum_{n=1}^{10^k-1}b_n<\sum_{l=1}^{k}8\left(\frac{9}{10}\right)^{l-1}$$
$$=\frac{8\left\{1-\left(\frac{9}{10}\right)^k\right\}}{1-\frac{9}{10}}$$
$$=80-80\left(\frac{9}{10}\right)^k<80$$

注意　本問の結果は，9 を用いないすべての自然数の逆数の和が有限であることを示しています. なお，すべての自然数の逆数の和 $\displaystyle\sum_{n=1}^{\infty}\frac{1}{n}$ は無限大に発散します(これを**調和級数**といい，詳しくは数学 III で学びます).

問題194

考え方　n にいくつか数字を代入すれば，求める素数は 7 に限ることはすぐにわかります. あとはすべての自然数 n に対し，a_n が 7 で割り切れることを，数学的帰納法を用いて示しましょう(合同式を利用して示す方法もあります→**別解**).

解答

$a_1=21=3\cdot 7$，$a_2=329=7\cdot 47$ より題意をみたす素数があれば 7 に限る. 次にすべての自然数 n に対し，a_n が 7 で割り切れることを数学的帰納法により示す.

(ア)　$n=1$ のとき

上より成り立つ.

(イ)　$n=k$ のとき成り立つと仮定すると a_k が 7 の倍数だから，l を整数として

$$19^k+(-1)^{k-1}2^{4k-3}=7l$$

すなわち

$$19^k=7l-(-1)^{k-1}2^{4k-3}$$

とかける. このとき

$$a_{k+1}=19^{k+1}+(-1)^k2^{4k+1}$$
$$=19\cdot 19^k+(-1)^k2^{4k+1}$$
$$=19\{7l-(-1)^{k-1}2^{4k-3}\}+(-1)^k2^{4k+1}$$
$$=19\cdot 7l-(-1)^{k-1}2^{4k-3}(19+2^4)$$
$$=7\{19l-(-1)^{k-1}2^{4k-3}\cdot 5\}$$

となり $n=k+1$ のときも成り立つ.

したがってすべての自然数 n について成り立ち，a_n を割り切る素数は **7** である.

別解

(後半)　以下 $\equiv$ を mod 7 とする.

$$a_n=19^n+(-1)^{n-1}2^{4n-3}$$
$$=19^n+(-1)^{n-1}2^{4(n-1)}\cdot 2$$
$$=19^n+(-1)^{n-1}16^{n-1}\cdot 2$$
$$\equiv(-2)^n+(-1)^{n-1}2^{n-1}\cdot 2$$
$$=(-2)^n\cdot(1-1)=0$$

問題 195

考え方

(3)　a_n と a_{n+1} の大小関係を調べるため，$\dfrac{a_{n+1}}{a_n}\,(=b_n)$ と 1 の大小を比べます．このとき (2) で示した「$\{b_n\}$ は減少数列」という事実を上手に利用しましょう．

解答

(1)　$a_{n+2}a_n=\dfrac{n+1}{2n}(a_{n+1})^2$ …① の両辺を a_na_{n+1} で割ると

$$\frac{a_{n+2}}{a_{n+1}}=\frac{n+1}{2n}\cdot\frac{a_{n+1}}{a_n}$$

$b_n=\dfrac{a_{n+1}}{a_n}$ より

$$b_{n+1}=\frac{n+1}{2n}b_n \quad \cdots②$$

さらに両辺を $n+1$ で割ると

$$\frac{b_{n+1}}{n+1}=\frac{1}{2}\cdot\frac{b_n}{n}$$

数列 $\left\{\dfrac{b_n}{n}\right\}$ は公比 $\dfrac{1}{2}$ の等比数列で

$$\frac{b_n}{n}=\frac{b_1}{1}\cdot\left(\frac{1}{2}\right)^{n-1}$$

$$\frac{b_n}{n}=\frac{a_2}{a_1}\cdot\left(\frac{1}{2}\right)^{n-1}$$

$$\boldsymbol{b_n=3n\left(\frac{1}{2}\right)^{n-1}} \quad \cdots③$$

(2)　(1) より $b_n>0$ であることに注意する．② において $\dfrac{n+1}{2n}\leqq 1$ であるから数列 $\{b_n\}$ は減少数列で，すなわち

$$b_{n+1}\leqq b_n$$

が成り立つ．

(3)　③ より $b_1=3,\ b_2=3,\ b_3=\dfrac{9}{4},\ b_4=\dfrac{3}{2},\ b_5=\dfrac{15}{16}$ であり，数列 $\{b_n\}$ が減少数列であることと合わせると

$n\leqq 4$ のとき $b_n>1$

$n\geqq 5$ のとき $b_n<1$

であることがわかる．

さらに ① と $a_1>0,\ a_2>0$ より帰納的に $a_n>0$ であることに注意すると

$n\leqq 4$ のとき $b_n>1 \iff \dfrac{a_{n+1}}{a_n}>1$

$\iff a_{n+1}>a_n$

$n\geqq 5$ のとき $b_n<1 \iff \dfrac{a_{n+1}}{a_n}<1$

$\iff a_{n+1}<a_n$

となる．よって

$$a_1<a_2<a_3<a_4<a_5$$

$$a_5>a_6>a_7>\cdots$$

となるから a_n は $\boldsymbol{n=5}$ のとき最大となる．

問題 196

考え方　直接数えるのは容易ではないので，漸化式を立てて計算します．$n+1$ 本目の直線をひいたとき，領域が何個増えるかを考えましょう．

解答

平面上にどの 2 本も平行ではない n 本の直線があるとき，$n+1$ 本目の直線 l をひくと n 個の交点が新たにできる．

よってこの直線は下図のように $n+1$ 個の線分または半直線に分けられ，それぞれにおいて領域が 1 個ずつ増えるから，領域は全体で $n+1$ 個増える …(*)．したがって

$$a_{n+1}=a_n+(n+1)$$

が成り立ち，$n\geqq 2$ のとき

$$\boldsymbol{a_n}=a_1+\sum_{k=1}^{n-1}(k+1)$$

$$=2+\frac{1}{2}(n-1)n+(n-1)$$

$$=\boldsymbol{\frac{1}{2}n^2+\frac{1}{2}n+1}$$

となる．これは $n=1$ のときも成り立つ．

(*) の $n+1$ 個の領域のうち，端以外の $n-1$ 個の領域が面積有限だから

$$b_{n+1}=b_n+(n-1)$$

が成り立ち，$n\geqq 2$ のとき

$$\boldsymbol{b_n}=b_1+\sum_{k=1}^{n-1}(k-1)$$

$$= 0 + \frac{1}{2}(n-1)n - (n-1)$$

$$= \boldsymbol{\frac{1}{2}n^2 - \frac{3}{2}n + 1}$$

となる．これは $n=1$ のときも成り立つ．

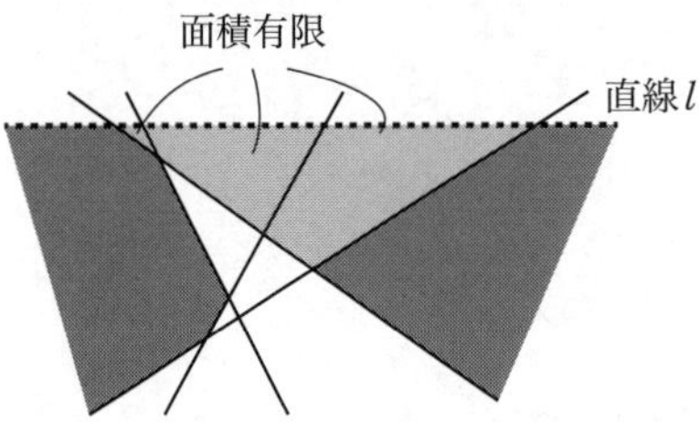

問題197

考え方　一般に $\boldsymbol{a_{n+1} - a_n} =$**(定数)** であることがいえれば，数列 $\{a_n\}$ は等差数列です．

（1）　$a_n = a + (n-1)d_1$ などとおいて与式に代入しましょう．

（2）　和の式から一般項を求める方法（**問題167** を参照）を真似てみましょう．なお，$n \geqq 2$ のときと $n=1$ のときを分けて議論する必要があります．

解答

（1）　等差数列 $\{a_n\}$ の初項を a，公差を d_1 とおくと

$$a_n = a + (n-1)d_1$$

と表される．このとき

$$(b_n\text{の分子}) = \sum_{k=1}^{n} ka_k$$

$$= \sum_{k=1}^{n} \{ak + k(k-1)d_1\}$$

$$= a\cdot\frac{1}{2}n(n+1) + d_1\left\{\frac{1}{6}n(n+1)(2n+1) - \frac{1}{2}n(n+1)\right\}$$

また

$$(b_n\text{の分母}) = \frac{1}{2}n(n+1)$$

であるから

$$b_n = a + \frac{2}{3}d_1(n-1)$$

したがって

$$b_{n+1} - b_n = \frac{2}{3}d_1$$

となり，数列 $\{b_n\}$ は等差数列である．

（2）　$$b_n = \frac{a_1 + 2a_2 + \cdots + na_n}{\frac{1}{2}n(n+1)} \quad \cdots①$$

$$\frac{1}{2}n(n+1)b_n = a_1 + 2a_2 + \cdots + na_n$$

ここで等差数列 $\{b_n\}$ の初項を b，公差を d_2 とおくと

$$b_n = b + (n-1)d_2$$

と表される．上の式に代入して

$$\frac{b}{2}n(n+1) + \frac{d_2}{2}(n-1)n(n+1) = a_1 + 2a_2 + \cdots + na_n \quad \cdots②$$

n を $n-1$ に置き換えて

$$\frac{b}{2}(n-1)n + \frac{d_2}{2}(n-2)(n-1)n = a_1 + 2a_2 + \cdots + (n-1)a_{n-1} \quad \cdots③$$

これは $n \geqq 2$ のとき成り立つ．②－③ より

$$bn + \frac{3}{2}d_2 n(n-1) = na_n$$

$$a_n = b + \frac{3}{2}d_2(n-1) \quad \cdots④$$

よって $n \geqq 2$ のとき

$$a_{n+1} - a_n = \frac{3}{2}d_2 \quad \cdots⑤$$

となり，数列 $\{a_n\}$ は等差数列である．

また ① において $n=1$ として

$$a_1 = b_1 (= b)$$

となるが，これは ④ において $n=1$ としたものと一致する．したがって ⑤ はすべての自然数 n について成り立ち，数列 $\{a_n\}$ は等差数列である．

問題 198

考え方

（３）　どの数が生き残るかが問題ですが，各群の末項が次の群のどの数までを倒すかを考えれば十分です（それより後の項はさらに次の群の末項が倒してくれる）．

$$\underset{\text{第}n-1\text{群}}{\cdots\boxed{5(n-1)}}\,\Big|\,\underset{\text{第}n\text{群}}{\cancel{2n}\ \ 2n\cancel{+}3\cdots 5n-3\ \boxed{5n}}\,\Big|$$

倒せるところまで倒す
(5n まで行ったらバトンタッチ)

解答

（１）　次のように第 n 群の項数が $n+1$ となるように群を分ける．

$$\underbrace{a\ b}_{2\text{個}}\Big|\underbrace{2a\ a+b\ 2b}_{3\text{個}}\Big|\underbrace{3a\ 2a+b\ a+2b\ 3b}_{4\text{個}}\Big|$$

（第1群，第2群，第3群）

$$\cdots\cdots\Big|\underbrace{na\ (n-1)a+b\cdots a+(n-1)b\ nb}_{n+1\text{個}}\Big|$$

（第 n 群）

このとき第 n 群の末項までの項の総数は

$$2+3+\cdots+(n+1)$$
$$=\frac{2+(n+1)}{2}\cdot n=\frac{n(n+3)}{2}\text{個}$$

である．第 $n-1$ 群の末項までの項の総数は n を $n-1$ に置き換えて

$$\frac{(n-1)(n+2)}{2}\text{個}$$

ここで c_{50} が第 n 群にあるとすると

$$\frac{(n-1)(n+2)}{2}<50\leqq\frac{n(n+3)}{2}$$

が成り立つ．$n=9$ とすると

$$44<50\leqq54$$

より不等式をみたす．よって $n=9$ で，c_{50} は第 9 群の 6 番目の項だから

$$\boldsymbol{c_{50}=4a+5b}$$

（２）　第 n 群の中は公差が $b-a$ の等差数列だから，この総和は

$$na+\{(n-1)a+b\}+\cdots+\{a+(n-1)b\}+nb$$
$$=\frac{na+nb}{2}\cdot(n+1)=\frac{n(n+1)(a+b)}{2}$$

である．初項から第 50 項までの和 $\sum_{k=1}^{50}c_k$ は（第 1 群から第 8 群までの総和）+（第 9 群の 1 番目から 6 番目の項までの和）で計算できることに注意すると

$$\sum_{n=1}^{8}\frac{n(n+1)(a+b)}{2}+\frac{9a+(4a+5b)}{2}\cdot6$$
$$=\frac{a+b}{2}\sum_{n=1}^{8}(n^2+n)+(39a+15b)$$
$$=\frac{a+b}{2}\left(\frac{1}{6}\cdot8\cdot9\cdot17+\frac{1}{2}\cdot8\cdot9\right)$$
$$\quad+(39a+15b)$$
$$=(120a+120b)+(39a+15b)$$
$$\boldsymbol{=159a+135b}$$

（３）　$a=2$，$b=5$ のとき，数列は次のようになる．

$$2\ 5\,\Big|\,4\ 7\ 10\,\Big|\,6\ 9\ 12\ 15\,\Big|$$

（第1群，第2群，第3群）

$$\cdots\cdots\Big|\,2n\ \ 2n+3\cdots5n-3\ \ 5n\,\Big|$$

（第 n 群）

各群をみると内部は公差 3 の等差数列であり，一番後ろの項が一番大きい．
ここで第 n 群の数を左からみたときの k 番目の数 $2n+3(k-1)$ が第 $n-1$ 群の末項 $5(n-1)$ より大きくなるとすると
（ただし $1\leqq k\leqq n+1$ とする）

$$2n+3(k-1)>5(n-1)$$
$$k>n-\frac{2}{3}\quad\therefore\quad k=n,\,n+1$$

すなわち各群の後ろ 2 つの項が手前の群の末項より大きいことがわかり，数列 $\{d_n\}$ は各群の後ろ 2 つの項をそれぞれ取り出してできる数列である．

$$2\ \ 5\,\Big|\,7\ \ 10\,\Big|\,12\ \ 15\,\Big|\cdots\cdots\Big|\,5n-3\ \ 5n\,\Big|$$

（第1群，第2群，第3群，…，第 n 群）

これを上のような各群の項数が 2 の群数列

とみると，第 n 群の総和は

$$(5n-3)+5n=10n-3$$

であるから

$$\sum_{k=1}^{2n} d_k=\sum_{m=1}^{n}(10m-3)$$
$$=10\cdot\frac{1}{2}n(n+1)-3n$$
$$=\mathbf{5n^2+2n}$$

問題 199

考え方

（1）　$f(x)=x^3+x^2-2x-1$ とおき

$f(-2),\ f(-1),\ f(0),\ f(1),\ f(2)$

の符号を調べましょう（→**注意**）.

（2）　$x=s,\ t,\ u$ は $f(x)=0$ の解ですから，$f(s)=f(t)=f(u)=0$ です．これを利用します.

（3）　もちろん数学的帰納法で証明しますが，（2）で示した漸化式から $n=k$，$k+1$，$k+2$ のときの仮定が必要であることに気づくはずです．この仮定をもとに $n=k+3$ のときに命題が成り立つことを示しましょう．なお，出発点は必然的に $n=1,\ 2,\ 3$ となります.

解答

（1）　$f(x)=x^3+x^2-2x-1$ とおく.

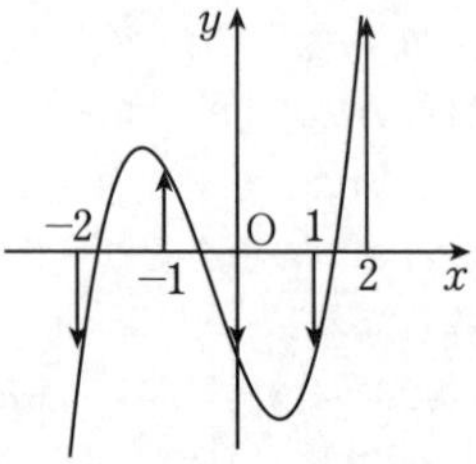

$f(-2)=-1<0,\ f(-1)=1>0,\ f(0)=-1<0$
$f(1)=-1<0,\ f(2)=7>0$

より $f(x)=0$ は $-2<x<-1$，$-1<x<0$，$1<x<2$ に解を1つずつもち，したがって $f(x)=0$ は異なる3つの0でない実数解をもつ.

（2）　$\dfrac{1}{(s-t)(s-u)}=L$，

$\dfrac{1}{(t-u)(t-s)}=M$，$\dfrac{1}{(u-s)(u-t)}=N$

とおくと

$$a_n=Ls^{n-1}+Mt^{n-1}+Nu^{n-1}$$
$$a_{n+1}=Ls^n+Mt^n+Nu^n$$
$$a_{n+2}=Ls^{n+1}+Mt^{n+1}+Nu^{n+1}$$
$$a_{n+3}=Ls^{n+2}+Mt^{n+2}+Nu^{n+2}$$

よって

$$a_{n+3}+a_{n+2}-2a_{n+1}-a_n$$
$$=Ls^{n-1}(s^3+s^2-2s-1)$$
$$+Mt^{n-1}(t^3+t^2-2t-1)$$
$$+Nu^{n-1}(u^3+u^2-2u-1)$$

ここで $x=s,\ t,\ u$ は

$$x^3+x^2-2x-1=0$$

の解だから

$$s^3+s^2-2s-1=0$$
$$t^3+t^2-2t-1=0$$
$$u^3+u^2-2u-1=0$$

が成り立つ．したがって

$$a_{n+3}+a_{n+2}-2a_{n+1}-a_n=0$$

（3）　a_n が整数であることを数学的帰納法により示す.

（ア）　$n=1$ のとき

$$a_1=\frac{1}{(s-t)(s-u)}+\frac{1}{(t-u)(t-s)}+\frac{1}{(u-s)(u-t)}$$
$$=\frac{-(t-u)-(u-s)-(s-t)}{(s-t)(t-u)(u-s)}=0$$

より成り立つ.

（イ）　$n=2$ のとき

$$a_2=\frac{s}{(s-t)(s-u)}+\frac{t}{(t-u)(t-s)}+\frac{u}{(u-s)(u-t)}$$
$$=\frac{-s(t-u)-t(u-s)-u(s-t)}{(s-t)(t-u)(u-s)}$$
$$=0$$

より成り立つ.

（ウ）　$n=3$ のとき

$$a_3=\frac{s^2}{(s-t)(s-u)}+\frac{t^2}{(t-u)(t-s)}+\frac{u^2}{(u-s)(u-t)}$$
$$=\frac{-s^2(t-u)-t^2(u-s)-u^2(s-t)}{(s-t)(t-u)(u-s)}$$

ここで

$$(\text{分子})=(u-t)s^2-(u+t)(u-t)s+tu(u-t)$$
$$=(u-t)\{s^2-(t+u)s+tu\}$$
$$=(u-t)(s-t)(s-u)$$
$$=(s-t)(t-u)(u-s)$$

となるから

$$a_3=\frac{(s-t)(t-u)(u-s)}{(s-t)(t-u)(u-s)}=1$$

より成り立つ.

（エ）　$n=k,\ k+1,\ k+2$ のとき命題が成り立つ，すなわち a_k，a_{k+1}，a_{k+2} が整数であると仮定する. ここで（２）より

$$a_{k+3}=-a_{k+2}+2a_{k+1}+a_k$$

だから a_{k+3} も整数となり $n=k+3$ のときも成り立つ. したがってすべての自然数 n に対して a_n は整数である.

注意　（１）において直接

$$f'(x)=3x^2+2x-2=0$$

を解くと $x=\dfrac{-1\pm\sqrt{7}}{3}$ となりますが，これを用いて極値計算をするのはやや大変です. おおざっぱに $\sqrt{7}\fallingdotseq 2.6$ としてみると

$$x\fallingdotseq -1.2,\ 0.53$$

となるので，-2〜2 付近の符号を調べればよいと見当がつきます（**解答**の図も合わせて参照してください）.

問題200

考え方

（３）　まずは手前の設問で導いた漸化式を解きます. あとは $b_1 \neq \dfrac{3}{8}$ とすると矛盾が示せ，議論が前進します.

解答

（１）　$3^{2k-1}\alpha=a_{2k}+b_{2k}$ の両辺を３倍して

$$3^{2k}\alpha=3a_{2k}+3b_{2k}$$

$0\leqq b_{2k}<\dfrac{1}{3}$ より $0\leqq 3b_{2k}<1$ であるから，$3^{2k}\alpha$ の小数部分は $3b_{2k}$ である.

また定義より

$$3^{2k}\alpha=a_{2k+1}+b_{2k+1}$$

で，$3^{2k}\alpha$ の小数部分は b_{2k+1} でもあるから

$$\boldsymbol{b_{2k+1}=3b_{2k}} \quad \cdots①$$

が得られる.

（２）　$3^{2k-2}\alpha=a_{2k-1}+b_{2k-1}$ の両辺を３倍して

$$3^{2k-1}\alpha=3a_{2k-1}+3b_{2k-1}$$

$\dfrac{1}{3}\leqq b_{2k-1}<\dfrac{2}{3}$ より $1\leqq 3b_{2k-1}<2$ であるから，$3^{2k-1}\alpha$ の小数部分は $3b_{2k-1}-1$ である.

（１）と同様に定義より

$$3^{2k-1}\alpha=a_{2k}+b_{2k}$$

で，$3^{2k-1}\alpha$ の小数部分は b_{2k} でもあるから

$$\boldsymbol{b_{2k}=3b_{2k-1}-1} \quad \cdots②$$

が得られる.

（３）　①，② より

$$b_{2k+1}=3b_{2k}=3(3b_{2k-1}-1)$$
$$b_{2k+1}=9b_{2k-1}-3$$
$$b_{2k+1}-\frac{3}{8}=9\left(b_{2k-1}-\frac{3}{8}\right)$$

数列 $\left\{b_{2k-1}-\frac{3}{8}\right\}$ は公比 9 の等比数列で

$$b_{2k-1}-\frac{3}{8}=\left(b_1-\frac{3}{8}\right)\cdot 9^{k-1}$$

$$b_{2k-1}=\left(b_1-\frac{3}{8}\right)\cdot 9^{k-1}+\frac{3}{8}\quad\cdots③$$

以下 b_1 の値で場合分けをする.

(ア)　$b_1>\frac{3}{8}$ のとき

③ より十分大きな k に対し $b_{2k-1}\geqq\frac{2}{3}$ となり

$$\frac{1}{3}\leqq b_{2k-1}<\frac{2}{3}$$

に反する.

(イ)　$b_1<\frac{3}{8}$ のとき

③ より十分大きな k に対し $b_{2k-1}<\frac{1}{3}$ となり

$$\frac{1}{3}\leqq b_{2k-1}<\frac{2}{3}$$

に反する.

(ア), (イ) より $b_1=\frac{3}{8}$ が必要である.

$3^0\alpha=a_1+b_1$ の小数部分が b_1 であり

$$0<\alpha<1$$

より $a_1=0$ であることに注意すると

$$\boldsymbol{\alpha=b_1=\frac{3}{8}}$$

逆にこのとき ①, ② より

$$b_2=3b_1-1=\frac{1}{8}$$

$$b_3=3b_2=\frac{3}{8}$$

となり, 以下 $\frac{1}{8}$, $\frac{3}{8}$ を繰り返すことがわかる. よって

$$b_{2k-1}=\frac{3}{8},\ b_{2k}=\frac{1}{8}$$

となり, 数列 $\{b_n\}$ に関する条件をみたす.

注意　本問の背景には位取り記数法 (3 進法) があります.

以下, 小数はすべて 3 進法表記とし

$$\alpha=0.p_1p_2\cdots$$

とおきます. 両辺に 3 を繰り返しかけることにより, 小数部分を整数部分に押し出していくと (数学 I・A の **問題 165** を参照)

$$3^{n-1}\alpha=n+0.p_np_{n+1}\cdots$$

のように表せます (なお n は整数).

定義より $b_n=0.p_np_{n+1}\cdots$ であり

n が奇数のとき

$$0.1\leqq b_n\leqq 0.2$$

より $p_n=1$, n が偶数のとき

$$0\leqq b_n<0.1$$

より $p_n=0$ がそれぞれわかるので

$$\alpha=0.101010\cdots\quad\cdots③$$

です.

$$3^2\alpha=10.101010\quad\cdots④$$

として ④ − ③ を計算したものを, すべて 10 進法表記に直すと

$$8\alpha=3$$

すなわち $\alpha=\frac{3}{8}$ となります.

問題 201

考え方

(2)　$(4+\sqrt{3})^{n+1}$ から $(4+\sqrt{3})^n$ をとり出します. 有名な計算なので, できるようにしておきましょう.

(3)　(2) の漸化式を利用しましょう.

(4)　自然数 n を 3 で割った余りを順に並べると 1, 2, 0, 1, 2, 0, … となり, 周期 3 の数列です. 数列 $\{b_n\}$ も同様であることをまずは示しましょう.

なお, **解答**では (3) と (4) を独立に解きましたが, 合同式と (3) の結果を使えば (4) を手早く証明することも可能です (→**別解**).

解答

(1)　$(4+\sqrt{3})^n=a_n+b_n\sqrt{3}$ において $n=1$ として

$$4+\sqrt{3}=a_1+b_1\sqrt{3}$$

$$\boldsymbol{a_1=4,\ b_1=1}$$

$n=2$ として

$$(4+\sqrt{3})^2=a_2+b_2\sqrt{3}$$

$$19+8\sqrt{3}=a_2+b_2\sqrt{3}$$

$$\boldsymbol{a_2=19,\ b_2=8}$$

（2）　$a_{n+1}+b_{n+1}\sqrt{3}$

$$=(4+\sqrt{3})^{n+1}$$
$$=(4+\sqrt{3})(4+\sqrt{3})^n$$
$$=(4+\sqrt{3})(a_n+b_n\sqrt{3})$$
$$=(4a_n+3b_n)+(a_n+4b_n)\sqrt{3}$$

a_n，b_n は整数より

$$\boldsymbol{a_{n+1}=4a_n+3b_n,\ b_{n+1}=a_n+4b_n}$$

（3）　$a_{n+1}=4a_n+3b_n$ より

$$a_{n+1}-a_n=3(a_n+b_n)$$

よって a_{n+1} を 3 で割った余りと a_n を 3 で割った余りは等しい．これは隣り合う項どうしを 3 で割った余りが等しいことを意味するから，a_1，a_2，a_3，… を 3 で割った余りはすべて等しい．$a_1=4$ を 3 で割った余りは 1 だから，a_n を 3 で割った余りは 1 である．

（4）　$b_{n+3}=a_{n+2}+4b_{n+2}$

$$=(4a_{n+1}+3b_{n+1})+4(a_{n+1}+4b_{n+1})$$
$$=8a_{n+1}+19b_{n+1}$$
$$=8(4a_n+3b_n)+19(a_n+4b_n)$$
$$=3(17a_n+33b_n)+b_n$$

よって

$$b_{n+3}-b_n=3(17a_n+33b_n)$$

となり b_{n+3} と b_n を 3 で割った余りは等しい．

$$b_1=1,\ b_2=8,\ b_3=a_2+4b_2=51$$

より b_1，b_2，b_3 を 3 で割った余りは順に 1，2，0 だから，上の結果と合わせて数列 $\{b_n\}$ を 3 で割った余りは 1，2，0 を繰り返すことがわかる．

したがって b_n を 3 で割った余りと n を 3 で割った余りは等しい．

別解

（4）　以下 $\equiv$ を mod 3 とする．

（2），（3）より

$$b_{n+1}=a_n+4b_n\equiv 1+b_n$$

よって

$$b_n\equiv b_{n-1}+1\equiv b_{n-2}+2\equiv\cdots$$
$$\equiv b_1+(n-1)=n$$

となり b_n を 3 で割った余りと n を 3 で割った余りは等しい．

問題202

考え方　2円が接する問題では中心間を結んで，その距離を考えるのが基本です．

解答

（1）　次図のように円 T，円 S_n の中心をそれぞれ O，O_n とし，さらに O_n から OP に下ろした垂線の足を H_n とする．

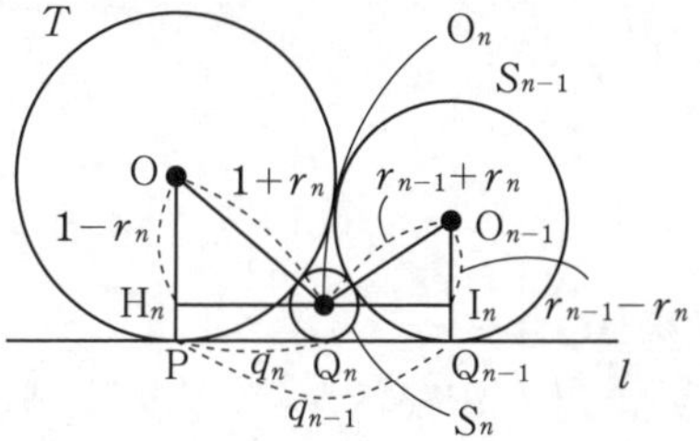

$\triangle OO_nH_n$ で三平方の定理より

$$(1-r_n)^2+q_n{}^2=(1+r_n)^2$$
$$4r_n=q_n{}^2$$
$$\boldsymbol{r_n=\frac{1}{4}q_n{}^2}\quad\cdots①$$

（2）　O_n から $O_{n-1}Q_{n-1}$ に下ろした垂線の足を I_n とする．

$\triangle O_nO_{n-1}I_n$ で三平方の定理より

$$(r_{n-1}-r_n)^2+(q_{n-1}-q_n)^2=(r_{n-1}+r_n)^2$$
$$(q_{n-1}-q_n)^2=4r_{n-1}r_n$$

① を代入して

$$(q_{n-1}-q_n)^2=4\cdot\frac{1}{4}q_{n-1}{}^2\cdot\frac{1}{4}q_n{}^2$$

$$(q_{n-1}-q_n)^2=\frac{1}{4}q_n{}^2q_{n-1}{}^2$$

$q_{n-1}-q_n>0$, $q_nq_{n-1}>0$ より

$$q_{n-1}-q_n=\frac{1}{2}q_nq_{n-1}$$

両辺を q_nq_{n-1} で割ると

$$\frac{1}{q_n}-\frac{1}{q_{n-1}}=\frac{1}{2}$$

$$\boldsymbol{\frac{1}{q_n}=\frac{1}{q_{n-1}}+\frac{1}{2}}$$

（3） 数列 $\left\{\dfrac{1}{q_n}\right\}$ は公差 $\dfrac{1}{2}$ の等差数列で

$$\frac{1}{q_n}=\frac{1}{q_1}+(n-1)\cdot\frac{1}{2}$$

$$\frac{1}{q_n}=\frac{1}{2}+(n-1)\cdot\frac{1}{2}$$

$$\frac{1}{q_n}=\frac{n}{2}$$

$$\boldsymbol{q_n=\frac{2}{n}}$$

① に代入して

$$\boldsymbol{r_n=\frac{1}{n^2}}$$

問題203

考え方 遷移図をかいて，状況を掴みましょう．

解答

$p_1=0$, $q_1=\dfrac{1}{2}$, $r_1=\dfrac{1}{2}$ である．

（1） 次図において（青青赤赤）は全ての玉が袋の中にあることを表し，（青青赤，赤）は手元に赤玉が1個あること，すなわち（袋の玉，手元の玉）を表している．

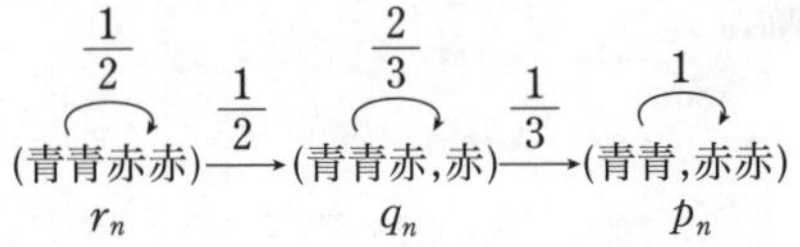

$n\geqq 2$ のとき，n 回後に手元に赤玉が2個ある（確率 p_n）のは，$n-1$ 回後に（青青，赤赤）で（確率 p_{n-1}），n 回目に袋から青玉をとる（確率1）か，$n-1$ 回後に（青青赤，赤）で（確率 q_{n-1}），n 回目に袋から赤玉をとる $\left(\text{確率}\dfrac{1}{3}\right)$ ときで

$$\boldsymbol{p_n=p_{n-1}+\frac{1}{3}q_{n-1}}$$

である．同様に上図から

$$\boldsymbol{q_n=\frac{2}{3}q_{n-1}+\frac{1}{2}r_{n-1}} \quad \cdots①$$

$$\boldsymbol{r_n=\frac{1}{2}r_{n-1}} \quad \cdots②$$

（2） ② より数列 $\{r_n\}$ は公比 $\dfrac{1}{2}$ の等比数列で

$$r_n=r_1\left(\frac{1}{2}\right)^{n-1}$$

$$\boldsymbol{r_n=\left(\frac{1}{2}\right)^n}$$

（3） ① に（2）の結果を代入して

$$q_n=\frac{2}{3}q_{n-1}+\left(\frac{1}{2}\right)^n \quad \cdots③$$

これを

$$q_n-\alpha\left(\frac{1}{2}\right)^n=\frac{2}{3}\left\{q_{n-1}-\alpha\left(\frac{1}{2}\right)^{n-1}\right\}\cdots④$$

の形に変形する．④ を展開して整理すると

$$q_n=\frac{2}{3}q_{n-1}-\frac{1}{3}\alpha\left(\frac{1}{2}\right)^n$$

③ と係数を比較して

$$-\frac{1}{3}\alpha=1 \quad \therefore \quad \alpha=-3$$

これを ④ に代入して

$$q_n+3\left(\frac{1}{2}\right)^n=\frac{2}{3}\left\{q_{n-1}+3\left(\frac{1}{2}\right)^{n-1}\right\}$$

数列 $\left\{q_n+3\left(\dfrac{1}{2}\right)^n\right\}$ は公比 $\dfrac{2}{3}$ の等比数列で

$$q_n+3\left(\frac{1}{2}\right)^n=\left(q_1+3\cdot\frac{1}{2}\right)\left(\frac{2}{3}\right)^{n-1}$$

$$\boldsymbol{q_n=2\left(\frac{2}{3}\right)^{n-1}-3\left(\frac{1}{2}\right)^n}$$

次に

$$p_n+q_n+r_n=1$$

より

$$\boldsymbol{p_n}=1-\left\{2\left(\frac{2}{3}\right)^{n-1}-3\left(\frac{1}{2}\right)^n\right\}-\left(\frac{1}{2}\right)^n$$

$$\boldsymbol{=1-2\left(\frac{2}{3}\right)^{n-1}+\left(\frac{1}{2}\right)^{n-1}}$$

第8章　平面上のベクトル

●1　平面上のベクトルとその演算

問題204

考え方　ある平面上にある任意のベクトルは，その平面上にある2つの1次独立なベクトル(→**注意**)を用いてただ一通りに表すことができます(この2つのベクトルをその平面における**基底**といいます).

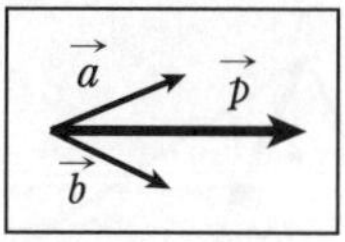

$\vec{p}$を1次独立な2つのベクトル
$\vec{a}$, $\vec{b}$ を用いて

$$\vec{p}=s\vec{a}+t\vec{b}$$

と表せる.

(1)　ベクトルでは次の2つの性質を使って計算をすすめていきます.

(ア)　ベクトルの合成

$$\overrightarrow{\mathbf{PQ}}+\overrightarrow{\mathbf{QR}}=\overrightarrow{\mathbf{PR}}$$

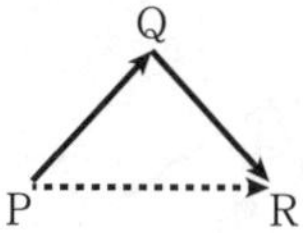

これはベクトルの和の定義式そのものですが，右辺から左辺に変形するとみると，**ベクトルは自由に寄り道をしてよい**ともいえます.

(イ)　ベクトルの分解

$$\overrightarrow{\mathbf{QR}}=\overrightarrow{\mathbf{PR}}-\overrightarrow{\mathbf{PQ}}$$

これは(ア)の式の $\overrightarrow{\mathrm{PQ}}$ を右辺に移項しただけの式ですが，左辺から右辺に変形するとみると**ベクトルは始点を任意に変更できる**ともいえます(左辺は始点がQだが右辺の始点はP).(ア)の式と同様，極めてよく使うので，必ず覚えてください.

(2)　**基底の変換**とよばれる問題です.
(1)では $\overrightarrow{\mathrm{AO}}$ を $\vec{a}$ と $\vec{b}$ で表しましたが，本問では $\overrightarrow{\mathrm{AC}}$ と $\overrightarrow{\mathrm{CE}}$ を用いて表します.
(1)で表した2式(解答における①と②)を $\vec{a}$, $\vec{b}$ について解くとよいでしょう.

解答

(1)　$\overrightarrow{\mathbf{AO}}=\overrightarrow{\mathrm{AB}}+\overrightarrow{\mathrm{BO}}=\overrightarrow{\mathrm{AB}}+\overrightarrow{\mathrm{AF}}$
$\qquad=\vec{\boldsymbol{a}}+\vec{\boldsymbol{b}}$

$\overrightarrow{\mathbf{AC}}=\overrightarrow{\mathrm{AO}}+\overrightarrow{\mathrm{OC}}=\overrightarrow{\mathrm{AO}}+\overrightarrow{\mathrm{AB}}$
$\qquad=(\vec{a}+\vec{b})+\vec{a}=\mathbf{2}\vec{\boldsymbol{a}}+\vec{\boldsymbol{b}}$　…①

$\overrightarrow{\mathbf{CE}}=\overrightarrow{\mathrm{BF}}=\overrightarrow{\mathrm{AF}}-\overrightarrow{\mathrm{AB}}=\vec{\boldsymbol{b}}-\vec{\boldsymbol{a}}$　…②

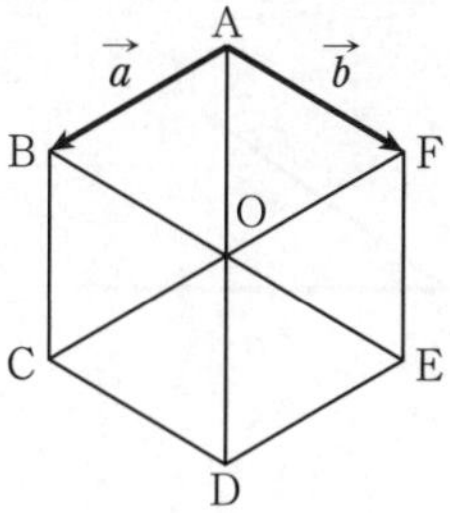

(2)　(①−②)÷3より

$$\vec{a}=\frac{1}{3}(\overrightarrow{\mathrm{AC}}-\overrightarrow{\mathrm{CE}})$$

(①＋2×②)÷3より

$$\vec{b}=\frac{1}{3}(\overrightarrow{\mathrm{AC}}+2\overrightarrow{\mathrm{CE}})$$

したがって

$$\begin{aligned}\overrightarrow{\mathbf{AO}}&=\vec{a}+\vec{b}\\&=\frac{1}{3}(\overrightarrow{\mathrm{AC}}-\overrightarrow{\mathrm{CE}})+\frac{1}{3}(\overrightarrow{\mathrm{AC}}+2\overrightarrow{\mathrm{CE}})\\&=\boldsymbol{\frac{2}{3}\overrightarrow{\mathrm{AC}}+\frac{1}{3}\overrightarrow{\mathrm{CE}}}\end{aligned}$$

別解

(2)　$\overrightarrow{\mathrm{AO}}=s\overrightarrow{\mathrm{AC}}+t\overrightarrow{\mathrm{CE}}$ とおくと

$$\vec{a}+\vec{b}=s(2\vec{a}+\vec{b})+t(\vec{b}-\vec{a})$$
$$\vec{a}+\vec{b}=(2s-t)\vec{a}+(s+t)\vec{b}$$

$\vec{a}$ と $\vec{b}$ は1次独立だから係数を比較して

$$2s-t=1,\ s+t=1$$

連立して解くと

$$s=\frac{2}{3},\ t=\frac{1}{3}$$

したがって

$$\overrightarrow{\mathbf{AO}}=\frac{\mathbf{2}}{\mathbf{3}}\overrightarrow{\mathbf{AC}}+\frac{\mathbf{1}}{\mathbf{3}}\overrightarrow{\mathbf{CE}}$$

注意　平面上にある2つのベクトル $\vec{a}$, $\vec{b}$ が1次独立であるとは

$$\vec{\boldsymbol{a}}\neq\vec{\mathbf{0}},\ \vec{\boldsymbol{b}}\neq\vec{\mathbf{0}},\ \vec{\boldsymbol{a}}\not\parallel\vec{\boldsymbol{b}}\quad\cdots(*)$$

であることをいいます. $\vec{a}$ と $\vec{b}$ で下のような三角形ができる状態をイメージするとよく，このとき同じベクトルの係数を比較することができます（詳細は **問題215**（1）を参照）.

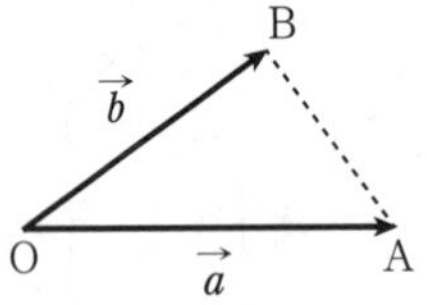

問題205

考え方　（内分点の公式）

次図のように線分 BC を $m:n$ に内分する点を P とするとき

$$\overrightarrow{\mathbf{AP}}=\frac{\boldsymbol{n}\overrightarrow{\mathbf{AB}}+\boldsymbol{m}\overrightarrow{\mathbf{AC}}}{\boldsymbol{m}+\boldsymbol{n}}$$

と表せます. 重要な公式ですので必ず使えるようにしておいてください（→**注意**）.

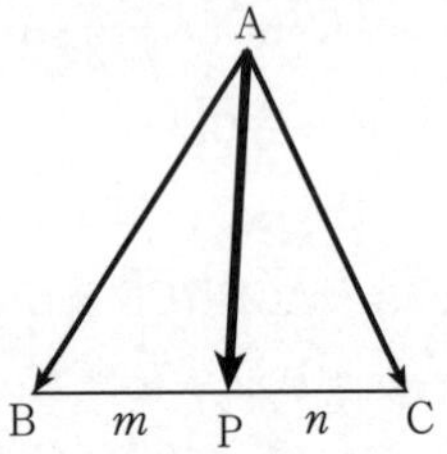

（前半）　重心は中線を 2：1 に内分する点です.

（後半）　内心は内角の二等分線の交点です. 内角の二等分の定理を利用しましょう.

解答

辺 BC の中点を M とすると

$$\overrightarrow{\mathrm{AM}}=\frac{1}{2}\vec{b}+\frac{1}{2}\vec{c}$$

重心 G は AM を 2：1 に内分するから

$$\overrightarrow{\mathrm{AG}}=\frac{2}{3}\overrightarrow{\mathrm{AM}}$$
$$=\frac{2}{3}\left(\frac{1}{2}\vec{b}+\frac{1}{2}\vec{c}\right)$$
$$=\frac{\mathbf{1}}{\mathbf{3}}\vec{b}+\frac{\mathbf{1}}{\mathbf{3}}\vec{c}$$

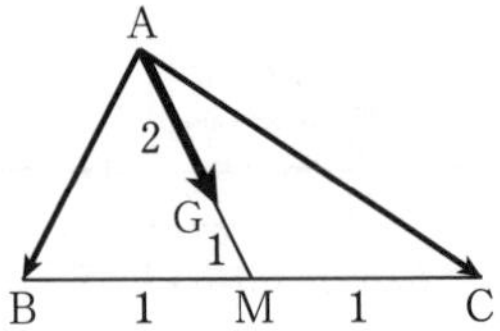

※図中の数値は実際の長さではなく，比を表している.

次に AI と辺 BC の交点を L とおくと，∠A について内角の二等分の定理より

$$\mathrm{BL}:\mathrm{LC}=\mathrm{AB}:\mathrm{AC}=5:8$$

よって

$$\mathrm{BL}=9\cdot\frac{5}{5+8}=\frac{45}{13}$$

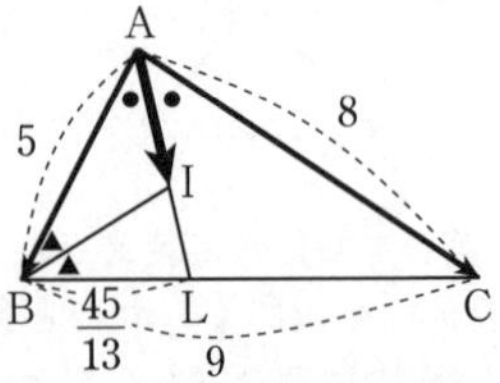

次に ∠B について内角の二等分の定理より

$$\mathrm{AI}:\mathrm{IL}=\mathrm{AB}:\mathrm{BL}=5:\frac{45}{13}=13:9$$

したがって

$$\overrightarrow{\mathrm{AI}}=\frac{13}{22}\overrightarrow{\mathrm{AL}}$$
$$=\frac{13}{22}\cdot\frac{8\vec{b}+5\vec{c}}{5+8}$$
$$=\frac{\mathbf{4}}{\mathbf{11}}\vec{b}+\frac{\mathbf{5}}{\mathbf{22}}\vec{c}$$

注意　(重心・内心の位置ベクトル)

基準点をOとし，△ABCの3頂点へのベクトルを

$$\overrightarrow{OA}=\vec{a},\ \overrightarrow{OB}=\vec{b},\ \overrightarrow{OC}=\vec{c}$$

とおくと，重心Gへのベクトル$\overrightarrow{OG}$は

$$\overrightarrow{OG}=\frac{\vec{a}+\vec{b}+\vec{c}}{3}$$

と表せます．さらに，3辺の長さを

$$BC=a,\ CA=b,\ AB=c$$

とすると，内心Iへのベクトル$\overrightarrow{OI}$は

$$\overrightarrow{OI}=\frac{a\vec{a}+b\vec{b}+c\vec{c}}{a+b+c}$$

と表せます（共に本問と同様の計算から導ける）．平面を構成する基底（ベクトル）は2つですが，このようにあえて3つのベクトルを設定することにより，美しい式で表すことができるのも，ベクトルの面白いところです．

問題206

考え方　ベクトルを用いると図形の幾何的性質を，計算によって（代数的に）証明することができます．

（2）　(共線条件)

3点P，Q，Rが同一直線上にある条件はある実数kが存在して

$$\overrightarrow{PQ}=k\overrightarrow{PR}$$

とかけることです．これを**共線条件**といいます．

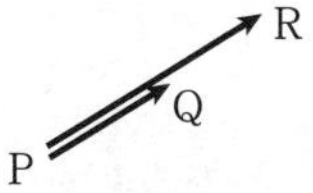

※本問以降，図中の数値は線分上の比を表します．ただ，問題によっては実際の長さを表す場合もあるので，注意してください．

解答

（1）　$\overrightarrow{AP}=\frac{2}{5}\vec{a},\ \overrightarrow{AQ}=\frac{2}{3}\vec{a}+\frac{1}{3}\vec{b}$

$\overrightarrow{AR}=\overrightarrow{AB}+\frac{3}{4}\overrightarrow{BC}=\vec{a}+\frac{3}{4}\vec{b}$

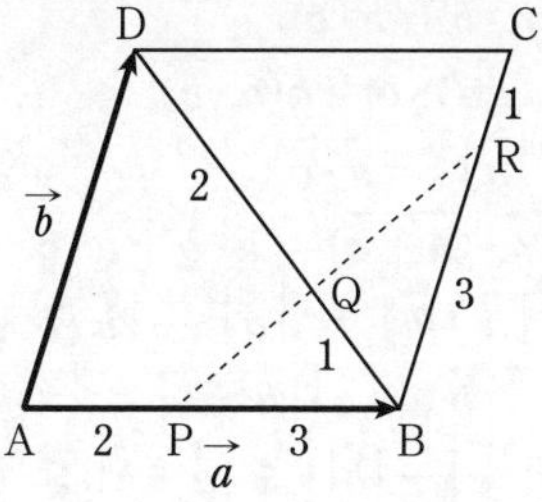

（2）　$\overrightarrow{PQ}=\overrightarrow{AQ}-\overrightarrow{AP}$

$$=\left(\frac{2}{3}\vec{a}+\frac{1}{3}\vec{b}\right)-\frac{2}{5}\vec{a}$$

$$=\frac{4}{15}\vec{a}+\frac{1}{3}\vec{b}$$

$\overrightarrow{PR}=\overrightarrow{AR}-\overrightarrow{AP}$

$$=\left(\vec{a}+\frac{3}{4}\vec{b}\right)-\frac{2}{5}\vec{a}$$

$$=\frac{3}{5}\vec{a}+\frac{3}{4}\vec{b}$$

したがって

$$\overrightarrow{PQ}=\frac{4}{9}\overrightarrow{PR}$$

が成り立ち，3点P，Q，Rは同一直線上にある．

問題207

考え方　(内積の定義と性質)

2つのベクトル$\vec{a}$と$\vec{b}$のなす角をθとするとき，$\vec{a}$と$\vec{b}$の内積を$\vec{a}\cdot\vec{b}$と表し

$$\vec{a}\cdot\vec{b}=|\vec{a}||\vec{b}|\cos\theta$$

により定義します．

ただしθは$0^\circ \leqq \theta \leqq 180^\circ$とします．

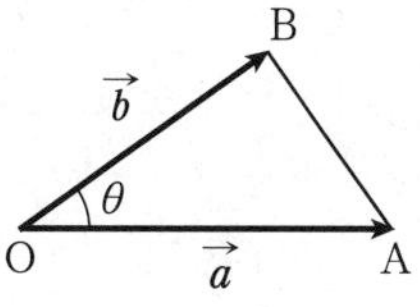

※なお $\left|\vec{a}\right|$, $\left|\vec{b}\right|$ はそれぞれのベクトルの大きさを表しますが，本書では絶対値と表現することがあります.

（内積とベクトルの大きさに関する性質）

（ア）　$\vec{a}\cdot\vec{b}=\vec{b}\cdot\vec{a}$

（イ）　$(k\vec{a})\cdot\vec{b}=k(\vec{a}\cdot\vec{b})$

（ウ）　$\left|\vec{a}\right|^2=\vec{a}\cdot\vec{a}$

（エ）　$\vec{a}\cdot(\vec{b}+\vec{c})=\vec{a}\cdot\vec{b}+\vec{a}\cdot\vec{c}$

（オ）　$\left|\vec{a}+\vec{b}\right|^2=\left|\vec{a}\right|^2+2\vec{a}\cdot\vec{b}+\left|\vec{b}\right|^2$

（カ）　$\vec{a}\cdot\vec{b}\leqq\left|\vec{a}\right|\left|\vec{b}\right|$

（キ）　$\left|\left|\vec{a}\right|-\left|\vec{b}\right|\right|\leqq\left|\vec{a}+\vec{b}\right|\leqq\left|\vec{a}\right|+\left|\vec{b}\right|$

性質（ア），（イ），（エ）は実数の積と同様の計算法則です. 性質（ウ），（オ）はベクトル特有の性質で，よく用いられます. 性質（キ）は**三角不等式**といいます（**問題20** や **問題30** の**例題**を参照).

（1）　本問のように長い絶対値の式（$\left|\vec{a}-2\vec{b}\right|$のこと）が出てきたときには式を 2 乗し，性質（オ）を用いて内積を取り出すのが定石です（なお，例外については **問題229** を参照).

（2）　ベクトルにおける三角形の面積公式

$$\triangle\mathrm{OAB}=\frac{1}{2}\sqrt{\left|\overrightarrow{\mathrm{OA}}\right|^2\left|\overrightarrow{\mathrm{OB}}\right|^2-(\overrightarrow{\mathrm{OA}}\cdot\overrightarrow{\mathrm{OB}})^2}$$

を用います（証明は **問題211**).

解答

（1）　$\left|\vec{a}-2\vec{b}\right|=\sqrt{7}$

$$\left|\vec{a}-2\vec{b}\right|^2=(\sqrt{7})^2$$

$$\left|\vec{a}\right|^2-4\vec{a}\cdot\vec{b}+4\left|\vec{b}\right|^2=7$$

$$3^2-4\vec{a}\cdot\vec{b}+4\cdot2^2=7$$

$$-4\vec{a}\cdot\vec{b}=-18$$

$$\vec{a}\cdot\vec{b}=\mathbf{\frac{9}{2}}$$

（2）　$\triangle\mathrm{OAB}=\frac{1}{2}\sqrt{3^2\cdot2^2-\left(\frac{9}{2}\right)^2}$

$$=\mathbf{\frac{3\sqrt{7}}{4}}$$

注意　**考え方**にある内積の性質は，内積の定義およびベクトルの成分計算を用いて導けます（ベクトルの成分については **問題208** を参照). ここでは性質（オ）を性質（ア），（ウ），（エ）を用いて証明してみます.

$$\begin{aligned}\left|\vec{a}+\vec{b}\right|^2&=(\vec{a}+\vec{b})\cdot(\vec{a}+\vec{b})\\&=\vec{a}\cdot\vec{a}+\vec{a}\cdot\vec{b}+\vec{b}\cdot\vec{a}+\vec{b}\cdot\vec{b}\\&=\vec{a}\cdot\vec{a}+\vec{a}\cdot\vec{b}+\vec{a}\cdot\vec{b}+\vec{b}\cdot\vec{b}\\&=\left|\vec{a}\right|^2+2\vec{a}\cdot\vec{b}+\left|\vec{b}\right|^2\end{aligned}$$

問題208

考え方　（ベクトルの成分）

$\vec{a}=(a_1,\ a_2)$，$\vec{b}=(b_1,\ b_2)$ のとき

（ア）　$\vec{a}\pm\vec{b}=(a_1\pm b_1,\ a_2\pm b_2)$

（複号同順）

（イ）　$k\vec{a}=k(a_1,\ a_2)=(ka_1,\ ka_2)$

（ウ）　$\left|\vec{a}\right|=\sqrt{a_1{}^2+a_2{}^2}$

（エ）　$\vec{a}\cdot\vec{b}=a_1b_1+a_2b_2$

（エ）はベクトルの内積を成分を用いて計算する公式で，内積の定義から導かれます.

（1）　基底の変換です. 与式を $\vec{x}$, $\vec{y}$ についての連立方程式とみましょう.

（3）　**2 つのベクトルのなす角を調べるには，内積を計算します.**

その際，次の 2 つの条件はよく使うので，必ず覚えておいてください.

（垂直条件）

$$\vec{p}\perp\vec{q}\Longrightarrow\vec{p}\cdot\vec{q}=0$$

（平行条件）

$\vec{p}\,/\!/\,\vec{q}\Longrightarrow$ **ある実数 k が存在して**

$\vec{p}=k\vec{q}$ **とかける**

解答

（1）　$\vec{x}+2\vec{y}=\vec{a}\cdots$①，$2\vec{x}-\vec{y}=\vec{b}\cdots$②

において，(①＋②×2)÷5 より

$$\vec{x} = \frac{1}{5}(\vec{a} + 2\vec{b})$$
$$= \frac{1}{5}\{(2,\ 1) + 2(4,\ -3)\}$$
$$= \mathbf{(2,\ -1)}$$

(①×2－②)÷5 より

$$\vec{y} = \frac{1}{5}(2\vec{a} - \vec{b})$$
$$= \frac{1}{5}\{2(2,\ 1) - (4,\ -3)\}$$
$$= \mathbf{(0,\ 1)}$$

(2)　$\vec{a} = (3,\ 4)$，$\vec{b} = (2,\ 1)$ より

$$\vec{a} + t\vec{b} = (3,\ 4) + t(2,\ 1)$$
$$= (3 + 2t,\ 4 + t)$$

よって

$$|\vec{a} + t\vec{b}| = \sqrt{(3 + 2t)^2 + (4 + t)^2}$$
$$= \sqrt{5t^2 + 20t + 25}$$
$$= \sqrt{5(t + 2)^2 + 5}$$

したがって $\boldsymbol{t = -2}$ のとき最小値 $\boldsymbol{\sqrt{5}}$ をとる．

(3)　$\vec{a} = (2,\ 1)$，$\vec{b} = (1,\ 3)$ より

$$\vec{a} \cdot \vec{b} = |\vec{a}||\vec{b}|\cos\theta$$

は

$$2 \cdot 1 + 1 \cdot 3 = \sqrt{2^2 + 1^2}\sqrt{1^2 + 3^2}\cos\theta$$
$$5 = \sqrt{5}\sqrt{10}\cos\theta$$
$$\cos\theta = \frac{1}{\sqrt{2}}$$

となる．$0 \leqq \theta \leqq \pi$ より

$$\theta = \boldsymbol{\frac{\pi}{4}}$$

次に $\vec{a} + t\vec{b} \,/\!/\, \vec{c}$ のとき，実数 k を用いて

$$\vec{a} + t\vec{b} = k\vec{c}$$

とかける．これは

$$(2,\ 1) + t(1,\ 3) = k(-1,\ 2)$$
$$(2 + t,\ 1 + 3t) = (-k,\ 2k)$$
$$2 + t = -k,\ 1 + 3t = 2k$$

となり，連立して解くと

$$t = \mathbf{-1},\ k = -1$$

また $\vec{a} + t\vec{b} \perp \vec{c}$ のとき

$$(\vec{a} + t\vec{b}) \cdot \vec{c} = 0$$
$$\{(2,\ 1) + t(1,\ 3)\} \cdot (-1,\ 2) = 0$$
$$(2 + t,\ 1 + 3t) \cdot (-1,\ 2) = 0$$
$$(2 + t) \cdot (-1) + (1 + 3t) \cdot 2 = 0$$
$$t = \mathbf{0}$$

このとき $\vec{a} + t\vec{b}\,(= \vec{a})$ と $\vec{c}$ は $\vec{0}$ ではなく，確かに垂直である．

注意　((3)の最後の2行について)
一般に $\vec{p} \cdot \vec{q} = 0 \Longrightarrow \vec{p} \perp \vec{q}$ が成り立つとは限りません ($\vec{p} = \vec{0}$ または $\vec{q} = \vec{0}$ の場合がある)．ですので本問では，2つのベクトルが垂直になること (十分性) の確認が必要になります．
なお $\vec{p} = 0$ または $\vec{q} = 0$ のとき，$\vec{p} \perp \vec{q}$ とする流儀もありますが，高校数学ではこの立場をとらないほうが無難でしょう．

問題209

考え方　正五角形における平行関係によって対角線の長さを求めます (→**注意**)．まずは平行な辺をみつけましょう．
(2)　$\overrightarrow{EC}$ を2通りの式で表して，係数を比較します．

解答

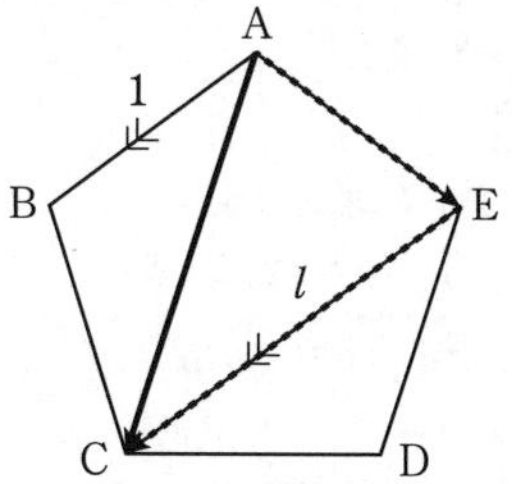

(1)(i)　$\overrightarrow{\mathrm{EC}} = l\overrightarrow{\mathrm{AB}} = \boldsymbol{l}\vec{a}$ …①

$\overrightarrow{\mathrm{AC}} = \overrightarrow{\mathrm{AE}} + \overrightarrow{\mathrm{EC}} = \vec{b} + l\vec{a} = \boldsymbol{l}\vec{a} + \mathbf{1}\cdot\vec{b}$

(ii)　$\overrightarrow{\mathrm{DC}} = \dfrac{1}{l}\overrightarrow{\mathrm{EB}}$

$= \dfrac{1}{l}(\overrightarrow{\mathrm{AB}} - \overrightarrow{\mathrm{AE}})$

$= \dfrac{1}{l}(\vec{a} - \vec{b})$

$= \dfrac{\mathbf{1}}{\boldsymbol{l}}\vec{a} + \left(-\dfrac{\mathbf{1}}{\boldsymbol{l}}\right)\vec{b}$

$\overrightarrow{\mathrm{ED}} = \dfrac{1}{l}\overrightarrow{\mathrm{AC}}$

$= \dfrac{1}{l}(l\vec{a} + \vec{b})$

$= \mathbf{1}\cdot\vec{a} + \dfrac{\mathbf{1}}{\boldsymbol{l}}\vec{b}$

(2)　(1)(ii)より

$\overrightarrow{\mathrm{EC}} = \overrightarrow{\mathrm{ED}} + \overrightarrow{\mathrm{DC}}$

$= \left(\vec{a} + \dfrac{1}{l}\vec{b}\right) + \left(\dfrac{1}{l}\vec{a} - \dfrac{1}{l}\vec{b}\right)$

$= \dfrac{1+l}{l}\vec{a}$

①と係数を比較して

$l = \dfrac{1+l}{l}$

$l^2 - l - 1 = 0$

$\boldsymbol{l} = \dfrac{\mathbf{1} + \sqrt{\mathbf{5}}}{\mathbf{2}}$

問題210

考え方　内積を複数の式で表すことによって等式を立てるのは，ベクトルの問題における1つの定石です．なお途中，等式の両辺を2乗する計算が現れます．同値性が損なわれないよう，注意して変形しましょう（→**注意**）．

解答

必要な値を先に求めておく．

$\vec{a} = (4,\ -3),\ \vec{b} = (2,\ 1)$ より

$|\vec{b}| = \sqrt{2^2 + 1^2} = \sqrt{5}$

$\vec{a} + t\vec{b} = (4 + 2t,\ -3 + t)$

$|\vec{a} + t\vec{b}| = \sqrt{(4+2t)^2 + (-3+t)^2}$

$= \sqrt{5t^2 + 10t + 25}$

$(\vec{a} + t\vec{b})\cdot\vec{b} = (4+2t)\cdot 2 + (-3+t)\cdot 1$

$= 5t + 5$

ここで

$(\vec{a} + t\vec{b})\cdot\vec{b} = |\vec{a} + t\vec{b}||\vec{b}|\cos 45°$

$5t + 5 = \sqrt{5(t^2 + 2t + 5)}\sqrt{5}\cdot\dfrac{1}{\sqrt{2}}$

$\sqrt{2}(t+1) = \sqrt{t^2 + 2t + 5}$　…①

右辺は0以上だから左辺も0以上で

$t + 1 \geqq 0$　∴　$t \geqq -1$　…②

このもとで①の両辺を2乗して

$2(t+1)^2 = t^2 + 2t + 5$

$t^2 + 2t - 3 = 0$

$(t+3)(t-1) = 0$

②より

$\boldsymbol{t = 1}$

注意　次の同値関係は，ルートの入った方程式を解く際によく使います．

$$\sqrt{X} = Y \iff X = Y^2 \text{ かつ } Y \geqq 0$$

問題211

考え方　ベクトルにおける三角形の面積公式の証明です．

解答

(前半)　$\angle\mathrm{AOB} = \theta$ とする．

$S = \dfrac{1}{2}|\overrightarrow{\mathrm{OA}}||\overrightarrow{\mathrm{OB}}|\sin\theta$

$= \dfrac{1}{2}|\overrightarrow{\mathrm{OA}}||\overrightarrow{\mathrm{OB}}|\sqrt{1 - \cos^2\theta}$

$= \dfrac{1}{2}\sqrt{|\overrightarrow{\mathrm{OA}}|^2|\overrightarrow{\mathrm{OB}}|^2 - |\overrightarrow{\mathrm{OA}}|^2|\overrightarrow{\mathrm{OB}}|^2\cos^2\theta}$

$= \dfrac{1}{2}\sqrt{|\overrightarrow{\mathrm{OA}}|^2|\overrightarrow{\mathrm{OB}}|^2 - (\overrightarrow{\mathrm{OA}}\cdot\overrightarrow{\mathrm{OB}})^2}$

(後半)　$\overrightarrow{\mathrm{OA}} = (x_1,\ y_1),\ \overrightarrow{\mathrm{OB}} = (x_2,\ y_2)$ のとき

$|\overrightarrow{\mathrm{OA}}|^2|\overrightarrow{\mathrm{OB}}|^2 - (\overrightarrow{\mathrm{OA}}\cdot\overrightarrow{\mathrm{OB}})^2$

$= (x_1{}^2+y_1{}^2)(x_2{}^2+y_2{}^2)-(x_1x_2+y_1y_2)^2$

$= x_1{}^2y_2{}^2 + x_2{}^2y_1{}^2 - 2x_1x_2y_1y_2$

$= (x_1y_2 - x_2y_1)^2$

(前半)の式に代入して

$$S = \frac{1}{2}\sqrt{(x_1y_2 - x_2y_1)^2}$$

$$= \frac{1}{2}|x_1y_2 - x_2y_1|$$

問題212

考え方　与式の左辺に $\overrightarrow{OA}$ と $\overrightarrow{OB}$ を集めて，絶対値の 2 乗を計算することで $\overrightarrow{OA}$ と $\overrightarrow{OB}$ の内積を取り出せます．他も同様です．

（2）　点 O が △ABC の内部にあることを示す必要があります（→**注意**）．

解答

（1）　$3\overrightarrow{OA} + 4\overrightarrow{OB} + 5\overrightarrow{OC} = \vec{0}$ …① より

$$3\overrightarrow{OA} + 4\overrightarrow{OB} = -5\overrightarrow{OC}$$

$$|3\overrightarrow{OA} + 4\overrightarrow{OB}|^2 = 25|\overrightarrow{OC}|^2$$

$$9|\overrightarrow{OA}|^2 + 24\overrightarrow{OA}\cdot\overrightarrow{OB} + 16|\overrightarrow{OB}|^2 = 25|\overrightarrow{OC}|^2$$

$|\overrightarrow{OA}| = |\overrightarrow{OB}| = |\overrightarrow{OC}| = 1$ より

$$9 + 24\overrightarrow{OA}\cdot\overrightarrow{OB} + 16 = 25$$

$$\boldsymbol{\overrightarrow{OA}\cdot\overrightarrow{OB} = 0} \quad \cdots②$$

同様の計算より ① から

$$|4\overrightarrow{OB} + 5\overrightarrow{OC}|^2 = |-3\overrightarrow{OA}|^2$$

$$16 + 40\overrightarrow{OB}\cdot\overrightarrow{OC} + 25 = 9$$

$$\boldsymbol{\overrightarrow{OB}\cdot\overrightarrow{OC} = -\frac{4}{5}} \quad \cdots③$$

さらに

$$|3\overrightarrow{OA} + 5\overrightarrow{OC}|^2 = |-4\overrightarrow{OB}|^2$$

$$9 + 30\overrightarrow{OA}\cdot\overrightarrow{OC} + 25 = 16$$

$$\boldsymbol{\overrightarrow{OC}\cdot\overrightarrow{OA} = -\frac{3}{5}} \quad \cdots④$$

（2）　① より

$$\overrightarrow{OC} = -\frac{3}{5}\overrightarrow{OA} - \frac{4}{5}\overrightarrow{OB}$$

$\overrightarrow{OA}$ と $\overrightarrow{OB}$ の係数が負だから，点 C は次図の太線部上にある．よって点 O は △ABC の内部にあり

$$\triangle ABC = \triangle OAB + \triangle OBC + \triangle OCA$$

である．

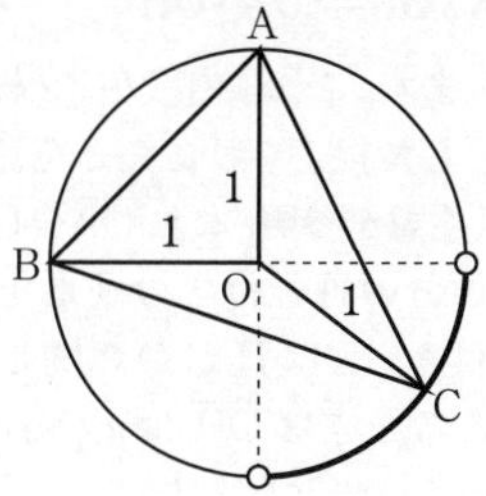

② より ∠AOB = 90° だから

$$\triangle OAB = \frac{1}{2}\cdot1\cdot1 = \frac{1}{2}$$

③，④ より

$$\triangle OBC = \frac{1}{2}\sqrt{1^2\cdot1^2 - \left(-\frac{4}{5}\right)^2} = \frac{3}{10}$$

$$\triangle OCA = \frac{1}{2}\sqrt{1^2\cdot1^2 - \left(-\frac{3}{5}\right)^2} = \frac{2}{5}$$

したがって

$$\triangle ABC = \frac{1}{2} + \frac{3}{10} + \frac{2}{5} = \boldsymbol{\frac{6}{5}}$$

注意　点 O が △ABC の内部にあることを述べておかないと，次の図のようになる可能性もあり，3 つの三角形に分けて計算することができません．

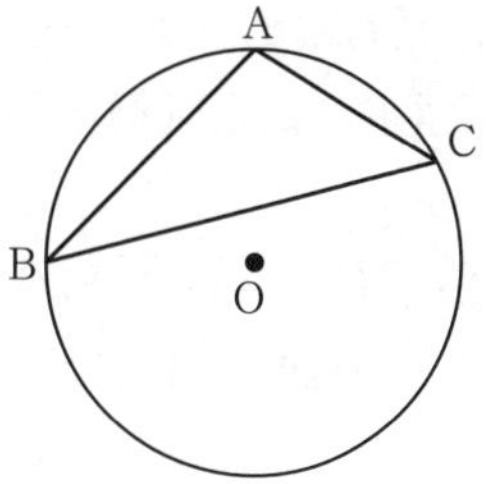

問題213

考え方　（内積の図形的解釈）

2つのベクトル $\overrightarrow{\mathrm{OA}}$ と $\overrightarrow{\mathrm{OB}}$ に対し，点Bから直線OAに下ろした垂線の足をHとすると

$$\overrightarrow{\mathbf{OA}}\cdot\overrightarrow{\mathbf{OB}}=\overline{\mathbf{OA}}\cdot\overline{\mathbf{OH}}$$

が成り立ちます．これは内積が「2線分の長さの積」として捉えられることを意味します（証明は**注意**を参照．なお $\overline{\mathrm{OA}}$，$\overline{\mathrm{OH}}$ はそれぞれの線分の符号付きの長さを表します．「符号付き」とはHがOに関してAと同じ側にあるときは $\overline{\mathrm{OH}}$ は正，逆側にあるときは $\overline{\mathrm{OH}}$ は負とします）．

（$\overline{\mathrm{OH}}$が正の図）

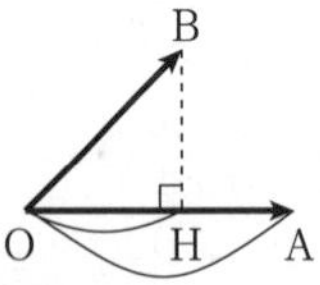

（$\overline{\mathrm{OH}}$が負の図）

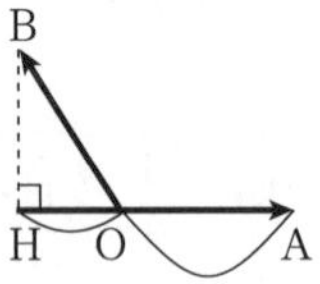

解答

点Pから直線OAに下ろした垂線の足をHとすると

$$\overrightarrow{\mathrm{OA}}\cdot\overrightarrow{\mathrm{OP}}=\overline{\mathrm{OA}}\cdot\overline{\mathrm{OH}}\quad\cdots①$$

また直線OAと円 C との交点のうち原点に近いほうを $\mathrm{H_1}$，遠いほうを $\mathrm{H_2}$ とすると

$$\overline{\mathrm{OH_1}}\leqq\overline{\mathrm{OH}}\leqq\overline{\mathrm{OH_2}}$$

である．両辺に $\overline{\mathrm{OA}}(>0)$ をかけて

$$\overline{\mathrm{OA}}\cdot\overline{\mathrm{OH_1}}\leqq\overline{\mathrm{OA}}\cdot\overline{\mathrm{OH}}\leqq\overline{\mathrm{OA}}\cdot\overline{\mathrm{OH_2}}$$

①を用いると

$$\overline{\mathrm{OA}}\cdot\overline{\mathrm{OH_1}}\leqq\overrightarrow{\mathrm{OA}}\cdot\overrightarrow{\mathrm{OP}}\leqq\overline{\mathrm{OA}}\cdot\overline{\mathrm{OH_2}}$$

円 C の中心Aの座標は(1, 2)で，半径は1だから

$$\sqrt{5}(\sqrt{5}-1)\leqq\overrightarrow{\mathrm{OA}}\cdot\overrightarrow{\mathrm{OP}}\leqq\sqrt{5}(\sqrt{5}+1)$$

$$\mathbf{5-\sqrt{5}\leqq\overrightarrow{OA}\cdot\overrightarrow{OP}\leqq 5+\sqrt{5}}$$

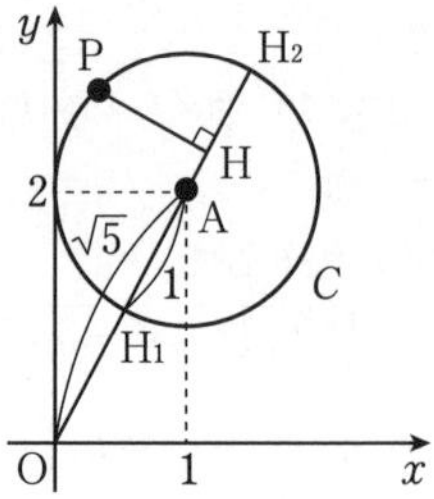

別解

$\mathrm{P}(\cos\theta+1,\ \sin\theta+2)$ とおくと

$$\begin{aligned}\overrightarrow{\mathrm{OP}}\cdot\overrightarrow{\mathrm{OA}}&=(\cos\theta+1)\cdot1+(\sin\theta+2)\cdot2\\&=\cos\theta+2\sin\theta+5\\&=\sqrt{5}\sin(\theta+\alpha)+5\end{aligned}$$

ただし α は $\sin\alpha=\dfrac{1}{\sqrt{5}}$，$\cos\alpha=\dfrac{2}{\sqrt{5}}$ をみたす角である．

θ は任意だから

$$\mathbf{5-\sqrt{5}\leqq\overrightarrow{OA}\cdot\overrightarrow{OP}\leqq 5+\sqrt{5}}$$

注意　（$\overrightarrow{\mathrm{OA}}\cdot\overrightarrow{\mathrm{OB}}=\overline{\mathrm{OA}}\cdot\overline{\mathrm{OH}}$ の証明）

△BOHに注目して（**考え方**の図を参照）

$$\cos\angle\mathrm{AOB}=\frac{\overline{\mathrm{OH}}}{\overline{\mathrm{OB}}}$$

（ただし点HがOに関してAとは逆側にあるときは $\overline{\mathrm{OH}}$ は負とする）

このとき

$$\begin{aligned}\overrightarrow{\mathrm{OA}}\cdot\overrightarrow{\mathrm{OB}}&=\overline{\mathrm{OA}}\cdot\overline{\mathrm{OB}}\cos\angle\mathrm{AOB}\\&=\overline{\mathrm{OA}}\cdot\overline{\mathrm{OB}}\cdot\frac{\overline{\mathrm{OH}}}{\overline{\mathrm{OB}}}\\&=\overline{\mathrm{OA}}\cdot\overline{\mathrm{OH}}\end{aligned}$$

●2　ベクトルと平面図形

問題214

考え方

（1）　始点をAに揃えます．

（2）　面積比を求めるには線分比が必要です．$\overrightarrow{\mathrm{AP}}=k\cdot\dfrac{n\overrightarrow{\mathrm{AB}}+m\overrightarrow{\mathrm{AC}}}{m+n}$ の形に直し，

内分点の公式を利用することで点Pの位置を決定しましょう(共線条件を利用して計算することもできます. こちらの方法も重要なので, 必ず**注意1**を確認しておいてください).

解答

(1)　$\overrightarrow{AP}+2\overrightarrow{BP}+3\overrightarrow{CP}=\vec{0}$ より

$$\overrightarrow{AP}+2(\overrightarrow{AP}-\overrightarrow{AB})+3(\overrightarrow{AP}-\overrightarrow{AC})=\vec{0}$$

$$6\overrightarrow{AP}=2\overrightarrow{AB}+3\overrightarrow{AC}$$

$$\boldsymbol{\overrightarrow{AP}=\frac{1}{3}\overrightarrow{AB}+\frac{1}{2}\overrightarrow{AC}}$$

(2)　(1)より

$$\overrightarrow{AP}=\frac{5}{6}\cdot\frac{2\overrightarrow{AB}+3\overrightarrow{AC}}{3+2}$$

である. 辺BCを3:2に内分する点をQとすると

$$\overrightarrow{AP}=\frac{5}{6}\overrightarrow{AQ}$$

となり AP : PQ = 5 : 1 である.

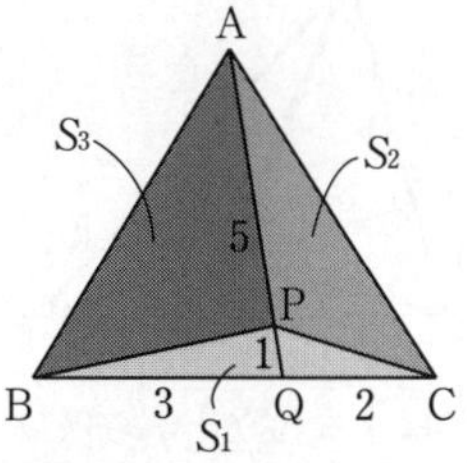

△ABCの面積を S とおくと

$$S_1=\frac{PQ}{AQ}S=\frac{1}{6}S$$

$$S_2=\frac{CQ}{BC}\cdot\frac{AP}{AQ}\cdot S=\frac{2}{5}\cdot\frac{5}{6}S=\frac{2}{6}S$$

$$S_3=\frac{BQ}{BC}\cdot\frac{AP}{AQ}\cdot S=\frac{3}{5}\cdot\frac{5}{6}S=\frac{3}{6}S$$

したがって

$$\boldsymbol{S_1:S_2:S_3}=\frac{1}{6}S:\frac{2}{6}S:\frac{3}{6}S=\boldsymbol{1:2:3}$$

注意1　(共線条件)

平面上に三角形ABCと点Pがあり

$$\overrightarrow{AP}=s\overrightarrow{AB}+t\overrightarrow{AC}$$

とする.

Pが直線BC上にある $\boldsymbol{\Longleftrightarrow s+t=1}$

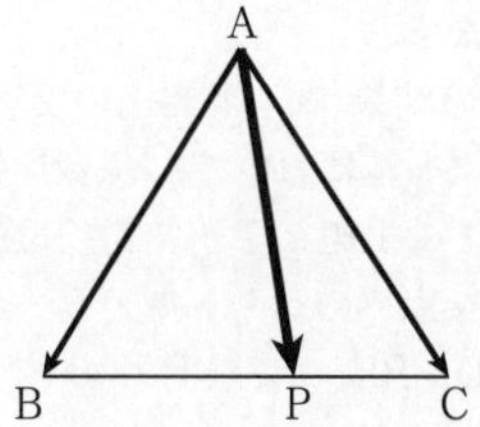

※これは**問題206**にある「共線条件」と同値で, 次のように式変形すればすぐにわかります. 以下 k, s, t を実数として

Pが直線BC上にある

$\Longleftrightarrow \boldsymbol{\overrightarrow{BP}=k\overrightarrow{BC}}$

$\Longleftrightarrow \boldsymbol{\overrightarrow{AP}-\overrightarrow{AB}=k(\overrightarrow{AC}-\overrightarrow{AB})}$

$\Longleftrightarrow \boldsymbol{\overrightarrow{AP}=(1-k)\overrightarrow{AB}+k\overrightarrow{AC}}$

$\Longleftrightarrow \boldsymbol{\overrightarrow{AP}=s\overrightarrow{AB}+t\overrightarrow{AC}\quad(s+t=1)}$

これを用いると本問(2)の $\overrightarrow{AQ}$ を次のように求めることができます.

点Qは直線AP上にあるから実数 k を用いて

$$\overrightarrow{AQ}=k\overrightarrow{AP}=\frac{1}{3}k\overrightarrow{AB}+\frac{1}{2}k\overrightarrow{AC}$$

とかける. Qは辺BC上にあるから

$$\frac{1}{3}k+\frac{1}{2}k=1\quad\therefore\quad k=\frac{6}{5}$$

よって

$$\overrightarrow{AQ}=\frac{2}{5}\overrightarrow{AB}+\frac{3}{5}\overrightarrow{AC}$$

注意2　一般に△ABCと点Pに対し

$$l\overrightarrow{PA}+m\overrightarrow{PB}+n\overrightarrow{PC}=\vec{0}$$

が成り立つとき

$$\triangle PBC:\triangle PCA:\triangle PAB=l:m:n$$

となります.

問題215

考え方

(1)　(1次独立と係数比較)

背理法で証明しましょう. 平行条件から矛

盾を導きます．

なお本問の結果は，平面上の 2 つの 1 次独立なベクトルにおいて，係数比較が可能であることの根拠となります（→**注意**）．

（２）　（交点へのベクトル）

2 直線 CD，BE の交点 P へのベクトルを求める問題です．

P が CD，BE 上にあることから線分比を

$\mathbf{CP:PD}=\boldsymbol{t}:\mathbf{(1-}\boldsymbol{t}\mathbf{)}$, $\mathbf{BP:PE}=\boldsymbol{s}:\mathbf{(1-}\boldsymbol{s}\mathbf{)}$

などとおいて，**$\overrightarrow{\mathrm{AP}}$ を 2 通りの式で表して係数を比較するのが定石です**．

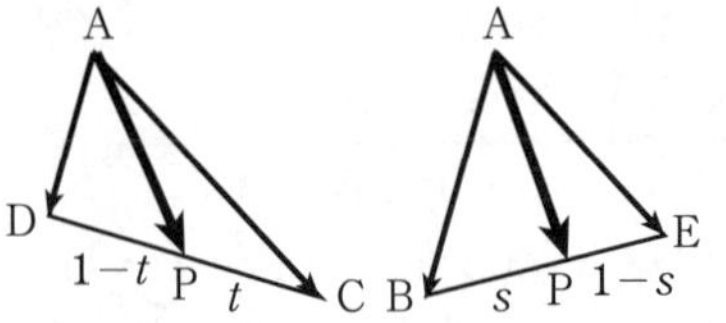

有名な問題なので必ずできるようにしてください（→**注意**）．なお，メネラウスの定理を用いて比を求める方法もあります（→**別解**）．

解答

（１）　$\alpha\vec{a}+\beta\vec{b}=\vec{0}$ …① より

$$\alpha\vec{a}=-\beta\vec{b}$$

$\alpha\neq0$ と仮定すると

$$\vec{a}=-\frac{\beta}{\alpha}\vec{b}$$

となるが，これは $\vec{a}$ と $\vec{b}$ が平行であることを意味し，$\vec{a}\not\parallel\vec{b}$ に反する．

よって $\alpha=0$ とわかり，① に代入すると

$$\beta\vec{b}=\vec{0}$$

$\vec{b}\neq\vec{0}$ より $\beta=0$ となるしかない．

よって示された．

注意　（１）の結果は $\vec{a}$ と $\vec{b}$ が 1 次独立であるとき，係数比較ができることを示しています．

例えば $p\vec{a}+q\vec{b}=3\vec{a}+4\vec{b}$ のとき

$$(p-3)\vec{a}+(q-4)\vec{b}=\vec{0}$$

と変形すると，（１）の結果から

$$p-3=q-4=0 \quad \therefore \quad p=3,\ q=4$$

これは最初の式で，係数を比較しているのと同じことです．

（２）（ｉ）　以下 s，t を

$$0<s<1,\ 0<t<1$$

をみたす実数とする．

$\mathrm{BP}:\mathrm{PE}=s:(1-s)$ とおくと

$$\begin{aligned}\overrightarrow{\mathrm{AP}}&=(1-s)\overrightarrow{\mathrm{AB}}+s\overrightarrow{\mathrm{AE}}\\&=(1-s)\overrightarrow{\mathrm{AB}}+\frac{3}{4}s\overrightarrow{\mathrm{AC}}\end{aligned}$$

$\mathrm{CP}:\mathrm{PD}=t:(1-t)$ とおくと

$$\begin{aligned}\overrightarrow{\mathrm{AP}}&=t\overrightarrow{\mathrm{AD}}+(1-t)\overrightarrow{\mathrm{AC}}\\&=\frac{2}{3}t\overrightarrow{\mathrm{AB}}+(1-t)\overrightarrow{\mathrm{AC}}\end{aligned}$$

とそれぞれかける．

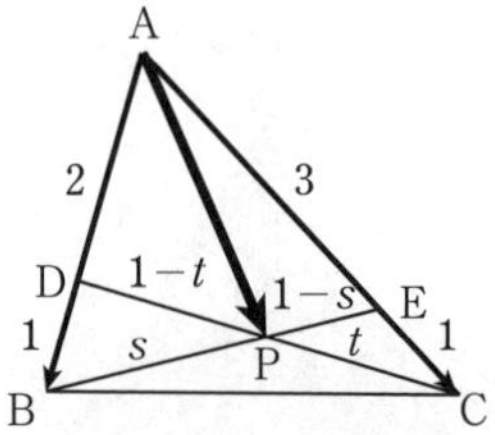

$\overrightarrow{\mathrm{AB}}$ と $\overrightarrow{\mathrm{AC}}$ は 1 次独立だから係数を比較して

$$1-s=\frac{2}{3}t,\ \frac{3}{4}s=1-t$$

連立して解くと

$$s=\frac{2}{3},\ t=\frac{1}{2}$$

したがって

$$\boldsymbol{\overrightarrow{\mathrm{AP}}=\frac{1}{3}\overrightarrow{\mathrm{AB}}+\frac{1}{2}\overrightarrow{\mathrm{AC}}}$$

（ii）　$\mathrm{AP}=\sqrt{7}$ より

$$\left|\overrightarrow{\mathrm{AP}}\right|^2=7$$

$$\left|\frac{1}{3}\overrightarrow{\mathrm{AB}}+\frac{1}{2}\overrightarrow{\mathrm{AC}}\right|^2=7$$

$$\frac{1}{9}\left|\overrightarrow{\mathrm{AB}}\right|^2+\frac{1}{3}\overrightarrow{\mathrm{AB}}\cdot\overrightarrow{\mathrm{AC}}+\frac{1}{4}\left|\overrightarrow{\mathrm{AC}}\right|^2=7$$

$$\frac{1}{9}\cdot3^2+\frac{1}{3}\cdot3\cdot4\cos\angle\mathrm{BAC}+\frac{1}{4}\cdot4^2=7$$

$$\cos\angle BAC = \frac{1}{2}$$

$$\boldsymbol{\angle BAC = 60^\circ}$$

別解

(2)(i)　△ACD と直線 BE においてメネラウスの定理より

$$\frac{CE}{EA}\cdot\frac{AB}{BD}\cdot\frac{DP}{PC} = 1$$

$$\frac{1}{3}\cdot\frac{3}{1}\cdot\frac{DP}{PC} = 1$$

$$\frac{DP}{PC} = 1 \quad \therefore \quad DP = CP$$

したがって

$$\boldsymbol{\overrightarrow{AP}} = \frac{1}{2}\overrightarrow{AD} + \frac{1}{2}\overrightarrow{AC} = \frac{1}{2}\cdot\frac{2}{3}\overrightarrow{AB} + \frac{1}{2}\overrightarrow{AC} = \boldsymbol{\frac{1}{3}\overrightarrow{AB} + \frac{1}{2}\overrightarrow{AC}}$$

問題216

考え方　問題208 で学んだ「垂直条件」を用います.

解答

BH : HC $= s : (1-s)$ $(0 < s < 1)$ とおくと

$$\overrightarrow{AH} = (1-s)\overrightarrow{AB} + s\overrightarrow{AC}$$

とかける.

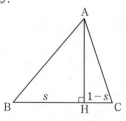

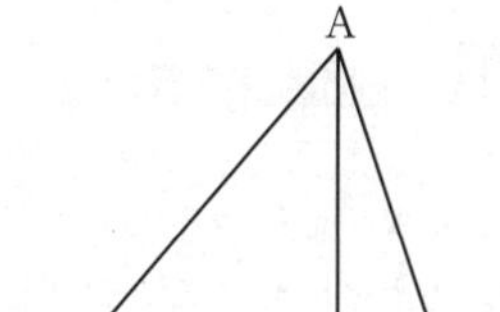

AH ⊥ BC より

$$\overrightarrow{AH}\cdot\overrightarrow{BC} = 0$$

$$\{(1-s)\overrightarrow{AB} + s\overrightarrow{AC}\}\cdot(\overrightarrow{AC} - \overrightarrow{AB}) = 0$$

$$-(1-s)\left|\overrightarrow{AB}\right|^2 + (1-2s)\overrightarrow{AB}\cdot\overrightarrow{AC} + s\left|\overrightarrow{AC}\right|^2 = 0$$

$$-(1-s)\cdot 5^2 + (1-2s)\cdot 5\cdot 4\cos 60^\circ + s\cdot 4^2 = 0$$

$$21s - 15 = 0 \quad \therefore \quad s = \frac{5}{7}$$

したがって

$$\overrightarrow{AH} = \boldsymbol{\frac{2}{7}}\overrightarrow{AB} + \boldsymbol{\frac{5}{7}}\overrightarrow{AC}$$

問題217

考え方　(1) は 問題214 の**注意1** で述べた「共線条件」そのものです. まずはその流れで (2) を考えてみましょう.

「共線条件」を利用するために

$$\overrightarrow{OP} = \frac{x}{2}\cdot(2\overrightarrow{OA}) + \frac{y}{3}\cdot(3\overrightarrow{OB})$$

と変形します (係数の和を無理矢理 1 にする). さらに $\overrightarrow{OA'} = 2\overrightarrow{OA}$, $\overrightarrow{OB'} = 3\overrightarrow{OB}$ とおけば, 上の式は

$$\overrightarrow{OP} = \frac{x}{2}\overrightarrow{OA'} + \frac{y}{3}\overrightarrow{OB'}$$

となります. あとは本問の条件

$$\frac{x}{2} + \frac{y}{3} = 1$$

より, 共線条件から点 P は直線 A′B′ 上にあることがわかります (実際には $x \geqq 0$, $y \geqq 0$ という条件があるので, 線分 A′B′ 上に P はあります).

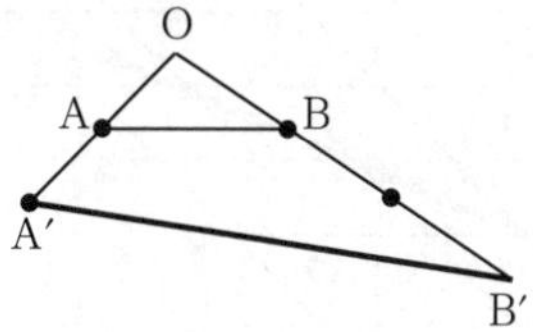

本問では上記のような解き方がよく知られていますが, 与えられた条件式が複雑になると手に負えず, あまりよい方法とはいえません. そこで, 新たに**斜交座標**という考え方を利用してみましょう. そのためにまず ベクトルとはなにを表すか を改めて確認します.

例えばベクトル $\overrightarrow{OP}$ とは点 O から点 P への矢印を指しますね. これは**矢印全体をベクトル**とみなしており, **矢線ベクトル**とい

います．それに対し，ベクトル $\overrightarrow{OP}$ において終点Pの位置のみを問題とし，ベクトルをある種の点とみることがあります．これを点Oを基準とする点Pの**位置ベクトル**といいます．

［矢線ベクトル］　［位置ベクトル］

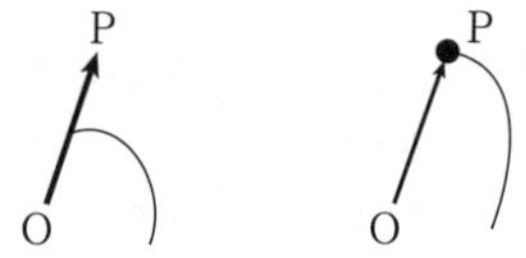

矢印全体に注目　終点Pの位置に注目

さて，我々は点Pの位置を「座標」によって表します．直交座標系（x 軸と y 軸が垂直な座標系，要するに通常用いる座標のこと）であれば $P(x, y)$ と表します．しかしベクトルの世界では平面をつくる2本のベクトル（これを基底といいました）は垂直とは限りません．そこで次図のような点Oを原点として $\overrightarrow{OA}$ と $\overrightarrow{OB}$ を1目盛りとする（すなわち $A(1, 0)$, $B(0, 1)$ とした）斜めの座標系を考えるのです．これを**斜交座標**といいます．

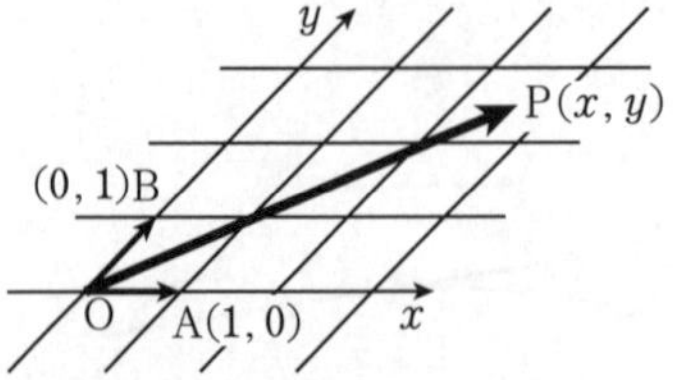

このとき

$$\begin{aligned}\overrightarrow{OP} &= x\overrightarrow{OA} + y\overrightarrow{OB} \\ &= x(1, 0) + y(0, 1) \\ &= (x, y)\end{aligned}$$

ですから $\overrightarrow{OP}$ の終点Pの座標は (x, y) と表せ，あとは x と y の関係式を斜交座標上に図示すればそれが点Pの存在する領域となります．すなわちこの手の問題は座標平面上における軌跡や領域の話に帰着できるのです！

解答

（1）

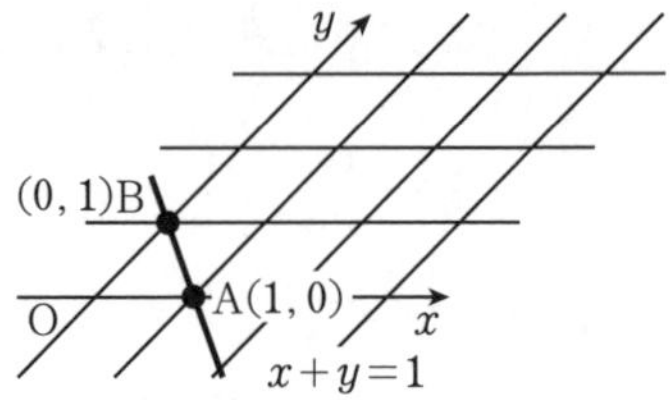

（2）

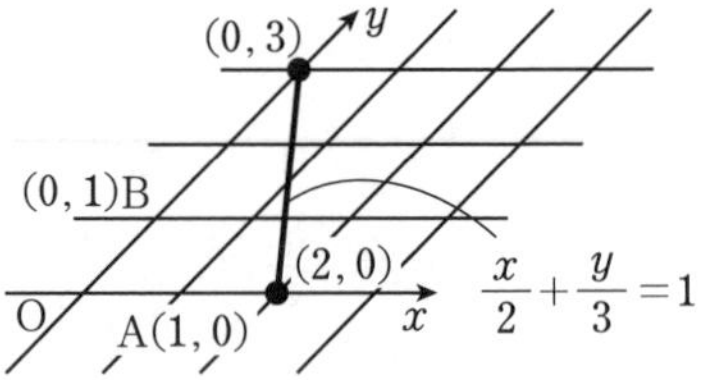

（3）

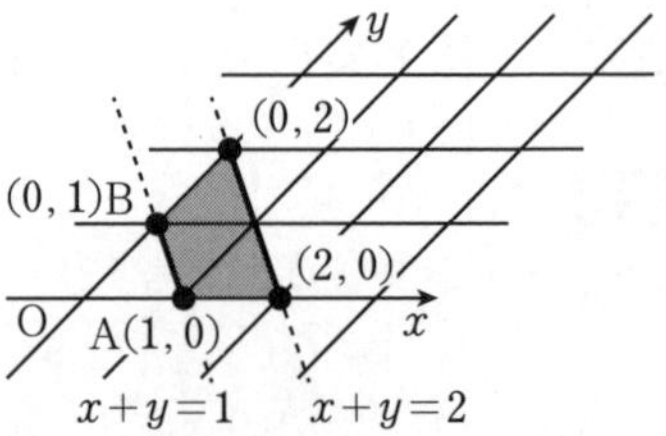

境界線上（実線部）を含む．

研究課題　（問題**215**（2）（i）について再考）

矢線ベクトルか位置ベクトルかの違いはありますが，$\overrightarrow{AP}$ を求めることは下図のように点Aを原点とし，$\overrightarrow{AB}$ と $\overrightarrow{AC}$ を1目盛りとする斜交座標における点Pの座標を求めることと，本質的に同じであると考えられます．

$AD : DB = 2 : 1$，$AE : EC = 3 : 1$ より

$D\left(\frac{2}{3}, 0\right)$，$E\left(0, \frac{3}{4}\right)$ ですから

$$CD : y = -\frac{3}{2}x + 1$$

$$\mathrm{BE}:\ y=-\frac{3}{4}x+\frac{3}{4}$$

となり，2 式を連立して解くと

$$x=\frac{1}{3},\ y=\frac{1}{2}$$

よって点 P の座標は $\left(\frac{1}{3},\ \frac{1}{2}\right)$ とわかり

$$\overrightarrow{\mathrm{AP}}=\frac{1}{3}\overrightarrow{\mathrm{AB}}+\frac{1}{2}\overrightarrow{\mathrm{AC}}$$

となります．

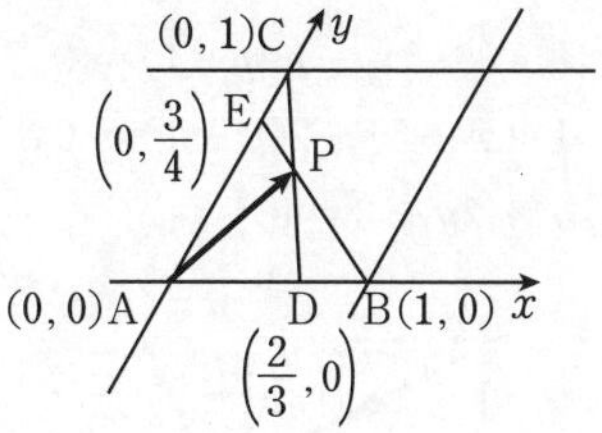

極端な解き方ですが，斜交座標の威力をかいまみることができます．

問題218

考え方 （ベクトル方程式）

直線上や円周上の点をベクトルの等式で表したものを**ベクトル方程式**といいます．

（ア） **直線のベクトル方程式**

$\mathrm{A}(\vec{a})$ を通り方向ベクトル $\vec{d}$ に平行な直線上の任意の点 $\mathrm{P}(\vec{p})$ は

$$\boldsymbol{\vec{p}=\vec{a}+t\vec{d}}\quad (t \text{ は実数})$$

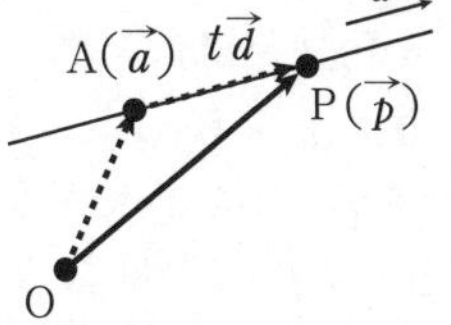

（イ） **円のベクトル方程式**

（ｉ） 中心が $\mathrm{A}(\vec{a})$，半径が r の円周上の任意の点 $\mathrm{P}(\vec{p})$ は

$$\boldsymbol{|\vec{p}-\vec{a}|=r}$$

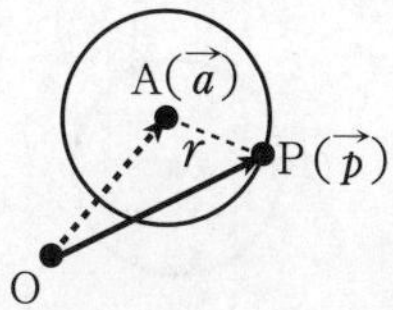

※ $|\overrightarrow{\mathrm{AP}}|=r$ から導かれます．

（ii） $\mathrm{A}(\vec{a})$，$\mathrm{B}(\vec{b})$ とし AB を直径とする円周上の点 $\mathrm{P}(\vec{p})$ は

$$\boldsymbol{(\vec{p}-\vec{a})\cdot(\vec{p}-\vec{b})=0}$$

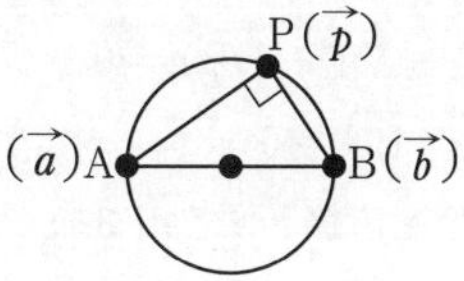

※ $\overrightarrow{\mathrm{AP}}\cdot\overrightarrow{\mathrm{BP}}=0$ から導かれます．

（２） 平方完成をすることで上の（ｉ）に結びつけます．（ii）のような（内積）$=0$ の形に直したり，座標設定する方法も考えられます（→**別解**）．

解答

（１） $\mathrm{OA}\perp\mathrm{AP}$ より

$$\overrightarrow{\mathrm{OA}}\cdot\overrightarrow{\mathrm{AP}}=0$$

$$\vec{a}\cdot(\vec{p}-\vec{a})=0$$

$$\vec{a}\cdot\vec{p}=|\vec{a}|^2$$

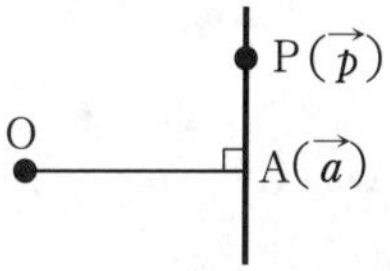

注意 この式も直線のベクトル方程式です．

（２） $|\vec{p}|^2-2\vec{a}\cdot\vec{p}=0$

$$|\vec{p}-\vec{a}|^2-|\vec{a}|^2=0$$

$$|\vec{p}-\vec{a}|=|\vec{a}|$$

よって点 $\mathrm{A}(\vec{a})$ を中心とし，点 O を通る円を描く．

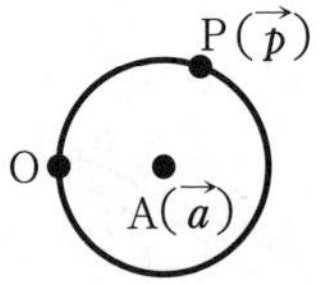

別解1

（2）　$\left|\vec{p}\right|^2 - 2\vec{a}\cdot\vec{p} = 0$ より

$$\vec{p}\cdot(\vec{p} - 2\vec{a}) = 0$$

ここで $\overrightarrow{OB} = 2\vec{a}$ をみたす点を B とすると

$$\overrightarrow{OP}\cdot(\overrightarrow{OP} - \overrightarrow{OB}) = 0$$

$$\overrightarrow{OP}\cdot\overrightarrow{BP} = 0$$

よって OB を直径とする円を描く．

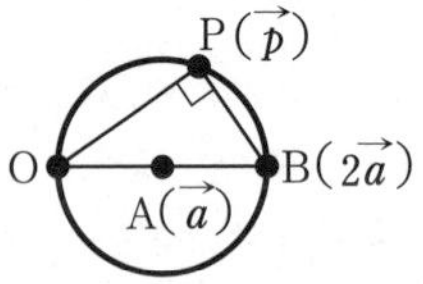

別解2

（2）　A$(a, 0)$，P(x, y) として一般性を失わない．

$$\left|\vec{p}\right|^2 - 2\vec{a}\cdot\vec{p} = 0$$

より

$$(x^2 + y^2) - 2(a, 0)\cdot(x, y) = 0$$

$$x^2 + y^2 - 2ax = 0$$

$$(x - a)^2 + y^2 = a^2$$

よって点 A$(a, 0)$ を中心とする半径 a の（点 O を通る）円を描く．

問題219

考え方　（2 直線のなす角）

2 直線のなす角は，それぞれの直線の法線ベクトルどうしのなす角として捉えます．**直線 $ax + by + c = 0$ の法線ベクトル $\vec{m}$ の成分が (a, b) であること**（→注意）を利用して，内積を計算しましょう（tan の加法定理を用いて計算する方法は **問題80** を参照）．

なお法線ベクトルどうしのなす角 θ が $90°$ を超える場合は 2 直線のなす角は $180° - \theta$ とします．

解答

求める直線上の点を P(x, y) とおくと

$$\vec{n}\cdot\overrightarrow{AP} = 0$$

$$(1, 2)\cdot(x - 5, y + 1) = 0$$

$$1\cdot(x - 5) + 2(y + 1) = 0$$

$$\boldsymbol{x + 2y - 3 = 0}$$

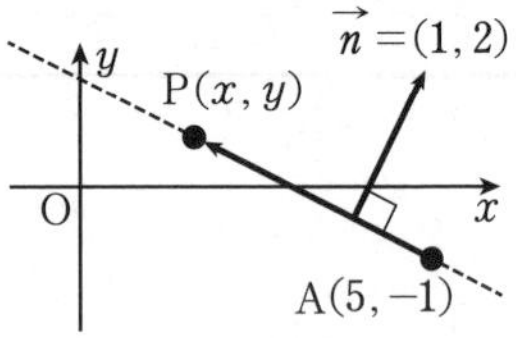

次に $\vec{m} = (1, -3)$ とおくと，$\vec{m}$ は直線 $x - 3y + 2 = 0$ の法線ベクトルである．$\vec{n}$ と $\vec{m}$ のなす角を θ とおくと

$$\cos\theta = \frac{\vec{n}\cdot\vec{m}}{\left|\vec{n}\right|\left|\vec{m}\right|}$$

$$= \frac{1\cdot1 + 2\cdot(-3)}{\sqrt{1^2 + 2^2}\sqrt{1^2 + (-3)^2}}$$

$$= \frac{-5}{\sqrt{5}\sqrt{10}} = -\frac{1}{\sqrt{2}}$$

$$\theta = 135°$$

したがって

$$\boldsymbol{\alpha} = 180° - 135° = \mathbf{45°}$$

注意　直線 $ax + by + c = 0$ の法線ベクトル $\vec{m}$ が $\vec{m} = (a, b)$ であることを，a の値で場合分けをして示してみます．前問（1）の直線のベクトル方程式の形に帰着させるのがポイントです．

<u>（ア）　$a \neq 0$ のとき</u>

直線 $ax + by + c = 0$ 上の点 P を (x, y) とおく．$ax + by + c = 0$ より

$$a\left(x + \frac{c}{a}\right) + by = 0$$

これを内積で表すと

$$(a, b)\cdot\left(x+\frac{c}{a}, y\right)=0$$

となり点Aの座標を $\left(-\dfrac{c}{a}, 0\right)$ とおくと

$$\vec{m}\cdot\overrightarrow{\mathrm{AP}}=0$$

よってPはAを通り，$\vec{m}$ に垂直な直線上にあり，これは $\vec{m}$ が直線 $ax+by+c=0$ と垂直であることを意味する．

(イ)　$a=0$ のとき

$by+c=0$ となりこれは x 軸に平行な直線である．また $\vec{m}=(0, b)$ は y 軸に平行な直線である．よって示された．

問題220

考え方　（垂心へのベクトル）

（1）　AH ⊥ BC 及び BH ⊥ AC を示します．内積を計算しましょう．

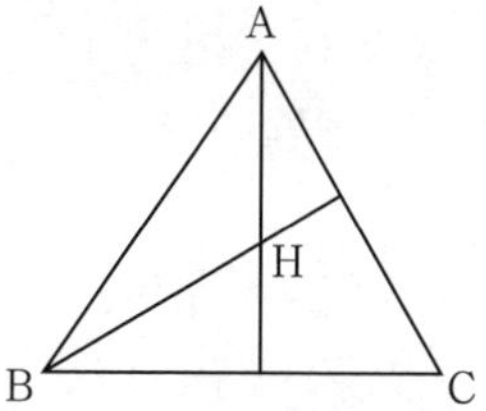

（2）　有名事実です．

解答

（1）　外接円の半径を R とする．

$$\begin{aligned}\overrightarrow{\mathrm{AH}}\cdot\overrightarrow{\mathrm{BC}}&=(\overrightarrow{\mathrm{OH}}-\overrightarrow{\mathrm{OA}})\cdot(\overrightarrow{\mathrm{OC}}-\overrightarrow{\mathrm{OB}})\\&=(\overrightarrow{\mathrm{OB}}+\overrightarrow{\mathrm{OC}})\cdot(\overrightarrow{\mathrm{OC}}-\overrightarrow{\mathrm{OB}})\\&=|\overrightarrow{\mathrm{OC}}|^2-|\overrightarrow{\mathrm{OB}}|^2\\&=R^2-R^2=0\end{aligned}$$

よって AH ⊥ BC である．次に

$$\begin{aligned}\overrightarrow{\mathrm{BH}}\cdot\overrightarrow{\mathrm{AC}}&=(\overrightarrow{\mathrm{OH}}-\overrightarrow{\mathrm{OB}})\cdot(\overrightarrow{\mathrm{OC}}-\overrightarrow{\mathrm{OA}})\\&=(\overrightarrow{\mathrm{OA}}+\overrightarrow{\mathrm{OC}})\cdot(\overrightarrow{\mathrm{OC}}-\overrightarrow{\mathrm{OA}})\\&=|\overrightarrow{\mathrm{OC}}|^2-|\overrightarrow{\mathrm{OA}}|^2\\&=R^2-R^2=0\end{aligned}$$

よって BH ⊥ AC となり，Hは△ABCの垂心である．

（2）　$\overrightarrow{\mathrm{OG}}=\dfrac{1}{3}(\overrightarrow{\mathrm{OA}}+\overrightarrow{\mathrm{OB}}+\overrightarrow{\mathrm{OC}})$ より

$$\overrightarrow{\mathrm{OH}}=3\overrightarrow{\mathrm{OG}}$$

となり3点O，G，Hは同一直線上にある．また

$$\mathbf{OG : GH = 1 : 2}$$

注意　3点O，G，Hを通る直線を**オイラー線**といいます．

問題221

考え方　（外心へのベクトル）

（1）　△ABCの3辺の長さを次図のように a, b, c とするとき，$\overrightarrow{\mathrm{AB}}$ と $\overrightarrow{\mathrm{AC}}$ の内積は

$$\boldsymbol{\overrightarrow{\mathrm{AB}}\cdot\overrightarrow{\mathrm{AC}}=\frac{c^2+b^2-a^2}{2}}\quad\cdots(*)$$

と計算できます（→**注意**）．cos∠BAC を経由して計算するのは手間なので，公式として覚えておくとよいでしょう．

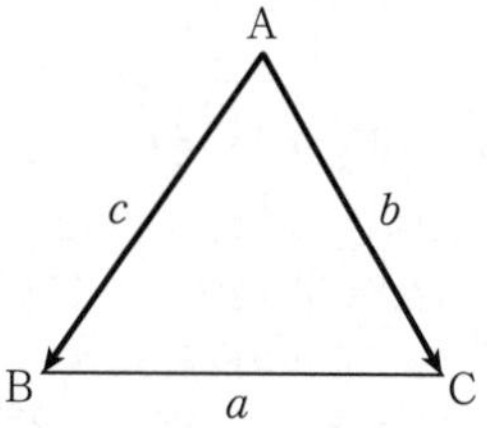

（2）　$\overrightarrow{\mathrm{AO}}=s\vec{b}+t\vec{c}$ などとおき，（内積）$=0$ を連立します．

（3）　点Hは2直線の交点ですから，**問題215** と同様に $\overrightarrow{\mathrm{AH}}$ を2通りの式で表して，係数を比較してもよいのですが（→**別解**），（2）よりOは△ABCの外心で，さらに∠ABH = 90° よりAHがこの円の直径であることに気づければ，ほとんど計算をすることなく答えが得られます．

解答

（１）　$\vec{b}\cdot\vec{c}=\dfrac{3^2+5^2-7^2}{2}=-\dfrac{\mathbf{15}}{\mathbf{2}}$

（２）　$\overrightarrow{\mathrm{AO}}=s\vec{b}+t\vec{c}$ とおく．

MO ⊥ AB より

$$\overrightarrow{\mathrm{MO}}\cdot\overrightarrow{\mathrm{AB}}=0$$
$$(\overrightarrow{\mathrm{AO}}-\overrightarrow{\mathrm{AM}})\cdot\overrightarrow{\mathrm{AB}}=0$$
$$\left(s\vec{b}+t\vec{c}-\frac{1}{2}\vec{b}\right)\cdot\vec{b}=0$$
$$s\left|\vec{b}\right|^2+t\vec{b}\cdot\vec{c}-\frac{1}{2}\left|\vec{b}\right|^2=0$$
$$9s-\frac{15}{2}t-\frac{9}{2}=0 \quad \cdots①$$

NO ⊥ AC より

$$\overrightarrow{\mathrm{NO}}\cdot\overrightarrow{\mathrm{AC}}=0$$
$$(\overrightarrow{\mathrm{AO}}-\overrightarrow{\mathrm{AN}})\cdot\overrightarrow{\mathrm{AC}}=0$$
$$\left(s\vec{b}+t\vec{c}-\frac{1}{2}\vec{c}\right)\cdot\vec{c}=0$$
$$s\vec{b}\cdot\vec{c}+t\left|\vec{c}\right|^2-\frac{1}{2}\left|\vec{c}\right|^2=0$$
$$-\frac{15}{2}s+25t-\frac{25}{2}=0 \quad \cdots②$$

①，② を連立して解くと

$$s=\frac{11}{9},\ t=\frac{13}{15}$$

したがって

$$\boldsymbol{\overrightarrow{\mathrm{AO}}=\frac{11}{9}\vec{b}+\frac{13}{15}\vec{c}}$$

（３）　∠ABH + ∠ACH = 180° より四角形 ABHC は円に内接する．∠ABH = 90° より AH はこの円の直径だから

$$\overrightarrow{\mathrm{AH}}=2\overrightarrow{\mathrm{AO}}=\boldsymbol{\frac{22}{9}\vec{b}+\frac{26}{15}\vec{c}}$$

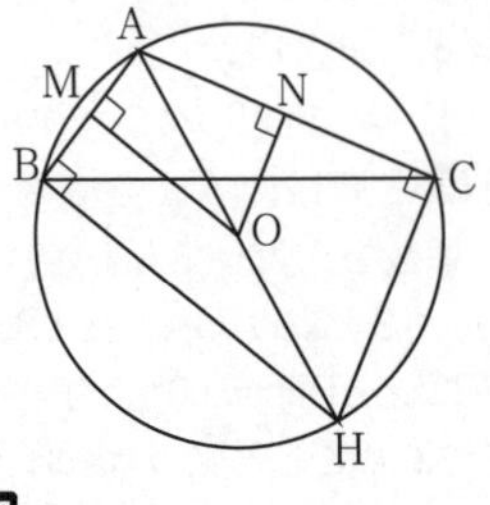

別解

（３）　MO//BH より実数 k を用いて

$$\begin{aligned}\overrightarrow{\mathrm{AH}}&=\overrightarrow{\mathrm{AB}}+\overrightarrow{\mathrm{BH}}\\&=\overrightarrow{\mathrm{AB}}+k\overrightarrow{\mathrm{MO}}\\&=\overrightarrow{\mathrm{AB}}+k(\overrightarrow{\mathrm{AO}}-\overrightarrow{\mathrm{AM}})\\&=\vec{b}+k\left\{\left(\frac{11}{9}\vec{b}+\frac{13}{15}\vec{c}\right)-\frac{1}{2}\vec{b}\right\}\\&=\left(\frac{13}{18}k+1\right)\vec{b}+\frac{13}{15}k\vec{c}\end{aligned}$$

とかける．

また，NO//CH より実数 l を用いて

$$\begin{aligned}\overrightarrow{\mathrm{AH}}&=\overrightarrow{\mathrm{AC}}+\overrightarrow{\mathrm{CH}}\\&=\overrightarrow{\mathrm{AC}}+l\overrightarrow{\mathrm{NO}}\\&=\overrightarrow{\mathrm{AC}}+l(\overrightarrow{\mathrm{AO}}-\overrightarrow{\mathrm{AN}})\\&=\vec{c}+l\left\{\left(\frac{11}{9}\vec{b}+\frac{13}{15}\vec{c}\right)-\frac{1}{2}\vec{c}\right\}\\&=\frac{11}{9}l\vec{b}+\left(\frac{11}{30}l+1\right)\vec{c}\end{aligned}$$

とかける．$\vec{b}$ と $\vec{c}$ は１次独立だから係数を比較して

$$\frac{13}{18}k+1=\frac{11}{9}l,\ \frac{13}{15}k=\frac{11}{30}l+1$$

連立して解くと

$$k=2,\ l=2$$

したがって

$$\boldsymbol{\overrightarrow{\mathrm{AH}}=\frac{22}{9}\vec{b}+\frac{26}{15}\vec{c}}$$

注意　（(*) の証明）

余弦定理を用いて

$$\begin{aligned}\overrightarrow{\mathrm{AB}}\cdot\overrightarrow{\mathrm{AC}}&=\left|\overrightarrow{\mathrm{AB}}\right|\left|\overrightarrow{\mathrm{AC}}\right|\cos\angle\mathrm{AOB}\\&=c\cdot b\cdot\frac{c^2+b^2-a^2}{2cb}\\&=\frac{c^2+b^2-a^2}{2}\end{aligned}$$

問題222

考え方　（傍心へのベクトル）

（１）　角の二等分線上にあるベクトルを，単位ベクトルを用いて表す公式の証明です．単位ベクトルの和がひし形の対角線方向のベクトルになることを利用します．

※単位ベクトルとは大きさが１のベクトル

のことをいいます．$\vec{a}$ と同じ方向の単位ベクトルは $\dfrac{\vec{a}}{|\vec{a}|}$ と表せます．

（2）（1）を利用することにより $\overrightarrow{OQ}$ を2通りの式で表して係数を比較します．点Qが△OABの傍心（→**注意2**）であることを利用しても結構です（→**注意1**）．

解答

（1） $\overrightarrow{OA'}=\dfrac{\vec{a}}{|\vec{a}|}$，$\overrightarrow{OB'}=\dfrac{\vec{b}}{|\vec{b}|}$，

$\overrightarrow{OR}=\overrightarrow{OA'}+\overrightarrow{OB'}$ とおく．

$$OA'=OB'=1$$

より四角形OA′RB′はひし形となり，対角線ORは∠AOBを二等分する．よって点Pは直線OR上にあり，実数 k を用いて

$$\overrightarrow{OP}=k\overrightarrow{OR}=k\left(\frac{\vec{a}}{|\vec{a}|}+\frac{\vec{b}}{|\vec{b}|}\right)$$

とかける．

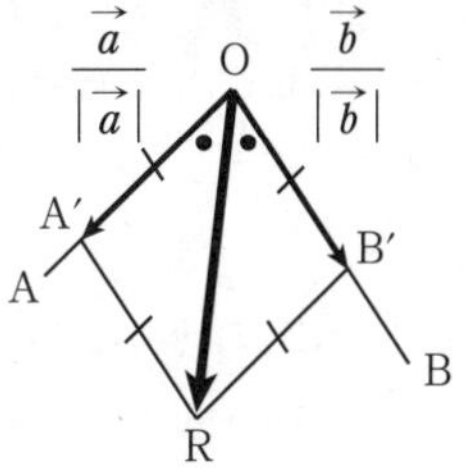

（2）
$$\begin{aligned}|\overrightarrow{AB}|^2&=|\vec{b}-\vec{a}|^2\\&=|\vec{b}|^2-2\vec{b}\cdot\vec{a}+|\vec{a}|^2\\&=\left(\frac{4}{5}\right)^2-2\cdot\frac{16}{25}+1^2\\&=\frac{9}{25}\quad\therefore\quad|\overrightarrow{AB}|=\frac{3}{5}\end{aligned}$$

点Qは∠Aの外角の二等分線上にあるから，実数 s を用いて

$$\begin{aligned}\overrightarrow{AQ}&=s\left(\frac{\overrightarrow{OA}}{|\overrightarrow{OA}|}+\frac{\overrightarrow{AB}}{|\overrightarrow{AB}|}\right)\\&=s\left(\vec{a}+\frac{\vec{b}-\vec{a}}{\frac{3}{5}}\right)\\&=-\frac{2}{3}s\vec{a}+\frac{5}{3}s\vec{b}\end{aligned}$$

とかける．よって

$$\begin{aligned}\overrightarrow{OQ}&=\overrightarrow{OA}+\overrightarrow{AQ}\\&=\left(1-\frac{2}{3}s\right)\vec{a}+\frac{5}{3}s\vec{b}\quad\cdots①\end{aligned}$$

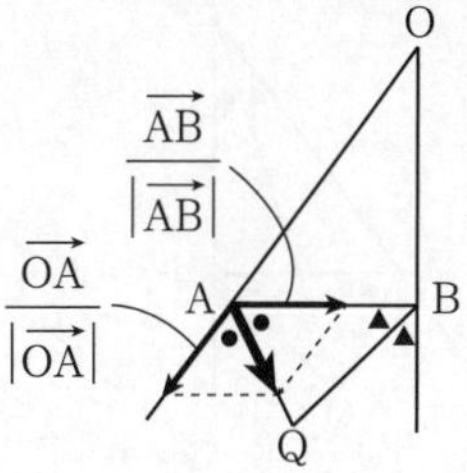

同様にQは∠Bの外角の二等分線上にあるから，実数 t を用いて

$$\begin{aligned}\overrightarrow{BQ}&=t\left(\frac{\overrightarrow{OB}}{|\overrightarrow{OB}|}+\frac{\overrightarrow{BA}}{|\overrightarrow{BA}|}\right)\\&=t\left(\frac{\vec{b}}{\frac{4}{5}}+\frac{\vec{a}-\vec{b}}{\frac{3}{5}}\right)\\&=\frac{5}{3}t\vec{a}-\frac{5}{12}t\vec{b}\end{aligned}$$

とかける．よって

$$\begin{aligned}\overrightarrow{OQ}&=\overrightarrow{OB}+\overrightarrow{BQ}\\&=\frac{5}{3}t\vec{a}+\left(1-\frac{5}{12}t\right)\vec{b}\quad\cdots②\end{aligned}$$

$\vec{a}$ と $\vec{b}$ は1次独立だから①，②の係数を比較して

$$1-\frac{2}{3}s=\frac{5}{3}t,\ \frac{5}{3}s=1-\frac{5}{12}t$$

連立して解くと

$$s=\frac{1}{2},\ t=\frac{2}{5}$$

したがって

$$\boldsymbol{\overrightarrow{OQ}=\frac{2}{3}\vec{a}+\frac{5}{6}\vec{b}}$$

注意1 （2）において点Qは△OABの傍心だから∠AOBの二等分線上にあります．よって実数 r を用いて

$$\overrightarrow{OQ}=r\left(\frac{\overrightarrow{OA}}{|\overrightarrow{OA}|}+\frac{\overrightarrow{OB}}{|\overrightarrow{OB}|}\right)$$

$$= r\vec{a} + \frac{5}{4}r\vec{b}$$

とかけ，これと ① または ② と係数を比較することで答えを出すこともできます．

$\left(r = \frac{2}{3}\text{となります}\right)$

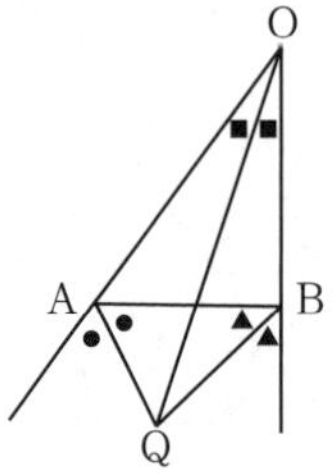

注意2　（傍心の位置ベクトル）

基準点をOとし △ABC のへの3頂点へのベクトルを

$$\overrightarrow{OA} = \vec{a},\ \overrightarrow{OB} = \vec{b},\ \overrightarrow{OC} = \vec{c}$$

とおき，さらに3辺の長さを

$$BC = a,\ CA = b,\ AB = c$$

とすると ∠BAC の二等分線上にある傍心Jへのベクトルは

$$\overrightarrow{\mathbf{OJ}} = \frac{-a\vec{a} + b\vec{b} + c\vec{c}}{-a + b + c}$$

と表せます．

問題223

考え方

（1）　始点をAに揃えたあと，k が入る式と入らない式に分けると，点Pの位置を捉えやすいでしょう．後半部分については

$$\overrightarrow{AP} = s\overrightarrow{AB} + t\overrightarrow{AC}$$

に対し

点Pが △ABC の内部にある

$$\iff \boldsymbol{s > 0}\ \textbf{かつ}\ \boldsymbol{t > 0}\ \textbf{かつ}\ \boldsymbol{s + t < 1}$$

を用いて解くこともできます（→**注意**）．

ただし本問では前半部分でPはすでに直線を描くことがわかっているので，Pが △ABC の辺上にある場合のみを調べれば十分でしょう．

解答

（1）　$3\overrightarrow{PA} + 4\overrightarrow{PB} + 5\overrightarrow{PC} = k\overrightarrow{AC}$ より

$$-3\overrightarrow{AP} + 4(\overrightarrow{AB} - \overrightarrow{AP}) + 5(\overrightarrow{AC} - \overrightarrow{AP}) = k\overrightarrow{AC}$$

$$-12\overrightarrow{AP} = -4\overrightarrow{AB} + (k-5)\overrightarrow{AC}$$

$$\overrightarrow{AP} = \frac{1}{3}\overrightarrow{AB} + \frac{5-k}{12}\overrightarrow{AC}$$

辺ABを1：2に内分する点をDとすると，点PはDを通り辺ACに平行な直線上にある．

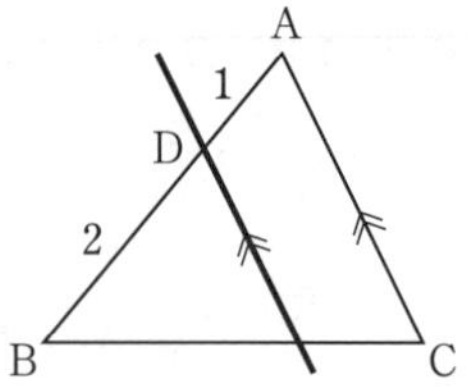

Pが辺AB上にあるとき

$$\frac{5-k}{12} = 0 \quad \therefore \quad k = 5$$

Pが辺BC上にあるとき

$$\frac{1}{3} + \frac{5-k}{12} = 1 \quad \therefore \quad k = -3$$

よってPが △ABC の内部にあるのは

$$\boldsymbol{-3 < k < 5}$$

（2）　$k = -3$ のとき

$$\overrightarrow{AP} = \frac{\overrightarrow{AB} + 2\overrightarrow{AC}}{2+1}$$

だから，辺BCを2：1に内分する点をEとすると，（1）の直線によって △ABC は △DBE と四角形ADEC に分けられる．

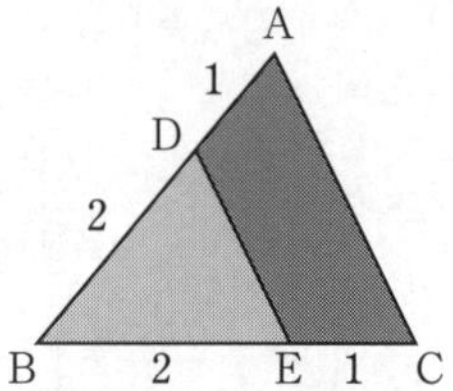

△ABC の面積を S とおくと

$$S_2 = \frac{\mathrm{BD}}{\mathrm{BA}} \cdot \frac{\mathrm{BE}}{\mathrm{BC}} \cdot S = \frac{2}{3} \cdot \frac{2}{3} S = \frac{4}{9} S$$

$$S_1 = S - S_2 = S - \frac{4}{9} S = \frac{5}{9} S$$

したがって

$$\boldsymbol{S_1 : S_2 = \frac{5}{9} S : \frac{4}{9} S = 5 : 4}$$

注意　**考え方**にある条件式を使うと，点 P が △ABC の内部にある条件は

$$\frac{5-k}{12} > 0 \text{ かつ } \frac{1}{3} + \frac{5-k}{12} < 1$$

となります（これを解くと $-3 < k < 5$）.

問題224

考え方

始点を A に揃えると手早いです.

解答

$$\overrightarrow{\mathrm{AP}} \cdot \overrightarrow{\mathrm{BP}} - \overrightarrow{\mathrm{BP}} \cdot \overrightarrow{\mathrm{CP}} + \overrightarrow{\mathrm{CP}} \cdot \overrightarrow{\mathrm{AP}} = \frac{1}{2}$$

$$\overrightarrow{\mathrm{AP}} \cdot (\overrightarrow{\mathrm{AP}} - \overrightarrow{\mathrm{AB}}) - (\overrightarrow{\mathrm{AP}} - \overrightarrow{\mathrm{AB}}) \cdot (\overrightarrow{\mathrm{AP}} - \overrightarrow{\mathrm{AC}}) + (\overrightarrow{\mathrm{AP}} - \overrightarrow{\mathrm{AC}}) \cdot \overrightarrow{\mathrm{AP}} = \frac{1}{2}$$

$$\left|\overrightarrow{\mathrm{AP}}\right|^2 = \overrightarrow{\mathrm{AB}} \cdot \overrightarrow{\mathrm{AC}} + \frac{1}{2}$$

ここで

$$\overrightarrow{\mathrm{AB}} \cdot \overrightarrow{\mathrm{AC}} = 1 \cdot 1 \cdot \cos 60° = \frac{1}{2}$$

より

$$\left|\overrightarrow{\mathrm{AP}}\right|^2 = 1 \quad \therefore \quad \left|\overrightarrow{\mathrm{AP}}\right| = 1$$

したがって点 A を中心とする半径 1 の（2 点 B，C を通る）円を描く.

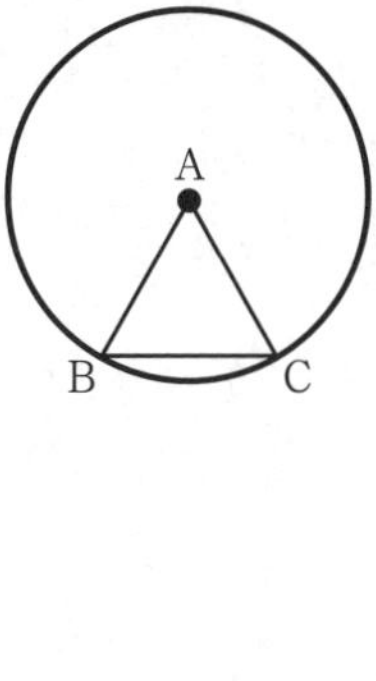

●3　平面ベクトルと応用

問題225

考え方　$\overrightarrow{\mathrm{PR}} = k\overrightarrow{\mathrm{QR}}$ をみたす実数 k の存在を示すことが目標です. まずは 2 つのベクトル $\overrightarrow{\mathrm{OA}}$，$\overrightarrow{\mathrm{OB}}$ を用いて $\overrightarrow{\mathrm{OP}}$，$\overrightarrow{\mathrm{OQ}}$，$\overrightarrow{\mathrm{OR}}$ を表し，そこから $\overrightarrow{\mathrm{PR}}$，$\overrightarrow{\mathrm{QR}}$ を計算しましょう.

なお，メネラウスの定理を使うことで煩雑な計算を避けることができます.

解答

OC : CA $= s : (1-s)$，OD : DB $= t : (1-t)$ $(0 < s < 1,\ 0 < t < 1)$ とおく. △OBC と直線 AD においてメネラウスの定理より

$$\frac{\mathrm{BD}}{\mathrm{DO}} \cdot \frac{\mathrm{OA}}{\mathrm{AC}} \cdot \frac{\mathrm{CP}}{\mathrm{PB}} = 1$$

$$\frac{1-t}{t} \cdot \frac{1}{1-s} \cdot \frac{\mathrm{CP}}{\mathrm{PB}} = 1$$

$$\frac{\mathrm{CP}}{\mathrm{PB}} = \frac{t(1-s)}{1-t}$$

$$\mathrm{CP} : \mathrm{PB} = t(1-s) : (1-t)$$

よって

$$\overrightarrow{\mathrm{OP}} = \frac{(1-t)\overrightarrow{\mathrm{OC}} + t(1-s)\overrightarrow{\mathrm{OB}}}{t(1-s) + (1-t)} = \frac{s(1-t)}{1-st}\overrightarrow{\mathrm{OA}} + \frac{t(1-s)}{1-st}\overrightarrow{\mathrm{OB}}$$

とかける. また

$$\overrightarrow{\mathrm{OQ}} = \overrightarrow{\mathrm{OC}} + \overrightarrow{\mathrm{OD}} = s\overrightarrow{\mathrm{OA}} + t\overrightarrow{\mathrm{OB}}$$

$$\overrightarrow{\mathrm{OR}} = \overrightarrow{\mathrm{OA}} + \overrightarrow{\mathrm{OB}}$$

であるから

$$\overrightarrow{\mathrm{PR}} = \overrightarrow{\mathrm{OR}} - \overrightarrow{\mathrm{OP}} = \frac{1-s}{1-st}\overrightarrow{\mathrm{OA}} + \frac{1-t}{1-st}\overrightarrow{\mathrm{OB}}$$

$$\overrightarrow{\mathrm{QR}} = (1-s)\overrightarrow{\mathrm{OA}} + (1-t)\overrightarrow{\mathrm{OB}}$$

したがって

$$\overrightarrow{\mathrm{PR}} = \frac{1}{1-st}\overrightarrow{\mathrm{QR}}$$

が成り立ち，3 点 P，Q，R は同一直線上にある.

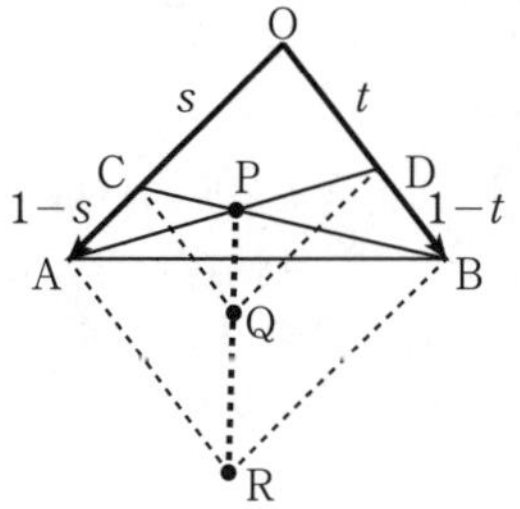

問題226

考え方　(正射影ベクトル)

2つのベクトル $\overrightarrow{OA}$, $\overrightarrow{OB}$ があり, $\overrightarrow{OB}$ に対して $\overrightarrow{OA}$ と垂直な方向から光をあてたときに直線OA上にできる影のベクトル $\overrightarrow{OH}$ を $\overrightarrow{OB}$ の $\overrightarrow{OA}$ への**正射影ベクトル**といい

$$\overrightarrow{\mathbf{OH}}=\frac{\overrightarrow{\mathbf{OA}}\cdot\overrightarrow{\mathbf{OB}}}{|\overrightarrow{\mathbf{OA}}|^2}\overrightarrow{\mathbf{OA}}\quad\cdots(*)$$

と表せます(→**注意**). よく使うので覚えておくとよいでしょう.

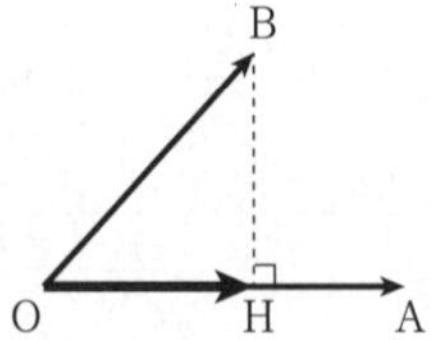

解答

(1)　$\vec{a}\cdot\vec{b}=\dfrac{OA^2+OB^2-AB^2}{2}$

$$=\frac{(2\sqrt{2})^2+(\sqrt{2})^2-2^2}{2}=3$$

点Bから直線OAに下ろした垂線の足をHとする. $\overrightarrow{OH}$ は $\vec{b}$ の $\vec{a}$ への正射影ベクトルだから

$$\overrightarrow{OH}=\frac{\vec{a}\cdot\vec{b}}{|\vec{a}|^2}\vec{a}=\frac{3}{8}\vec{a}$$

と表せる. またHはBDの中点だから

$$\overrightarrow{OH}=\frac{1}{2}(\overrightarrow{OB}+\overrightarrow{OD})$$

である. よって

$$\overrightarrow{\mathbf{OD}}=2\overrightarrow{OH}-\overrightarrow{OB}=\boldsymbol{\frac{3}{4}\vec{a}-\vec{b}}$$

次に点Aから直線OBに下ろした垂線の足をIとする. $\overrightarrow{OI}$ は $\vec{a}$ の $\vec{b}$ への正射影ベクトルだから

$$\overrightarrow{OI}=\frac{\vec{b}\cdot\vec{a}}{|\vec{b}|^2}\vec{b}=\frac{3}{2}\vec{b}$$

と表せる. またIはACの中点だから

$$\overrightarrow{OI}=\frac{1}{2}(\overrightarrow{OA}+\overrightarrow{OC})$$

である. よって

$$\overrightarrow{\mathbf{OC}}=2\overrightarrow{OI}-\overrightarrow{OA}=\boldsymbol{3\vec{b}-\vec{a}}$$

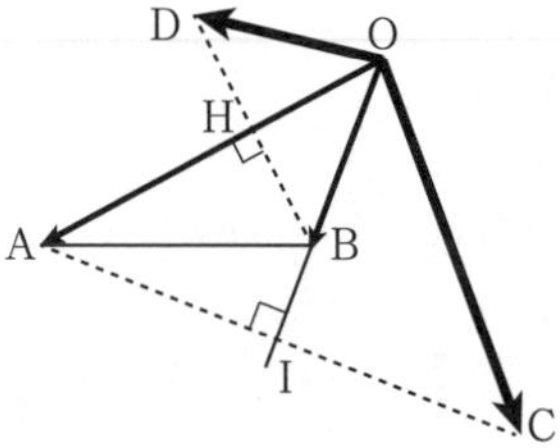

(2)　直線CD上の点をPとすると, 実数 t を用いて

$$\begin{aligned}\overrightarrow{OP}&=\overrightarrow{OC}+t\overrightarrow{CD}\\&=\overrightarrow{OC}+t(\overrightarrow{OD}-\overrightarrow{OC})\\&=(3\vec{b}-\vec{a})+t\left\{\left(\frac{3}{4}\vec{a}-\vec{b}\right)-\left(3\vec{b}-\vec{a}\right)\right\}\\&=\left(\frac{7}{4}t-1\right)\vec{a}+(-4t+3)\vec{b}\end{aligned}$$

とかける. Pが直線OA上にあるとき, $\vec{b}$ の係数が0だから

$$-4t+3=0\quad\therefore\quad t=\frac{3}{4}$$

よって $\overrightarrow{OE}=\dfrac{5}{16}\vec{a}$ となり

$$OE:OA=5:16$$

Pが直線OB上にあるとき, $\vec{a}$ の係数が0だから

$$\frac{7}{4}t-1=0\quad\therefore\quad t=\frac{4}{7}$$

よって $\overrightarrow{OF}=\dfrac{5}{7}\vec{b}$ となり

$$OF:OB=5:7$$

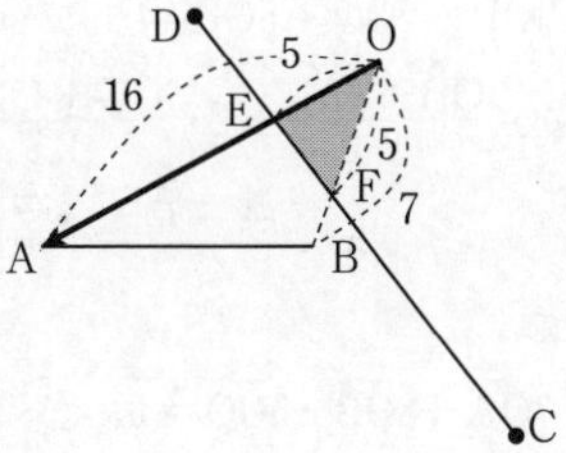

ここで

$$\triangle\mathrm{OAB}=\frac{1}{2}\sqrt{(2\sqrt{2})^2(\sqrt{2})^2-3^2}=\frac{\sqrt{7}}{2}$$

より

$$\triangle\mathrm{OEF}=\frac{\mathrm{OE}}{\mathrm{OA}}\cdot\frac{\mathrm{OF}}{\mathrm{OB}}\cdot\triangle\mathrm{OAB}$$
$$=\frac{5}{16}\cdot\frac{5}{7}\cdot\frac{\sqrt{7}}{2}=\boldsymbol{\frac{25\sqrt{7}}{224}}$$

注意　式(*)は次のように証明します. Hは直線OA上にあるから実数kを用いて

$$\overrightarrow{\mathrm{OH}}=k\overrightarrow{\mathrm{OA}}$$

とかける. $\mathrm{BH}\perp\mathrm{OA}$より

$$\overrightarrow{\mathrm{BH}}\cdot\overrightarrow{\mathrm{OA}}=0$$
$$(\overrightarrow{\mathrm{OH}}-\overrightarrow{\mathrm{OB}})\cdot\overrightarrow{\mathrm{OA}}=0$$
$$(k\overrightarrow{\mathrm{OA}}-\overrightarrow{\mathrm{OB}})\cdot\overrightarrow{\mathrm{OA}}=0$$
$$k\left|\overrightarrow{\mathrm{OA}}\right|^2-\overrightarrow{\mathrm{OA}}\cdot\overrightarrow{\mathrm{OB}}=0$$
$$k=\frac{\overrightarrow{\mathrm{OA}}\cdot\overrightarrow{\mathrm{OB}}}{\left|\overrightarrow{\mathrm{OA}}\right|^2}$$

よって

$$\overrightarrow{\mathrm{OH}}=\frac{\overrightarrow{\mathrm{OA}}\cdot\overrightarrow{\mathrm{OB}}}{\left|\overrightarrow{\mathrm{OA}}\right|^2}\overrightarrow{\mathrm{OA}}$$

問題227

考え方

（1）　点Gが直線PQ上にあることから, 実数sを用いて

$$\overrightarrow{\mathrm{AG}}=s\overrightarrow{\mathrm{AP}}+(1-s)\overrightarrow{\mathrm{AQ}}$$

などと表せることに注目します.

（2）　面積比をx(またはy)で表してもよいのですが,（1）で設定したsを変数とするのがスマートです.

解答

（1）　$\dfrac{\mathrm{AP}}{\mathrm{AB}}=x,\ \dfrac{\mathrm{AQ}}{\mathrm{AC}}=y$より

$\overrightarrow{\mathrm{AP}}=x\overrightarrow{\mathrm{AB}},\ \overrightarrow{\mathrm{AQ}}=y\overrightarrow{\mathrm{AC}}$である. 点Gは直線PQ上にあるから, sを実数として

$$\overrightarrow{\mathrm{AG}}=s\overrightarrow{\mathrm{AP}}+(1-s)\overrightarrow{\mathrm{AQ}}$$
$$=sx\overrightarrow{\mathrm{AB}}+(1-s)y\overrightarrow{\mathrm{AC}}$$

とかける. またGは△ABCの重心より

$$\overrightarrow{\mathrm{AG}}=\frac{1}{3}\overrightarrow{\mathrm{AB}}+\frac{1}{3}\overrightarrow{\mathrm{AC}}$$

ともかける. $\overrightarrow{\mathrm{AB}},\ \overrightarrow{\mathrm{AC}}$は1次独立より係数を比較して

$$sx=\frac{1}{3}\quad\cdots①,\ (1-s)y=\frac{1}{3}\quad\cdots②$$

①より$s=\dfrac{1}{3x}$となり, ②に代入して

$$\left(1-\frac{1}{3x}\right)y=\frac{1}{3}$$
$$\boldsymbol{\frac{1}{x}+\frac{1}{y}=3}\quad\cdots③$$

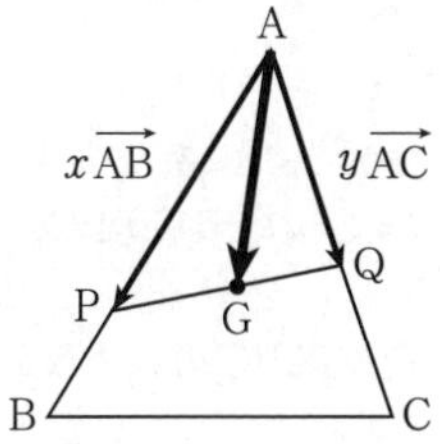

次に2点P, Qは辺AB, 辺AC上の点だから

$$0<x\leqq 1,\ 0<y\leqq 1\quad\cdots④$$

である. また③より

$$\frac{1}{y}=3-\frac{1}{x}$$

となり, ④より$\dfrac{1}{y}\geqq 1$であるから代入して

$$3-\frac{1}{x}\geqq 1$$
$$\frac{1}{x}\leqq 2\quad\therefore\quad x\geqq\frac{1}{2}$$

④と合わせて

$$\frac{1}{2} \leqq x \leqq 1 \quad \cdots⑤$$

（2） ①，②より

$$x = \frac{1}{3s},\ y = \frac{1}{3(1-s)}$$

だから

$$\frac{\triangle APQ}{\triangle ABC} = xy$$
$$= \frac{1}{3s \cdot 3(1-s)}$$
$$= \frac{1}{-9\left(s - \frac{1}{2}\right)^2 + \frac{9}{4}}$$

⑤より $\frac{1}{2} \leqq \frac{1}{3s} \leqq 1$ だから $\frac{1}{3} \leqq s \leqq \frac{2}{3}$ となることに注意して

$$\frac{4}{9} \leqq xy \leqq \frac{1}{2}$$
$$\boldsymbol{\frac{4}{9} \leqq \frac{\triangle APQ}{\triangle ABC} \leqq \frac{1}{2}}$$

問題228

考え方

（1） 点Oは外心ですから，△ABCの各辺の垂直二等分線上にあります．よって3点P，Q，Rはそれぞれ辺BC，CA，ABの中点です．

（2） 始点を△ABCのいずれかの頂点に揃えます．

（3） △ABCの面積を直接計算するのはかなり大変です．2辺の長さがわかっている△OBCの面積を先に出して，△ABCとの面積比を考えるのがよいでしょう．

解答

（1） 点Oは△ABCの外心だから，3点P，Q，Rはそれぞれ辺BC，CA，ABの中点である．よって

$$\overrightarrow{OP} = \frac{\overrightarrow{OB} + \overrightarrow{OC}}{2},\ \overrightarrow{OQ} = \frac{\overrightarrow{OC} + \overrightarrow{OA}}{2}$$
$$\overrightarrow{OR} = \frac{\overrightarrow{OA} + \overrightarrow{OB}}{2}$$

これを $3\overrightarrow{OP} + 2\overrightarrow{OQ} + 5\overrightarrow{OR} = \vec{0}$ に代入して

$$3 \cdot \frac{\overrightarrow{OB} + \overrightarrow{OC}}{2} + 2 \cdot \frac{\overrightarrow{OC} + \overrightarrow{OA}}{2} + 5 \cdot \frac{\overrightarrow{OA} + \overrightarrow{OB}}{2} = \vec{0}$$

整理して

$$\boldsymbol{7\overrightarrow{OA} + 8\overrightarrow{OB} + 5\overrightarrow{OC} = \vec{0}} \quad \cdots①$$

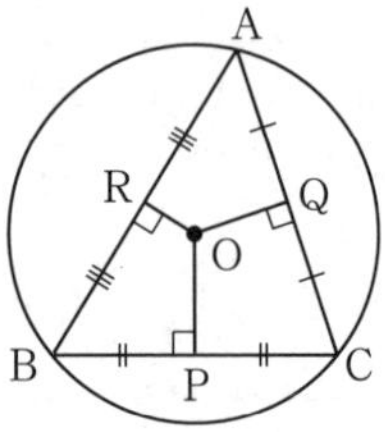

（2） ①より

$$-7\overrightarrow{AO} + 8(\overrightarrow{AB} - \overrightarrow{AO}) + 5(\overrightarrow{AC} - \overrightarrow{AO}) = \vec{0}$$

よって

$$\overrightarrow{AO} = \frac{8\overrightarrow{AB} + 5\overrightarrow{AC}}{20}$$
$$= \frac{13}{20} \cdot \frac{8\overrightarrow{AB} + 5\overrightarrow{AC}}{5+8}$$

辺BCを5：8に内分する点をDとすると

$$\overrightarrow{AO} = \frac{13}{20}\overrightarrow{AD}$$

となる．したがって点Pは**辺BCを5：8に内分する点Dに対し，線分ADを13：7に内分する位置にある．**

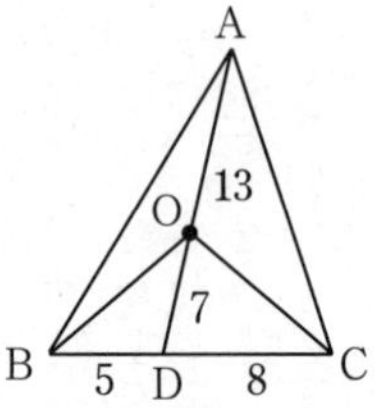

（3） ①より

$$8\overrightarrow{OB} + 5\overrightarrow{OC} = -7\overrightarrow{OA}$$
$$|8\overrightarrow{OB} + 5\overrightarrow{OC}|^2 = |-7\overrightarrow{OA}|^2$$
$$64|\overrightarrow{OB}|^2 + 80\overrightarrow{OB} \cdot \overrightarrow{OC} + 25|\overrightarrow{OC}|^2 = 49|\overrightarrow{OA}|^2$$

$$64+80\overrightarrow{OB}\cdot\overrightarrow{OC}+25=49$$

$$\overrightarrow{OB}\cdot\overrightarrow{OC}=-\frac{1}{2}$$

よって

$$\triangle OBC=\frac{1}{2}\sqrt{1^2\cdot 1^2-\left(-\frac{1}{2}\right)^2}$$

$$=\frac{\sqrt{3}}{4}$$

である．したがって（2）の結果に注意して

$$\triangle ABC=\frac{AD}{OD}\cdot\triangle OBC$$

$$=\frac{20}{7}\cdot\frac{\sqrt{3}}{4}=\mathbf{\frac{5\sqrt{3}}{7}}$$

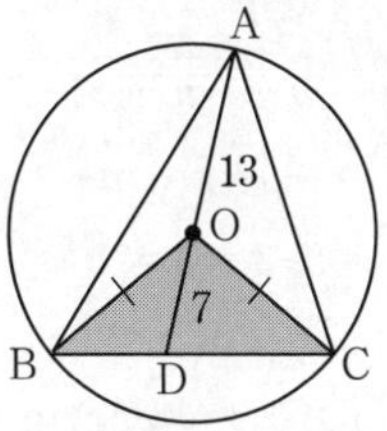

問題229

考え方　$\left|\vec{a}-3\vec{b}\right|^2$ を展開して計算する方針だと大変です（$\vec{a}$，$\vec{b}$ の大きさがわからない！）．そこで大きさがわかっている $\vec{a}+2\vec{b}$ 及び $2\vec{a}+\vec{b}$ を $\vec{x}$，$\vec{y}$ と置き換えることにより新たな基底としてとりなおし，$\left|\vec{a}-3\vec{b}\right|$ を $\vec{x}$，$\vec{y}$ の式で書き直すことを考えます．

解答

$\vec{a}+2\vec{b}=\vec{x}$ …①，$2\vec{a}+\vec{b}=\vec{y}$ …② とおく．（②×2－①）÷3 より

$$\vec{a}=\frac{1}{3}(2\vec{y}-\vec{x})\quad\cdots(*)$$

（①×2－②）÷3 より

$$\vec{b}=\frac{1}{3}(2\vec{x}-\vec{y})\quad\cdots(**)$$

よって

$$\left|\vec{a}-3\vec{b}\right|=\left|\frac{1}{3}(2\vec{y}-\vec{x})-3\cdot\frac{1}{3}(2\vec{x}-\vec{y})\right|$$

$$=\frac{1}{3}\left|-7\vec{x}+5\vec{y}\right|$$

となる．三角不等式

$$\left|\left|\vec{p}\right|-\left|\vec{q}\right|\right|\leqq\left|\vec{p}+\vec{q}\right|\leqq\left|\vec{p}\right|+\left|\vec{q}\right|$$

に $\vec{p}=-7\vec{x}$，$\vec{q}=5\vec{y}$ を代入すると

$$\left|\left|-7\vec{x}\right|-\left|5\vec{y}\right|\right|\leqq\left|-7\vec{x}+5\vec{y}\right|\leqq\left|-7\vec{x}\right|+\left|5\vec{y}\right|$$

が成り立つ．$\left|\vec{x}\right|=\left|\vec{y}\right|=1$ より

$$2\leqq\left|-7\vec{x}+5\vec{y}\right|\leqq 12$$

$$\frac{2}{3}\leqq\frac{1}{3}\left|-7\vec{x}+5\vec{y}\right|\leqq 4$$

$$\frac{2}{3}\leqq\left|\vec{a}-3\vec{b}\right|\leqq 4$$

右側の等号は $-7\vec{x}$ と $5\vec{y}$ が同じ向き，左側は逆向きのときにそれぞれ成り立ち，このとき最大値は **4**，最小値は $\mathbf{\frac{2}{3}}$ をとる．

注意　$\left|\vec{a}-3\vec{b}\right|$ を $\vec{x}$，$\vec{y}$ を用いて表したあとは，次のように計算することもできます．$\vec{x}$ と $\vec{y}$ のなす角を θ とすると

$$\left|-7\vec{x}+5\vec{y}\right|^2=49\left|\vec{x}\right|^2-70\vec{x}\cdot\vec{y}+25\left|\vec{y}\right|^2$$

$$=74-70\cos\theta$$

したがって $\theta=0°$ のとき最小値

$$\frac{1}{3}\sqrt{74-70}=\mathbf{\frac{2}{3}}$$

をとり，$\theta=180°$ のとき最大値

$$\frac{1}{3}\sqrt{74+70}=\mathbf{4}$$

をとる．

なお，上記は角 θ が任意の値をとりうることを前提としていますが，それは次のように示せます．

［証明］

解答の（*），（**）において，$\vec{x}$ と $\vec{y}$ をなす角を θ とする．そこから $\vec{a}$ と $\vec{b}$ が決まり，逆にそのように $\vec{a}$，$\vec{b}$ を設定すれば ①，② より $\vec{x}$ と $\vec{y}$ のなす角は θ となる．

問題230

考え方

（1）　背理法で証明します．

（2）　（1）の結果から $\vec{a}$ と $\vec{c}$ は1次独立です．平面上の任意のベクトルは1次独立な2つのベクトルで表せますから，$\vec{b}$ は $\vec{a}$ と $\vec{c}$ を用いて表せるはずです．

なお，（1）の結果を無視して図形的に解くことも可能です（→**別解**）．

解答

（1）　$\vec{a}$ と $\vec{c}$ のなす角を θ とすると

$$\vec{a}\cdot\vec{c} = \sqrt{3}\sqrt{5}\cos\theta = \sqrt{15}\cos\theta$$

$\vec{a}$ と $\vec{b}$ が平行であると仮定すると，上の値は $\sqrt{15}$ または $-\sqrt{15}$ となるが，これは $\vec{a}\cdot\vec{c} = 3$ に矛盾する．

したがって $\vec{a}$ と $\vec{c}$ は平行ではない．

（2）　（1）より $\vec{a}$ と $\vec{c}$ は1次独立だから

$$\vec{b} = s\vec{a} + t\vec{c}$$

とおける．このとき $|\vec{b}| = \sqrt{2}$ より

$$|s\vec{a} + t\vec{c}| = \sqrt{2}$$

$$|s\vec{a} + t\vec{c}|^2 = 2$$

$$s^2|\vec{a}|^2 + 2st\vec{a}\cdot\vec{c} + t^2|\vec{c}|^2 = 2$$

$$3s^2 + 6st + 5t^2 = 2 \quad \cdots①$$

次に $\vec{b}\cdot\vec{c} = 2$ より

$$(s\vec{a} + t\vec{c})\cdot\vec{c} = 2$$

$$s\vec{a}\cdot\vec{c} + t|\vec{c}|^2 = 2$$

$$3s + 5t = 2$$

$$s = \frac{2-5t}{3} \quad \cdots②$$

① に代入して

$$3\left(\frac{2-5t}{3}\right)^2 + 6\cdot\frac{2-5t}{3}t + 5t^2 = 2$$

$$5t^2 - 4t - 1 = 0$$

$$(5t+1)(t-1) = 0$$

$$t = -\frac{1}{5},\ 1$$

② より

$$(s, t) = \left(1, -\frac{1}{5}\right),\ (-1, 1)$$

（ア）　$(s, t) = \left(1, -\frac{1}{5}\right)$ のとき

$\vec{b} = \vec{a} - \frac{1}{5}\vec{c}$ となり

$$\boldsymbol{\vec{a}\cdot\vec{b}} = \vec{a}\cdot\left(\vec{a} - \frac{1}{5}\vec{c}\right)$$

$$= |\vec{a}|^2 - \frac{1}{5}\vec{a}\cdot\vec{c}$$

$$= 3 - \frac{3}{5} = \boldsymbol{\frac{12}{5}}$$

（イ）　$(s, t) = (-1, 1)$ のとき

$\vec{b} = -\vec{a} + \vec{c}$ となり

$$\boldsymbol{\vec{a}\cdot\vec{b}} = \vec{a}\cdot(-\vec{a} + \vec{c})$$

$$= -|\vec{a}|^2 + \vec{a}\cdot\vec{c}$$

$$= -3 + 3 = \boldsymbol{0}$$

別解

（2）　$\vec{c}$ と $\vec{a}$ のなす角を改めて α とおくと

$$\vec{c}\cdot\vec{a} = 3$$

$$\sqrt{5}\sqrt{3}\cos\alpha = 3 \quad \therefore\ \cos\alpha = \frac{\sqrt{3}}{\sqrt{5}}$$

次に $\vec{c}$ と $\vec{b}$ のなす角を β とおくと

$$\sqrt{5}\sqrt{2}\cos\beta = 2 \quad \therefore\ \cos\beta = \frac{\sqrt{2}}{\sqrt{5}}$$

$\cos\alpha > \cos\beta$ より $\alpha < \beta$ である．

このことに注意して $\vec{c}$ を基準に $\vec{a}$ と $\vec{b}$ とのなす角を考えると，図1，図2のような位置関係が考えられる．

(図 1)

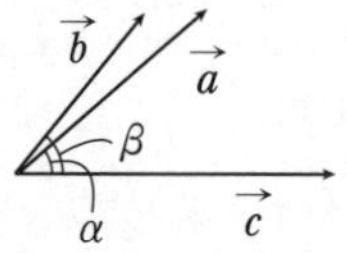

(図 2)

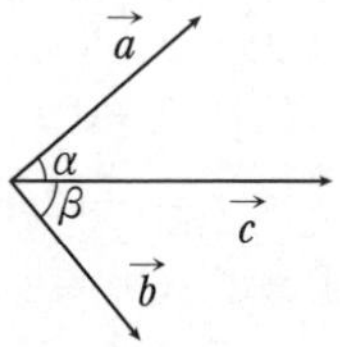

（ア）　図1のとき

$\vec{a}$ と $\vec{b}$ のなす角は $\beta - \alpha$ だから

$$\boldsymbol{\vec{a}\cdot\vec{b}} = \sqrt{3}\sqrt{2}\cos(\beta - \alpha)$$

$$= \sqrt{6}(\cos\beta\cos\alpha + \sin\beta\sin\alpha)$$
$$= \sqrt{6}\left(\frac{\sqrt{2}}{\sqrt{5}}\cdot\frac{\sqrt{3}}{\sqrt{5}} + \frac{\sqrt{3}}{\sqrt{5}}\cdot\frac{\sqrt{2}}{\sqrt{5}}\right)$$
$$= \mathbf{\frac{12}{5}}$$

(イ)　図 2 のとき

$\vec{a}$ と $\vec{b}$ のなす角は $\alpha+\beta$ だから

$$\vec{\boldsymbol{a}}\cdot\vec{\boldsymbol{b}} = \sqrt{3}\sqrt{2}\cos(\alpha+\beta)$$
$$= \sqrt{6}(\cos\alpha\cos\beta - \sin\alpha\sin\beta)$$
$$= \sqrt{6}\left(\frac{\sqrt{3}}{\sqrt{5}}\cdot\frac{\sqrt{2}}{\sqrt{5}} - \frac{\sqrt{2}}{\sqrt{5}}\cdot\frac{\sqrt{3}}{\sqrt{5}}\right)$$
$$= \mathbf{0}$$

問題231

考え方　いろいろな解法が考えられますが，ここではベクトルは「向き」と「大きさ」だけで定まることを利用してみます（つまりベクトルは位置を問題とせず，自由に移動できる）. 具体的には（1）では，3 つのベクトルをつなげて三角形を，（4）では 4 つのベクトルをつなげて四角形を.作ることを考えます.

解答

（1）　$\overrightarrow{OA}+\overrightarrow{OB}+\overrightarrow{OC}=\vec{0}$ より $\overrightarrow{OA}$，$\overrightarrow{OB}$，$\overrightarrow{OC}$ の始点と終点をつなげると図 1 のような三角形ができ

$$|\overrightarrow{OA}| = |\overrightarrow{OB}| = |\overrightarrow{OC}| = 1$$

よりその三角形は正三角形になる.

(図 1)

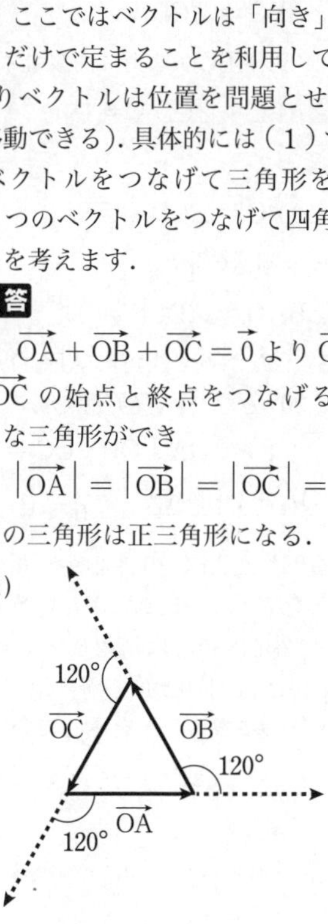

よって 3 つのベクトルのうち，どの 2 つのベクトルもなす角は 120° である.

次に 3 つのベクトルを始点を O に揃えると（図 2），中心角と円周角の関係から

$$\angle ABC = \angle BCA = \angle CAB = 60°$$

となり，$\triangle ABC$ は正三角形である.

(図 2)

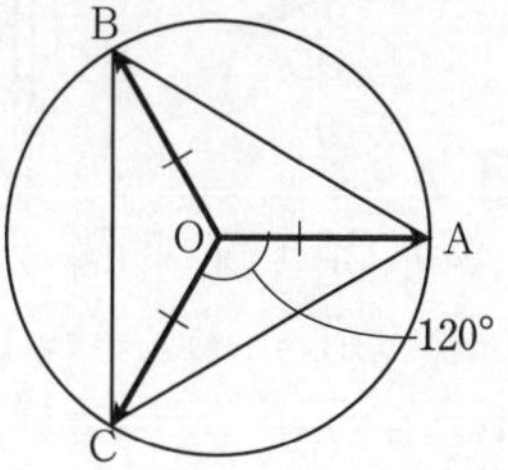

（2）　$\overrightarrow{OA}+\overrightarrow{OB}+\overrightarrow{OC}+\overrightarrow{OD}=\vec{0}$ より $\overrightarrow{OA}$，$\overrightarrow{OB}$，$\overrightarrow{OC}$，$\overrightarrow{OD}$ の始点と終点をつなげると図 3 のような四角形ができ

$$|\overrightarrow{OA}| = |\overrightarrow{OB}| = |\overrightarrow{OC}| = |\overrightarrow{OD}| = 1$$

よりひし形になるから $\overrightarrow{OA}$ と $\overrightarrow{OC}$，$\overrightarrow{OB}$ と $\overrightarrow{OD}$ はそれぞれ互いに逆ベクトルである.

(図 3)

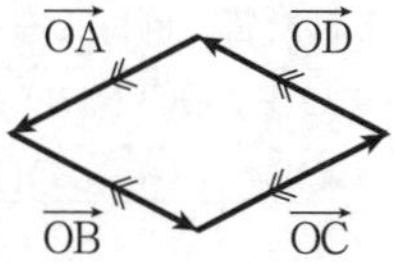

よって 4 つのベクトルを始点を O に揃えると AC，BD は円 S の直径となるから（図 4），四角形 ABCD のすべての角は 90° となり，長方形である.

(図 4)

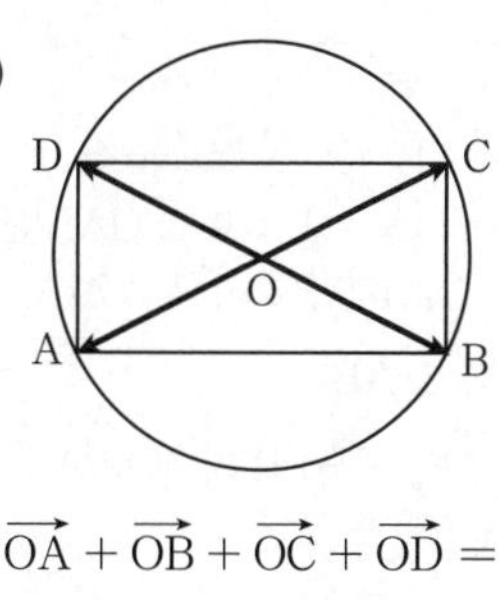

なお，$\overrightarrow{OA}+\overrightarrow{OB}+\overrightarrow{OC}+\overrightarrow{OD}=\vec{0}$ の始点

と終点をつなげた図は，図5のように四角形をつくらない場合も考えられるが，このとき四角形ABCDはこの順で四角形とならず，不適である．

（図5）

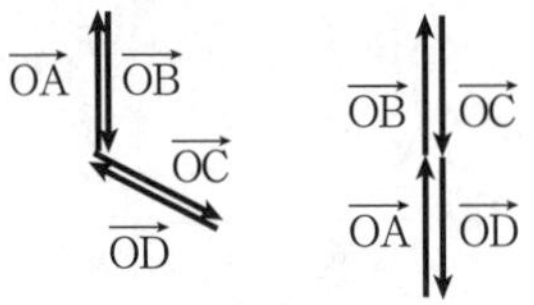

別解

（1）　$\overrightarrow{OA}+\overrightarrow{OB}+\overrightarrow{OC}=\vec{0}$ より

$$\overrightarrow{OA}+\overrightarrow{OB}=-\overrightarrow{OC}$$

$$\left|\overrightarrow{OA}+\overrightarrow{OB}\right|^2=\left|-\overrightarrow{OC}\right|^2$$

$$\left|\overrightarrow{OA}\right|^2+2\overrightarrow{OA}\cdot\overrightarrow{OB}+\left|\overrightarrow{OB}\right|^2=\left|\overrightarrow{OC}\right|^2$$

$$1^2+2\cdot1\cdot1\cos\angle AOB+1^2=1^2$$

$$\cos\angle AOB=-\frac{1}{2}$$

$$\angle AOB=120°$$

同様に

$$\angle BOC=\angle COA=120°$$

が導け，あとは**解答**と同様である．

（2）　$\overrightarrow{OA}+\overrightarrow{OB}+\overrightarrow{OC}+\overrightarrow{OD}=\vec{0}$ より

$$\frac{\overrightarrow{OA}+\overrightarrow{OB}}{2}+\frac{\overrightarrow{OC}+\overrightarrow{OD}}{2}=\vec{0}$$

ここで

$$\frac{\overrightarrow{OA}+\overrightarrow{OB}}{2}=\overrightarrow{OM},\ \frac{\overrightarrow{OC}+\overrightarrow{OD}}{2}=\overrightarrow{ON}$$

とおくと

$$\overrightarrow{OM}+\overrightarrow{ON}=\vec{0}$$

$$\overrightarrow{OM}=-\overrightarrow{ON}$$

よって3点M，O，Nが一直線上にある．次に$OA=OB=1$より△OABは二等辺三角形で，MがABの中点だから

$$OM\perp AB$$

△OCDについても同様の議論から

$$ON\perp CD$$

よって図6のようになり

$$AB\,/\!/\,CD$$

である．

（図6）

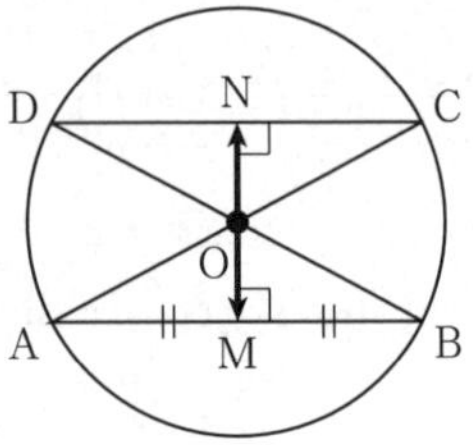

さらに同様の議論から

$$AD\,/\!/\,BC$$

が導かれ，四角形ABCDは平行四辺形である．対角が等しいことから

$$\angle ABC=\angle CDA$$

さらに四角形ABCDは円に内接するから

$$\angle ABC+\angle CDA=180°$$

である．よって

$$\angle ABC=\angle CDA=90°$$

が導かれ，同様の議論から

$$\angle BAD=\angle DCB=90°$$

もわかる．したがって四角形ABCDのすべての角は90°となり，長方形である．

注意　（1）で$\overrightarrow{OA}+\overrightarrow{OB}+\overrightarrow{OC}=0$より

$$\frac{\overrightarrow{OA}+\overrightarrow{OB}+\overrightarrow{OC}}{3}=\vec{0}$$

です．左辺は△ABCの外心から重心へのベクトルを表し，それが$\vec{0}$ということは△ABCの外心と重心は一致します．つまり本問の結果は，外心と重心が一致する三角形は正三角形に限ることを示しています．

問題232

考え方

（1）　$\overrightarrow{\mathrm{OP}}=s\overrightarrow{\mathrm{OA}}+t\overrightarrow{\mathrm{OB}}$ などとおき，それぞれの三角形の面積を s，t を用いて表してみましょう．

（3）　$\triangle$PCA の外接円の直径が AC であることに気づく必要があります．

解答

（1）　$\overrightarrow{\mathrm{OP}}=s\vec{a}+t\vec{b}$ とおき，平行四辺形 OACB の面積を S とする．このとき

$\triangle \mathrm{PAO}=\dfrac{t}{2}S$, $\triangle \mathrm{POB}=\dfrac{s}{2}S$,

$\triangle \mathrm{PBC}=\dfrac{1-t}{2}S$, $\triangle \mathrm{PCA}=\dfrac{1-s}{2}S$

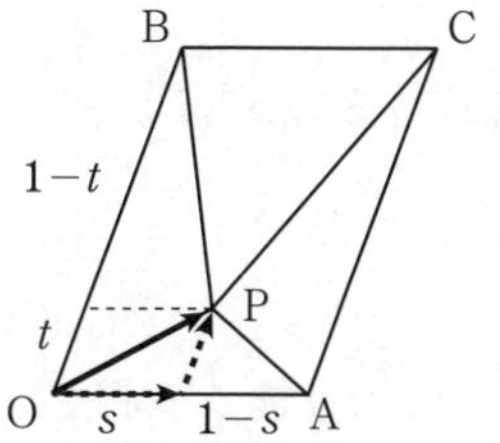

よって

$$\frac{t}{2}S:\frac{s}{2}S:\frac{1-t}{2}S=1:2:3$$

$$t:s:(1-t)=1:2:3$$

これを解いて $s=\dfrac{1}{2}$，$t=\dfrac{1}{4}$

したがって

$$\begin{aligned}\triangle\mathbf{PAO}:\triangle\mathbf{PCA}&=\frac{t}{2}S:\frac{1-s}{2}S\\&=t:(1-s)\\&=\frac{1}{4}:\frac{1}{2}=\mathbf{1:2}\end{aligned}$$

（2）　（1）より $\overrightarrow{\mathbf{OP}}=\dfrac{\mathbf{1}}{\mathbf{2}}\vec{\boldsymbol{a}}+\dfrac{\mathbf{1}}{\mathbf{4}}\vec{\boldsymbol{b}}$

（3）　直線 OP と辺 AC の交点を M とおくと，k を実数として

$$\overrightarrow{\mathrm{OM}}=k\overrightarrow{\mathrm{OP}}=\frac{1}{2}k\vec{a}+\frac{1}{4}k\vec{b}$$

とかける．

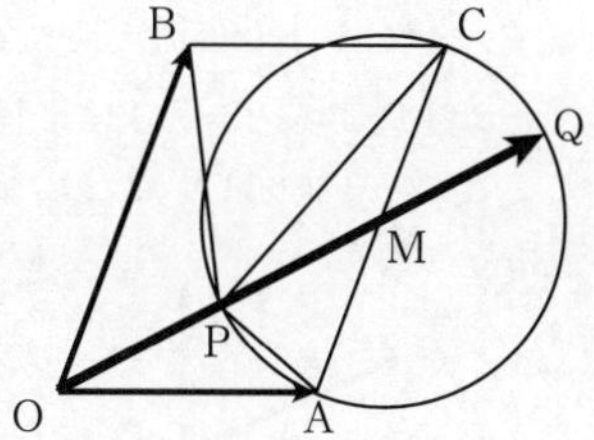

M は辺 AC 上の点より $\overrightarrow{\mathrm{OA}}$ の係数は 1 だから

$$\frac{1}{2}k=1 \quad \therefore \quad k=2$$

よって $\overrightarrow{\mathrm{OM}}=\vec{a}+\dfrac{1}{2}\vec{b}$ となり M は辺 AC の中点である．さらに

$$\begin{aligned}\left|\overrightarrow{\mathrm{PM}}\right|^2&=\left|\overrightarrow{\mathrm{OP}}\right|^2\\&=\left|\frac{1}{2}\vec{a}+\frac{1}{4}\vec{b}\right|^2\\&=\frac{1}{4}\left|\vec{a}\right|^2+\frac{1}{4}\vec{a}\cdot\vec{b}+\frac{1}{16}\left|\vec{b}\right|^2\\&=\frac{1}{2}+\frac{1}{4}+\frac{1}{4}\\&=1 \quad \therefore \quad \left|\overrightarrow{\mathrm{PM}}\right|=1\end{aligned}$$

より PM = AM = CM =1 となり，M は $\triangle$PCA の外接円の中心である．これと P が OM の中点であることに注意すると，

OP = PM = MQ だから

$$\overrightarrow{\mathbf{OQ}}=3\overrightarrow{\mathrm{OP}}=\frac{\mathbf{3}}{\mathbf{2}}\vec{\boldsymbol{a}}+\frac{\mathbf{3}}{\mathbf{4}}\vec{\boldsymbol{b}}$$

問題233

考え方

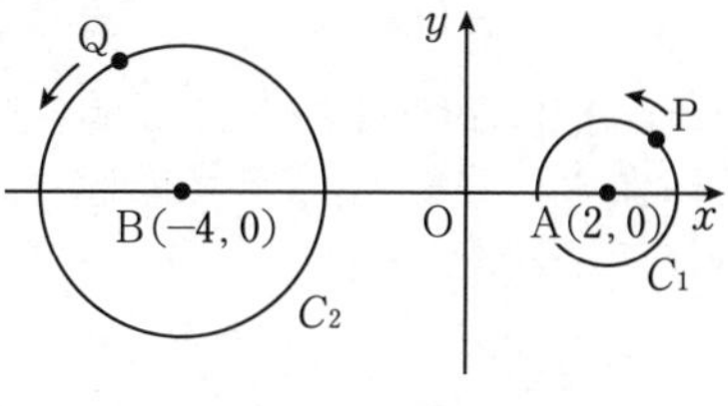

（1）　$\overrightarrow{\mathrm{OQ}}=\overrightarrow{\mathrm{OB}}+\overrightarrow{\mathrm{BQ}}$ と分解すると

$$\overrightarrow{\mathrm{OS}}=\frac{1}{2}(\overrightarrow{\mathrm{OA}}+\overrightarrow{\mathrm{OB}}+\overrightarrow{\mathrm{BQ}})$$

となります．$\frac{1}{2}(\overrightarrow{OA}+\overrightarrow{OB})$ が定ベクトルであることに注意すると，$\overrightarrow{BQ}$ は半径 2 の円を描くことから（次図），点 S の動きを簡単に捉えられます．

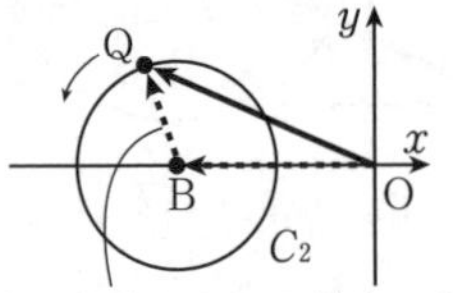

Q が C_2 をぐるっと 1 周すると $\overrightarrow{BQ}$ もぐるっと 1 周することに注目する

（2） 上と同様に，$\overrightarrow{OP}$ を分解することで（1）の結果がそのまま利用できます．なお本問では 2 点 S，Q が同時に動きます（つまり 2 変数関数の問題）．定石に従い，いずれか一方を固定してもう一方を動かし，その後固定していたほうの文字を動かすことになりますが，本問では先に S を固定し，Q を動かすのが簡単でしょう．

解答

（1）
$$\overrightarrow{OS}=\frac{1}{2}(\overrightarrow{OA}+\overrightarrow{OQ})$$
$$=\frac{1}{2}(\overrightarrow{OA}+\overrightarrow{OB}+\overrightarrow{BQ})$$

ここで A(2, 0)，B(−4, 0) より

$$\frac{1}{2}(\overrightarrow{OA}+\overrightarrow{OB})=(-1,\ 0)$$

であり，M(−1, 0) とすると

$$\overrightarrow{OS}=\overrightarrow{OM}+\frac{1}{2}\overrightarrow{BQ}$$
$$\overrightarrow{OS}-\overrightarrow{OM}=\frac{1}{2}\overrightarrow{BQ}$$
$$\overrightarrow{MS}=\frac{1}{2}\overrightarrow{BQ}$$

$\overrightarrow{BQ}$ は半径 2 の円を描くから $\overrightarrow{MS}$ は半径 1 の円を描き，したがって S の概形は図 1 のようになる．

(図 1)

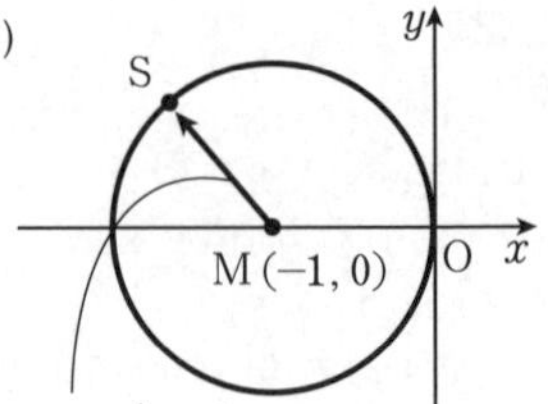

これが $\frac{1}{2}\overrightarrow{BQ}$ にあたり，ぐるっと回る

（2）
$$\overrightarrow{OR}=\frac{1}{2}(\overrightarrow{OP}+\overrightarrow{OQ})$$
$$=\frac{1}{2}(\overrightarrow{OA}+\overrightarrow{AP}+\overrightarrow{OQ})$$
$$=\frac{1}{2}(\overrightarrow{OA}+\overrightarrow{OQ})+\frac{1}{2}\overrightarrow{AP}$$
$$=\overrightarrow{OS}+\frac{1}{2}\overrightarrow{AP}$$

よって

$$\overrightarrow{OR}-\overrightarrow{OS}=\frac{1}{2}\overrightarrow{AP}$$
$$\overrightarrow{SR}=\frac{1}{2}\overrightarrow{AP}$$

となり S を固定すると，$\overrightarrow{AP}$ は半径 1 の円を描くから $\overrightarrow{SR}$ は半径 $\frac{1}{2}$ の円を描く（図 2）．

(図 2)

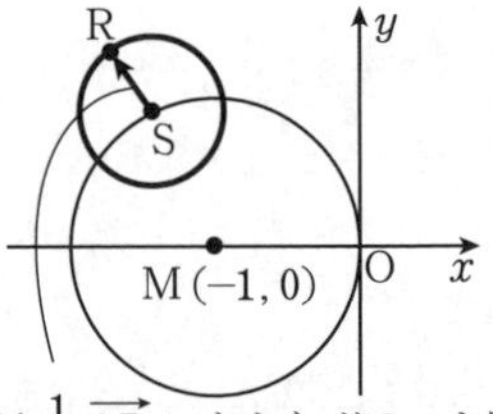

これが $\frac{1}{2}\overrightarrow{AP}$ にあたり，ぐるっと回る

次に S を上の図 2 の円周上で動かすことで，R の概形は図 3 のようになる．

(図 3)

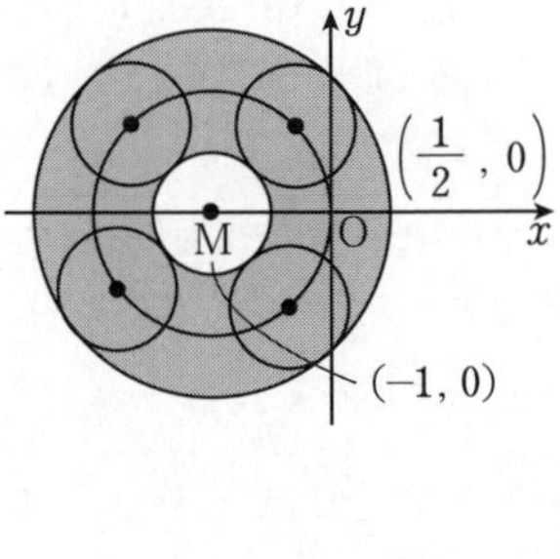

第9章　空間のベクトル

●1　ベクトルと空間図形

問題234

考え方　空間内にある任意のベクトルは3つの1次独立なベクトル（→**注意**）を用いて，ただ一通りに表すことができます．この3つのベクトルを空間における**基底**といいます．

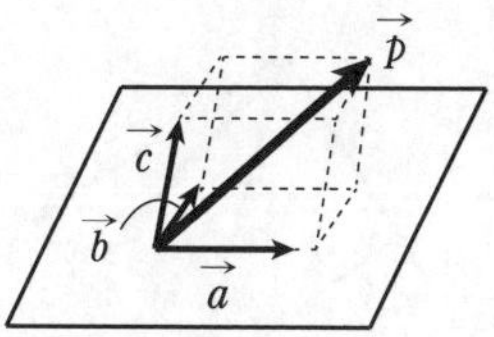

$\vec{p}$を1次独立な3つのベクトル
$\vec{a}$, $\vec{b}$, $\vec{c}$を用いて

$$\vec{p}=s\vec{a}+t\vec{b}+u\vec{c}$$

と表せる．

空間ベクトルでも基本的に平面ベクトルと同様の計算法則が成り立ちます．本問では共線条件（**問題206**を参照）を利用するとよいでしょう．
なお平行六面体の図は，直方体だと思ってかいてしまって構いません．

解答

点Mは△ACDの重心だから

$$\overrightarrow{OM}=\frac{\overrightarrow{OA}+\overrightarrow{OC}+\overrightarrow{OD}}{3}$$

また

$$\overrightarrow{OF}=\overrightarrow{OA}+\overrightarrow{AB}+\overrightarrow{BF}$$
$$=\overrightarrow{OA}+\overrightarrow{OC}+\overrightarrow{OD}$$

と表せるから

$$\overrightarrow{OF}=3\overrightarrow{OM}$$

が成り立つ．したがって3点O，M，Fは同一直線上にある．また

$$\mathbf{OM:MF=1:2}$$

である．

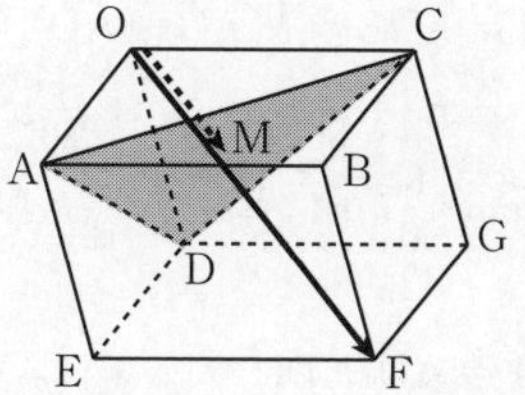

注意　**空間上の3つのベクトルが$\vec{0}$ではなく，かつ3つのベクトルすべてに平行な平面は存在しない**とき，3つのベクトルは1次独立であるといいます．次図のような3つのベクトルが四面体をつくる図をイメージするとよいでしょう．平面ベクトルのときと同様，このとき対応するベクトルの係数を比較することができます．

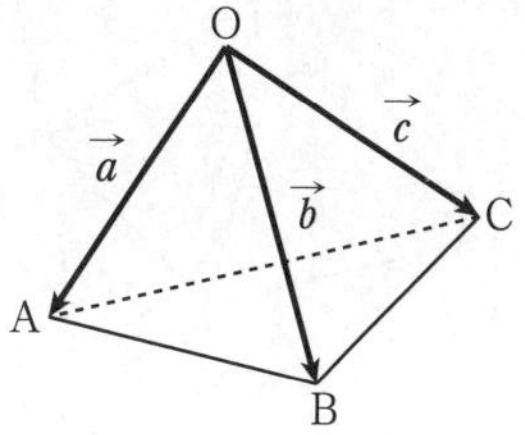

問題235

考え方

（2）　$\overrightarrow{AH}$を$\vec{b}$, $\vec{c}$, $\vec{d}$で表したとき，点Hは平面ABC上にあることから，$\vec{d}$の係数は0になります．

解答

（1）　$\overrightarrow{AE}=\frac{1}{4}\vec{b}+\frac{3}{4}\vec{d}$

$$\overrightarrow{AF}=\frac{3}{5}\overrightarrow{AC}+\frac{2}{5}\overrightarrow{AE}$$
$$=\frac{3}{5}\vec{c}+\frac{2}{5}\left(\frac{1}{4}\vec{b}+\frac{3}{4}\vec{d}\right)$$
$$=\frac{1}{10}\vec{b}+\frac{3}{5}\vec{c}+\frac{3}{10}\vec{d}$$
$$\overrightarrow{AG}=\frac{1}{3}\overrightarrow{AF}=\frac{1}{30}\vec{b}+\frac{1}{5}\vec{c}+\frac{1}{10}\vec{d}$$

（2）　点Hは直線DG上にあるから，実

数 k を用いて

$$\overrightarrow{\mathrm{DH}}=k\overrightarrow{\mathrm{DG}}=k(\overrightarrow{\mathrm{AG}}-\overrightarrow{\mathrm{AD}})$$
$$=k\left\{\left(\frac{1}{30}\vec{b}+\frac{1}{5}\vec{c}+\frac{1}{10}\vec{d}\right)-\vec{d}\right\}$$
$$=\frac{1}{30}k\vec{b}+\frac{1}{5}k\vec{c}-\frac{9}{10}k\vec{d}$$

とかけ

$$\overrightarrow{\mathrm{AH}}=\overrightarrow{\mathrm{AD}}+\overrightarrow{\mathrm{DH}}$$
$$=\frac{1}{30}k\vec{b}+\frac{1}{5}k\vec{c}+\left(1-\frac{9}{10}k\right)\vec{d}$$

である. H は平面 ABC 上の点より $\vec{d}$ の係数は 0 だから

$$1-\frac{9}{10}k=0 \quad \therefore \quad k=\frac{10}{9}$$

したがって

$$\boldsymbol{\overrightarrow{\mathrm{DH}}=\frac{1}{27}\vec{b}+\frac{2}{9}\vec{c}-\vec{d}},\ \textbf{DG : GH = 9 : 1}$$

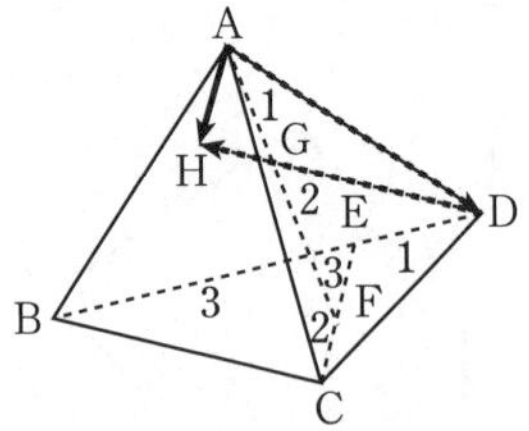

問題236

考え方

（2）　（共面条件）

一直線上にない 3 点 A，B，C に対して，S が平面 ABC 上にある条件は

$$\begin{cases}\boldsymbol{\overrightarrow{\mathrm{OS}}=s\overrightarrow{\mathrm{OA}}+t\overrightarrow{\mathrm{OB}}+u\overrightarrow{\mathrm{OC}}}\\ \boldsymbol{s+t+u=1}\end{cases}$$

となる実数 s，t，u が存在することです.

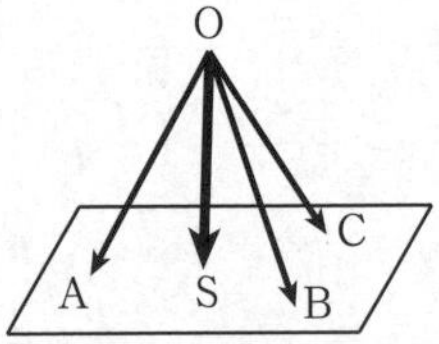

（証明は**注意**を参照. 重要なので必ず確認してください).

（3）　面積比のときと同様，体積比も線分比で捉えます.

解答

（1）　$\boldsymbol{\overrightarrow{\mathrm{OR}}}=\frac{1}{3}\overrightarrow{\mathrm{OQ}}+\frac{2}{3}\overrightarrow{\mathrm{OC}}$

$$=\frac{1}{3}\left(\frac{1}{3}\overrightarrow{\mathrm{OP}}+\frac{2}{3}\overrightarrow{\mathrm{OB}}\right)+\frac{2}{3}\overrightarrow{\mathrm{OC}}$$
$$=\frac{1}{3}\left(\frac{1}{3}\cdot\frac{2}{3}\vec{a}+\frac{2}{3}\vec{b}\right)+\frac{2}{3}\vec{c}$$
$$\boldsymbol{=\frac{2}{27}\vec{a}+\frac{2}{9}\vec{b}+\frac{2}{3}\vec{c}}$$

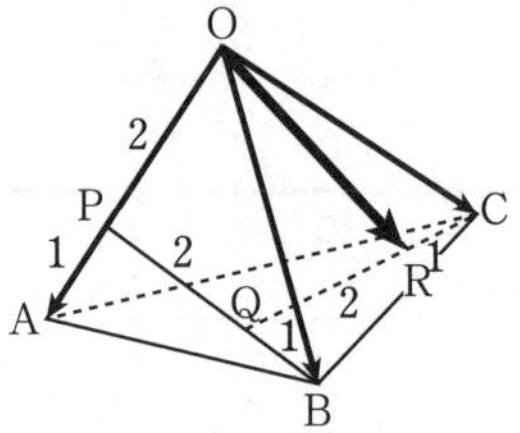

（2）　点 S は直線 OR 上にあるから，実数 k を用いて

$$\overrightarrow{\mathrm{OS}}=k\overrightarrow{\mathrm{OR}}=\frac{2}{27}k\vec{a}+\frac{2}{9}k\vec{b}+\frac{2}{3}k\vec{c}$$

とかける. S は平面 ABC 上の点より

$$\frac{2}{27}k+\frac{2}{9}k+\frac{2}{3}k=1 \quad \therefore \quad k=\frac{27}{26}$$

したがって

$$\boldsymbol{\overrightarrow{\mathrm{OS}}=\frac{1}{13}\vec{a}+\frac{3}{13}\vec{b}+\frac{9}{13}\vec{c}}$$

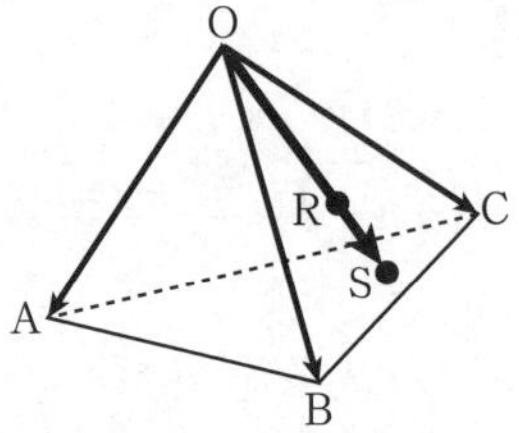

（3）　四面体 ABCD の体積を [ABCD] のように表す.

$$[\mathrm{OPQR}]=\frac{\mathrm{QR}}{\mathrm{QC}}[\mathrm{OPQC}]$$
$$=\frac{\mathrm{QR}}{\mathrm{QC}}\cdot\frac{\mathrm{PQ}}{\mathrm{PB}}[\mathrm{OPBC}]$$
$$=\frac{\mathrm{QR}}{\mathrm{QC}}\cdot\frac{\mathrm{PQ}}{\mathrm{PB}}\cdot\frac{\mathrm{OP}}{\mathrm{OA}}[\mathrm{OABC}]$$

$$=\frac{2}{3}\cdot\frac{2}{3}\cdot\frac{2}{3}[\mathrm{OABC}]$$

$$V_2=\frac{8}{27}V_1 \quad \therefore \quad \boldsymbol{\frac{V_2}{V_1}=\frac{8}{27}}$$

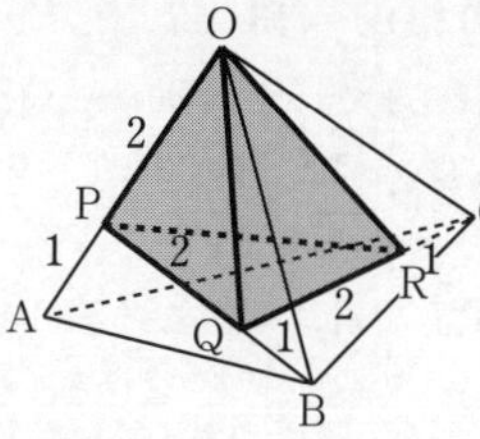

注意 **考え方**の式を証明してみます．
一直線上にない3点A，B，Cに対して，点Sが平面ABC上にあるとき，実数p，qを用いて

$$\boldsymbol{\overrightarrow{AS}=p\overrightarrow{AB}+q\overrightarrow{AC}} \quad \cdots①$$

とかけます(**これも共面条件といいます**)．

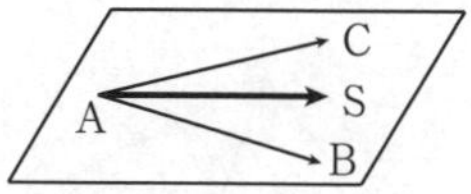

この式の始点をOに変更して

$$\overrightarrow{OS}-\overrightarrow{OA}=p(\overrightarrow{OB}-\overrightarrow{OA})+q(\overrightarrow{OC}-\overrightarrow{OA})$$

$$\overrightarrow{OS}=(1-p-q)\overrightarrow{OA}+p\overrightarrow{OB}+q\overrightarrow{OC}$$

$1-p-q=s$，$p=t$，$q=u$とおけば

$$\begin{cases}\boldsymbol{\overrightarrow{OS}=s\overrightarrow{OA}+t\overrightarrow{OB}+u\overrightarrow{OC}}\\ \boldsymbol{s+t+u=1}\end{cases} \quad \cdots②$$

です(なお，逆も成り立ちます)．
①，② の形はともによく使いますので，必ず覚えておきましょう．

問題237

考え方 (2)ではベクトルにおける三角形の面積公式を用います(公式については問題211 を参照)．そのために必要な要素である内積やベクトルの大きさを，先に計算しておくとよいでしょう．

解答

(1) $\overrightarrow{OP}=\frac{2}{3}\overrightarrow{OA}+\frac{1}{3}\overrightarrow{OB}$

$\overrightarrow{OQ}=\frac{2}{3}\overrightarrow{OB}+\frac{1}{3}\overrightarrow{OC}$

$\overrightarrow{OA}\cdot\overrightarrow{OB}=\overrightarrow{OB}\cdot\overrightarrow{OC}=\overrightarrow{OC}\cdot\overrightarrow{OA}=1\cdot1\cdot\cos60^\circ=\frac{1}{2}$

より

$$\overrightarrow{OP}\cdot\overrightarrow{OQ}=\left(\frac{2}{3}\overrightarrow{OA}+\frac{1}{3}\overrightarrow{OB}\right)\cdot\left(\frac{2}{3}\overrightarrow{OB}+\frac{1}{3}\overrightarrow{OC}\right)$$

$$=\frac{1}{9}(4\overrightarrow{OA}\cdot\overrightarrow{OB}+2\overrightarrow{OA}\cdot\overrightarrow{OC}+2|\overrightarrow{OB}|^2+\overrightarrow{OB}\cdot\overrightarrow{OC})$$

$$=\frac{1}{9}\left(4\cdot\frac{1}{2}+2\cdot\frac{1}{2}+2\cdot1^2+\frac{1}{2}\right)$$

$$=\boldsymbol{\frac{11}{18}}$$

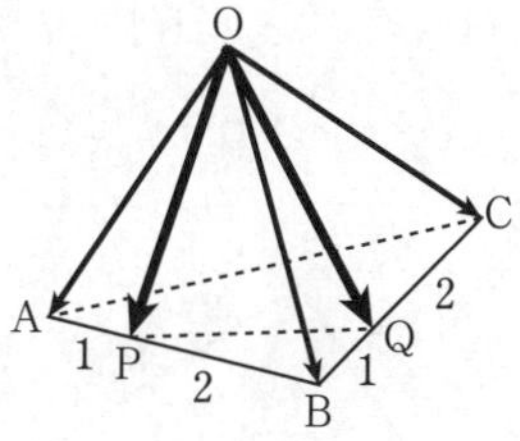

(2) $|\overrightarrow{OP}|^2=\frac{1}{9}|2\overrightarrow{OA}+\overrightarrow{OB}|^2$

$$=\frac{1}{9}\left(4|\overrightarrow{OA}|^2+4\overrightarrow{OA}\cdot\overrightarrow{OB}+|\overrightarrow{OB}|^2\right)$$

$$=\frac{1}{9}\left(4\cdot1^2+4\cdot\frac{1}{2}+1^2\right)=\frac{7}{9}$$

同様に $|\overrightarrow{OQ}|^2=\frac{7}{9}$ となるから

$$\boldsymbol{S}=\frac{1}{2}\sqrt{\frac{7}{9}\cdot\frac{7}{9}-\left(\frac{11}{18}\right)^2}$$

$$=\frac{1}{2}\sqrt{\left(\frac{1}{18}\right)^2(196-121)}$$

$$=\boldsymbol{\frac{5\sqrt{3}}{36}}$$

問題238

考え方

(1) 2直線の交点へのベクトルを求める問題では，平面ベクトルのときと同じように，2通りの式で表して係数を比較するの

が定石です(問題**215**を参照).「空間版メネラウスの定理」とよばれる公式を用いて答えを出すこともできます(→**注意**).

解答

(1)　点 D は PQ 上にあるから，実数 s を用いて

$$\overrightarrow{OD}=(1-s)\overrightarrow{OP}+s\overrightarrow{OQ}$$
$$=(1-s)\cdot\frac{1}{2}\vec{a}+s\left(\frac{1}{3}\vec{b}+\frac{2}{3}\vec{c}\right)$$
$$=\frac{1}{2}(1-s)\vec{a}+\frac{1}{3}s\vec{b}+\frac{2}{3}s\vec{c}$$

とかける．同様に D は RS 上にあるから，実数 t を用いて

$$\overrightarrow{OD}=(1-t)\overrightarrow{OR}+t\overrightarrow{OS}$$
$$=(1-t)\cdot\frac{3}{5}\vec{c}+t\{(1-u)\vec{a}+u\vec{b}\}$$
$$=t(1-u)\vec{a}+tu\vec{b}+\frac{3}{5}(1-t)\vec{c}$$

とかける．

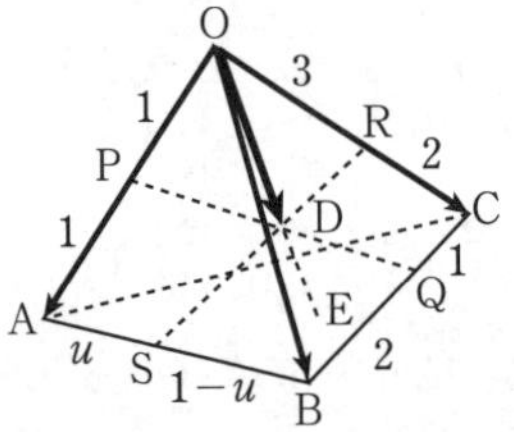

$\vec{a}$，$\vec{b}$，$\vec{c}$ は 1 次独立だから係数を比較して

$\frac{1}{2}(1-s)=t(1-u)$ …①，$\frac{1}{3}s=tu$ …②

$\frac{2}{3}s=\frac{3}{5}(1-t)$ …③

①＋② より

$$\frac{1}{2}-\frac{1}{6}s=t \quad \cdots ④$$

③，④ を連立して解くと

$$s=\frac{9}{17},\ t=\frac{7}{17}$$

② より $\boldsymbol{u=\frac{3}{7}}$ でこのとき

$$\boldsymbol{\overrightarrow{OD}=\frac{4}{17}\vec{a}+\frac{3}{17}\vec{b}+\frac{6}{17}\vec{c}}$$

(2)　点 E は OD 上にあるから，実数 r を用いて

$$\overrightarrow{OE}=r\overrightarrow{OD}=\frac{4}{17}r\vec{a}+\frac{3}{17}r\vec{b}+\frac{6}{17}r\vec{c}$$

とかける．E は △ABC 上の点より

$$\frac{4}{17}r+\frac{3}{17}r+\frac{6}{17}r=1 \quad \therefore \quad r=\frac{17}{13}$$

したがって

OD : OE = 13 : 17

注意　(1)では 4 点 P，S，Q，R が同一平面上にあること(共面条件)から

$$\overrightarrow{PQ}=\alpha\overrightarrow{PS}+\beta\overrightarrow{PR}$$

などと立式して計算することも可能です．

別解

(1)　本問のように四面体 OABC 上の 4 辺 OA，AB，BC，CO 上に 4 点 P，S，Q，R があり，これらがすべて同一平面上にあるとき

$$\frac{OP}{PA}\cdot\frac{AS}{SB}\cdot\frac{BQ}{QC}\cdot\frac{CR}{RO}=1$$

が成り立ちます(数学Ⅰ・A の問題**184**を参照)．

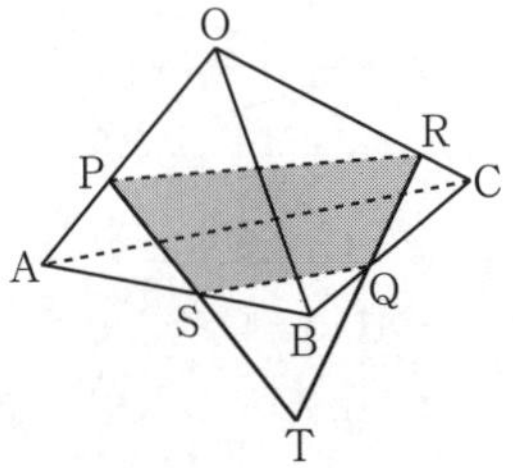

これを用いると本問は

$$\frac{1}{1}\cdot\frac{u}{1-u}\cdot\frac{2}{1}\cdot\frac{2}{3}=1$$
$$\boldsymbol{u=\frac{3}{7}}$$

となります．

問題239

考え方

(2)　平面 MNK 上に点 L があるので，実数 s，t を用いて

$$\overrightarrow{ML}=s\overrightarrow{MN}+t\overrightarrow{MK}$$

とかけます(共面条件)．これを(1)の式の係数と比較しましょう．

（3）　平面と線分の交点へのベクトルの問題と捉えましょう．これまでと同様，2通りの式で表して係数を比較します．

解答

（1）　$\overrightarrow{\mathrm{MN}}=\overrightarrow{\mathrm{MA}}+\overrightarrow{\mathrm{AN}}=\boldsymbol{\frac{1}{2}\vec{a}+\frac{2}{5}\vec{b}}$

$\overrightarrow{\mathrm{ML}}=\overrightarrow{\mathrm{MA}}+\overrightarrow{\mathrm{AD}}+\overrightarrow{\mathrm{DL}}$

$=\boldsymbol{\frac{1}{2}\vec{a}+\vec{b}+\frac{1}{3}\vec{c}}$

$\overrightarrow{\mathrm{MK}}=\overrightarrow{\mathrm{MO}}+\overrightarrow{\mathrm{OK}}=\boldsymbol{-\frac{1}{2}\vec{a}+k\vec{c}}$

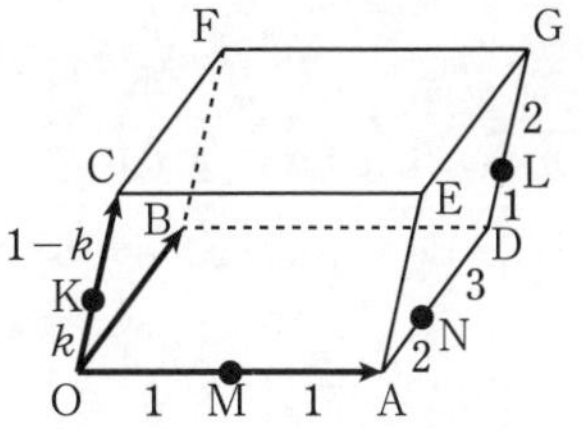

（2）　L は平面 MNK 上の点より，実数 s，t を用いて

$\overrightarrow{\mathrm{ML}}=s\overrightarrow{\mathrm{MN}}+t\overrightarrow{\mathrm{MK}}$

$=s\left(\frac{1}{2}\vec{a}+\frac{2}{5}\vec{b}\right)+t\left(-\frac{1}{2}\vec{a}+k\vec{c}\right)$

$=\left(\frac{1}{2}s-\frac{1}{2}t\right)\vec{a}+\frac{2}{5}s\vec{b}+kt\vec{c}$

とかける．$\vec{a}$，$\vec{b}$，$\vec{c}$ は1次独立だから（1）の式と係数を比較して

$$\frac{1}{2}s-\frac{1}{2}t=\frac{1}{2},\ \frac{2}{5}s=1,\ kt=\frac{1}{3}$$

連立して解くと

$$s=\frac{5}{2},\ t=\frac{3}{2},\ \boldsymbol{k=\frac{2}{9}}$$

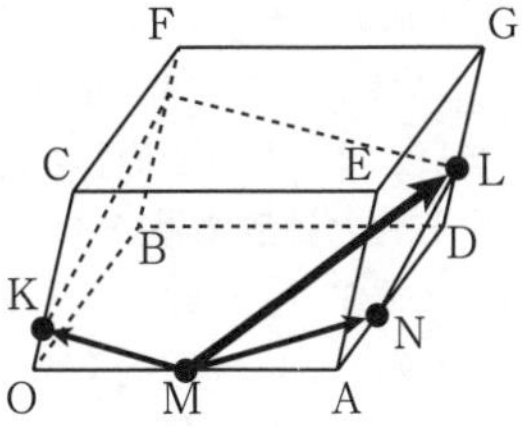

（3）　平面 MNK と辺 GF の交点を I とおく．I は平面 MNK 上の点より，実数 α，β を用いて

$\overrightarrow{\mathrm{OI}}=\overrightarrow{\mathrm{OM}}+\alpha\overrightarrow{\mathrm{MN}}+\beta\overrightarrow{\mathrm{MK}}$

$=\frac{1}{2}\vec{a}+\alpha\left(\frac{1}{2}\vec{a}+\frac{2}{5}\vec{b}\right)+\beta\left(-\frac{1}{2}\vec{a}+k\vec{c}\right)$

$=\left(\frac{1}{2}+\frac{1}{2}\alpha-\frac{1}{2}\beta\right)\vec{a}+\frac{2}{5}\alpha\vec{b}+k\beta\vec{c}$

とかける．

また I は辺 GF 上の点より，実数 l $(0\leqq l\leqq 1)$ を用いて

$$\overrightarrow{\mathrm{OI}}=\overrightarrow{\mathrm{OB}}+\overrightarrow{\mathrm{BF}}+l\overrightarrow{\mathrm{FG}}$$
$$=\vec{b}+\vec{c}+l\vec{a}$$

とかける．

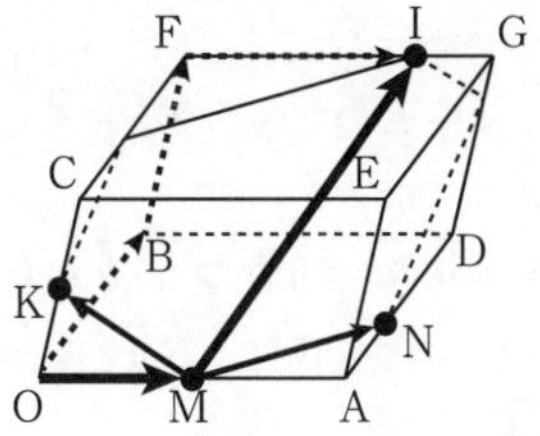

$\vec{a}$，$\vec{b}$，$\vec{c}$ は1次独立だから係数を比較して

$\frac{1}{2}+\frac{1}{2}\alpha-\frac{1}{2}\beta=l$ …①，$\frac{2}{5}\alpha=1$ …②

$k\beta=1$ …③

②，③より $\alpha=\frac{5}{2}$，$\beta=\frac{1}{k}$ で，これを①に代入して

$$\frac{1}{2}+\frac{1}{2}\cdot\frac{5}{2}-\frac{1}{2}\cdot\frac{1}{k}=l$$

$$l=\frac{7}{4}-\frac{1}{2k}$$

$0\leqq l\leqq 1$ より

$$0\leqq\frac{7}{4}-\frac{1}{2k}\leqq 1$$

$$-\frac{7}{4}\leqq-\frac{1}{2k}\leqq-\frac{3}{4}$$

$$\boldsymbol{\frac{2}{7}\leqq k\leqq\frac{2}{3}}$$

問題240

考え方　（平面と直線の直交条件）

「平面 α と直線 l が直交すること」と「平面 α 上にある平行ではない2直線 m，n と直線 l が垂直になること」は同値です．

これを式で表すと次のようになります.

$$\boldsymbol{l} \perp \boldsymbol{\alpha} \Longleftrightarrow \boldsymbol{l} \perp \boldsymbol{m} \text{ かつ } \boldsymbol{l} \perp \boldsymbol{n} \quad \cdots(*)$$

(ただし $\boldsymbol{m} \not\parallel \boldsymbol{n}$)

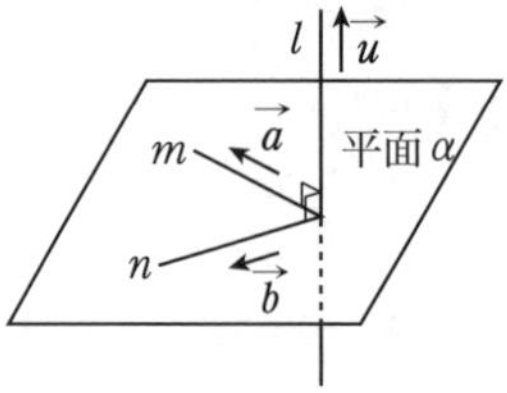

この条件をベクトルで書き換えると次のようになります.

3直線 l, m, n の方向ベクトルをそれぞれ $\vec{u}$, $\vec{a}$, $\vec{b}$ としたとき

$$\boldsymbol{l} \perp \boldsymbol{\alpha} \Longleftrightarrow \vec{\boldsymbol{u}}\cdot\vec{\boldsymbol{a}}=\boldsymbol{0} \text{ かつ } \vec{\boldsymbol{u}}\cdot\vec{\boldsymbol{b}}=\boldsymbol{0} \quad \cdots(**)$$

(2)では(**)を利用して $\overrightarrow{OH}$ を求めます.

解答

(1) $\vec{\boldsymbol{a}}\cdot\vec{\boldsymbol{b}}=\dfrac{2^2+(\sqrt{3})^2-(\sqrt{7})^2}{2}=\boldsymbol{0}$

$\vec{\boldsymbol{b}}\cdot\vec{\boldsymbol{c}}=\dfrac{(\sqrt{3})^2+(\sqrt{7})^2-3^2}{2}=\boldsymbol{\dfrac{1}{2}}$

$\vec{\boldsymbol{c}}\cdot\vec{\boldsymbol{a}}=\dfrac{(\sqrt{7})^2+2^2-(\sqrt{5})^2}{2}=\boldsymbol{3}$

(2) Hは平面OAB上の点より, 実数 s, t を用いて

$$\overrightarrow{OH}=s\vec{a}+t\vec{b}$$

とかける.

平面 $\alpha \perp$ CH より CH $\perp$ OA だから

$$\overrightarrow{CH}\cdot\overrightarrow{OA}=0$$
$$(\overrightarrow{OH}-\overrightarrow{OC})\cdot\overrightarrow{OA}=0$$
$$(s\vec{a}+t\vec{b}-\vec{c})\cdot\vec{a}=0$$
$$s|\vec{a}|^2+t\vec{a}\cdot\vec{b}-\vec{a}\cdot\vec{c}=0$$
$$s\cdot4+t\cdot0-3=0 \quad \therefore \quad s=\frac{3}{4}$$

同様に CH $\perp$ OB だから

$$\overrightarrow{CH}\cdot\overrightarrow{OB}=0$$
$$(\overrightarrow{OH}-\overrightarrow{OC})\cdot\overrightarrow{OB}=0$$
$$(s\vec{a}+t\vec{b}-\vec{c})\cdot\vec{b}=0$$
$$s\vec{a}\cdot\vec{b}+t|\vec{b}|^2-\vec{b}\cdot\vec{c}=0$$
$$\frac{3}{4}\cdot0+t\cdot3-\frac{1}{2}=0 \quad \therefore \quad t=\frac{1}{6}$$

したがって

$$\overrightarrow{\mathbf{OH}}=\boldsymbol{\frac{3}{4}\vec{a}+\frac{1}{6}\vec{b}}$$

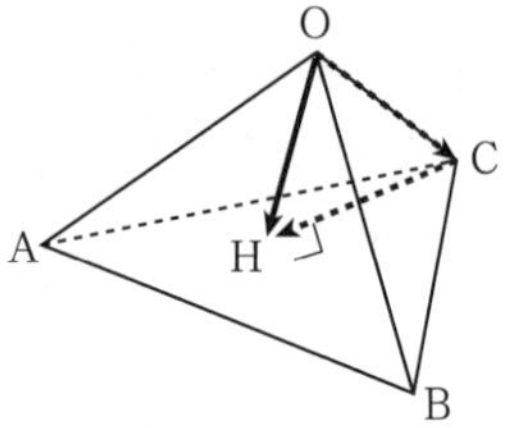

(3) $\vec{a}\cdot\vec{b}=0$ より OA $\perp$ OB だから

$$\triangle\mathrm{OAB}=\frac{1}{2}\cdot2\cdot\sqrt{3}=\sqrt{3}$$

また

$$|\overrightarrow{CH}|^2=|\overrightarrow{OH}-\overrightarrow{OC}|^2$$
$$=\left|\frac{3}{4}\vec{a}+\frac{1}{6}\vec{b}-\vec{c}\right|^2$$
$$=\frac{9}{16}|\vec{a}|^2+\frac{1}{36}|\vec{b}|^2+|\vec{c}|^2$$
$$+\frac{1}{4}\vec{a}\cdot\vec{b}-\frac{1}{3}\vec{b}\cdot\vec{c}-\frac{3}{2}\vec{c}\cdot\vec{a}$$
$$=\frac{9}{16}\cdot4+\frac{1}{36}\cdot3+7-\frac{1}{3}\cdot\frac{1}{2}-\frac{3}{2}\cdot3$$
$$=\frac{14}{3} \quad \therefore \quad |\overrightarrow{CH}|=\frac{\sqrt{14}}{\sqrt{3}}$$

したがって求める体積は

$$\frac{1}{3}\cdot\sqrt{3}\cdot\frac{\sqrt{14}}{\sqrt{3}}=\boldsymbol{\frac{\sqrt{14}}{3}}$$

注意 平面と直線が直交する条件を(**)の式で覚えている人が多いのですが, そもそも(**)は条件(*)をベクトルで翻訳したものにすぎず, 本来**平面と直線が直交する条件はベクトルとは無関係**です. ベクトル以外の問題で条件(*)を覚えていないと困ることもあるので, (**)の形で覚えるのは避けたほうがよいでしょう.

問題241

考え方

（２）　2点 $A(x_1, y_1, z_1)$, $B(x_2, y_2, z_2)$ 間の距離は

$$AB = \sqrt{(x_1 - x_2)^2 + (y_1 - y_2)^2 + (z_1 - z_2)^2}$$

と表せます.

解答

（１）　$P(5, 6, -2)$ と x 軸に関して対称な点の座標は $\mathbf{(5, -6, 2)}$, yz 平面に関して対称な点の座標は $\mathbf{(-5, 6, -2)}$, 点 $M(2, -1, 5)$ に関して対称な点 N の座標を (x, y, z) とおくと, PN の中点が M だから

$$\left(\frac{x+5}{2}, \frac{y+6}{2}, \frac{z-2}{2}\right) = (2, -1, 5)$$

$$x = -1, y = -8, z = 12$$

したがって $\mathbf{(-1, -8, 12)}$

（２）　C は xy 平面上の点より $(x, y, 0)$ とおける.

$$AB^2 = (3-1)^2 + (4-2)^2 + \{-2-(-2)\}^2 = 8$$

で △ABC は正三角形だから

$$BC^2 = (x-3)^2 + (y-4)^2 + 4 = 8 \quad \cdots①$$

$$CA^2 = (x-1)^2 + (y-2)^2 + 4 = 8 \quad \cdots②$$

① − ② より

$$-4x - 4y + 20 = 0$$

$$y = -x + 5 \quad \cdots③$$

① に代入して

$$(x-3)^2 + \{(-x+5) - 4\}^2 = 4$$

$$2x^2 - 8x + 6 = 0$$

$$2(x-1)(x-3) = 0$$

$$x = 1, 3$$

③ より $x = 1$ のとき $y = 4$, $x = 3$ のとき $y = 2$ だから, 点 C の座標は

$$\mathbf{(1, 4, 0)}, \mathbf{(3, 2, 0)}$$

問題242

考え方　空間ベクトルにおける成分計算も平面ベクトルのときと同様にできます.

解答

（１）　3点 P, Q, R が同一直線上にあるとき, 実数 k を用いて

$$\overrightarrow{QP} = k\overrightarrow{QR}$$

$$(x-3, 1, -2) = k(-2, y-3, 1)$$

$$(x-3, 1, -2) = (-2k, k(y-3), k)$$

とかける. 各成分は一致するから, それらの式を連立して解くと

$$k = -2, x = \mathbf{7}, y = \mathbf{\frac{5}{2}}$$

（２）　平面 ABC 上に点 D があるとき, 実数 s, t を用いて

$$\overrightarrow{AD} = s\overrightarrow{AB} + t\overrightarrow{AC}$$

$$(-x-1, x-5, 3x-6)$$
$$= s(3, -1, -1) + t(5, -3, -1)$$

$$(-x-1, x-5, 3x-6)$$
$$= (3s+5t, -s-3t, -s-t)$$

とかける. (１) と同様に連立して解くと

$$s = -\frac{11}{2}, t = \frac{5}{2}, \boldsymbol{x = 3}$$

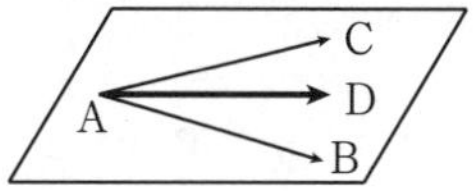

問題243

考え方　$\vec{e} = (x, y, z)$ などとおいて, 条件を式になおします. 角に関する条件は内積で捉えましょう.

解答

$\vec{e} = (x, y, z)$ とおく. $|\vec{e}| = 1$ より

$$|\vec{e}|^2 = 1$$

$$x^2 + y^2 + z^2 = 1 \quad \cdots①$$

$\vec{a} \perp \vec{e}$ より

$$\vec{a}\cdot\vec{e} = (1, -1, 0)\cdot(x, y, z)$$
$$= x - y = 0 \quad \cdots②$$

$\vec{b}$ と $\vec{e}$ のなす角が 45° より

$$\vec{b}\cdot\vec{e} = |\vec{b}||\vec{e}|\cos 45°$$
$$(1, 0, 1)\cdot(x, y, z)$$
$$= \sqrt{1^2 + 0^2 + 1^2}\cdot 1\cdot\cos 45°$$
$$x + z = 1 \quad \cdots③$$

②, ③ より

$$y = x, z = 1 - x$$

① に代入して

$$x^2 + x^2 + (1 - x)^2 = 1$$
$$3x^2 - 2x = 0$$
$$x(3x - 2) = 0 \quad \therefore \quad x = 0, \frac{2}{3}$$

したがって

$\boldsymbol{\vec{e}} = (x, y, z) = \mathbf{(0, 0, 1)}, \left(\boldsymbol{\frac{2}{3}, \frac{2}{3}, \frac{1}{3}}\right)$

問題244

考え方 (球面の方程式)

中心 (a, b, c), 半径が r の球面の方程式は

$$\boldsymbol{(x - a)^2 + (y - b)^2 + (z - c)^2 = r^2}$$

と表せます.

(2) z 軸は $x = 0$ かつ $y = 0$ と表せるので, 球面の方程式に $x = y = 0$ を代入すれば, 交点の z 座標が得られます.

(3) yz 平面は $x = 0$ と表せるので (2) と同様, 球面の方程式に $x = 0$ を代入すれば, yz 平面から切り取る断面の式 (本問では円となる) が得られます.

(4) 直線 l 上の点を P とすると, 実数 t を用いて

$$\boldsymbol{\overrightarrow{\mathrm{OP}} = \overrightarrow{\mathrm{OA}} + t\vec{d}}$$

とかけ, このとき **$\overrightarrow{\mathrm{OP}}$ の成分は点 P の座標と同一視できます**.

あとは P が球面上にあるとして, 球面の方程式に代入すれば, 交点の座標が得られます.

解答

(1) $x^2+y^2+z^2-2x-8y-16z = 0\cdots①$ より

$$(x - 1)^2 + (y - 4)^2 + (z - 8)^2 = 81\cdots②$$

したがって中心 **(1, 4, 8)**, 半径 **9**

(3) $x = y = 0$ を ① に代入して

$$z^2 - 16z = 0$$
$$z(z - 16) = 0 \quad \therefore \quad z = 0, 16$$

したがって z 軸から切り取る線分の長さは

$$16 - 0 = \mathbf{16}$$

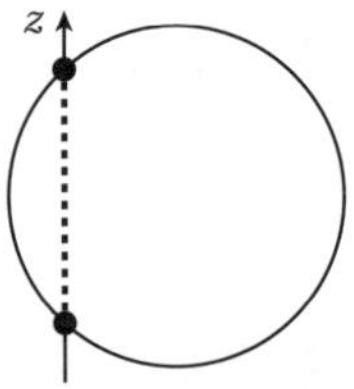

(3) $x = 0$ を ② に代入して

$$1 + (y - 4)^2 + (z - 8)^2 = 81$$
$$(y - 4)^2 + (z - 8)^2 = 80$$

したがって yz 平面から切り取る円の半径は $\mathbf{4\sqrt{5}}$

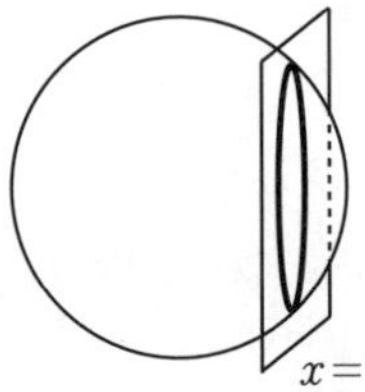

(4) 直線 l 上の点 P とすると, 実数 t を用いて

$$\overrightarrow{\mathrm{OP}} = \overrightarrow{\mathrm{OA}} + t\vec{d}$$

$$= (5,\ -4,\ 9) + t(2,\ 6,\ -1)$$
$$= (5+2t,\ -4+6t,\ 9-t)$$

とかける. P が球面上にあるとき, ② をみたすから代入して

$$(4+2t)^2 + (-8+6t)^2 + (1-t)^2 = 81$$

整理すると

$$t(t-2) = 0 \quad \therefore \quad t = 0,\ 2$$

したがって交点の座標は

$$\mathbf{(5,\ -4,\ 9),\ (9,\ 8,\ 7)}$$

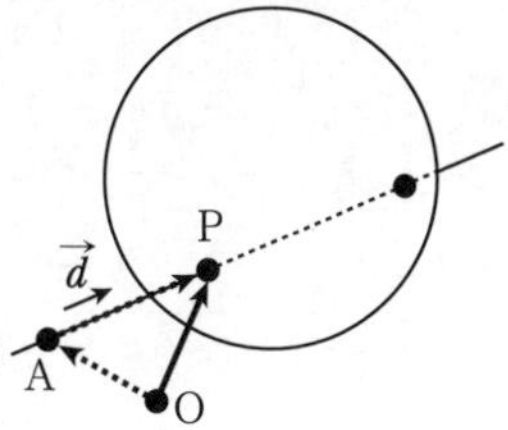

問題245

考え方

(3) 点 C から平面 OAB に下ろした垂線の足を H とします. このとき, 四面体の高さ HC は正射影の考え方を用いることで

$$\mathrm{HC} = \left|\overrightarrow{\mathbf{OC}} \cdot \vec{\boldsymbol{e}}\right|$$

と計算することができます (**解答**の図を参照. 証明は**注意**をみてください).

解答

(1) $\overrightarrow{\mathrm{OA}} = (-1,\ 0,\ 1)$, $\overrightarrow{\mathrm{OB}} = (2,\ 2,\ -1)$ より

$$\left|\overrightarrow{\mathrm{OA}}\right| = \sqrt{(-1)^2 + 0^2 + 1^2} = \sqrt{2}$$
$$\left|\overrightarrow{\mathrm{OB}}\right| = \sqrt{2^2 + 2^2 + (-1)^2} = 3$$
$$\overrightarrow{\mathrm{OA}} \cdot \overrightarrow{\mathrm{OB}} = (-1) \cdot 2 + 0 \cdot 2 + 1 \cdot (-1) = -3$$

したがって

$$\triangle\mathbf{OAB} = \frac{1}{2}\sqrt{(\sqrt{2})^2 \cdot 3^2 - (-3)^2} = \mathbf{\frac{3}{2}}$$

(2) $\vec{e} = (x,\ y,\ z)$ とおくと

$$\vec{e} \cdot \overrightarrow{\mathrm{OA}} = -x + z = 0 \quad \cdots ①$$
$$\vec{e} \cdot \overrightarrow{\mathrm{OB}} = 2x + 2y - z = 0 \quad \cdots ②$$

① より $z = x$ となり, ② に代入して

$$2x + 2y - x = 0$$
$$x = -2y \quad \therefore \quad x = z = -2y$$

これを

$$\left|\vec{e}\right|^2 = x^2 + y^2 + z^2 = 1$$

に代入して

$$(-2y)^2 + y^2 + (-2y)^2 = 1$$
$$y^2 = \frac{1}{9} \quad \therefore \quad y = \pm\frac{1}{3}$$

このとき $x = z = \mp\dfrac{2}{3}$ (複号同順) だから

$$\vec{\boldsymbol{e}} = \pm\frac{\mathbf{1}}{\mathbf{3}}(\mathbf{2},\ \mathbf{-1},\ \mathbf{2})$$

(3) 点 C から平面 OAB に下ろした垂線の足を H とすると, $\overrightarrow{\mathrm{HC}}$ は $\overrightarrow{\mathrm{OC}}$ の $\vec{e}$ への正射影ベクトルだから

$$\mathrm{HC} = \left|\overrightarrow{\mathrm{OC}} \cdot \vec{e}\right|$$
$$= \left|\pm\frac{1}{3}(2,\ -1,\ 2) \cdot (1,\ 2,\ 3)\right|$$
$$= \frac{1}{3}\left|2 \cdot 1 + (-1) \cdot 2 + 2 \cdot 3\right|$$
$$= 2$$

したがって四面体 OABC の体積は

$$\frac{1}{3} \cdot \frac{3}{2} \cdot 2 = \mathbf{1}$$

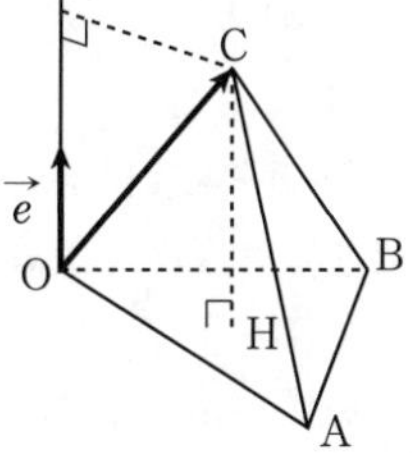

注意 四面体の高さ HC は $\overrightarrow{\mathrm{OC}}$ の $\vec{e}$ への正射影ベクトル $\dfrac{\overrightarrow{\mathrm{OC}} \cdot \vec{e}}{\left|\vec{e}\right|^2}\vec{e}$ の長さと一致し (正射影ベクトルについては **問題226**

を参照)，$\left|\vec{e}\right| = 1$ に注意すると

$$\mathrm{HC} = \left|\frac{\overrightarrow{\mathrm{OC}}\cdot\vec{e}}{\left|\vec{e}\right|^2}\vec{e}\right| = \left|\overrightarrow{\mathrm{OC}}\cdot\vec{e}\right|$$

問題246

考え方 $\overrightarrow{\mathrm{OR}}$ をパラメーターを用いて表示してみると，どんな図形を描くかがわかります．

解答

点 P は線分 AB 上にあるから，実数 s $(0 \leqq s \leqq 1)$ を用いて

$$\overrightarrow{\mathrm{OP}} = \overrightarrow{\mathrm{OA}} + s\overrightarrow{\mathrm{AB}}$$
$$= (4,\ 6,\ 3) + s(6,\ 10,\ 4)$$

とかける．同様に点 Q は線分 CD 上にあるから，実数 $t\,(0 \leqq t \leqq 1)$ を用いて

$$\overrightarrow{\mathrm{OQ}} = \overrightarrow{\mathrm{OC}} + t\overrightarrow{\mathrm{CD}}$$
$$= (-2,\ 4,\ 3) + t(-2,\ -2,\ 2)$$

とかける．

このとき，PQ の中点 R に対し

$$\overrightarrow{\mathrm{OR}} = \frac{\overrightarrow{\mathrm{OP}} + \overrightarrow{\mathrm{OQ}}}{2}$$
$$= (1,\ 5,\ 3) + s(3,\ 5,\ 2) + t(-1,\ -1,\ 1)$$

となり，N(1, 5, 3) として

$$\overrightarrow{\mathrm{NT}} = (3,\ 5,\ 2)$$
$$\overrightarrow{\mathrm{NU}} = (-1 - 1,\ 1)$$

となるように 2 点 T，U を定めると，上の式は

$$\overrightarrow{\mathrm{OR}} = \overrightarrow{\mathrm{ON}} + s\overrightarrow{\mathrm{NT}} + t\overrightarrow{\mathrm{NU}}$$

となる．このとき

$$\overrightarrow{\mathrm{NR}} = s\overrightarrow{\mathrm{NT}} + t\overrightarrow{\mathrm{NU}}$$

である．よって点 R は NT，NU を隣り合う 2 辺とする平行四辺形の周および内部全体を描く．

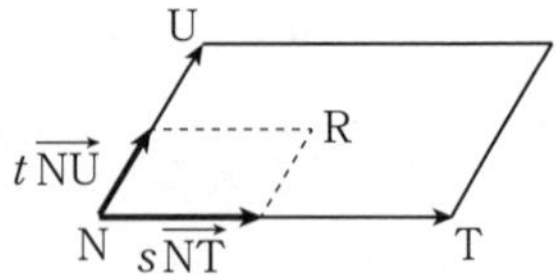

求める面積を S とすると

$$S = \sqrt{\left|\overrightarrow{\mathrm{NT}}\right|^2\left|\overrightarrow{\mathrm{NU}}\right|^2 - \left(\overrightarrow{\mathrm{NT}}\cdot\overrightarrow{\mathrm{NU}}\right)^2}$$

であり

$$\left|\overrightarrow{\mathrm{NT}}\right|^2 = 3^2 + 5^2 + 2^2 = 38$$
$$\left|\overrightarrow{\mathrm{NU}}\right|^2 = (-1)^2 + (-1)^2 + 1^2 = 3$$
$$\overrightarrow{\mathrm{NT}}\cdot\overrightarrow{\mathrm{NU}} = 3\cdot(-1) + 5\cdot(-1) + 2\cdot 1 = -6$$

に注意すると

$$S = \sqrt{38\cdot 3 - (-6)^2} = \boldsymbol{\sqrt{78}}$$

問題247

考え方 ねじれの位置にある 2 直線の最短距離を求める問題です．$\overrightarrow{\mathrm{PQ}}$ の成分を文字で表して $\left|\overrightarrow{\mathrm{PQ}}\right|^2$ を計算するのが素直な方法ですが，垂直条件を用いて計算することもできます (→**別解**)．

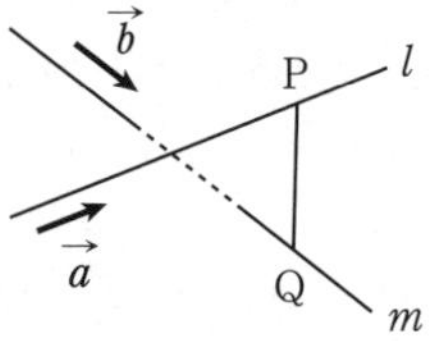

解答

点 P は直線 l 上にあるから，実数 s を用いて

$$\overrightarrow{\mathrm{OP}} = (3,\ 4,\ 0) + s(1,\ 1,\ 1)$$
$$= (3 + s,\ 4 + s,\ s)$$

とかける．同様に点 Q は直線 m 上にあるから，実数 t を用いて

$$\overrightarrow{\mathrm{OQ}} = (2,\ -1,\ 0) + t(1,\ -2,\ 0)$$

$$= (2+t,\ -1-2t,\ 0)$$

とかける. このとき

$$\overrightarrow{PQ} = \overrightarrow{OQ} - \overrightarrow{OP}$$

$$= (t-s-1,\ -2t-s-5,\ -s)$$

となるから

$$\left|\overrightarrow{PQ}\right|^2 = (t-s-1)^2 + (-2t-s-5)^2 + s^2$$

$$= 3s^2 + 2st + 5t^2 + 12s + 18t + 26$$

$$= 3s^2 + 2(t+6)s + 5t^2 + 18t + 26$$

$$= 3\left(s + \frac{t+6}{3}\right)^2 + \frac{14}{3}t^2 + 14t + 14$$

$$= 3\left(s + \frac{t+6}{3}\right)^2 + \frac{14}{3}\left(t + \frac{3}{2}\right)^2 + \frac{7}{2}$$

したがって

$$s = -\frac{t+6}{3},\ t = -\frac{3}{2}$$

すなわち

$$s = t = -\frac{3}{2}$$

のとき, $\left|\overrightarrow{PQ}\right|$ は最小値 $\boldsymbol{\frac{\sqrt{14}}{2}}$ をとる.

別解

($\overrightarrow{PQ}$ を求めるところまでは**解答**と同じ)

PQ が最小となるのは

$$PQ \perp l \text{ かつ } PQ \perp m$$

すなわち

$$\overrightarrow{PQ} \perp \vec{a} \text{ かつ } \overrightarrow{PQ} \perp \vec{b}$$

のときである.

$\overrightarrow{PQ} \perp \vec{a}$ より $\overrightarrow{PQ} \cdot \vec{a} = 0$ だから

$(t-s-1,\ -2t-s-5,\ -s)\cdot(1,\ 1,\ 1) = 0$

$(t-s-1)\cdot 1 + (-2t-s-5)\cdot 1 + (-s)\cdot 1 = 0$

$$3s + t + 6 = 0 \quad \cdots①$$

$\overrightarrow{PQ} \perp \vec{b} = 0$ より $\overrightarrow{PQ} \cdot \vec{b} = 0$ だから

$(t-s-1,\ -2t-s-5,\ -s)\cdot(1,\ -2,\ 0) = 0$

$(t-s-1)\cdot 1 + (-2t-s-5)\cdot(-2) + (-s)\cdot 0 = 0$

$$s + 5t + 9 = 0 \quad \cdots②$$

①, ② を連立して解くと

$$s = t = -\frac{3}{2}$$

このとき $\overrightarrow{PQ} = \left(-1,\ -\frac{1}{2},\ \frac{3}{2}\right)$ だから,

求める最小値は

$$\sqrt{(-1)^2 + \left(-\frac{1}{2}\right)^2 + \left(\frac{3}{2}\right)^2} = \boldsymbol{\frac{\sqrt{14}}{2}}$$

注意 線分 PQ の長さが最小となるとき

$$PQ \perp l \text{ かつ } PQ \perp m \quad \cdots(*)$$

である理由は次のように説明できます.

l を含み $\vec{a}$ と $\vec{b}$ に平行な平面を α, m を含み $\vec{a}$ と $\vec{b}$ に平行な平面を β とします.

平面 α, β 上の 2 点の最短距離は平面と平面の距離と等しく, 線分 PQ が 2 つの平面 α, β と垂直になるように 2 点 P, Q をとると, この線分 PQ の長さが最短距離になります. PQ は α, β と垂直ですから, その平面上にあるすべての直線と垂直です.

すなわち (*) が成り立つことがわかります.

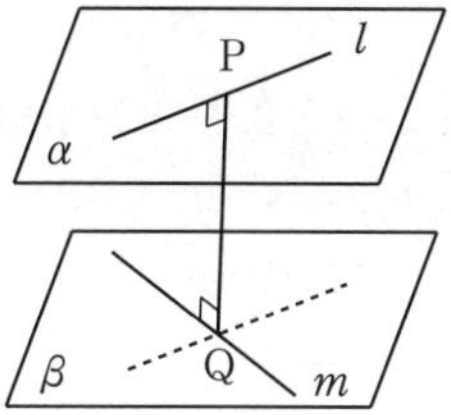

問題248

考え方

(1)　点 P から平面 α に下ろした垂線の足 H の座標を, 平面と直線の直交条件から求めるのが素直な解法でしょう. 平面 α の法線ベクトルを利用する方法も考えられます (→**別解**).

(2)　折れ線の最短距離は対称点をとって一直線で結ぶのが定石です (**問題37** を参照). これは相手が平面であっても変わりません.

解答

(1)　点 P から平面 α に下ろした垂線の

足をHとすると，実数 s，t を用いて

$\overrightarrow{OH}=\overrightarrow{OA}+s\overrightarrow{AB}+t\overrightarrow{AC}$

$=(1,2,4)+s(-1,3,-3)+t(-2,2,-4)$

$=(1-s-2t,\ 2+3s+2t,\ 4-3s-4t)$

とかけ，このとき

$\overrightarrow{PH}=(3-s-2t,\ 1+3s+2t,\ -3-3s-4t)$

である．

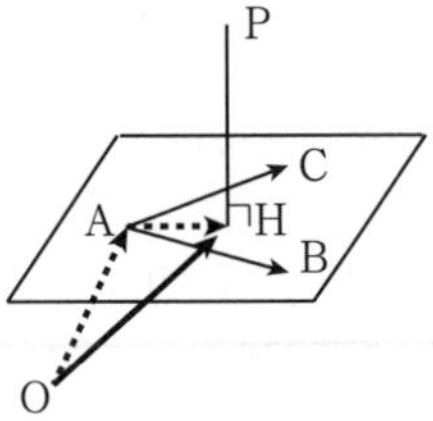

PH ⊥ α より PH ⊥ AB だから

$$\overrightarrow{PH}\cdot\overrightarrow{AB}=0$$

$$(3-s-2t)\cdot(-1)+(1+3s+2t)\cdot3+(-3-3s-4t)\cdot(-3)=0$$

$$19s+20t=-9 \quad \cdots①$$

同様に PH ⊥ AC だから

$$\overrightarrow{PH}\cdot\overrightarrow{AC}=0$$

$$(3-s-2t)\cdot(-2)+(1+3s+2t)\cdot2+(-3-3s-4t)\cdot(-4)=0$$

$$5s+6t=-2 \quad \cdots②$$

①，② を連立して解くと

$$s=-1,\ t=\frac{1}{2}$$

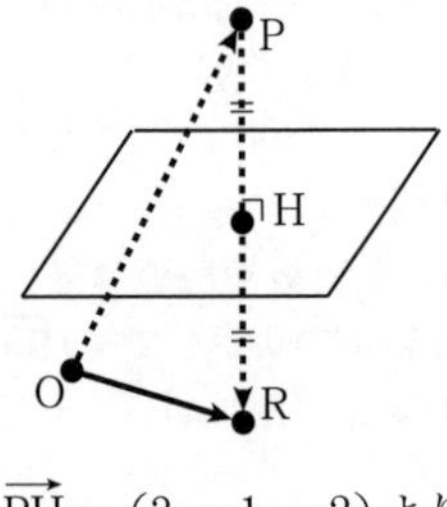

このとき $\overrightarrow{PH}=(3,-1,-2)$ より

$$\overrightarrow{OR}=\overrightarrow{OP}+2\overrightarrow{PH}$$

$$=(-2,1,7)+2(3,-1,-2)$$

$$=(4,-1,3)$$

したがって点Rの座標は **(4, −1, 3)**

（2）　$\overrightarrow{RQ}=(-3,4,4)$ に注意すると

$$\text{PS}+\text{SQ}=\text{RS}+\text{SQ}$$

$$\geqq \text{RQ}$$

$$=\sqrt{(-3)^2+4^2+4^2}=\sqrt{41}$$

より PS + SQ が最小となるのは，S が直線 RQ と平面 α の交点のときで，このとき最小値は $\boldsymbol{\sqrt{41}}$ である．

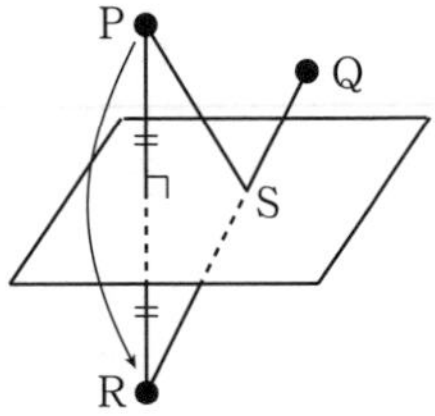

別解

（1）　平面 α に垂直なベクトルの 1 つを $\vec{n}=(x,y,z)$ とする．

$\overrightarrow{AB}=(-1,3,-3)$，$\overrightarrow{AC}=(-2,2,-4)$ より

$$\vec{n}\cdot\overrightarrow{AB}=-x+3y-3z=0$$

$$\vec{n}\cdot\overrightarrow{AC}=-2x+2y-4z=0$$

例えば $y=1$ として連立方程式を解くと

$$x=-3,\ z=2$$

よって $\vec{n}=(-3,1,2)$ である．ここで点Pから平面 α に下ろした垂線の足をHとすると，実数 k を用いて

$$\overrightarrow{PH}=k\vec{n}$$

とかけ，このとき

$$\overrightarrow{AH}=\overrightarrow{AP}+\overrightarrow{PH}=\overrightarrow{AP}+k\vec{n}$$

$$=(-3,-1,3)+k(-3,1,2)$$

$$=(-3-3k,\ -1+k,\ 3+2k)$$

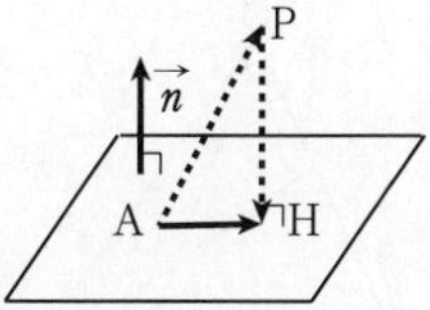

$\overrightarrow{AH}\cdot\vec{n}=0$ より

$$(-3-3k)\cdot(-3)+(-1+k)\cdot 1 +(3+2k)\cdot 2=0$$

$$14k+14=0 \quad \therefore \quad k=-1$$

このとき

$$\begin{aligned}\overrightarrow{OR}&=\overrightarrow{OP}+2\overrightarrow{PH}\\&=\overrightarrow{OP}+2k\vec{n}\\&=(-2,1,7)-2(-3,1,2)\\&=(4,-1,3)\end{aligned}$$

したがって点 R の座標は **(4, −1, 3)**

問題249

考え方　AP + PB のままだと，3 点 A，P，B が同一平面上にないので考えにくいです．点 A が xz 平面上にあることに注意して，点 B を PB = PQ をみたすような xz 平面上の点 Q に移動させることで，xz 平面上における 2 点間の最短距離の問題に帰着させるとよいでしょう（**解答**の図を参照）．

解答

yz 平面上で原点を中心とする半径 $\sqrt{2}$ の円 C と z 軸の交点の 1 つを点 Q$(0, 0, -\sqrt{2})$ とすると，PB = PQ が成り立つ．

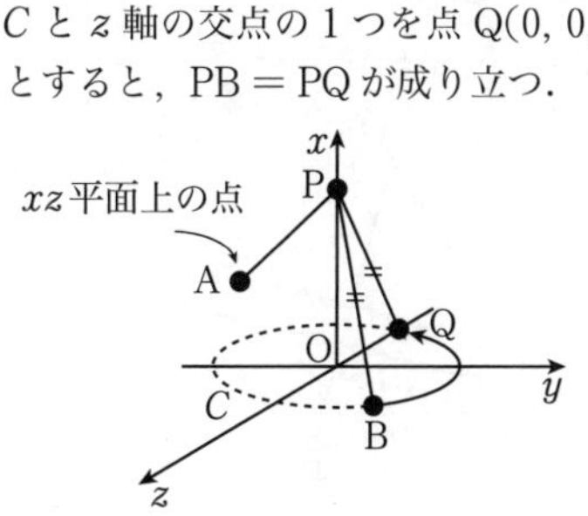

よって

$$AP+PB=AP+PQ \geqq AQ$$

となり AP + PB が最小となるのは，P が直線 AQ と x 軸の交点のときである．

したがって求める最小値は

$$\begin{aligned}AQ&=\sqrt{(0-1)^2+(0-0)^2+(-\sqrt{2}-2)^2}\\&=\boldsymbol{\sqrt{7+4\sqrt{2}}}\end{aligned}$$

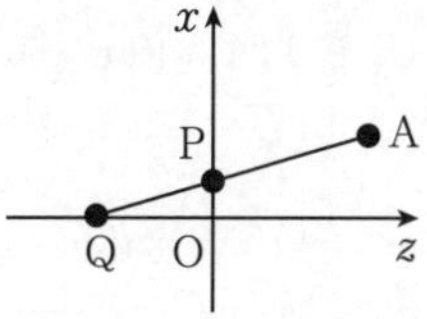

注意　点 Q を $(0, 0, \sqrt{2})$ とすると，x 軸に対して点 A と対称な点 A′ をとる必要があり，手間が増えます．

●3　空間ベクトルと応用

問題250

考え方

（1）　比の与えられ方から，答えだけならすぐにだせますが，（2）以降で線分比が必要になるので，ここでは定石に従って交点へのベクトルを 2 通りの式で表し，係数を比較してみます．

（2）　（1）と同様に交点へのベクトルの問題ですが，比を文字でおくとごちゃつきます．メネラウスの定理を用いて計算するとよいでしょう．

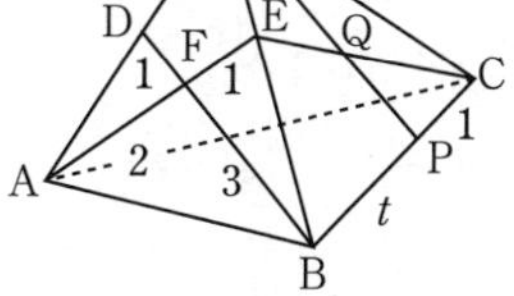

（3）　直線 FQ が平面 ABC と平行のとき

$\overrightarrow{FQ}$ は $\overrightarrow{AB}$ と $\overrightarrow{AC}$ を用いて表せることを利用しましょう. なお幾何だけでも簡単に解決します(→**別解**).

解答

(1)　点D, E はそれぞれ辺OA, OB上にあるから, 実数 k, l を用いて

$$\overrightarrow{OD}=k\overrightarrow{OA},\ \overrightarrow{OE}=l\overrightarrow{OB}$$

とかける.

点Fは辺AEを2:1に内分するから

$$\overrightarrow{OF}=\frac{1}{3}\overrightarrow{OA}+\frac{2}{3}\overrightarrow{OE}$$
$$=\frac{1}{3}\overrightarrow{OA}+\frac{2}{3}l\overrightarrow{OB}$$

点Fは辺BDを3:1に内分するから

$$\overrightarrow{OF}=\frac{3}{4}\overrightarrow{OD}+\frac{1}{4}\overrightarrow{OB}$$
$$=\frac{3}{4}k\overrightarrow{OA}+\frac{1}{4}\overrightarrow{OB}$$

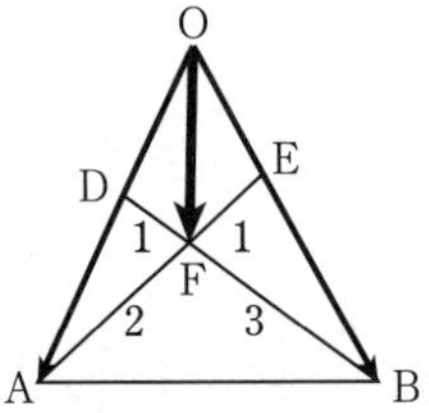

$\overrightarrow{OA}$, $\overrightarrow{OB}$ は1次独立だから係数を比較して

$$\frac{1}{3}=\frac{3}{4}k,\ \frac{2}{3}l=\frac{1}{4}$$
$$k=\frac{4}{9},\ l=\frac{3}{8}$$

したがって

$$\boldsymbol{\overrightarrow{OF}=\frac{1}{3}\overrightarrow{OA}+\frac{1}{4}\overrightarrow{OB}}$$

(2)　(1)よりOE:EB=3:5である. △OBPと直線CEにおいてメネラウスの定理より

$$\frac{OE}{EB}\cdot\frac{BC}{CP}\cdot\frac{PQ}{QO}=1$$
$$\frac{3}{5}\cdot\frac{t+1}{1}\cdot\frac{PQ}{QO}=1$$
$$\frac{PQ}{QO}=\frac{5}{3t+3}$$
$$PQ:QO=5:(3t+3)$$

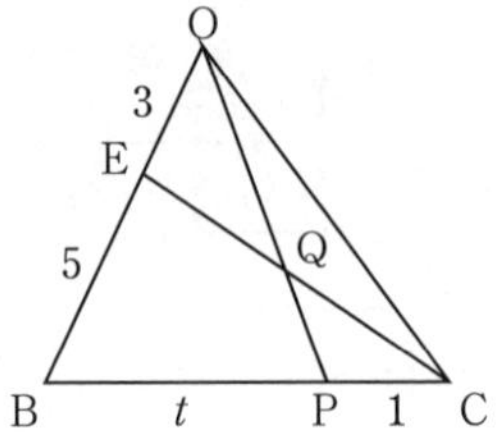

したがって

$$\boldsymbol{\overrightarrow{OQ}}=\frac{3t+3}{3t+8}\overrightarrow{OP}$$
$$=\frac{3t+3}{3t+8}\cdot\frac{\overrightarrow{OB}+t\overrightarrow{OC}}{t+1}$$
$$\boldsymbol{=\frac{3}{3t+8}\overrightarrow{OB}+\frac{3t}{3t+8}\overrightarrow{OC}}$$

(3)　直線FQは平面ABCと平行だから, 実数 x, y を用いて

$$\overrightarrow{FQ}=x\overrightarrow{AB}+y\overrightarrow{AC}$$
$$\overrightarrow{OQ}-\overrightarrow{OF}=x(\overrightarrow{OB}-\overrightarrow{OA})$$
$$+y(\overrightarrow{OC}-\overrightarrow{OA})$$
$$\left(\frac{3}{3t+8}\overrightarrow{OB}+\frac{3t}{3t+8}\overrightarrow{OC}\right)-\left(\frac{1}{3}\overrightarrow{OA}+\frac{1}{4}\overrightarrow{OB}\right)$$
$$=-(x+y)\overrightarrow{OA}+x\overrightarrow{OB}+y\overrightarrow{OC}$$
$$-\frac{1}{3}\overrightarrow{OA}+\left(\frac{3}{3t+8}-\frac{1}{4}\right)\overrightarrow{OB}+\frac{3t}{3t+8}\overrightarrow{OC}$$
$$=-(x+y)\overrightarrow{OA}+x\overrightarrow{OB}+y\overrightarrow{OC}$$

とかける. $\overrightarrow{OA}$, $\overrightarrow{OB}$, $\overrightarrow{OC}$ は1次独立だから係数を比較して

$$-\frac{1}{3}=-(x+y),\ \frac{3}{3t+8}-\frac{1}{4}=x,$$
$$\frac{3t}{3t+8}=y$$

連立して解くと

$$\boldsymbol{t=\frac{4}{3}},\ x=0,\ y=\frac{1}{3}$$

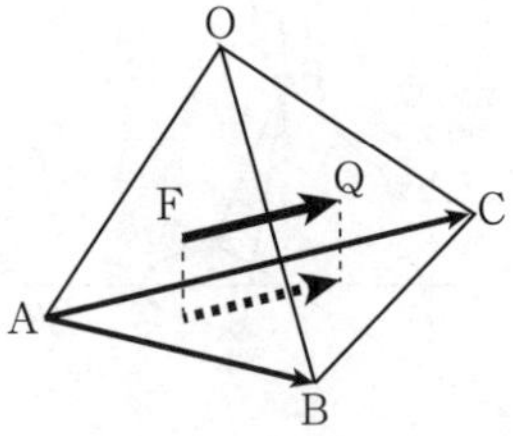

別解

（3）　直線 OF と辺 AB の交点を R とおく．△OAB と点 F においてチェバの定理より

$$\frac{OD}{DA}\cdot\frac{AR}{RB}\cdot\frac{BE}{EO}=1$$

$$\frac{4}{5}\cdot\frac{AR}{RB}\cdot\frac{5}{3}=1$$

$$\frac{AR}{RB}=\frac{3}{4}$$

$$AR:RB=3:4$$

△OAR と直線 DB においてメネラウスの定理より

$$\frac{OD}{DA}\cdot\frac{AB}{BR}\cdot\frac{RF}{FO}=1$$

$$\frac{4}{5}\cdot\frac{7}{4}\cdot\frac{RF}{FO}=1$$

$$\frac{RF}{FO}=\frac{5}{7}$$

$$RF:FO=5:7$$

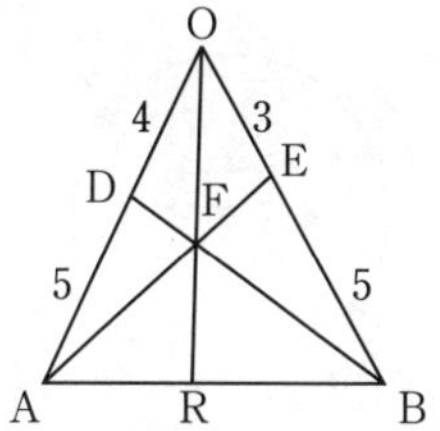

直線 FQ が平面 ABC と平行のとき

△OFQ ∽ △ORP である．したがって

$$OF:FR=OQ:QP$$

$$7:5=(3t+3):5$$

$$5(3t+3)=7\cdot 5$$

$$\boldsymbol{t=\frac{4}{3}}$$

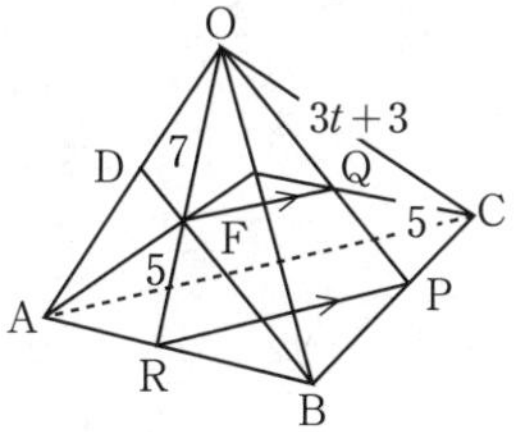

問題251

考え方　空間座標を導入して計算するとよいでしょう．

解答

座標空間内で 3 点 A, B, C の座標を A(0, 0, 0), B(4, 0, 0), C(0, 3, 0) とし，さらに 3 点 D, E, F が重なる点 P の座標を (x, y, z) とする．

ただし $z>0$ としてよい．

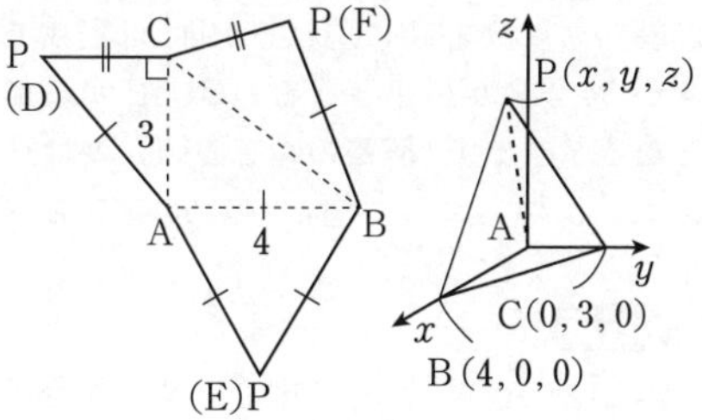

△ABP は正三角形より

$$AP=BP=AB=4$$

よって空間内において 2 点間の距離を考えて

$$AP^2=x^2+y^2+z^2=16 \quad \cdots①$$

$$BP^2=(x-4)^2+y^2+z^2=16 \quad \cdots②$$

また △ACP で三平方の定理より

$$CP^2=AP^2-AC^2=4^2-3^2=7$$

である．上と同様に 2 点間の距離を考えて

$$CP^2=x^2+(y-3)^2+z^2=7 \quad \cdots③$$

となる．① − ② より

$$8x-16=0 \quad \therefore \quad x=2$$

① − ③ より

$$6y-9=9 \quad \therefore \quad y=3$$

これらを ① に代入して

$$4+9+z^2=16$$

$$z^2=3 \quad \therefore \quad z=\sqrt{3}$$

ここで

$$\triangle ABC=\frac{1}{2}\cdot 3\cdot 4=6$$

であるから，三角錐 V の体積は

$$\frac{1}{3}\cdot 6\cdot\sqrt{3}=\mathbf{2\sqrt{3}}$$

問題252

考え方

（2） 点Bから平面 $z=-1$ に下ろした垂線の足をHとすると

$$\mathrm{BP}=\sqrt{\mathrm{BH}^2+\mathrm{HP}^2}$$

が成り立ち，右辺に現れる BH^2 は定数ですから，BPが最小となるのはHPが最小となるときです（**解答**の図を参照）．要は垂線を下ろすことで，平面上の話に議論をおきかえようということです．

解答

（1） 点A(1, 1, 3)を中心とする半径5の球面の方程式は

$$(x-1)^2+(y-1)^2+(z-3)^2=25$$

である．$z=-1$ を代入して

$$(x-1)^2+(y-1)^2+16=25$$

$$(x-1)^2+(y-1)^2=9 \quad \cdots①$$

よって円 C の中心Sの座標は **(1, 1, −1)**，半径は **3**

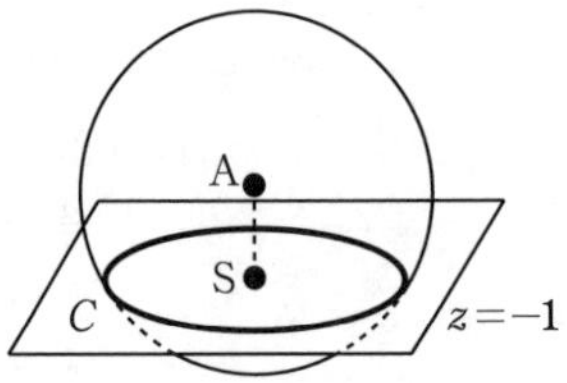

（2） 点B(2, 3, 1)から平面 $z=-1$ に下ろした垂線の足をHとするとH(2, 3, −1)である．△BHPで三平方の定理より

$$\mathrm{BP}=\sqrt{\mathrm{BH}^2+\mathrm{HP}^2}=\sqrt{4+\mathrm{HP}^2}$$

よってHPの長さが最大，最小となるときBPの長さも最大，最小となる．なお

$$\mathrm{SH}=\sqrt{1^2+2^2}=\sqrt{5}<3=(C\text{の半径})$$

より点Hは円 C の内部にあることに注意する．

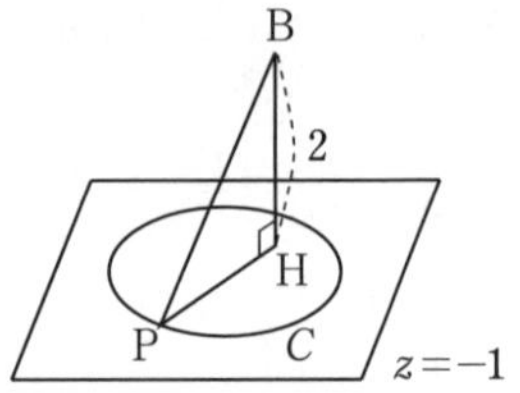

HPの長さが最大となるのはH，S，Pがこの順で同一直線上にあるときで，最小となるのはS，H，Pの順で同一直線上にあるときである．

$\mathrm{SH}=\sqrt{5}$，$\mathrm{SP}=3$ に注意して，最大・最小となるときの $\overrightarrow{\mathrm{OP}}$ を同時に計算すると

$$\overrightarrow{\mathrm{OP}}=\overrightarrow{\mathrm{OS}}\pm\frac{3}{\sqrt{5}}\overrightarrow{\mathrm{SH}}$$

$$=(1,1,-1)\pm\frac{3\sqrt{5}}{5}(1,2,0)$$

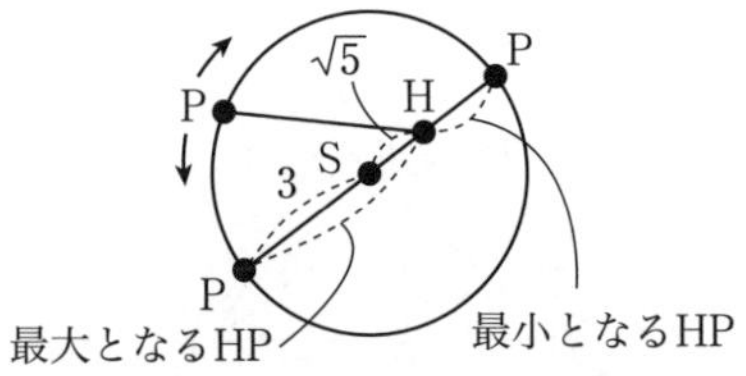

よってHP(すなわちBP)が最大となる点Pの座標は

$$\left(\mathbf{1-\frac{3\sqrt{5}}{5},\ 1-\frac{6\sqrt{5}}{5},\ -1}\right)$$

最小となる点Pの座標は

$$\left(\mathbf{1+\frac{3\sqrt{5}}{5},\ 1+\frac{6\sqrt{5}}{5},\ -1}\right)$$

である．またBPの最大値は

$$\sqrt{4+(3+\sqrt{5})^2}=\sqrt{18+2\sqrt{45}}$$

$$=\mathbf{\sqrt{15}+\sqrt{3}}$$

最小値は

$$\sqrt{4+(3-\sqrt{5})^2}=\sqrt{18-2\sqrt{45}}$$

$$=\mathbf{\sqrt{15}-\sqrt{3}}$$

となる．

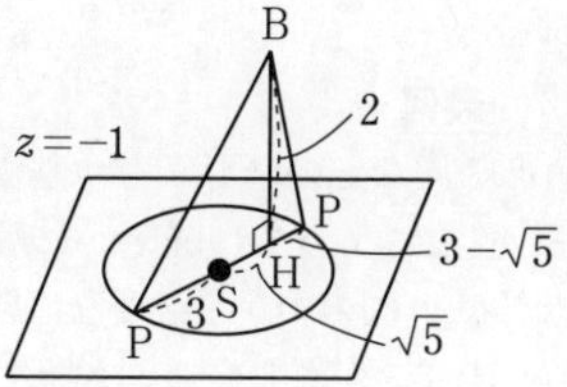

問題253

考え方　有名な構図で，類題が多数あります．誘導にしたがって丁寧に計算していけばよいでしょう．

解答

（1）　$\overrightarrow{AQ}=t\overrightarrow{AP}$ より

$$\overrightarrow{OQ}-\overrightarrow{OA}=t(\overrightarrow{OP}-\overrightarrow{OA})$$

$$\boldsymbol{\overrightarrow{OQ}=(1-t)\overrightarrow{OA}+t\overrightarrow{OP}}$$

（2）　（1）より

$$\overrightarrow{OQ}=(1-t)(0,\,0,\,1)+t(x_0,\,y_0,\,z_0)$$

$$=(tx_0,\,ty_0,\,1-t+tz_0)\quad\cdots①$$

点Qは xy 平面上にあるから z 成分は0で

$$1-t+tz_0=0$$

$$t(1-z_0)=1$$

点Pは点Aとは異なるから $z_0\neq1$ であることに注意すると

$$t=\frac{1}{1-z_0}$$

① に代入して

$$\boldsymbol{\overrightarrow{OQ}=\left(\frac{x_0}{1-z_0},\,\frac{y_0}{1-z_0},\,0\right)}$$

（3）　球面 $S:x^2+y^2+z^2=1$ と平面 $y=\dfrac{1}{2}$ の交円 C は

$$x^2+\left(\frac{1}{2}\right)^2+z^2=1 \text{ かつ } y=\frac{1}{2}$$

$$x^2+z^2=\frac{3}{4} \text{ かつ } y=\frac{1}{2}$$

この C 上に $P(x_0,\,y_0,\,z_0)$ があるから

$$x_0{}^2+z_0{}^2=\frac{3}{4}\ \cdots② \text{ かつ } y_0=\frac{1}{2}\ \cdots③$$

が成り立つ．ここで $Q(X,\,Y,\,0)$ とおく．

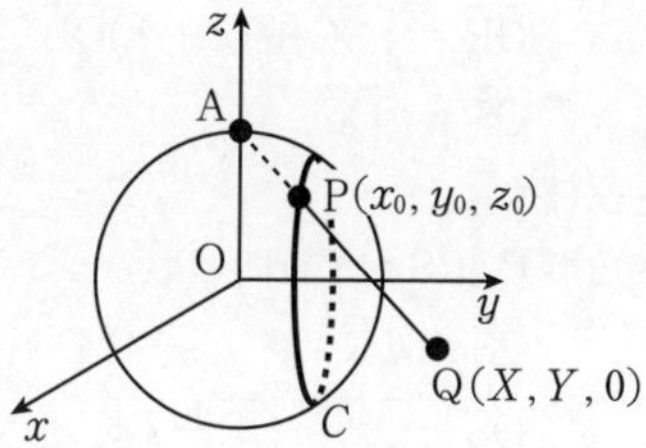

（2）より

$$X=\frac{x_0}{1-z_0},\ Y=\frac{y_0}{1-z_0}$$

③ を代入して

$$X=\frac{x_0}{1-z_0}\ \cdots④,\ Y=\frac{1}{2(1-z_0)}\ \cdots⑤$$

$Y\neq0$ に注意すると，④÷⑤ より

$$\frac{X}{Y}=2x_0\quad\therefore\quad x_0=\frac{X}{2Y}$$

また ⑤ より

$$z_0=1-\frac{1}{2Y}$$

これらを ② に代入して

$$\left(\frac{X}{2Y}\right)^2+\left(1-\frac{1}{2Y}\right)^2=\frac{3}{4}$$

$$X^2+(2Y-1)^2=3Y^2$$

$$X^2+Y^2-4Y+1=0$$

$$X^2+(Y-2)^2=3$$

したがって点Qの軌跡は

円 ： $\boldsymbol{x^2+(y-2)^2=3}$

問題254

考え方　問題文にはベクトルのべの字もありませんが，平行四辺形はベクトルと相性がよいです．空間ベクトルの問題として処理するのがよいでしょう（→**注意**）．

解答

4点P，Q，R，Sは線分OA，AB，BC，OC上にあるから，実数 p，q，r，s $(0\leqq p,\,q,\,r,\,s\leqq1)$ を用いて

$$\overrightarrow{OP}=p\overrightarrow{OA}$$

$$\overrightarrow{OQ}=q\overrightarrow{OA}+(1-q)\overrightarrow{OB}$$
$$\overrightarrow{OR}=r\overrightarrow{OC}+(1-r)\overrightarrow{OB}$$
$$\overrightarrow{OS}=s\overrightarrow{OC}$$

とかける.

四角形 PQRS が平行四辺形のとき

$$\overrightarrow{PS}=\overrightarrow{QR}$$
$$\overrightarrow{OS}-\overrightarrow{OP}=\overrightarrow{OR}-\overrightarrow{OQ}$$
$$-p\overrightarrow{OA}+s\overrightarrow{OC}=-q\overrightarrow{OA}+(q-r)\overrightarrow{OB}+r\overrightarrow{OC}$$

$\overrightarrow{OA}$, $\overrightarrow{OB}$, $\overrightarrow{OC}$ は 1 次独立だから係数を比較して

$$-p=-q,\ 0=q-r,\ s=r$$

よって

$$p=q=r=s$$

次に対角線の交点を L とおくと, L は線分 PR の中点だから

$$\begin{aligned}\overrightarrow{OL}&=\frac{1}{2}(\overrightarrow{OP}+\overrightarrow{OR})\\&=\frac{1}{2}\left\{p\overrightarrow{OA}+(1-p)\overrightarrow{OB}+p\overrightarrow{OC}\right\}\\&=p\cdot\frac{1}{2}(\overrightarrow{OA}+\overrightarrow{OC})+(1-p)\cdot\frac{1}{2}\overrightarrow{OB}\end{aligned}$$

辺 AC, OB の中点をそれぞれ M, N とすると

$$\overrightarrow{OL}=p\overrightarrow{OM}+(1-p)\overrightarrow{ON}\quad(0\leqq p\leqq 1)$$

となり, この式は L が線分 MN 上にあることを意味する.

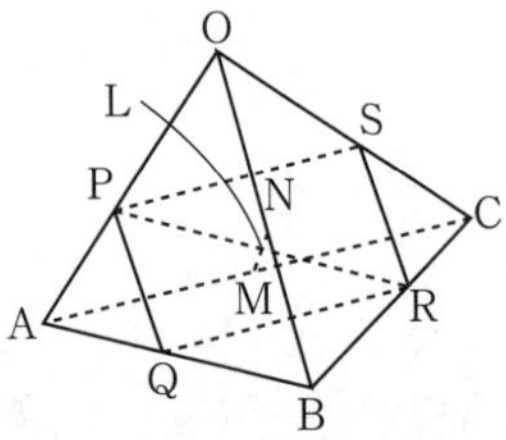

注意 高校数学における図形の問題の解法は, 大きく分けると次の 4 種類があります.

(ア) **幾何** (イ) **座標平面 (空間座標)**
(ウ) **ベクトル** (エ) **複素数平面**

それぞれの特徴を簡単に説明しておきます.

(ア) **幾何**

三角形や円などの図形がもつ基本性質を用いる. 解法によっては鮮やかに解くことが可能だが, 図の中から必要な直線や三角形を取り出すのが難しいことも多く, 発想力を要する.

(イ) **座標平面 (空間座標)**

与えられた図の中に直角がある場合などに導入するとうまくいく (問題 **251** など) ことが多く, 単純計算で処理できるのがメリットだが, うまく座標を設定をしないと計算量が膨大になることも.

(ウ) **ベクトル**

座標と同様, 代数的な処理ができるのがメリットで, 本問のように平行四辺形など特定の図形に強い. また, 立体への応用が可能である.

(エ) **複素数平面** (数学 C)

複素数は「数」, 「点」, 「ベクトル」, 「回転」といろいろな見方ができ, 特に「回転」が必要となる問題に強い. 図形の変換にも威力を発揮するが, 場面ごとに式の見方を切り替えていく必要があり, 熟練度を要する.

問題255

考え方

(1) 正四面体の張り合わせです. 共有する △ABD の重心を介して, 計算するとよいでしょう.

(2) 立体を 2 つに分割したときの, 体積比を考えます.

解答

(1) AB = 2 である. 四面体 ABCD は

正四面体であるから

$$DA = DB = DC = 2$$

$$DA^2 = DB^2 = DC^2 = 4$$

$D(x, y, z)$（ただし $z \geqq 0$）とおき，2点間の距離を考えて

$$(x-1)^2 + y^2 + z^2 = 4 \quad \cdots①$$

$$(x+1)^2 + y^2 + z^2 = 4 \quad \cdots②$$

$$x^2 + (y-\sqrt{3})^2 + z^2 = 4 \quad \cdots③$$

①－②より

$$-4x = 0 \quad \therefore \quad x = 0 \quad \cdots④$$

①－③より

$$-2x + 1 + 2\sqrt{3}y - 3 = 0$$

④を代入して整理すると

$$y = \frac{\sqrt{3}}{3} \quad \cdots⑤$$

④，⑤を①に代入して整理すると

$$z^2 = \frac{8}{3}$$

$z \geqq 0$ より

$$z = \frac{2\sqrt{6}}{3}$$

よって点Dの座標は

$$\left(0, \frac{\sqrt{3}}{3}, \frac{2\sqrt{6}}{3}\right)$$

となり，△ABD の重心を G とすると，G の座標は

$$\left(0, \frac{\sqrt{3}}{9}, \frac{2\sqrt{6}}{9}\right)$$

である．線分 CE の中点が G だから

$$\overrightarrow{OE} = \overrightarrow{OC} + 2\overrightarrow{CG}$$

$$= (0, \sqrt{3}, 0) + 2\left(0, -\frac{8\sqrt{3}}{9}, \frac{2\sqrt{6}}{9}\right)$$

$$= \left(0, -\frac{7\sqrt{3}}{9}, \frac{4\sqrt{6}}{9}\right)$$

したがって点Eの座標は

$$\left(\mathbf{0}, -\frac{\mathbf{7\sqrt{3}}}{\mathbf{9}}, \frac{\mathbf{4\sqrt{6}}}{\mathbf{9}}\right)$$

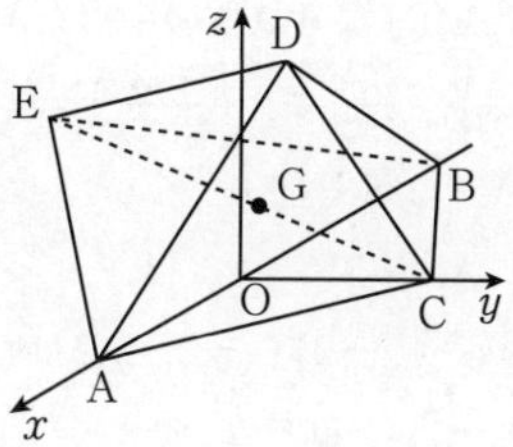

（2）　（1）より2点D，Eは yz 平面上にある．DE と z 軸との交点を F とする．y 座標を考えることにより

$$EF : FD = \frac{7\sqrt{3}}{9} : \frac{\sqrt{3}}{3} = 7 : 3$$

とわかる．

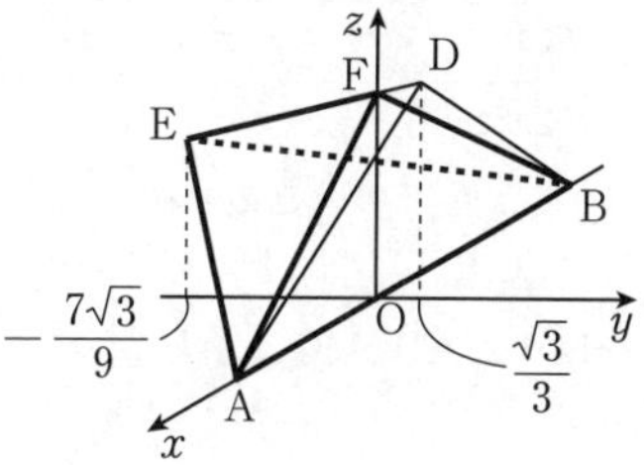

よって正四面体 ABDE の体積を V とすると，求める体積は

$$\frac{7}{10}V = \frac{7}{10} \cdot \frac{\sqrt{2}}{12} \cdot 2^3 = \mathbf{\frac{7\sqrt{2}}{15}}$$

となる．ただし，一辺の長さが a の正四面体の体積が $\frac{\sqrt{2}}{12}a^3$ であることを用いた．

問題256

考え方　空間ベクトルの傑作問題です．

（3）　問題の設定，誘導にうまく乗る必要があります．（1）から平面と直線の直交条件を利用できることに気づいて一歩前進，（2）で求めた最小値が実は △PMQ における高さになっていることに気づいてまた一歩前進です．

解答

（1）点Pは xy 平面上にあるから $(x, y, 0)$

とおける. M は線分 AB の中点だから

$$\mathrm{M}\left(\frac{2+0}{2}, \frac{0+2}{2}, \frac{1+3}{2}\right)=(1, 1, 2)$$

である. MP ⊥ AB より

$$\overrightarrow{\mathrm{MP}}\cdot\overrightarrow{\mathrm{AB}}=0$$

$$(x-1, y-1, -2)\cdot(-2, 2, 2)=0$$

$$(x-1)\cdot(-2)+(y-1)\cdot 2+(-2)\cdot 2=0$$

$$x-y+2=0$$

したがって求める直線の方程式は

$$\boldsymbol{x-y+2=0}\ (\text{かつ } z=0)$$

（2）（1）より $y=x+2$ だから

$$\begin{aligned}\mathrm{MP}&=\sqrt{(x-1)^2+(y-1)^2+(-2)^2}\\&=\sqrt{(x-1)^2+\{(x+2)-1\}^2+4}\\&=\sqrt{2x^2+6}\end{aligned}$$

したがって $x=0$ のとき最小値 $\boldsymbol{\sqrt{6}}$ をとる.

（3） 2 点 P, Q は S 上にあるから

$$\mathrm{MP}\perp\mathrm{AB},\ \mathrm{MQ}\perp\mathrm{AB}$$

よって

$$\triangle\mathrm{MPQ}\perp\mathrm{AB}$$

となり, 四面体 ABPQ の体積を V とすると

$$V=\frac{1}{3}\triangle\mathrm{MPQ}\cdot\mathrm{AB}$$

ここで M から PQ に下ろした垂線の足を $\mathrm{P_0}$ とすると（2）より $\mathrm{MP_0}=\sqrt{6}$ だから

$$\begin{aligned}\triangle\mathrm{MPQ}&=\frac{1}{2}\cdot\mathrm{PQ}\cdot\mathrm{MP_0}\\&=\frac{1}{2}\cdot l\cdot\sqrt{6}=\frac{\sqrt{6}}{2}l\end{aligned}$$

また

$$\mathrm{AB}=\sqrt{(-2)^2+2^2+2^2}=2\sqrt{3}$$

より

$$V=\frac{1}{3}\cdot\frac{\sqrt{6}}{2}l\cdot 2\sqrt{3}=\boldsymbol{\sqrt{2}l}$$

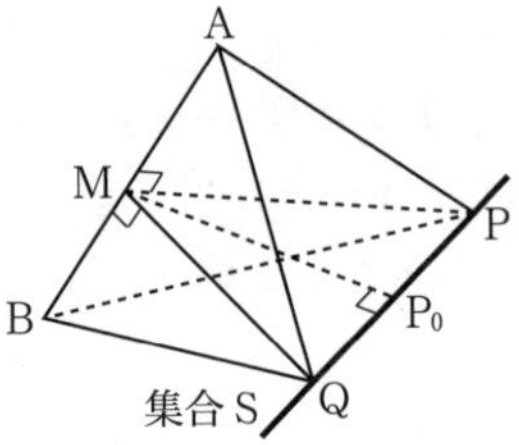

第１０章　統計的な推測

●1　確率分布

問題257

考え方　（確率分布・期待値・分散）

確率変数 X が表の分布に従うとき

X	x_1	x_2	x_3	$\cdots$	x_n
$P(X)$	p_1	p_2	p_3	$\cdots$	p_n

期待値（平均）$\boldsymbol{E(X)=\sum_{k=1}^{n}x_kp_k}$

分散 $\boldsymbol{V(X)=\sum_{k=1}^{n}(x_k-m)^2p_k}$　$\cdots$（ア）

$\boldsymbol{=E(X^2)-\{E(X)\}^2}$　$\cdots$（イ）

標準偏差 $\boldsymbol{\sigma(X)=\sqrt{V(X)}}$

ただし $m=E(X)$ とします．

分散 $V(X)$ を求める式は（ア），（イ）の２通りありますが，（イ）を利用したほうが計算が楽になることが多いです．

解答

（１）　３回のカードの引き方は 5^3 通りあり，これらは同様に確からしい．

最小値が k 以上となるのは，引いたカードの数字が全て k 以上のときである．

k 以上のカードは $5-k$ 枚あることに注意すると，求める確率は

$$\boldsymbol{P(X\geqq 0)=\frac{5^3}{5^3}=1}$$

$$\boldsymbol{P(X\geqq 1)=\frac{4^3}{5^3}=\frac{64}{125}}$$

$$\boldsymbol{P(X\geqq 2)=\frac{3^3}{5^3}=\frac{27}{125}}$$

$$\boldsymbol{P(X\geqq 3)=\frac{2^3}{5^3}=\frac{8}{125}}$$

$$\boldsymbol{P(X\geqq 4)=\frac{1^3}{5^3}=\frac{1}{125}}$$

（２）　$k=0,1,2,3$ に対して

$$P(X=k)=P(X\geqq k)-P(X\geqq k+1)$$

が成り立つから

$$P(X=0)=P(X\geqq 0)-P(X\geqq 1)=1-\frac{64}{125}=\frac{61}{125}$$

$$P(X=1)=P(X\geqq 1)-P(X\geqq 2)=\frac{64}{125}-\frac{27}{125}=\frac{37}{125}$$

$$P(X=2)=P(X\geqq 2)-P(X\geqq 3)=\frac{27}{125}-\frac{8}{125}=\frac{19}{125}$$

$$P(X=3)=P(X\geqq 3)-P(X\geqq 4)=\frac{8}{125}-\frac{1}{125}=\frac{7}{125}$$

$$P(X=4)=P(X\geqq 4)=\frac{1}{125}$$

よって確率分布は次の表のようになる．

X	0	1	2	3	4
$P(X)$	$\frac{61}{125}$	$\frac{37}{125}$	$\frac{19}{125}$	$\frac{7}{125}$	$\frac{1}{125}$

（３）　$\boldsymbol{E(X)}=0\cdot\frac{61}{125}+1\cdot\frac{37}{125}+2\cdot\frac{19}{125}+3\cdot\frac{7}{125}+4\cdot\frac{1}{125}=\boldsymbol{\frac{4}{5}}$

（４）　$E(X^2)=0^2\cdot\frac{61}{125}+1^2\cdot\frac{37}{125}+2^2\cdot\frac{19}{125}+3^2\cdot\frac{7}{125}+4^2\cdot\frac{1}{125}=\frac{192}{125}$

したがって

$$\boldsymbol{V(X)}=E(X^2)-\{E(X)\}^2=\frac{192}{125}-\left(\frac{4}{5}\right)^2=\boldsymbol{\frac{112}{125}}$$

注意　（４）は**考え方**の計算（ア）を用いて

$$V(X)=\left(0-\frac{4}{5}\right)^2\cdot\frac{61}{125}+\left(1-\frac{4}{5}\right)^2\cdot\frac{37}{125}+\left(2-\frac{4}{5}\right)^2\cdot\frac{19}{125}+\left(3-\frac{4}{5}\right)^2\cdot\frac{7}{125}+\left(4-\frac{4}{5}\right)^2\cdot\frac{1}{125}=\cdots=\frac{112}{125}$$

としてもよいですが，途中計算がかなり大変です．

問題258

考え方

（1）　（二項分布）

1回の試行で事象 A が起こる確率が p のとき，この試行を n 回行う反復試行において A が起こる回数を X とすると，$X=r$ となる確率は

$$P(X=r)={}_n\mathrm{C}_r p^r q^{n-r} \quad (q=1-p)$$

となります．このとき確率変数 X は**二項分布 $B(n,\ p)$ に従う**といいます．

X が二項分布 $B(n,\ p)$ に従うとき

$$\boldsymbol{E(X)=np}$$

$$\boldsymbol{V(X)=npq}$$

$$\boldsymbol{\sigma(X)=\sqrt{npq}}$$

となることが知られています．便利な公式ですので，必ず覚えるようにしましょう．

（2）　（確率変数の変換）

$$\boldsymbol{E(aX+b)=aE(X)+b}$$

$$\boldsymbol{V(aX+b)=a^2V(X)}$$

$$\boldsymbol{\sigma(aX+b)=|a|\sigma(X)}$$

本問では Y と X の関係式がわかれば，上の公式を利用できます．

解答

（1）　対称性より

（甲の目）＞（乙の目）

となる確率と

（乙の目）＞（甲の目）

となる確率は等しい．

（甲の目）＝（乙の目）

となる確率は $\dfrac{6}{6^2}=\dfrac{1}{6}$ であることに注意すると，求める確率は

$$\frac{1}{2}\left(1-\frac{1}{6}\right)=\boldsymbol{\frac{5}{12}}$$

よって X の確率分布は

$$P(X=k)=\boldsymbol{{}_n\mathrm{C}_k\left(\frac{5}{12}\right)^k\left(\frac{7}{12}\right)^{n-k}}$$

（ただし $k=0,\ 1,\ 2,\ \cdots,\ n$）

（2）　（1）より X は二項分布 $B\left(n,\ \dfrac{5}{12}\right)$ に従う．よって

$$E(X)=n\cdot\frac{5}{12}=\frac{5}{12}n$$

$$V(X)=n\cdot\frac{5}{12}\cdot\frac{7}{12}=\frac{35}{144}n$$

である．次に △PQR の面積 Y は

$$Y=\frac{1}{2}(X+1)\cdot 4=2X+2$$

となるから

$$\boldsymbol{E(Y)}=E(2X+2)=2E(X)+2$$
$$=2\cdot\frac{5}{12}n+2=\boldsymbol{\frac{5}{6}n+2}$$

$$\boldsymbol{V(Y)}=V(2X+2)=2^2V(X)$$
$$=4\cdot\frac{35}{144}n=\boldsymbol{\frac{35}{36}n}$$

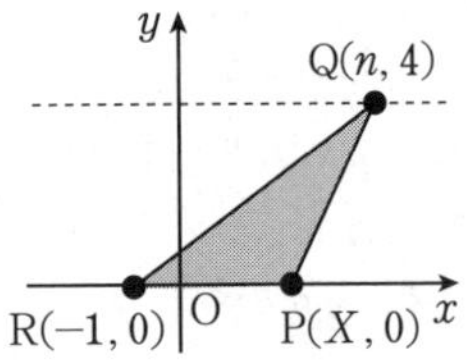

問題259

考え方　（確率変数の独立性）

2つの確率変数 $X,\ Y$ について，X のとる任意の値 x_i と Y のとる任意の値 y_i について

$\boldsymbol{P(X=x_i,\ Y=y_i)=P(X=x_i)\cdot P(Y=y_i)}$

が成り立つとき，2つの確率変数 X と Y は独立であるといいます．

（1）　着きやすい頂点とそうではない頂点があるので，独立にはなりません．上の式が成り立たないような例を，一つみつけましょう．

（2）　（1）と異なりどの頂点に到着する確率も等しいので，独立であることが示せます．

解答

（1）　$P(X=0, Y=0)$

$\neq P(X=0)\cdot P(Y=0)$　…①

を示す. まず

$$P(X=0)=\frac{1}{6}$$

であり, 次に $Y=0$ となる確率は

$X=0, 1, 2, 3, 4$

であるときを順に計算すると

$$P(Y=0)=\frac{1}{6}\cdot\frac{1}{6}+\frac{2}{6}\cdot\frac{1}{6}+\frac{1}{6}\cdot\frac{1}{6}+\frac{1}{6}\cdot\frac{1}{6}+\frac{1}{6}\cdot\frac{2}{6}=\frac{7}{36}$$

$$P(X=0, Y=0)=\frac{1}{6}\cdot\frac{1}{6}=\frac{1}{36}$$

である.

よって ① が成り立ち, **X と Y は独立ではない.**

（2）　i, j を $0\leqq i\leqq 5$, $0\leqq j\leqq 5$ をみたす整数とすると

$$P(X=i)=\frac{1}{6},\ P(Y=j)=\frac{1}{6}$$

$$P(X=i, Y=j)=\frac{1}{36}$$

である. よって

$P(X=i, Y=j)$

$=P(X=i)\cdot P(Y=j)$

となり, **X と Y は独立である.**

注意　X と Y が独立になるような正 N 角形は N が 6 の約数, すなわち $N=3, 6$ に限ることが示せます.

問題260

考え方　（正規分布）

（1）　連続型確率変数 X の確率密度関数 $f(x)$ が

$$f(x)=\frac{1}{\sqrt{2\pi}\sigma}e^{-\frac{(x-m)^2}{2\sigma^2}}$$

のとき, X は**正規分布 $N(m, \sigma^2)$ に従う**といいます（m は平均, σ は標準偏差）.

さらに確率変数 X が $N(m, \sigma^2)$ に従うとき

$$Z=\frac{X-m}{\sigma}$$

と置き換えることで, 確率変数 Z は**標準正規分布 $N(0, 1)$** に従います（正規分布の標準化）.

標準化を行い, 正規分布表を用いて確率を求める問題が, 統計分野では頻出です. 必ずできるようにしてください.

（標準正規分布）

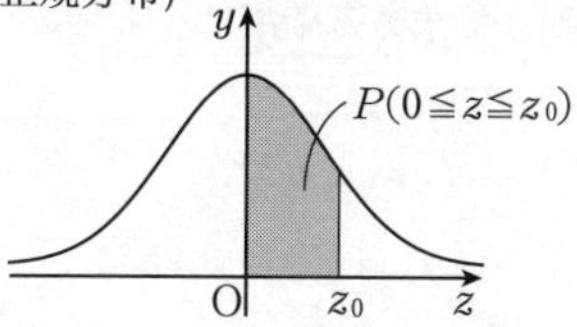

※この網掛け部の面積の値が $0\leqq z\leqq z_0$ となる確率です. それをまとめたものが問題編 p.94 の正規分布表になります.

（2）　母平均 m, 母標準偏差 σ の母集団から大きさ n の標本を無作為に抽出するとき, その標本平均 $\overline{X}$ について

期待値（平均）$E(\overline{X})=m$

標準偏差 $\sigma(\overline{X})=\dfrac{\sigma}{\sqrt{n}}$

が成り立ちます.

解答

X は正規分布 $N(165, 6^2)$ に従うから

$$Z=\frac{X-165}{6}$$

とおくと, Z は $N(0, 1)$ に従う.

（1）　$163\leqq X\leqq 167$ より

$$-\frac{1}{3}\leqq Z\leqq\frac{1}{3}$$

したがって求める確率は

$P(-0.33\leqq Z\leqq 0.33)$

$=2\cdot P(0\leqq Z\leqq 0.33)$

$=2\cdot 0.1293=\mathbf{0.2586}$

（2） 標本平均の期待値 $E(\overline{X})$ は，母集団の平均 $E(X)$ と等しいから

$$E(\overline{X})=E(X)=\mathbf{165}$$

さらに

$$\sigma(\overline{X})=\frac{6}{\sqrt{36}}=\mathbf{1}$$

である．

$$\overline{Z}=\frac{\overline{X}-165}{1}=\overline{X}-165$$

とおくと，$\overline{Z}$ は $N(0,1)$ に従う．

$163\leqq\overline{X}\leqq167$ より

$$-2\leqq\overline{Z}\leqq2$$

したがって求める確率は

$$P(-2\leqq\overline{Z}\leqq2)$$
$$=2\cdot P(0\leqq\overline{Z}\leqq2)$$
$$=2\cdot0.4772=\mathbf{0.9544}$$

（3） $\overline{Z}$ を改めて

$$\overline{Z}=\frac{\overline{X}-165}{\frac{6}{\sqrt{n}}}=\frac{(\overline{X}-165)\sqrt{n}}{6}$$

と置き直すと，$\overline{Z}$ は $N(0,1)$ に従う．

標準正規分布の対称性より，確率が 0.99 となるような $\overline{Z}$ の範囲を

$$-Z_0\leqq\overline{Z}\leqq Z_0$$

とおくと

$$P(-Z_0\leqq\overline{Z}\leqq Z_0)=0.99$$
$$2\cdot P(0\leqq\overline{Z}\leqq Z_0)=0.99$$
$$P(0\leqq\overline{Z}\leqq Z_0)=0.495$$

これをみたす Z_0 は正規分布表から

$$Z_0=2.58$$

とわかる．よって，確率が 0.99 より大きくなる条件は

$$\frac{|\overline{X}-165|\sqrt{n}}{6}>2.58$$
$$|\overline{X}-165|\sqrt{n}>15.48$$

$163\leqq\overline{X}\leqq167$ より

$$2\geqq|\overline{X}-165|$$

であるから

$$2\sqrt{n}>15.48$$

となればよく，これを整理して

$$n>7.74^2=59.9076$$

したがって求める n の範囲は

$$\boldsymbol{n\geqq60}$$

問題261

考え方 （二項分布と正規分布）

確率変数 X が二項分布 $B(n,\ p)$ に従い，n が十分大きいとき，X は近似的に正規分布 $N(np,\ np(1-p))$ に従うことが知られています．

本問ではこの事実を用いて確率を求めます．

解答

（1） コインを 400 回投げたとき，表の出た回数を X とする．$X=k$ となる確率 $P(X=k)$ は

$$P(X=k)={}_{400}\mathrm{C}_k\left(\frac{1}{2}\right)^k\left(\frac{1}{2}\right)^{400-k}$$

となるから，X は二項分布 $B\left(400,\ \frac{1}{2}\right)$ に従う．このとき X の平均 m は

$$m=400\cdot\frac{1}{2}=200$$

標準偏差 σ は

$$\sigma=\sqrt{400\cdot\frac{1}{2}\cdot\frac{1}{2}}=10$$

となる．$n=400$ は十分大きいから，X は近似的に正規分布 $N(200,\ 10^2)$ に従う．

さらに

$$Z=\frac{X-200}{10}$$

とおくと，Z は $N(0,1)$ に従う．

$190\leqq x(400)\leqq220$ より

$$190\leqq X\leqq220$$

すなわち

$$-1\leqq Z\leqq2$$

であるから，求める確率は

$$P(-1 \leqq Z \leqq 2)$$
$$= P(0 \leqq Z \leqq 1) + P(0 \leqq Z \leqq 2)$$
$$= 0.3413 + 0.4772 = \mathbf{0.8185}$$

注意 統計の知識を用いずに，本問の確率を計算すると

$$\sum_{n=190}^{220} {}_{400}C_n \left(\frac{1}{2}\right)^{400} = 0.83303\cdots$$

となり，**解答**で求めた確率とは，ややずれがあることがわかります(手計算は困難).

問題262

考え方 途中計算で $E(X^2)$ が必要になります. $V(X)$ を経由して，求めておくとよいでしょう.

解答

1の目が出る回数 X について，$X=k$ となる確率 $P(X=k)$ は

$$P(X=k) = {}_nC_k \left(\frac{1}{6}\right)^k \left(\frac{5}{6}\right)^{n-k}$$

となるから，X は二項分布 $B\left(n, \frac{1}{6}\right)$ に従う. よって

$$E(X) = n \cdot \frac{1}{6} = \frac{1}{6}n$$
$$V(X) = n \cdot \frac{1}{6} \cdot \frac{5}{6} = \frac{5}{36}n$$

である.

ここで $V(X) = E(X^2) - \{E(X)\}^2$ より

$$E(X^2) = V(X) + \{E(X)\}^2$$
$$= \frac{5}{36}n + \frac{1}{36}n^2$$

となるから

$$\boldsymbol{m} = \sum_{k=0}^{n} (ak^2 + bk + c)P(X=k)$$
$$= a\sum_{k=0}^{n} k^2 P(X=k)$$
$$+ b\sum_{k=0}^{n} kP(X=k) + c\sum_{k=0}^{n} P(X=k)$$
$$= aE(X^2) + bE(X) + c$$
$$= a\left(\frac{5}{36}n + \frac{1}{36}n^2\right) + \frac{b}{6}n + c$$
$$= \boldsymbol{\frac{an^2 + (5a+6b)n + 36c}{36}}\ \textbf{(円)}$$

●2 統計的な推測

問題263

考え方 (母平均の推定)

母平均 m，母標準偏差 σ の母集団から無作為抽出された標本の標本平均を $\overline{X}$ とすると，母平均 m に対する信頼度 95 %の信頼区間は

$$\left[\overline{X} - 1.96\frac{\sigma}{\sqrt{n}},\ \overline{X} + 1.96\frac{\sigma}{\sqrt{n}}\right]$$

となります. 信頼度 99 %の場合は 1.96 を 2.58 に置き換えます.

解答

(1) 母平均を m とすると，信頼度95 %の信頼区間は

$$2.57 - 1.96 \cdot \frac{0.35}{\sqrt{100}} \leqq m$$
$$\leqq 2.57 + 1.96 \cdot \frac{0.35}{\sqrt{100}}$$
$$2.57 - 0.0686 \leqq m \leqq 2.57 + 0.0686$$

すなわち

$$\mathbf{2.5014 \leqq \boldsymbol{m} \leqq 2.6386}$$

(2) n 匹の体重の増加量の平均 $\overline{X}$ と母平均 m の差は，95 %の確率で

$$\left|\overline{X} - m\right| \leqq 1.96 \cdot \frac{0.35}{\sqrt{n}}$$

となる. $\left|\overline{X} - m\right| \leqq 0.05$ となるには

$$1.96 \cdot \frac{0.35}{\sqrt{n}} \leqq 0.05$$

とすればよく

$$n \geqq \left(\frac{1.96 \cdot 0.35}{0.05}\right)^2$$
$$= 13.72^2$$
$$= 188.2384$$

したがって求める n の範囲は

$$\boldsymbol{n \geqq 189}$$

問題264

考え方 （母比率の推定）

標本比率 R に対する母比率 p の信頼度95 %の信頼区間は

$$\left[\boldsymbol{R - 1.96\sqrt{\frac{R(1-R)}{n}}},\ \boldsymbol{R + 1.96\sqrt{\frac{R(1-R)}{n}}}\right]$$

信頼度99 %の場合は1.96を2.58に置き換えます.

（2） 直接計算しなくても，大小関係は判定できます.

解答

（1） 標本比率 R は

$$R = \frac{320}{400} = 0.8$$

である. $n = 400$ より

$$\sqrt{\frac{R(1-R)}{n}} = \sqrt{\frac{0.8\cdot 0.2}{400}}$$
$$= \frac{0.4}{20} = 0.02$$

であることに注意すると，信頼度95 %の信頼区間は

$$0.8 - 1.96\cdot 0.02 \leqq p \leqq 0.8 + 1.96\cdot 0.02$$
$$0.7608 \leqq p \leqq 0.8392$$

小数第3位を四捨五入して

$$\boldsymbol{0.76 \leqq p \leqq 0.84}$$

（2） 一般に，信頼度95 %の信頼区間の幅 L は

$$L = \left(R + 1.96\sqrt{\frac{R(1-R)}{n}}\right) - \left(R - 1.96\sqrt{\frac{R(1-R)}{n}}\right)$$
$$= 2\cdot 1.96\sqrt{\frac{R(1-R)}{n}}$$

となる.

（ア） L_1, L_2について

n の値は等しく

$$R(1-R) = -\left(R - \frac{1}{2}\right)^2 + \frac{1}{4}$$

より R が $\frac{1}{2} = 0.5$ に近いほど，L は大きくなる. よって $L_1 < L_2$ とわかる.

（イ） L_1, L_3について

R が等しいから，n が大きいほど L は小さくなる. よって $L_3 < L_1$ とわかる.

（ア），（イ）より

$$\boldsymbol{L_3 < L_1 < L_2}$$

問題265

考え方 （仮説検定）

母平均の仮説検定です. 仮説検定については数学I・Aの問題200を参照してください.

なお，本問では変化の有無が問題になっているので，両側検定が妥当でしょう（これに対し，ねずみの体重が増えた（減った）ことを確かめたい場合は片側検定となります. つまり，どちらの検定にするかは仮説検定の目的により決めることになります. 検定の結果によって左右するものではないことに注意してください）.

解答

仮説 H_1「飼料はねずみの体重に異常な変化を与えた」

と判断してよいか考察するために，次の仮説 H_0 を立てる.

仮説 H_0「飼料はねずみの体重に異常な変化を与えていない」

仮説 H_0 が正しいとすると，ねずみの体重の標本平均 $\overline{X}$ は正規分布 $N\left(65,\ \frac{4.8^2}{10}\right)$

に従うから,

$$Z=\frac{\overline{X}-65}{\frac{4.8}{\sqrt{10}}}$$

とおくと, Z は $N(0, 1)$ に従う.

有意水準5%の棄却域は

$$Z \leqq -1.96,\ Z \geqq 1.96 \quad \cdots ①$$

である.

$$\overline{X}=\frac{1}{10}(67+71+63+74+68+61+64+80+71+73)=69.2$$

より

$$Z=\frac{69.2-65}{\frac{4.8}{\sqrt{10}}}=\frac{7\sqrt{10}}{8}>\frac{7\cdot 3}{8}=2.625$$

となり, ① に含まれる.

したがって仮説 H_0 は棄却され, **この飼料はねずみの体重に異常な変化を与えたと考えられる.**

問題266

考え方 母比率の仮説検定です.

(2) まずは完全な商品の個数 X がどのような分布になるかを考えます.

解答

(1) 求める確率は

$$\left(1-\frac{1}{16}\right)^3\left(1-\frac{1}{9}\right)^2\left(1-\frac{1}{25}\right)$$

$$=\left(\frac{15}{16}\right)^3\cdot\left(\frac{8}{9}\right)^2\cdot\frac{24}{25}=\mathbf{\frac{5}{8}}$$

(2) (1)の仮説が正しいとする. 完全な商品の個数 X は二項分布 $B\left(960, \frac{5}{8}\right)$ に従う.

X の期待値 m と標準偏差 σ は

$$m=960\cdot\frac{5}{8}=600$$

$$\sigma=\sqrt{960\cdot\frac{5}{8}\cdot\frac{3}{8}}=15$$

である. 960 は十分大きいから, X は近似的に正規分布 $N(600, 15^2)$ に従う.

さらに

$$Z=\frac{X-600}{15}$$

とおくと, Z は $N(0, 1)$ に従う.

有意水準5%の棄却域は

$$Z \leqq -1.96,\ Z \geqq 1.96 \quad \cdots ①$$

であり, $X=640$ のとき

$$Z=\frac{640-600}{15}=2.66\cdots$$

となる. これは ① に含まれる.

したがって仮説は棄却され, **(1)の仮説は正しいとはいえない.**

数学Ⅱ・B・C［ベクトル］基本問題演習

著者	藤原 新
発行者	山﨑良子
印刷・製本	日経印刷株式会社
発行所	駿台文庫株式会社

〒101-0062 東京都千代田区神田駿河台1-7-4
小畑ビル内
TEL. 編集 03(5259)3302
販売 03(5259)3301
《①－344pp.》

ISBN978-4-7961-1353-3 Printed in Japan

駿台文庫 Webサイト
https://www.sundaibunko.jp